W0256245

ALLE ZEIT WACH
1842

Harald Bathelt

Schlüsseltechnologie-Industrien

Standortverhalten und Einfluß auf den regionalen Strukturwandel in den USA und in Kanada

Mit 48 Abbildungen, 15 Karten und 66 Tabellen

Springer-Verlag
Berlin Heidelberg New York
London Paris Tokyo
Hong Kong Barcelona
Budapest

Dr. rer. nat. Harald Bathelt
Geographisches Institut
Senckenbergstraße 1
W-6300 Gießen, FRG

Die Deutsche Bibliothek – CIP Einheitsaufnahme
Bathelt, Harald:
Schlüsseltechnologie-Industrien : Standortverhalten und Einfluß auf den regionalen Strukturwandel in den USA und in Kanada; mit 66 Tabellen / Harald Bathelt. – Berlin ; Heidelberg; New York ; London ; Paris ; Tokyo ; Hong Kong ; Barcelona ; Budapest : Springer, 1991
ISBN-13: 978-3-642-76782-1 e-ISBN-13: 978-3-642-76781-4
DOI: 10.1007/ 978-3-642-76781-4

Softcover reprint of the hardcover 1st edition 1991

Satz: Reproduktionsfertige Vorlage vom Autor
30/3145-543210 – Gedruckt auf säurefreiem Papier

Für
meine Eltern und
meine Schwester

Vorwort

Eine wissenschaftliche Untersuchung ist nicht nur eine Einzelleistung, sondern immer auch das Ergebnis einer engen Kooperation mit Forschern, Freunden, Bekannten und wissenschaftlichen Institutionen. Das gilt in besonderem Maß für die hier vorliegende Arbeit, deren Abschluß ohne die breite Unterstützung einer Vielzahl von Personen kaum vorstellbar gewesen wäre. Deshalb möchte ich an dieser Stelle die für das Entstehen der Arbeit wichtigsten Personen explizit nennen und ihnen für ihre Hilfe danken.

Besonderer Dank gebührt meinem langjährigen Betreuer Prof. Dr. Giese (Geographisches Institut, Justus-Liebig-Universität Gießen), von dem die entscheidenden Anstöße zu der vorliegenden Untersuchung stammen. Während meiner Forschungen wurde ich außerdem intensiv von Prof. Dr. Nipper (Geographisches Institut, Universität zu Köln) sowie in Nordamerika von Prof. Dr. Hecht (Department of Geography, Wilfrid Laurier University, Waterloo) und Prof. Dr. Romsa (Department of Geography, University of Windsor, Windsor) betreut. Ihnen allen verdanke ich die zentralen inhaltlichen Fortschritte der vorliegenden Studie.

Die finanzielle Absicherung des Forschungsvorhabens wurde durch ein Stipendium im Rahmen der Hessischen Graduiertenförderung und durch ein Zusatzstipendium des DAAD für einen Auslandsaufenthalt in Nordamerika geschaffen. Die finanzielle Unterstützung ermöglichte mehrere Forschungsreisen in verschiedene Schlüsseltechnologie-Regionen der USA und Kanadas.

Die durchgeführten Unternehmensbefragungen in Nordamerika waren von unzähligen Gesprächen und Interviews begleitet, die wesentlich dazu beitrugen, die Forschungsergebnisse adäquat einzuordnen. Danken möchte ich in diesem Zusammenhang Mr. Avault und Mr. Johnson (Boston Redevelopment Authority), Dr. Cowpland (Corel Systems Corporation, Ottawa), Prof. Dr. Dent und Prof. Dr. Hartshorn (Department of Geography, Georgia State University, Atlanta), Prof. Dr. Goldstein (Department of City and Regional Planning, University of North Carolina, Chapel Hill), Prof. Dr. Gordon (Stevenson College, University of California, Santa Cruz), Prof. Dr. Hall und Prof. Dr. Saxenian (Institute of Urban and Regional Development, University of California, Berkeley), Prof. Dr. Karaska und Prof. Dr. Angel (Department of Geography, Clark University, Worcester), Mrs. Kimball (Office of Economic Development, City of San Jose), Dr. de Jong (TNO Institute of Spatial Organization, Delft), Mrs. Leak und Mr. Rakouskas (Raleigh Chamber of Commerce), Prof. Dr. Markusen (Center of Urban Affairs and Policy

Research, Northwestern University, Evanston), Mr. McFadden und Mr. O'Neil (Business Development Office, City of Waterloo), Prof. Dr. Moriarty (Department of Geography, University of North Carolina, Chapel Hill), Mr. Nally (Commercial Development Office, University of Waterloo, Waterloo), Mr. Staedel (Hoechst Canada, Cambridge), Prof. Dr. Steed (Science Council of Canada, Ottawa), Prof. Dr. Stuart (Department of Geography, University of North Carolina, Charlotte) sowie Prof. Dr. Walker (Department of Geography, University of Waterloo, Waterloo).

Wichtige Anregungen bei der Konzeptionierung der Unternehmensbefragungen und den ersten empirischen Auswertungen erfuhr ich durch Martha Cochrane, Marc Colavincenzo, Janette Heck, Marvin Hecht, Hal Herrick, Annette Jordan, Catherine McGovern, Joel Price und seine Familie, Steve Ryan sowie Jim Torretto. Weiterhin danke ich Frau Hiltrud Ellrich, Dr. Wolf-Dieter Erb, Michael Finus, Gabi Gerick, Matthias Höher, Dr. Helmut Klüter, Hedda Munstermann, Silke-Susann Otto, Annette Reinecke, Angelika Schott, Ina Schumacher, Wolfgang Stahl, Bernd Workowski und Gang Zeng für ihre kritischen Kommentare zu einzelnen Manuskriptteilen.

Bei der Erstellung zahlreicher Karten und Abbildungen erhielt ich wertvolle Unterstützung durch Michael Remmers, Susanne Roth und Frau Gertrud Thiele. Das Wiederabdrucken einiger Graphiken und Abbildungen wurde von den Verlagen Ferdinand Schöningh (Abb. 31, Abb. 32 und Abb. 33), Croom Helm (Abb. 40), Harper & Row (Abb. 36 und Abb. 44) und Basil Blackwell (Abb. 45 und Abb. 48) sowie von Prof. Dr. Nuhn (Abb. 39) freundlicherweise gestattet.

Schließlich gilt mein Dank jenen 160 Schlüsseltechnologie-Managern, die bereitwillig jedwede Auskünfte erteilten und damit die vorliegende wissenschaftliche Studie in ihrem Kern erst ermöglichten.

Inhaltsverzeichnis

Abbildungsverzeichnis

Kartenverzeichnis

Kartenverzeichnis

Tabellenverzeichnis

Abkürzungsverzeichnis

AMD	-	Advanced Micro Devices
AR&D	-	American Research and Development
ATDC	-	Advanced Technology Development Center
AT&T	-	American Telephone and Telegraph Company
BASF	-	Badische Anilin- & Soda-Fabrik AG
BNR	-	Bell Northern Research
CAD	-	Computer Aided Design
CAM	-	Computer Aided Manufacturing
CMA	-	Census Metropolitan Area
CTT	-	Canada's Technology Triangle
DEC	-	Digital Equipment Corporation
DHHS	-	Department of Health and Human Services
DNS	-	Desoxyribonukleinsäure
DoD	-	Department of Defense
EPA	-	Environmental Protection Agency
FMC	-	Food Machinery and Chemical Corporation
FuE (F&E)	-	Forschung und Entwicklung
Georgia Tech	-	Georgia Institute of Technology
GRW	-	Gemeinschaftsaufgabe zur Verbesserung der regionalen Wirtschaftsstruktur
GTRI	-	Georgia Tech Research Institute
IBM	-	International Business Machines
Inc.	-	Incorporation
3M	-	Minnesota Mining and Manufacturing Company
MCC	-	Microelectronic and Computer Technology Corporation
MCNC	-	Microelectronics Center of North Carolina
MDES	-	Massachusetts Division of Employment Security
MHTC	-	Massachusetts High Technology Council
MIL	-	Microsystems International Limited
MIT	-	Massachusetts Institute of Technology
MITI	-	Ministry of International Trade and Industry
MSA	-	Metropolitan Statistical Area
NASA	-	National Aeronautics and Space Administration
NCBC	-	North Carolina Biotechnology Center

NCR	-	National Cash Register
NCSU	-	North Carolina State University
NIEHS	-	National Institute of Environmental Health Sciences
NRC	-	National Research Council
NSB	-	National Science Board
NSF	-	National Science Foundation
OCEDCO	-	Ottawa-Carleton Economic Development Corporation
PhD	-	Philosophiae Doctor
QEW	-	Queen Elizabeth Way
R&D	-	Research and Development
RT	-	Research Triangle
RTF	-	Research Triangle Foundation
RTI	-	Research Triangle Institute
RTP	-	Research Triangle Park
SCCMG	-	Santa Clara County Manufacturing Group
SIC	-	Standard Industrial Classification
SIP	-	Stanford Industrial Park
SMSA	-	Standard Metropolitan Statistical Area
SRI	-	Stanford Research Institute
TKM	-	Tonnenkilometrischer Minimalpunkt
TOC	-	Technology Oriented Complex
UC	-	University of California
UNC	-	University of North Carolina
UoW	-	University of Waterloo
WLU	-	Wilfrid Laurier University

TEIL I:

ZIELE, BEGRIFFSABGRENZUNGEN UND UNTERSUCHUNGSMETHODIK

1 Einleitung

1.1 Problemstellung und Zielsetzung

Seit dem Ende der 60er Jahre haben sich die wirtschaftlichen Wachstumsbedingungen in vielen Industriestaaten einschneidend verändert. Im Anschluß an eine Periode hoher wirtschaftlicher Wachstumsraten nach dem Zweiten Weltkrieg kam es seit Mitte der 60er Jahre zu Konjunktur- und Strukturkrisen in Industriebranchen wie der Textil-, Schiffbau-, Auto- sowie Eisen- und Stahlindustrie, die traditionell zu den Trägern von Wachstum und Entwicklung zählten. Diese Krisen führten nicht nur auf gesamtwirtschaftlicher Ebene zu einer temporären Verlangsamung von Wachstumsprozessen, einem Anstieg der Arbeitslosenquoten und zum Entstehen sozialer Konfliktfelder, sondern hatten einen ausgeprägten regionalen Charakter. Monostrukturierte, altindustrialisierte Regionen wie das Ruhrgebiet, Bremen und das Saarland in der Bundesrepublik Deutschland oder Pittsburgh, Detroit und Boston in den USA erlebten einen industriellen Niedergang (vgl. Grabher 1989 und Wieland 1990). Dieser zum Teil mit dem Begriff der *De-Industrialisierung* gekennzeichnete Prozeß wurde durch vielfältige Veränderungen auf der Nachfrage- und Angebotsseite verursacht. Einerseits zeichneten sich im Bereich standardisierter Produkte des Massenkonsums partielle Sättigungstendenzen ab. Tendenziell verlagerte sich die Nachfrage gleichzeitig auf qualitativ hochwertige Produkte, ohne daß die Angebotsstruktur diesem Wandel zunächst ausreichend folgte. Andererseits drängten einige Entwicklungsländer auf der Angebotsseite im Zug einer veränderten internationalen Arbeitsteilung auf die Märkte für standardisierte Produkte und verschärften den Wettbewerbsdruck innerhalb der Industrieländer. Steigende Lohn-, Rohstoff- und Umweltkosten in den Industrieländern beschleunigten diesen Prozeß (vgl. Ewringmann u. Kortenkamp 1986, S. 671 ff. und Giese 1987, S. 240 f.).

Die zunehmenden wirtschaftlichen und sozialen Probleme führten in Wissenschaft, Wirtschaft und Politik seit Mitte der 70er Jahre zu einem sprunghaft steigenden Interesse an sog. *High-Tech-* oder *Schlüsseltechnologie-Industrien* (im folgenden: **Schlüsseltechnologie-Industrien**). Man hoffte, daß humankapitalintensive, auf einem hohen technologischen Niveau stehende Schlüsseltechnologie-Industrien dazu in der Lage seien, Arbeitsplatzverluste in anderen Sektoren auszugleichen, neue Entwicklungsimpulse für die Gesamtwirtschaft auszulösen und auf lange Sicht die Beschäftigungssituation und das Wirtschaftswachstum zu stabilisieren. Die Ansiedlung von Schlüsseltechnologie-Industrien wurde nicht nur aus gesamtwirtschaftlicher Perspektive, sondern verstärkt auch unter regionalen Aspekten als ein Instrument zur Lösung regionalwirtschaftlicher Probleme in *zurückgebliebenen und altindustrialisierten Regionen* betrachtet.

Die traditionelle Regionalpolitik war beispielsweise in der Bundesrepublik Deutschland auf quantitatives Arbeitsplatzwachstum in strukturschwachen Regionen ausgerichtet und beruhte auf der Annahme einer hohen interregionalen Kapitalmobilität. Die vorhandene Mobilitätsbereitschaft wurde darauf zurückgeführt, daß eine Knappheit von Arbeitskräften und Boden in den industriellen Verdichtungsräumen das Wachstum industrieller Aktivitäten behinderte. Um die Neigung zur Mobilität zu erhöhen und Unternehmensverlagerungen in strukturschwache Regionen zu lenken, wurde als regionalpolitisches Förderinstrument die von Bund und Ländern gemeinsam finanzierte *Gemeinschaftsaufgabe zur Verbesserung der regionalen Wirtschaftsstruktur (GRW)* ins Leben gerufen. Im Rahmen der GRW wurden Unternehmensverlagerungen und -neugründungen in strukturschwachen Regionen durch Investitionszulagen, den Ausbau der wirtschaftsnahen Infrastruktur und andere Subventionen gefördert, um Kostennachteile auszugleichen (vgl. Derenbach 1982; Giese u. Nipper 1984 und Giese 1987). Nach anfänglichen Erfolgen stellte sich Ende der 70er Jahre heraus, daß diese Art der regionalen Wirtschaftsförderung nicht in der Lage war, entscheidende Wachstumsimpulse in zurückgebliebenen und altindustrialisierten Regionen auszulösen. Ergebnis der Regionalpolitik waren in erster Linie Gründungen und Verlagerungen von Zweigwerken, die stagnierenden Industriebranchen angehörten und einen hohen Anteil gering qualifizierter Arbeitskräfte beschäftigten. Zudem waren die Multiplikatoreffekte der regionalpolitischen Subventionen wesentlich geringer als ursprünglich angenommen, und das Potential verlagerungswilliger Unternehmen verringerte sich fortlaufend (vgl. Recker 1978; Giese 1987 und Asmacher et al. 1986).

Aus dem zunehmenden Interesse an Schlüsseltechnologie-Industrien und deren Innovationsprozessen sowie den Mißerfolgen der traditionellen Regionalpolitik resultierte die Forderung nach einer *innovationsorientierten Regionalpolitik*. Als entscheidende Defizite strukturschwacher Regionen wurden nicht länger Kostennachteile angesehen, sondern das zu geringe Innovationspotential und die fehlende Innovationsfähigkeit lokaler Industrieunternehmen. Durch eine Verbesserung des Technologieniveaus, des wissenschaftlich-technischen Wissens, der Qualifikationsstrukturen, der Informationsflüsse sowie der Forschungsaktivitäten sollte der regionale Unternehmensbestand darin unterstützt werden, neue qualitativ hochwertige Produkte und Produktionsverfahren zu entwickeln und auf den Absatzmärkten einzuführen. Ein qualitativ-endogenes Produktionswachstum sollte speziell die in einer Region vorhandenen Faktorkapazitäten berücksichtigen und durch die Stimulierung von Innovationen qualitativ hochwertige Arbeitsplätze schaffen sowie eine Modernisierung der regionalen Wirtschaftsstruktur herbeiführen (vgl. Ewers u. Wettmann 1978; Brugger 1980 und 1984; Windelberg 1984 und Giese 1987). Als Aktionsparameter dieser Regionalpolitik (Giese 1987, S. 244 ff.) galten Kapital (steuerliche Maßnahmen, Kapitalbereitstellung und staatliche Auftragsvergabe), Infrastruktur (Technologie-Transfer-Organisationen und Gründerzentren) sowie Humankapital (Bildungs- und Hochschulpolitik). Obwohl dieses Konzept auch Ende der 80er Jahre in der regionalpolitischen Förderpraxis nur eine untergeordnete Bedeutung hatte, wurde in einer Vielzahl von Förderungsprogrammen auf lokaler und regionaler Ebene versucht, wesentliche Elemente einer innovationsorientierten Regionalpolitik in die Praxis umzusetzen. Zentraler Aspekt dieser Programme war in vielen Fällen die Förderung von Schlüsseltechnologie-Industrien. In monostrukturierten, altindustrialisierten Problemregionen wurden umfangreiche Investitionsprogramme ins Leben gerufen, um das Wachstum von Schlüsseltechnologie-Industrien zu forcieren. Die damit verbundene Euphorie und die dahinterstehenden Erwartungen wurden durch Medienberichte und den dadurch erzeugten politischen Handlungsbedarf weithin verstärkt.

Ob Schlüsseltechnologie-Sektoren überhaupt dazu in der Lage sind, die in anderen Industriebranchen freigesetzten Arbeitskräfte aufzufangen, wurde allerdings in den seltensten Fällen ernsthaft gefragt. Die hohen Erwartungen basierten auf dem erfolgreichen Wachstum amerikanischer Schlüsseltechnologie-Regionen wie etwa dem Silicon Valley, der Route 128-Region (vgl. Kapitel 4) oder dem Research Triangle (vgl. Kapitel 8). Regionalpolitische Instrumente zur Erreichung der angestrebten Ziele waren in der Regel eine Innovationsförderung aus öffentlichen Mitteln, die Errichtung von Technologie-/ Gründerzentren, die Förderung ingenieur- bzw. naturwissenschaftlicher Universitätsbereiche und anderer technologieorientierter Forschungseinrichtungen sowie die Unterstützung einzelner prestigeträchtiger Großunternehmen aus Schlüsseltechnologie-Branchen. Die Anlehnung an amerikanische Beispiele war allerdings problematisch, da sie die Erfüllung zweier Bedingungen voraussetzte: Einerseits mußte eine generelle Übertragbarkeit amerikanischer Entwicklungen gewährleistet sein (eine Voraussetzung, die nicht unbedenklich erscheint). Andererseits mußte sichergestellt sein, daß strukturschwache Regionen eine prinzipielle Standorteignung für Schlüsseltechnologie-Unternehmen aufweisen. Insbesondere der zuletzt genannte Aspekt bildete den Ausgangspunkt der vorliegenden Untersuchung: Finden Schlüsseltechnologie-Unternehmen wirklich in allen Problemregionen geeignete Standort- und Wachstumsvoraussetzungen? Sind die üblicherweise eingesetzten Instrumente geeignet zur Erreichung aller regionalpolitischen Ziele? Können Schlüsseltechnologie-Regionen tatsächlich in jedem Fall zur Lösung regionaler Strukturkrisen beitragen? Unter theoretischen und praktischen Erwägungen stellte sich ferner die Frage, ob die gängigen Ansätze aus der industriellen Standortlehre dazu geeignet sind, das Standortverhalten von Schlüsseltechnologie-Unternehmen zu erklären und letztlich als Grundlage für regionalpolitische Aktionsprogramme zu dienen. Aus der dargestellten Problematik ließen sich für die vorliegende Arbeit vier interdependente Aufgabenkomplexe ableiten:

1. **Unter welchen Bedingungen entstehen Schlüsseltechnologie-Agglomerationen? Welches sind die entscheidenden Entwicklungsdeterminanten? In welchem Verhältnis stehen diese zueinander und wie verändert sich ihre Bedeutung im Zeitablauf?**
2. **Gibt es Unterschiede und/ oder Gemeinsamkeiten im Entwicklungsverlauf und den Entwicklungsursachen verschiedener Schlüsseltechnologie-Regionen?**

3. **Welchen Einfluß haben Agglomerationsprozesse von Schlüsseltechnologie-Industrien auf regionale Wirtschaftsstrukturen und den regionalen Strukturwandel? Durch welche Mechanismen prägen und verändern Schlüsseltechnologie-Industrien ihr regionalwirtschaftliches Umfeld?**
4. **Unter welchen Bedingungen vollziehen sich Standortentscheidungen von Schlüsseltechnologie-Unternehmen? Gibt es theoretische Erklärungsansätze im Rahmen der industriellen Standortlehre, die dazu beitragen, das Standortverhalten von Schlüsseltechnologie-Unternehmen und die räumliche Verteilung von Schlüsseltechnologie-Industrien zu erklären? Ist es möglich, die Dynamik der Gründungs-, Ansiedlungs- und Wachstumsprozesse von Schlüsseltechnologie-Unternehmen modellhaft abzubilden?**

Als räumliche Bezugseinheit der vorliegenden Untersuchung wurde Nordamerika ausgewählt, weil sich weltweit fast alle regionalen Schlüsseltechnologie-Projekte auf dortige Erfahrungen berufen, weil zahlreiche Schlüsseltechnologie-Sektoren (wie etwa die Halbleiter- und Computerindustrie) dort den Durchbruch erzielten und weil die räumliche Entwicklung von Schlüsseltechnologie-Industrien dort am weitesten fortgeschritten ist. Obwohl es bereits eine große Anzahl von Studien mit verwandten Problemstellungen gibt, besteht immer noch ein beachtliches regionalwissenschaftliches Forschungsdefizit über Schlüsseltechnologie-Industrien. Die meisten Arbeiten haben den Charakter von regionalen oder sektoralen Fallstudien und sind aufgrund der unterschiedlichen Datenbasen und Untersuchungsmethoden sowie zahlreicher konzeptioneller Schwächen weder verallgemeinerungsfähig noch miteinander vergleichbar. Um das bestehende Defizit abzubauen (vgl. ausführlich Kapitel 3), liegt dieser Arbeit ein umfassender interregional vergleichender Forschungsansatz zugrunde. In einer eigens für das Forschungsvorhaben konzipierten und durchgeführten Primärerhebung wurden von 160 Unternehmen aus verschiedenen Schlüsseltechnologie-Sektoren in fünf nordamerikanischen Regionen zu den oben genannten Aufgabenstellungen Daten gesammelt. Diese Datengrundlage bietet erstmals die Möglichkeit zu einer umfassenden Analyse der Standortentscheidungen von Schlüsseltechnologie-Unternehmen auf einer interregional-mikroanalytischen Untersuchungsebene und ist deshalb sowohl für die regionalwissenschaftliche Grundlagenforschung als auch für die regionalpolitische Praxis (insbesondere für die Auswahl effizienter Aktionsprogramme) bedeutsam.

1.2 Aufbau der Arbeit

Die vorliegende Arbeit gliedert sich in drei Hauptteile und besteht aus insgesamt 13 Kapiteln (einschließlich Einleitung und Zusammenfassung). Jedes einzelne Kapitel bildet eine geschlossene thematische Einheit und kann deshalb isoliert von allen anderen Kapiteln gelesen und verstanden werden. Um die Komplexität der Studie und die ihr zugrundeliegende Logik vollständig zu erfassen, ist allerdings eine chronologische Bearbeitung der einzelnen Kapitel notwendig. Durch die

Querverweise entsteht eine inhaltliche Verknüpfung zwischen den verschiedenen Kapiteln und eine Logik in der Abfolge der einzelnen Kapitel.[1]

Im **ersten Teil** der Arbeit stehen **Ziele, Begriffsabgrenzungen und Untersuchungsmethoden** im Mittelpunkt. Nachdem zunächst einleitend der Stellenwert von Schlüsseltechnologie-Industrien in der Regionalpolitik umrissen und die **Zielsetzungen** der Studie formuliert wurden (vgl. **Kapitel 1**), wird in **Kapitel 2** eine konkrete **Abgrenzung von Schlüsseltechnologie-Industrien** vorgenommen und ein theoretischer Begriffsrahmen abgesteckt. Der Schlüsseltechnologie-Begriff wird in seinem Zusammenhang mit Innovationsprozessen und Forschungs- und Entwicklungsaktivitäten definiert. Daran schließt sich eine kritische Diskussion der in dieser Arbeit verwendeten Operationalisierung von Schlüsseltechnologie-Industrien an. **Kapitel 3** konzentriert sich auf **methodische Aspekte** einer speziell für die Arbeit durchgeführten Unternehmensbefragung von Schlüsseltechnologie-Unternehmen in Nordamerika. Aus dem Forschungsstand über Schlüsseltechnologie-Industrien wird in Kapitel 3 zunächst eine Untersuchungskonzeption auf mikroanalytischer Ebene abgeleitet und eine Auswahl von fünf Schlüsseltechnologie-Regionen für die empirische Analyse getroffen. Schließlich werden in einer logischen Abfolge die Struktur des Unternehmensfragebogens, die Auswahlgrundlage, die Stichprobenmethodik, der Stichprobenumfang und die eingeschlagene Interviewstrategie behandelt. Am Ende von Kapitel 3 steht eine Bewertung der verwendeten Datengrundlage hinsichtlich ihrer Repräsentativität (Strukturtreue).

Im **zweiten Teil** der Arbeit wird ein **Entwicklungs- und Strukturvergleich der untersuchten Schlüsseltechnologie-Regionen** vorgenommen. Dieser regionale Teil ist empirisch angelegt, ohne auf potentielle theoretische Erklärungsansätze einzugehen. In fünf aufeinanderfolgenden Kapiteln werden die Determinanten der Evolution von Schlüsseltechnologie-Industrien in den Untersuchungsregionen analysiert: in **Kapitel 4** die **Boston Route 128 (Massachusetts)**, in **Kapitel 5 Ottawa's Telecom Valley (Ontario)**, in **Kapitel 6** die **Region Waterloo - Canada's Technology Triangle (Ontario)**, in **Kapitel 7** die **Atlanta MSA (Georgia)** und in **Kapitel 8** das **Research Triangle (North Carolina)**. Ziel der regionalen Kapitel ist es, die Ursachen der Agglomerationsprozesse von Schlüsseltechnologie-Industrien in ihrem dynamischen Zusammenwirken und ihrer komplexen Struktur sowie die damit einhergehenden sektoralen Spezialisierungsprozesse zu erfassen. Um Unterschiede und Gemeinsamkeiten zwischen den einzelnen Schlüsseltechnologie-Regionen feststellen zu können, wurde für die regionalen Kapitel eine weitgehend einheitliche Gliederungsstruktur gewählt: An eine Charakterisierung der regionalen Wirtschaftsstruktur schließt sich jeweils eine Analyse der Schlüsseltechnologie-Entwicklung in drei Zeitabschnitten an (vor 1945 - 50er und 60er Jahre - 70er und

---

[1] Bei der vorliegenden Studie handelt es sich um die gekürzte Fassung einer Dissertation, die im März 1991 an der Naturwissenschaftlichen Fakultät der Justus-Liebig-Universität Giessen eingereicht wurde (vgl. Bathelt 1991b). Im Vergleich zur Originalarbeit fehlen die Kapitel über räumliche Verteilungsaspekte von Schlüsseltechnologie-Industrien und über das Silicon Valley sowie der Unternehmensfragebogen. Weiterhin wurden in allen Kapiteln zum Teil beträchtliche Streichungen vorgenommen. Ein Exemplar der Dissertation Bathelt (1991b) befindet sich im Bestand der Universitätsbibliothek der Justus-Liebig-Universität Giessen und ist dort ausleihbar (Signatur: *A 56456/1 fol. 1991 Bathelt, H.*).

80er Jahre), bevor zusammenfassend die dominanten Standortfaktoren und Standortnachteile herausgearbeitet werden. Die Zeitabschnitte dienen als Bezugsrahmen, um die Dynamik der Entwicklungsdeterminanten im regionalen Vergleich sichtbar zu machen. Das der Gliederung tatsächlich zugrundeliegende Kalkül ist strukturell an den Entwicklungsdeterminanten ausgerichtet. Den Abschluß des zweiten Teils bildet ein **regionalwirtschaftlicher Strukturvergleich** der untersuchten Schlüsseltechnologie-Regionen (vgl. **Kapitel 9**). Basierend auf den Ergebnissen der durchgeführten Unternehmensbefragung werden Merkmale des Arbeitsmarkts, FuE-Eigenschaften, regionalwirtschaftliche Multiplikatoreffekte und interregionale Abhängigkeitsbeziehungen untersucht.

Die zentrale Aufgabenstellung des **dritten Teils** der vorliegenden Arbeit besteht darin, unterschiedliche **Erklärungsansätze für industrielle Standortentscheidungen** darzulegen und ihre Relevanz für den Schlüsseltechnologie-Bereich zu überprüfen. Aus der Vielzahl der vorhandenen Modelle zum theoretischen Verständnis industrieller Standortentscheidungen werden drei Theoriekomplexe gebildet und nacheinander unter Rückgriff auf die empirischen Ergebnisse aus dem zweiten Teil der Studie behandelt. In **Kapitel 10** werden zunächst die wichtigsten **traditionell-statischen Erklärungsansätze** aufgearbeitet, in denen die Frage der optimalen Standortwahl industrieller Unternehmen unter Betonung der Kostenseite und insbesondere der Transportkosten im Mittelpunkt der Analyse steht. Anschließend erfolgt eine Zusammenstellung der wichtigsten Kritikpunkte an traditionellen Standorttheorien und eine empirische Bewertung der dort hervorgehobenen Standortfaktoren. Dabei soll verdeutlicht werden, daß die grundlegenden Kategorien von Standortfaktoren zwar nach wie vor eine Bedeutung für industrielle Standortentscheidungen haben, zugleich aber ein grundlegender Wandel von einer kostenorientiert-quantitativen hin zu einer qualitativen Bewertung von Standortfaktoren stattgefunden hat. Aufgrund der Unzulänglichkeit traditioneller Standorttheorien, die generelle Dynamik industrieller Standortverteilungen zu erfassen, erfolgt in **Kapitel 11** der Übergang zu **zyklisch-dynamischen Erklärungsansätzen**. Diese konzentrieren sich auf zyklische Regelmäßigkeiten wirtschaftlicher Entwicklungen und leiten eine Dynamik industrieller Standortentscheidungen ab. Obwohl die Theorie der Langen Wellen in erster Linie die langfristigen Veränderungen der dominierenden Industriestrukturen abzubilden versucht und keine direkt räumlichen Erklärungskomponenten beinhaltet, lassen sich aus der historischen Abfolge von Wirtschaftsepochen wichtige Anhaltspunkte über den Wandel industrieller Standortverteilungen gewinnen. Demgegenüber ist die Produktzyklustheorie kurz- bis mittelfristig ausgerichtet und besitzt einen direkten Raumbezug. Ausgehend von einem "normalen" technologischen Alterungsprozeß eines Produkts wird in der Produktzyklustheorie angenommen, daß industrielle Standortanforderungen einem prognostizierbaren und regelmäßigen Wandel unterliegen und industrielle Standortverteilungen sich deshalb im Zeitablauf verändern. Das ursprüngliche Konzept besitzt allerdings ebenso wie die traditionellen Standorttheorien zahlreiche konzeptionelle Schwachstellen, die bisher nicht beseitigt werden konnten. In den meisten empirischen Anwendungen zeigt sich, daß die Produktzyklustheorie nur mit starken Einschränkungen zur Erklärung dynamischer industrieller Standortentscheidungen geeignet ist.

Aus der Kritik an traditionell-statischen und zyklisch-dynamischen Erklärungsansätzen für industrielle Standortentscheidungen wird in **Kapitel 12** versucht, zusätzliche Erklärungsdimensionen in die industrielle Standortlehre einzubeziehen, die bisher noch nicht oder nur in begrenztem Umfang Eingang in die gängigen Theorien gefunden haben (**segmentierte dynamisch-evolutionäre Erklärungsansätze**). Einerseits wird in Kapitel 12 eine segmentierte Betrachtung industrieller Standortentscheidungen gefordert, in deren Rahmen unterschiedliche Unternehmens- und Innovationsstrategien sowie unterschiedliche Unternehmens- und Organisationsformen explizit in eine Standortuntersuchung einfließen. Dabei ist streng zwischen Gründungs-, Standort- und Wachstumsfaktoren zu unterscheiden. Andererseits wird eine dynamisch-evolutionäre Analyseebene als notwendig erachtet, innerhalb der die Attraktivität einer Region für Industrieunternehmen nicht ausschließlich durch die vorhandene Ausstattung mit Standortfaktoren erklärt wird. Industriesektoren generieren umgekehrt durch positive Rückkopplungseffekte von Verflechtungsbeziehungen ein eigenes regionales Umfeld, das den industriellen Bedürfnissen angepaßt ist und zu eigendynamischen Agglomerationsprozessen führt.

Am Ende der Arbeit steht in **Kapitel 13** eine ausführliche **Schlußbetrachtung**, in der die wesentlichen Ergebnisse des Forschungsprojekts zusammengefaßt werden.

2 Abgrenzung von Schlüsseltechnologie-Industrien

2.1 Inhaltliche Aspekte einer Definition von Schlüsseltechnologie-Industrien

"High technology is a highly fashionable, but at the same time a very fuzzy notion. Nowadays we have high tech architecture, high tech furniture, and certainly high tech industry, all having an image of modernism and progress. Although the image of high technology industry may be clear, the definition certainly is not."

Mit diesem Zitat von Jong (1987, S. 37) deutet sich die Problematik an, der man bei dem Versuch einer Definition des High-Tech- bzw. Schlüsseltechnologie-Begriffs gegenübersteht. Erstaunlicherweise existieren praktisch ebenso viele verschiedene Begriffsabgrenzungen wie Studien über das Thema. Fast jede Untersuchung über Schlüsseltechnologie-Industrien (und dabei bildet die hier vorliegende keine Ausnahme) verwendet eine mehr oder weniger stark von anderen Arbeiten abweichende Begriffsabgrenzung. Dieser Zustand ist natürlich unbefriedigend und widerspricht den Zielsetzungen wissenschaftlichen Arbeitens. Es kann z.B. vorkommen, daß zwei Studien zu demselben Sachverhalt nur deshalb zu völlig verschiedenen Ergebnissen führen, weil ihnen zwei grundsätzlich verschiedene Begriffsabgrenzungen zugrunde liegen. In den meisten wissenschaftlichen Studien der 80er Jahre werden Schlüsseltechnologie-Industrien als dynamische, forschungsintensive und arbeitsplatzschaffende Industriesektoren beschrieben, die regionale und nationale Wirtschaftsstrukturen stärken und strukturbedingte Konjunkturschwächen verhindern sollen. Dorfman (1983, S. 300) verwendet den High-Tech-Begriff auf der Basis von Industriesektoren und hebt in ihrer Definition die systematische Anwendung einzigartiger wissenschaftlich-technischer Erkenntnisse im Innovationsprozeß hervor (vgl. auch Browne 1986, S. 21).

In der vorliegenden Arbeit soll der Schlüsseltechnologie-Begriff auf der Basis von Industriesektoren außer dem Aspekt der technologischen Sophistizierung auch die erwarteten wirtschaftlichen Anstoßeffekte umfassen. In einer normativen Begriffsabgrenzung wird von *Schlüsseltechnologie-Industrien* die Erfüllung folgender Bedingungen gefordert (vgl. Bathelt 1989, S. 89):

Schlüsseltechnologie-Industrien sollen auf einem hohen technologischen Niveau stehende Produkte entwickeln und herstellen, durch hohe Beschäftigtenzuwächse die Arbeitsmärkte stabilisieren sowie als Impulsgeber wirtschaftliches Wachstum auf bestimmte Segmente der Volkswirtschaft übertragen.

Der Begriff der Schlüsseltechnologie-Industrie unterscheidet sich durch die Forderung eines hohen technologischen Niveaus der Produkte eindeutig von dem in der Polarisationstheorie verwendeten Begriff der *Schlüsselindustrie* (vgl. Schätzl 1981a, S. 124-147; Richardson 1979, S. 164-178 und Schilling-Kaletsch 1976). Sowohl die *Unité Motrice* nach Perroux als auch der *Leading Sector* nach Hirschman sind demgegenüber vor allem durch (dominante) Verflechtungsbeziehungen zu vor- und nachgelagerten Industriesektoren (nicht aber durch technologische Merkmale) definiert. Der Unterschied schließt andererseits nicht aus, daß eine Schlüsselindustrie zugleich auch eine Schlüsseltechnologie-Industrie sein kann.

In den einführenden Erörterungen wurden der High-Tech- und der Schlüsseltechnologie-Begriff synonym verwendet. In den nachfolgenden Kapiteln soll der High-Tech-Begriff nur noch dann verwendet werden, wenn auf eine konkrete Studie mit einer spezifischen Sektorabgrenzung Bezug genommen wird. High-Tech, High-Technology und Hochtechnologie sind zwar die in der Fachliteratur gängigen Bezeichnungen für Industrie- oder Produktgruppen im Sinn der oben angegebenen Definitionen, allerdings sind mit dem High-Tech-Begriff zahlreiche Probleme verbunden. High-Technology dient als Bezeichnung für eine Vielzahl verschiedener Sachverhalte und wird von verschiedenen Interessensgruppen je nach Bedarf zur Durchsetzung gruppenspezifischer Ziele eingesetzt (bzw. mißbraucht). Häufig werden bewußt derart unterschiedliche Assoziationen hervorgerufen (Glasmeier et al. 1983, S. 1), daß es ratsam erscheint, anstelle von High-Technology den Schlüsseltechnologie-Begriff vorzuziehen, auch wenn dieser im wissenschaftlichen Sprachgebrauch kein völlig anderes Konzept umfaßt als der High-Tech-Begriff. Die wichtigsten Nachteile des High-Tech-Begriffs sind im folgenden aufgelistet:

1. In den *Medien* und in der Umgangssprache wird der High-Tech-Begriff oft nur in eingeschränkter Form verwendet und beschränkt sich vor allem auf schlagzeilenträchtige Industriebereiche wie die Mikroelektronik, die Computertechnik oder die Gentechnologie. Die Instrumenten-, Elektro- und Teile der Rüstungsindustrie werden dadurch intuitiv ausgeschlossen.
2. In der *Produktwerbung* findet der High-Tech-Begriff Anwendung, um Fortschrittlichkeit, neueste technische Standards, hohe Qualitätsansprüche und Unfehlbarkeit zu suggerieren. Die Bezeichnung wird in solchen Fällen als eine *Black Box* verwendet, um modebewußte Käuferschichten zu mobilisieren und ihnen ein technologisches *Avantgarde*-Gefühl zu vermitteln.
3. Viele *Industrieunternehmen* umgeben sich mit dem Image eines High-Tech-Produzenten, um in der Öffentlichkeit, bei Kunden und Zulieferern als fortschrittliches, dynamisches Unternehmens oder als technologischer Marktführer zu erscheinen. Im Zusammenhang mit dem gestiegenen Umweltbewußtsein der 80er Jahre macht man sich den Ruf einer sauberen, immissionsfreien und umweltverträglichen Industrie zunutze, auch wenn die High-Tech-Bezeichnung ohne Beziehung zu den tatsächlichen Unternehmensaktivitäten steht und obwohl längst feststeht, daß neue technologie-orientierte Industrien (z.B. die Halbleiterindustrie) hohe toxikologische und andere Risiken bergen (vgl. Rogers u. Larsen 1986; Baumgardt u. Nuhn 1989 und LaDou 1984).

4. *Politiker* propagieren High-Tech-Industrien als Allheilmittel für eine sichere Zukunft und verschaffen sich durch die Ankurbelung entsprechend ausgerichteter Wirtschaftspolitiken das Profil von richtungsweisenden Vordenkern in der Gesellschaft. Leider ist hinter solchen Bemühungen in vielen Fällen nicht mehr als das Prinzip der Wählerstimmen-Maximierung zu vermuten.
5. Der High-Tech-Begriff besitzt eine *qualitative Bedeutung*, die erst durch den Gegensatz zwischen High-Tech (Hochtechnologie) und Low-Tech (Niedrigtechnologie) einen Sinn ergibt (vgl. Weiss 1985, S. 80 ff. und Oakey et al. 1988, S. 51). Das Bilden einer High-Tech - Low-Tech-Dichotomie wird von den meisten wissenschaftlichen Untersuchungen aber nicht beabsichtigt.
   Aus dem qualitativen Charakter ergibt sich die Möglichkeit, den High-Tech-Begriff nicht nur auf Industriezweige, sondern innerhalb jedes einzelnen Industriezweigs und sogar innerhalb jedes einzelnen Unternehmens auf bestimmte Teilbereiche anzuwenden. So verfügen die meisten Halbleiterproduzenten sowohl über typische High-Tech-Segmente (Entwurf und Herstellung der Halbleitermasken und Siliziumwaffeln) als auch über typische Low-Tech-Segmente (Auseinanderschneiden der Siliziumwaffeln und Montage zu integrierten Schaltkreisen). Eine analoge Einteilung könnte man auch in der Seifenindustrie und vielen anderen Branchen vornehmen. Die fast universelle Einsetzbarkeit des High-Tech-Begriffs (auch in wissenschaftlichen Studien) stiftet unnötige Verwirrung und schadet dem Prozeß einer trennscharfen Begriffsfindung.
6. Das Beispiel der Halbleiterindustrie unterstreicht ferner die *Notwendigkeit einer Differenzierung* zwischen der Produkt- und der Prozeßebene innerhalb einer Industriebranche. Vereinfacht gibt es High-Tech- und Low-Tech-Produkte, und es gibt High-Tech- und Low-Tech-Produktionsprozesse (Hall et al. 1987, S. 11). D.h. auf hohem technologischem Niveau stehende Innovationen können entweder Inputs oder Outputs eines Unternehmens oder beides zugleich sein. Diese Differenzierung kann der High-Tech-Begriff a priori nicht leisten. Da bei der Herstellung eines beliebigen Produkts prinzipiell eine Wahlmöglichkeit zwischen unterschiedlichen Produktionsprozessen besteht, lassen sich die Unternehmen einer Branche in solche mit High-Tech-Prozessen und solche mit Low-Tech-Prozessen einteilen - in der Holzverarbeitung ebenso wie in der Computerindustrie (Oakey et al. 1988, S. 45 f.).
   Wenn in eine Operationalisierung sowohl High-Tech-Produzenten als auch High-Tech-Benutzer eingehen, so hat diese Vorgehensweise quasi den Charakter einer Doppelzählung. Um eine Vermischung von Produkt- und Prozeßebenen zu vermeiden, zielt der in der vorliegenden Arbeit verwendete Schlüsseltechnologie-Begriff eindeutig auf die Produktseite ab.

Auch wenn eine allgemein anerkannte Definition und Operationalisierung des Schlüsseltechnologie-Begriffs bisher fehlt und nicht einmal absehbar ist, ob ein solcher Zustand jemals erreicht werden kann, besteht kein Zweifel daran, daß systematische Forschungs- und Entwicklungsaktivitäten und technologische Innovationen den Kern von Schlüsseltechnologie-Industrien bilden und Ausgangspunkte für die erwarteten wirtschaftlichen Anstoßeffekte sind. Aus diesem Grund wird im folgenden Abschnitt ein konzeptioneller Bezugsrahmen für den Innovationsprozeß sowie für industrielle Forschungs- und Entwicklungsaktivitäten abgeleitet.

2.2 Innovationsprozeß und FuE als Kern des Schlüsseltechnologie-Begriffs

2.2.1 Innovationsbegriff

Der in der ökonomischen Literatur gebräuchliche Innovationsbegriff beruht im wesentlichen auf den Vorstellungen von Schumpeter (1911; verwendete Auflage von 1964). Nach Schumpeter (1911, S. 93 ff.) sind technologische Innovationen die entscheidenden Antriebskräfte für den Prozeß der wirtschaftlichen Entwicklung. Schumpeter (1911, S. 100) bezieht sich dabei ausschließlich auf diskontinuierlich auftretende, in der Regel angebotsinduzierte Neuerungen:

"Neuerungen in der Wirtschaft [...] [vollziehen sich] so, daß neue Bedürfnisse den Konsumenten von der Produktionsseite her anerzogen werden, so daß die Initiative bei der letzteren liegt [...] Anderes oder anders produzieren heißt Dinge und Kräfte anders kombinieren. Soweit die neue Kombination von der alten aus mit der Zeit durch kleine Schritte, kontinuierlich anpassend, erreicht werden kann, liegt gewiß Veränderung, eventuell Wachstum vor, aber weder ein neues der Gleichgewichtsbetrachtung entrücktes Phänomen, noch Entwicklung in unserem Sinn."

Diskontinuierlich auftretende Neuerungen (Basisinnovationen) bilden nicht einfach einen Ersatz der alten "Kombinationen", sondern stehen zunächst in einem Konkurrenzverhältnis zu diesen. Die Durchsetzung neuer "Kombinationen" erfolgt durch ein Niederkonkurrieren alter "Kombinationen", wobei die benötigten Produktionsmittel den alten "Kombinationen" entzogen und nicht freie Kapazitäten genutzt werden. Der von Schumpeter (1911, S. 100 f.) geprägte Innovationsbegriff bezieht sich auf fünf Fälle von Basisinnovationen:

1. Herstellung eines neuen oder einer neuen Qualität eines Gutes,
2. Einführung einer neuen Produktionsmethode,
3. Erschließung eines neuen Absatzmarkts,
4. Eroberung einer neuen Bezugsquelle von Rohstoffen oder Halbfabrikaten,
5. Durchführung einer Neuorganisation.

Eine zentrale Rolle bei der Durchsetzung neuer "Kombinationen" übernimmt der *Unternehmer*. Durch die Einführung eines spezifischen Unternehmerbegriffs, der keine eigentums- oder besitzrechtlichen Ansprüche impliziert, sondern eine personifizierte Form der sog. *Unternehmerfunktion* darstellt, hat Schumpeter (1911, S. 110-139) für einige Verwirrung gesorgt.[1] Wirtschaftssubjekte heißen nur dann *Unternehmer*, wenn sie die Funktion des Durchsetzens neuer "Kombinationen" übernehmen und dabei das tragende Element bilden. Im Sinn von Schumpeter kann sogar ein abhängig Beschäftigter innerhalb eines Industriebetriebs zu einem *Unternehmer* werden, wenn die Durchsetzung einer neuen "Kombination" auf ihn zurückzuführen ist. Der *Unternehmer* erfüllt eine Vorbildfunktion, da er als erster

---

[1] Die Bezugnahme auf den Unternehmerbegriff im Schumpeterschen Sinn wird im folgenden durch kursive Schrift kenntlich gemacht.

die Bahnen des gewohnten Kreislaufs verläßt und unbekannte Risiken eingeht, anstatt auf Routine zu setzen. Damit ist der Innovationsbegriff eng an die Rolle des *Unternehmers* geknüpft. Die Motivation des *Unternehmers* hat nach Schumpeter (1911, S. 137 ff.) keine monetären Ursachen, sondern hängt primär mit Idealen wie Selbstverwirklichung, Erfolgsstreben und Kreativität zusammen.

Durch die erfolgreiche Durchsetzung neuer "Kombinationen" entsteht ein sog. *Unternehmergewinn* (Schumpeter 1911, S. 207-239). Dieser entspricht einem vorübergehenden Monopolgewinn aus der zunächst konkurrenzlosen Vermarktung einer neuen "Kombination". Durch den *Unternehmergewinn* ist zugleich ein Anreizinstrument gegeben, das weitere Anbieter dazu veranlaßt, zu innovieren oder die Innovation zu übernehmen. Mit zunehmender Adoption manifestiert sich der Prozeß der Durchsetzung neuer "Kombinationen", wobei gleichzeitig der *Unternehmergewinn* sinkt.

Neben dem Unternehmerbegriff hat auch der von Schumpeter eingeführte Innovationsbegriff zahlreiche Kritikansätze hervorgerufen. Dies gilt insbesondere für den relevanten Innovationstyp und die Art des Entstehens von Innovationen:

1. *Innovationsbegriff:* Während Schumpeter mit seinem Innovationsbegriff Basisinnovationen als Determinanten der wirtschaftlichen Entwicklung hervorhebt, scheinen im 20. Jahrhundert vor allem inkrementale Innovationen der Hauptstimulus für Wachstum und Entwicklung gewesen zu sein. Diese Hypothese läßt sich eindrucksvoll durch eine Studie von Mensch (1975) belegen, in der 1.242 Innovationen aus dem Zeitraum von 1953 bis 1973 auf der Basis von Expertenurteilen nach ihrem Bedeutungsgrad eingeordnet wurden. Danach hatten nur 3% der Neuerungen den Status einer Basisinnovation oder einer radikalen Innovation und 17% den Status einer wichtigen Verbesserungsinnovation. 80% der Neuerungen waren dagegen Produkt- oder Prozeßveränderungen geringen Umfangs (Jong 1987, S. 23 f.). Offensichtlich entspricht der von Schumpeter vorgezeichnete Weg von einer Erfindung bis zur direkten Markteinführung durch den *Unternehmer* nicht mehr dem gängigen Innovationsprozeß in den meisten Industriezweigen. In der Regel vergeht eine relativ lange Zeit, bevor eine Basiserfindung zur Marktreife gelangt. Van Duijn (1981, S. 271 ff.) ermittelte für 80 Basisinnovationen des 19. und 20. Jahrhunderts aus 13 Industriezweigen einen durchschnittlichen Time-Lag von 15 Jahren zwischen Erfindung und Markteinführung (siehe auch Clark et al. 1981, S. 312 ff.). In der dazwischenliegenden Periode war der Innovationsprozeß vor allem durch inkrementale Veränderungen und schrittweise Anpassungen geprägt.
2. *Innovationsmotiv:* Eine zweite Streitfrage betrifft das Innovationsmotiv. Sind Innovationen, wie von Schumpeter behauptet, überwiegend angebotsinduziert und schaffen sich ihre Nachfrage selbst (*Technology-Push*-Hypothese) oder sind es vorhandene Bedürfnisse, die zum Entstehen von Innovationen führen (*Demand-Pull*-Hypothese)? Empirische Studien lassen vermuten, daß sowohl untergeordnete Produktentwicklungen als auch Basisinnovationen zu einem erheblichen Teil nachfrageinduziert sind. In der Literatur gewinnt die Demand-Pull-Hypothese eine immer größere Bedeutung bei dem Versuch, das Auftreten von Innovationen zu verstehen. Allerdings lassen sich sowohl für die Demand-Pull- als auch für die Technology-Push-Hypothese empirische Beispiele finden. Eine endgültige Klärung, welche Hypothese unter welchen Bedingungen zutreffend ist, existiert bisher nicht (vgl. zum Diskussionsstand Van Duijn 1981, S. 274 f.;

Mensch et al. 1981, S. 280 ff.; Freeman 1981, S. 108 ff.; Dose 1988; Thomas 1987, S. 27 ff. und Morphet 1987, S. 46 ff.).

Der Schumpetersche Innovationsbegriff wurde in den 50er Jahren von französischen Wissenschaftlern als Grundlage zur Entwicklung der Polarisationstheorie verwendet. Im Sinn von Perroux sind Innovationen der Ausgangspunkt für sektoral ungleichgewichtiges Wirtschaftswachstum. Innovationen sind begleitet von der Bildung führender Branchen (Unité Motrice oder motorische Einheit), die als sektorale Wachstumspole Anstoß- und Bremseffekte auf abhängige Wirtschaftszweige ausüben. Motorische Einheiten sind gekennzeichnet durch eine quantitativ bedeutende Größe, überdurchschnittliche Wachstumsraten und einen hohen Grad an Verflechtung mit anderen Sektoren. Durch den hohen Verflechtungsgrad führen Ausbreitungs- und Bremseffekte der motorischen Einheiten zu sektoral polarisierten Wachstums- und Schrumpfungsprozessen (Schätzl 1981a, S. 127 f.). In Arbeiten von Boudeville und Lasuén dokumentiert sich der Versuch, dem sektoralen Polarisationskonzept eine räumliche Dimension zu verleihen. Es wird unterstellt, daß sich sektorale Polarisation räumlich niederschlägt und zur Bildung von Wachstumspolen führt, die in Form räumlicher Ausbreitungseffekte die Diffusion von wirtschaftlichem Wachstum steuern. Darauf aufbauende Konzepte wurden in den 70er Jahren häufig als Argumentationsgrundlage für eine räumliche Konzentration wirtschaftspolitischer Fördermaßnahmen auf städtische Zentren herangezogen, haben sich jedoch in der Praxis meist als wenig erfolgreich herausgestellt. Ursachen für das Fehlschlagen solcher Politiken lassen sich bereits in der unbefriedigenden theoretischen Ableitung räumlicher Wachstumspole aus einer sektoral polarisierten Entwicklung finden (vgl. Buttler 1973; Schilling-Kaletsch 1976; Richardson 1979, S. 164-178; Schätzl 1981a, S. 135 ff. und Jong 1987, S. 26 f.).

Auch die hier zugrundegelegte Definition von Giese u. Nipper (1984, S. 205) beruht im wesentlichen auf dem Schumpeterschen Innovationsbegriff, soll aber nicht nur auf Basisinnovationen beschränkt sein. Darin wird explizit auf drei verschiedene Arten von Innovationen hingewiesen: Es sind dies Produkt-, Prozeß- und organisatorische Innovationen. Im Zusammenhang mit dem Schlüsseltechnologie-Begriff besitzen Produktinnovationen die größte Bedeutung und stehen deshalb im Mittelpunkt der vorliegenden Arbeit:

"Innovation ist die erstmalige Einführung [...] eines neuen Produktes am Markt durch einen Akteur, die erstmalige Anwendung eines neuen Produktionsverfahrens durch einen Akteur oder eine organisatorische Neuerung, die erstmals bei einem Akteur durchgeführt wird. Eine solche Innovation beruht dabei auf einer (oder mehreren) vorausgegangenen Invention, [...] auf neuem Wissen, das bis zur Anwendungsreife (Prototyp) entwickelt wurde. Die Ausbreitung dieser Innovation auf andere Akteure wird als Diffusion bezeichnet."

2.2.2 Bedeutung von FuE im Innovationsprozeß

Anhand der Definition von Giese u. Nipper (1984, S. 205) lassen sich zwei verschiedene Prozeßphasen unterscheiden: Zunächst wird eine Erfindung bis zur Marktreife entwickelt (vgl. auch Mansfield 1968, S. 21-80); im Anschluß an die

Markteinführung erfolgt die Ausbreitung der Innovation auf andere Wirtschaftssubjekte. Vor allem in der ersten Phase kommt systematischen Forschungsaktivitäten eine entscheidende Bedeutung zu. Durch das Vorhandensein systematischer Forschung und Entwicklung (im folgenden: FuE oder R&D) und die Erweiterung des Innovationsbegriffs auf inkrementale Verbesserungen verliert der von Schumpeter mit einer zentralen Rolle belegte *Unternehmer* (als Personifizierung der Funktion, neue "Kombinationen" durchzusetzen) einen Teil seiner Bedeutung. Oft genug ist eine Produktinnovation eher eine Frage der Kontinuität von FuE-Aktivitäten, als daß sie auf die Geistesblitze eines Individuums und dessen Umsetzungsfähigkeit angewiesen ist. Auf jeden Fall ist eine Innovation keine genau definierte Handlung einer einzelnen Person, sondern besteht aus einer Abfolge miteinander verbundener Schritte. Diese umfassen vielfältige Modifikationen, Produkt- oder Prozeßanpassungen und beschränken sich in den seltensten Fällen auf den idealtypischen *Unternehmer* (Jong 1987, S. 25).

Während noch im 18. und 19. Jahrhundert viele Inventionen und Innovationen nicht auf wissenschaftliche Forschungen zurückzuführen waren, sondern aus den praktischen Erfahrungen von Ingenieuren und Handwerkern resultierten, gewannen systematische FuE-Aktivitäten im 20. Jahrhundert für den arbeitsteiligen, komplexen Innovationsprozeß zunehmend an Bedeutung. In der Elektronikindustrie basierten nicht nur die wichtigsten Erfindungen auf neuen wissenschaftlichen Entdeckungen und Theorien; selbst tagtägliche, weniger bedeutende Produkt- und Prozeßveränderungen konnten ohne ein Mindestmaß an Laborexperimenten und ohne den Einsatz wissenschaftlicher Prinzipien nicht vorangetrieben werden. Der Innovationsprozeß kommt heute in den meisten Industriesektoren nicht mehr ohne kontinuierliche FuE-Aktivitäten in speziellen Labors oder Unternehmensabteilungen und ohne einen hohen Beschäftigtenanteil an qualifizierten Wissenschaftlern, Ingenieuren und Technikern aus (siehe Freeman 1982, S. 107 f. sowie Malecki 1979, S. 322 und 1982a, S. 20).

Aufbau und Organisation von industriellen FuE-Abteilungen können sich im Einzelfall stark voneinander unterscheiden und sind eng an die übergeordneten Unternehmensziele und die Unternehmensorganisation gekoppelt. Kleine Ein-Produkt-Unternehmen besitzen häufig keine eigenständige FuE-Abteilung. Statt dessen werden FuE-Aktivitäten unter zentraler Leitung dem Produktionsprozeß angegliedert und von Arbeitskräften durchgeführt, die sowohl Produktions- als auch Forschungsaufgaben ausführen. Mit steigender innerbetrieblicher Arbeitsteilung erhält der FuE-Bereich einen organisatorisch unabhängigen Charakter. Es erfolgt der Aufbau von räumlich separaten FuE-Abteilungen mit spezialisierten Arbeitskräften. Bei zunehmender Diversifizierung der Produktpalette reicht eine einfache Funktionalisierung mit zentraler Leitung nicht mehr aus. Es bilden sich mehrere FuE-Abteilungen, die unter dezentralem Management räumlich und/ oder organisatorisch voneinander getrennt die verschiedenen Produktlinien betreuen (Malecki 1980, S. 220 ff.).

Langfristige Forschungsaktivitäten werden typischerweise in einem zentralen FuE-Labor konzentriert, während kurzfristige Produktentwicklungen dezentral an die Produktlinien gekoppelt sind. Bei vollständig zentralisierter FuE-Organisation finden alle FuE-Aktivitäten in einer zentralen Abteilung statt; innerhalb der einzelnen Produktionsabteilungen gibt es keine eigenständige FuE. Bei einer vollständig dezentralen FuE-Organisation ist der gesamte FuE-Bereich auf Produktlinien aufgeteilt; es existiert keine übergreifende Forschung. Während zentralisierte FuE-Formen vor allem unter Kostengesichtspunkten Vorteile bieten und zu internen Ersparnissen führen, erweisen sich dezentrale Organisationsformen vor allem bei hohen Flexibilitätsbedürfnissen und für effiziente Kommunikationsbeziehungen zwischen Management, FuE und Produktion als geeignet. In großen multinationalen Mehr-Betriebs-Unternehmen sind zentralisierte FuE-Labors meist in der Nähe der Headquarter-Standorte anzutreffen, während produktorientierte FuE-Abteilungen in der Regel an die verschiedenen Produktionsstandorte angeschlossen sind (vgl. dazu Malecki 1979, S. 324, 1980, S. 220-226 und 1982a, S. 22 f. sowie Dicken 1986, S. 197 ff.; Pfleiderer 1988 und Zimmermann u. Zimmermann-Trapp 1988). Nach dem angestrebten Ziel der Forschungstätigkeiten lassen sich idealtypisch drei Arten von FuE unterscheiden (vgl. Glasmeier et al. 1983, S. 7 f.; Freeman 1982, S. 225 ff. und Schamp 1988b, S. 78):

1. *Grundlagenforschung:* Sie ist langfristig orientiert und versucht durch wissenschaftliche Exploration, neue Erkenntnisse zu gewinnen. Der Bereich der Grundlagenforschung ist nicht direkt auf Produkt- oder Prozeßinnovationen ausgerichtet; trotzdem wird im allgemeinen erwartet, daß neue wissenschaftlich-technische Erkenntnisse in Zukunft kommerziell nutzbar sind. Schwerpunkte der Grundlagenforschung liegen im universitären Bereich. Ihr Erfolg ist meist über lange Zeit ungewiß.
2. *Angewandte Forschung:* Sie ist mittelfristig orientiert und beinhaltet im wesentlichen die Transformation wissenschaftlich-technischer Prinzipien in Produkt- oder Prozeßinnovationen. Ziel der angewandten Forschung ist also die kommerzielle Verwertung von neuen wissenschaftlich-technischen Erkenntnissen. Ein Großteil der angewandten Forschung wird innerhalb industrieller FuE-Abteilungen durchgeführt. Dabei wirken vor allem Ingenieure, Naturwissenschaftler und Techniker mit. Der Erfolg angewandter Forschungen ist oft nur eine Frage des Durchhaltevermögens und der Fähigkeit, die unternehmensspezifischen Qualifikationen optimal miteinander zu kombinieren.
3. *Produktentwicklung:* Als Produktentwicklung bezeichnet man die letzten Schritte, die notwendig sind, um den kommerziellen Erfolg einer Invention sicherzustellen. Die Entwicklungsphase besteht aus der Anpassung von Prototypen an Marktbedürfnisse, der Perfektionierung neuer Produkte oder der Implementierung von Prozeßinventionen in den Produktionsprozeß und besitzt eine entsprechend kurzfristige Orientierung. Produktentwicklung ist in vielen Industriesektoren (vor allem in Schlüsseltechnologie-Industrien) zur Gewährleistung einer dauerhaften Wettbewerbsfähigkeit absolut notwendig. Die Entwicklungsphase ist in der Regel eng an die Produktion gekoppelt. Es kommen nicht ausschließlich hochqualifizierte Arbeitskräfte zum Einsatz, weil die größten technischen Probleme mit dem Beginn der Entwicklungsphase bereits bewältigt sind. Der Erfolg von Produkt- oder Prozeßentwicklungen ist vergleichsweise gut abschätzbar.

Die vorstehende Dreiteilung des FuE-Prozesses darf allerdings nicht als strenge Abfolge von Schritten mißverstanden werden. Der Innovationsprozeß resultiert keineswegs regulär aus einer deterministischen Aufeinanderfolge unterschiedlich ausgerichteter FuE-Aktivitäten, die mit der Schaffung neuer wissenschaftlich-technischer Erkenntnisse starten und der Feinabstimmung von Produkten an Marktbedürfnisse enden. Neue Technologien fließen nicht monokausal aus der Wissenschaft in die Industrie, sondern umgekehrt laufen zum Teil industrielle Technologien dem wissenschaftlichen Verständnis voraus. Nicht selten resultiert eine Problemlösung aus praktischen Erfahrungen, ohne daß eine wissenschaftliche Erklärung existiert (z.B. in medizinischen Bereichen). Technologische Innovationen sind oft eher das Ergebnis eines Lernprozesses, innerhalb dessen systematische FuE-Aktivitäten die Lösungssuche erheblich beschleunigen können (vgl. Thomas 1987, S. 29 ff. und Walker 1985, S. 237 ff.).

Folgt man den Vorschlägen von Dosi (1988, S. 222 ff.) und Thomas (1987, S. 29 f.), so läßt sich *Technologie* als eine Menge von theoretischen und praktischen Kenntnissen, Know-how, Methoden, Vorgehensweisen und Erfahrungen über Erfolg und Mißerfolg definieren. Ein *technologisches Paradigma* ist dann ein Modell bzw. Lösungsschema für ausgewählte technologische Probleme, das auf bestimmten naturwissenschaftlichen und ingenieurwissenschaftlichen Prinzipien basiert (z.B. der Bau von Computern auf der Grundlage integrierter Schaltkreise). Innerhalb einer Menge spezifischer Technologien, die mit speziellen technologischen Paradigmen verbunden sind, existieren sog. Heuristiken, die quasi vorgeben, welche Richtung der technologische Fortschritt einschlägt. Wenn innovative Aktivitäten a priori zielgerichtet sind, so werden innerhalb eines technologischen Paradigmas heuristische Suchprozesse einsetzen, um die angestrebte Lösung zu finden. Aufgrund der technologischen Ungewißheit garantiert die Anwendung einer Heuristik allerdings weder ein wünschenswertes noch das einzig mögliche Ergebnis. Die Art des technologischen Paradigmas und die Art des technologisch möglichen Lernprozesses haben dabei entscheidenden Einfluß auf die Effektivität der Forschung. Ein konkretes Muster von Problemlösungsaktivitäten innerhalb eines technologischen Paradigmas definiert eine *technologische Trajektorie* (z.B. die Art, wie integrierte Schaltkreise innerhalb eines Computers gekoppelt werden). Da unter Umständen zur gleichen Zeit mehrere technologische Paradigmen und innerhalb jedes einzelnen Paradigmas eine unbekannte Zahl technologischer Trajektorien existieren, kann der technologische Fortschritt in seiner Gesamtheit kein deterministischer Prozeß sein, auch wenn einzelne Trajektorien ein quasi-deterministisches Handeln implizieren. *Technologischer Fortschritt* entsteht demnach entweder (a) durch die Entwicklung entlang einer bekannten technologischen Trajektorie oder (b) durch einen Wechsel zu einer anderen technologischen Trajektorie (jeweils innerhalb eines bewährten technologischen Paradigmas) oder (c) durch den Wechsel zu einem anderen technologischen Paradigma.

Unabhängig von der Sektorzugehörigkeit haben FuE-Aktivitäten innerhalb verschiedener Trajektorien, Produktionsstrategien (etwa flexible Einzelfertigung oder Massenproduktion) und Innovationsstrategien eine unterschiedliche Qualität und Organisationsform. Anstatt selbst zu innovieren, besteht für ein Unternehmen z.B. die Möglichkeit, Innovationen zu adoptieren und so den Innovationsprozeß (zum Teil auch FuE-Aktivitäten) zu externalisieren. Ob und wie ein Unternehmen innoviert und in welchem Maß eigenständige FuE-Aktivitäten stattfinden, läßt sich durch eine Typisierung von Innovationsstrategien formalisieren. Die Klassifikation von Innovationsstrategien nach Freeman (1982, S. 169-186) ist zwar nicht erschöpfend und besitzt zwangsläufig einen hohen Generalisierungsgrad, sie wird im Rahmen der vorliegenden Arbeit trotzdem als Grundgerüst verwendet, um FuE-Aktivitäten nach ihrer Bedeutung zu unterscheiden und der Vielfalt an Wahlmöglichkeiten Rechnung zu tragen (siehe auch Malecki 1979, S. 322 f. und 1980, S. 220 ff. sowie Harrington 1987; Morphet 1987, S. 50 ff., Kay 1988 und Storper u. Walker 1989, S. 99 ff.):

1. *Offensive Innovationsstrategie:* Das Ziel einer offensiven Innovationsstrategie ist das Erreichen einer Marktführungsposition durch eine im Vergleich zur Konkurrenz schnellere Einführung neuer Produkte. Da die notwendigen wissenschaftlich-technischen Informationen nicht aus einer singulären Quelle bezogen werden können, hat die FuE-Abteilung eine besondere Bedeutung für die Informationsbeschaffung und Informationsverarbeitung. Das notwendige Wissen muß zum Teil selbst erzeugt und anschließend bis zur kommerziellen Nutzbarkeit weiterentwickelt werden. Unternehmen mit offensiver Innovationsstrategie sind extrem FuE-intensiv, besitzen zum Teil eigene Abteilungen zur Grundlagenforschung und führen unternehmensinterne Ausbildungsprogramme durch. Noch wichtiger als Grundlagenforschung sind experimentelle Forschungen (angewandte Forschung und Design Engineering). Ein Großteil der FuE-Aufwendungen wird für die Bereiche Design, Prototypen-Entwicklung und für Pilotfabriken aufgewendet. Typische Kennzeichen sind der Besitz wichtiger Patente, ständiges Innovieren und ein großer Anteil hochqualifizierter Arbeitskräfte.
2. *Defensive Innovationsstrategie:* Defensive Innovatoren erstreben nicht unbedingt eine marktführende Position, sondern versuchen im Gegenteil die Fehler der Erstinnovatoren auszuschalten und verbesserte Produkte auf dem Markt anzubieten. Um den technologischen Wandel nicht zu verpassen, müssen defensive Innovatoren in der Lage sein, jederzeit flexibel auf neue Ansprüche zu reagieren. Deshalb können wissenschaftlich-technische Ressourcen im Fall einer defensiven Strategie sogar noch größer sein als bei einer offensiven Strategie. Grundlagenforschung verliert ihre Bedeutung, während experimentelle Entwicklung und Design die Schlüsselfunktionen für den Erfolg darstellen. Kennzeichen sind unternehmensinterne Weiterbildungsprogramme im Bedarfsfall und ein großer Anteil hochqualifizierter Arbeitskräfte.
3. *Opportunistische Innovationsstrategie:* Opportunistische Innovatoren handeln mit der Absicht, neue Marktsegmente zu erobern, die keine allzu intensiven FuE-Aktivitäten erfordern. Wichtiger als FuE sind das Vorhandensein guter Informationssysteme, Kreativität und Managementqualitäten. Typischerweise wird ein opportunistischer Innovator neue Märkte oder Marktnischen suchen, die von Konkurrenten bisher nicht erkannt wurden. Opportunistische Strategien sind deshalb mit starken Spezialisierungstendenzen verbunden. FuE-Aktivitäten spielen vorrangig für den Spezialisierungsprozeß eine Rolle; Grundlagenforschung und angewandte Forschung sind bedeutungslos.
4. *Imitative Innovationsstrategie:* Während defensive Innovatoren bestrebt sind, die Produktneuerungen der Erstinnovatoren aktiv zu verbessern, versuchen imitative Innovatoren die Risiken einer zu frühen Markteinführung zu vermeiden. Im Fall einer imitativen Innovationsstrategie wird man erfolgreiche Innovationen nachbauen, anstatt eine technische Führungsposition anzustreben. Patentbesitz ist die Ausnahme und höchstens ein Nebenprodukt von Entwicklungsaktivitäten. Es dominiert die Adoption von Neuerungen. Eigene FuE-Aktivitäten sind stärker auf Prozeß- als auf Produktinnovationen aus-

gerichtet. Typischerweise werden imitative Innovatoren unter Lizenz produzieren oder technisches Wissen aufkaufen. Um auf dem Markt erfolgreich gegen etablierte Innovatoren konkurrieren zu können, sind Imitatoren auf Wettbewerbsvorsprünge in bestimmten Marktsegmenten oder Stückkostenvorteile angewiesen (z.B. geringe Lohnkosten oder kostengünstige Produktionsverfahren). Wichtiges Kennzeichen ist ein gut ausgebautes wissenschaftlich-technisches Informationssystem.

5. *Abhängige Innovationsstrategie:* Ein Unternehmen mit abhängiger Innovationsstrategie ist bereit, eine Satellitenfunktion für andere Unternehmen zu übernehmen. Eigenständige Entwicklungen oder Imitationen von Produktinnovationen werden nicht angestrebt, es sei denn, wichtige Kunden oder die Stammgesellschaft fordern solche Schritte. Normalerweise wird ein abhängiger Innovator auf Vertragsbasis für ein großes Unternehmen arbeiten und keine eigene FuE-Abteilung unterhalten. Die Versorgung mit technischen Informationen über neue Produkte erfolgt durch die Kunden bzw. Vertragspartner. Die Konkurrenzfähigkeit abhängiger Innovatoren beruht auf der festen Vertragsbasis, ist aber langfristig mit Risiken verbunden.
6. *Traditionelle Innovationsstrategie:* Traditionelle Strategien sind eigentlich Nicht-Innovationsstrategien. Ein traditioneller Produzent sieht keine Veranlassung dazu, Produktänderungen vorzunehmen, weil der Markt diese nicht erfordert. Statt dessen liegt der Schwerpunkt in der Herstellung etablierter Produkte für bekannte Märkte. Eigenständige FuE-Abteilungen sind nicht vorhanden. Sofern Produktänderungen vorkommen, handelt es sich dabei um modebedingte Design-Änderungen kleineren Umfangs. Die Wettbewerbsfähigkeit beruht nicht auf wissenschaftlich-technischer Expertise, sondern auf handwerklichen Fähigkeiten.

2.3 Probleme der Abgrenzung von Schlüsseltechnologie-Industrien

In den bisherigen Ausführungen dieses Kapitels wurde der Schlüsseltechnologie-Begriff konzeptioniert und ein theoretischer Rahmen für den Innovationsprozeß abgeleitet. Damit ist die Aufgabe der Operationalisierung von Schlüsseltechnologie-Industrien allerdings noch nicht bewältigt. Vor diesem Schritt stößt man auf eine Reihe ungeklärter Fragen und Probleme, die den Bezugsrahmen des Schlüsseltechnologie-Begriffs betreffen und direkten Einfluß auf die Abgrenzungsmethodik haben. Durch die eingangs gegebene Definition von Schlüsseltechnologie-Industrien wurde z.B. a priori vorgegeben, daß sich der Schlüsseltechnologie-Begriff auf Industriesektoren bezieht, nicht jedoch auf die Unternehmensebene. Ob und wie sich eine solche Vorabfestlegung rechtfertigen läßt, ist im folgenden zu diskutieren. Außerdem stellt sich die Frage, welchen zeitlichen und räumlichen Bezug eine durchgeführte Schlüsseltechnologie-Operationalisierung besitzt und ob sich der Schlüsseltechnologie-Begriff ausschließlich auf Verarbeitende Industrien beschränken oder auch Dienstleistungssektoren umfassen soll.

2.3.1 Problematik von Industrieklassifikationen

Aufgrund der Beschränkungen des Datenmaterials aus der Amtlichen Statistik beruhen alle empirischen Untersuchungen über Schlüsseltechnologie-Industrien auf einem vorgegebenen Klassifikationsschema von Industriegruppen (siehe auch Tab. 1 bis Tab. 3). Im US-amerikanischen und kanadischen Raum sind dies die sog. *Standard Industrial Classification (SIC)*-Systeme. Darin werden in einem hierarchischen Schlüsselsystem zwei- bis vierstellige Schlüsselnummern (SIC-Codes) mit fortschreitender Differenzierung vergeben, denen die einzelnen Industrieunternehmen produktspezifisch zugeordnet werden. Jede Schlüsseltechnologie-Abgrenzung, die auf dem Klassifikationssystem des SIC beruht, ist dementsprechend produktorientiert (Höppl 1990, S. 11). Diese Eigenschaft erweist sich für die vorliegende Untersuchung allerdings nicht als nachteilig, denn der Schlüsseltechnologie-Begriff soll ja gerade die Produktseite hervorheben. Trotzdem besitzt jede vorgegebene Industrieklassifikation zahlreiche Nachteile, die in der Bewertung einer empirischen Untersuchung zu berücksichtigen sind (siehe z.B. Walker 1985, S. 228 ff.):

1. *Intrasektorale Heterogenität:* Eines der Hauptprobleme bei der Verwendung von Industrieklassifikationen besteht in der großen Heterogenität der einzelnen Industriebranchen. Eine Industriegruppe wie Office, Computing and Accounting Machines (SIC 357), die in allen Schlüsseltechnologie-Abgrenzungen enthalten ist, umfaßt sowohl Produkte auf hohem (z.B. Electronic Computing Equipment - SIC 3573) als auch auf niedrigem technologischem Niveau (z.B. Scales/ Balances - SIC 3576). Noch größer ist die Streubreite von Produkten der Elektroindustrie. So enthält die Industriegruppe Electric Lighting and Wiring Equipment (SIC 364) Glühbirnen-Hersteller, aber auch Produzenten aus dem Bereich der Lasertechnik. Entsprechende Heterogenitäten lassen sich beinahe in allen drei- und vierstelligen Industriegruppen feststellen (Glasmeier et al. 1983, S. 4).
2. *Inflexibilität:* Da im gesamtwirtschaftlichen Rahmen nicht kontinuierlich Daten erhoben werden können, erweist sich eine Industrieklassifikation als relativ inflexibel gegenüber industriestrukturellen Veränderungen. Es dauert unter Umständen sehr lange, bis neue Schlüsseltechnologie-Produktgruppen eigene SIC-Codes zugewiesen bekommen. Sie tauchen in einer Neuabgrenzung des SIC-Systems erst dann auf, wenn sie eindeutig von etablierten Produktgruppen unterscheidbar sind und für die Arbeitsmärkte eine signifikante Bedeutung erlangen. Ein gutes Beispiel für die lange Reaktionszeit des SIC-Systems auf Neuentwicklungen bilden die Biotechnologien. Forschungen und Produktentwicklungen im Bereich der Biotechnologie finden heute in vielen Industriegruppen statt - in der pharmazeutischen Industrie, bei Produzenten von medizinischen Instrumenten, in der Agrochemie, in der Brauerei-Industrie und in medizinischen Dienstleistungssektoren. Eigenständige SIC-Schlüsselnummern existieren bisher kaum, und es ist auch nicht absehbar, ob der Bereich der Biotechnologien überhaupt eine separate Bedeutung innerhalb des Codierungssystems erhalten wird. Insofern muß jede Schlüsseltechnologie-Studie, die auf einer Industrieklassifikationen beruht, zwangsläufig auf die Analyse der etablierten Schlüsseltechnologien beschränkt sein.

3. *Zuordnungsprobleme:* Ein kaum lösbares Problem bei der Verwendung von Industrieklassifikationen besteht in der Zuordnung multinationaler Unternehmen und Konglomerate. Ein Unternehmen wie General Electric, das normalerweise dem Bereich der Schlüsseltechnologie-Industrien zugeordnet wird, besitzt eine Produktpalette, die von Kühlschränken bis hin zu Halbleitern und ferngelenkten Raketensystemen reicht. Da solche Unternehmen aus Praktikabilitätsgründen geschlossen einer konkreten Industriegruppe zugeordnet werden, resultiert eine unzulässige Homogenisierung von Produktgruppen. Die Präsenz von Konglomeraten kann im Extremfall dazu führen, daß eine Region anhand der Beschäftigtenzahlen als Schlüsseltechnologie-Agglomeration eingestuft wird, obwohl dort keinerlei Schlüsseltechnologie-Produkte hergestellt werden. Die Zuordnungsproblematik von Mehr-Produkt-Unternehmen tritt vor allem in makroanalytischen Studien auf, weil diese keine Möglichkeit bieten, Zuordnungen von Unternehmen zu Industriegruppen zu überprüfen. Im Fall einer Unternehmensbefragung lassen sich inkonsistente Klassifizierungen anhand der erhobenen Daten im nachhinein beheben. Ähnliche Zuordnungsprobleme können auch bei großen Ein-Produkt-Unternehmen auftauchen, die eine räumlich-funktionale Arbeitsteilung ihrer Produktionsstrukturen vollzogen haben.

Die geschilderten Nachteile von Industrieklassifikationen führen direkt zu der Frage, ob es nicht sinnvoll ist, das SIC-Zuordnungsschema zu verlassen und Schlüsseltechnologie-Unternehmen auf individueller Unternehmensebene, nach einzelnen Betrieben oder nach Unternehmensfunktionen abzugrenzen. Walker (1985, S. 229) geht sogar noch weiter und stellt die Sinnhaftigkeit einer produktbezogenen Industrieklassifikation prinzipiell in Frage. So sehr allerdings die Kritik an produktbezogenen Industrieklassifikationen auch zutreffen mag, so wenig läßt sie sich bei einer empirischen Analyse umgehen. Für den nordamerikanischen Raum existiert kein Datenmaterial, das den Übergang zu einer anderen Form der Abgrenzung (z.B. nach Unternehmenssegmenten) ermöglicht. Nur unter Verwendung des SIC-Systems besteht die Möglichkeit, einzelne Unternehmen für eine Erhebung zu identifizieren. Und lediglich durch den Rückgriff auf die Industrieklassifikation nach SIC-Codes wird gewährleistet, daß die Repräsentativität einer Erhebung überprüfbar und nachvollziehbar bleibt. Prinzipiell sollte dabei ein möglichst geringes Aggregationsniveau gewählt werden, um Fehlerquellen durch die Heterogenitäten innerhalb einzelner Sektoren gering zu halten.

2.3.2 Problematik internationaler und intertemporaler Vergleiche

Selbstverständlich kann und darf der Schlüsseltechnologie-Begriff keinen statischen Charakter haben, sondern muß unter zeitlichen und räumlichen Gesichtspunkten Flexibilität ermöglichen. Die Einführung eines dynamischen Konzepts erschwert allerdings eine Interpretation empirischer Ergebnisse, weil eine konkrete Studie stets in ihrem räumlichen und zeitlichen Zusammenhang zu betrachten und nur mit Einschränkungen auf andere externe Umgebungen übertragbar ist. Ein dynamisches Schlüsseltechnologie-Konzept erfordert eine ständige (wenn auch nicht stetige, so doch diskrete) Neuabgrenzung von Schlüsseltechnologie-Industrien differenziert nach Volkswirtschaften und nach Zeitperioden. Ein intertemporaler und/ oder internationaler Vergleich von Schlüsseltechnologie-Entwicklungen ist demzufolge mit zahlreichen Problemen verbunden:

1. *Zeitlicher Wandel:* Die sektoralen Strukturanalysen von Markusen (1985a) veranschaulichen, in welcher Form sich die Bedeutung fast aller Industriesektoren einer Volkswirtschaft im Zeitablauf verändert. Mit den wandelnden Bedürfnissen der Gesellschaft, veränderten technologischen Paradigmen und neuen wissenschaftlich-technischen Erkenntnissen wechselt innerhalb einer Volkswirtschaft allmählich auch die Zusammensetzung derjenigen Industriebranchen, die gemäß der eingangs gegebenen Definition als Schlüsseltechnologie-Industrien zu deklarieren wären. Es ist durchaus vorstellbar, daß ein grundlegender Wandel von Schlüsseltechnologie-Branchen den sog. *Langen Wellen* der wirtschaftlichen Entwicklung folgt (vgl. Kapitel 11 sowie Kondratieff 1926 und Schumpeter 1911). Ob solche Lange Wellen in einem Rhythmus von rund 50 Jahren auftreten, wie vielfach behauptet wird (aber letztlich nicht nachweisbar ist), oder ob Lange Wellen keine zeitliche Regelmäßigkeit aufweisen, ist dabei zunächst ohne Bedeutung (vgl. die Kritik von Rostow 1975 und 1977). Sicher scheint hingegen, daß man mit Bezug auf das Konzept der Langen Wellen davon ausgehen kann, daß kurz- und mittelfristige Vergleiche von Schlüsseltechnologie-Industrien unproblematisch sind. Über lange Sicht ist ein direkter Vergleich von Schlüsseltechnologie-Industrien allerdings kaum mehr möglich, ohne eine Neuabgrenzung vorzunehmen.
2. *Internationale Entwicklungsunterschiede:* Angesichts der Dynamik von Schlüsseltechnologie-Industrien ist ein internationaler Vergleich noch problematischer als ein intertemporaler Vergleich. Infolge des unterschiedlichen Entwicklungsstands und der verschiedenen Entwicklungsvoraussetzungen wird man auf der Basis ein und desselben Abgrenzungsindikators für die meisten Volkswirtschaften zu unterschiedlichen, zum Teil völlig voneinander abweichenden Zusammensetzungen des Schlüsseltechnologie-Sektors gelangen. Es sind umso größere Abweichungen zu erwarten, je größer die Entwicklungsunterschiede sind. In einem Schwellenland wie Südkorea mögen z.B. die Textil- und Fahrzeugindustrie, in einem Industriestaat wie den USA dagegen die Industriezweige Computer und Telekommunikation zu den bedeutendsten Schlüsseltechnologie-Branchen zählen.
3. *Internationale Arbeitsteilung:* Schließlich ist die Zusammensetzung von Schlüsseltechnologie-Industrien innerhalb einer Volkswirtschaft abhängig vom Grad der internationalen Arbeitsteilung. Unterstellt man ein vereinfachtes Weltwirtschaftssystem, in dem eine erste Gruppe von Staaten ausschließlich Rohstoffe liefert und eine zweite Gruppe diese ausschließlich verarbeitet, so wird der Schlüsseltechnologie-Begriff ad absurdum geführt. Innerhalb der rohstoffliefernden Volkswirtschaften ließen sich gemäß der Schlüsseltechnologie-Definition unter Umständen überhaupt keine Schlüsseltechnologie-Industrien finden, weil eine Arbeitsteilung zur Folge hätte, daß sich die Herstellung von Produkten auf hohem technologischem Niveau ausschließlich in Volkswirtschaften mit entsprechenden komparativen Kostenvorteilen konzentrieren würden.
4. *Klassifikationsproblem:* Selbst zwischen gleich entwickelten Volkswirtschaften kann eine Schlüsseltechnologie-Abgrenzung nicht ohne weiteres transferiert werden. Da jede praktikable Schlüsseltechnologie-Operationalisierung auf einer vorgegebenen Industrieklassifikation beruhen muß, entsteht ein Kompatibilitätsproblem zwischen volks-

wirtschaftlich definierten Industriegruppen. So weisen die SIC-Systeme der USA und Kanadas zahlreiche Unterschiede auf. Beispielsweise ist die US-Industriegruppe Guided Missiles/ Space Vehicles (SIC 376) in der kanadischen Volkswirtschaft nicht vorhanden. Innerhalb der US-Instrumentenindustrie besitzen die Bereiche Ophthalmic Goods (SIC 385) und Watches/ Clocks (SIC 387) eigene dreistellige Schlüsselnummern; in Kanada sind sie lediglich anhand vierstelliger Codierungen (SIC 3914 und SIC 3913) innerhalb der Scientific/ Professional Equipment-Industrie (SIC 391) zu unterscheiden.

2.3.3 Problematik einer Vermischung von Industrie- und Dienstleistungssektoren

Obwohl in der Analyse wirtschaftlicher Aktivitäten streng zwischen der Verarbeitenden Industrie und dem Dienstleistungssektor unterschieden wird, besteht seit Mitte der 80er Jahre die Tendenz, den Schlüsseltechnologie-Begriff nicht mehr ausschließlich industriebezogen zu definieren. In den Studien von Riche et al. (1983), der Massachusetts Division of Employment Security - MDES (1985), Armington (1986), Hall et al. (1987), Höppl (1990) und Keeble (1991) werden außer Branchen der Verarbeitenden Industrie auch Dienstleistungen in die Schlüsseltechnologie-Abgrenzung einbezogen (siehe auch Tab. 2). Als Begründung für die gleichzeitige Behandlung von Industrie- und Dienstleistungssektoren wird meistens auf die Problematik hingewiesen, den Software-Sektor angemessen zuzuordnen und von Schlüsseltechnologie-Industriegruppen zu trennen. So war die Entstehung des Software-Sektors traditionell eng mit der Computerindustrie verflochten. Ein Teil der auf dem Markt angebotenen Software wurde direkt von Computerherstellern entwickelt. Fast jedes größere Unternehmen der Computerindustrie expandierte in die Software-Herstellung und besitzt heute eine eigene Abteilung zur Software-Entwicklung. Bei einer Schlüsseltechnologie-Abgrenzung auf der Basis des SIC-Systems sind die in der Computerindustrie integrierten Software-Segmente automatisch miteinbezogen, während eigenständige Software-Häuser explizit ausgeschlossen bleiben. Es handelt sich dabei jedoch primär um ein Klassifikationsproblem (vgl. den vorhergehenden Abschnitt) und nicht um ein Problem der Vermischung von Industrie- und Dienstleistungsfunktionen.

Es gibt insgesamt keine überzeugende Begründung dafür, den Software-Sektor im Unterschied zu anderen Unternehmensdienstleistungen gemeinsam mit Schlüsseltechnologie-Industrien zu analysieren. Der Komplex der Unternehmensdienstleistungen hat sich in den 80er Jahren zu einem der am schnellsten wachsenden Segmente in der US-amerikanischen und der kanadischen Volkswirtschaft entwickelt und steht in einem wechselseitigen Abhängigkeitsverhältnis zu Schlüsseltechnologie-Industrien. Die Nachfrage des Schlüsseltechnologie-Sektors hat den Wachstumsprozeß von Unternehmensdienstleistungen forciert und das wachsende Angebot an Unternehmensdienstleistungen umgekehrt die Wettbewerbsfähigkeit von Schlüsseltechnologie-Industrien (vgl. Schickhoff 1985; Macpherson 1988a und 1988b; Stiglbauer 1988 sowie Goe 1990). Um Abhängigkeitsbeziehungen und Verselbständigungsprozesse erfassen zu können, erscheint es notwendig, Dienstleistungs- und Industriesektoren strikt voneinander zu trennen. Außerdem weisen

Dienstleistungs- und Industriesektoren verschiedene Markt- und Produktionsstrukturen auf, so daß prinzipielle Vorbehalte gegen eine gemeinsame Behandlung beider Bereiche angebracht sind. Einige grundsätzliche Unterschiede, die im Fall einer Vermischung leicht zu verzerrten Ergebnissen führen können, sind im folgenden kurz aufgeführt:

1. *Produktbegriff:* Im Unterschied zur Verarbeitenden Industrie ist der Output von Dienstleistungsunternehmen eine Leistung, die oftmals nicht als physische Einheit faßbar ist.
2. *Rohstoffbedarf:* Während in der Verarbeitenden Industrie Rohstoffe, Vor- und Zwischenprodukte verarbeitet und im Fall von Schlüsseltechnologie-Sektoren zu Produkten auf hohem technologischem Niveau veredelt werden, kommen Unternehmensdienstleistungen im laufenden Betrieb (abgesehen von fixem Kapital) ohne mengenmäßig bedeutsame Zulieferungen aus.
3. *Transportbedingungen:* Transportkosten haben für Unternehmensdienstleistungen eine noch geringere Bedeutung als für Schlüsseltechnologie-Industrien und sind zu vernachlässigen. Die physische Nähe zu Zulieferern ist praktisch ohne Bedeutung, lediglich Kundenorientierung spielt eine Rolle - allerdings nicht unter Transportgesichtspunkten.
4. *Produktionsprozeß:* Der Prozeß der Erstellung von Unternehmensdienstleistungen ist nicht auf den Einsatz großräumiger Maschinen angewiesen, die in verschiedenen Produktionsstufen hintereinander geschaltet sind. Statt dessen übersteigen die Produktionsanforderungen in den seltensten Fällen das Vorhandensein von Büroausstattungen, EDV-Systemen und Laboreinrichtungen. Zusätzlich ist die Erstellung von Dienstleistungen fast nie mit Immissionen verbunden.
5. *Arbeitskräftebedarf:* Im Bereich der Unternehmensdienstleistungen existiert praktisch kein Bedarf an *Blue-Collar*-Arbeitskräften ("Blaumännern").
6. *Flächenanspruch:* Durch die Art des Produktionsprozesses und die spezifischen Input-Output-Verflechtungen haben Dienstleistungsunternehmen vergleichsweise geringe Flächenansprüche. Die benötigte Arbeitsfläche je Arbeitskraft liegt deutlich unter dem Industriebedarf. Zudem entfällt die Notwendigkeit speziell zugeschnittener oder übergroß dimensionierter Produktionsflächen, so daß praktisch jedes Bürogebäude den Anforderungen des laufenden Betriebs genügt. Typische Standorte für Unternehmensdienstleistungen sind mehrstöckige moderne Bürogebäude in den Zentren großer Metropolen oder in gut erschlossenen suburbanen Gewerbeparks.
7. *Gründungsbedingungen:* Durch die geringen Flächenansprüche und den relativ einfachen Produktionsprozeß ist der Kapitalbedarf für eine Neugründung geringer als in der Verarbeitenden Industrie.
8. *Marktstruktur:* Als Folge der Produktions-, Gründungs- und Nachfragebedingungen ist die Marktkonzentration im Dienstleistungssektor geringer als in der Verarbeitenden Industrie. So stammen rund 80% aller Software-Produkte von kleinen unabhängigen Anbietern (Hall et al. 1985, S. 52). Kleine und mittelgroße Spezialisten sind auf dem Software-Markt besonders erfolgreich, weil die differenzierte Nachfrage flexible Anbieter begünstigt und auf Kundenbedürfnisse zugeschnittene Software-Entwicklungen sich nicht beliebig in einem Unternehmen bündeln lassen (Frankfurter Rundschau vom 4. September 1990).

2.4 Methoden zur Abgrenzung von Schlüsseltechnologie-Industrien

Ein auf den Prinzipien wissenschaftlichen Arbeitens aufbauender Ansatz zur Ermittlung von Schlüsseltechnologie-Sektoren müßte zunächst von einer inhaltlichen Begriffsabgrenzung ausgehen. Aus einer Definition wären dann im zweiten Schritt die charakteristischen Merkmale von Schlüsseltechnologie-Industrien abzuleiten. Ein dritter Schritt bestünde in einer Operationalisierung dieser Merkmale durch die Festlegung von geeigneten statistischen Kenngrößen (Merkmalsindikatoren). Eine letzte Arbeitsstufe würde in der Auswahl und Anwendung eines statistischen Verfahrens bestehen, das die verwendeten Indikatoren auf geeignete Weise verarbeitet und eine endgültige sektorale Auswahl von Schlüsseltechnologie-Industrien liefert.

Ein solcher Ansatz ist bisher allerdings noch nicht in letzter Konsequenz zur Anwendung gekommen. In der Praxis sind der oben skizzierten Vorgehensweise Schranken gesetzt, die aus der unzureichenden Datenverfügbarkeit resultieren. Die Amtliche Statistik liefert nur eine begrenzte Anzahl von Indikatoren, die bei einer Operationalisierung des Schlüsseltechnologie-Begriffs sinnvoll eingesetzt werden können. Viele Operationalisierungen werden demzufolge von der unzulänglichen Datenbasis überschattet und sind durch eine pragmatische Vorgehensweise gekennzeichnet. In den bisher vorliegenden Studien über Schlüsseltechnologie-Industrien dominieren zwei Ansätze: Entweder man verzichtet auf eine inhaltliche Definition und begnügt sich mit der Auswahl eines oder mehrerer Ersatzindikatoren, um auf rein empirischem Weg Schlüsseltechnologie-Sektoren festzulegen. Alternativ dazu gibt es zahlreiche subjektive Sektorabgrenzungen, die auf sog. Expertenurteilen beruhen und vollständig ohne statistische Kenngrößen auskommen.

2.4.1 "Objektive" Abgrenzungen

Anstatt den Schlüsseltechnologie-Begriff konzeptionell zu klären, beschränken sich zahlreiche empirische Abgrenzungs- und Definitionsversuche auf eine katalogisierte Auflistung typischer Eigenschaften von Schlüsseltechnologie-Industrien. Doody u. Munzer umschreiben den High-Technology-Begriff z.B. durch sieben Charakteristika (zitiert nach Jong 1987, S. 37): *"labour-intensiveness; highly skilled employee base; high ratio of scientists and engineers; high growth rates; high ratios of Research & Development (R&D); high value-added products; and world-wide competition"*. In dem Indikatorenkatalog treten sowohl Kenngrößen der Input- als auch der Outputseite auf. Während Output-Indikatoren die Effekte von Innovations- und Produktionsprozessen und damit die erhofften Auswirkungen von Schlüsseltechnologie-Aktivitäten zu erfassen suchen, umschreiben Kenngrößen der Inputseite die Art und Weise, in der Innovationen und Produktion zustande kommen. Es wird zwar oft angenommen, daß zwischen dem Forschungsinput (z.B. FuE-Aufwendungen) und dem Output von Schlüsseltechnologie-Industrien (etwa dem Arbeitsplatzwachstum durch Innovationsprozesse) ein enger Zusammenhang besteht, dieser ist jedoch nicht zwingend vorhanden.

2.4.1.1 Abgrenzungen auf der Basis von Output-Indikatoren

Nach Oakey et al. (1988, S. 41 und 43) bilden Output-Indikatoren die direkteste Methode, um Schlüsseltechnologie-Aktivitäten zu erfassen, denn sie messen das physische Ergebnis des Einsatzes von Wissenschaft und Technik in der Produktion. Dieser Sichtweise kann allerdings nicht uneingeschränkt zugestimmt werden. Output-Indikatoren sind nicht immer ein Maß für die Auswirkungen von technologischen Innovationsprozessen, denn nicht alle Innovationsaktivitäten münden in kommerziell verwertbare neue Produkte (Torretto 1990, S. 18). Außerdem mögen erfolgreiche Produktinnovationen sehr wohl auch ohne wissenschaftlich-technischen Aufwand entstehen können (Jong 1987, S. 38). Der Benutzung von Output-Indikatoren steht zusätzlich ein ganz entscheidendes statistisches Problem entgegen. Es gibt keine statistische Maßzahl um den technologischen Innovationsoutput direkt zu messen. Im Unterschied zu den Kenngrößen für die Inputseite sind die in der Amtlichen Statistik verfügbaren Ersatzindikatoren für die Outputseite durch gravierende Nachteile gekennzeichnet. Die Problematik soll im folgenden anhand einiger Output-Indikatoren erläutert werden:

1. *Beschäftigtenwachstum:* Der sektorale Beschäftigtenzuwachs ist kein geeigneter Indikator für Schlüsseltechnologie-Industrien, weil er keinerlei Informationen über technologische Wachstumsaspekte beinhaltet. Es wird zwar im allgemeinen davon ausgegangen (oder erhofft), daß Schlüsseltechnologie-Industrien einen überdurchschnittlichen Beschäftigtenzuwachs aufweisen, aber auch traditionelle Industriegruppen mit standardisierter Massenfertigung können nachfragebedingt durch ein hohes Arbeitsplatzwachstum gekennzeichnet sein. Nach einer Studie der National Science Foundation (NSF) auf der Basis von zweistelligen SIC-Gruppen gehörten z.B. die Möbel-, Chemie- und Druckerei/ Papierindustrien zwischen 1965 und 1977 zu denjenigen Industriebranchen mit den höchsten Beschäftigtenzuwächsen.
   Andererseits werden neue Technologien, die sich noch nicht spürbar auf dem Arbeitsmarkt bemerkbar machen (wie die Gentechnologie), und Rüstungsindustrien, die nur in bestimmten Phasen ein hohes Wachstum aufweisen, bei der Verwendung von Beschäftigtenzuwächsen nicht angemessen berücksichtigt und möglicherweise nicht dem Schlüsseltechnologie-Bereich zugeordnet (Glasmeier et al. 1983, S. 3 ff.).
2. *Umsatzwachstum:* Für das Umsatzwachstum gelten dieselben Einschränkungen wie für das Beschäftigtenwachstum. Als Kenngröße zur Identifikation von Schlüsseltechnologie-Industrien sind Umsatzdaten sogar noch problematischer. Hohe Wachstumsraten der Umsätze können auf unterschiedliche Ursachen zurückführbar sein: Einerseits mag der Zuwachs auf der gestiegenen Nachfrage nach neuen Produkten oder auf Preisanstiegen beruhen. Andererseits ist aber auch vorstellbar, daß neuartige Produktionsprozesse zu Preisrückgängen führen, die eine Steigerung der Nachfrage nach etablierten Produkten nach sich ziehen. Bei Vorliegen einer hohen Preiselastizität wären auch im zweiten Fall Umsatzsteigerungen die Folge. Während der in dieser Arbeit verwendete

Schlüsseltechnologie-Begriff eindeutig die Produktseite von Innovationsprozessen hervorhebt, besteht bei einer Verwendung von Umsatzzuwächsen die Gefahr einer Vermischung von Produkt- und Prozeßeffekten.

3. *Zahl der Patente:* Generell werden von Schlüsseltechnologie-Industrien intensivere Innovationsaktivitäten und deshalb eine größere Zahl von Patentanmeldungen erwartet als von anderen Industriesektoren. Aber nicht jedes Patent ist gleichbedeutend mit industriellem Wachstum (Oakey et al. 1988, S. 44). Es mag durchaus vorkommen, daß in einer Industriegruppe zwar viele Patentanmeldungen getätigt werden, das Wachstum dieser Branche aber unabhängig davon nicht-technisch bedingt ist. Umgekehrt gibt es äußerst innovative Industriesektoren (z.B. die Elektronik- und Halbleiterindustrie), in denen es geradezu unüblich ist, Patente anzumelden, um neue technische Errungenschaften so lange wie möglich geheimzuhalten (vgl. zu Patentstatistiken Clark et al. 1981).
4. *Zahl der Produktinnovationen:* Der vermutlich geeigneteste Outputindikator zur Ermittlung von Schlüsseltechnologie-Industrien ist die Zahl der Innovationen (vgl. Van Duijn 1981 und Kleinknecht 1981). Allerdings können manche Produktinnovationen für das Wachstum einer Industriebranche völlig wertlos sein. Hinzu kommt ein schwerwiegendes Erfassungsproblem. Ab welchem Stadium einer Veränderung eines gegebenen Produkts kann von einer Neuheit gesprochen werden? Wer soll beurteilen, ob eine Produktinnovation vorliegt oder nicht? Um eine aussagekräftige Statistik über das Auftreten von Produktinnovationen zu erstellen, wird man also nicht ohne subjektive Eingriffe und Beurteilungen auskommen können. Aus diesem Grund existieren kaum zuverlässige und regelmäßig erscheinenden Statistiken über das Auftreten von Produktinnovationen. Eine Ausnahme bildet z.B. der vom National Science Board (NSB) 1976 erstellte Indikator der *Major U.S. Innovations* (Rees 1979, S. 46 f.).

2.4.1.2 Abgrenzungen auf der Basis von Input-Indikatoren

Hinter der Verwendung von Input-Indikatoren zur Abgrenzung von Schlüsseltechnologie-Industrien steht folgendes Kalkül über Ursache-Wirkungszusammenhänge: Eine Industriebranche mit überdurchschnittlichen FuE-Aufwendungen und einem hohen Anteil hochspezialisierter FuE-Arbeitskräfte wird eine größere Zahl an Produktinnovationen auf hohem technologischem Niveau hervorbringen als eine Industriegruppe mit geringem FuE-Aufwand. Deshalb wird die FuE-intensive Branche auch eine größere Zahl kommerziell verwertbarer Innovationen durchsetzen und ein schnelleres Wachstum von Umsatz- und Beschäftigtenzahlen erreichen können. Auch wenn diese Verknüpfungskette im statistischen Durchschnitt zutreffen mag, enthält sie doch eine Reihe von Unwägbarkeiten und Auslassungen (vgl. Oakey 1991). Beispielsweise ist die Einführung einer technologischen Innovation in manchen Sektoren nicht zwangsweise an intensive FuE-Aktivitäten gebunden. Umgekehrt ist eine erfolgversprechende Poduktinnovation noch keine Garantie für Wachstum, wenn die notwendigen Nachfragebedingungen oder Management-/ Marketingvoraussetzungen für eine kommerzielle Nutzung nicht vorhanden sind. Schließlich liefern intensive Forschungsaktivitäten noch lange keine Sicherheit dafür, daß überhaupt Innovationen entstehen. Ein großer Teil der

FuE-Aufwendungen mag darüber hinaus zur Verbesserung von Prozeßtechnologien und nicht zur Erzeugung von Produktinnovationen eingesetzt werden.

Trotz dieser Einschränkungen eignen sich Input-Indikatoren offensichtlich besser zur Abgrenzung von Schlüsseltechnologie-Industrien als Output-Indikatoren. In den 80er Jahren hat sich die Verwendung von Input-Indikatoren jedenfalls in den meisten wissenschaftlichen Studien durchgesetzt. Daß dabei die Verfügbarkeit zuverlässigen Datenmaterials oftmals eine größere Rolle spielte als inhaltliche Erwägungen, ist ebenfalls zu vermuten. Als Input-Indikatoren werden gängigerweise entweder Kennzahlen über FuE-Beschäftigte oder FuE-Aufwendungen verwendet (vgl. auch Glasmeier et al. 1983, S. 7 ff.; Riche et al. 1983; Armington et al. 1983; Glasmeier 1985, S. 56 ff.; Breheny et al. 1985, S. 120 ff.; Markusen et al. 1986, S. 14 ff.; Armington 1986, S. 88 ff.; Hall et al. 1987, S. 11 ff.; Jong 1987, S. 38 ff.; Breheny u. McQuaid 1987b, S. 302 ff.; Britton 1987; Höppl 1990, S. 8 ff.; Torretto 1990, S. 13 ff. und Oakey et al. 1988, S. 41 ff.):

1. *Anteil hochqualifizierter FuE-Arbeitskräfte an der Gesamtbeschäftigtenzahl:* Die bekannteste Abgrenzung von US-Schlüsseltechnologie-Industrien nach der Beschäftigtenstruktur stammt von Glasmeier et al. (1983, S. 24). Danach werden alle Industriebranchen (Basis ist die dreistellige SIC-Industrieklassifikation) mit einem überdurchschnittlichen Beschäftigtenanteil an Engineers, Engineering Technicians, Computer Scientists, Life Scientists und Mathematicians als "High-Tech"-Industrien definiert. Die resultierenden 29 "High-Tech"-Sektoren sind in Tab. 1 dargestellt. Die Problematik einer solchen empirischen Abgrenzung, die darin besteht, von einer großen Zahl hochqualifizierter Arbeitskräfte auf ein hohes Innovationsvolumen zu schließen, spiegelt sich deutlich in der Einbeziehung von Industriegruppen wie Soap, Paints und Railroads wieder, die wohl niemand in einer Liste von Schlüsseltechnologie-Industrien vermuten würde (siehe Tab. 1). Inkonsistente Zuordnungen dieser Art sind zum Teil darauf zurückzuführen, daß als Einschließungskriterium der nationale Industriedurchschnitt verwendet wurde.
2. *Anteil der FuE-Ausgaben am Umsatz:* Der Anteil der FuE-Ausgaben am Umsatz bildet den am häufigsten verwendeten Indikator zur Ermittlung von Schlüsseltechnologie-Industrien. Oftmals wird für Schlüsseltechnologie-Industrien intuitiv ein Mindestmaß an FuE-Aufwendungen gefordert, ohne eine hinreichende inhaltliche Rechtfertigung zu geben. Rügemer (1985) glaubt z.B., alle Unternehmen mit einem FuE-Anteil am Umsatz von mehr als 10% dem Schlüsseltechnologie-Bereich zuordnen zu können. Bei der Festlegung solcher Schwellenwerte wird in der Regel die Unternehmensgröße als differenzierender Faktor außer acht gelassen. Selbst bedeutende Schlüsseltechnologie-Unternehmen wie IBM, DEC und Hewlett-Packard verwendeten 1987 nur einen Umsatzanteil von 10-11% für FuE (vgl. IBM 1988; Digital Equipment Corporation 1987 und Hewlett-Packard 1987). Tendenziell fällt der FuE-Anteil eines Unternehmens umso geringer aus, je größer der Gesamtumsatz ist. Auf Industriesektoren bezogen folgt daraus: Die Wahrscheinlichkeit der Zuordnung einer Branche zum Bereich der Schlüsseltechnologie-Industrien ist ceteris paribus umso größer, je größer der Anteil kleiner Unternehmen und je geringer der Gesamtumsatz dieser Branche ist.

Tab. 1: "High-Tech"-Industriesektoren nach Glasmeier et al.

SIC	Industriesektor
281	Industrial inorganic chemicals
282	Plastics and synthetic resins
283	Drugs
284	Soap
285	Paints
286	Industrial organic chemicals
287	Agricultural chemicals
289	Miscellaneous chemicals
291	Petroleum refining
303	Reclaimed rubber
348	Ordnance
351	Engines and turbines
353	Construction equipment
354	Metal working machinery
356	General industry machinery
357	Office computing machines
361	Electrical transmission equipment
362	Electrical industrial apparatus
365	Radio and TV receiving equipment
366	Communication equipment
367	Electronic components and assembly
372	Aircraft and parts
374	Railroads
376	Missiles
381	Engineering, laboratory instruments, and scientific instruments
382	Measuring and controlling instruments
383	Optical instruments and lenses
384	Medical and dental supply
386	Photographic equipment

Quelle: Glasmeier et al. (1983, S. 16 f.).

2.4.1.3 Verwendung gemischter Indikatoren

Angesichts der Problematik, die mit der Anwendung jedes einzelnen Input- bzw. Output-Indikators verbunden ist, scheint es naheliegend, Schlüsseltechnologie-Industrien anhand mehrerer Indikatoren zu identifizieren. Rees (1979, S. 46 f.) schlägt z.B. die Verwendung von gemischten Input-Output-Indikatoren vor (*Zahl der Hauptinnovationen gemessen am FuE-Volumen* oder *Zahl der Hauptinnovationen gemessen am Nettoumsatz*). Durch die Verwendung gemischter Input-Output-

Indikatoren sollen die Ursache-Wirkungszusammenhänge zwischen dem Einsatz wissenschaftlich-technischer Inputs und den daraus resultierenden Innovationen besser erfaßt werden. Die von Rees (1979) vorgeschlagenen Indikatoren stehen allerdings nicht in sektoral ausreichend differenzierter Form zur Verfügung und sind deshalb nicht praktikabel.

2.4.2 Subjektive Abgrenzungen

Insgesamt existiert eine Vielzahl empirischer Schlüsseltechnologie-Abgrenzungen mit Hilfe von Input- oder Output-Indikatoren, von denen jede einzelne spezifische Nachteile aufweist. Input-Indikatoren scheinen zwar besser geeignet zu sein als Output-Indikatoren (wegen der Datenverfügbarkeit zumindest praktibler), allerdings gibt es auch auf der Inputseite keine unumstrittenen Indikatoren zur Erfassung von Schlüsseltechnologie-Aktivitäten. Schließlich kommt eine empirische Abgrenzung von Schlüsseltechnologie-Industrien nicht ohne subjektive Eingriffe aus, die einerseits die Auswahl der verwendeten Indikatoren und andererseits die Festlegung von Schwellenwerten als Zuordnungskriterien betreffen. Infolge der erheblichen Mängel stellt sich die Frage, ob man rein subjektive Abgrenzungen von Schlüsseltechnologie-Industrien auf der Basis von Expertenurteilen uneingeschränkt ablehnen soll (so unbefriedigend ein solcher Ansatz auch ist).

Die bekannteste subjektive Festlegung von "High-Tech"-Sektoren nach den Kriterien *"state-of-the-art"*-Technologie und *"perceived degree of technical sophistication of products"* wurde von der Massachusetts Division of Employment Security (MDES) auf der Basis dreistelliger SIC-Gruppen erstellt und im Zeitablauf mehrfach verändert. In Tab. 2 ist eine neuere Version der Abgrenzung der MDES (1985) mit 16 Industrie- und 3 Dienstleistungssektoren dargestellt. Natürlich kann man jeder subjektiven Abgrenzung von Schlüsseltechnologie-Industrien vorwerfen, daß sie von Zielen und Vorstellungen abgeleitet wurde, die im nachhinein nicht mehr durchschaubar sind. Andererseits bieten Expertenurteile die Chance, durch sorgfältige Auswahl unverständliche Sektorzuordnungen zu vermeiden. Interessanterweise unterscheiden sich die subjektiven Kataloge von Schlüsseltechnologie-Industrien in ihren wesentlichen Bestandteilen nur geringfügig von den Indikatorabgrenzungen (siehe auch Thompson 1987, S. 421 ff.).

Es wäre durchaus vorstellbar und wünschenswert, daß ein Expertengremium mit Repräsentanten aus Wissenschaft, Industrie und Politik zusammentritt, um gemeinsam einen Katalog von Schlüsseltechnologie-Industrien zu erarbeiten. Dieser Katalog könnte die Grundlage für wissenschaftliche Untersuchungen bilden. Die Liste von Schlüsseltechnologie-Industrien müßte nicht im vorhinein unterstellen, daß die festgelegten Industriesektoren ein Mindestmaß an FuE-Aktivitäten oder ein besonders hohes Beschäftigtenwachstum aufweisen sollen. Alle Eigenschaften und Wirkungen, die man von Schlüsseltechnologie-Industrien erhofft, wären erst im nachhinein zu überprüfen, um differenzierte Schlußfolgerungen zu ziehen, welche Industriegruppen den gesteckten Erwartungen genügen und welche nicht.

Tab. 2: "High-Tech"-Industriesektoren nach der Massachusetts Division of Employment Security

SIC	Industriesektor
281	Industrial inorganic materials
282	Plastics and synthetics
283	Drugs
351	Engines and turbines
357	Office and computing machines
361	Electrical transmission equipment
362	Electrical distribution equipment
366	Communication equipment
367	Electronic components
372	Aircraft and parts
376	Space vehicles and guided missiles
381	Engineering and scientific instruments
382	Measuring and controlling instruments
383	Optical instruments
384	Medical instruments
386	Photographic equipment
737	Computer and data processing services
891	Engineering and architecture services
892	Educational, scientific and research operations

Quelle: Massachusetts Division of Employment Security (1985, S. 27).

2.5 Operationalisierung von Schlüsseltechnologie-Industrien: Ein pragmatischer Ansatz

In Anbetracht des unbefriedigenden Charakters subjektiver Schlüsseltechnologie-Kataloge und der spezifischen Nachteilen bei der Verwendung von Input- und Output-Indikatoren erwies sich die Abgrenzung von Schlüsseltechnologie-Industrien im Rahmen der vorliegenden Untersuchung als ein unerwartet schwieriges Problem. Es war a priori klar, daß aus Kosten- und Zeitgründen nicht die Möglichkeit bestand, auf aktuellem Datenmaterial basierend eine empirische Neuabgrenzung von Schlüsseltechnologie-Industrien vorzunehmen. Andererseits existiert keine einzige wissenschaftliche Studie, deren Ergebnisse man vorbehaltlos hätte übernehmen können.

Die Lösung des aufgetretenen Entscheidungsproblems beruht auf einer ebenso einfachen wie überraschenden Beobachtung: Obwohl immer wieder behauptet wird, daß sich verschiedene Abgrenzungen von Schlüsseltechnologie-Industrien erheblich voneinander unterscheiden, läßt sich durch einen synoptischen Vergleich leicht feststellen, daß die meisten Schlüsseltechnologie-Kataloge im Kern eine große Übereinstimmung aufweisen. Es wurde deshalb ein pragmatischer Weg eingeschlagen. Schlüsseltechnologie-Industrien wurden durch eine komparative Analyse zwischen mehreren Abgrenzungsversuchen ausgewählt, die wiederum mit Hilfe unterschiedlicher Methoden erstellt wurden. Die Grundlage des synoptischen Vergleichs bildeten die Arbeiten von Rees (1979), Glasmeier et al. (1983), Dorfman (1983), MDES (1985), Glasmeier (1985), Armington (1986), Markusen et al. (1986) und Hall et al. (1987). Es wurden alle diejenigen Sektoren in die endgültige Liste der Schlüsseltechnologie-Industrien aufgenommen, die in mehreren Vergleichsstudien enthalten waren. Wenn diese Vorgehensweise auch unter erkenntnistheoretischen Gesichtspunkten angreifbar erscheint, so bietet sie doch entscheidende Vorteile: Einerseits ist auf diese Weise sichergestellt, daß nur solche Industriebranchen dem Schlüsseltechnologie-Bereich zugeordnet werden, die anerkanntermaßen als Schlüsseltechnologie-Industrien gelten. Andererseits (und dieser Vorteil wiegt genauso schwer wie der zuerst genannte) bietet ein komparativer Ansatz direkt die Möglichkeit, Untersuchungsergebnisse zumindest näherungsweise mit den Resultaten anderer Studien zu vergleichen. Zusammengefaßt besitzt die in der vorliegenden Arbeit verwendete Abgrenzung von Schlüsseltechnologie-Industrien folgende Eigenschaften:

1. Durch die vergleichend herangezogenen wissenschaftlichen Studien fließen zahlreiche Indikatoren in die endgültige Schlüsseltechnologie-Abgrenzung ein. Dazu zählen Beschäftigtenstruktur, der Anteil der FuE-Ausgaben am Umsatz und Beschäftigtenwachstum, ohne daß deren Einfluß allerdings im Detail nachvollziehbar ist. Insgesamt dominieren in der vorliegenden Operationalisierung Indikatoren der Inputseite.
2. Um für die nachfolgenden Unternehmensbefragungen eine Auswahlgrundlage zu erhalten, wurden Schlüsseltechnologie-Industrien auf der Basis der vorgegebenen Industrieklassifikationen durch das US-amerikanische und das kanadische SIC-System festgelegt. Obwohl aus Gründen der Homogenität der einbezogenen Industriebranchen eine vierstellige Industrieklassifikation vorzuziehen gewesen wäre, mußte unter Praktikabilitätsgesichtspunkten eine dreistellige Auswahlgrundlage mit entsprechend größerer Heterogenität verwendet werden. Bei einer tieferen sektoralen Disaggregation wäre es nicht mehr in allen Untersuchungsregionen möglich gewesen, individuelle Unternehmen unter Zuhilfenahme von Unternehmensverzeichnissen für die nachfolgende Erhebung auszuwählen.
3. In Analogie zu den Ausführungen der vorangegangenen Abschnitte wurde der Schlüsseltechnologie-Begriff ausschließlich auf die Verarbeitende Industrie beschränkt. Dienstleistungsunternehmen wurden explizit ausgeschlossen, um Verzerrungen durch eine Vermischung unterschiedlicher Strukturen zu vermeiden.
4. Die sektorale Auswahl von Schlüsseltechnologie-Industrien unter Zuhilfenahme von Vergleichsstudien erfolgte zunächst für die Industriesektoren der USA. Kanadische Schlüsseltechnologie-Industrien wurden erst anschließend mit dem Ziel ausgewählt, eine möglichst große Vergleichbarkeit zwischen den Abgrenzungen für Kanada und die USA zu erhalten. Die endgültige Liste von Schlüsseltechnologie-Industrien enthält somit für beide Staaten annähernd dieselben Industriebranchen (siehe Tab. 3). Dabei ist

Tab. 3: Operationalisierung von Schlüsseltechnologien: Sektorale Erhebungsgrundlage

SIC	**US-Schlüsseltechnologie-Industrien**
282	Plastics materials and synthetic resins, synthetic rubber, and other man-made fibers, except glass
283	Drugs
357	Office, computing, and accounting machines
361	Electric transmission and distribution equipment
362	Electric industrial apparatus
364	Electric lighting and wiring equipment
365	Radio and television receiving equipment, except communication types
366	Communication equipment
367	Electronic components and accessories
369	Miscellaneous electrical machinery, equipment, and supplies
372	Aircraft and parts
376	Guided missiles and space vehicles and parts
381	Engineering, laboratory, scientific, and research instruments, and associated equipment
382	Measuring and controlling instruments
383	Optical instruments and lenses
384	Surgical, medical, and dental instruments and supplies

SIC	**Kanadische Schlüsseltechnologie-Industrien**
321	Aircraft and aircraft parts industry
332	Major appliance industry
333	Electric lighting industries
334	Record player, radio and television receiver industry
335	Communications and other electronic equipment industries
336	Office, store and business machine industries
337	Electrical industrial equipment industries
338	Communications and energy wire and cable industry
339	Other electrical products industries
373	Plastic and synthetic resin industry
374	Pharmaceutical and medicine industry
391	Scientific and professional equipment industries

allerdings zu bedenken, daß eine Übertragung von Schlüsseltechnologie-Abgrenzungen auf andere Volkswirtschaften generell problematisch erscheint und die Industrieklassifikationen in den USA und Kanada zahlreiche Unterschiede aufweisen (vgl. dazu die vorhergehenden Abschnitte).

Der resultierende Katalog von Schlüsseltechnologie-Industrien ist in Tab. 3 dargestellt und umfaßt 16 Sektoren für das Staatsgebiet der USA sowie 12 Sektoren für Kanada - jeweils auf der Basis dreistelliger SIC-Gruppen. Diese Industriegruppen bildeten die sektorale Erhebungsgrundlage für eine Unternehmensstichprobe (vgl. Kapitel 3). Um die Ausführungen der nachfolgenden Kapitel übersichtlicher zu gestalten und da nicht aus allen in Tab. 3 aufgelisteten Industriegruppen Unternehmen in die durchgeführte Stichprobe gelangten, wurde eine Gruppierung der Schlüsseltechnologie-Sektoren in sieben Bereiche durchgeführt. Die Zuordnungen zu den sieben Schlüsseltechnologie-Bereichen ergeben sich eindeutig aus Tab. 3 und werden im folgenden in genau dieser Zusammensetzung verwendet:

1. Pharmazie/ Plastik,
2. Präzisionsinstrumente,
3. Flugzeug-/ Raketenbau,
4. Elektronik,
5. Computer,
6. Telekommunikation,
7. Elektrik.

Ein entscheidender (wenngleich nicht zu vermeidender) Nachteil der vorliegenden Abgrenzung von Schlüsseltechnologie-Industrien liegt in dem relativ hohen Aggregationsniveau der einbezogenen Industriebranchen. Innerhalb des dreistelligen SIC-Systems weist jeder einzelne Industriesektor auf der Produktebene eine große Heterogenität auf. Insbesondere für die Elektroindustrie (aber auch für andere Industriegruppen) war deshalb zu erwarten, daß zahlreiche Unternehmen nicht den Kriterien einer Schlüsseltechnologie-Industrie entsprechen. Trotzdem wurde z.B. die Major Appliance Industry (SIC 332) explizit in die kanadische Schlüsseltechnologie-Liste übernommen, um eine möglichst exakte Anpassung an die US-Abgrenzung zu erhalten. Im nachhinein erwies sich die große Heterogenität innerhalb der Schlüsseltechnologie-Sektoren glücklicherweise als weniger problematisch, als zunächst angenommen. Das lag einerseits an der Auswahlstrategie, vor allem die Kernbereiche von Schlüsseltechnologie-Industrien in der Stichprobe zu erfassen, und andererseits an den sektoralen Spezialisierungstendenzen in den Untersuchungsregionen. In den Erhebungsteilregionen waren Unternehmen und Industriebranchen, die man intuitiv nicht dem Schlüsseltechnologie-Sektor zuordnen würde, kaum vertreten (vgl. Kapitel 3). Auf diese Weise gelangte kein einziges Unternehmen der Major Appliance Industry in die endgültige Stichprobe (obwohl es auch in dieser Industriegruppe Unternehmen gibt, die dem Schlüsseltechnologie-Bereich angehören). Dennoch bleibt kritisch festzuhalten, daß die in Tab. 3 enthaltene Operationalisierung von Schlüsseltechnologie-Industrien zwar für eine Teilerhebung innerhalb von Schlüsseltechnologie-Zentren ausreichen mag, vor einer flächendeckenden Anwendung auch in ländlichen Bereichen ist aufgrund der heterogenen Sektorzusammensetzungen allerdings zu warnen.

Obwohl die in Tab. 3 enthaltenen Industriesektoren auf breiter Basis als Schlüsseltechnologie-Sektoren anerkannt werden, stehen sie genaugenommen ohne Beziehung zu der anfangs gegebenen Definition des Schlüsseltechnologie-Begriffs. Aus diesem Grund müssen die betreffenden Industriegruppen zunächst als *potentielle Schlüsseltechnologie-Sektoren* verstanden werden (auch wenn im folgenden auf diese Bezeichnung explizit verzichtet wird). Es fehlt bisher eine Überprüfung, ob die potentiellen Schlüsseltechnologie-Sektoren tatsächlich die Anforderungen in bezug auf das technologische Niveau der Produkte, auf Beschäftigtenwachstum und auf wirtschaftliche Anstoßeffekte erfüllen. Der entsprechende Nachweis wird aus inhaltlichen Erwägungen erst in Kapitel 9 im Rahmen eines empirischen Strukturvergleichs der Untersuchungsregionen geliefert. Es kann jedoch vorweggenommen werden, daß der Nachweis positiv ausfällt.

2.6 Rüstungsausgaben und Schlüsseltechnologie-Industrien

Verflechtungen zwischen staatlich-militärischen Institutionen und der Verarbeitenden Industrie besitzen eine lange Tradition, die so alt ist wie die Massenproduktion von Kriegsmaterial (z.B. von Säbeln und Gewehren). Bis zum Ende des 19. Jahrhunderts beruhte die taktische Kriegsführung auf dem Kampf "Mann gegen Mann". Dementsprechend war die Waffenproduktion überwiegend auf das Individuum (den Soldaten) ausgerichtet. Mit der Entwicklung von Flugzeugen und dem Einsatz von Panzern während des Ersten Weltkriegs setzte jedoch eine grundlegend neue Dimension in der taktischen Kriegsführung ein. Luftkampf und Massenvernichtungswaffen (z.B. Wasserstoffbomben) rückten zunehmend in den Vordergrund militärstrategischer Interessen. Dieser Wandel basierte auf zahlreichen technologischen Innovationen (z.B. der Erfindung des Flugzeugs). Neue Waffen zeichneten sich durch immer komplexere Technologien aus, so daß von staatlicher Seite eine verstärkte Zusammenarbeit mit hochqualifizierten Wissenschaftlern an den Universitäten gesucht wurde. Die neuartige Rüstungsindustrie wurde in zunehmendem Maß abhängig von technologischen Neuheiten in der Elektronik- und Computerentwicklung (vgl. im folgenden Markusen 1986, 1988a und 1989; Markusen u. Bloch 1985; Markusen u. McCurdy 1988; Hall 1988; Short 1981; Freeman 1982, S. 189; Kunzmann 1988; Smith 1988; Malecki u. Stark 1988 sowie Malecki 1981 und 1984).

Mit dem einsetzenden Zweiten Weltkrieg wurden innerhalb der USA und Kanadas in vorher nie gekanntem Umfang staatliche Forschungsgelder zur Entwicklung von Militärelektronik an universitäre Forschungslabors und die Verarbeitende Industrie vergeben. In den USA war 1945 annähernd ein Drittel aller privatwirtschaftlichen Arbeitskräfte in militärischen Projekten beschäftigt (Malecki u. Stark 1988, S. 71). Viele Innovationen auf den Gebieten der Mikroelektronik und

Tab. 4: Ausgewählte Industriesektoren mit einem Rüstungsanteil am Umsatz über 10%

Industriesektor	Rüstungsanteil am Umsatz
Tanks, tank parts	95,0%
Ammunition, except small arms	93,2%
Ordinance	81,2%
Missiles, space vehicles	79,4%
Radio, TV communications	62,5%
Aircraft engines	56,1%
Aircraft	46,1%
Aircraft parts	44,2%
Explosives	41,2%
Small arms ammunition	39,9%
Engineering instruments	33,6%
Optical instruments	30,7%
Electronic capacitors	19,8%
Electronic computing equipment	12,7%
Semiconductors	12,5%
Cathode ray tubes	11,5%

Quelle: Nach Markusen u. Bloch (1985, S. 109).

Computertechnik waren eine direkte Folge militärischer Forschungsaufträge oder wären zumindest ohne Rüstungsausgaben undenkbar gewesen. So wurde die Entwicklung und Perfektionierung der ersten Computer am Massachusetts Institute of Technology (MIT) und an der Harvard University während des Zweiten Weltkriegs fast ausschließlich durch militärisch ausgerichtete staatliche Forschungsgelder finanziert und vorangetrieben (vgl. Kapitel 4). Der gesamte Innovationsprozeß in der Mikroelektronik (von der Erfindung der Röhren und Transistoren bis hin zur Entwicklung integrierter Schaltkreise) wurde entscheidend durch militärische Einflüsse geprägt. Noch bis Ende der 60er Jahre bildete das Department of Defense (DoD) den mit Abstand wichtigsten (in einigen Bereichen sogar den einzigen) Nachfrager von Produkten der Halbleiter- und Computerindustrie. Militärische Produktions- und Forschungsaufträge waren also ausschlaggebend für die Entwicklungsrichtung vieler technologischer Innovationsprozesse und das Entstehen zahlreicher Schlüsseltechnologie-Industrien in den USA.[1] Durch den Kalten Krieg und das Weltraumrennen zwischen den USA und der Sowjetunion wurden

[1] In einem Interview am 29. November 1988 äußerte sich Prof. Dr. Markusen auch kritisch zum Einfluß militärischer Interessen auf technologische Entwicklungspfade (vgl. auch Oakey 1991). Dadurch, daß staatliche Forschungsausgaben zum großen Teil auf den Bereich der Elektronik fixiert gewesen seien, wären z.B. Forschungsetats in der Medizin (etwa zur Erforschung und Bekämpfung von Krebs) zu knapp ausgefallen (siehe auch Smith 1988, S. 14 f.).

militärische Produktionsaufträge und Forschungsausgaben nach dem Zweiten Weltkrieg ständig erhöht und immer komplexere Waffensysteme entwickelt (z.B. ferngelenkte Raketensysteme). Rüstungsausgaben wurden zu einem bedeutenden Wachstumsfaktor für Schlüsseltechnologie-Industrien (Hall 1988). In den 80er Jahren lag der Anteil militärischer Ausgaben am US-amerikanischen Bruttosozialprodukt zwischen 6% und 8%, und mehr als 5 Millionen Arbeitsplätze waren direkt oder indirekt von militärischen Aktivitäten abhängig (Smith 1988, S. 8 f. und 12).

Die Auswirkungen dieser militärisch ausgerichteten staatlichen Ausgabenpolitik auf den Schlüsseltechnologie-Sektor zeigten sich auch noch in den 80er Jahren (vgl. Malecki 1984, S. 32; Markusen 1988a, S. 22 f.; Malecki u. Stark 1988, S. 74 ff. sowie Tab. 4). Basierend auf Studien von Markusen (1986, S. 108 ff.) und Markusen u. Bloch (1985, S. 107 ff.) waren Mitte der 80er Jahre mindestens 16 Industriegruppen (auf der Basis vierstelliger SIC-Codes) zu über 10% ihrer Umsätze von Direktaufträgen des Department of Defense abhängig (siehe Tab. 4). Die meisten dieser Industriesektoren gehören entsprechend der hier verwendeten Abgrenzung dem Bereich der Schlüsseltechnologie-Industrien an (siehe Tab. 3). Die Flugzeug-/ Raketenindustrie und überraschenderweise auch die Radio-/ TV-Industrie waren Mitte der 80er Jahre zu über 50% von militärischen Aufträgen abhängig. In der Industriegruppe Engineering/ Optical Instruments entfielen 30-35% und in der Mikroelektronik- und Elektronikindustrie 10-20% der erzielten Umsätze auf die Nachfrage des Department of Defense (siehe Tab. 4). In vielen Sektoren käme die Abhängigkeit von Rüstungsaufträgen noch stärker zum Ausdruck, wenn zusätzlich die Vergabe militärisch ausgerichteter Aufträge der NASA und Unteraufträge aus anderen Industriebranchen mitberücksichtigt würden. Markusen (1986, S. 94 f. und 103) schätzt, daß rund 50% aller Schlüsseltechnologie-Arbeitsplätze in den USA direkt oder indirekt von Rüstungsaufträgen abhängen. D.h. ein großer Teil der US-amerikanischen Rüstungsindustrien läßt sich dem Bereich der Schlüsseltechnologien zuordnen. Zugleich ist ein großer Teil der Schlüsseltechnologie-Industrien militärisch ausgerichtet. Die starke militärische Orientierung verdient insofern eine besondere Beachtung, als Unternehmen der Rüstungsindustrie oft unter grundsätzlich anderen Wettbewerbs- und Produktionsbedingungen operieren als privatwirtschaftlich orientierte Industriebetriebe (vgl. Markusen 1986, S. 98 f.; Markusen u. Bloch 1985, S. 110 f.; Malecki u. Stark 1988, S. 72 ff. und Smith 1988, S. 10 ff.):

1. *Nachfrageseite:* Für viele Militärgüter bildet der Staat den einzigen Nachfrager. Im Unterschied zu einem privatwirtschaftlichen Monopson benutzt der Staat seine Marktmacht allerdings nicht, um Preissenkungen für militärische Produkte herbeizuführen. Die Nachfrage nach Rüstungsgütern ist im Gegenteil äußerst preisunelastisch. Diese spezielle Nachfragesituation hat zur Folge, daß moderne Waffensysteme mit großer Gewinnspanne an den Staat verkauft werden können. Diversifizierte Unternehmen, die nicht ausschließlich für staatliche Märkte produzieren, nutzen die hohen Gewinnmöglichkeiten aus der Staatsnachfrage, um technologische Entwicklungen auf anderen Märkten zu finanzieren. Es können sogar kurz- und mittelfristige Verluste bei der Einführung neuer Produkte auf privaten Märkten in Kauf genommen werden. Die staatli-

che Nachfrage nach militärischen Gütern erhält somit eine Art Pufferfunktion für nichtmilitärische Produktlinien.

2. *Angebotsseite:* Auf der Angebotsseite zeigt die moderne Rüstungsindustrie starke Oligopolisierungstendenzen. In den USA entfielen 1980 rund 70% aller militärischen Direktaufträge auf die größten 100, 50% auf die größten 25 und 20% auf die größten 5 Rüstungsunternehmen. Seit dem Ende des Zweiten Weltkriegs hat sich diese Marktkonzentration kontinuierlich erhöht. Auf der individuellen Produktebene konkurrieren oft nur ein oder zwei Unternehmen miteinander um staatliche Aufträge.
3. *Produktionsbedingungen:* Gegenüber vielen anderen Industriesektoren unterscheidet sich die Rüstungsindustrie auch durch die technologische Spezifikation der hergestellten Güter und die eingesetzten Produktionstechniken. Moderne Waffensysteme besitzen ein hohes technologisches Niveau und werden in kleiner Gesamtstückzahl äußerst arbeitsintensiv hergestellt. Es dominieren *"Small Batch"*-Produktionsverfahren. Die Produktion ist auf kontinuierliche Innovationsaktivitäten angewiesen; Produkte werden durch *"Trial and Error"*-Verfahren perfektioniert. Der Produktionserfolg hängt in starkem Maß von FuE-Aktivitäten und dem Einsatz einer großen Zahl von hochqualifizierten technischen Arbeitskräften ab. In den 70er Jahren arbeiteten z.B. mehr als 20% aller US-amerikanischen Aeronautical Engineers, Physicists, Electrical Engineers, Technical Engineers, Mechanical Engineers und Metallurgical Engineers in der Rüstungsindustrie oder direkt für das Department of Defense.

Obwohl bei der Produktion moderner Waffensysteme große Mengen von Rohstoffen verarbeitet werden, haben Rohstoff- und Transportkosten auf der Kostenseite kein großes Gewicht (vgl. Scott u. Mattingly 1989). Aufgrund der spezifischen Markt- und Produktionsstrukturen besitzt auch die physische Nähe zu Ressourcen- oder Marktstandorten keine Bedeutung für die Standortwahl von Rüstungsunternehmen. Nach Markusen (1986, S. 100 ff.) und Markusen u. Bloch (1985, S. 112 ff.) sind demgegenüber Bodenverfügbarkeit (für große Fabrikationshallen und Testzwecke), Arbeitsmarktvorteile (geringe Löhne für Produktionspersonal und die Verfügbarkeit hochqualifizierter Arbeitskräfte), Verflechtungsbeziehungen (zu staatlichen Forschungseinrichtungen, Zulieferern aus komplementären Industriezweigen und Militärbasen) sowie militärstrategische Gesichtspunkte die entscheidenden Standortfaktoren für Produzenten moderner Waffensysteme (vgl. Markusen 1988a, S. 22 ff. und 25 f. sowie Hall 1988).

3 Organisation, Durchführung und Repräsentativität der Unternehmensbefragung

3.1 Einführung

Nachdem in den vorhergehenden Kapiteln das Problem der Abgrenzung von Schlüsseltechnologie-Industrien ausführlich diskutiert und eine Operationalisierung für die vorliegende Untersuchung durchgeführt wurde, soll in den folgenden Abschnitten auf Konzept, Organisation, Durchführung und Repräsentativität der 1988 durchgeführten Unternehmensbefragung eingegangen werden. Jede empirische Studie steht und fällt mit der Qualität der darin verwendeten Daten. Um eine Repräsentativität der Ergebnisse zu gewährleisten, ist es notwendig, alternative Auswahlverfahren und Datengrundlagen sorgfältig zu prüfen, Vorteile und Nachteile abzuwägen und dementsprechend sinnvolle Entscheidungen zu treffen. Damit die methodische Vorgehensweise auch von Dritten nachvollzogen und als angemessen beurteilt werden kann, ist eine Offenlegung aller methodischen Details unter Berücksichtigung von Stärken und Schwächen erforderlich.

3.2 Mikroanalytische versus makroanalytische Untersuchungen

Grundsätzlich lassen sich empirische Arbeiten in die Gruppen mikroanalytischer oder makroanalytischer Studien einteilen. Mikroanalytische unterscheiden sich von makroanalytischen Untersuchungen durch das gewählte Aggregationsniveau und die fixierten Untersuchungsobjekte. So operieren makroanalytische Standortuntersuchungen i.d.R. auf der Basis stark aggregierter räumlicher Bezugsebenen und verwenden Daten aus der amtlichen Statistik. Untersuchungseinheiten sind darin nicht die Industrieunternehmen als die eigentlichen Entscheidungsträger, sondern mehr oder weniger fein gegliederte Raumeinheiten (z.B. bei Armington et al. 1983; Markusen et al. 1986 und Höppl 1990). Im Unterschied dazu konzentrieren sich mikroanalytische Untersuchungen auf die tatsächlichen Entscheidungsträger - im Fall von industriellen Standortentscheidungen also auf Unternehmen. A priori findet keine Aggregation der Einzelentscheidungen in sachlicher oder räumlicher Hinsicht statt; diese erfolgt gegebenenfalls im nachhinein bei der Präsentation von Ergebnissen. Normalerweise müssen die Daten für mikroanalytische Studien speziell erhoben werden, weil keine anderen verwertbaren Informationen vorliegen. Aus diesem Grund sind mikroanalytische Untersuchungen oft zeitintensiver und kostenaufwendiger als makroanalytische Studien.

Ein besonderes, leider zu oft nicht beachtetes Problem makroanalytischer Untersuchungen ist die Gefahr sog. *ökologischer Fehlschlüsse*. Ökologische Fehlschlüsse haben ihre Ursache im Aggregationsniveau der Datengrundlage, auf das sich eine Analyse bezieht. Es läßt sich leicht nachweisen, daß die Art und Intensität des Zusammenhangs zwischen zwei oder mehreren Merkmalen vom räumlichen Aggregationsniveau abhängt (Bahrenberg et al. 1990, S. 201 f.). Diese Tatsache stellt jedoch prinzipiell noch kein Problem dar. Ein schwerwiegender inhaltlicher Fehler entsteht erst dann, wenn man bei der Interpretation der Ergebnisse das korrekte Aggregationsniveau verläßt und Rückschlüsse auf eine andere Ebene zieht.

Die Probleme, die das Vermischen unterschiedlicher räumlicher Aggregationsniveaus aufwirft, sollen im folgenden anhand der makroanalytischen Studie von Markusen et al. (1986) über Standortverteilung und Standortverhalten US-amerikanischer "High-Tech"-Industrien dargestellt werden. Markusen et al. (1986, S. 144-169) verwenden in ihrer Studie multiple lineare Regressionsmodelle, um die Verteilung von "High-Tech"-Beschäftigten und "High-Tech"-Unternehmen auf der Basis der 264 SMSAs (Standard Metropolitan Statistical Areas) der USA zu "erklären". Ohne an dieser Stelle auf die Ergebnisse inhaltlich näher einzugehen, soll die von Markusen et al. (1986, S. 167 f.) erstellte Interpretation der Resultate auf ihre Berechtigung hin untersucht werden:

"Our results indicate that the traditional labor supply characteristics, thought to attract industrial activity, are not very important in explaining the distribution of high tech industries at the metropolitan level. [...] Place features which are commonly thought to be important for attracting the professional segment of the workforce [...] did figure prominently in the 1970s. In particular, educational options and climate appear to be strongly related to high tech location. [...] The implications of this analysis are that efforts to improve the accessibility of sites to both transportation networks and business service complexes are apt to be more effective than efforts to improve the 'business climate' as registered in traditional factors such as wage rates, unionization levels, and a high cost of living. [...]"

Während die Ergebnisübersicht von Markusen et al. (1986) zunächst den Bezug zum Aggregationsniveau (den SMSAs) ausdrücklich betont, geht dieser Bezug in der weiteren Argumentation zusehends verloren. Abschließend werden sogar Ratschläge für die Verbesserung der Mikrostandort-Bedingungen gegeben. Obwohl in dieser Deutlichkeit sicherlich nicht beabsichtigt, wird implizit der Eindruck vermittelt, als könne man die Ergebnisse der Studie auf die Mikroeebene, also auf Unternehmensentscheidungen, übertragen. Ein solcher Wechsel des Aggregationsniveaus ist jedoch unzulässig und führt zu einer ökologischen Verfälschung.

Ein Problem anderer Art wirft die makroanalytische Untersuchung von Höppl (1990) über die Verteilung von "High-Tech"-Industrien im Colorado Front Range Korridor auf. In der Studie stellt Höppl (1990, S. 3 f. und 87-143) die intraregionale Verteilung von "High-Tech"-Industrien auf County-Ebene der räumlichen Verteilung verschiedener Ausstattungsmerkmale gegenüber. Aus Übereinstimmungen zwischen den räumlichen Verteilungen wird der Versuch unternommen, Bestimmungsfaktoren für die intraregionale Standortdifferenzierung von "High-Tech"-Industrien abzuleiten. Abgesehen davon, daß in der Analyse eine Vermischung von Faktoren der Mikrostandortwahl und der Makrostandortwahl stattfindet, wirft die Vorgehensweise ein generelles wissenschaftstheoretisches Problem auf; denn aus dem Vorliegen von Korrelationen kann nicht zwangsläufig auf Kausalitäten und erst recht nicht auf die Richtung von Abhängigkeiten geschlossen werden. So könnte man anstatt der gewagten Hypothese, "High-Tech"-Industrien bevorzugten Standorte mit hohem Bevölkerungszuwachs (Höppl 1990, S. 36 und 115 ff.), auch die entgegengesetzte Abhängigkeitsbeziehung vermuten (Höppl 1990, S. 121). Ob Zusammenhänge bestehen und welcher Art diese sind, muß letztlich sachinhaltlich begründet werden. Die Arbeit von Höppl (1990) ist hingegen deskriptiv angelegt; eine inhaltliche Zusammenführung von Variablenzusammenhängen fehlt weitgehend. Gerade diesbezüglich bieten mikroanalytische Studien neue Erkenntnismöglichkeiten.

Da eine Tendenz besteht, in Untersuchungen über die räumliche Verteilung industrieller Aktivitäten auf die individuelle Unternehmensebene und das Unternehmensverhalten zu schließen, scheint die Mikroebene eine geeignetere Analyseebene zu sein als die Makroebene. Mit anderen Worten: Eine Untersuchung, die sich (wie die hier vorliegende) zum Ziel setzt, neue Erkenntnisse über die industrielle Standortwahl und Standortentscheidungen zu gewinnen, sollte möglichst an der Unternehmensebene ansetzen. Es ist dies der direkte Weg. Nicht umsonst kritisiert Klüter (1987, S. 241 f.) regionalwissenschaftliche Studien, in denen von den Hauptträgern wirtschaftlicher Aktivitäten (den Unternehmen) keine Rede ist. Sie treten oft nur in aggregierter Form als Raumeinheiten auf, die dann zum Teil als Ersatzunternehmen hochstilisiert und selbst zu Akteuren werden. Aus den aufgezählten Gründen wurde das hier dargestellte Forschungsprojekt primär als mikroanalytische Untersuchung auf der Ebene des Einzelunternehmens angesiedelt. Nur dadurch bot sich die Option, im nachhinein ein flexibles und nicht nur auf die räumliche Ebene beschränktes Aggregationsniveau für die Darstellung der Ergebnisse zu wählen. Auf der Mikroebene war es erforderlich, eine Unternehmensbefragung zu organisieren und durchzuführen, um eine geeignete Datenbasis für die empirische Analyse zu erhalten.

Allerdings besitzen auch Unternehmensbefragungen hinsichtlich ihrer Aussagefähigkeit und Verwendbarkeit Grenzen. Diese müssen zur Kenntnis genommen werden, um eine Überinterpretation von Ergebnissen zu vermeiden. Unternehmensbefragungen besitzen unterschiedliche Erkenntnisziele, verwenden verschiedene analytische Verfahren und erlauben oft keine repräsentativen räumlichen und sektoralen Aussagen. Speziell bei der Erforschung von Standortfaktoren und den Ursachen für Standortentscheidungen ergeben sich im Rahmen einer Unternehmensbefragung vielfältige Fehlerquellen (vgl. dazu z.B. Mikus 1980, S. 69 ff. und Gaebe 1981, S. 91 ff.):

1. Es besteht ein generelles Problem, Entscheidungen und Verhaltensweisen zu reproduzieren, ohne dabei Veränderungen vorzunehmen.
2. Häufig bestehen Kenntnis- oder Erinnerungslücken über Entscheidungen aus der Vergangenheit. Diese sind umso schwerwiegender, je weiter der Gegenstand der Befragung zurück liegt.
3. Es besteht die Gefahr, daß Standortentscheidungen während einer Befragungssituation nachträglich rationalisiert oder unbewußt Rechtfertigungen durch den Befragten gegeben werden.
4. Zum Teil werden vorgegebene Argumente bzw. Antwortkategorien lediglich wiederholt.
5. Bei einer mündlichen Befragung haben zudem Befragungstechnik und Frageformulierung Einfluß auf das Antwortverhalten.
6. Ferner existieren Erkenntnisgrenzen hinsichtlich der persönlichen Präferenzen und Handlungsbeschränkungen des Entscheidungsträgers.

Es erscheint selbstverständlich, daß eine vollständige Ausschaltung der aufgezählten Fehlerquellen unmöglich ist. Allerdings können viele Probleme durch eine sorgfältige Planung und Organisation der Unternehmensbefragung im vorhinein vermieden oder zumindest eingeschränkt werden. Das bezieht sich speziell auf die Gefahren einer Beeinflussung des Befragten während der Erhebungssituation. Die Tatsache, daß eine große Zahl von Schlüsseltechnologie-Unternehmen in Greater Boston, Ottawa-Carleton, der Region Waterloo und der Atlanta MSA die Nähe zum Wohn-, Ausbildungs- und Geburtsort des Gründers als einen der wichtigsten Standortfaktoren bezeichneten, mag als Indiz für den guten Rapport [1] gelten, der bei der Unternehmensbefragung für die vorliegende Arbeit erzielt wurde. D.h. es gelang im Rahmen der Unternehmensbefragung, neben der Ermittlung von rational-objektiven Standortfaktoren, auch subjektive Entscheidungsgründe und persönliche Präferenzen festzustellen.

3.3 Ableitung der Untersuchungskonzeption

Prinzipiell stellte sich zu Beginn der Forschungsarbeiten die Frage, ob sich die Unternehmensbefragung inhaltlich auf wenige Teilgebiete beschränken und dort in die Tiefe gehen sollte, oder ob statt dessen eine breiter angelegte Untersuchung präferiert werden sollte. Die Beantwortung dieser Frage ergab sich aus den a priori gesteckten Zielen der vorliegenden Untersuchung und dem bisherigen Forschungsstand. Vernachlässigt man eine Unterteilung in mikro- und makroanalyti-

---

[1] Friedrichs (1984, S. 152) kennzeichnet diesen Begriff wie folgt: *"Alle [...] Elemente der Erhebungssituation wirken sich auf die Art der Beziehung zwischen Forscher und untersuchten Personen aus. Die Qualität der Beziehung wird als 'Rapport' bezeichnet, womit die Offenheit, Ehrlichkeit und Intensität des Kontaktes gemeint ist. Ein guter Rapport ist keine hinreichende, aber notwendige Bedingung für die Validität der Ergebnisse."*

sche Studien, so dominieren in der Literatur über Schlüsseltechnologie-Regionen, über die räumliche Ballung von Schlüsseltechnologie-Industrien und über die Standortwahl von Schlüsseltechnologie-Unternehmen im wesentlichen drei Ansätze:

1. *Regionale Studien:* Ein Teil der Forschungsarbeiten ist primär regional ausgerichtet und beschränkt sich auf die Analyse einzelner Schlüsseltechnologie-Regionen. Dazu zählen z.B. die Studien von Saxenian (1985a), Rogers u. Larsen (1986), Rügemer (1985), Baumgardt u. Nuhn (1989) und Nuhn (1989) über das Silicon Valley, von Goldman (1984), Herrmann (1983), Dorfman (1983) und Ferguson u. Ladd (1986) über die Route 128-Region bei Boston, von Sweetman (1982), Steed (1987) und Steed u. DeGenova (1983) über Ottawa's Telecom Valley, von Markusen (1988b) und Höppl (1990) über Colorado, von Black (1988) über Canada's Technology Triangle, von Breheny et al. (1985) über den M4-Korridor in Großbritannien sowie von Hamley (1982), Moriarty (1985), Whittington (1985b) und Vogel u. Larson (1985) über das Research Triangle. Zwischen den aufgezählten Studien existieren nur in begrenztem Umfang Gemeinsamkeiten. Die Untersuchungsmethoden, Datengrundlagen und Schwerpunkte der Analysen sind in der Regel sehr unterschiedlich, so daß diese Studien höchstens mit großen Einschränkungen zu einem Vergleich der Standortentscheidungen und Standortbedingungen von Schlüsseltechnologie-Unternehmen herangezogen werden können.
2. *Sektorale Studien:* Eine zweite Art von Untersuchungen ist in erster Linie sektoral ausgerichtet. Einige dieser Studien vergleichen mehrere Schlüsseltechnologie-Sektoren miteinander (z.B. Markusen 1985a), die meisten beschränken sich jedoch auf einzelne Sektoren. Beispiele der letzten Kategorie sind die Arbeiten von Harrington (1985b und 1986), Hekman (1980a), Henderson u. Scott (1987), Scott u. Angel (1987 und 1988), Sampson et al. (1985) und Angel (1990) über die Halbleiter- bzw. Computerindustrie, von Markusen u. Bloch (1985), Markusen (1986, 1988a und 1989) über Rüstungsindustrien, von Feldman (1985) über den Biotechnologie-Sektor, von Riall (1986) über die Telekommunikationsindustrie sowie von Scott u. Mattingly (1989), Hall (1988) und dem Georgia Tech Research Institute (1986) über die Flugzeugindustrie. Diese Studien konzentrieren sich häufig auf spezielle Problemstellungen, benutzen extrem unterschiedliche räumliche Datenbasen und Raumabgrenzungen und stellen lediglich Fallbeispiele mit interessanten Einzelinformationen dar. Ein Vergleich der jeweiligen Ergebnisse ist infolge der unterschiedlichen Methoden kaum möglich. D.h. weder die regional noch die sektoral ausgerichteten Studien über Schlüsseltechnologien bilden in ihrer Gesamtheit eine ausreichende Datenbasis für vergleichende Strukturanalysen von Schlüsseltechnologie-Regionen.
3. *Regional-sektoral vergleichende Studien:* Komparativ angelegte Untersuchungen, die explizit unterschiedliche Teilräume bezüglich ihrer Standorteignung für Schlüsseltechnologie-Industrien analysieren, sind bisher eher Ausnahmeerscheinungen. Flächendeckende Studien über die großräumige Verteilung von Schlüsseltechnologien und Ursachen für räumliche Ballungstendenzen in den USA, in Großbritannien und Kanada stammen von Markusen et al. (1986), Armington (1986), Armington et al. (1983), Glasmeier (1985), Hall et al. (1987) und Britton (1987). Es handelt sich dabei primär um makroanalytische Studien auf einem hohen räumlichen Aggregationsniveau. Gerade wegen der starken räumlichen Aggregation besitzen die aufgeführten Arbeiten einen

hohen Grad an Abstraktion und liefern weder für einzelne Schlüsseltechnologie-Regionen noch für einen Vergleich von Schlüsseltechnologie-Regionen ausreichende Informationen. Nur wenige Studien beschäftigen sich auf empirischer Basis speziell mit den Standortfaktoren für Schlüsseltechnologie-Unternehmen. Ausnahmen bilden die Arbeiten des Joint Economic Committee (1982) und von Rees u. Stafford (1986). Keine der beiden Untersuchungen ermöglicht jedoch eine räumliche Differenzierung der Ergebnisse. Im Unterschied dazu analysieren Malecki (1986) und Jong (1987) räumlich differenziert die Entstehung von Schlüsseltechnologie-Agglomerationen und die dabei wirkenden Standortfaktoren für ausgewählte Beispielregionen. Allerdings handelt es sich dabei primär um eine Aufbereitung und Bewertung der vorhandenen Literatur. Es fehlt die empirische Datenbasis. Ähnlich wie in den Arbeiten von Malecki (1986) und Jong (1987) konzentrieren sich die empirischen Studien von Oakey (1984 und 1985) auf einen Vergleich ausgewählter Regionen. Die Untersuchungen von Oakey (1984 und 1985) sind jedoch zu sehr auf spezifische Problemstellungen fixiert, um einen generellen Strukturvergleich von Schlüsseltechnologie-Regionen zu ermöglichen.

Ungeachtet der Abgrenzungsprobleme von Schlüsseltechnologie-Industrien (vgl. Kapitel 2) weist der selektive Literaturüberblick auf eine Reihe von Defiziten in der Erforschung der Standortverteilung und der Standortfaktoren von Schlüsseltechnologie-Industrien hin, die für die Konzeption der vorliegenden Untersuchung eine entscheidende Rolle spielten. Einige Studien liefern zwar eine Vielzahl von Einzelinformationen über Schlüsseltechnologie-Industrien, besitzen jedoch eine unzureichende räumliche Untersuchungsebene, so daß eine differenzierte Darstellung verschiedener Regionen nicht möglich ist. Andere Arbeiten haben demgegenüber eine räumlich differenzierte Datenbasis, sind aber in ihren Fragestellungen a priori sehr stark spezialisiert. D.h. in der Erforschung von Schlüsseltechnologie-Industrien fehlt bisher eine räumlich differenzierte und kompatible Daten- und Informationsbasis, die einen grundlegenden Strukturvergleich unterschiedlicher Schlüsseltechnologie-Regionen ermöglicht.

Die Standortwahl ist ein komplexer Entscheidungsprozeß, der auf einer Abstimmung zwischen den Anforderungen der Unternehmen und den Bedingungen potentieller Standortregionen beruht (siehe Müller 1976, S. 66 ff.). Auf diesen Prozeß wirken neben den Unternehmenszielen auch funktionale und strukturelle Unternehmenseigenschaften. Beispielweise kann das Standortverhalten von der Organisation des Unternehmens, den Innovationsaktivitäten, materiellen und informellen Verflechtungs- und Abhängigkeitsbeziehungen, dem Stand im Produktzyklus, Wachstumsgesichtspunkten und anderen Merkmalen abhängen. Eine Analyse der Standortentscheidungen von Schlüsseltechnologie-Unternehmen kann deshalb nicht nur, sie muß sogar breit gefächert sein. Aufgrund der breit angelegten inhaltlichen Konzeption und der aus der Unternehmensbefragung gewonnenen Datenbasis ist die vorliegende Untersuchung als ein Beitrag zur Grundlagenforschung über Agglomerationsprozesse von Schlüsseltechnologie-Industrien anzusehen. Die Untersuchungsergebnisse ermöglichen eine vergleichende Strukturanalyse von Schlüsseltechnologie-Industrien, ihrer Standortwahl und Standortpräferenzen auf der Grundlage einer regional differenzierten, kompatiblen

Datenbasis. Das heißt jedoch keinesfalls, daß die erzielten Resultate den Anspruch auf Allgemeingültigkeit erheben.

3.4 Auswahl der Schlüsseltechnologie-Regionen

Ein Großteil der regionalen Studien über Schlüsseltechnologie-Industrien beschränkt sich auf einzelne Regionen wie das Silicon Valley, die Route 128-Region um Boston oder das Research Triangle in North Carolina. Nur wenige Arbeiten, wie z.B. von Oakey (1984 und 1985), Malecki (1986) und Jong (1987), verfolgen demgegenüber einen komparativen Ansatz. Aus diesem Forschungsdefizit stellte sich für die vorliegende Untersuchung die Aufgabe, mehrere Schlüsseltechnologie-Regionen in eine vergleichende Analyse einzubeziehen, um im Unterschied zu einer rein idiographischen Vorgehensweise auch weiterreichende Schlußfolgerungen ziehen zu können. Inwiefern die räumliche Variabilität von Standortfaktoren im Vergleich zu anderen differenzierenden Einflußgrößen der Standortwahl eine Rolle spielt, kann nur unter Einbeziehung mehrerer Regionen quantifiziert werden.

Die Anzahl der Untersuchungsregionen war aus zeitlichen und finanziellen Erwägungen begrenzt und auf Standorte in der östlichen Hälfte von Nordamerika beschränkt. Die Konzentration der Analyse auf den Osten Nordamerikas erwies sich auch aufgrund des aktuellen Forschungsstands als sinnvoll. Während nämlich eine Vielzahl von Studien über Schlüsseltechnologie-Industrien im Westen der USA mit Schwerpunkt Silicon Valley existieren, gibt es nur wenige Arbeiten über Standorte im Osten der USA und Kanadas. Hinsichtlich ihrer Struktureigenschaften sollten die einbezogenen Schlüsseltechnologie-Regionen möglichst heterogen sein und unterschiedliche Typen repräsentieren. An die potentiellen Untersuchungsregionen wurden a priori folgende Anforderungen gestellt:

1. Es sollten sowohl kanadische als auch US-amerikanische Schlüsseltechnologie-Regionen in die Analyse einbezogen werden.
2. Sowohl Standorte im Manufacturing Belt als auch in den Südstaaten sollten Berücksichtigung finden.
3. Die Schlüsseltechnologie-Regionen sollten in bezug auf Alter, Größe und Entwicklungsstand ein breites Spektrum abdecken.
4. Die Untersuchungsregionen sollten sich im Hinblick auf die Bedeutung militärischer Einflüsse für den Entwicklungspfad voneinander unterscheiden.
5. Es sollte eine Auswahl von Regionen getroffen werden, deren Entwicklung in unterschiedlichem Ausmaß durch planerische Eingriffe geprägt war.

Insgesamt wurden fünf Schlüsseltechnologie-Regionen als Untersuchungsregionen in die Erhebung einbezogen: Greater Boston in Massachusetts, Ottawa-Carleton in Ontario, die Region Waterloo - Canada's Technology Triangle (CTT) in Ontario, die Atlanta MSA (Metropolitan Statistical Area) in Georgia und das Research

Karte 1: Großräumige Lage der Untersuchungsregionen

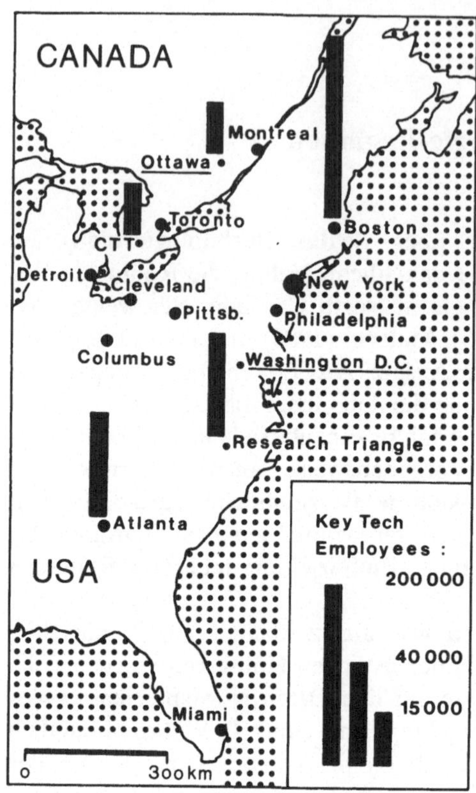

Triangle in North Carolina (vgl. zur großräumigen Lage der fünf Untersuchungsregionen Karte 1). Im einzelnen waren folgende Gründe für die Auswahl der Regionen verantwortlich (siehe auch Bathelt 1991a, S. 32 ff.):[1]

1. *Greater Boston:* Innerhalb von Greater Boston befindet sich die bedeutendste und älteste Agglomeration von Schlüsseltechnologie-Industrien an der amerikanischen Ostküste. Aus diesem Grund mußte die Region auf jeden Fall in die Untersuchung einbezogen werden. Die Evolution der Route 128-Region an der Atlantikküste vollzog sich parallel zum Silicon Valley an der Pazifikküste. In beiden Regionen wurde die Entwicklung von Schlüsseltechnologie-Industrien in der Anfangsphase durch ähnliche Standortfaktoren geprägt. Besonders stimulierend wirkten dabei die enormen Zuflüsse von Rüstungsaufträgen und das Vorhandensein von erstklassigen technischen Universitäten mit großen Forschungskapazitäten (siehe Kapitel 4).

[1] Sicher ist der Selektion von Schlüsseltechnologie-Regionen eine gewisse Willkür nicht abzusprechen, die nach Ansicht des Verfassers jedoch durchaus zulässig und in den meisten wissenschaftlichen Studien ohnehin nicht auszuschalten ist.

2. *Ottawa-Carleton:* Ebenso eindeutig wie die Auswahl von Greater Boston war die Einbeziehung der Region Ottawa. Ottawa ist diejenige kanadische Schlüsseltechnologie-Region mit der längsten Tradition und bildet in gewisser Beziehung das kanadische Pendant zur Route 128-Region. So wurde das Schlüsseltechnologie-Wachstum in der Anfangsphase an beiden Standorten maßgeblich durch militärische Einflüsse bestimmt. Im Unterschied zu Greater Boston betrieb die kanadische Regierung in Ottawa-Carleton allerdings eine bewußte Konzentration von Rüstungsaufträgen (siehe Kapitel 5).
3. *Region Waterloo:* Die zweite kanadische Untersuchungsregion repräsentiert im Unterschied zur Route 128-Region, der Region Ottawa und dem Silicon Valley den Typ einer noch relativ jungen Schlüsseltechnologie-Region. Die Entwicklung von Schlüsseltechnologie-Industrien in der Region Waterloo setzte lange nach Ende des Zweiten Weltkriegs ein und wurde weder durch starke militärische noch durch andere staatliche Planungen wesentlich beeinflußt. Die Hauptantriebskräfte für die Ballung von Schlüsseltechnologie-Sektoren in der Region Waterloo gingen von einer technisch ausgerichteten Spitzenuniversität aus. Interessanterweise fand der Schlüsseltechnologie-Boom in der Region Waterloo in einer Periode statt, in der sich zunehmend die Meinung durchsetzte, das zukünftige Wachstum von Schlüsseltechnologie-Industrien werde sich im wesentlichen auf bereits vorhandene Agglomerationen konzentrieren (siehe Kapitel 6).
4. *Research Triangle:* Neben den drei Untersuchungsregionen aus dem US-amerikanischen bzw. kanadischen Manufacturing Belt sollten auch Regionen aus dem Süden der USA in die Analyse einbezogen werden.[1] Dabei bot sich das Research Triangle in North Carolina aus mehreren Gründen an: Zum ersten wird die Region zusammen mit dem Silicon Valley und Boston als eine der wichtigsten Schlüsseltechnologie-Agglomerationen der USA bezeichnet. Zum zweiten setzte das Wachstum von Schlüsseltechnologie-Sektoren wie in der Region Waterloo relativ spät und ohne entscheidende Impulse militärischer Aktivitäten ein. Zum dritten unterscheidet sich das Research Triangle von allen anderen Untersuchungsregionen dadurch, daß die Entwicklung von Schlüsseltechnologie-Industrien ganz entscheidend durch planerische Eingriffe gesteuert wurde. Den Kern des Research Triangle bildet der Research Triangle Park, der 1959 nach langer Planung als Standort für Forschungsaktivitäten gegründet wurde und sich in der Folgezeit zu einem der weltweit erfolgreichsten Technologieparks entwickelte (siehe Kapitel 8).
5. *Atlanta MSA:* Als zweite Südstaatenregion wurde die Atlanta MSA ausgewählt. Auch dieser Entscheidung lagen mehrere inhaltliche Erwägungen zugrunde. Aufgrund der marktstrategisch und verkehrsmäßig überaus günstigen Lage stellt Atlanta die dominante Handels- und Dienstleistungsmetropole im Südosten der USA dar, ist bisher jedoch als Schlüsseltechnologie-Zentrum relativ unbekannt. Trotzdem besitzt die Region eine lange Tradition in Schlüsseltechnologie-Branchen, die bis zu militärischen Aktivitäten im Zweiten Weltkrieg zurückreicht. Die Integration von Atlanta in die vorliegende Untersuchung erfolgte aber vor allem aufgrund der Tatsache, daß zahlreiche kanadi-

[1] Die Einbeziehung von Südstaatenregionen war angesichts der fortlaufenden Diskussionen über Entwicklungsdisparitäten zwischen den *Sunbelt*-Staaten im Süden bzw. Westen und den *Snowbelt*-Staaten im Nordosten der USA dringend erforderlich (vgl. z.B. Rees 1979; Norton u. Rees 1979; Lange 1986 und Vollmar u. Hopf 1987).

sche Schlüsseltechnologie-Unternehmen die Region explizit als Zielgebiet für mittelfristig geplante Verlagerungen in Betracht zogen (siehe Kapitel 7).

Anhand der Zahl der Schlüsseltechnologie-Beschäftigten 1986/88 lassen sich die Untersuchungsregionen in drei Größenklassen einteilen (vgl. dazu Tab. 6B und Karte 1). Danach zählt die Route 128-Region bei Boston mit rund 200.000 Beschäftigten zu den *Hauptagglomerationen von Schlüsseltechnologie-Industrien* (vgl. dazu Kapitel 4).[1] Mit deutlichem Abstand folgen *mittlere Schlüsseltechnologie-Regionen* mit circa 40.000 Beschäftigten, zu denen unter anderem auch das Research Triangle und die Atlanta MSA gehören (vgl. dazu Kapitel 8 und Kapitel 7).[2] Eine dritte Gruppe *kleiner Schlüsseltechnologie-Regionen* mit etwa 15.000 Beschäftigten umfaßt neben Ottawa und CTT (vgl. dazu Kapitel 5 und Kapitel 6) eine Vielzahl weiterer nordamerikanischer Stadtregionen.

3.5 Unternehmensfragebogen

Die Befragung von Schlüsseltechnologie-Unternehmen in den fünf Untersuchungsregionen sollte möglichst flexibel angelegt sein und den partizipierenden Unternehmen Alternativen in der Form der Informationsweitergabe eröffnen, um nicht unnötige Antwortverweigerungen zu provozieren. Die Durchführung von Interviews mit Unternehmensrepräsentanten wurde dabei als geeignete Methode zur Erreichung der gesetzten Ziele angesehen (Friedrichs 1984, S. 207-224). Es wurde zwar in allen Fällen ein persönliches Interview angestrebt, gleichzeitig sollten die Unternehmen aber die Option einer schriftlichen oder telefonischen Beantwortung erhalten. Als Grundlage der Erhebung diente deshalb ein standardisierter Fragebogen, der zu großen Teilen aus geschlossenen Fragen bestand. In der Regel wurden die Antwortmöglichkeiten vorgegeben - oft sogar in dichtomisierter Form (Ja-Nein-Antworten). Der Fragebogen wurde in sechs Sachkategorien gegliedert:

1. Das Ziel des *ersten Fragebogenabschnitts* bestand darin, eine Datengrundlage für die Klassifikation von Schlüsseltechnologie-Unternehmen nach Strukturmerkmalen zu

[1] Die Regionen Silicon Valley, Greater Los Angeles/ Orange County und New York/ New Jersey müssen dieser Klasse ebenfalls zugerechnet werden.

[2] In die Kategorie mittelgroßer Schlüsseltechnologie-Zentren fallen auch Toronto (Ontario), Phoenix (Arizona), Portland (Oregon), Seattle (Washington), Colorado Springs (Colorado), Austin (Texas), Dallas/ Fort Worth (Texas), Hartford (Connecticut) und Minneapolis/ St. Paul (Minnesota).

schaffen und die wesentlichen Standortfaktoren zu ermitteln.[1] *Variablen* : Sektorzugehörigkeit, organisatorischer Status, Jahr der Gründung sowie Hauptursachen der Standortwahl.

2. Der *zweite Teil* zielte darauf ab, eine Datenbasis für die Gruppierung von Schlüsseltechnologie-Unternehmen nach ihrem Stadium im Produktzyklus zu erzeugen. *Variablen* : Zahl der Endprodukte, Hauptprodukt, Produktionsumfang, Flexibilität des Produktionsprozesses sowie Veränderungen von Nachfrage, Kosten, Wettbewerbsbedingungen und Gewinnen im Zeitraum von 1984 bis 1988.
3. Der *dritte Teil* des Fragebogens bezog sich auf die Beschäftigtensituation. *Variablen* : Beschäftigtenwachstum, Berufsstruktur und potentielle Arbeitskräfteknappheiten.
4. Im *vierten Abschnitt* ging es darum, die wichtigsten Verflechtungsbeziehungen materieller und informeller Art herauszuarbeiten und Anhaltspunkte für deren räumliche Ausprägungen zu erhalten. *Variablen* : Anteil staatlicher Aufträge (i.d.R. militärisch orientiert), Höhe regionaler Input-Output-Verflechtungen gestaffelt nach Entfernungsringen, Informationsbedürfnisse, Informationsquellen, Universitätskontakte, Nutzungsintensität internationaler Flughäfen sowie Kapitalquellen für Unternehmensgründungen.
5. Der *fünfte Fragebogenabschnitt* konzentrierte sich auf die Quantifizierung von FuE-Aktivitäten und Innovationsprozessen. *Variablen* : FuE-Aufwendungen und deren Zusammensetzung, Innovationsarten, Innovationsmotive sowie Innovationsstrategien.
6. Der *abschließende Teil* des Fragebogens beabsichtigte, mittelfristige Verlagerungstendenzen von Schlüsseltechnologie-Unternehmen und deren Ursachen zu herauszufinden. *Variablen* : Standortnachteile sowie Zielregionen potentieller Unternehmensverlagerungen (bzw. Unternehmensgründungen).

Die einzelnen Fragen wurden aus den Untersuchungszielen abgeleitet und, sofern dazu die Möglichkeit bestand, an Fragebögen aus verwandten Studien angelehnt. Als besonders hilfreich erwiesen sich dabei unter anderem die Arbeiten von Oakey (1984), Oakey (1985), Markusen et al. (1986), Malecki (1979), Malecki (1980), Lange (1986), Brede (1971), Herrmann (1983), Taylor u. Thrift (1983), Steed u. DeGenova (1983), Kok et al. (1985), Kok u. Pellenbarg (1987), Freeman (1982), Mikus (1980) und Grotz (1980).

Eine typische Fehlermöglichkeit, die als Folge unterschiedlichen Interviewerverhaltens auftritt, wurde dadurch ausgeschaltet, daß außer dem Verfasser keine weiteren Interviewer aktiv waren. Um hinsichtlich der Fragestellungen, Antwortvorgaben und des Fragebogenaufbaus unnötige Fehlerquellen a priori auszuschalten, wurde im März 1988 ein Pretest mit 5 Schlüsseltechnologie-Unternehmen aus Waterloo durchgeführt. Basierend auf den dabei gesammelten Erfahrungen und den Anmerkungen der Unternehmensrepräsentanten wurde der Frage-

[1] Bei der Frage nach den wichtigsten Standortfaktoren der Standortentscheidung wurden die Unternehmensmanager in der Regel zuerst gebeten, die betreffenden Gründe ohne irgendwelche Vorgaben aufzuzählen. Im Anschluß daran wurde eine Liste von 23 potentiellen Antwortkategorien vorgelegt und darum gebeten, anhand dieser Liste ein zweites Mal die Frage nach den Bestimmungsgründen der Standortwahl zu beantworten. Interaktiv wurde schließlich versucht, eine Konsistenz zwischen beiden Antworten herzustellen und auftretende Divergenzen zu klären.

bogen vor dem eigentlichen Erhebungsbeginn mehrfach verändert und umstrukturiert.

3.6 Auswahlgrundlage

Die Auswahl von Schlüsseltechnologie-Unternehmen erfolgte unter Verwendung aktueller Business Directories oder Industrial Directories der jeweiligen Regionen.[1] Da die Sektorzugehörigkeit fast immer in Form der dreistelligen Industrieklassifikation des US-amerikanischen oder kanadischen SIC-Systems angegeben war, bildeten die Branchenverzeichnisse eine ideale Erhebungsgrundlage, um einzelne Unternehmen entsprechend der Schlüsseltechnologie-Definition aus Kapitel 2 zu identifizieren.
Allerdings unterliegt die Verwendung von Unternehmensverzeichnissen als Grundlage für eine Stichprobenauswahl auch zahlreichen Einschränkungen. So existieren z.B. unterschiedliche Zuständigkeiten für die Zusammenstellung von Business/ Industrial Directories und variierende Methoden für die Einbeziehung von Unternehmen. In Kanada werden Unternehmensverzeichnisse in der Regel von den Business Development Departments oder anderen kommunalen Behörden herausgegeben, in den USA dagegen von privaten Industrievereinigungen. Die exakte Methodik zur Erfassung von Unternehmen in solchen Verzeichnissen ist nur selten einsehbar, so daß daraus entstehende Fehlerquellen im einzelnen schwer zu beurteilen sind. Unterschiedliche Genauigkeit und Vollständigkeit in der Erfassung lassen sich in der Praxis kaum überprüfen, da eine vergleichbare Datenbasis fehlt.[2] Trotz dieser Einschränkungen ist man in mikroanalytischen

[1] Leider war es nicht möglich, durchgängig Branchenverzeichnisse mit demselben Bezugszeitraum 1988 zu benutzen. Für die Region Atlanta lagen z.B. keine Unternehmensverzeichnisse für die Jahre nach 1986 vor. Die aus der unterschiedlichen Datierung der regionalen Erhebungsgrundlagen resultierenden Fehlerquellen lassen sich kaum ausschalten, werden aber auch nicht als schwerwiegend angesehen. Vgl. dazu George D. Hall Company (1988), Ottawa-Carleton Economic Development Corporation (1987a), City of Cambridge (1988a), City of Guelph (1987b), City of Kitchener (1987a), City of Waterloo (1988a), Atlanta Chamber of Commerce (1986a), Durham Chamber of Commerce (1988), Raleigh Chamber of Commerce (1985), Raleigh Chamber of Commerce (1987b) und Research Triangle Foundation (1988).

[2] Um dennoch eine Qualitätskontrolle der verwendeten Unternehmensverzeichnisse durchführen zu können, wurden Unternehmensinformationen aus den Befragungen im nachhinein mit den jeweiligen Directory-Angaben verglichen. In bezug auf Beschäftigtenzahlen zeigte sich dabei insgesamt (außer für Greater Boston) eine gute Übereinstimmung.

Untersuchungen auf Unternehmensebene letztendlich auf die Benutzung von Branchenverzeichnissen angewiesen.[1]

3.7 Stichprobenmethodik

Mit Hilfe der verfügbaren Branchenverzeichnisse wurden zunächst alle Schlüsseltechnologie-Unternehmen analog zu der in Kapitel 2 erläuterten Schlüsseltechnologie-Definition ermittelt. Für jede Region konnte auf diese Weise eine nach Standortgemeinde und Sektorzugehörigkeit differenzierte Unternehmensübersicht erstellt werden. Aus Kosten- und Zeitgründen ergab sich die Notwendigkeit, je Region eine Unternehmensstichprobe statt einer generellen Vollerhebung durchzuführen. Darüber hinaus mußte die Teilauswahl jeweils kleinräumig abgegrenzt werden, weil eine über die gesamte Region verstreute Stichprobe von Schlüsseltechnologie-Unternehmen wegen der großen flächenmäßigen Erstreckung nicht in einem angemessenen Zeitraum zu bearbeiten gewesen wäre. Als Auswahlstrategie wurde deshalb in jeder einbezogenen Schlüsseltechnologie-Region eine Flächenstichprobe angewendet. D.h. es wurden jene Gemeinden als Stichproben-Subregionen in die Auswahl einbezogen, in denen eine besonders große Ballung von Schlüsseltechnologie-Unternehmen und Schlüsseltechnologie-Beschäftigten vorlag. Die entsprechenden Stichproben-Subregionen bildeten die endgültige räumliche Erhebungsgrundlage. Tab. 5 liefert für jede der fünf Schlüsseltechnologie-Regionen einen detaillierten Überblick über die endgültig in die Stichprobe einbezogenen Gemeinden.

In denjenigen Gemeinden mit der größten Zahl an Unternehmen bzw. Beschäftigten wurde eine Vollerhebung auf Basis der Branchenverzeichnisse angestrebt. Dies war z.B. in den Gemeinden Lexington und Waltham (Greater Boston), in Kanata (Ottawa-Carleton), Norcross (Atlanta MSA) und im Research Triangle Park der Fall (siehe Tab. 5). In Einzelfällen konnte das Vollerhebungsziel nicht ganz eingehalten werden, weil in den Branchenverzeichnissen Fehler oder während der Befragungen Antwortverweigerungen auftraten. Darüber hinaus wurden

[1] Im Rahmen der durchgeführten Unternehmensbefragungen besaß der im Auftrag der Associated Industries of Massachusetts herausgegebene *"Directory of Massachusetts Manufacturers"* unter allen Erhebungsgrundlagen die schwerwiegendsten Fehlerquellen (George D. Hall Company 1988). Das Verzeichnis enthielt für mehr als die Hälfte aller Schlüsseltechnologie-Unternehmen mit mindestens 500 Arbeitskräften fehlerhafte Beschäftigtenangaben. Diese waren ausnahmslos überhöht und lagen zum Teil bis zu 200% über den tatsächlichen Werten. Neben einfachen Übertragungsfehlern und Falschangaben bildeten im Fall von Mehrbetriebsunternehmen vor allem Doppelzählungen und nicht nach Einzelstandorten differenzierte Beschäftigtenangaben die Hauptfehlerquellen. Für multinationale Unternehmen war außerdem ohne entsprechenden Hinweis häufig nur die weltweite Gesamtbeschäftigtenzahl abgedruckt. Um die Falschangaben zu beheben, wurden Telefoninterviews mit allen großen Schlüsseltechnologie-Unternehmen (500 Beschäftigte und mehr) in Greater Boston durchgeführt und fehlerhafte Directory-Daten durch die daraus resultierenden Ergebnissen korrigiert.

Tab. 5: Räumliche Erhebungsgrundlage

Schlüsseltechnologie-Region	Stichproben-Subregion	Geplante Erhebungsart	Erhebungsumfang	
Greater Boston und Lowell	Bedford	Teilerhebung	3	
	Burlington	Teilerhebung	7	
	Lexington	Vollerhebung	7	
	Lowell	Teilerhebung	6	
	Waltham	Vollerhebung	17	Summe **40**
Ottawa's Telecom Valley	Kanata	Vollerhebung	23	
	Nepean	Teilerhebung	6	
	Ottawa	Teilerhebung	4	Summe **33**
Canada's Technology Triangle	Cambridge	Teilerhebung	8	
	Guelph	Teilerhebung	6	
	Kitchener	Teilerhebung	4	
	Waterloo	Teilerhebung	15	Summe **33**
Atlanta MSA	Marietta	Teilerhebung	5	
	Norcross	Vollerhebung	20	Summe **25**
Research Triangle	Raleigh	Teilerhebung	14	
	RTP	Vollerhebung	15	Summe **29**

in weiteren Gemeinden Teilerhebungen durchgeführt (vgl. dazu die Auflistung in Tab. 5). Der Stichprobenumfang richtete sich dabei jeweils nach der Zahl der Schlüsseltechnologie-Unternehmen einer Gemeinde in der Gesamtheit. Als Auswahltechnik kamen systematische Stichproben mit Zufallsstart zum Tragen (siehe Rinne u. Ickler 1986, S. 550 f. und Bahrenberg et al. 1990, S. 19).

Unter statistischen Gesichtspunkten (vgl. Friedrichs 1984, S. 144 ff. sowie Rinne u. Ickler 1986, S. 645 ff.) wurde für die vorliegende Untersuchung ein minimaler Stichprobenumfang von 25 Schlüsseltechnologie-Unternehmen je Region als ausreichend empfunden. Bei der Auswertung der Fragebogeninformationen wurden später geeignete statistische Tests mit einem Signifikanzniveau von $\alpha = 5\%$ durchgeführt (im Fall von Kontingenztabellen z.B. Chi^2-Unabhängigkeitstests). Die Ergebnisse dieser Tests wurden nicht in die Ergebnistabellen aufgenommen, sondern (sofern erforderlich) im Text verbal aufgeführt (vgl. zur statistischen Testtheorie Rinne u. Ickler 1986, S. 651-714).

3.8 Interviewstrategie

Mit dem Auswahlverfahren und der Festlegung des Stichprobenumfangs war die Stichprobenplanung noch nicht abgeschlossen. So waren z.B. für die Interviews geeignete Ansprechpartner zu suchen. Zwar bildeten Unternehmen die Objekte der Untersuchung, Informationsträger mußten jedoch zwangsläufig Personen sein. An diese Personen waren insbesondere zwei Anforderungen zu stellen. Zum einen sollte der Ansprechpartner über vielfältige Detailkenntnisse aus allen Unternehmensbereichen verfügen, um in der Lage zu sein, alle Fragen aus dem breit angelegten Fragebogen zu beantworten. Zum anderen sollte der zu befragende Unternehmensrepräsentant ausreichende Machtbefugnisse besitzen, um selbständig über die Weitergabe von Informationen entscheiden zu können. Aus diesen Gründen beschränkte sich die Auswahl potentieller Ansprechpartner auf die Präsidenten, Vizepräsidenten (bzw. Geschäftsführer), Human Resources Manager oder Public Relations Manager von Schlüsseltechnologie-Unternehmen. Die Ansprache der Unternehmensrepräsentanten geschah auf zwei Wegen. Bei großen Schlüsseltechnologie-Unternehmen (mehr als 500 Beschäftigte) erfolgte drei bis fünf Tage vor dem gewünschten Interviewtermin eine telefonische Voranmeldung und Terminabsprache mit dem betreffenden Unternehmensrepräsentanten. In allen anderen Fällen fand keine Vorankündigung statt. In 50% solcher Anläufe war die Strategie, ohne Terminabsprache ein Interview durchzuführen, erfolgreich. Wenn kein Ansprechpartner verfügbar war, konnte fast immer zumindest ein Interviewtermin für einen späteren Zeitpunkt festgelegt werden. Diese überfallartige Strategie besaß den Vorteil, daß die zeitliche Planung während der Erhebungsperioden sehr flexibel und nicht durch zu viele Vorabsprachen eingeschränkt war.

Häufig war ein vollständiges Interview in zwei Abschnitte gegliedert. Zunächst wurde eine standardisierte Befragung anhand des Unternehmensfragebogens durchgeführt. Falls Interesse bestand, kam anschließend die Methode des Tiefeninterviews als Ergänzung zum Einsatz (vgl. zur Verwendung von Tiefeninterviews Friedrichs 1984), um Entwicklungstendenzen anhand wichtiger Fallbeispiele belegen zu können (vgl. Kapitel 4 bis Kapitel 8). In den Tiefeninterviews wurde ohne vorstrukturiertes Schema allein aufgrund der Fragebogeninformationen stärker auf spezielle Charakteristika des Unternehmens eingegangen, nach Gründen für getroffene Entscheidungen gefragt und um Einschätzungen regionaler oder unternehmensspezifischer Entwicklungstrends gebeten.

3.9 Struktur der Unternehmensstichprobe

Von April bis Oktober 1988 wurden insgesamt 160 Interviews mit Repräsentanten von Schlüsseltechnologie-Unternehmen aus fünf Untersuchungsregionen durchgeführt. Die größte Unternehmensstichprobe wurde mit n=40 in der Region Boston, die kleinste mit n=25 in Atlanta erhoben (siehe Tab. 6A). 80% der Inter-

Tab. 6: Indikatoren zur Repräsentativität der Unternehmensstichprobe

Indikator	Boston	Ottawa	CTT	Atlanta	RT
A. Antwortverhalten					
Anzahl der Interview-versuche	45	34	37	30	31
Anzahl der Antwort-verweigerungen	5	1	4	5	2
Erhebungsumfang	40	33	33	25	29
Antwortquote	89%	97%	89%	83%	94%
B. Beschäftigtenindikatoren					
Schlüsseltechnologie-Beschäftigte [1] 1986/88 in Tsd.	214,0 [2]	16,5	11,5	44,5	41,0
Beschäftigtenanteil der Stichprobenunternehmen	20%	45%	45%	60%	65%
C. Unternehmensindikatoren					
Anzahl der Schlüsseltechnologie-Unternehmen 1986/88	533	109	165	206	115
Unternehmensanteil der Stichprobenunternehmen	8%	30%	20%	12%	25%

1) Speziell für Greater Boston scheint die Zahl der Schlüsseltechnologie-Beschäftigten systematisch überhöht zu sein. Dafür gibt es zwei Hauptursachen. Einerseits sind die Beschäftigtenangaben im Unternehmensverzeichnis von Massachusetts oft nicht nach Einzelstandorten differenziert. Andererseits enthält das Unternehmensverzeichnis für fast alle großen Schlüsseltechnologie-Unternehmen fehlerhafte (in der Regel zu hohe) Beschäftigtenwerte. Prinzipiell tauchen ähnliche Probleme auch in den anderen Untersuchungsregionen auf.

2) Der angegebene Zahlenwert enthält bereits Korrekturen, die auf der Basis von kurzen Telefoninterviews mit allen Schlüsseltechnologie-Unternehmen über 500 Beschäftigten erfolgten.

Quelle: Eigene Berechnungen nach George D. Hall Company (1988), Ottawa-Carleton Economic Development Corporation (1987a), City of Cambridge (1988a), City of Guelph (1987b), City of Kitchener (1987a), City of Waterloo (1988a), Atlanta Chamber of Commerce (1986a), Durham Chamber of Commerce (1988), Raleigh Chamber of Commerce (1985), Raleigh Chamber of Commerce (1987b) und Research Triangle Foundation (1988).

views erfolgten in Form eines persönlichen Gesprächs, 15% telefonisch und 5% postalisch. Obwohl eine mündliche Befragung durchschnittlich zwischen 30 und 60 Minuten dauerte und in einem Drittel der Fälle durch rund 30minütige Tiefeninterviews ergänzt wurde, zeigten die befragten Manager bzw. Vorstandsmitglieder eine hohe Bereitschaft zur Zusammenarbeit. Das große Interesse am Forschungsgegenstand der Erhebung schlug sich auch in einer hohen Beteiligung nieder. So wurden bei 177 Interviewversuchen nur insgesamt 17 Antwortverweigerun-

Tab. 7: Antwortquoten und Erhebungsgrundlagen von ausgewählten industriegeographischen Untersuchungen

Autor	Antwortquote	Räumliche Bezugsebene	Untersuchungsgegenstand
Oakey (1984)	79%	Britische Regionen/ San Francisco Bay Area	FuE-Aktivitäten, Innovationsverhalten und Kapitalverfügbarkeit von "High-Tech"-Unternehmen
Steed u. DeGenova (1983)	70%	Ottawa	Strukturanalyse und Standortentscheidungen von technologieorientierten Unternehmen
Hekman u. Greenstein (1985)	64%	Südatlantikstaaten der USA	Industrielle Standortentscheidungen
Hagey u. Malecki (1986)	61%	Florida	Input-Output-Verflechtungen von "High-Tech"-Unternehmen
Thwaites (1982)	60%	Britische Regionen	FuE- und Innovationsaktivitäten in der verarbeitenden Industrie
Macpherson (1988a)	54%	Toronto	Bedeutung von Unternehmensdienstleistungen für kleine Industrieunternehmen
Wheeler (1981)	32%	Atlanta	Industrielle Standortentscheidungen

gen registriert. Die globale Antwortquote lag mit 90% deutlich über den Antwortquoten vergleichbarer Untersuchungen (siehe Tab. 6A und Tab. 7).

Trotz der absolut gesehen relativ kleinen Erhebungsumfänge wurden in jeder Region große Anteile der Schlüsseltechnologie-Beschäftigten und Schlüsseltechnologie-Unternehmen in die Stichprobe einbezogen. So schwankten die Beschäftigtenanteile der Stichprobenunternehmen (an allen Schlüsseltechnologie-Beschäftigten) zwischen 45% (in Ottawa und CTT) und 60% bis 65% (in Atlanta und dem Research Triangle). In Boston lag der entsprechende Anteil mit 20% infolge der sehr viel höheren Zahl von 214.000 Schlüsseltechnologie-Beschäftigten deutlich unter den Vergleichswerten der anderen Regionen (siehe Tab. 6B). Der befragte Anteil von Unternehmen variierte in Ottawa, CTT und dem Research Triangle zwischen 20% und 30%. In den beiden Regionen Atlanta und Boston mit der größten Gesamtzahl von Schlüsseltechnologie-Unternehmen betrug der korrespondierende Anteilswert nur rund 10% (siehe Tab. 6C). In allen Untersuchungsregionen lag der erfaßte Beschäftigtenanteil über dem Unternehmensanteil (vgl. dazu Tab. 6B mit Tab. 6C). Daraus folgt, daß in der Stichprobe (gemessen an der Gesamtheit) große Schlüsseltechnologie-Unternehmen überrepräsentiert waren. Diese Feststellung darf jedoch nicht als Einschränkung der Repräsentativität der Stichprobe gewertet werden. Vielmehr ist die Einbeziehung überdurchschnittlich großer Schlüsseltechnologie-Unternehmen direkt auf die Strategie zurückzuführen, die Erhebung auf Teilregionen mit einer großen Ballung an

Tab. 8: Sektoral-regionale Struktur der Unternehmensstichprobe

Schlüsseltechnologie -Sektor	Erhebungsumfang je Sektor und Region Boston	Ottawa	CTT	Atlanta	RT
Pharmazie/ Plastik	0	2	3	1	7
Präzisionsinstrumente	20	2	5	4	7
Flugzeug/ Raketenbau	0	3	1	2	0
Elektronik	11	8	9	7	4
Computer	4	7	6	2	4
Telekommunikation	2	10	1	8	6
Elektrik	3	1	8	1	1
Summe	40	33	33	25	29

Unternehmen und Beschäftigten zu konzentrieren (siehe Tab. 5). Innerhalb dieser Kernräume befindet sich nicht nur eine generelle Agglomeration von Schlüsseltechnologie-Unternehmen, sondern vor allem eine Ballung großer Unternehmen.

Neben dem (absoluten und relativen) Stichprobenumfang und der Unternehmensgröße bildet die Sektorzugehörigkeit der befragten Unternehmen ein weiteres wichtiges Strukturmerkmal, um die Repräsentativität der Erhebung zu beurteilen. Tab. 8 zeigt eine disaggregierte Darstellung des Erhebungsumfangs nach Untersuchungsregionen und Schlüsseltechnologie-Sektoren und soll im folgenden als Grundlage dienen, um die regionsspezifischen Erhebungen hinsichtlich ihrer sektoralen Strukturtreue zu untersuchen. Ein Vergleich der fünf Regionen deutet auf ausgeprägte und zum Teil sehr unterschiedliche regionale Spezialisierungstendenzen innerhalb der Schlüsseltechnologie-Branchen hin, die sich analog auch in der Sektorstruktur der Stichprobenunternehmen widerspiegeln:

1. In *Greater Boston* verteilten sich 31 von 40 Interviews auf die beiden Branchen wissenschaftliche, technische und medizinische Präzisionsinstrumente (50%) und Elektronik (28%). Da die Unternehmensbefragungen überwiegend auf den Kernbereich der Schlüsseltechnologie-Region entlang des nordwestlichen Abschnitts der Route 128 konzentriert waren, entspricht die sektorale Unternehmensstruktur der Stichprobe nicht exakt dem Gesamtbild der Region Boston. Der Anteil von Unternehmen der beiden Schlüsseltechnologie-Sektoren Präzisionsinstrumente und Elektronik liegt in der Gesamtheit mit 56% vergleichsweise deutlich unter dem Stichprobenanteil von 78%. Hauptursache für diesen Unterschied ist die von den Umlandgemeinden abweichende Sektorstruktur in der Stadt Boston. So verfügt die Stadt Boston beispielsweise über einen relativ großen Anteil traditioneller Elektroindustrien, die in anderen Subregionen dagegen kaum vertreten sind. Die abweichende sektorale Unternehmensstruktur der Stichprobe ist deshalb erwünscht und repräsentiert den Schlüsseltechnologie-Kernbereich entlang der Route 128 besser als die Gesamtheitsstruktur (siehe Tab. 8 und Kapitel 4).

2. In *Ottawa-Carleton* wurden drei Viertel (25 von 33) der Interviews mit Unternehmen aus den Industriegruppen Telekommunikation (30%), Elektronik (24%) und Computer (21%) durchgeführt. Die korrespondierenden Gesamtheitsanteile betragen 29% für die Telekommunikations-, 28% für die Elektronik- und 17% für die Computerindustrie. D.h. hinsichtlich der sektoralen Unternehmensstruktur existiert kein signifikanter Unterschied zwischen Stichprobe und Gesamtheit (siehe Tab. 8 und Kapitel 5).
3. Rund 50% der Unternehmensbefragungen in der *Region Waterloo* (17 von 33 Interviews) erfolgten in der Elektro- (24%) und Elektronikindustrie (27%). Die entsprechenden Anteile in der Grundgesamtheit (34% in der Elektro- und 21% in der Elektronikindustrie) zeigen wie in Ottawa-Carleton keine signifikanten Abweichungen von der Teilerhebungsstruktur (siehe Tab. 8 und Kapitel 6).
4. In der *Region Atlanta* konzentrierten sich 15 von 25 Interviews auf die Telekommunikations- (32%) und Elektronikindustrie (28%). Der Unternehmensanteil dieser beiden Schlüsseltechnologie-Bereiche liegt in der Stichprobe mit 60% deutlich über dem Gesamtheitsanteil von 33%. Wie in Greater Boston ist diese Abweichung primär darin begründet, daß der metropolitane Kern der Region (mit einem großen Anteil an traditionell ausgerichteten Schlüsseltechnologie-Unternehmen) in der Erhebung a priori ausgeschlossen und die Unternehmensbefragungen statt dessen auf suburbane Teilregionen beschränkt wurden (siehe Tab. 8 und Kapitel 7).
5. Im *Research Triangle* verteilten sich 20 von 29 Interviews auf die Branchen Pharmazie/ Plastik (24%), Telekommunikation (21%) und wissenschaftliche, technische und medizinische Präzisionsinstrumente (24%). Die korrespondierenden Gesamtheitsanteile betragen in den Bereichen Pharmazie/ Plastik 18%, Telekommunikation 13% und Präzisionsinstrumente 22% - weisen also nur geringfügige Abweichungen gegenüber der Stichprobe auf (siehe Tab. 8 und Kapitel 8).

3.10 Fazit

Die vorstehenden Ausführungen sind ein Indiz dafür, daß die Ergebnisse der empirischen Untersuchung weitgehend repräsentativ sind und eine hohe Zuverlässigkeit aufweisen. Es wird deshalb als zulässig angesehen, auf der Basis der Untersuchungsregionen Rückschlüsse von der Stichprobe auf die jeweilige Grundgesamtheit von Schlüsseltechnologie-Unternehmen zu ziehen. Zusammenfassend läßt sich die Angemessenheit der methodischen Vorgehensweise und die Repräsentativität der Erhebung wie folgt begründen:

1. Die Schlüsseltechnologie-*Kernbereiche* der Untersuchungsregionen wurden durch die Konzentration der Stichprobe auf Subregionen und die Mischung aus Voll- und Teilerhebungen im Detail erfaßt (siehe Tab. 5).
2. Die *Stichprobenumfänge* je Region sind hinreichend groß für statistische Inferenzaussagen (siehe Tab. 6A).

3. Insgesamt wurde aus jeder Untersuchungsregion ein *signifikanter Anteil* der Schlüsseltechnologie-Beschäftigten und Schlüsseltechnologie-Unternehmen in die Erhebungen einbezogen (siehe Tab. 6B und Tab. 6C).
4. In den Interviews zeichnete sich eine überdurchschnittlich hohe *Antwortquote* von 90% ab (siehe Tab. 6A).
5. Die Sektorzugehörigkeit der einbezogenen Schlüsseltechnologie-Unternehmen entspricht in allen Untersuchungsregionen der *Gesamtheitsstruktur*, oder sie repräsentiert die typische Struktur des Schlüsseltechnologie-Kernbereichs (siehe Tab. 8).
6. Systematische Fehlerquellen, die aus der Erhebungssituation resultieren, konnten dadurch weitgehend vermieden werden, daß außer dem Verfasser keine anderen Interviewer zum Einsatz kamen und ein *ausgezeichneter Rapport* erzielt wurde.

TEIL II:

ENTWICKLUNGS- UND STRUKTURVERGLEICH AUSGEWÄHLTER SCHLÜSSELTECHNOLOGIE-REGIONEN

Nachdem im ersten Hauptteil die Ziele der vorliegenden Arbeit abgesteckt, ein theoretischer Rahmen für Schlüsseltechnologien und Innovationsprozesse hergeleitet sowie Methodik und Repräsentativität der Untersuchung im Detail besprochen worden sind, soll im zweiten Teil ein Entwicklungs- und Strukturvergleich der untersuchten Schlüsseltechnologie-Regionen erfolgen. In Kapitel 4 bis Kapitel 8 werden zunächst fünf Schlüsseltechnologie-Regionen nacheinander analysiert, bevor in Kapitel 9 ein zusammenfassender Strukturvergleich vorgenommen wird. Durch den weitgehend identischen Aufbau der regionalen Kapitel und die interregional kompatible Datenbasis aus den Unternehmensbefragungen ist es erstmals möglich, das Entstehen von Schlüsseltechnologie-Regionen, die dabei wirkenden Prozesse sowie die entscheidenden Gründungs-, Standort- und Wachstumsfaktoren direkt zu vergleichen.

Innerhalb der einzelnen Untersuchungsregionen sollen die Ursachen für Schlüsseltechnologie-Ansiedlungen, Schlüsseltechnologie-Neugründungen und die daraus resultierenden Agglomerationsprozesse in den jeweiligen externen Milieus erklärt werden. Durch eine Gegenüberstellung von Ergebnissen aus den durchgeführten Unternehmensbefragungen, statistischem Datenmaterial und der zum Teil recht spärlichen wissenschaftlichen Literatur sollen gängige Vorstellungen und Hypothesen über das Wachstum von Schlüsseltechnologie-Industrien in den Regionen bestätigt oder widerlegt werden. Außerdem sollen für jede einzelne Region aktuelle Entwicklungstendenzen und Wachstumsperspektiven herausgearbeitet werden. Soweit möglich geschieht dies ohne direkten Verweis auf Erklärungsansätze der industriellen Standortlehre. Vielmehr dienen die regionalen Kapitel als Bezugsrahmen für die Diskussion unterschiedlicher Standorttheorien und ihrer Relevanz für den Bereich der Schlüsseltechnologie-Industrien im dritten Hauptteil.

Besonderes Augenmerk gilt den ausgeprägten Spezialisierungstendenzen innerhalb des Schlüsseltechnologie-Sektors der einzelnen Regionen. Um diese zu verstehen, ist es notwendig einen evolutionären Analyseweg einzuschlagen, der die Dynamik der wirkenden Gründungs-, Standort- und Wachstumsfaktoren mit ihrem komplexen Wechselspiel erfaßt (vgl. Scott u. Storper 1988, S. 304). Vor diesem Hintergrund besitzen die regionalen Kapitel einen (allerdings nur vordergründig) sequenziellen Aufbau. Nach einer Charakterisierung der regionalen Wirtschaftsstrukturen werden jeweils die Entwicklungsdeterminanten für drei Zeitperioden analysiert (vor 1945 - 50er und 60er Jahre - 70er und 80er Jahre), bevor abschließend anhand der Untersuchungsergebnisse eine induktive Bewertung der entscheidenden Standortfaktoren und wichtigsten Standortnachteile vorgenommen wird. Die drei Zeitperioden dienen lediglich als Bezugsrahmen, um die Dynamik der Entwicklungsdeterminanten (in ihrer Zusammensetzung und ihrem Gewicht) zu verdeutlichen. Das der Gliederung tatsächlich zugrundeliegende Kalkül ist strukturell ausgerichtet. Bei der Bearbeitung der regionalen Kapitel ist streng auf eine Unterscheidung zwischen Gründungs-, Standort- und Wachstumsfaktoren zu achten, um Mißverständnisse hinsichtlich der Wirkung einzelner Entwicklungsdeterminanten (z.B. militärischer Abhängigkeiten) zu vermeiden.

4 Region Greater Boston (Massachusetts): Boston Route 128

4.1 Einführung

Neben dem Silicon Valley ist der Großraum Boston heute die zweite Hauptagglomeration von Schlüsseltechnologie-Industrien in Nordamerika. Die Standortregion im Nordosten der USA bildet damit einen räumlichen Gegenpol zum Silicon Valley an der Pazifikküste. Im Unterschied zum Silicon Valley entwickelten sich Schlüsseltechnologien in Boston und Umgebung jedoch nicht aus einem primär durch agrarische Nutzungen geprägten regionalwirtschaftlichen Umfeld. In Massachusetts und den anderen Neuenglandstaaten entstanden schon im 19. Jahrhundert die ersten industriellen Verdichtungen der USA mit Schwerpunkten in der Textil-, Bekleidungs- und Lederindustrie. D.h. die Region Boston war in den Anfangsphasen der Schlüsseltechnologie-Entwicklung ein altindustrialisierter Raum.

Karte 2 verschafft einen Überblick über die verkehrsmäßige Lagegunst des Großraums Boston im östlichen Massachusetts. Um den eng besiedelten Bereich von Boston und die direkt angrenzenden Nachbargemeinden verlaufen mit der Route 128 und der Interstate 495 zwei wichtige ringförmig angelegte Umgehungsautobahnen, die das Verkehrsaufkommen im Ballungsgebiet entlasten sollen. Insbesondere die Route 128 gewann seit Ende der 50er Jahre eine große Bedeutung als Standort für Schlüsseltechnologie-Unternehmen und erwarb sich dadurch den heute legendären Ruf als *"Electronics Circuit"* bzw. *"Electronics Route"*. Als die Schlüsseltechnologie-Unternehmen in den 70er Jahren räumliche Dezentralisierungstendenzen zeigten, wurden zunehmend Standorte nahe der Interstate 495 das Ziel von Verlagerungen und Neugründungen. Auch Industrieparks entlang den Interstates 90, 93 und 95 gewannen durch den Diffusionsprozeß an Bedeutung. Diese radial verlaufenden Ausfallstraßen binden die Region Boston an das interregionale Autobahnnetz der USA an. So erschließt z.B. die Interstate 95 in südlicher Richtung die wichtigen Industrie- und Handelszentren New York, Philadelphia, Baltimore und Washington und führt an der Atlantikküste weiter bis nach Miami. Durch die Interstates 93 und 95 erhält die Region Boston in nördlicher Richtung Anbindung an die restlichen Neuenglandstaaten, und der Massachusetts Turnpike (Interstate 90) verläuft in östlicher Richtung zu den Industriezentren

Buffalo, Cleveland und Chicago (siehe Karte 2). Mit dem Logan International Airport in direkter Nachbarschaft zu Boston Downtown verfügt die Region darüber hinaus über einen wichtigen internationalen Flughafen, der sich durch seine marktstrategisch günstige Lage an der Ostküste zu einer der wichtigsten Schaltstellen im Luftverkehr zwischen Europa und Nordamerika entwickelt hat (siehe Karte 2).

Im folgenden soll unter der Region Boston, sofern nicht anders vermerkt, die administrative Abgrenzung der Gebietseinheit Greater Boston verstanden werden, wie sie in Karte 4 dargestellt ist. Greater Boston umfaßt neben Boston und den direkt angrenzenden Gemeinden einen weiteren Ring von Gemeinden außerhalb des von der Route 128 umschlossenen zentralen Bereichs (vgl. dazu Karte 2 und Karte 4). Diese Raumabgrenzung entspricht in etwa der einer Standard Metropolitan Statistical Area (SMSA) der USA.

4.2 Regionale Wirtschaftsstruktur

Massachusetts hatte 1986 eine Gesamtbeschäftigtenzahl von 2.562.890. Von diesen waren circa 620.000 (rund ein Viertel) in 11.000 Unternehmen der Verarbeitenden Industrie beschäftigt. Wie praktisch alle Industrieregionen in hochentwickelten Volkswirtschaften verzeichnete auch Massachusetts seit den 70er Jahren einen beträchtlichen Rückgang der Industriebeschäftigung. Von 1982 bis 1986 sank die Zahl der Industriebeschäftigten um 20.000. In demselben Zeitraum verringerte sich der Anteil an der Gesamtbeschäftigung von 28,6% auf 24,1%. Dieser starke Bedeutungsverlust industrieller Sektoren war auf hohe Zuwachsraten in den Dienstleistungen zurückzuführen (Associated Industries of Massachusetts 1987a). Seit 1985 beschränkte sich der Verlust industrieller Arbeitsplätze nicht mehr primär auf traditionelle Industrien, sondern betraf zunehmend auch Schlüsseltechnologie-Sektoren (Massachusetts Division of Employment Security - MDES 1986). Trotzdem konnte Massachusetts im Vergleich zu anderen Bundesstaaten überdurchschnittlich gute wirtschaftliche Kennzahlen vorweisen. Z.B. betrug die Arbeitslosenquote in Massachusetts 1986 nur 3,8% im Vergleich zu 7% im US-Durchschnitt. Obwohl die Arbeitslosigkeit in Boston mit 4,4% den Gesamtwert für Massachusetts übertraf, lag nach gängiger volkswirtschaftlicher Sichtweise eine Vollbeschäftigungssituation vor (Boston Chamber of Commerce 1987).

Analysiert man die sektorale Industriestruktur in Massachusetts auf der Basis der zweistelligen Industrieklassifikation des SIC, so werden deutliche Spezialisierungstendenzen sichtbar (vgl. im folgenden Tab. 9 und Bathelt 1990, S. 152 f.). Die traditionell vorherrschenden Industriezweige der Textil-, Bekleidungs- und Lederindustrien besaßen 1986 immer noch einen Beschäftigten- und Unternehmensanteil von knapp 10%. Der ebenfalls schon seit dem 19. Jahrhundert etablierte Sektor Machinery except Electrical stellte mit 97.000 Beschäftigen (etwa 16%) die zweitgrößte Industriegruppe dar. Die Bedeutung der traditionellen Industriezweige wurde 1986 jedoch deutlich von Schlüsseltechnologie-Industrien über-

Karte 2: Übersichtskarte Boston und Umgebung

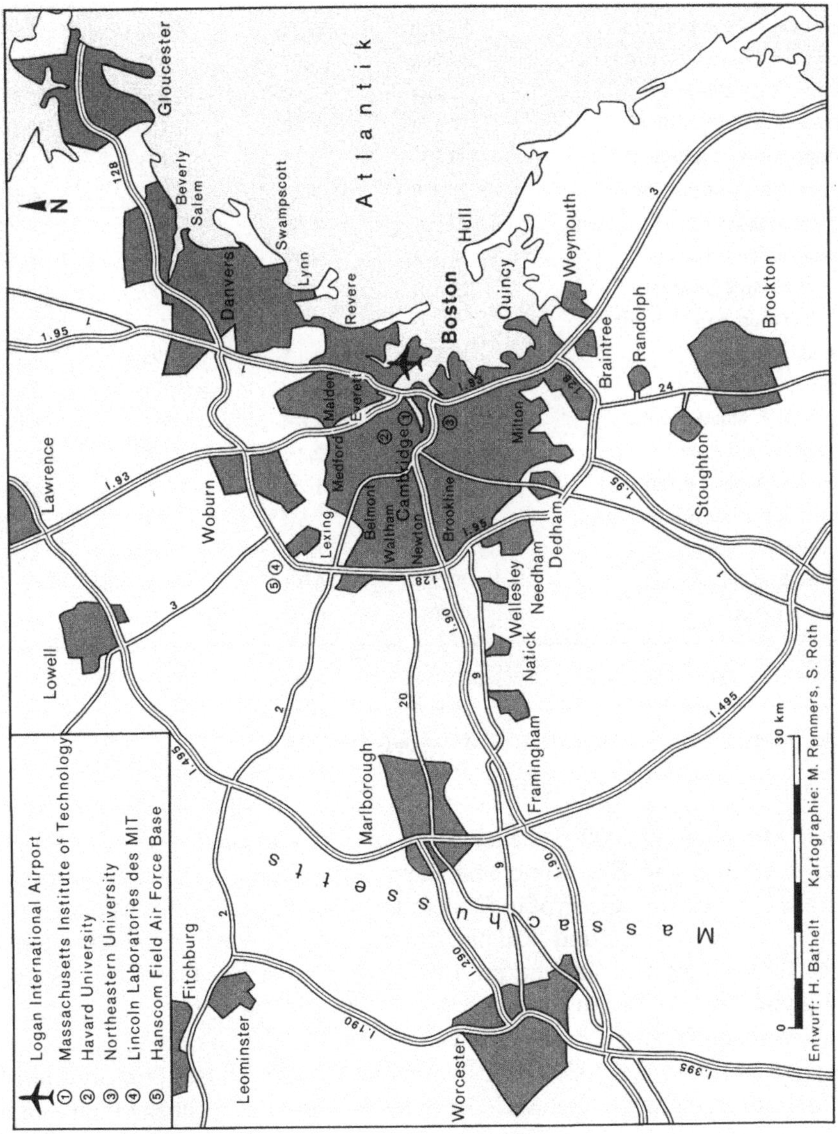

Tab. 9: Sektorale Industriestruktur in Massachusetts 1986

Industriesektor	Beschäftigtenzahl	Beschäftigtenanteil	Unternehmenszahl	Unternehmensanteil
Electrical & electronic machinery	125.815	20,3%	797	7,3%
Machinery except electrical	97.000	15,7%	1.858	17,0%
Instruments & related products	56.006	9,0%	573	5,2%
Printing and publishing	52.884	8,5%	1.834	16,8%
Fabricated metal products	42.153	6,8%	1.109	10,1%
Transportation equipment	37.190	6,0%	173	1,6%
Rubber & allied products	29.359	4,7%	530	4,8%
Apparel & other textile products	27.921	4,5%	586	5,4%
Paper & allied products	24.472	4,0%	302	2,8%
Food & kindred products	22.650	3,7%	479	4,4%
Miscellaneous manufacturing industries	19.197	3,1%	492	4,5%
Textile mill products	17.718	2,9%	271	2,5%
Chemicals & allied products	17.107	2,8%	341	3,1%
Primary metal products	13.822	2,2%	274	2,5%
Stone, clay & glass products	10.785	1,7%	294	2,7%
Leather & leather products	10.036	1,6%	204	1,9%
Furniture & fixtures	8.256	1,3%	339	3,1%
Lumber & wood products	5.287	0,9%	443	4,0%
Petroleum & coal	1.401	0,2%	41	0,4%
Summe (ohne Tabakindustrie)	619.059	100,0%	10.940	100,0%

Quelle: Nach Associated Industries of Massachusetts (1987a).

troffen. Mit circa 125.000 Arbeitskräften in 800 Unternehmen beschäftigte der Sektor Electrical and Electronic Machinery 20% aller Industriebeschäftigten und hatte als Einzelsektor die größte Bedeutung für Massachusetts. Weiter erreichte der Sektor Instruments and Related Products mit 56.000 Arbeitskräften einen Beschäftigtenanteil von annähernd 10%. Wenn man als Grobklassifikation die Herstellung von Präzisionsinstrumenten sowie die elektronischen, elektrischen und chemischen Industriezweige aus Tab. 9 dem Bereich der Schlüsseltechnologie-Industrien zuordnet, zeigt sich eine dominante Position dieser Sektoren in Massachusetts. Die entsprechenden SIC-Gruppen verfügten 1986 über einen Anteil von 32,1% an allen Industriebeschäftigten und einen Anteil von 15,6% an allen Industrieunternehmen (vgl. Dorfman 1983, S. 301 und Browne 1986, S. 22).

Eine detaillierte Auswertung des Unternehmensverzeichnisses der George D. Hall Company (1988) lieferte für Greater Boston 1988 eine Zahl von 214.000 Beschäftigten in insgesamt 533 Schlüsseltechnologie-Unternehmen. Die daraus

Abb. 1: Sektorale Beschäftigtenstruktur von Schlüsseltechnologien in Greater Boston 1988

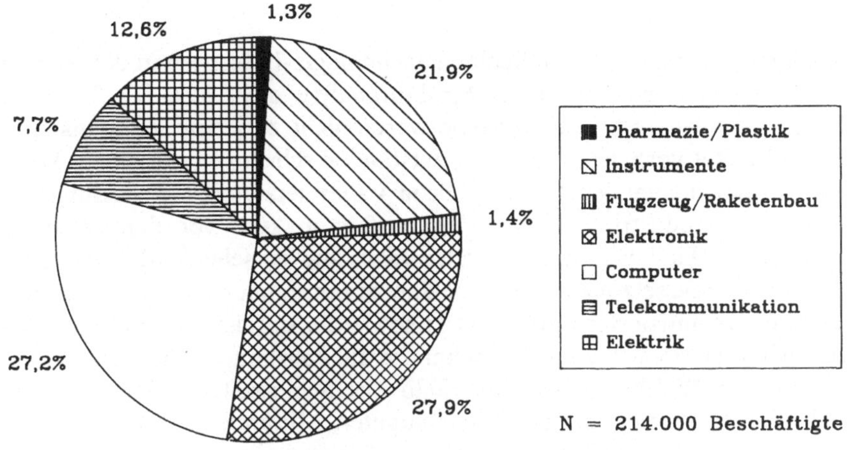

1,3%
12,6%
21,9%
7,7%
1,4%
27,2%
27,9%

Pharmazie/Plastik
Instrumente
Flugzeug/Raketenbau
Elektronik
Computer
Telekommunikation
Elektrik

N = 214.000 Beschäftigte

Quelle: Eigene Berechnungen nach George D. Hall Company (1988).

resultierende durchschnittliche Unternehmensgröße von 400 Beschäftigten lag um das sechsfache über der durchschnittlichen Beschäftigtenzahl von 57, die sich 1986 als Mittelwert für alle Industrieunternehmen in Massachusetts ergab (siehe Abb. 1 und Tab. 9). Dieser Vergleich belegt, wie stark der Arbeitsmarkt für Schlüsseltechnologie-Industrien in Greater Boston von Großunternehmen beeinflußt wird.

Die Verarbeitende Industrie in Greater Boston besitzt nicht nur eine hohe Spezialisierung auf den Bereich der Schlüsseltechnologien, auch innerhalb des Schlüsseltechnologie-Segments läßt sich eine starke Spezialisierung nachweisen (siehe Abb. 1). Jeweils mehr als ein Fünftel aller Schlüsseltechnologie-Beschäftigten arbeiteten 1988 in den Branchen Elektronik, Computer und Präzisionsinstrumente. Zusammen stellten die drei Industriegruppen 77% der Beschäftigten. Die Computerindustrie mit einem Unternehmensanteil von nur 6,6% besaß einen Beschäftigtenanteil von immerhin 27,2%. D.h. mit über 1.600 Beschäftigten lag die mittlere Unternehmensgröße in der Computerindustrie nochmals 300% über dem Durchschnittswert aller Schlüsseltechnologie-Industrien. Der Computersektor der Region Boston, der ausgesprochen stark auf die Herstellung von Minicomputern spezialisiert ist (Hekman 1980a), wird also von extrem großen Unternehmen geprägt. Daraus resultiert aber die Gefahr, daß sich die Arbeitslosigkeit in der Region im Zug von Entlassungen durch Absatzschwierigkeiten weniger Unternehmen signifikant erhöht. Die Sektoren Pharmazie/ Plastik, Flugzeug-/ Raketenbau und Telekommunikation spielten demgegenüber 1988 für den Arbeitsmarkt eine vergleichsweise untergeordnete Rolle (siehe Abb. 1).

4.3 Evolution von Schlüsseltechnologien

Um den Agglomerationsprozeß von Schlüsseltechnologie-Industrien in der Region Boston zu verstehen, reicht eine reine Strukturanalyse nicht aus. Die heute in Greater Boston wirksamen Standortvorteile waren nicht zu jedem Zeitpunkt per se in gleicher Qualität vorhanden, sondern entstanden schrittweise in einem komplexen Wechselspiel zueinander. Wie im Silicon Valley setzte die Entwicklung von Schlüsseltechnologie-Industrien in der Region Boston kurz vor dem Zweiten Weltkrieg ein und erhielt während der 50er Jahre die entscheidenden Impulse. Wichtige Standortvoraussetzungen wie die Nähe zu renommierten Forschungsuniversitäten und ein qualifizierter Arbeitsmarkt sowie die Bereitschaft zu unternehmerischem Risiko hatten sich zum Teil schon im 18. Jahrhundert herausgebildet. Nach dem Zweiten Weltkrieg fand innerhalb des Schlüsseltechnologie-Sektors eine Spezialisierung auf die Bereiche Minicomputer, Miltärelektronik sowie wissenschaftliche, technische und medizinische Präzisionsinstrumente statt (siehe Abb. 1). Diese Spezialisierung ging bis zu den Forschungsschwerpunkten der lokalen Universitäten während der Kriegsjahre zurück und setzte sich später durch ausgeprägte Ketten von Unternehmensgründungen in Form von Spin-off-Prozessen fort.

4.3.1 Determinanten der Entwicklung vor 1945

Die Region Boston in Neuengland war ab 1620 eine der ersten nordamerikanischen Regionen, die von westeuropäischen Immigranten besiedelt wurde. Durch die verkehrsgünstige Lage an der Mündung des Charles River in den Atlantik wurde Boston schnell zu einer strategisch wichtigen Hafenstadt, obwohl die Ausstattung der Region mit natürlichen Ressourcen unzureichend war und durch die nachfolgende Erschließung des Mittelwestens sogar noch eine Wertminderung erfuhr. Boston wurde Handelszentrum der Neuen Welt und entwickelte intensive Verflechtungen im Dreieckshandel mit Europa, Afrika und den Antillen. Der Überseehandel war zwar mit erheblichen Risiken verbunden, verschaffte aber hohe Gewinnmöglichkeiten und führte letztendlich zu einer generellen Risikobereitschaft bei unternehmerischen Vorhaben. Aus den Handelsbeziehungen mit Übersee bildete sich in der Region Boston eine wohlhabende Elite mit hohen Management- und Unternehmensführungsqualitäten heraus, an deren Spitze die Kaufleute standen. Unter Führung dieser Elite vollzog Boston im 19. Jahrhundert den Wandel zu einem bedeutenden Finanz-, Industrie- und Ausbildungszentrum (vgl. dazu Blume 1979, S. 162 ff. und 370 f.; Shankland 1981 und Conzen u. Lewis 1976, S. 62 ff.).

4.3.1.1 Frühe Industrialisierung

Bereits zu Beginn des 19. Jahrhunderts erkannten Kaufleute die Chancen einer Industrialisierung und reinvestierten ihre Handelsgewinne in die Textilindustrie. Die beginnende Industrialisierung in der Region Boston hatte zunächst aber auch den Charakter eines politischen Instruments und war Ausdruck der Unabhängigkeitsbestrebungen vom Mutterland England. Erfolgreiche Gründungen und die generelle Risikobereitschaft führten dazu, daß sich frühzeitig eine unternehmerische Tradition etablierte.

Die Industriearbeiterschaft rekrutierte sich während des 19. und frühen 20. Jahrhunderts vor allem aus den großen Einwanderungsströmen aus verschiedenen europäischen Staaten. Viele der qualifizierten Mechaniker und Handwerker verblieben in der Region und formten einen stark diversifizierten Arbeitsmarkt. Trotz des hoch qualifizierten Arbeitsmarkts verzeichnete die Region Boston ein unterdurchschnittliches Lohnniveau. Diese Lohnstruktur resultierte aus einem Arbeitsangebotsüberschuß als direkte Folge der ständigen Immigrationsströme von gut ausgebildeten wie auch ungelernten Arbeitskräften und hatte noch bis Ende der 70er Jahre des 20. Jahrhunderts Bestand (vgl. dazu Browne 1987; Jong 1987, S. 56 und Peet 1983, S. 126 ff.). Um 1860 waren mit 110.000 Beschäftigen über 50% aller Arbeitskräfte aus Massachusetts in der Schuh- und Textilindustrie beschäftigt (Ferguson u. Ladd 1986, S. 9 und Chapman u. Walker 1987, S. 171). Gegen Ende des 19. Jahrhunderts wurden die bereits ansässigen Sektoren um eine schnell wachsende Maschinenbauindustrie erweitert.

Als durch den Unabhängigkeitskrieg (1775-1783) und den Sezessionskrieg (1861-1865) eine hohe Nachfrage nach Waffen entstand, erlangte die Militärproduktion für Massachusetts schon frühzeitig eine große Bedeutung. Die Region Boston spezialisierte sich zu einem gewissen Grad auf die Herstellung von Gewehren (vgl. Hall 1988, S. 105), wobei dieser neue Sektor vielfältige Verflechtungsbeziehungen zu den bereits etablierten Industrien aufbaute. Fortschritte in der Maschinenbauindustrie waren zu einem beträchtlichen Teil von Innovationen in der Waffenproduktion abhängig. Diese wurden in der Maschinenbauindustrie in neue oder veränderte Produktionsmethoden umgesetzt und schließlich in der Textilindustrie zur Produktion von Massengütern angewendet. Durch den Arbeitsplatzwechsel qualifizierter Handwerker erfolgte ein schneller Transfer von unternehmens- und sektorspezifischem Know-how in andere Industrien, was zu einem beschleunigten Diffusionsprozeß neuer Technologien führte. Hekman u. Strong (1981) betonen, daß die Militär-, Maschinenbau- und Textilindustrien nicht isoliert voneinander agierten, sondern als integrierter Komplex durch intensive Verflechtungsbeziehungen die treibende Kraft der technologisch-industriellen Entwicklung in Massachusetts darstellten. Dieses Netzwerk von Interdependenzen bot günstige Voraussetzungen für die Entwicklung von Schlüsseltechnologien im 20. Jahrhundert (vgl. Jong 1987, S. 57 f.). Die ursprüngliche Ballung von Industrien in der Region Boston basierte somit auf Agglomerationsvorteilen (Kapitalverfügbarkeit, Arbeitsangebot, Qualifikationsniveaus und technologische Abhängigkeiten) und nicht auf der Nähe zu Rohstoffen oder Absatzmärkten.

Schon vor dem Zweiten Weltkrieg hatte Massachusetts seine Funktion als Hauptwachstumszentrum der Textil- und Schuhindustrie verloren. In dem Maß, in dem bestehende Fabrikanlagen veralteten und Arbeitskräfte sich zunehmend gewerkschaftlich organisierten, wurden neue Kapazitäten in der Schuh- und Textilindustrie zunehmend in den Südstaaten aufgebaut. Es handelte sich dabei nicht primär um direkte Verlagerungen wie in der zweiten Hälfte des 20. Jahrhunderts, sondern um einen Vorgang, der am treffendsten als Prozeß konkurrierenden Wachstums bezeichnet werden kann. Gegenüber Neuengland boten die Südstaaten vor allem den Vorteil eines sehr geringen Lohnniveaus bei fehlendem Gewerkschaftseinfluß. Tatsächlich spezialisierten sich die Südstaaten zunächst stark auf die Produktion von Niedrigqualitätsgarn und traten so nur partiell in Wettbewerb mit den Neuenglandstaaten. Trotzdem sank die Industriebeschäftigung in den Textilzentren von Massachusetts in der Periode von 1880 bis 1920 um etwa ein Drittel. Zwischen 1919 und 1929 verlor der Staat Massachusetts noch einmal 157.000 Arbeitsplätze, d.h. rund 25% der gesamten Industriebeschäftigung (siehe Ferguson u. Ladd 1986, S. 10 ff. und Hekman 1980a, S. 5 f.).

4.3.1.2 Universitätsgründungen

Durch die Gründung der Harvard University 1636 und des Massachusetts Institute of Technology (MIT) 1861 entwickelte sich die Region Boston zu einem der wichtigsten amerikanischen Zentren für höhere Bildung. MIT und Harvard erlangten ein hohes Ansehen durch ihre akademischen Ausbildungs- und Forschungskapazitäten und waren wesentliche Träger des Strukturwandels in der Region Boston, der nach dem Zweiten Weltkrieg einsetzte (Malecki 1986, S. 52 f.). Vor allem das MIT setzte mit seiner Gründung neue Akzente für das Selbstverständnis einer Universität. Aus der Erkenntnis, daß technischer Fortschritt in Zukunft nicht mehr ohne wissenschaftliche Kenntnisse und Forschungsergebnisse auskommen könne, schlug das MIT eine neuartige Universitätspolitik ein. Man betrachtete die Funktion einer Universität für die Gesellschaft erst dann als erfüllt, wenn der Transfer wissenschaftlicher Ergebnisse in die Privatwirtschaft erfolgreich vollzogen war. In der Folgezeit entwickelte das MIT ein einzigartiges Netzwerk an Beziehungen zur Industrie, das noch heute für viele andere Universitäten Vorbildfunktion besitzt.

Seit den 30er Jahren unterhielten die beiden Hauptuniversitäten Forschungslabors, in denen entscheidende Forschungsdurchbrüche auf den Gebieten Radarentwicklung, Computerforschung und in anderen Elektronikbereichen erzielt wurden. Wichtigste Universitätslabors waren Lincoln Laboratories, Instrumentation Laboratory, Radiation Laboratory, Digital Computer Laboratory und Artificial Intelligence Laboratory des MIT sowie Computation Laboratory und Cruft Laboratory der Harvard University (Dorfman 1983, S. 309). Diese Labors waren zwar an die Universitäten angeschlossen, erhielten aber zum Teil einen quasi unabhängigen Status. Enorme Forschungskapazitäten, die führende Rolle in der Entwicklung von Computer-Hardware und das enge Verhältnis zur Privatwirtschaft [1] hatten bereits vor 1945 zwei wesentliche Auswirkungen. Zum einen waren beide Universitäten mit dem beginnenden Zweiten Weltkrieg in der Lage, große Teile der schnell anwachsenden Rüstungsetats an sich zu binden. Zum anderen erwarb die ohnehin schon unternehmerisch geprägte Region eine Tradition in der Gründung von Schlüsseltechnologie-Unternehmen durch ehemalige Universitätsmitarbeiter (Bathelt 1989, S. 96). Bereits 1922 gründeten Ingenieure der Lincoln Laboratories mit Raytheon einen der heutigen Marktführer ferngelenkter Raketensysteme (z.B. der Patriot-Abwehrraketen). Weitere Vorkriegsgründungen im Bereich von Schlüsseltechnologien, die später durch schnelles Wachstum einen hohen Bekanntheitsgrad erlangten, waren EG&G (ebenfalls durch MIT-Mitarbeiter), GenRad und Foxboro Company (Dorfman 1983, S. 309). Daneben besaßen große Elektronikunternehmen wie General Electric und GTE Sylvania bereits Zweigwerke in der Region Boston (Dorfman 1983, S. 302).

4.3.2 Determinanten der Entwicklung in den 50er und 60er Jahren

Faktoren wie die Nähe zu Spitzenuniversitäten, unternehmerische Tradition, ein qualifizierter Arbeitsmarkt, die Verfügbarkeit von Investitionskapital und Rüstungsaufträgen sowie technologische Verflechtungen zwischen Industriesektoren, die bereits vor dem Zweiten Weltkrieg die industrielle Entwicklung der Region Boston prägten, waren auch für die rapide Expansion von Schlüsseltechnologien nach 1945 entscheidend. In den 50er und 60er Jahren erlebte die Region einen Boom an Neugründungen auf der Basis technologischer Neuerungen und entwickelte sich zu einem Hauptzentrum von Schlüsseltechnologien. Dieser Agglomerationsprozeß wurde nicht durch den Eingriff von Stadtplanungs- oder Wirtschaftsförderungsabteilungen gesteuert (Dorfman 1983, S. 299).

Fortlaufende politische Spannungen mit den Ostblockstaaten während des Kalten Krieges, das Weltraumrennen der USA mit der Sowjetunion und die Beteiligung am Korea-Krieg (1950-1953) bis hin zum Vietnamkrieg (1964-1973) führten zu einer kontinuierlichen Steigerung der Etats für Militär- und Weltraumfor-

---

[1] Die Harvard University hat niemals ein so intensives Beziehungsgeflecht zur Privatwirtschaft entwickelt oder angestrebt wie das MIT. Überhaupt scheint der Einfluß der Harvard University auf die Evolution von Schlüsseltechnologien in der Region Boston generell überschätzt zu werden. Zweifellos war Harvard vor, während und kurz nach dem Zweiten Weltkrieg tragendes Element in der Aufstiegsphase von Schlüsseltechnologien, vor allem auf dem Gebiet der Computerforschung. Nachdem das Computation Laboratory jedoch in den 50er Jahren die Forschung im Bereich Computer-Hardware eingestellt hatte, konnten keine wesentlichen Impulse mehr für die weitere Entwicklung gesetzt werden, zumal die Ausrichtung der Harvard University im Unterschied zum MIT nicht so stark technisch orientiert war. Interessanterweise hatte IBM schon vorher begonnen, FuE-Mittel für die Computerforschung von der Harvard University zum MIT zu transferieren. Spin-off-Gründungen durch Universitätsmitglieder blieben folglich die Ausnahme. Wesentlich größere Bedeutung erlangten dagegen später neben dem MIT andere Universitäten wie z.B. die Northeastern University in Boston (siehe zur Lage Karte 2), die durch große ingenieurwissenschaftliche Ausbildungsprogramme dem Arbeitskräftebedarf der neuen Industriesektoren eher entsprachen.

schung (vgl. Hall 1988 und Malecki u. Stark 1988, S. 71), von denen die Region Boston traditionell in erheblichem Maß profitierte. Für die expandierenden Schlüsseltechnologie-Industrien stellte die Nachfrage des Department of Defense und der NASA einen zuverlässigen Absatzmarkt dar, der im Vergleich zu kommerziellen Märkten mit einer geringeren Ungewißheit verbunden war (Markusen 1989). Das Geschäftsklima für Neugründungen wurde zudem durch ein Programm der US-Regierung stimuliert, in dem sie sich verpflichtete, regelmäßig größere Anteile der Rüstungsaufträge an kleine Unternehmen zu vergeben.

4.3.2.1 Risikokapital

Direkt nach Kriegsende herrschte wie in anderen Teilen der USA auch in Neuengland eine Kapitalknappheit. US-Senator Flanders war als früherer Geschäftsmann davon überzeugt, daß wirtschaftlicher Wohlstand in starkem Maß von finanzieller Unterstützung für neue Ideen und Entwicklungen abhängt. Die bisher in den USA vorhandenen Kapitalfonds waren nach seiner Ansicht durch einen akuten Mangel an Entscheidungsträgern mit technischem Know-how gekennzeichnet und nur beschränkt für potentielle Unternehmensgründer zugänglich. Zusammen mit namhaften Vertretern der Bostoner Universitäten wie etwa MIT-Präsident Compton oder Harvard-Professor Doriot und mit staatlicher Unterstützung bemühte sich Flanders um eine neuartige Finanzierungsquelle für Unternehmensneugründungen. Sog. Risikokapital-Fonds sollten für technologisch motivierte Unternehmensgründungen zur Verfügung stehen, selbst wenn die zur Kreditaufnahme normalerweise üblichen Sicherheiten nicht vorhanden waren. Kriterium der Kapitalvergabe sollte statt dessen die der Gründung zugrundeliegende Neuerung darstellen. Ein auf diese Weise finanziertes Unternehmen sollte vor allem in der Anfangsphase in technischen Bereichen und Managementfragen intensiv betreut werden. 1946 wurde schließlich mit American Research & Development (AR&D) das erste amerikanische Risikokapital-Unternehmen in Boston gegründet. In den 50er Jahren erlangte AR&D große Bedeutung durch die Finanzierung von Unternehmensgründungen durch ehemalige Mitarbeiter des MIT. So leistete AR&D z.B. entscheidende Starthilfen für Tracerlab, High Voltage Engineering und die Digital Equipment Corporation (siehe American Research & Development 1988; Hekman u. Strong 1981; Ferguson u. Ladd 1986, S. 41 und Dorfman 1983, S. 301 und 307). Durch die spektakulären Finanzierungserfolge wurde AR&D zum Vorreiter der Risikokapital-Finanzierung und erreichte einen hohen Bekanntheitsgrad. Das große Potential technologisch motivierter Unternehmensgründungen in der Region Boston führte zum Aufbau weiterer Risikokapital-Unternehmen, und Boston entwickelte sich zu einem Hauptzentrum des expandierenden Risikokapital-Sektors. 1970 existierten US-weit insgesamt etwa 35 Risikokapital-Gruppen. Gegenwärtig sind allein in der Region Boston circa 50 Risikokapital-Unternehmen ansässig.[1]

[1] Informationen aus einem Telefoninterview mit dem Präsidenten von American Research & Development am 30. September 1988.

Tab. 10: Finanzierung von Schlüsseltechnologie-Neugründungen in Greater Boston

Art der Finanzierung	Unternehmens-zahl	Unternehmens-anteil
Ersparnisse/ Unternehmensgewinne	24	67%
Bankkredite	6	17%
Risikokapital	6	17%
Summe	36	101%

Quelle: Eigene Erhebungen.

Als Folge der schnell anwachsenden Kapitalverfügbarkeit durch neue Venture Capital-Unternehmen änderten auch die Bostoner Banken ihre bisherige Investitionspolitik und zeigten eine größere Risikobereitschaft. Jong (1987, S. 63) und Ferguson u. Ladd (1986, S. 41 f.) betonen in diesem Zusammenhang vor allem die Rolle der First National Bank of Boston, die in den 50er Jahren eine Small Business Investment Corporation ins Leben rief und dadurch einen Einstieg in die Risikofinanzierung fand. In der Summe mag die Bedeutung der First National Bank und anderer Banken für die Entwicklung von Schlüsseltechnologie-Industrien in der Nachkriegszeit durchaus größer gewesen sein als die Bedeutung des Risikokapital-Sektors; in jedem Fall aber operierten die Banken weniger auffällig und medienträchtig. Eine dritte Finanzierungsquelle für Unternehmensgründungen entstand später durch den Eintritt von etablierten Großunternehmen in den Markt der Risikofinanzierung. Stellvertretend für andere Unternehmen sei diesbezüglich Raytheon genannt. Raytheon stellt aus eigenen Mitteln einen Risikokapital-Fonds bereit, der technologisch motivierten Unternehmensgründungen zugänglich gemacht wird. Potentielle Gründungen durch eigene Mitarbeiter sind von dieser Möglichkeit der Kapitalaufnahme jedoch ausgeschlossen.[1]

Ob die Verfügbarkeit von Risikokapital seit den 60er Jahren eine entscheidende Ursache für die enormen Gründungsraten von Schlüsseltechnologie-Unternehmen in der Region Boston darstellte, oder ob sich diese Finanzierungsform erst als Folge des hohen Gründungspotentials herausbildete, läßt sich nicht endgültig beurteilen. Vieles spricht aber dafür, daß die Nachfrage nach Kapital sich erst ein Angebot geschaffen hat und nicht umgekehrt (Dorfman 1983, S. 307). Entgegen der gängigen Einschätzung (z.B. Malecki 1986) sollte Risikokapital deshalb stärker in seiner Funktion als Indikator für ein Entwicklungspotential denn als Verursacher einer Entwicklung eingestuft werden. Relativiert wird die Bedeutung von Risikokapital auch durch die Ergebnisse der in Greater Boston durchgeführten Unternehmensbefragung. Zwei Drittel der in die Untersuchung einbezogenen Unternehmen finanzierten das Gründungsstadium primär durch persönliche

[1] Informationen aus einem Interview mit Mr. McCracken, dem Media Relations Manager von Raytheon, vom 23. September 1988.

Ersparnisse oder durch bereits erzielte Unternehmensgewinne (siehe Tab. 10 und Bathelt 1990, S. 155). Nur bei jeweils 6 Unternehmen (17%) erfolgte die Finanzierung zu überwiegenden Teilen aus Risikokapital oder Bankkrediten.

4.3.2.2 Unternehmensgründungen

In den 50er Jahren kam es zu einer ersten Welle wichtiger Unternehmensgründungen in Schlüsseltechnologie-Industrien, die direkt aus den Ergebnissen militärisch orientierter Forschungen während des Zweiten Weltkriegs resultierten. Durchbrüche auf dem Gebiet der Radartechnik führten zu Innovationen im Mikrowellenbereich mit Anwendungsmöglichkeiten für militärische wie zivile Zwecke. Aus den daraus erwachsenden Absatzmöglichkeiten wurde z.B. 1950 unter der Leitung von Chigas das Unternehmen Microwave Associates (heute: M/A Com) in Burlington gegründet. Weiterentwicklungen auf dem Gebiet der Computer-Hardware hatten Unternehmensgründungen zur Folge, die entscheidenden Einfluß auf die nachfolgende Spezialisierung von Schlüsseltechnologien in der Region Greater Boston im Minicomputer-Sektor ausübten. 1951 entschloß sich Wang dazu, das Computation Laboratory der Harvard University zu verlassen, um ein eigenes Unternehmen (Wang Laboratories) zu führen (vgl. Wang u. Linden 1986). 1957 gründete der ehemalige MIT-Techniker Olsen in Maynard die Digital Equipment Corporation (DEC), um die Anwendungen seiner früheren wissenschaftlichen Arbeiten am MIT kommerziell auszunutzen. DEC wurde 1967 durch die Einführung des PDP-8, der als erster Computer einen Verkaufspreis von unter 20.000 Dollar hatte, zum Mitbegründer des Minicomputer-Marktes (siehe Dorfman 1983, S. 303; Rogers u. Larsen 1986, S. 242; Ferguson u. Ladd 1986, S. 41; Jong 1987, S. 61 und McSummit u. Martin 1990, S. 120 ff.). Diese Gründungen besaßen zuerst lediglich den Charakter von Einzelfällen. Ihre großen kommerziellen Erfolge führten jedoch schon bald zu Nachahmungen. Folge war ein starker "Bandwagon"-Effekt und die Herausbildung einer regelrechten Aufbruchsstimmung in der Region. Die frühen Gründungen übernahmen dabei nicht nur eine Vorbildfunktion für die Entscheidung, den Gründungsschritt zu wagen, sondern auch eine Vorreiterfunktion in der sektoralen Ausrichtung neu hinzukommender Unternehmen.

Die Gründungen der 50er und frühen 60er Jahre rekrutierten sich zu einem beträchtlichen Anteil aus Mitarbeitern der führenden Universitäten und ihrer Forschungslabors. Während aus der Harvard University nur vereinzelt Gründungen erfolgten, trat das MIT als entscheidende Inkubatororganisation für Unternehmensgründungen auf. Die Bedeutung des MIT für technologisch motivierte Unternehmensgründungen in Greater Boston wurde in den 60er Jahren von der Sloan School of Management des MIT unter Leitung von Roberts intensiv erforscht (siehe Roberts 1968 und Keune u. Nathusius 1977). Jedes Unternehmen, an dessen Gründung mindestens ein früherer vollzeitig beschäftigter Mitarbeiter des MIT oder der angeschlossenen MIT-Forschungseinrichtungen beteiligt war, wurde von Roberts als MIT-Spin-off bezeichnet. Bis 1965 konnte die Forschungsgruppe um Roberts 156 solcher MIT-Spin-offs erfassen (siehe Abb. 2). Zwei

Abb. 2: Spin-off-Gründungen durch Mitarbeiter des MIT und anderer Organisationen in Greater Boston bis 1965

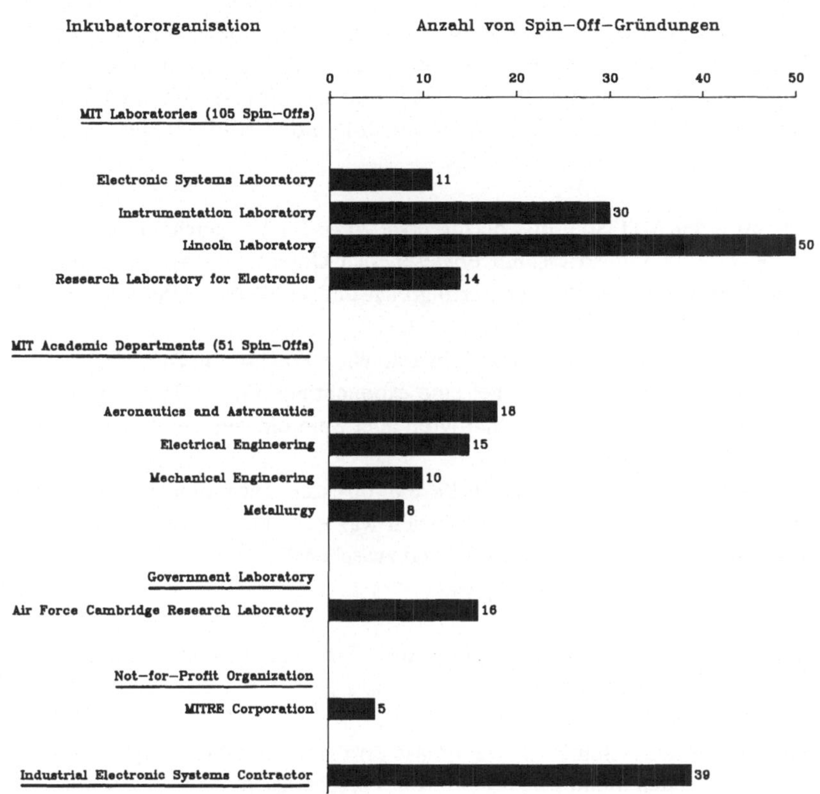

Quelle: Nach Roberts (1968, S. 254).

Drittel dieser Gründungen erfolgte unter Beteiligung von wissenschaftlichen Mitarbeitern der MIT-Labors, ein Drittel durch Mitglieder verschiedener Fakultäten der Universität. Überragende Bedeutung für Neugründungen besaßen die Instrumentation und Lincoln Laboratories. Die Lincoln Laboratories an der Route 128 zwischen Bedford und Lexington (in der oberen linken Ecke in Karte 3) standen bis 1965 Pate für 50 Spin-off-Gründungen, das Instrumentation Laboratory für weitere 30. Beide Forschungslabors zeichneten sich zusammen für über die Hälfte der erfaßten Gründungen verantwortlich. Im Vergleich zu den MIT-Labors, die eine relativ eigenständige Organisation besaßen, traten die Institute der Universität in erheblich geringerem Umfang als Inkubatoren in Erscheinung (vgl. auch Keune u. Nathusius 1977, S. 18 f. und Jong 1987, S. 59). Der größte Teil der MIT-Spin-offs war in der Gründungsphase von Aufträgen des Verteidigungs- und Raumfahrtsektors abhängig. Die Rüstungsnachfrage übernahm damit eine Katalysatorfunktion als entscheidender Anstoßfaktor zum Gründungsentschluß. Aufgrund der vorhandenen Informationskanäle zu den Einrichtungen des MIT und den bekannten Zuliefer- und Absatzmöglichkeiten in Greater Boston ergab sich für die meisten MIT-Spin-offs kein zwingender Grund, einen Standort außerhalb der Region zu suchen (Dorfman 1983, S. 310). 78% der Spin-offs der Lincoln Laboratories siedelten sich in Greater Boston an, und 93% der Neugründungen durch Mitarbeiter des Instrumentation Laboratory wählten ihren Standort in Massachusetts (Keune u. Nathusius 1977, S. 25). Die Ergebnisse der langjährigen Studien von Roberts (1968, S. 254-262) zeichnen folgendes Bild für die Spin-offs aus dem MIT:

1. Die Insolvenzrate [1] der MIT-Spin-offs betrug etwa 20%. Im Vergleich zu einer Insolvenzrate von 60-90% im Industrieschnitt erwiesen sich Unternehmensgründungen aus dem MIT somit als überdurchschnittlich erfolgreich und konkurrenzfähig (siehe auch Keune u. Nathusius 1977, S. 30 ff.).
2. Die meisten MIT-Spin-offs verzeichneten ein schnelles Wachstum. Der Verlauf der Umsätze über die Zeit hatte in der Regel eine exponentielle Form. Bereits Ende der 60er Jahre war die Gesamtzahl der Beschäftigten aller Spin-offs aus den Lincoln Laboratories höher als die des Inkubators selbst.
3. Fast immer erfolgte beim Gründungsschritt ein direkter Technologietransfer vom Inkubator in das neue Unternehmen. Tendenziell war der Umfang des Technologietransfers umso größer, je kürzer der Zeitabstand zwischen Beendigung der vorherigen Tätigkeit und der Unternehmensgründung war.

Zusammenfassend lassen sich in den 50er und 60er Jahren vier Arten von Neugründungen unterscheiden (Bathelt 1990, S. 156 f.):

1. *Pioniergründungen:* In der ersten Nachkriegsphase erfolgten einige Pioniergründungen, die zum Teil direkt aus den militärisch orientierten Forschungsergebnissen während der Kriegsjahre resultierten (z.B. M/A Com, Wang Laboratories und DEC).
2. *Universitäre Spin-offs:* Durch die Erfolge der Pioniergründungen und die starke privatwirtschaftliche Orientierung und Kooperationsbereitschaft der lokalen Spitzenuniversitäten und ihrer Forschungslabors kam es in den 50er und 60er Jahren zu einer Gründungswelle durch ehemalige Vollzeitmitarbeiter und Fakultätsmitglieder. Auch direkt aus Regierungslabors heraus kam es zu Spin-off-Gründungen. So wurden bis 1965 z.B. 16 Unternehmen durch Mitarbeiter des Air Force Cambridge Research Laboratory aufgebaut (siehe Abb. 2).
3. *Private Spin-offs:* Durch erfolgreiche Spin-off-Gründungen aus Universitätseinrichtungen und öffentlich-staatlichen Forschungslabors erhöhte sich die generelle Risikobereitschaft, neue Entwicklungen auf eigene Faust kommerziell auszunutzen. Folge davon waren vor allem in den 60er Jahren verstärkte Gründungsaktivitäten aus dem privaten Sektor. Als Hauptinkubatoren fungierten vor allem sehr große Schlüsseltechnologie-Unternehmen. So ermittelte Roberts (1968, S. 252) 39 Unternehmensgründungen durch 44 frühere Mitarbeiter eines Industrial Electronic Systems Contractors (siehe Abb. 2). Die 1966 davon noch existierenden 32 Unternehmen erwirtschafteten zusammen einen

[1] Die Insolvenzrate sei hier definiert als der Anteil von Unternehmensschließungen innerhalb der ersten fünf Jahre nach der Gründung.

etwa doppelt so hohen Umsatz wie ihre Inkubatororganisation. Raytheon stand Pate für etwa 25 Spin-offs (siehe Mahar u. Coddington 1965, S. 142 und Jong 1987, S. 59) und DEC für mindestens 20 weitere Unternehmensgründungen (Rogers u. Larsen 1986, S. 242). Das prominenteste Spin-off-Unternehmen von DEC ist Data General. Data General wurde 1968 von De Castro gegründet, nachdem dieser eine leitende Position bei DEC aufgegeben hatte. Bei seinem Weggang transferierte De Castro die bei DEC erworbenen technischen und organisatorischen Kenntnisse direkt in das neue Unternehmen. Das führte in der Folgezeit nicht nur zu Spannungen zwischen beiden Unternehmen sondern auch dazu, daß Data General zu einem Hauptkonkurrenten von DEC heranwuchs. Durch mehrfache Spin-off-Prozesse entwickelten sich in der Region Boston regelrechte Unternehmensstammbäume. So wurde Stratus Computer z.B. durch ehemalige Mitarbeiter von Data General gegründet. Honeywell, General Electric und Analogic bildeten die Inkubatororganisationen für Prime Computer, das seinerseits zur Gründung von Apollo Computer führte (vgl. Jong 1987, S. 60). Als "natürliche" Folge verzeichneten bestimmte Schlüsseltechnologie-Sektoren einen stärkeren Zuwachs als andere, so daß sich in der Region Boston innerhalb der Schlüsseltechnologie-Industrien eine Konzentration der Aktivitäten auf wenige Branchen herausbildete. Neue Unternehmen agierten tendenziell in denselben Branchen, aus denen sie durch Spin-off-Prozesse hervorgegangen waren. Diese Spezialisierung hat bis heute Bestand (siehe Abb. 1) und bezieht sich insbesondere auf die Bereiche Militärelektronik, Minicomputer sowie wissenschaftliche, technische und medizinische Präzisionsinstrumente (vgl. auch Hekman 1980a und 1980b). Mit DEC, Data General, Wang Laboratories, Honeywell, Prime Computer und Nixdorf verfügen sechs der neun umsatzstärksten Minicomputer-Unternehmen über bedeutsame Produktionsanlagen in der Region Boston. Damit ist die Greater Boston die wichtigste amerikanische Standortregion der Minicomputer-Industrie. 1980 entstanden hier etwa 70% der Minicomputer-Umsätze der USA (Dorfman 1983, S. 303).

4. *Induzierte Gründungen:* Eine andere Gruppe von Unternehmen wurde ohne Bezug zu militärischen Ausgaben oder universitärer Forschung gegründet. Diese profitierten von der vorhandenen Ballung und sektoralen Spezialisierung von Schlüsseltechnologien. Die vorhandene Nachfrage führte z.B. zur Gründung spezialisierter Zulieferbetriebe in Elektronikbranchen. Auf diese Weise verstärkten Lokalisationsvorteile den Agglomerationsprozeß von Schlüsseltechnologie-Sektoren in Greater Boston. Es bildete sich ein Netzwerk von technischen, materiellen und informellen Verflechtungen zwischen Schlüsseltechnologie-Unternehmen, Zulieferern, Verkaufsstellen und Unternehmensdienstleistungen (Dorfman 1983, S. 307 ff.).

Insgesamt führten die Gründungswellen der 50er und 60er Jahre dazu, daß sich die Region Boston zum zweiten Hauptzentrum von Schlüsseltechnologien neben dem Silicon Valley entwickelte (vgl. Hall 1988, S. 113 f.). Diese frühzeitige Entwicklung spiegelt sich auch in den Ergebnissen der Unternehmensbefragung wider. Etwa 30% der in die Stichprobe einbezogenen Unternehmen waren bereits vor 1960 und über die Hälfte bis 1970 in Greater Boston gegründet worden. Schlüsseltechnologie-Wachstum und Unternehmensgründungen setzten sich zwar auch in den 70er und 80er Jahren fort, jedoch deutete sich in den 80er Jahren ein Rückgang der Gründungsintensitäten an (siehe Abb. 3).

Abb. 3: Verteilung von Schlüsseltechnologie-Unternehmen in Greater Boston nach Gründungsperioden

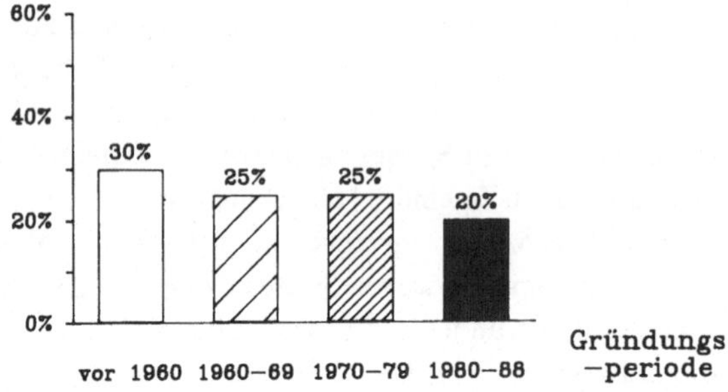

Quelle: Eigene Erhebungen.

4.3.2.3 Standortstruktur von Industrieparks entlang der Route 128

In der Nachkriegszeit wählten die neugegründeten Unternehmen zunächst Standorte in Cambridge, Boston und nahegelegen Gemeinden wie Waltham, um nicht zu weit von den führenden Universitäten und ihren Labors entfernt zu sein. Viele der zunächst kleinen Unternehmen in Schlüsseltechnologien profitierten dabei von einem reichhaltigen Angebot an Gewerbeflächen innerhalb der Stadtgrenzen. Conzen u. Lewis (1976, S. 106 f.) und Ferguson u. Ladd (1986, S. 42) weisen diesbezüglich auf die Rolle alter Fabrikanlagen hin, die durch Stillegungen und Verlagerungen von Unternehmen aus der Leder-, Bekleidungs- und Textilindustrie frei wurden. Solche leerstehenden Fabriken, die zum Teil schon im 19. Jahrhundert errichtet worden waren, konnten nach einigen Umbau- und Renovierungsarbeiten innerhalb kurzer Zeit von kleinen Schlüsseltechnologie-Unternehmen neu bezogen werden. Noch heute werden leerstehende Fabrikgebäude baulich umfunktioniert und fungieren anschließend als Inkubatorraum für junge Unternehmen in der Startphase. Prototypen solcher Projekte finden sich in Cambridge, Waltham und Lowell. In Waltham dient z.B. eine stillgelegte alte Uhrenfabrik als Standort für die Schlüsseltechnologie-Unternehmen Panametrics, Signal Processing Systems, Keltron, Dytron und UDEC (siehe Nr. 54 in Karte 3). Allerdings hatten solche Gebäude nur in den ersten Jahren nach der Gründung eine gewisse Bedeutung. Im Fall einer Expansion wurde die Flächenkapazität schnell zu klein, und es ergab sich die Notwendigkeit einer Standortverlagerung.

In diesem Zusammenhang übernahm die Route 128 eine überaus wichtige Funktion als Standort für Schlüsseltechnologie-Unternehmen. Die Route 128 war in den 50er Jahren als periphere Ringautobahn in einem Abstand von 15 bis 20 Kilometern um Boston gebaut worden, um die hohe Verkehrsbelastung des Stadtzentrums zu verringern. Nach der Fertigstellung Ende der 50er Jahre nutzten private Bau- und Entwicklungsträger diese Verkehrsachse, um neue Gewerbegebiete im suburbanen Raum zu erschließen. In Zusammenarbeit mit dem privaten Entwicklungsträger Cabot, Cabot & Forbes konnte der Immobilienmakler Blakeley seine Vision verwirklichen, einen Industriepark nach dem Vorbild eines Universitätscampus an der Route 128 zu errichten. Da dieses Projekt sich als äußerst erfolgreich herausstellte, wurden weitere Industrieparks geplant und aufgebaut. Bis 1970 hatten Cabot, Cabot & Forbes 85% der Bauarbeiten in insgesamt 16 Industrieparks entlang der Route 128 fertiggestellt. Während sich um 1955 erst 40 Unternehmen entlang der Route 128 angesiedelt hatten, waren es zehn Jahre später schon 600 - darunter viele Schlüsseltechnologie-Unternehmen (siehe Joint Economic Committee 1982; Saxenian 1985c, S. 93 f.; Malecki 1986, S. 52 und Jong 1987, S. 65). In der Folgezeit wurde die Route 128 als Schlagwort zum Inbegriff des Schlüsseltechnologie-Wachstums in der Region Boston. Während der 60er Jahre war die Expansion an der Route 128 primär durch einen Suburbanisierungsprozeß gekennzeichnet. Von 164 Unternehmen, die 1960 in der Nähe der Route 128 angesiedelt waren, handelte es sich in 31 Fällen um neu errichtete Zweigwerke und in nur 12 Fällen um vollständige Neugründungen. Der überwiegende Teil (121 Unternehmen) waren Verlagerungen oder Teilauslagerungen - 75% davon aus Boston oder Cambridge. In dem Maß, in dem industrielle Nutzflächen in den Stadtbereichen knapp wurden und expandierende Unternehmen an ihren bisherigen Standorten flächenmäßigen Restriktionen unterlagen, füllten sich die geräumigen Industrieparks an der Route 128.

Karte 3 zeigt die in den 50er und 60er Jahren entstandene und bis Ende der 80er Jahre kaum veränderte Struktur der industriellen Nutzung durch Schlüsseltechnologie-Unternehmen entlang des nordwestlichen Abschnitts der Route 128 (vgl. auch Bathelt 1990, S. 157 ff.). Die Gemeinden Burlington, Lexington und Waltham verfügen allein über zehn Industrieparks oder ähnliche Gewerbeflächen nahe der Route 128, die zum größten Teil mit Schlüsseltechnologie-Unternehmen besetzt sind. Die Industrieparks sind jeweils direkt an die Autobahnausfahrten angeschlossen. Dadurch wird ein schneller Zugang zu potentiellen Zulieferern und Nachfragern, eine gute Erreichbarkeit des Logan International Airport in Boston und die zügige An- und Abfahrt der Beschäftigten gewährleistet. Dagegen haben die von Boston nach Norden in Richtung Bedford und nach Westen in Richtung Waltham verlaufenden Eisenbahnverbindungen keine nennenswerte Bedeutung für die angesiedelten Unternehmen. Die vorhandenen Industrieparks sind großzügig in der Fläche angelegt, zum Teil aber bereits vollständig belegt und bieten kaum mehr Raum für Erweiterungen. Dies gilt besonders für den North-West Industrial Park in Burlington, Lexington Industrial Park in Lexington und Waltham R&D Park sowie Bear Hill Industrial Park in Waltham. Der Bereich zwischen Burlington und Waltham gewann vor allem durch seine Nähe zu den Lincoln Laboratories des MIT an Attraktivität. Die engen Verflechtungen der Lincoln Laboratories mit dem Militär sind durch die direkte Nachbarschaft zur Hanscom Field Air Force Base nach außen hin direkt sichtbar (oben links in Karte 3). Insgesamt zeigt sich im nordwestlichen Abschnitt der Route 128 eine gewisse kleinräumige Spezialisierung der angesiedelten Industrien. In der Umgebung der Lincoln Laboratories dominieren Unternehmen der Rüstungselektronik wie Raytheon, Itek Optical Systems, Rolm, Varian, Signatron und MITRE (siehe die Nummern 8, 20, 15, 16, 17 und 19 in Karte 3). Dagegen haben sich weiter südlich

Karte 3: Standortverteilung von Schlüsseltechnologie-Unternehmen und Industrieparks im nordwestlichen Abschnitt der Route 128

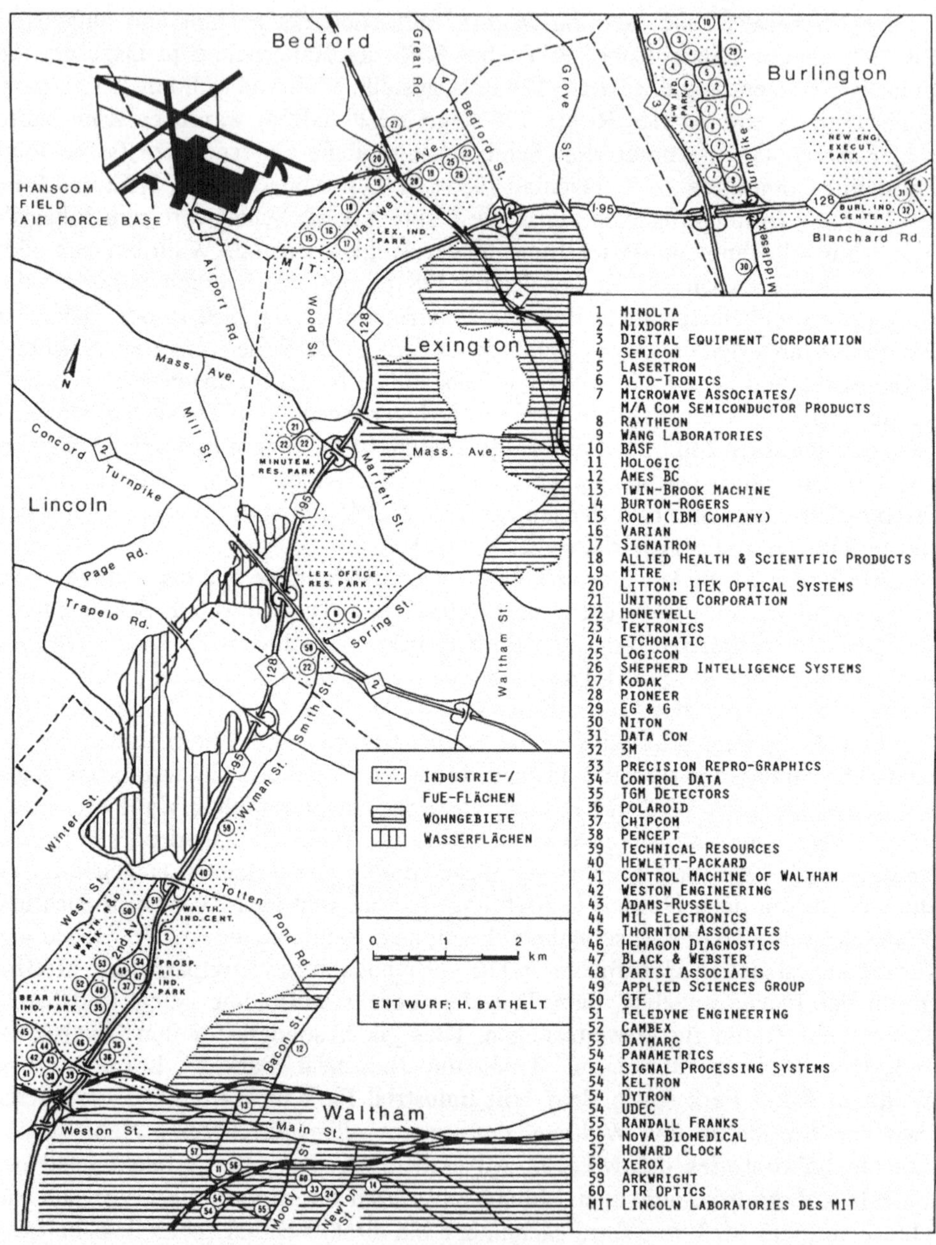

Quelle: Eigene Erhebungen.

im Stadtgebiet von Waltham und den angrenzenden Industrieparks verstärkt Produzenten von Präzisionsinstrumenten wie Polaroid und PTR Optics (siehe die Nummern 36 und 60 in Karte 3) und seit wenigen Jahren Unternehmen wie Nova Biomedical, Hologic und Hewlett-Packard [1] niedergelassen (siehe die Nummern 56, 11 und 40 in Karte 3), die dem Bereich der Biotechnologien zugeordnet werden können. Neben den genannten Industriegruppen konzentrieren sich in den Industrieparks entlang der Route 128 viele Einrichtungen von Unternehmen der Computerindustrie wie Nixdorf, DEC, Wang Laboratories, Honeywell und Cambex (siehe die Nummern 2, 3, 9, 22 und 52 in Karte 3).

4.3.3 Determinanten der Entwicklung in den 70er und 80er Jahren

Durch die Entwicklungen der 50er und 60er Jahre hatte sich in der Region Boston eine Aufbruchstimmung herausgebildet. Die Nähe zu Spitzenuniversitäten, die Verfügbarkeit hochqualifizierter Arbeitskräfte sowie leichter Zugang zu Finanzierungsquellen und Rüstungsaufträgen waren ideale Voraussetzungen für eine Vielzahl von Unternehmensgründungen und den Aufstieg von Schlüsseltechnologie-Sektoren. Oberflächlich betrachtet deutete vieles auf eine Fortsetzung des Wachstumsprozesses auch in den 70er Jahren hin. Entgegen den positiven Erwartungshaltungen für die zukünftige Wirtschaftsentwicklung wurde die Region Boston in der ersten Hälfte der 70er Jahre jedoch von einer schweren Strukturkrise getroffen.

4.3.3.1 Strukturkrise und Ursachen

Am klarsten lassen sich die Auswirkungen der Strukturkrise anhand der zeitlichen Entwicklung der Arbeitslosenquote erkennen (siehe Abb. 4). Daran wird auch deutlich, daß es sich zunächst um kein ausschließlich regionsspezifisches Phänomen handelte, denn alle Neuenglandstaaten verzeichneten eine im Vergleich zum US-Schnitt ungünstige Entwicklung der Arbeitslosigkeit (siehe auch Flynn 1984 und Bradbury 1985). Bis 1974 lag die Arbeitslosenquote in Neuengland auf einem relativ niedrigen Niveau von 5-7% etwa einen Prozentpunkt über den Vergleichswerten für alle Bundesstaaten. Von 1975 bis 1977 erhöhte sich die Arbeitslosigkeit jedoch dramatisch und erreichte in Neuengland zum Teil Werte über 10%. Zugleich verschlechterte sich die Position von Neuengland gegenüber anderen US-Staaten (siehe Abb. 4). 1975 erreichte die Rezession ihren Höhepunkt. Die Arbeitslosenquote in Massachusetts betrug 12% im Vergleich zu 11% für alle Neuenglandstaaten und 8,5% für die USA insgesamt. Unter allen Bundesstaaten verzeichnete Massachusetts die zweithöchste Arbeitslosenquote (siehe Alm 1985 und 1986 sowie Bradbury 1985, S. 50 ff.). Drei Ursachenkomplexe von unterschiedlicher räumlicher Tragweite zeichneten sich für die ungünstige wirtschaftli-

[1] Bisher ist weitgehend unbekannt, daß Hewlett-Packard nicht nur in der Computerindustrie sondern auch im Bereich der neuen Biotechnologien operiert.

Abb. 4: Entwicklung der Arbeitslosigkeit in Neuengland und den USA von 1970 bis 1985

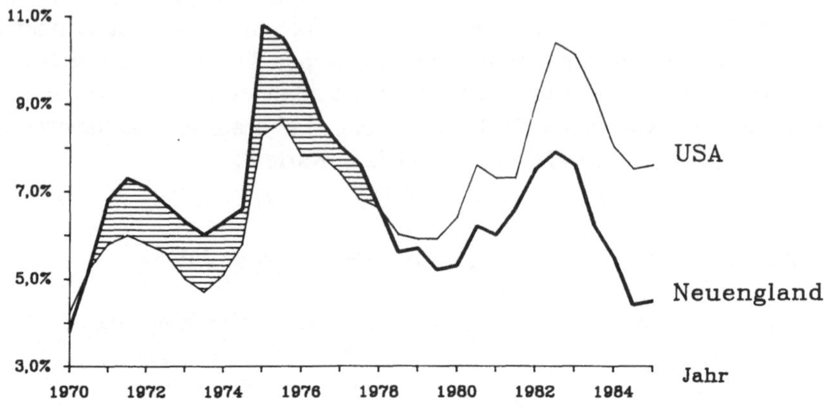

Quelle: Nach Bradbury (1985, S. 51).

Abb. 5: Beschäftigtenentwicklung traditioneller Industriezweige in Massachusetts von 1950 bis 1980

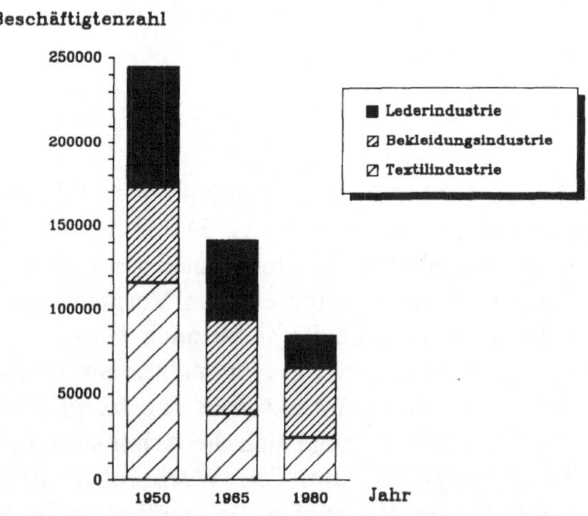

Quelle: Nach Ferguson u. Ladd (1986, S. 14).

che Entwicklung in der Region Boston zu Beginn der 70er Jahre verantwortlich (Bathelt 1990, S. 159 f.):

1. *Weltwirtschaftskrise:* Infolge der durch das Erdölembargo der OPEC-Staaten 1973 ausgelösten Ölkrise verzeichneten alle entwickelten Industrienationen ab 1974 eine sprunghaft anwachsende Arbeitslosigkeit. So stieg die Arbeitslosenquote der USA

innerhalb von zwei Jahren um etwa vier Prozentpunkte auf 8,5% in 1975 an (siehe Abb. 4). Die Neuenglandstaaten waren von den rapide steigenden Rohölpreisen und anderen sich verschlechternden Rahmenbedingungen besonders stark betroffen, da die Region eine vergleichsweise dürftige Ausstattung mit natürlichen Ressourcen besaß und deshalb in starkem Maß von Importen speziell bei Rohöl abhängig war (siehe Blume 1979, S. 167 f. und Dorfman 1983, S. 300).

2. *Strukturkrise:* Die gesamtwirtschaftliche Konjunkturkrise wurde durch eine strukturelle Ungunstsituation noch verschärft. Trotz der allgemein positiven Entwicklung von Schlüsseltechnologien in den 50er und 60er Jahren war die Region Boston wie ganz Neuengland immer noch ein altindustrialisierter Raum mit einem großen Besatz an traditionellen Industrien in der Reifephase. D.h. die Produktion dieser Industrien war ganz überwiegend standardisiert und erfolgte in großen Produktionseinheiten mit festen Produktionsstandards (Massenproduktion). Schon seit den 20er Jahren stagnierten die traditionellen Industrien in Neuengland, während dieselben Branchen in den Südstaaten der USA ein starkes Wachstum zu verzeichnen hatten. Als die Produktionsanlagen in Neuengland nach dem Zweiten Weltkrieg zunehmend veralteten, setzten massive Verlagerungen in die Südstaaten ein (speziell nach North und South Carolina). Seit 1970 verschärfte sich die Situation der traditionellen Industrien durch zunehmende Konkurrenz aus Entwicklungsländern (z.B. aus Südostasien). Ergebnis der überalteten Struktur und steigenden Preiskonkurrenz war ein fast vollständiger Exodus der traditionell in Neuengland gewachsenen Industriezweige. Betriebsschließungen und Totalverlagerungen erfolgten massenhaft (siehe Hekman 1980a, S. 6 f.; Goldman 1984; Flynn 1984, S. 40 ff. und Ferguson u. Ladd 1986, S. 13 ff.). In Abb. 5 ist exemplarisch die zeitliche Entwicklung der Beschäftigtenzahlen in den Leder-, Bekleidungs- und Textilindustrien für Massachusetts dargestellt. Im Zeitraum von 1950 bis 1980 verlor Massachusetts rund 150.000 Arbeitsplätze, was einem Rückgang um etwa 60% entspricht; von annähernd 250.000 (1950) sank die Gesamtbeschäftigung dieser drei Industriezweige bis 1980 auf unter 90.000.
3. *Regionalkrise:* Überraschenderweise dauerte das Wachstum von Schlüsseltechnologie-Industrien gegen Ende der 60er Jahre nicht an. Statt dessen setzten Stagnations- und Schrumpfungstendenzen ein, so daß neben Arbeitsplatzverlusten in traditionellen Industrien auch erstmals Freisetzungen in Schlüsseltechnologie-Branchen erfolgten. In den Sektoren Electronics und Electrical Machinery sank die Beschäftigtenzahl in Massachusetts zwischen 1967 und 1975 von 104.000 auf 86.000 (Ferguson u. Ladd 1986, S. 16). Schlüsseltechnologie-Industrien konnten ihre kompensierende Funktion für den Arbeitsmarkt in dieser Periode nicht beibehalten, sondern stellten im Gegenteil eine zusätzliche Belastung dar. Die unerwartete Konjunkturschwäche der Schlüsseltechnologie-Sektoren lag primär in der starken Abhängigkeit von militärischen Aufträgen begründet. Mit dem nahenden Ende des Vietnamkriegs verringerten die US-Streitkräfte ab 1969 schrittweise ihre militärischen Aktivitäten im südostasiatischen Kriegsgebiet (Chapman u. Walker 1987, S. 173). Dies geschah unter massivem Druck und durch weitreichende Protestdemonstrationen der amerikanischen Öffentlichkeit und hatte zur Folge, daß bis zur Mitte der 70er Jahre die militärischen Ausgaben schrittweise reduziert wurden. Massachusetts als einer der größten Empfängerstaaten von Rüstungsaufträgen wurde durch die Budgetkürzungen mit am härtesten getroffen.

Abb. 6: Beschäftigtenwachstum ausgewählter Schlüsseltechnologie-Sektoren in Massachusetts in den Perioden 1976-80 und 1980-84

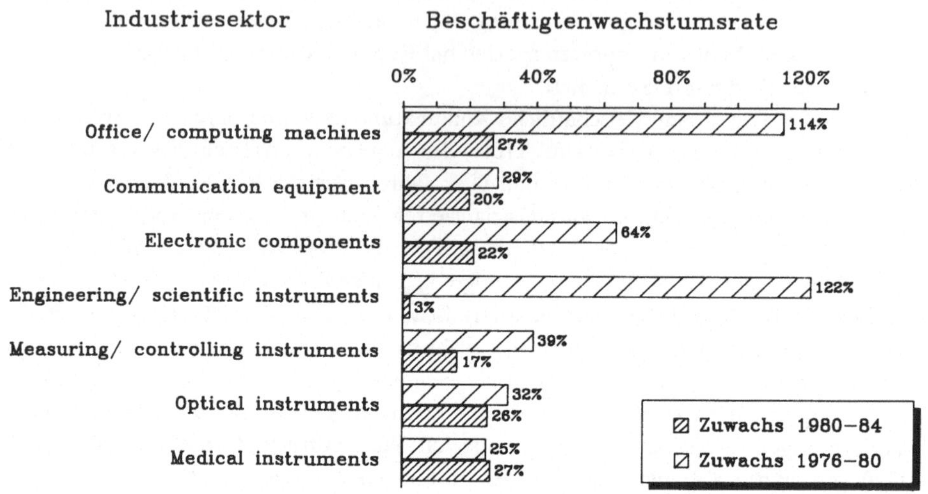

Quelle: Nach Massachusetts Division of Employment Security (1985, S. 30).

4.3.3.2 Massachusetts Miracle: Rüstungsausgaben und Minicomputer-Industrie

Obwohl die wirtschaftliche Situation der Region Boston um 1975 äußerst problematisch war, setzte in der zweiten Hälfte der 70er Jahre ein unerwartet starker Aufschwung ein, der großes Aufsehen erregte. Das Wiedererstarken der regionalen Wirtschaftskraft wurde in der Öffentlichkeit als *"Massachusetts Miracle"* oder als *"Economic Renaissance"* gefeiert. Tatsächlich war dieser Aufschwung wiederum nicht ausschließlich auf Boston oder Massachusetts beschränkt, sondern betraf alle Neuenglandstaaten (siehe Abb. 4). Von 1976 bis 1980 sank die Arbeitslosenquote in Neuengland auf etwa 5% und lag ab 1978 kontinuierlich unter dem Durchschnitt der USA. Damit war der Rückgang der Arbeitslosigkeit in Neuengland erheblich stärker als in anderen US-Staaten.

Als entscheidender Grund für das wieder einsetzende Wachstum der Schlüsseltechnologie-Industrien wurden vielfach militärische Ausgaben angesehen, die bis 1970 zweifellos eine entscheidende Wachstumskomponente darstellten. Bis 1979 jedoch blieb der Anteil der Rüstungsausgaben am verfügbaren Einkommen von Massachusetts relativ konstant bei etwa 6%. Erst unter der Reagan-Administration setzte als Folge eines erneuten Rüstungswettlaufs mit der Sowjetunion ab 1980 eine Forcierung militärischer Ausgaben ein (vgl. Smith 1988, S. 8 f.). Massachusetts und besonders die dort angesiedelten Schlüsseltechnologie-Industrien profitierten nicht unerheblich von den wachsenden Militärbudgets. So stieg der Anteil der Rüstungsausgaben am verfügbaren Einkommen kontinuierlich an und erreichte 1983 und 1984 ein Niveau von mehr als 8%.

Zerlegt man die Periode von 1976 bis 1984 in zwei gleich große Zeitabschnitte und analysiert isoliert für jeden der beiden Zeitabschnitte das Beschäftigtenwachstum in ausgewählten Schlüsseltechnologie-Sektoren, so zeigt sich, daß der entscheidende Aufschwung in Massachusetts bereits vor 1980 stattfand (siehe Abb. 6). Fast alle der in Abb. 6 dargestellten Schlüsseltechnologie-Sektoren hatten zwischen 1976 und 1980 Beschäftigtenzuwächse von mehr als 30%. Einen besonders starken Boom verzeichneten die Sektoren Office and Computing Machines sowie Engineering and Scientific Instruments, wo sich die Beschäftigtenzahl innerhalb der ersten Vierjahresperiode jeweils mehr als verdoppelte. Auch die Industriegruppe Electronic Components hatte mit 64% einen ausgesprochen hohen Beschäftigtenzuwachs. In allen Schlüsseltechnologie-Sektoren lagen die Zuwachsraten der Beschäftigten deutlich über den durchschnittlichen Steigerungsraten anderer Industrien in Massachusetts. Der hohe Beschäftigtenzuwachs war eine direkte Folge großer Investitionsprojekte, die überwiegend den Charakter von Erweiterungsinvestitionen besaßen. Die sich darin ausdrückende Investitions- und Risikobereitschaft wurde zum Teil durch die Absenkung der Spitzenbesteuerung auf langfristige Kapitalgewinne von 49% auf 28% hervorgerufen worden, die 1978 vom amerikanischen Kongreß verabschiedet worden war (siehe Rogers u. Larsen 1986, S. 79 f. und Nuhn 1989, S. 263). Der Boom wurde jedoch nicht von allen Schlüsseltechnologien gleichermaßen getragen, sondern vor allem von denjenigen Sektoren, in denen die Region Boston nach dem Zweiten Weltkrieg durch hohe Gründungs- und Spin-off-Raten eine starke Spezialisierung erfahren hatte. Dies waren vor allem der Minicomputer-Bereich, die Produktion wissenschaftlicher, technischer und medizinischer Präzisionsinstrumente sowie Elektronikbranchen. Im Sektor Office and Computing Machines erhöhte sich die Beschäftigtenzahl zwischen 1976 und 1984 von 21.600 auf 58.800. Im gleichen Zeitraum stieg die Beschäftigung im Sektor Electronic Components von 30.300 auf 60.400 an. Allein in diesen beiden Industriegruppen entstanden somit in weniger als zehn Jahren über 65.000 neue Arbeitsplätze in Massachusetts (MDES 1985, S. 10 ff.). Im Vergleich zur ersten Vierjahresperiode waren die Zuwächse von 1980 bis 1984 eher bescheiden. Alle sieben in Abb. 6 dargestellten Industriegruppen hatten zwischen 1980 und 1984 Beschäftigtenzuwächse unter 30%. Lediglich der Sektor Medical Instruments besaß in der zweiten Vierjahresperiode mit 27% einen geringfügig höheren prozentualen Zuwachs als im ersten Zeitabschnitt (25%).

In jedem Fall hatte der Aufschwung in Massachusetts längst begonnen, bevor die Reagan-Administration im Amt war und ihre Rüstungsetats drastisch erhöhte. Tatsächlich hatten viele Schlüsseltechnologie-Unternehmen der Region Boston aus den Gefahren einer zu starken Abhängigkeit von militärischen Märkten gelernt. Deshalb waren die 70er Jahre durch Bestrebungen gekennzeichnet, private Anwendungsbereiche für Schlüsseltechnologien zu erschließen und Rüstungsverkäufe anteilsmäßig zu verringern. Während in den 60er Jahren noch etwa 50% der Schlüsseltechnologie-Unternehmen in der Region Boston mindestens ein Drittel ihrer Umsätze auf militärischen Märkten erzielten, waren es Ende der 80er Jahre nur noch 20% der Unternehmen (Bathelt 1989, S. 97). Tab. 11 verdeutlicht die verringerte Abhängigkeit von staatlichen Aufträgen in Greater Boston (in der Hauptsache für militärische Zwecke). 11% aller in die Unternehmensbefragung einbezogenen Schlüsseltechnologie-Unternehmen verzeichneten 1988 keine Absatzbeziehungen zu staatlichen Institutionen, und etwa die Hälfte der befragten

Tab. 11: Staatliche Verflechtungen von Schlüsseltechnologie-Unternehmen in Greater Boston

Anteil von Verkäufen an staatliche Institutionen	Unternehmens-zahl	Unternehmens-anteil
0%	4	11%
1-9%	13	36%
10-19%	9	25%
20-49%	3	8%
≥ 50%	7	19%
Summe	36	99%

Quelle: Eigene Erhebungen.

Unternehmen erzielten weniger als 10% ihrer Umsätze auf staatlichen Märkten. Auf der anderen Seite waren immer noch mehr als ein Viertel der Schlüsseltechnologie-Unternehmen zu mindestens 20% von Verkäufen an staatliche Stellen abhängig (siehe Tab. 11), was auch Ende der 80er Jahre auf eine starke militärische Ausrichtung hindeutete. Insgesamt aber läßt sich gegenüber der Nachkriegszeit eine signifikante Umorientierung von militärischen zu privaten Märkten feststellen. Diese Umstrukturierung der Absatzbeziehungen wurde von der Minicomputer-Industrie in Greater Boston angeführt. Ab Mitte der 70er Jahre schafften Minicomputer-Unternehmen den Durchbruch auf privaten Märkten und hatten in der Folgezeit ein extrem schnelles Wachstum zu verzeichnen (siehe Abb. 6). Voraussetzungen für diesen Erfolg war eine revolutionäre Kostenreduktion für integrierte Schaltkreise bei gleichzeitiger Qualitätsverbesserung.

4.3.3.3 Universitäten und Arbeitsmarkt

Entscheidende Determinante für den wirtschaftlichen Aufschwung von Massachusetts in der zweiten Hälfte der 70er Jahre war also die Eroberung und Durchdringung privater Märkte vor allem durch die Minicomputer-Industrie, erst in zweiter Linie der durch steigende Rüstungsausgaben ausgelöste Nachfrageschub. Selbstverständlich wurde das dramatische Wachstum der Minicomputer-Branche erst durch die überaus günstigen strukturellen Voraussetzungen in Greater Boston ermöglicht. An erster Stelle waren diesbezüglich der vorhandene Arbeitsmarkt und damit zusammenhängend die lokalen Universitäten zu nennen. Durch die einzigartige Konzentration von über 100 Colleges, Universitäten und anderen höheren Bildungseinrichtungen in einem Umkreis von weniger als 100 Kilometer besaß Boston auf der Arbeitsangebotsseite einen entscheidenden Standortvorteil gegenüber anderen amerikanischen Regionen (Frankfurter Allgemeine Zeitung vom 21. September 1987).

Tab. 12: Universitätsabschlüsse in den Ingenieurwissenschaften an ausgewählten Universitäten in Massachusetts 1987

Universität	Art des Universitätsabschlusses Bachelor	Master	PhD
MIT	744	557	216
Northeastern University	698	282	2
University of Massachusetts	420	135	33
Boston University	398	133	0
Massachusetts	3.882	1.492	279
Neuengland	5.902	2.197	351

Quelle: Nach Massachusetts High Technology Council (1988, S. 18 und 27 ff.).

In Neuengland beendeten allein 1987 etwa 8.500 Ingenieure ihr Universitätsstudium oder einen Studienabschnitt mit einem Bachelor-, Master- oder PhD-Abschluß (siehe Tab. 12). Zwei Drittel dieser ingenieurwissenschaftlichen Abschlüsse entfielen auf Universitäten und Colleges in Massachusetts. Bei den verliehenen Doktortiteln hatte Massachusetts mit 279 (von 351 für ganz Neuengland) sogar einen Anteil von etwa 80%. Die ingenieurwissenschaftliche Ausbildung war innerhalb von Neuengland nicht nur auf den Bundesstaat Massachusetts konzentriert, sondern innerhalb von Massachusetts vor allem auf die Region Boston. Dominierende Ausbildungsstätten waren das MIT mit 1.517, die Northeastern University mit 982, die University of Massachusetts mit 588 und die Boston University mit 531 ingenieurwissenschaftlichen Universitätsabschlüssen 1987 (vgl. auch MHTC 1988). In einer Rangfolge der US-Universitäten nach den ihnen zur Verfügung stehenden Forschungsgeldern belegten das MIT Rang 2, die Harvard University Rang 11 und die Boston University Rang 78 (Malecki 1986, S. 53).

Neben dem MIT hatte vor allem die in Boston gelegene Northeastern University (siehe zur Lage Karte 2) und nicht wie oft vermutet die Harvard University eine entscheidende arbeitsmarktpolitische Bedeutung für Schlüsseltechnologie-Unternehmen. Die Northeastern University verfügt über das weltweit größte "Co-op Education"-Programm, und konnte dadurch ein enges Beziehungsgeflecht zur Privatwirtschaft aufbauen. Die am Co-op-Programm teilnehmenden Studenten erhalten in ständigem Wechsel eine theoretische und praktische Ausbildung. Nach einem Semester an der Universität und dem Erlernen theoretischer Zusammenhänge folgt jeweils ein einsemestriges bezahltes Praktikum in der Privatwirtschaft, wo wissenschaftliche Kenntnisse umgesetzt oder durch praktische Fertigkeiten ergänzt werden. An das praktische Semester schließt sich erneut ein universitäres Semester an und so fort. Von einem solchen Co-op-Programm profitieren partizipierende Studenten, Universitäten und Unternehmen zu gleichen Teilen:

1. *Studenten* erhalten nach ihrem Studienabschluß häufig in einem derjenigen Unternehmen eine Beschäftigung, in dem sie zuvor ein Praktikum absolviert haben, oder erwerben zumindest ausreichend Berufserfahrung, um sehr leicht und schnell eine Anstellung zu finden.
2. Für *Universitäten* zahlt sich ein erfolgreiches Co-op-Programm wie das der Northeastern University in doppelter Hinsicht aus. Zum einen ist die Universität durch die Rückkopplung mit den Studenten über Ausbildungsbedürfnisse der Privatwirtschaft, eigene Ausbildungsdefizite sowie Arbeitskräfteknappheiten bestens informiert und kann ihr Lehrangebot dementsprechend kontinuierlich anpassen. Zum anderen erhöht sich die Reputation der Universität in Öffentlichkeit und Privatwirtschaft, was zu einer Erhöhung der finanziellen Ausstattung in Form von Spenden, Zuwendungen und Forschungsaufträgen führt.
3. *Unternehmen* erhalten durch Co-op-Programme Zugang zu neuesten wissenschaftlichen Erkenntnissen, Forschungsmethoden und hochqualifizierten Fachkräften. Studenten fungieren als Schnittstelle zwischen Universität und Privatwirtschaft und werden zu Trägern des Wissenschaftstransfers.

Infolge des Co-op-Programms entwickelte sich die Northeastern University für lokale Schlüsseltechnologie-Unternehmen zur wichtigsten Quelle von Hochschulabsolventen. Nach einer Teilerhebung unter Mitgliedsunternehmen des Massachusetts High Technology Council (MHTC) besaß jeder fünfte 1987 eingestellte Graduierte ein Examen der Northeastern University. Jeweils weitere 9% der neueingestellten Akademiker verfügten über einen Studienabschluß des MIT, der University of Massachusetts oder der Boston University. Über die Hälfte der durch Schlüsseltechnologie-Unternehmen 1987 rekrutierten Hochschulabsolventen stammte aus einer von sechs Universitäten in Boston oder Umgebung. Fast zwei Drittel beendeten ihr Studium in Massachusetts und insgesamt 90% in den Neuenglandstaaten. Die häufig geäußerte Hypothese, der Arbeitsmarkt für Schlüsseltechnologien umfasse das gesamte Staatsgebiet der USA, traf offensichtlich für die Region Boston nicht zu. Die Rekrutierung von akademischem Personal beschränkte sich fast ausschließlich auf Neuengland.

Die in Greater Boston lebenden Akademiker speziell mit ingenieurwissenschaftlicher Ausbildung bildeten in der Aufschwungphase ab Ende der 70er ein großes Potential für Unternehmensgründungen. Neben den Industriegruppen Minicomputer und Präzisionsinstrumente verzeichnete insbesondere der Biotechnologie-Bereich ein starkes Wachstum durch neue Unternehmen, wenngleich sich die Gründungsintensitäten im Vergleich zu den 60er Jahren verringerten (siehe Abb. 3). In den 80er Jahren kam es in den Biotechnologien zu Neugründungen von Unternehmen wie Cambridge BioScience, BioTechnica International und Nova Biomedical. Solche Entwicklungen wurden durch die hohe Konzentration von biologisch-medizinisch ausgerichteten Hochschulen und durch die räumliche Nähe zu Krankenhäusern mit bedeutenden medizinischen Forschungsschwerpunkten forciert. Obwohl der Bereich der Biotechnologien in der Region Boston zunehmendes öffentliches Interesse gewinnt (siehe z.B. McLaughlin 1988), sind Arbeitsmarkteffekte bisher eher bescheiden, und es ist nicht absehbar, ob Biotechnologie-Unternehmen in Zukunft in der Lage sein werden, in großem Umfang neue Arbeitsplätze zu schaffen.

Die Standortvorteile durch den hochqualifizierten Arbeitsmarkt, die leistungsfähige technische Infrastruktur und die bereits vorhandene Agglomeration von Schlüsseltechnologie-Industrien führten ab Mitte der 70er Jahre nicht nur zu neuen Gründungswellen, sondern auch zu einer verstärkten Ansiedlung von ausländischen Zweigwerken in Massachusetts (vgl. Little 1985).

4.3.3.4 Agglomerations- und Standortnachteile

Spätestens seit Beginn der 80er Jahre zeigten sich wie im Silicon Valley auch in Greater Boston und besonders entlang der Route 128 deutliche Standortnachteile. Diese Agglomerationsnachteile sollten jedoch nicht als spezifisch den Schlüsseltechnologie-Sektor betreffende Probleme betrachtet werden. Es handelte sich vielmehr um allgemeine Nachteile, die aus einem zu schnellen, ungeplanten und unkontrollierten industriellen Wachstum resultierten. Verkehrs- und Umweltprobleme, steigende Lebenshaltungskosten und Löhne bei zugleich sehr hoher Besteuerung führten dazu, daß benachbarte Regionen und Bundesstaaten wie New Hampshire sowie konkurrierende Standorte in den Südstaaten komparative Standortvorteile gegenüber der Region Boston erlangten (Bathelt 1990, S. 163 ff.):

1. *Verkehrsprobleme:* Eines der größten Probleme für die Gemeinden entlang der Route 128 ist eine Überlastung der vorhandenen Infrastrukturnetze. Die Gemeinde Burlington steht beispielhaft für die Verkehrsprobleme, die sich durch das schnelle Wachstum von Schlüsseltechnologie-Industrien ergeben haben (Saxenian 1985c, S. 96 ff.). Burlington liegt am Kreuzungspunkt der beiden Schnellstraßen Route 128 und Route 3 (obere rechte Ecke in Karte 3). Durch die verkehrsmäßig günstige Lage und die großzügige Ausweisung industriell nutzbarer Flächen ließen sich seit den 50er Jahren viele Schlüsseltechnologie-Unternehmen in Burlington nieder. Zwischen 1950 und 1970 wuchs die Bevölkerung von Burlington als Folge der industriellen Erschließung um über 600% und erschöpfte die gesamte potentiell verfügbare Siedlungsfläche. Als die Bevölkerung nach 1970 stagnierte, setzte sich das industrielle Wachstum trotzdem fort, zumal über die Hälfte der gemeindlichen Fläche für kommerzielle Nutzungen vorbehalten war. 1980 verfügte Burlington über mehr als 30.000 Arbeitsplätze bei nur 9.600 Einwohnern im erwerbsfähigen Alter. Berücksichtigt man, daß zudem viele Einwohner in einer anderen Gemeinde arbeiteten, dann waren vermutlich 90% der Beschäftigten von Burlington Berufspendler.
2. *Umweltbelastung:* Das hohe Verkehrsaufkommen stellte nicht nur ein ernstes Transporthindernis dar, sondern trug auch wesentlich zur Luftverschmutzung bei. Zudem zeigte sich, daß Schlüsseltechnologie-Industrien nicht so umweltschonend produzierten, wie lange Zeit vermutet und propagiert wurde (vgl. Saxenian 1985c, S. 97).
3. *Lohnanstiege und Arbeitskräfteknappheiten:* Obwohl Massachusetts seit langem einen hohen Industriebesatz aufwies, lagen die Industriearbeiterlöhne stets unter dem Niveau anderer altindustrialisierter Regionen im amerikanischen Manufacturing Belt. Hauptursache für das niedrige Lohnniveau in Massachusetts waren die fortlaufenden Immigra-

Tab. 13: Arbeitskräfteknappheiten nach Berufsgruppen in Greater Boston

Berufsgruppen mit Arbeitskräftemangel (für Schlüsseltechnologie-Unternehmen)	Unternehmens-zahl (N = 40)	Unternehmens-anteil
Verwaltungspersonal	24	60%
Wissenschaftlich-technische Arbeitskräfte	23	58%
Produktionspersonal	22	55%
Management-/ Marketingpersonal	14	35%

Quelle: Eigene Erhebungen.

tionswellen aus Europa im frühen 20. Jahrhundert, die einen fast ständigen Angebotsüberschuß auf dem Arbeitsmarkt erzeugten. Zugleich blieb der Gewerkschaftseinfluß im Vergleich zu Zentren der Schwerindustrie wie Pittsburgh und Detroit moderat. Trotzdem erfuhr das Lohnniveau in Massachusetts während der 80er Jahre eine grundsätzliche Umstrukturierung (vgl. Browne 1987). Noch 1979 lag der Lohnindex der Verarbeitenden Industrie 7% unter dem Vergleichswert für alle US-Staaten. Seitdem stiegen die Lohnkosten in Massachusetts jedoch schneller als in anderen Bundesstaaten. 1985 übertraf der Lohnindex der Verarbeitenden Industrie erstmals den US-Schnitt um 2%.

Der starke Anstieg des Lohnniveaus in Massachusetts war primär darauf zurückzuführen, daß der große Bedarf an qualifizierten Arbeitskräften insbesondere durch Schlüsseltechnologie-Industrien in den 80er Jahren erstmals Knappheitssituationen auf dem Arbeitsmarkt hervorrief (vgl. dazu auch Jong 1987, S. 62). Nach einer Untersuchung der MDES (1986, S. 10) war der Mangel an Arbeitskräften in den Ingenieurberufen am stärksten ausgeprägt. Etwa die Hälfte der Schlüsseltechnologie-Unternehmen hatten demzufolge Schwierigkeiten, Positionen für Ingenieure zu besetzen. Als Hauptursachen wurden ungeeignete Qualifikation der Kandidaten, starke Lohnkonkurrenz und fehlende Erfahrung der Bewerber angegeben. In der für die vorliegende Studie durchgeführten Unternehmensbefragung zeigte sich ein unerwartet breit gefächerter Arbeitskräftemangel für Schlüsseltechnologie-Unternehmen in Greater Boston (siehe Tab. 13). Jeweils mehr als die Hälfte der befragten Unternehmen beklagten einen regionalen Mangel an Verwaltungspersonal, wissenschaftlich-technischen Arbeitskräften sowie Produktionspersonal. Im Management- und Marketingbereich war die Arbeitsmarktsituation etwas entspannter. Der überraschend hohe Mangel an Produktionspersonal mag Hinweise auf einen Umstrukturierungsprozeß im Schlüsseltechnologie-Bereich geben. Viele der älteren Unternehmen sind bereits von einer innovativen in eine standardisierte Phase des Produktlebenszyklus übergegangen (vgl. dazu Kapitel 11). Da einem solchen Transformationsprozeß die Tendenz zu größeren Produktionsläufen mit festen Produktionsstandards innewohnt, hat sich der Bedarf an Produktionspersonal während der 80er Jahre ständig erhöht.

4. *Hohe Besteuerung und Lebenshaltungskosten:* Im Hinblick auf die Besteuerung befindet sich Massachusetts im Vergleich zu anderen US-Staaten in einer sehr ungünstigen Situation (vgl. Ecker u. Syron 1979). Seit langem schon wird Massachusetts wegen sei-

ner hohen Steuersätze ironisch auch "Taxachusetts" genannt (siehe Goldman 1984 und Frankfurter Allgemeine Zeitung vom 21. September 1987). Von der Seite der Schlüsseltechnologie-Industrien wurden hohe Steuern in der Vergangenheit häufig als Beweis für eine anti-unternehmerische Einstellung der Regierung von Massachusetts gewertet und als Ursache für ein schlechtes Geschäftsklima angesehen (Jong 1987, S. 64). Tatsächlich gehört Massachusetts zusammen mit New York und New Jersey zu denjenigen US-Staaten mit der höchsten Besteuerung, wenn man die Summe aller einzelstaatlich und kommunal erhobenen personenbezogenen Steuern als Indikator heranzieht. So mußten in Massachusetts 1977 durchschnittlich etwa 14% des Einkommens an Bundesstaat und Kommunen abgeführt werden. Das Steuerniveau lag damit um mehr als 50% über den Vergleichswerten der beiden anderen ebenfalls in die Untersuchung einbezogenen Bundesstaaten Georgia und North Carolina. In Georgia und North Carolina betrug der Anteil der personenbezogenen Steuern 8% bis 9% des Einkommens und in Kalifornien 10%. Im direkt angrenzenden New Hampshire erreichte das Steuerniveau mit 7% nur knapp die Hälfte des Werts für Massachusetts. Als Folge verlegten hochspezialisierte Arbeitskräfte mit hohem Jahreseinkommen in zunehmendem Maß ihren Wohnstandort in das südliche New Hampshire, um dort in den Genuß einer geringeren Besteuerung zu kommen. Solche Wanderungen konzentrierten sich schwerpunktmäßig auf die Zielregion Nashua (New Hampshire) nördlich von Lowell.

4.3.3.5 Politische Auseinandersetzungen: Regierung und Massachusetts High Technology Council (MHTC)

Die angesprochenen Problemfelder führten zu vielschichtigen Gegenreaktionen durch Schlüsseltechnologie-Unternehmen. Nach außen hin am deutlichsten war die politische Antwort der Schlüsseltechnologie-Branchen gegen den Gouverneur und die Regierung von Massachusetts. In der Legislaturperiode von 1975 bis 1979 wuchs der Widerstand von Seiten der Schlüsseltechnologie-Industrien gegen Gouverneur Dukakis, dem man Interessenlosigkeit und eine verfehlte Wirtschaftspolitik in der Rezession vorwarf (Ferguson u. Ladd 1986, S. 48-85). Gouverneur Dukakis wurde letztlich für ein verschlechtertes Geschäftsklima verantwortlich gemacht. Unter der Leitung von Stata (Analog Devices) und De Castro (Data General) wurde 1977 der Massachusetts High Technology Council (MHTC) durch Vorstandsmitglieder von 38 Schlüsseltechnologie-Unternehmen mit dem Ziel gegründet, ein regionales Umfeld zu schaffen, das auch weiterhin als Wohn- und Arbeitsstandort für hochqualifizierte Arbeitskräfte attraktiv ist. Insgesamt sollte der wachsenden Konkurrenz um Schlüsseltechnologie-Ansiedlungen durch Regionen im Süden und Westen der USA begegnet werden. Der MHTC forderte zur Erreichung seiner Ziele eine Reduzierung der Steuerlast, eine stärker auf Wachstumsindustrien ausgerichtete staatliche Ausgabenpolitik und eine Verbesserung in der Qualität des Bildungssystems. Im Unterschied zur Santa Clara County Manufacturing Group (SCCMG), die sich als eine Interessensgemeinschaft gegen die immer stärker werdende internationale Konkurrenz speziell aus Japan bildete und dadurch innerhalb des Silicon Valley auf breite Akzeptanz stieß, richteten sich die Ziele des MHTC von Anfang an gegen regionsinterne wirtschaftliche

Zustände und Politiken (siehe Ferguson u. Ladd 1986, S. 68; Jong 1987, S. 64 und Saxenian 1989, S. 45-48).

Der MHTC trat in bewußte Opposition zu den Gewerkschaften, der bundesstaatlichen Administration und Vereinigungen aus anderen Industriegruppen. Trotz dieser Konfrontationshaltung gewann der MHTC schnell an politischer Macht, weil es gelang, einen immer größeren Anteil von Schlüsseltechnologie-Unternehmen speziell aus der Region Boston für eine Mitgliedschaft zu gewinnen. So verfügte der MHTC 1988 über 170 Mitgliedsunternehmen, die mehr als 50% aller Schlüsseltechnologie-Beschäftigten in Massachusetts repräsentierten. Durch Androhung von Unternehmensverlagerungen und Entlassungen von Arbeitskräften konnte der MHTC wiederholt politischen Druck ausüben und seine Interessen durchsetzen (Saxenian 1989, S. 48-57). Die Haltung des MHTC stieß in der Öffentlichkeit auf immer größeres Unverständnis, zumal die bundesstaatliche Politik in den Legislaturperioden von 1979 bis 1985 unter Gouverneur King und seit 1985 unter erneuter Leitung von Gouverneur Dukakis eine bewußte Umorientierung erfuhr und ausgesprochen unternehmensorientierte Züge trug (Ferguson u. Ladd 1986, S. 86-143). So gab es eine Reihe staatlicher Versuche, den Wachstumsprozeß im Schlüsseltechnologie-Bereich zu fördern. Beispiele solcher Programme waren der Massachusetts Technology Park und die Einrichtung von Risikokapital-Fonds.

In den Medien der USA und in politischen Kreisen wurde die Überwindung der strukturellen Krise der 70er Jahre vor allem während der Kampagnen um die Präsidentschaftswahl 1988 eng mit der Wirtschaftspolitik in Massachusetts und in personifizierter Form mit Gouverneur Dukakis in Verbindung gebracht. Die im vorliegenden Kapitel dokumentierten Ausführungen (etwa zur Rolle der Minicomputer-Industrie) belegen jedoch, daß es sich dabei um eine krasse Fehleinschätzung des Entwicklungsprozesses in Massachusetts und der darauf wirkenden Faktorenkomplexe handelte. Der Einfluß bundesstaatlicher Programme auf das Wachstum der Schlüsseltechnologie-Industrien ging höchstens indirekt von Maßnahmen zur Verbesserung der Forschungs-, Ausbildungs- und Verkehrsinfrastruktur aus (vgl. Jong 1987, S. 65 sowie Ferguson u. Ladd 1986, S. 43).

4.3.3.6 Räumliche Dezentralisierungstendenzen

Die in der Region Boston vorhandenen Agglomerationsnachteile hatten seit Beginn der 70er Jahre Auswirkungen auf das räumliche Verteilungsmuster von Schlüsseltechnologie-Unternehmen in Greater Boston: Zum einen erfolgte innerhalb von Greater Boston durch Verlagerungen oder Teilauslagerungen in die Außenbereiche und entlang der Ausfallstraßen eine räumliche Dezentralisierung von Schlüsseltechnologie-Industrien. Dieser Diffusionsprozeß erfaßte auch Bereiche außerhalb von Greater Boston, so daß die Region in ihrer Eigenschaft als Schlüsseltechnologie-Zentrum eine Ausweitung erfuhr. Erweiterungsinvestitionen wurden schwerpunktmäßig in immer größerer Entfernung von Boston entlang der Interstate 495 durchgeführt. Zum anderen wurden zunehmend Tochterunternehmen und Zweigwerke in anderen Regionen der USA und im Ausland gegründet

Karte 4: Administrative Gliederung von Greater Boston

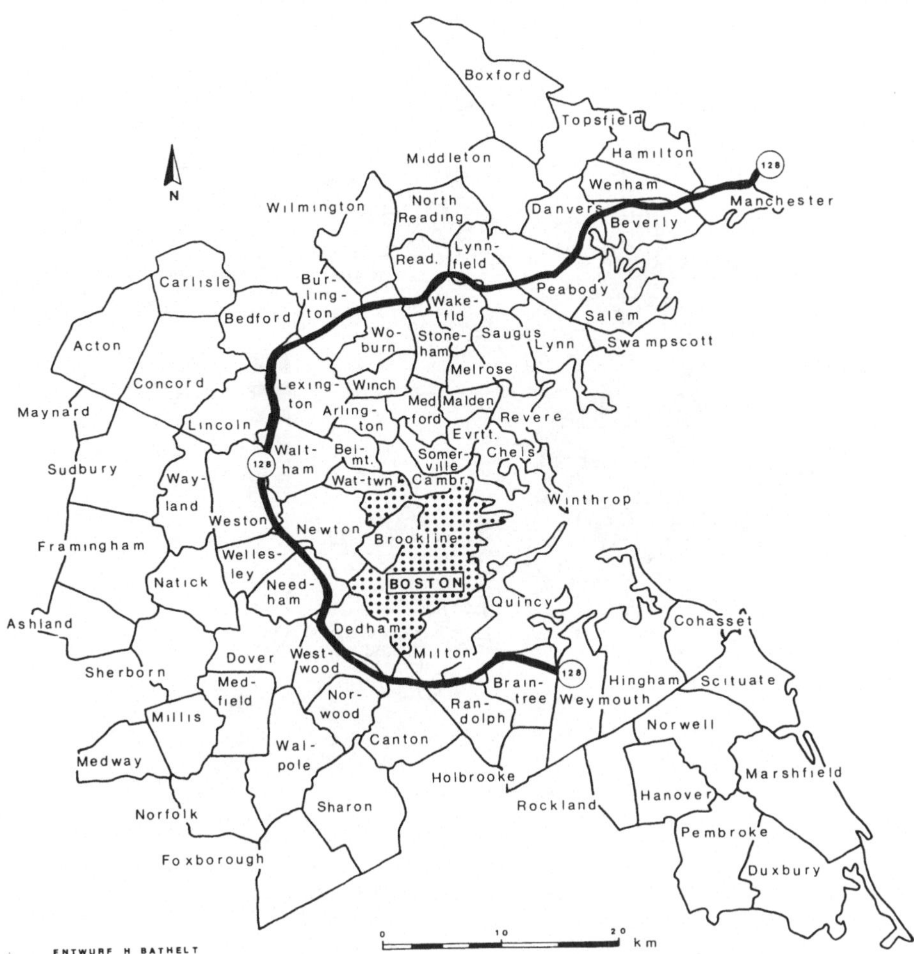

oder eröffnet, so daß sich tendenziell eine steigende Außenorientierung abzeichnete (Bathelt 1990, S. 165 ff.):

1. *Intraregionale Dispersion:* Noch zu Beginn der 70er Jahre waren die Schlüsseltechnologie-Unternehmen innerhalb von Greater Boston außerordentlich stark auf den zentralen Bereich um Boston und Cambridge innerhalb des durch die Route 128 gebildeten

Karte 5: Räumliche Verteilung von Schlüsseltechnologie-Unternehmen in Greater Boston 1971

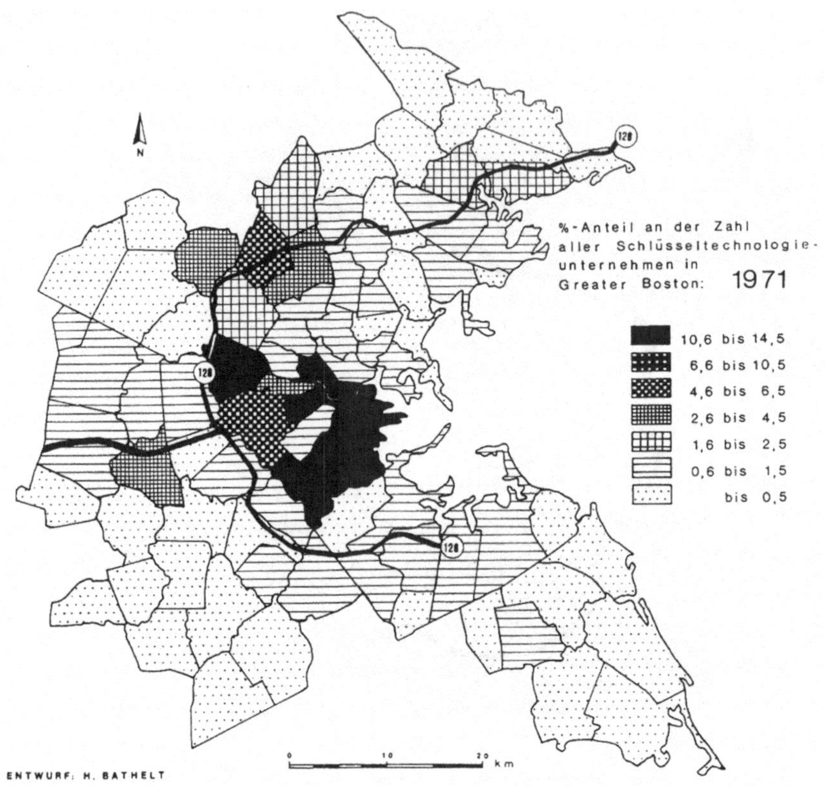

Quelle: Eigene Berechnungen nach Conzen u. Lewis (1976, S. 106).

Rings konzentriert (siehe Karte 4 und Karte 5).[1] Die Gemeinden Boston, Cambridge und Waltham verfügten jeweils über einen Anteil von mehr als 10% aller Schlüsseltechnologie-Unternehmen. Allein 46% der Unternehmen hatten ihren Standort im

[1] Bei der Interpretation von Karte 5 und Karte 6 ist Vorsicht geboten, da die Datenbasen für die Jahre 1971 und 1988 nur bedingt miteinander vergleichbar sind. Die räumliche Verteilung der Schlüsseltechnologie-Unternehmen für die Periode 1971 ist einer Analyse von Conzen u. Lewis (1976, S. 106) entnommen und basiert auf Daten des Greater Boston Chamber of Commerce. Conzen u. Lewis (1976, S. 105 ff.) spezifizieren jedoch nicht exakt, welche Industriegruppen aus dem SIC-System in ihre Untersuchung einfließen. Welcher Art die Unterschiede zwischen den Datenbasen der Darstellungen in Karte 5 und Karte 6 sind, ist im nachhinein nicht genau festzustellen. Nach einer eingehenden Prüfung und einem Vergleich der absoluten Zahl von Schlüsseltechnologie-Unternehmen je Gemeinde für die beiden Perioden 1971 und 1988 ist allerdings davon auszugehen, daß die zugrundeliegenden Industriegruppierungen weitgehend übereinstimmen. Ein direkter Vergleich beider Darstellungen wird deshalb als zulässig angesehen.

Karte 6: Räumliche Verteilung von Schlüsseltechnologie-Unternehmen in Greater Boston 1988

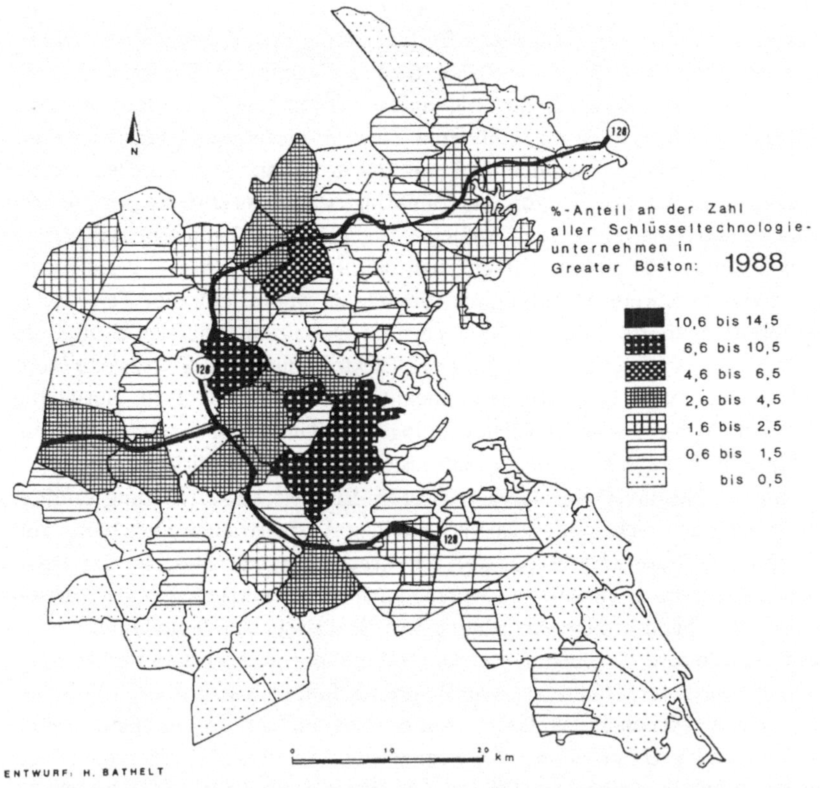

Quelle: Eigene Berechnungen nach George D. Hall Company (1988).

Zentrum der Region innerhalb der Gemeinden Boston, Cambridge, Brookline, Watertown, Newton und Waltham. Einen zweiten Schwerpunkt von Schlüsseltechnologie-Unternehmen bildeten die Gemeinden Lexington, Bedford, Burlington, Woburn und Wilmington entlang des nordwestlichen Abschnitts der Route 128. Dort hatten sich 1971 weitere 16% der Unternehmen niedergelassen. Beide Subregionen vereinigten zusammen über 60% aller Schlüsseltechnologie-Unternehmen von Greater Boston auf sich (siehe Karte 4 und Karte 5). Entgegen der gängigen, durch die Medien verbreiteten Ansicht waren Schlüsseltechnologie-Unternehmen in der Region Boston weder 1971 noch 1988 kontinuierlich in Form eines Halbkreises um die Stadt Boston entlang der Route 128 angeordnet. Diese Vorstellung traf nur für den Nordwestabschnitt der Route 128 zu (siehe auch Karte 3). Statt dessen herrschte eine eher zellulare räumliche Struktur mit einem Haupt- und einem Nebenkern vor.

Seit Beginn der 70er Jahre unterlag das räumliche Verteilungsmuster von Schlüsseltechnologie-Unternehmen in Greater Boston deutlichen Umstrukturierungsprozessen. Einerseits stellten sich Dekonzentrationstendenzen ein (siehe Karte 4 und Karte 6):

Keine einzelne Gemeinde besaß 1988 einen Unternehmensanteil von über 10%. Andererseits fand eine verstärkte Hinwendung zu neuen Standorten statt. So mußte der zentrale Bereich der Region einen erheblichen Bedeutungsverlust hinnehmen. Von 1971 bis 1988 verringerte sich in den Gemeinden Boston, Cambridge, Brookline, Watertown, Newton und Waltham der Anteil an allen Schlüsseltechnologie-Unternehmen der Region von 46% auf 30%. Dieser Bedeutungsverlust war nur zum Teil darauf zurückzuführen, daß andere Subregionen einen höheren Zuwachs an neuen Unternehmen aufzuweisen hatten. Zum überwiegenden Teil war der Rückgang der Anteilswerte auf Verlagerungen zurückzuführen. Boston und Cambridge waren am stärksten von solchen Abwanderungen betroffen und hatten 1988 eine kleinere Anzahl von Schlüsseltechnologie-Unternehmen als 1971. Hinzu kommt, daß die in der Stadt Boston verbliebenen Unternehmen vergleichsweise technologisch rückständig waren und zum Teil solchen Industriesektoren angehörten, die bei einer engeren Definition nicht der Gruppe der Schlüsseltechnologien zugerechnet würden (z.B. Elektroindustrien). Der zweite Kernbereich entlang der Route 128 mit den Gemeinden Lexington, Bedford, Burlington, Woburn und Wilmington konnte seine Bedeutung beibehalten und verfügte 1988 über 16% aller Unternehmen. Von dem Dezentralisierungsprozeß profitierten vor allem Gemeinden an der Peripherie von Greater Boston. Eine starke Aufwertung erfuhren Gemeinden entlang der wichtigen, radial verlaufenden Ausfallstraßen. Dies betraf zum einen Burlington, Woburn und Wilmington am Kreuzungspunkt zwischen der Route 128 und der Route 3, die in nördlicher Richtung nach Lowell verläuft. Am deutlichsten zeigte sich die eine bandförmige Anordnung von Schlüsseltechnologie-Unternehmen entlang des Massachusetts Turnpike (Interstate 90) und der parallel dazu verlaufenden Route 9, die in westlicher Richtung nach Worcester führen (siehe Karte 2). In den dortigen Gemeinden Needham, Wellesley, Natick, Framingham und Ashland erhöhte sich der Anteil an allen Unternehmen der Region zwischen 1971 und 1988 von 6% auf 10%. Daneben erfuhren auch die äußersten nördlichen und südlichen Teilabschnitte der Route 128 in den 70er und 80er Jahren eine Aufwertung. Bis 1988 hatten sich im nördlichen Abschnitt mit den Gemeinden Berverly, Danvers, Peabody, Salem und Lynn 9% und im südlichen Abschnitt mit den Gemeinden Norwood, Canton, Randolph und Braintree 8% aller Unternehmen der Region niedergelassen (siehe Karte 4 und Karte 6).

2. *Expansion der Route 128-Region:* Der räumliche Dezentralisierungsprozeß von Schlüsseltechnologie-Unternehmen während der 70er und 80er Jahre hörte jedoch nicht an den Grenzen von Greater Boston auf. Unternehmensverlagerungen und Erweiterungsinvestitionen erfaßten auch angrenzende Bereiche und führten zu einer beträchtlichen Expansion der Schlüsseltechnologie-Region, die heute nicht mehr allein auf die Grenzen von Greater Boston beschränkt werden darf. Viele neugegründete Unternehmen sowie Zweigwerke bereits etablierter Unternehmen siedelten sich in neu errichteten Industrieparks in westlicher Richtung entlang der Interstate 90 und der Route 9 bis nach Worcester und in nördlicher Richtung entlang der Route 3 bis nach Lowell und New Hampshire an. Neben dieser eher radial-bandförmigen Entwicklung erfuhren auch Industriegebiete entlang der Interstate 495 eine beträchtliche Aufwertung als potentielle Unternehmensstandorte. Die Interstate 495 wurde in den 70er Jahren als zweite Entlastungsautobahn für den Großraum Boston fertiggestellt und liegt nochmals 20 bis 30 Kilometer von der Route 128 entfernt (siehe Karte 2). Bereits 1974 analysierte

Soppelsa (1976) das Standortverhalten von 84 Unternehmen, die sich im Bereich der Interstate 495 angesiedelt hatten. Basierend auf der Analyse von Soppelsa (1976) waren Zugänglichkeit der Industriegebiete, Verfügbarkeit von Grundstücken, Universitätskontakte und attraktive Umgebung die wichtigsten Standortfaktoren dieser Unternehmen (Jong 1987, S. 66). D.h. Schlüsseltechnologie-Unternehmen, die sich außerhalb der Region Greater Boston z.B. entlang der Interstate 495 niederließen, beabsichtigten die Standortnachteile des Bereichs um die Route 128 zu vermeiden, ohne die Vorzüge der wissenschaftlich-technischen Agglomeration Boston aufzugeben.
Als besonders attraktiv für Verlagerungen und Neugründungen von Schlüsseltechnologie-Unternehmen erwiesen sich in den 80er Jahren die Region Lowell und das südliche New Hampshire (Flynn 1984). Wie zuvor ausgeführt, bewirkten geringe Lebenshaltungskosten und Steuervorteile eine Zuwanderung von einkommensstarken Beschäftigtengruppen aus Schlüsseltechnologie-Industrien in das südliche New Hampshire. Diese Migration zog mit einer gewissen zeitlichen Verzögerung eine Verlagerung von Schlüsseltechnologie-Unternehmen (z.B. von Wang Laboratories und M/A Com nach Lowell) nach sich (Frankfurter Allgemeine Zeitung vom 21. September 1987). Während der Unternehmensbefragung äußerten eine Reihe von Managern die Vermutung, daß aber oft auch nichtrationale Gründe aus dem persönlichen Bereich ausschlaggebend für eine Unternehmensexpansion in Richtung New Hampshire waren.

3. *Interregionale und internationale Verlagerungen:* Seit den 70er Jahren gewannen im Produktionsbereich interregionale und internationale Verlagerungsprozesse an Bedeutung. Vor allem Großunternehmen reagierten durch Zweigwerksgründungen in anderen Regionen der USA und im Ausland auf die zunehmende Internationalisierung der Schlüsseltechnologie-Märkte, den steigenden Preis- und Kostenwettbewerb und den wachsenden Konkurrenzdruck durch ausländische Unternehmen speziell aus Japan und Europa. 1979 hatten 23 von 26 Mehrbetriebsunternehmen der Computerindustrie mit Unternehmenszentrale in Neuengland ihren Hauptstandort in Massachusetts. Die 26 Unternehmen verfügten zusammen über 55 Zweigwerke innerhalb der USA, von denen 32 außerhalb von Neuengland lagen: 13 im Westen und 7 im Südosten der USA (Hekman 1980a, S. 8 ff.). Unternehmen wie DEC und Raytheon verfügen heute außerhalb von Massachusetts über eine größere Zahl von Beschäftigten als innerhalb. Trotzdem sind die wichtigsten Management- und FuE-Funktionen in der Region Boston verblieben.

Herrmann (1983) versucht, die intraregionalen Verlagerungsprozesse von Schlüsseltechnologie-Unternehmen in Greater Boston durch einen produktzyklustheoretischen Ansatz in Anlehnung an die Arbeiten von Vernon (1966) und Hirsch (1967) zu erklären. Der von Herrmann (1983) vorgeschlagene Ansatz beruht auf der Annahme, daß ein Unternehmen ähnlich einem Produkt während seines natürlichen Alterungsprozesses einen Zyklus durchläuft, der aus einer typischen Abfolge von Phasen besteht. Nach Hirsch (1967) ändern sich im Ablauf eines solchen Zyklus die Anforderungen, die ein Unternehmen an seinen Standort stellt. In der Innovationsphase befinden sich neue Produkte noch in einem Teststadium, und Investitionen sind einem hohen Risiko unterworfen. Marktanpassungen werden über Produktmerkmalsänderungen durchgeführt. Deshalb haben in dieser Phase vor allem die Verfügbarkeit hochqualifizierter Arbeitskräfte und Agglomerationsvorteile einen großen Einfluß auf die Standortwahl. In den nachfolgenden Reife- und Standardisierungsphasen entsteht eine Tendenz zur Massenproduktion mit festen Produktionsstandards, so daß nun die Verfügbarkeit ungelernter Arbeitskräfte und Kostenersparnisse an Bedeutung gewinnen (vgl. dazu auch ausführlich Kapitel 11). Herrmann (1983) beschreibt den räumlichen Umstrukturierungsprozeß in der Region Boston durch Übertragung der Produktzyklustheorie auf eine kleinräumige Ebene.

Wenn aber technologische Alterung aus einem Strategiewechsel anstatt aus dem Lebenszyklus resultiert, muß eine produktzyklustheoretische Erklärung für kleinräumige Unternehmensverlagerungen grundsätzlich in Frage gestellt werden.[1] Zudem ist eine Regionalisierbarkeit der eigentlich aus der Außenhandelstheorie stammenden Produktzyklustheorie prinzipiell umstritten (vgl. Taylor 1986 und 1987). Für einzelne Unternehmen wie M/A Com mag der Erklärungsansatz von Herrmann (1983) durchaus zutreffen, in der Regel waren es allerdings gerade innovative Unternehmen und nicht Unternehmen in der Standardisierungsphase, die seit den 70er Jahren in den Außenbereichen von Greater Boston neue Standorte erschlossen haben. Zwar spielten bei solchen Verlagerungen auch Kostenfaktoren und insbesondere die Vermeidung von Agglomerationsnachteilen eine Rolle. Soppelsa (1976) zeigt jedoch, daß vor allem der qualifizierte Arbeitsmarkt und die Nähe zu Universitäten entscheidende Bedeutung besaßen. Deshalb führt der Versuch einer produktzyklustheoretischen Erklärung in eine falsche Richtung. Statt dessen lag ein Verdrängungsprozeß vor, der durch Knappheitssituationen ausgelöst wurde. Die Diffusion von Schlüsseltechnologie-Unternehmen erfolgte ohne die Aufgabe wichtiger Standortfaktoren der Innovationsphase.

---

[1] Tatsächlich läßt sich nicht abstreiten, daß eine Reihe von Schlüsseltechnologie-Unternehmen der Region Boston gewisse Alterungs- und Standardisierungstendenzen aufweisen. Als typisches Beispiel mag diesbezüglich das Unternehmen High Voltage Engineering gelten. High Voltage Engineering wurde 1957 durch drei MIT-Professoren mit finanzieller Unterstützung durch das Risikokapital-Unternehmen American Research & Development gegründet. In den 60er Jahren gehörte High Voltage Engineering zu den weltführenden Unternehmen auf dem Gebiet der Atomphysik und vollzog einen enormen Wachstumsprozeß. Die in der Startphase entwickelten neuen Technologien sind jedoch mittlerweile gereift. Die Nachfrage nach den angestammten Produkten sinkt seit den 70er Jahren. Die großen Gewinne der Jahre zuvor wurden von High Voltage Engineering nicht dazu genutzt, Forschungen zur Weiterentwicklung von Technologien zu intensivieren. Im Gegenteil wurden die FuE-Ausgaben sukzessive verringert, während man die Gewinne dazu verwendete, 13 Unternehmen verschiedener anderer Branchen aufzukaufen, um eine Diversifikation der Unternehmensstruktur zu erreichen. Nach dem Auslaufen der Produktion in den angestammten Produktbereichen plant High Voltage Engineering eine Verlagerung der Unternehmenszentrale aus der Region Boston nach Kalifornien (Informationen aus einem Interview mit dem Vizepräsidenten Mr. Friend von High Voltage Engineering am 27. September 1988). Wie im Fall von High Voltage Engineering ist technologische Alterung auch bei anderen Schlüsseltechnologie-Unternehmen nicht die Folge eines Lebenszyklus, sondern Resultat eines Wechsels der Innovationsstrategie.

4.3.3.7 Fazit und Ausblick

Insgesamt erlebte die Region Boston in den 70er und 80er Jahren eine sehr wechselhafte Entwicklung. Nach einer ernsten Strukturkrise in der ersten Hälfte der 70er Jahre, die zu einer hohen Arbeitslosigkeit führte, vollzog Greater Boston seit dem Ende der 70er Jahre einen enormen wirtschaftlichen Aufschwung, der im Wachstum von Schlüsseltechnologie-Industrien seinen Ausgangspunkt hatte. Dieser Wachstumsprozeß wurde durch wichtige Standortvorteile gesteuert, die sich bereits lange zuvor herausgebildet und im Zeitablauf eine ausgeprägte Spezialisierung im Hinblick auf einzelne Industriesektoren wie die Minicomputer-, Elektronikindustrie und die Herstellung von Präzisionsinstrumenten erfahren hatten. Besonders hervorzuheben sind in diesem Zusammenhang der hochqualifizierte Arbeitsmarkt in seiner Wechselwirkung mit den lokalen Spitzenuniversitäten, die lange Tradition von Unternehmensgründungen und gute Kapitalverfügbarkeit sowie eine bereits vorhandene Agglomeration von Schlüsseltechnologie-Unternehmen, die der Region einen kumulativen Entwicklungsvorsprung verschafften und vielseitige Möglichkeiten für technologische Verflechtungsbeziehungen eröffneten. Durch steigende Rüstungsausgaben unter der Reagan-Administration wurde der Wachstumsprozeß zu Beginn der 80er Jahre noch beschleunigt. Trotzdem zeigte die industrielle Entwicklung auch gravierende negative Begleiterscheinungen, die aus dem überwiegend ungeplanten Agglomerationsprozeß resultierten. Diese Agglomerationsnachteile hatten intraregionale, interregionale und internationale Verlagerungsaktivitäten zur Folge.

Zugleich weist der Schlüsseltechnologie-Sektor seit der zweiten Hälfte der 80er Jahre sichtbare Stagnations- und Schrumpfungstendenzen auf. Dies gilt besonders für die in der Region dominierende Minicomputer-Industrie. In den Jahren 1985 und 1986 verzeichneten die großen Minicomputer-Hersteller DEC, Data General und Wang Laboratories beträchtliche Umsatzrückgänge auf den US-Märkten. Diese konnten nur zum Teil durch Umsatzsteigerungen auf den europäischen Märkten kompensiert werden. Neben der zunehmenden Konkurrenz aus dem Ausland war der sich verschärfende Wettbewerb innerhalb der USA und insbesondere mit dem Marktführer IBM Hauptursache für die Wachstumsschwäche (Economist vom 10. April 1986). Basierend auf den Ergebnissen einer Befragung der MDES (1986) unter 82 Unternehmen der drei Branchen Computer, Präzisionsinstrumente und Elektronik hatten die Umsatzrückgänge erhebliche Auswirkungen für den Arbeitsmarkt. Etwa zwei Drittel der befragten Unternehmen verzeichneten 1986 rückläufige Beschäftigtenzahlen. Insgesamt wurden 8.455 Entlassungen gezählt, von denen hauptsächlich ungelernte und angelernte Montagearbeiter sowie Produktionspersonal mit Berufsabschluß betroffen waren. Das Drittel expandierender Unternehmen schuf im selben Zeitraum vor allem für Ingenieure, Techniker und angelernte Arbeitskräfte 4.131 neue Arbeitsplätze. Im Saldo ergab sich somit für die 82 befragten Unternehmen ein Beschäftigtenrückgang von 4.324 Arbeitskräften in nur einem einzigen Jahr (MDES 1986, S. 2-9). Man wird sich in Zukunft nicht darauf verlassen können, daß sich das Wachstum von Schlüsseltechnologie-Industrien wie in der Vergangenheit automatisch fortsetzt. Die Region Boston besitzt zwar im Vergleich zu anderen Schlüsseltechnologie-Regionen einen kumulativen Entwicklungsvorsprung. Dieser bietet aber keine Garantie für unbeschränktes Wachstum und regionalen Wohlstand.

4.4 Dominante Standortfaktoren und Standortnachteile

Eine zusammenfassende Bewertung der Entwicklung von Schlüsseltechnologie-Industrien in Greater Boston läßt sich am besten durch einen Vergleich der wichtigsten Standortfaktoren und Standortnachteile durchführen, wie sie sich anhand der Ergebnisse der durchgeführten Unternehmensbefragung darstellen (vgl. Bathelt 1989, S. 96 ff. und 1990, S. 169 ff.). Aufgrund der Ausführungen der vorangegangenen Abschnitte überrascht es kaum, daß die Nähe zum Ausbildungs-, Wohn- oder Geburtsort des Gründers und die Verfügbarkeit von qualifizierten Arbeitskräften aus einer Liste von insgesamt 23 Standortfaktoren am häufigsten genannt wurden (siehe Abb. 7). Fast drei Viertel der befragten Schlüsseltechnologie-Unternehmen bezeichneten die Nähe zum Ausbildungs-, Wohn- oder Geburtsort des Gründers als eine der wichtigsten Ursachen ihrer Standortwahl in der Region Boston. Oft war dies sogar der einzige angegebenen Grund. Die enorme Bedeutung dieser Komponente, die eigentlich gar keinen Standortfaktor darstellt, ist Ausdruck der intensiven Gründungsaktivitäten (z.B. in Form von Spin-off-Prozessen) durch technisch versierte Unternehmensgründer, die infolge ihrer Ausbildung, Arbeit oder anderer Gründe eng mit der Region Boston verbunden waren. Die Agglomeration von Schlüsseltechnologie-Industrien ist somit das Resultat eines regional induzierten Wachstumsprozesses. Ausreichende Bodenverfügbarkeit war oft ein ausreichender Grund, um die Suche nach einer geeigneteren Standortregion abzubrechen. Dementsprechend hoch wurde der Faktor Bodenverfügbarkeit in der Unternehmensbefragung auf Rang 4 eingestuft (siehe Abb. 7). Es scheint ohnehin fraglich, ob die aus Spin-off-Prozessen entstandenen Unternehmen jemals eine Unternehmensgründung in einer anderen Region in Erwägung gezogen haben. Eine Lage in Nachbarschaft zum Ausbildungs-, Arbeits- oder Wohnort des Gründers und damit häufig auch zur Inkubatororganisation erwies sich meist als "natürlicher" Standort für eine Unternehmensgründung. Durch die Ausnutzung bekannter Informations-, Absatz- und Beschaffungskanäle konnte das mit dem Gründungsschritt verbundene Risiko beträchtlich reduziert werden, und die vorhandene industrielle Agglomeration bot vielfältige Verflechtungsmöglichkeiten zu anderen Schlüsseltechnologie-Unternehmen. Ähnlich günstige Voraussetzungen hätte man in kaum einer anderen Region der USA vorgefunden, zumal durch die Gründungswellen der 60er Jahre und die Nähe zu einer Vielzahl führender Schlüsseltechnologie-Unternehmen bereits frühzeitig ein gutes Geschäftsklima für weitere Gründungsaktivitäten und Erweiterungsinvestitionen geschaffen wurde (siehe Abb. 7).

Gerade technologieorientierte Neugründungen tragen in der Startphase ein großes Investitionsrisiko, weil die Absatzmöglichkeiten, die endgültigen Produktcharakteristika und letztlich auch der Produktionsprozeß noch ungewiß sind.

Abb. 7: Bedeutende Standortfaktoren für Schlüsseltechnologie-Unternehmen in Greater Boston

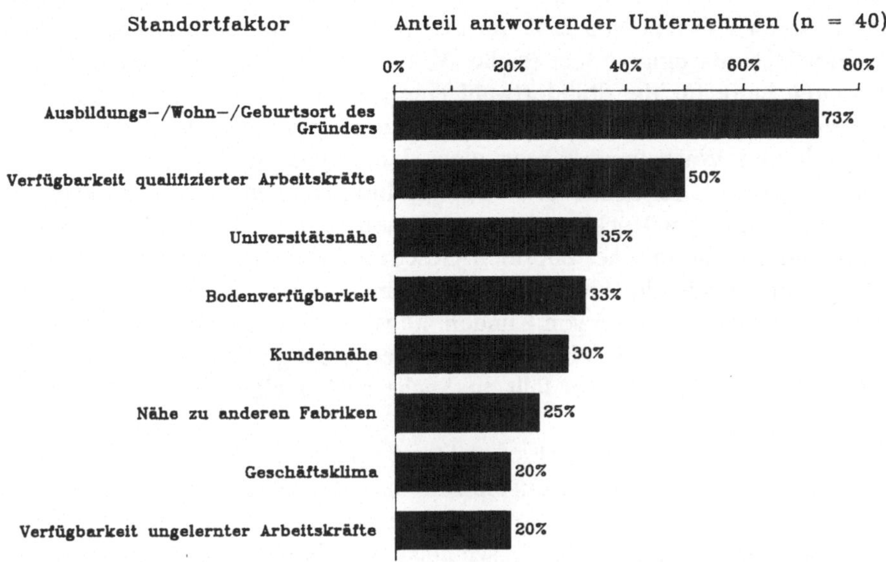

Quelle: Eigene Erhebungen.

Abb. 8: Standortnachteile für Schlüsseltechnologie-Unternehmen in Greater Boston

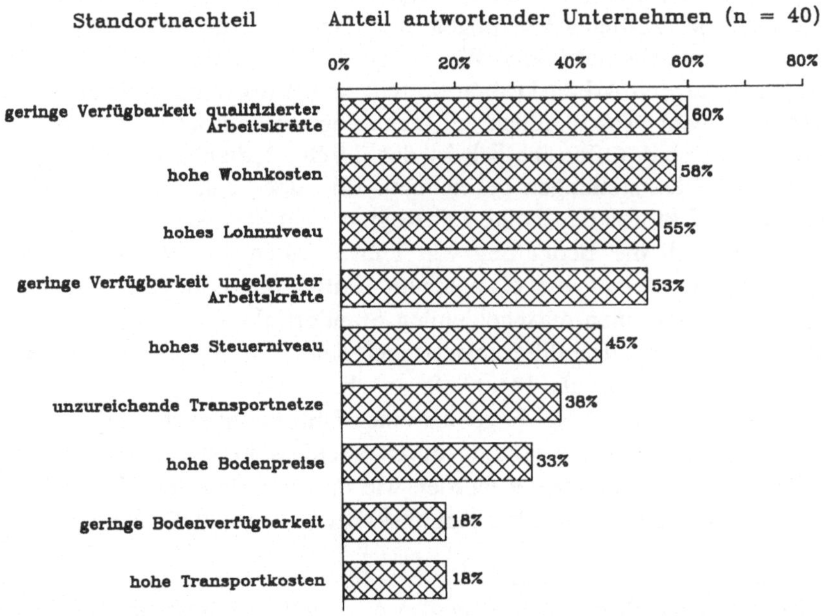

Quelle: Eigene Erhebungen.

Deshalb ist die Nähe zu Kunden und Zulieferern von großer Bedeutung, um Kundenwünsche rechtzeitig erkennen und darauf flexibel reagieren zu können. Dementsprechend hoch wurden die Nähe zu Kunden von 30% (Rang 5) und die Nähe zu anderen Fabriken von 25% der befragten Unternehmen (Rang 6) unter den Standortfaktoren eingeordnet (siehe Abb. 7). Die Nähe zu Kunden und zu Konkurrenten hatte für die Standortwahl eine größere Bedeutung als die Nähe von Zulieferern, denn vom Verkaufserfolg hängen ganz entscheidend Überlebensfähigkeit und Wachstumschancen eines Unternehmens ab. Dies gilt umso mehr für den Bereich der Schlüsseltechnologie-Industrien, wo sich technologische Änderungen in ständiger Rückkopplung mit neuen oder geänderten Bedürfnissen auf der Nachfrageseite in einer enormen Geschwindigkeit vollziehen. Auch wenn für die meisten Schlüsseltechnologie-Unternehmen praktisch keine Region der USA eine hohe Konzentration von Kunden aufweist, sind schnelle Erreichbarkeit und ständiger Kontakt mit einzelnen oder wenigen wichtigen Kunden von strategischer Bedeutung. Demgegenüber fällt die Suche nach geeigneten Zulieferern anscheinend weniger ins Gewicht.

Ein weiterer bedeutsamer Komplex von Standortfaktoren für Schlüsseltechnologie-Unternehmen in Greater Boston betrifft den regionalen Arbeitsmarkt. Das große Angebot hochqualifizierter Arbeitskräfte aus unterschiedlichen Fachrichtungen wirkte stimulierend auf das Geschäftsklima, die hohen Gründungsintensitäten und das schnelle Wachstum in Schlüsseltechnologie-Sektoren. Diese Arbeitsmarktvorteile hingen eng mit der Präsenz leistungsfähiger Spitzenuniversitäten und der bereits frühzeitig vorhandenen Agglomeration von Schlüsseltechnologie-Industrien zusammen. Für die Hälfte der befragten Unternehmen war die Verfügbarkeit qualifizierter Arbeitskräfte eine der wichtigsten Ursachen ihrer Standortwahl in der Region Boston. Daneben bezeichneten aber auch 20% der Unternehmen die Verfügbarkeit ungelernter Arbeitskräfte als bedeutend (siehe Abb. 7). Der vergleichsweise hohe Wert zeigt, daß in der Region Boston auch ein Bedarf an ungelernten Arbeitskräften besteht und Aktivitäten in Schlüsseltechnologie-Sektoren nicht ausschließlich auf technologisch komplexe Forschungsbereiche konzentriert sind. Offensichtlich ist das durch Medienberichte und populärwissenschaftliche Darstellungen gezeichnete Bild über Entwicklungsdeterminanten und Standortfaktoren der Route 128-Region nicht korrekt.[1]

Das betrifft auch die Bedeutung von Universitäten. So bezeichnete nur ein erstaunlich kleiner Anteil von etwa einem Drittel der befragten Unternehmen Universitätsnähe als einen entscheidenden Standortfaktor. Allerdings sollte man die Rolle von Universitäten differenziert nach dem Einfluß auf den Arbeitsmarkt und nach der Funktion als Ideenlieferant bzw. Forschungsträger beurteilen. Templer (1984) stellte z.B. als Ergebnis einer Unternehmensbefragung fest, daß universitäre Forschungskapazitäten durch Schlüsseltechnologie-Unternehmen längst nicht so hoch eingeschätzt wurden wie die Funktion der Universitäten als Lieferanten von hochqualifizierten Arbeitskräften. Etwa 30% der von Templer

[1] In Artikeln über die Region Boston werden oft intuitiv der hochqualifizierte Arbeitsmarkt, Universitätsnähe, Rüstungsaufträge und Risikokapital als dominante Standortfaktoren bezeichnet.

(1984) interviewten Unternehmen beklagten eine zu theoretisch orientierte oder veraltete Forschung an Universitäten. Angesichts der Vielzahl renommierter Spitzenuniversitäten überrascht dieses Ergebnis. Ohne Zweifel waren die lokalen Universitäten durch ihre technologische Expertise die Auslöser und die treibende Kraft in den ersten Phasen der Schlüsseltechnologie-Entwicklung in Greater Boston. Anscheinend haben sie ihre Führungsrolle mittlerweile jedoch eingebüßt. Heute liegt ihre Hauptaufgabe aus der Sicht der Unternehmen in der Ausbildung hochqualifizierter Arbeitskräfte.

Wie im Fall der Universitäten werden auch die Verfügbarkeit von Rüstungsaufträgen und Risikokapital in ihrer Bedeutung tendenziell falsch eingeschätzt. Die bereits vor dem Zweiten Weltkrieg in die Region fließenden militärischen Forschungsbudgets übten großen Einfluß auf die Herausbildung von Spitzenuniversitäten aus und waren eine wichtige Quelle für Neugründungen im Schlüsseltechnologie-Bereich. Insgesamt scheinen die Verfügbarkeit von Rüstungsaufträgen und Risikokapital vor allem auf die Gründungsbereitschaft und -intensität sowie auf die Geschwindigkeit des Wachstums stimulierend gewirkt zu haben; ihre Rolle als Determinante der Standortwahl darf aber nicht überbewertet werden.

Die große Agglomeration von Schlüsseltechnologie-Unternehmen und der schon fast legendäre Bekanntheitsgrad der Route 128 dürfen nicht darüber hinwegtäuschen, daß die Region heute über signifikante Standortnachteile verfügt, die auf die weitere Schlüsseltechnologie-Entwicklung bremsend wirken können. So wurden im Rahmen der durchgeführten Erhebung aus einer Liste von 22 potentiellen Standortnachteilen 9 als real vorliegende Nachteile von mehr als 15% der befragten Unternehmen genannt (siehe Abb. 8). Über 50% bezeichneten die geringe Verfügbarkeit qualifizierter Arbeitskräfte, hohe Wohnkosten, ein hohes Lohnniveau und die geringe Verfügbarkeit ungelernter Arbeitskräfte als gewichtige Standortnachteile der Region Boston. Es handelt sich dabei keinesfalls um einen Widerspruch, wenn einige Faktoren sowohl in der Rangfolge der Standortvorteile als auch in der Liste der Standortnachteile auftauchen:

1. *Bedeutungswandel der Standortfaktoren:* Einerseits ist es möglich, daß Standortfaktoren über die Zeit einen Bedeutungswandel erfahren haben. Durch die zunehmende Agglomeration von Schlüsseltechnologie-Unternehmen können z.B. ehemals bedeutsame Standortvorteile wie die Verfügbarkeit qualifizierter Arbeitskräfte und das Flächenangebot heute zu knappen Produktionsfaktoren in der Region geworden sein.
2. *Geänderte Bedürfnisse:* Andererseits mögen sich die Ansprüche von Schlüsseltechnologie-Unternehmen an ihren Standort seit dem Gründungsschritt geändert haben. So hatte die Verfügbarkeit ungelernter Arbeitskräfte nur bei 20% der Unternehmen Einfluß auf die Standortwahl (siehe Abb. 7). Standardisierungstendenzen führten aber dazu, daß der Bedarf an ungelernten Arbeitskräften anstieg. Deshalb beklagten 1988 rund 50% der Unternehmen eine zu geringe Verfügbarkeit gering qualifizierter Arbeitskräfte (siehe Abb. 8).
3. *Verschiedenartige Bedürfnisse:* Weiterhin kann der Standortvorteil eines Unternehmens für ein zweites durchaus einen Standortnachteil bedeuten. So hat sich z.B. der Arbeitsmarkt in der Region im Zeitablauf stark spezialisiert. Diese Spezialisierung mag für einige Schlüsseltechnologie-Sektoren wie die Computerindustrie ein ausgesprochener

Standortvorteil sein, während Unternehmen anderer Branchen Schwierigkeiten haben, ihrem Bedarf entsprechende Arbeitskräfte in der Region zu finden.

4. *Subjektive Faktoren:* Schließlich ist die Angabe von Standortnachteilen stark von subjektiven Einflüssen und persönlichen Einflüssen geprägt und muß nicht den objektiv vorliegenden Gegebenheiten entsprechen. So besitzen z.B. Ergebnisse aus Unternehmensbefragungen typischerweise die Tendenz, Kostengrößen wie Steuern, Löhne, Bodenpreise und Transportkosten in ihren negativen Auswirkungen überzubewerten. Das scheint auch für die Region Boston der Fall zu sein (siehe Abb. 8) und liegt zum Teil daran, daß Kostengrößen für Unternehmen direkt meßbar sind und deshalb eher als andere Faktoren nachteilig empfunden werden.

Als Folge des unkontrollierten industriellen Wachstums zeigen sich heute eine Reihe von Überlastungserscheinungen und Agglomerationsnachteilen, die sich für den Schlüsseltechnologie-Sektor als Standortnachteile bemerkbar machen (vgl. im folgenden Abb. 8). Besonders problematisch sind die negativen Auswirkungen auf den Arbeitsmarkt. Dort haben sich durch den Nachfrageüberhang inzwischen Knappheiten an qualifizierten wie auch ungelernten Arbeitskräften herausgebildet. Entsprechend sind die Löhne im Vergleich zu anderen Regionen der USA überdurchschnittlich stark angestiegen. Die extrem hohe Verdichtung hat zu einer Verringerung des Flächenangebots für zusätzliche industrielle Nutzungen geführt, was wiederum zu einer Beschleunigung der Preisanstiege auf dem Bodenmarkt beigetragen hat. Zugleich unterliegt die Verkehrsinfrastruktur einer so starken Belastung, daß intraregionale Transportnetze den Erfordernissen nicht mehr genügen. Als Folge der in Gang gesetzten Preisspirale sind Wohn- und Lebenshaltungskosten mittlerweile auf ein für US-Verhältnisse extrem hohes Niveau angestiegen.

Angesichts signifikanter Standortnachteile fällt einer Bewertung der Standortbedingungen in anderen Schlüsseltechnologie-Zentren durch Unternehmen aus der Region Boston eine große Bedeutung zu. Eine solche Bewertung liefert Informationen darüber, in welchem Verhältnis die Standortvorteile in Greater Boston gegenüber den Nachteilen empfunden werden und welche anderen Regionen gegebenenfalls in Zukunft bevorzugte Zielgebiete von Verlagerungs- und Neugründungsaktivitäten sein könnten. Zu diesem Zweck wurden 33 Schlüsseltechnologie-Unternehmen der Region Boston gebeten, ein Urteil über die allgemeinen Standortbedingungen in drei Südstaatenregionen und zwei Regionen Kanadas abzugeben (siehe Abb. 9). Von diesen waren mit dem Research Triangle (North Carolina), Atlanta (Georgia) und Ottawa (Ontario) drei Schlüsseltechnologie-Zentren die Objekte weiterer Unternehmensbefragungen der vorliegenden Untersuchung (vgl. dazu die folgenden Kapitel). Außerdem wurden mit Austin (Texas) und Toronto (Ontario) zwei weitere Regionen in die Bewertung einbezogen, die seit den 70er Jahren über einen prosperierenden Schlüsseltechnologie-Sektor verfügen.

Von den fünf Vergleichsregionen wurden das Research Triangle, Atlanta und Toronto in dieser Reihenfolge am besten beurteilt. Über die Hälfte der befragten Unternehmen benotete die dortigen Standortgegebenheiten als zumindest befriedigend (siehe Abb. 9). Eindeutig die beste Beurteilung erhielt das Research Tri-

Abb. 9: Bewertung der allgemeinen Standortbedingungen anderer Schlüsseltechnologie-Zentren durch Unternehmen in Greater Boston

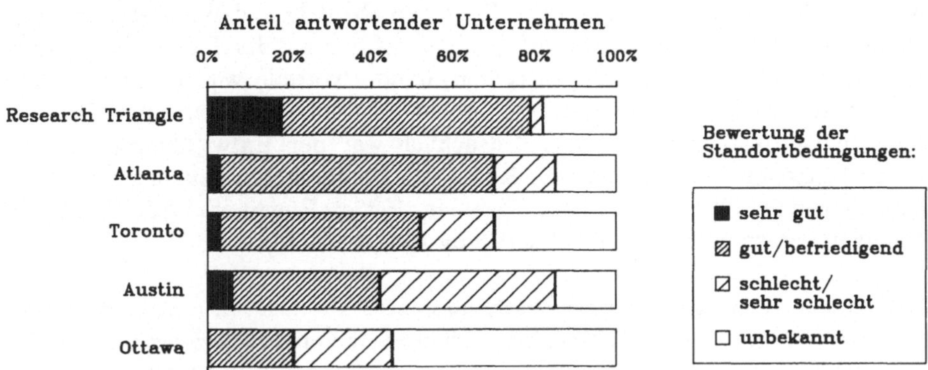

Quelle: Eigene Erhebungen.

angle. Fast 20% der einbezogenen Unternehmen bewerteten die Standortbedingungen im Research Triangle als sehr gut und weitere 60% als gut oder befriedigend. Im Unterschied zu den ersten drei Regionen dominierten für Austin und Ottawa negative gegenüber positiven Einschätzungen. Im Vergleich zu den US-Regionen waren die Standortbedingungen der beiden kanadischen Standorte einem deutlich größeren Anteil von Unternehmen völlig unbekannt. Etwa 30% der befragten Unternehmen sahen sich nicht in der Lage, ein qualifiziertes Urteil über Toronto abzugeben. Für Ottawa lag dieser Anteil sogar über 50%. Das deutet darauf hin, daß kanadische Zentren als Standorte von Zweigwerken US-amerikanischer (zumindest aber in Boston ansässiger) Schlüsseltechnologie-Unternehmen nur eine geringe Relevanz besitzen. Kanadische Regionen werden anscheinend als potentielle Standorte selten in Erwägung gezogen und deshalb nicht informativ erforscht.

Basierend auf den Ergebnissen der durchgeführten Erhebung würden Unternehmen aus Greater Boston unter den fünf Vergleichsregionen dem Research Triangle die größten Entwicklungschancen im Schlüsseltechnologie-Bereich einräumen. Möglicherweise werden Erweiterungsinvestitionen von Schlüsseltechnologie-Unternehmen aus der Region Boston langfristig eine südliche Orientierung in Richtung Research Triangle erfahren.

4.5 Boston Route 128 und Silicon Valley: Ein Vergleich

Bereits mehrfach wurde von wissenschaftlicher Seite der Versuch unternommen, die Evolution von Schlüsseltechnologie-Industrien im Silicon Valley und der Route 128-Region miteinander zu vergleichen (siehe z.B. Dorfman 1983 und Saxenian

1985c). Solchen Überlegungen lag implizit immer die Zielvorstellung zugrunde, übereinstimmende Entwicklungsdeterminanten und Standortfaktoren in beiden Regionen feststellen zu können. D.h. es wurde versucht, ein allgemeines Entwicklungsmodell für Schlüsseltechnologie-Regionen abzuleiten, daß auf andere Regionen angewendet werden konnte. Im Idealfall hoffte man, durch den Einsatz regionalwirtschaftlicher Instrumente dieselben Standortvorteile wie im Silicon Valley oder an der Route 128 herzustellen, um in anderen Regionen einen ähnlichen Wachstumsprozeß hervorzurufen. Tatsächlich war der Entwicklungsprozeß der beiden Regionen durch eine ganze Reihe von Parallelitäten gekennzeichnet (vgl. auch Dorfman 1983, S. 311-315; Saxenian 1985c; Rügemer 1985, S. 210-213; Rogers u. Larsen 1986, S. 235-244 und Jong 1987, S. 56-72):

1. In beiden Regionen setzte der Wachstumsprozeß von Schlüsseltechnologien bereits *direkt nach dem Zweiten Weltkrieg* ein. Wichtige Standortvoraussetzungen wie das Vorhandensein von Spitzenuniversitäten und hochqualifizierten Arbeitskräften waren sogar schon zuvor vorhanden.
2. Sowohl das Silicon Valley wie die Region Boston profitierten in erheblichem Maß von staatlichen Ausgaben in den Bereichen *Militär- und Weltraumforschung*.
3. In beiden Regionen spielten *akademische Institutionen* während der Startphase der Schlüsseltechnologie-Entwicklung eine wichtige Rolle als Ideenlieferanten und Träger des technologischen Fortschritts. Zudem waren die lokalen Universitäten jeweils entscheidend an der Herausbildung eines hochqualifizierten Arbeitsmarkts beteiligt.
4. Die Entwicklung von Silicon Valley und Route 128-Region wurde ganz entscheidend durch *Unternehmensneugründungen* getragen. D.h. der Ballungsprozeß war primär selbstinduziert. Bedeutsame Spin-off-Prozesse und Agglomerationsvorteile führten zu ausgesprochenen Spezialisierungstendenzen innerhalb des Schlüsseltechnologie-Sektors, die durch komparative Standortvorteile allein nicht erklärt werden können. Ein Verständnis dieser Spezialisierung erfordert eine evolutionäre Analyseebene, mit deren Hilfe das Zusammenwirken von Entwicklungsdeterminanten in ihrer zeitlichen Dynamik deutlich wird.
5. Der Agglomerationsprozeß und die Spezialisierung von Schlüsseltechnologie-Industrien wurde in beiden Regionen durch *Zufälligkeiten und unvorhersehbare Ereignisse* beeinflußt und von einflußreichen Einzelpersonen mit wegweisenden Ideen und Durchsetzungsvermögen überprägt.
6. Beide Regionen entwickelten sich im Zusammenhang mit den enormen Gründungswellen in Schlüsseltechnologie-Bereichen zu Hauptzentren des *Risikokapital*-Sektors. Dadurch entstand ein ausgesprochen günstiges Umfeld für Investitionen.
7. In beiden Regionen verlief die Entwicklung von Schlüsseltechnologie-Industrien überwiegend spontan und ungeplant und führte seit den 70er Jahren zu beträchtlichen *Agglomerationsnachteilen*.

Die aufgezeigten Übereinstimmungen liefern zugleich auch Hinweise über wichtige Unterschiede in der Entwicklung von Silicon Valley und Route 128-Region. So erfolgte z.B. in beiden Regionen eine unterschiedliche Spezialisierung innerhalb der Schlüsseltechnologie-Industrien. Vereinfacht konzentriert sich im Silicon Valley die Halbleiterindustrie, in der Region Boston die Minicomputer-Industrie.

Die Spezialisierung resultierte direkt aus einer Akkumulation der auf bestimmte Bereiche ausgerichteten Qualifikationsniveaus auf dem Arbeitsmarkt, des technischen Wissens und der technischen Infrastruktur. Dieser Prozeß fand Ausdruck durch zahlreiche Spin-off-Gründungen, die sich heute in Form industriespezifischer Unternehmensstammbäume nachvollziehen lassen. Die ausgeprägte Spezialisierung führte dazu, daß beide Regionen quasi unabhängig voneinander, d.h. in keinem direkten Konkurrenzverhältnis zueinander, wachsen konnten. Neue Schlüsseltechnologie-Zentren müßten sich heute dagegen zuerst im Wettbewerb zu den vorhandenen Hauptagglomerationen durchsetzen.

Abgesehen von den unterschiedlichen Ausgangssituationen und Entwicklungsprozessen gibt es beträchtliche Strukturunterschiede zwischen beiden Regionen. Z.B. waren die ausgesprochen kleinbetriebliche Unternehmensstruktur und der dadurch induzierte Wettbewerb im Silicon Valley wesentliche Antriebskräfte des Wachstumsprozesses. In der Region Boston dominierten hingegen sehr viel stärker Großunternehmen. Des weiteren entwickelte der Schlüsseltechnologie-Sektor im Silicon Valley einen erheblich größeren räumlichen Ausstrahlungsbereich als die Region Boston: Einerseits konnte das Silicon Valley in stärkerem Maß Unternehmen und Arbeitskräfte aus anderen Regionen anziehen, während Schlüsseltechnologie-Unternehmen in Greater Boston primär auf den regionalen Arbeitsmarkt angewiesen waren. Andererseits baute das Silicon Valley durch Zweigwerksgründungen in anderen Regionen intensive interregionale Verflechtungsmuster auf. Schlüsseltechnologie-Standorte wie Phoenix (Arizona) sind dadurch in ein regelrechtes Abhängigkeitsverhältnis geraten.

Wenn Dorfman (1983, S. 314) aufgrund dieser Unterschiede das Fazit zieht, die augenfälligste Parallelität zwischen dem Silicon Valley und der Route 128 sei das geringe Alter der dort ansässigen Unternehmen, so ist diese Schlußfolgerung erstens banal und zweitens nicht korrekt. Unternehmen wie z.B. IBM, Hewlett-Packard, DEC, Raytheon und Lockheed, die heute aufgrund ihrer Marktposition die Schlüsseltechnologie-Entwicklung maßgeblich beeinflussen, sind entweder in den 50er Jahren oder sogar schon vor dem Zweiten Weltkrieg gegründet worden. Zusammenfassend dürfen Silicon Valley und Route 128-Region nicht als Prototypen der Schlüsseltechnologie-Entwicklung angesehen, sondern müssen vielmehr als historische Ausnahmefälle behandelt werden (vgl. Saxenian 1985c, S. 99). Diese Erkenntnis schließt andererseits nicht aus, daß dritte Regionen aus den dortigen Evolutionsprozessen für die eigene wirtschaftliche Entwicklung positive Erfahrungen übertragen können.

5 Region Ottawa-Carleton (Ontario): Ottawa's Telecom Valley

5.1 Einführung

In Ottawa entstand nach dem Zweiten Weltkrieg eine der ersten größeren räumlichen Ballungen von Schlüsseltechnologie-Industrien in Kanada.[1] Wie in der Route 128-Region besaßen auch in Ottawa rüstungsorientierte Regierungsaufträge in der Anfangsphase einen großen Einfluß auf den Wachstumsprozeß von Schlüsseltechnologie-Sektoren. Allerdings waren die wirtschaftsstrukturellen Voraussetzungen grundlegend verschieden. Während in Boston eine altindustrialisierte Wirtschaftsstruktur vorherrschte, entwickelten sich Schlüsseltechnologie-Industrien in Ottawa aus einer durch die kanadische Regierung mit Hauptstadt- und Verwaltungsfunktionen geprägten, monostrukturierten Regionalwirtschaft.

Die Stadt Ottawa liegt am Ottawa River, der die beiden Provinzen Ontario und Quebec als Grenzlinie voneinander trennt (siehe Karte 7). Der Zugang zu zwei Provinzen bietet für Ottawa jedoch keine marktstrategischen Standortvorteile, da sich selbst im erweiterten Umlandbereich keine größeren städtischen oder industriellen Ballungen als potentielle Absatzmärkte befinden. Obwohl Ottawa zwischen den wichtigsten kanadischen Wirtschaftszentren Montreal (Quebec) im Osten und Toronto (Ontario) im Südwesten liegt, übernimmt die Stadt, anders als man vielleicht vermuten könnte, keine Transferfunktion zwischen den beiden Metropolen. Vielmehr finden wirtschaftliche Verflechtungen zwischen Montreal und Toronto meist direkt, unter Umgehung von Ottawa statt.

Die Region verfügt mit dem Ottawa International Airport (siehe Karte 7) zwar über einen nahegelegenen internationalen Flughafen, dieser besitzt jedoch nur in beschränktem Umfang Direktflugverbindungen zu den großen Märkten im Nordosten der USA und nach Übersee. Der Flugplan ist eher auf nationale Bedürfnisse

---

[1] Mittlerweile hat der Großraum Ottawa seine Rolle als eine der führenden Schlüsseltechnologie-Regionen in Kanada verloren. Hinter Toronto und Montreal besitzt Ottawa nur noch eine sekundäre Bedeutung als Standortregion von Schlüsseltechnologie-Industrien in Kanada (Britton 1987). Eine Analyse von Britton (1987, S. 177) für neun Industriegruppen aus dem Bereich der Schlüsseltechnologien unterstreicht diesen Bedeutungswandel. Danach verfügte Toronto in den ausgewählten Industriezweigen 1984 über 254 Unternehmen, Ottawa hingegen nur über 56 Unternehmen.

abgestellt. Um das gewünschte Flugziel zu erreichen, ist häufig eine Zwischenlandung in Toronto oder Montreal verbunden mit einem Umsteigen in ein anderes Flugzeugs notwendig. Auch unter Berücksichtigung des Straßenverkehrs bleibt die Anbindung des Großraums Ottawa ungenügend. Das Straßennetz ist insgesamt sehr weitmaschig und Autobahnanschlüsse fehlen fast vollständig. Über den Highway 417 besitzt Ottawa lediglich in Richtung Osten einen guten Zugang nach Montreal. Der Highway 401, der als zentraler Highway die wichtigsten Industriegebiete im Süden von Ontario miteinander verbindet, läuft an Ottawa vorbei. Um auf dem Straßenweg von Ottawa nach Toronto zu gelangen, gibt es nur zwei umständliche Alternativen: entweder die langsame Strecke auf der Route 7 nach Südwesten oder über die Route 31 (bzw. Route 16) nach Süden und anschließend auf dem Highway 401 nach Westen (siehe Karte 7). Auch die Nähe zum Staatsgebiet der USA stellt wegen der unzureichenden Verkehrsinfrastruktur keinen Standortvorteil für den Großraum Ottawa dar.

Im folgenden soll die Region Ottawa, sofern nicht ausdrücklich vermerkt, auf die räumliche Abgrenzung der administrativen Gebietseinheit Ottawa-Carleton beschränkt werden (siehe Karte 7 und Karte 8). Die Gebietseinheit Ottawa-Carleton umfaßt neben dem Kern Ottawa acht weitere Gemeinden, die ringförmig in südlicher Richtung an die Stadt Ottawa angrenzen. Zum inneren Ring gehören die Gemeinden Kanata, Nepean und Gloucester, zum äußeren Ring die Gemeinden West Carleton, Goulbourn, Rideau, Osgoode und Cumberland. Ottawa-Carleton erstreckt sich im Prinzip auf den in der Provinz Ontario liegenden Teil der Ottawa-Hull Metropolitan Area.

5.2 Regionale Wirtschaftsstruktur

Nach Beschäftigtenzahlen besitzt die Region Ottawa-Carleton im Vergleich zum Silicon Valley und der Route 128-Region einen verhältnismäßig kleinen Arbeitsmarkt. 1981 betrug die Zahl aller Erwerbstätigen in Ottawa-Carleton 292.000. Branchen der Verarbeitenden Industrie konnten sich aufgrund der peripheren Lage und schlechten Rohstoffbasis zu keiner Zeit entscheidend in der Region etablieren. Mit 101.000 Beschäftigten waren 1981 fast 35% aller Erwerbstätigen in Institutionen der kanadischen Regierung bzw. anderen Verwaltungen angestellt. Demgegenüber umfaßte die Verarbeitende Industrie 1981 mit 21.400 Arbeitskräften nur 7,3% aller Erwerbstätigen (siehe Ottawa-Carleton Economic Development Corporation - OCEDCO 1987d und 1988a). Auf der Basis der Arbeitsmarktstruktur stellt Ottawa-Carleton also keine Industrieregion sondern ein Verwaltungszentrum dar.

Gegenüber anderen kanadischen Teilräumen befindet sich die Region Ottawa-Carleton in einer wirtschaftlich günstigen Position. So lag das durchschnittliche Familieneinkommen 1984 mit annähernd 40.000 kanadischen Dollar etwa 16% über dem Landesdurchschnitt (OCEDCO 1987e). Die Arbeitslosenquote der Ottawa CMA (Census Metropolitan Area) betrug 1986 rund 8,5%. Dieser Wert

Karte 7: Übersichtskarte Ottawa-Carleton und Umgebung

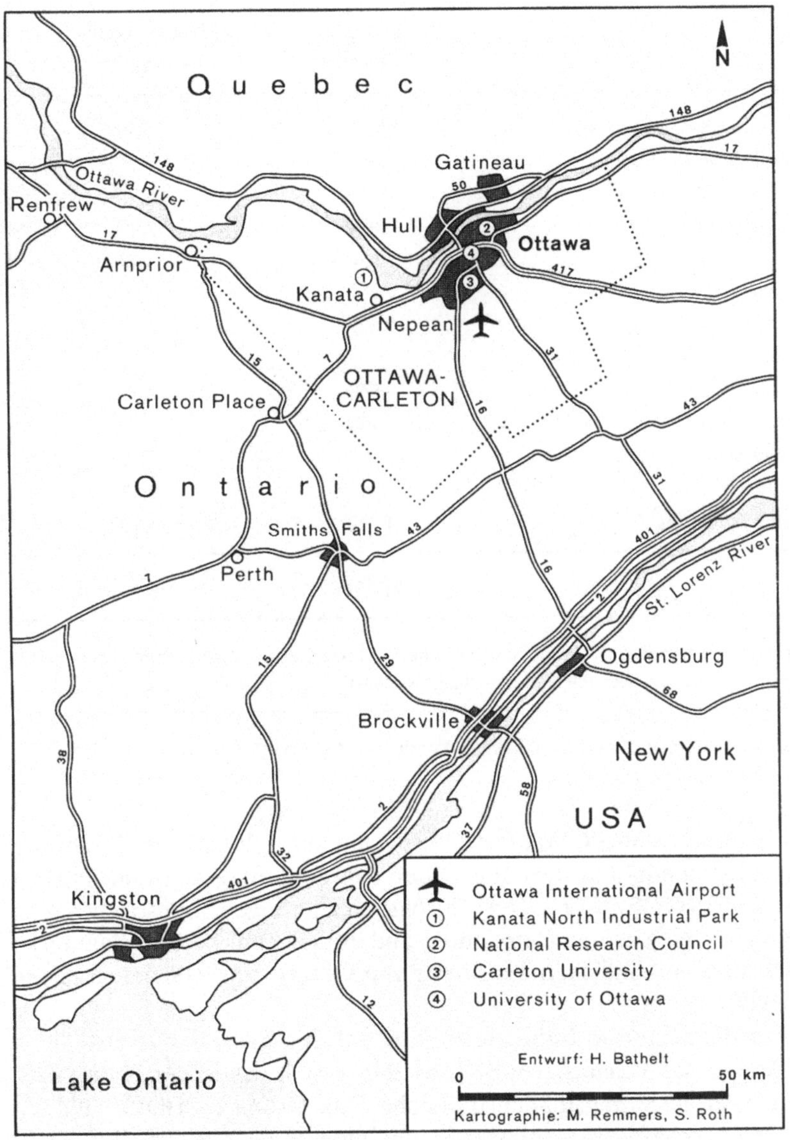

war zwar höher als der Vergleichswert von 7,0% für die Provinz Ontario, lag aber mehr als 1%-Punkte unter dem kanadischen Mittelwert von 9,6%. Die vorteilhafte regionalwirtschaftliche Situation von Ottawa-Carleton ist eine direkte Folge der starken Präsenz staatlicher Institutionen. Arbeitsplätze der öffentlichen Hand werden nicht nur überdurchschnittlich gut bezahlt, was sich in den Familieneinkommen wiederspiegelt, darüber hinaus sind diese Arbeitsplätze relativ unabhängig von Konjunkturschwankungen. Zwischen 1976 und 1986 gab es z.B. in den

Tab. 14: Sektorale Industriestruktur in Ottawa-Carleton 1987

Industriesektor	Beschäftigten-[1] zahl	Beschäftigten-[1] anteil
Electrical & electronics products industries	12.391	56,4%
Printing, publishing & allied industries	3.893	17,7%
Fabricated metal product industries	1.163	5,3%
Food industries	849	3,9%
Clothing & textile product industries	654	3,0%
Non-metallic mineral & chemical product industries	629	2,9%
Machinery industries (except electrical machinery)	568	2,6%
Wood & furniture and fixture industries	158	0,7%
Transportation equipment industries	67	0,3%
Plastic products industry	67	0,3%
Other manufacturing industries	1.512	6,9%
Summe	21.951	100,0%

[1] Die Beschäftigtendaten stammen aus einer Umfrage der Ottawa-Carleton Economic Development Corporation und umfassen circa 95% aller Vollzeitbeschäftigten.

Quelle: Nach Ottawa-Carleton Economic Development Corporation (1987e).

Arbeitslosenzahlen der Ottawa CMA fast keine konjunkturell bedingten Schwankungen. Die Arbeitslosenquoten pendelten über den gesamten Zeitraum hinweg zwischen 7% und 9% (OCEDCO 1988a). Infolge des geringen Industriebesatzes konnte die Region in den 70er und 80er Jahren andererseits nur bedingt das starke industrielle Wachstum der südlichen Teilräume von Ontario nachvollziehen (siehe auch Norcliffe 1987).

Untersucht man die sektorale Industriestruktur auf der Basis der zweistelligen Industrieklassifikation des kanadischen SIC, so zeigen sich wie in der Route 128-Region deutliche Spezialisierungstendenzen (siehe Tab. 14 und OCEDCO 1987e). Mit einem Industriebeschäftigtenanteil von 56,4% bildeten die Elektro- und Elektronikindustrien die absolut dominierende Industriegruppe (über 12.000 Arbeitskräfte). Die nächstgrößten Industriezweige Printing, Publishing and Allied Products sowie Fabricated Metal Products hatten demgegenüber mit 17,7% bzw. 5,3% aller industriellen Arbeitsplätze eine verhältnismäßig geringe Bedeutung für den regionalen Arbeitsmarkt (siehe Tab. 14). Definiert man den Schlüsseltechnologie-Sektor in stark vereinfachter Form unter Rückgriff auf die zweistellige Industrieklassifikation aus den Bereichen Elektronik, Elektrik und Chemie, so wird die große Bedeutung dieser Industriegruppen für den Arbeitsmarkt in Ottawa-Carleton deutlich. Danach umfaßte der Komplex der Schlüsseltechnologien 1987 rund

Abb. 10: Sektorale Beschäftigtenstruktur von Schlüsseltechnologien in Ottawa-Carleton 1987

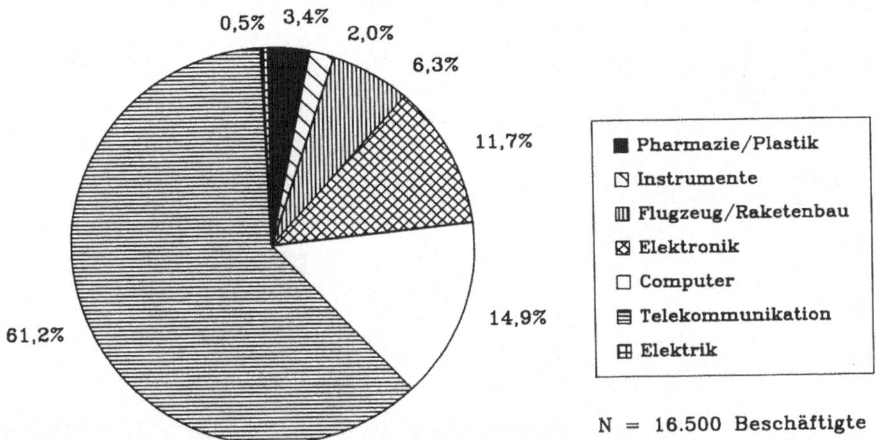

Quelle: Eigene Berechnungen nach Ottawa-Carleton Economic Development Corporation (1987a).

60% aller Industriebeschäftigten der Region (siehe Tab. 14). In Ottawa-Carleton waren jedoch nicht nur innerhalb der Verarbeitenden Industrie eine Vielzahl von Arbeitsplätzen in Schlüsseltechnologie-Bereichen konzentriert, auch innerhalb der Schlüsseltechnologie-Industrien existierte eine ausgeprägte Spezialisierung auf wenige Branchen.

Unter Verwendung eines Unternehmensverzeichnisses der Ottawa-Carleton Economic Development Corporation - OCEDCO (1987a) konnten 1987 in der Region 109 Schlüsseltechnologie-Unternehmen mit insgesamt 16.500 Beschäftigten ermittelt werden (siehe Abb. 10). Die durchschnittliche Beschäftigtenzahl in Schlüsseltechnologie-Unternehmen war mit etwa 150 Beschäftigten relativ gering und nur etwa halb so groß wie in Greater Boston (siehe Kapitel 4). 1987 entfielen annähernd 90% aller Schlüsseltechnologie-Arbeitsplätze auf die drei dominierenden Industriezweige Telekommunikation, Computer und Elektronik. Eine absolut führende Rolle besaß die Telekommunikationsindustrie mit einem Beschäftigtenanteil von über 60%. Die anderen Schlüsseltechnologie-Industrien aus den Gruppen Pharmazie/ Plastik, Präzisionsinstrumente, Flugzeug-/ Raketenbau und Elektrik waren für den Arbeitsmarkt unbedeutend (siehe Abb. 10). Das Ausmaß der Beschäftigtenkonzentration in Ottawa-Carleton auf den Telekommunikationssektor übertraf sogar die in der Route 128-Region aufgedeckten Spezialisierungstendenzen (siehe Kapitel 4). Wichtigste Standorte von Schlüsseltechnologie-Industrien waren die Gemeinden Kanata, Nepean und Ottawa (siehe Karte 8). 1987 entfielen auf Kanata, Nepean und Ottawa 90% aller Schlüsseltechnologie-Unternehmen mit 99% der Beschäftigten. Nepean besaß mit 41% den größten Beschäftigtenanteil, weil dort vor allem große Schlüsseltechnologie-Unternehmen eine Niederlassung hatten (siehe Karte 8).

Karte 8: Räumliche Beschäftigtenstruktur von Schlüsseltechnologien in Ottawa-Carleton 1987

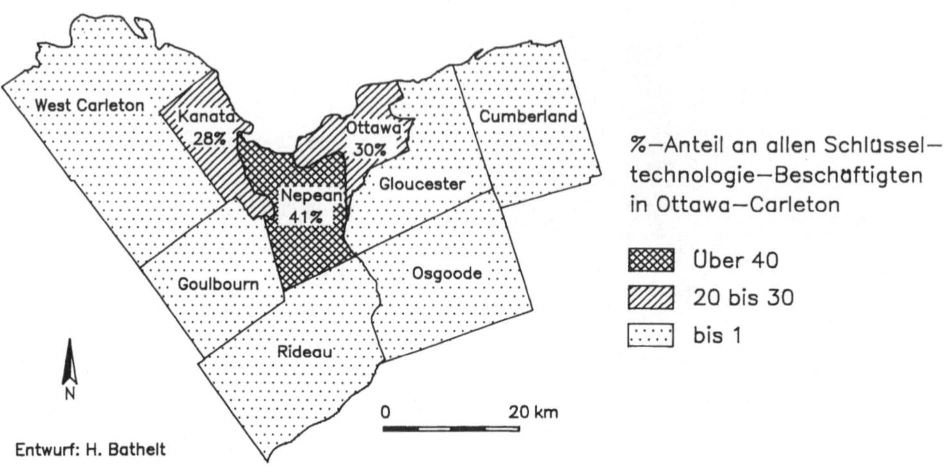

Quelle: Eigene Berechnungen nach Ottawa-Carleton Economic Development Corporation (1987a).

In den beiden Gemeinden Kanata und Nepean, die im Mittelpunkt der für die vorliegende Arbeit durchgeführten Unternehmensbefragung standen, waren 1987 rund 70% aller Arbeitskräfte aus dem Bereich der Schlüsseltechnologien beschäftigt. In beiden Gemeinden konzentrierte sich die industrielle Entwicklung schwerpunktmäßig auf Industrieparks. In Kanata waren dies der Kanata North Industrial Park mit einer Ausdehnung von 369 Hektar (siehe Nummer 1 in Karte 7), der Kanata South Industrial Park (99 Hektar) und zwei weitere kleinere Industrie- oder Gewerbeparks. In Nepean existierten unter anderem im Merivale Acres Business Park (56 Hektar) und im Rideau Heights Business Park (69 Hektar) bedeutsame Industrieansiedlungen.

5.3 Evolution von Schlüsseltechnologien

Erste Impulse erhielten Schlüsseltechnologie-Sektoren in der Region Ottawa-Carleton bereits während des Zweiten Weltkriegs. Der daran anschließende Wachstumsprozeß läßt sich nur auf einer evolutionären Betrachtungsebene, die die dynamischen Wechselwirkungen der verschiedenen Standortfaktoren erfaßt, adäquat analysieren. Der Entwicklungsprozeß von Schlüsseltechnologien in Ottawa-Carleton wurde in der Nachkriegszeit stark durch das Unternehmen Bell Northern Research (BNR) beeinflußt. Die von Bell Northern Research ausgehenden Wachstumsimpulse hatten eine ausgeprägte Spezialisierung der regionalen Schlüsseltechnologie-Struktur auf den Bereich der Telekommunikationstechnologien zur Folge (siehe Abb. 10). Aufgrund dieser Spezialisierung wurde die Schlüsseltechnologie-Region Mitte der 80er Jahre in der Werbebroschüre *"Interface: Ottawa-Carleton"* nach einem Vorschlag des National Research Council mit dem Schlagwort *"Telecom Valley"* bezeichnet (OCEDCO 1986).[1]

5.3.1 Determinanten der Entwicklung vor 1945

Die Entwicklung des Großraums Ottawa basierte zu Beginn des 19. Jahrhunderts in erster Linie auf der für die Holzwirtschaft günstigen Lage im Tal des Ottawa River. Die Besiedlung des heutigen Stadtgebietes setzte mit dem Bau des Rideau-Kanals zwischen 1826 und 1832 zunächst unter dem Namen Bytown (1855 in Ottawa umbenannt) ein. Der Rideau-Kanal verbindet Ottawa auf einer Länge von 200 Kilometer mit der am Ontario-See gelegenen Stadt Kingston (siehe zur Lage Karte 7). Durch den Holzreichtum der Region und die guten Verlademöglichkeiten über Wasserstraßen konnten sich in der Region Ottawa um den Komplex der Holzwirtschaft einige Papier-, Zellulose- und Druckerei-Industrien etablieren (siehe Eggleston 1961 und Woods 1980).

Ansätze für das spätere Schlüsseltechnologie-Wachstum lassen sich bis zum Beginn des Zweiten Weltkriegs zurückverfolgen. Durch den Kriegseintritt von Kanada entstand in der zweiten Hälfte der 30er und in den 40er Jahren ein großer Bedarf an militärisch orientierter Elektronikforschung. Da die kanadische Regierung diesem plötzlichen Bedarf relativ unvorbereitet gegenüberstand, wurden die staatlichen Forschungsgelder für Rüstungselektronik fast vollständig im National Research Council (NRC) konzentriert, der in Ottawa seinen Standort hatte (siehe zur Lage Nummer 2 in Karte 7). Der National Research Council war 1916 als National Advisory Council gegründet und bis in die 30er Jahre durch neue Forschungslabors ständig erweitert worden. Die Hauptaufgabe des National Research Council bestand darin, durch Grundlagenforschung und angewandte Forschung zur Lösung technischer Probleme von nationaler Bedeutung beizutragen. Infolge der großen Mengen an Forschungsgeldern für Rüstungszwecke entwickelte sich der National Research Council zur größten staatlichen Forschungsinstitution in Kanada (Steed u. DeGenova 1983, S. 266).

[1] Bisher wird die Schlüsseltechnologie-Region Ottawa-Carleton wesentlich häufiger mit dem Begriff *"Silicon Valley North"* als mit dem Begriff *"Telecom Valley"* bezeichnet (siehe Sweetman 1982 und Britton 1987). Der Name *"Telecom Valley"* ist jedoch in zweifacher Hinsicht vorzuziehen. Zum einen liefert dieser Begriff eine genauere Beschreibung der in der Region vorherrschenden spezifischen Struktur von Schlüsseltechnologie-Industrien. Zum anderen kann die Bezeichnung *"Silicon Valley North"* leicht in die Irre führen, weil gelegentlich auch andere Schlüsseltechnologie-Regionen wie etwa Portland (Oregon) mit demselben Namen versehen wurden (Rogers u. Larsen 1986, S. 249 f.). Steed u. DeGenova (1983) bevorzugen hingegen die neutralere Bezeichnung *"Technology-Oriented Complex (TOC)"*.

5.3.2 Determinanten der Entwicklung in den 50er und 60er Jahren

Auch nach dem Zweiten Weltkrieg blieb die kanadische Regierung zunächst bei ihrer Politik, militärisch ausgerichtete Forschungsausgaben und Aufwendungen zur Erforschung neuer Technologien auf die Region Ottawa zu konzentrieren. Ein großer Teil der Forschungsgelder floß in staatliche Forschungsinstitutionen wie den National Research Council, das Defense Research Board, das Communications Research Center oder in Crown Corporations wie Atomic Energy of Canada. Als Folge der starken räumlichen Konzentration staatlicher Ausgaben formte sich in der Region Ottawa-Carleton ein hochqualifizierter Arbeitsmarkt. In Verbindung mit rüstungsorientierten Aufträgen kam es zu ersten Gründungen in Schlüsseltechnologie-Bereichen, die für die spätere Entwicklung eine Ankerfunktion übernahmen. Insgesamt verlief der Wachstumsprozeß von Schlüsseltechnologie-Industrien in den 50er und 60er Jahren jedoch zögernd.

5.3.2.1 Lokaler Arbeitsmarkt und Universitäten

Die staatlichen Forschungsstätten (allen voran der National Research Council) konnten in der Nachkriegszeit aufgrund der hohen Finanzbudgets schnell expandieren und entwickelten eine große Nachfrage nach hochqualifizierten Arbeitskräften. In den 50er und 60er Jahren kam es daraufhin zum Zuzug vieler Ingenieure, Computerwissenschaftler und anderer Naturwissenschaftler aus allen Teilen Kanadas. Allmählich bildete sich in der Region ein hochqualifiziertes Arbeitskräftepotential. Die im Vergleich zu anderen kanadischen Regionen günstigen Arbeitsmarktverhältnisse waren sowohl für Schlüsseltechnologie-Ansiedlungen der Anfangsphase wie auch für den späteren Wachstumsprozeß in den 70er und 80er Jahren von großer Bedeutung (siehe Sweetman 1982, S. 20 und Steed u. DeGenova 1983, S. 266).

Im Unterschied zu allen anderen hier behandelten Schlüsseltechnologie-Regionen hatten lokale Universitäten zu keiner Zeit entscheidenden Einfluß auf die Ansiedlung oder den Wachstumsprozeß von Schlüsseltechnologie-Unternehmen in Ottawa-Carleton. Die Stadt Ottawa besitzt zwar mit der Carleton University und der University of Ottawa zwei Universitäten innerhalb der Stadtgrenzen (vgl. zur Lage die Nummern 3 und 4 in Karte 7), beide waren jedoch in ihrer Fächerstruktur primär nicht-technisch ausgerichtet und konnten somit nicht den speziellen Qualifikationsanforderungen und Arbeitsmarktbedürfnissen von Schlüsseltechnologie-Unternehmen nachkommen. Außerdem besaß keine der beiden lokalen Universitäten eine Reputation für überdurchschnittliche Spitzenforschung. Erst seit Anfang der 80er Jahre haben die Carleton University und die University of Ottawa explizit auf die räumliche Ballung von Schlüsseltechnologie-Industrien in der Region reagiert. So werden z.B. Fakultäten und Programme für die Ingenieurausbildung ständig erweitert und auf die spezifischen Bedürfnisse der vorhandenen Schlüsseltechnologie-Sektoren abgestimmte Fortbildungskurse angeboten. Dennoch blieb der ingenieur- und naturwissenschaftliche Ausbildungsbereich der beiden Universitäten bis zur Mitte der 80er Jahre unterrepräsentiert. Von den 11.700

Vollzeitstudenten der Carleton University waren 1986 nur 1.010 Studenten in den Ingenieurwissenschaften und nur 260 in den Computerwissenschaften eingeschrieben. An der University of Ottawa waren lediglich 1.060 von insgesamt 12.800 Studenten in den Ingenieurwissenschaften eingeschrieben. D.h. weniger als 10% der in Ottawa Studierenden wurden entsprechend den technischen Anforderungen von Schlüsseltechnologie-Industrien ausgebildet. Trotzdem war die absolute Zahl von Studenten in technisch-naturwissenschaftlichen Fachrichtungen mittlerweile beachtlich, wenn man beide Universitäten und das Algonquin College zusammen betrachtet (siehe OCEDCO 1988b und 1986).

In jedem Fall konnte keine der beiden lokalen Universitäten zum Entstehen eines hochqualifizierten Arbeitskräftepotentials in der Region entscheidend beitragen. In Ottawa übernahmen jedoch staatliche Forschungsinstitutionen (in der Hauptsache der National Research Council) und später das Unternehmen Bell Northern Research die Rolle, die Universitäten in den anderen Untersuchungsregionen für den lokalen Arbeitsmarkt spielten. Der geringe Bezug zu lokalen Universitäten machte sich in Ottawa-Carleton also nicht als Standortnachteil oder als Hemmnis für die Schlüsseltechnologie-Entwicklung bemerkbar (Bathelt 1989, S. 100 f.).

5.3.2.2 Erste Schlüsseltechnologie-Ansiedlungen mit Ankerfunktion

In den 50er und 60er Jahren ereigneten sich vereinzelt Gründungen von Schlüsseltechnologie-Unternehmen in Ottawa-Carleton. Interessanterweise spielte gerade in der Anfangsphase die Ansiedlung von US-amerikanischen Zweigwerken oder Tochterunternehmen eine vergleichsweise große, wenn auch nicht dominante Rolle (siehe Steed u. DeGenova 1983, S. 269 und Steed 1987). Der Einfluß von US-Unternehmen war zwar nicht so bedeutsam, daß ein ausgeprägter *"Shadow Effect"* des US-amerikanischen Manufacturing Belt vorlag (Ray 1974), immerhin konnten diese aber den späteren Wachstumspfad von Schlüsseltechnologie-Industrien mitbestimmen. Vor allem vier Unternehmensgründungen der 50er und 60er Jahre schufen wichtige Voraussetzungen für den Boom der 70er und 80er Jahre:

1. *Computing Devices:* 1948 wurde Computing Devices als erstes Schlüsseltechnologie-Unternehmen der Region von den beiden polnisch-stämmigen Ingenieuren Norton und Glinski sowie dem Irisch-Kanadier Mahoney gegründet. Der Schritt zur Gründung erfolgte, nachdem man einen Auftrag in Höhe von 4.000 kanadischen Dollar von der Navy erhalten hatte, um einen Navigationssimulator für taktische Ausbildungszwecke zu entwickeln. Computing Devices war sehr erfolgreich und beschäftigte bereits im ersten Jahr 40 Mitarbeiter. Heute ist das Unternehmen eine Tochter des multinationalen Schlüsseltechnologie-Unternehmens Control Data mit Stammsitz in Minneapolis (Minnesota). Die Beschäftigtenzahl belief sich 1988 auf rund 1.400 Mitarbeiter. Von Anfang an konzentrierte sich Computing Devices auf militärische Märkte und war zu fast 100% von Regierungsaufträgen abhängig (Sweetman 1982, S. 22).
2. *Bell Northern Research:* Obwohl Computing Devices in den 50er Jahren ein schnelles Wachstum verzeichnete, stagnierte die Schlüsseltechnologie-Entwicklung. Erst 1958

siedelte sich mit Northern Electric, dem heutigen Bell Northern Research,[1] ein zweites bedeutendes Schlüsseltechnologie-Unternehmen in der Region an. Die Entscheidung von Bell Northern Research, in Nepean ein FuE-Labor aufzubauen, hatte großen Einfluß auf die Geschwindigkeit und Spezialisierungsrichtung des weiteren Schlüsseltechnologie-Wachstums (siehe Steed u. DeGenova 1983, S. 267 und Sweetman 1982, S. 22). Der Unternehmenskomplex um Bell Northern Research und Northern Telecom im Bereich Telekommunikation beschäftigte 1987 über 4.500 Mitarbeiter in Ottawa-Carleton (OCEDCO 1987a). Bell Northern Research entwickelte sich zur größten privaten Forschungseinrichtung in Kanada. In den 70er und 80er Jahren war das Unternehmen eine Brutstätte für Innovationen und die wichtigste Quelle für Spin-off-Gründungen in der Region (vgl. auch die folgenden Abschnitte und OCEDCO 1986).

3. *DEC:* 1963 gründete die Digital Equipment Corporation (DEC) aus Greater Boston ein Tochterunternehmen zur Produktion von Minicomputer-Bausteinen in Kanata bei Ottawa. Der Aufbau dieser Tochter wurde vor allem durch Doyle vorangetrieben, der zuvor im Dienst der kanadischen Regierung gearbeitet hatte. Nach 18jähriger erfolgreicher Managementtätigkeit verließ Doyle das Unternehmen und wirkte in den 80er Jahren an weiteren Unternehmensgründungen mit. Durch sein aktives Auftreten in der Öffentlichkeit zur Förderung von Schlüsseltechnologie-Neugründungen in Kanada wurde Doyle zu einer Leitfigur unternehmerischer Aktivitäten in der Region. 1988 besaß DEC über 1.500 Beschäftigte in der Region Ottawa-Carleton und war größter Minicomputer-Hersteller in Kanada (siehe auch Sweetman 1982, S. 22 und Morantz 1983).
4. *Leigh Instruments:* Ausgehend von Computing Devices kam es 1961 zu einer ersten Spin-off-Gründung im Schlüsseltechnologie-Bereich der Region: Leigh Instruments spezialisierte sich auf die Herstellung von Navigationsinstrumenten und produzierte fast ausschließlich für militärische Märkte. Das Unternehmen konnte während der 70er Jahre stark expandieren und beschäftigte 1988 circa 800 Mitarbeiter (Sweetman 1982, S. 22).

Zusammenfassend beruhten die Unternehmensgründungen der 50er und 60er Jahre primär auf zwei Gruppen von Standortvorteilen (siehe auch Steed 1982; Steed 1987 und Bathelt 1989): den Kontakten zu nahegelegenen staatlichen Institutionen (Rüstungsaufträge) sowie der Verfügbarkeit hochqualifizierter Arbeitskräfte. Für beide Faktorenkomplexe besaß der National Research Council eine zentrale Bedeutung. Ansiedlungen von Unternehmen wie Bell Northern Research und DEC übernahmen eine Ankerfunktion für die Entwicklung in den 70er und 80er Jahren, indem sie die Trajektorie des Schlüsseltechnologie-Wachstums in Ottawa-Carleton entscheidend prägten. Ihr Einfluß erstreckte sich vor allem auf Spin-off-Prozesse, die Ansiedlung neuer sowie die spezifische Ausrichtung bereits

[1] Northern Electric war zunächst ein Zweigwerk des amerikanischen Telekommunikationskonzerns Western Electric. Als Western Electric nach dem US-amerikanischen Kartellgesetz zu übermächtig geworden war, mußte man sich per Gerichtsentscheid von allen ausländischen Zweigwerken trennen. Northern Electric wurde daraufhin unter dem Namen Bell Northern Research zu einem unabhängigen Unternehmen für FuE im Bereich der Telekommunikation. Heute ist Bell Northern Research der FuE-Zweig des größten kanadischen Telekommunikationsunternehmens Northern Telecom (Rywak 1985).

Abb. 11: Verteilung von Schlüsseltechnologie-Unternehmen in Ottawa-Carleton nach Gründungsperioden

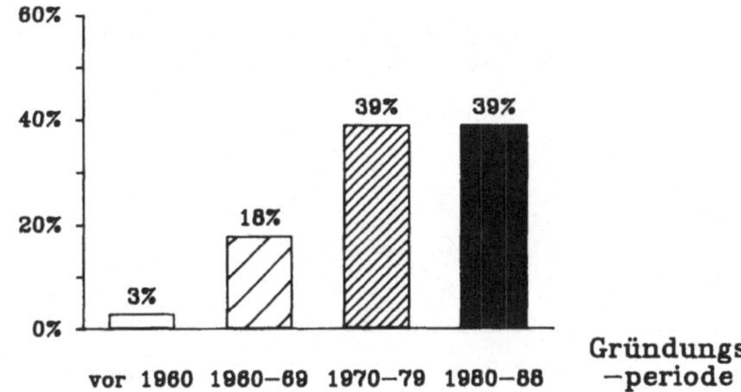

Quelle: Eigene Erhebungen.

existierender Zulieferbetriebe. Dadurch erfolgte eine Spezialisierung innerhalb der Schlüsseltechnologie-Sektoren auf die Bereiche Telekommunikation und Computertechnologie (siehe auch Abb. 10). Trotz der günstigen Voraussetzungen setzte der Schlüsseltechnologie-Boom in Ottawa-Carleton erst Ende der 60er Jahre ein.

5.3.3 Determinanten der Entwicklung in den 70er und 80er Jahren

Die langsame Entwicklung des Schlüsseltechnologie-Sektors spiegelt sich auch in den Ergebnissen der Unternehmensbefragung wieder (siehe Abb. 11). Vor 1960 existierten nur sehr vereinzelt Schlüsseltechnologie-Unternehmen in Ottawa-Carleton, und bis 1969 war erst ein Fünftel der befragten Unternehmen gegründet bzw. in die Region verlagert worden. Die entscheidende Aufschwungphase begann in den 70er Jahren und setzte sich während der 80er Jahre fort. In beiden Dekaden wurden jeweils rund 40% der Ansiedlungs- oder Standortentscheidungen getroffen (vgl. Abb. 11 sowie Steed u. DeGenova 1983, S. 267 f.).

Der Wachstumsprozeß wurde durch lokale unternehmerische Aktivitäten getragen und führte zur Entstehung eines "Gründungsfiebers" in der Region. Besonders charakteristisch waren Spin-off-Gründungen aus dem Privatsektor. Von der quantitativen und qualitativen Verbesserung des lokalen Arbeitsmarkts profitierten etablierte und neue Unternehmen. Bell Northern Research wurde zum dominanten Schlüsseltechnologie-Unternehmen in Ottawa-Carleton und löste die kanadische Regierung in ihrer Rolle als entscheidende Determinante der Schlüsseltechnologie-Entwicklung in zunehmendem Maß ab.

Tab. 15: Staatliche Output-Verflechtungen von Schlüsseltechnologie-Unternehmen in Ottawa's Telecom Valley

Anteil von Verkäufen an staatliche Institutionen	Unternehmens-zahl	Unternehmens-anteil
0%	8	25%
1-9%	5	16%
10-19%	3	9%
20-49%	8	25%
≥ 50%	8	25%
Summe	32	100%

Quelle: Eigene Erhebungen.

5.3.3.1 Verflechtungen mit staatlichen Institutionen

In den 70er Jahren behielt die kanadischen Regierung zunächst ihren Einfluß auf das Schlüsseltechnologie-Wachstum in Ottawa-Carleton. Staatliche Institutionen verpflichteten sich dazu, bevorzugt Aufträge an kleine, relativ junge Schlüsseltechnologie-Unternehmen zu vergeben, um Neugründungen in ihrer Startphase zu unterstützen (Bathelt 1989, S. 100). Damit sorgten Regierungsstellen in den 70er Jahren für vergleichsweise sichere Absatzmärkte und schufen eine wichtige Voraussetzung für die einsetzenden Unternehmensgründungen.

Zu Beginn der 80er Jahre existierten starke Verflechtungsbeziehungen zwischen lokalen Schlüsseltechnologie-Unternehmen und einer Vielzahl staatlicher Institutionen (vgl. Steed u. DeGenova 1983, S. 272 f.). Wichtigste staatliche Kontaktstelle war das Department of National Defense. Fast ein Drittel der von Steed u. DeGenova (1983) befragten Unternehmen stand 1981 mit dem Verteidigungsministerium in Verbindung. Diese Ergebnis deutet darauf hin, daß die Art der Verflechtungen überwiegend einen militärischen Bezug hatte. Die Leistungen von staatlichen Institutionen beinhalteten darüber hinaus die Übermittlung von technischem Wissen, nicht-militärische Aufträge und die Beschaffung von Bürgschaften. So standen jeweils etwa ein Fünftel der Unternehmen auch in Kontakt mit dem National Research Council, dem Department of Supply and Services, dem Department of Industry, Trade and Commerce, dem Department of Communications und mit Transport Canada.

Infolge der intensiven Verflechtungsbeziehungen zu Regierungsstellen war ein großer Teil der ansässigen Schlüsseltechnologie-Unternehmen noch Ende der 80er Jahre teilweise abhängig von staatlichen Aufträgen - meist militärischen Inhalts (siehe Tab. 15). Zwar verzeichnete ein Viertel der befragten Unternehmen 1988 keine Absatzbeziehungen zu staatlichen Institutionen, und etwa 40% erzielten weniger als 10% ihrer Umsätze auf staatlichen Märkten, bei einem weiteren Viertel der erfaßten Schlüsseltechnologie-Unternehmen resultierte jedoch mindestens die Hälfte der Umsätze aus Staatsnachfrage (siehe Tab. 15). Diese starke Abhängigkeit von Regierungsaufträgen erscheint umso überraschender, als seit Mitte der 70er Jahre im Schlüsseltechnologie-Bereich tendenziell eine Umorientierung von staatlichen zu privaten Märkten stattfand. Der Anteil von Unternehmen, die mindestens 20% ihres Umsatzes durch Verkäufe an staatliche Stellen erzielen, war aufgrund der durchgeführten Unternehmensbefragungen in Ottawa-Carleton mit 50% fast doppelt so hoch wie in Greater Boston (siehe Kapitel 4 und Tab. 15).

Insgesamt veränderte sich der staatliche Einfluß auf die Schlüsseltechnologie-Entwicklung in Ottawa-Carleton im Zeitablauf beträchtlich (vgl. auch Steed u. DeGenova 1983): Bis in die 50er Jahre beruhte die Bedeutung staatlicher Institutionen auf der Schaffung und Verbesserung eines hochqualifizierten Arbeitskräftepotentials in der Region. In den 60er und 70er Jahren konnten Regierungsstellen durch die Vergabe von Rüstungsaufträgen wichtige Impulse für Ansiedlungsentscheidungen und Wachstumsprozesse setzten. Seit Mitte der 70er Jahre fungierten Ministerien und öffentliche Institutionen zunehmend auch als Inkubatoren für Spin-off-Gründungen im Schlüsseltechnologie-Bereich. So ermittelten Steed u. Nichol (1985) im Rahmen einer 1982 durchgeführten Unternehmensbefragung, daß rund ein Drittel der einbezogenen Unternehmen durch ehemalige Mitarbeiter kanadischer Regierungsstellen oder mit Hilfe dort entwickelter Technologien gegründet worden waren.[1] Unter den staatlichen Inkubatororganisationen befanden sich Telesat Canada, Canadian Radio-Television Commission, Royal Canadian Mounted Police, Canada Mortage/ Housing Corporation, Statistics Canada, Agriculture Canada, Transport Canada sowie die Departments of Energy, Mines/ Resources, Public Works, National Defense und Communications. Der sektorale Konzentrationsprozeß von Schlüsseltechnologie-Industrien auf den Bereich der Telekommunikation hatte allerdings zur Folge, daß die kanadische Regierung in ihrer Funktion als Entwicklungsmotor der Schlüsseltechnologie-Region durch das Unternehmen Bell Northern Research abgelöst wurde.

1969 gründeten die kanadische Regierung und Bell Northern Research ein Joint Venture-Unternehmen unter dem Namen MIL (Microsystems International Limited). Durch dieses Joint Venture sollten Entwicklungen in der Mikroelektronik-Industrie forciert werden (Sweetman 1982, S. 24). Zugleich war mit der Gründung von MIL die Hoffnung verbunden, das kanadische Handelsdefizit in der Elektronikindustrie dauerhaft zu verringern. Als MIL 1970 in die Produktionsphase einstieg, erlebte die Halbleiterindustrie ein konjunkturelles Tief auf den Telekommunikationsmärkten. Vorhandene Überkapazitäten und sinkende Preise bereiteten MIL große Absatzprobleme. Nachdem sich das Unternehmen bis 1973 wieder erholt hatte und man erstmals Gewinn erwartete, traten jedoch technische Probleme im Produktionsprozeß auf. Obwohl daraufhin ein Managementwechsel

[1] In der Erhebung von Steed u. Nichol (1985) wurden 82 zwischen 1965 und 1982 auf der Basis neuer Technologien gegründete Unternehmen erfaßt. Da sowohl Unternehmen aus dem Bereich der Hardware wie auch der Software einbezogen wurden, ist die sektorale Struktur der Untersuchung von Steed u. Nichol (1985) nur bedingt kompatibel mit dem hier verwendeten Schlüsseltechnologie-Begriff.

erfolgte, kam es auch 1974 zu Absatzproblemen und Verlusten. Mitte 1975 entschlossen sich Bell Northern Research und die kanadische Regierung, das Projekt aufzugeben und MIL zu schließen. Die zeitliche Entwicklung der Beschäftigtenzahlen von MIL spiegelt die auftretenden Wettbewerbsschwierigkeiten wider. So verringerte sich die Mitarbeiterzahl zwischen Mitte 1973 und Anfang 1975 von 1.500 auf 550 Beschäftigte (Rywak 1985).[1] Obwohl MIL zunächst als großer Mißerfolg gewertet wurde, stellte sich Ende der 70er Jahre heraus, daß das Joint Venture-Unternehmen überraschenderweise eine stimulierende Wirkung auf das Schlüsseltechnologie-Wachstum in Ottawa-Carleton hatte. Ehemalige Mitarbeiter von MIL wurden seit Mitte der 70er Jahre zu einer wichtigen Quelle für Unternehmensgründungen im Schlüsseltechnologie-Bereich (siehe Sweetman 1982; Abb. 12 und Tab. 16).

5.3.3.2 Spin-off-Prozesse, Spezialisierungstendenzen und Risikokapital

Die günstigen Standortvoraussetzungen in der Region Ottawa-Carleton führten seit Anfang der 70er Jahre zu einer Vielzahl von Unternehmensgründungen in Schlüsseltechnologie-Sektoren. Es kam zu ausgeprägten Spin-off-Prozessen, wie sie in allen Untersuchungsregionen (mit Ausnahme des Research Triangle) während der Hauptwachstumsphase auftraten. Analog zur Entwicklung der Route 128-Region waren diese Spin-off-Prozesse von großer Bedeutung für die Spezialisierung innerhalb des Schlüsseltechnologie-Sektors. Neugegründete Unternehmen operierten also meist in denselben Branchen wie ihre Inkubatoren. Die Hauptquellen für Neugründungen in Schlüsseltechnologie-Bereichen waren:

1. Schlüsseltechnologie-Unternehmen, die in den 50er und 60er Jahren in der Region etabliert waren - speziell Bell Northern Research, Computing Devices und Leigh Instruments (siehe dazu Sweetman 1982; Kolodziej 1982; Steed u. DeGenova 1983; Steed u. Nichol 1985; Bathelt 1989 und Rywak 1985),
2. Regierungsministerien und andere staatliche Institutionen (Steed u. Nichol 1985).

Vor allem der Telekommunikationskomplex um Bell Northern Research trat als dominanter Inkubator für Spin-off-Gründungen auf (siehe Abb. 12, Tab. 16 und Rywak 1985).[2] Ausgehend von Bell Northern Research entstanden zwischen 1966

[1] Nach der Schließung von MIL übernahm Bell Northern Research einen Teil der Belegschaft und Ausstattung und richtete eine unternehmensinterne Division zur Produktion von Halbleitern ein (vgl. Rywak 1985).

[2] Nach Bell Northern Research war Computing Devices die zweitwichtigste Inkubatororganisation aus dem privaten Sektor. Ehemalige Mitarbeiter von Computing Devices gründeten unter anderem die Unternehmen Leigh Instruments (1961), Lumonics (1970), Norpak (1975) und Dipix Systems Limited (1978). Leigh Instruments stand seinerseits Pate für eine Reihe von Spin-off-Gründungen.

Abb. 12: Stammbaum der Spin-off-Gründungen durch Mitarbeiter von Bell Northern Research, MIL und Mitel

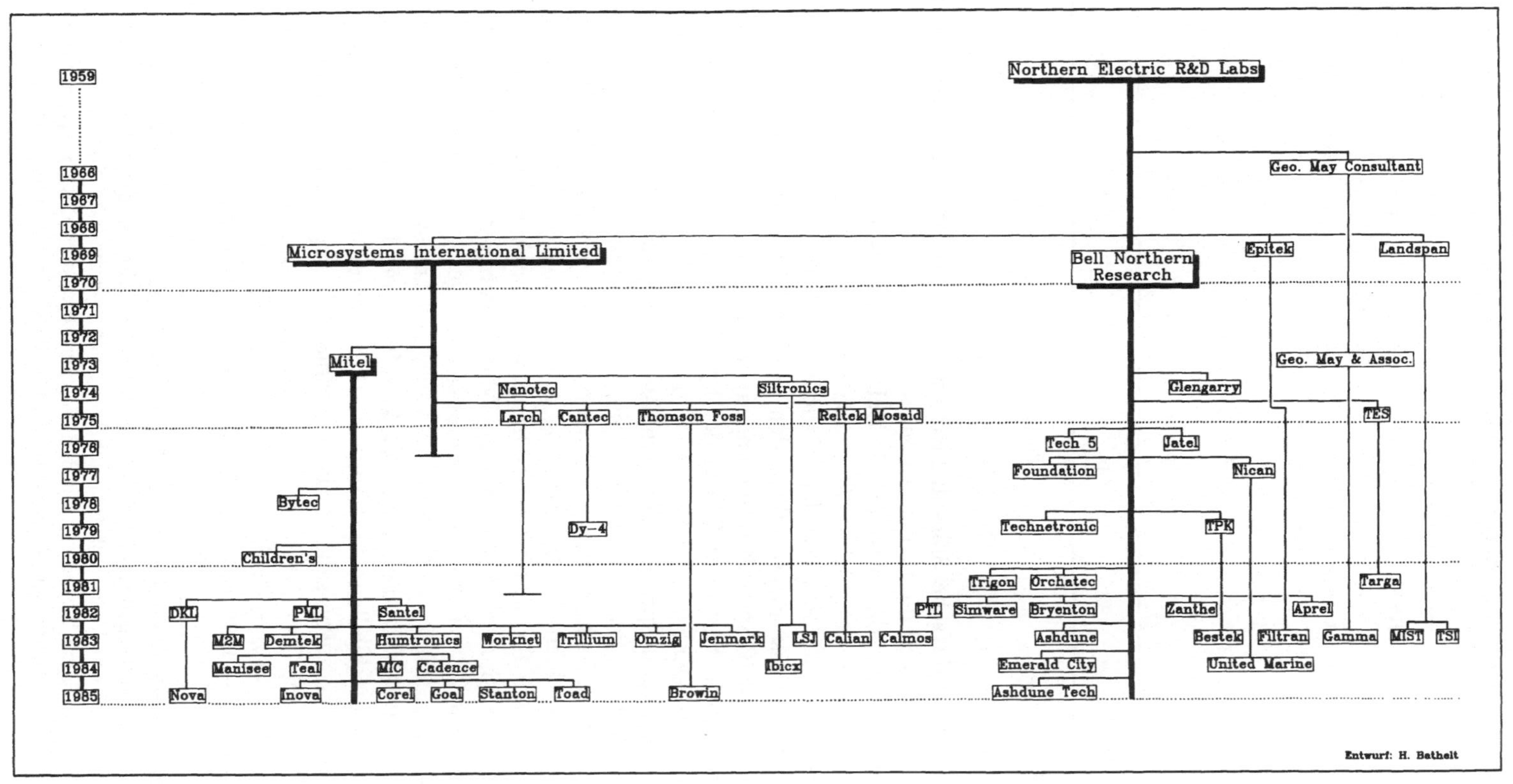

Quelle: Nach einer Zusammenstellung von Rywak 1985.

Tab. 16: Spin-offs von Bell Northern Research (BNR), MIL und Mitel nach Gründungsperioden

Gründungs-periode	BNR-Spin-offs (Anzahl)	MIL-Spin-offs (Anzahl)	Mitel-Spin-offs (Anzahl)	Spin-offs insgesamt (Anzahl)	Spin-offs insgesamt (Anteil)
Bis 1970	4	0	-	4	6%
1971-1975	3	8	0	11	17%
1976-1980	6	1	2	9	14%
1981-1985	17	5	20	42	64%
Summe	30	14	22	66	101%

Quelle: Nach Abb. 12.

und 1985 durch mehrfache Spin-off-Prozesse insgesamt 66 neue Unternehmen.[1] Der überwiegende Teil dieser Unternehmen wurde in Schlüsseltechnologie-Branchen gegründet. Viele davon waren wie Bell Northern Research in der Telekommunikationsindustrie tätig. Bis 1970 hatten lediglich vier der in Abb. 12 dargestellten Spin-off-Unternehmen den Gründungsschritt vollzogen. Nach einem gleichmäßigen Wachstumsprozeß in den beiden Fünfjahresperioden der 70er Jahre (jeweils rund 10 Spin-off-Gründungen) erhöhte sich die Gründungsintensität jedoch beträchtlich. Fast zwei Drittel der Spin-off-Gründungen erfolgten in der ersten Hälfte der 80er Jahre (siehe Tab. 16 und Abb. 12).

Für den Wachstumsprozeß der Schlüsseltechnologie-Industrien in Ottawa-Carleton stellte MIL das bedeutendste Spin-off-Unternehmen dar. Bis 1985 waren 36 Unternehmensgründungen in der Region auf MIL zurückzuführen (siehe Abb. 12 und Tab. 16). Noch vor der endgültigen Schließung von MIL 1976 stand das Unternehmen Pate für acht Spin-off-Gründungen durch ehemalige Mitarbeiter. Das größte dieser Spin-off-Unternehmen (Mitel) übernahm seinerseits eine Inkubatorfunktion für 22 weitere Unternehmensgründungen (siehe linker Ast in Abb. 12 und Tab. 16). Mitel wurde 1973 von Cowpland und Matthews mit dem Ziel aufgebaut, neue Märkte durch eine Verknüpfung von Telefon- und Computertechnologie zu erschließen. Als Folge marktgerechter Innovationen und einer Deregulierung der zuvor sehr stark monopolistisch geprägten Telefonindustrie konnte Mitel in den 70er Jahren ständig expandieren und beschäftigte 1988 rund 2.000 Mitarbeiter in der Region. Die 22 aus Mitel hervorgegangenen Spin-off-Gründungen hatten 1985 insgesamt 650 Mitarbeiter und alle anderen MIL-Spin-

[1] Nur bei einem vergleichsweise kleinen Teil der 66 BNR-Spin-offs handelte es sich um direkte Spin-off-Gründungen. Mehr als die Hälfte der in Abb. 12 dargestellten Unternehmen entstanden auf der Basis mehrfach hintereinander geschalteter Spin-off-Prozesse. So formten 1969 ehemalige Mitarbeiter von Bell Northern Research das Unternehmen Epitek. Epitek war 1983 wiederum der Ausgangspunkt für die Gründung von Filtran (siehe Abb. 12).

offs zusammen weitere 400. Rechnet man die 850 Beschäftigten in der Halbleiterdivision von Northern Telecom hinzu, so entstanden als Folge der kurzfristigen Aktivitäten von MIL fast 4.000 Arbeitsplätze bis Ende der 80er Jahre in Ottawa-Carleton. Dieser Wert entspricht etwa dem 2,5fachen der maximalen Beschäftigtenzahl, die MIL jemals erreichte (Rywak 1985).

Zusammenfassend lassen sich die Neugründungen in Ottawa-Carleton in drei aufeinanderfolgende Wellen einteilen: [1] In der ersten Gründungsphase während der 50er und 60er Jahre beherrschten Regierungsinstitutionen und die Verfügbarkeit staatlicher Aufträge die Ansiedlungsentscheidungen von Schlüsseltechnologie-Unternehmen. In den 70er Jahren führten neue Technologien in einer zweiten Welle zu Spin-off-Gründungen aus dem Telekommunikationskomplex um Bell Northern Research. Die Spezialisierung der Region und daraus erwachsende Agglomerationsvorteile führten zu Beginn der 80er Jahre zu einem sich selbstverstärkender Wachstumsprozeß, der marktorientierte Neugründungen und mehrfache Spin-off-Prozesse zur Folge hatte. Beispiele für solche Unternehmensgründungen der dritten Phase sind Corel und Newbridge.[2] Nach den Untersuchungen von Steed u. Nichol (1985) hatten technologieorientierte Unternehmensgründungen in Ottawa-Carleton folgende Eigenschaften:

1. Nur etwa ein Drittel der Gründungen erfolgte durch Einzelpersonen. Meist handelte es sich um Gründungspartnerschaften.
2. Fast alle Gründer waren zum ersten Mal als Unternehmer tätig, besaßen also diesbezüglich noch keine Erfahrungen.
3. Rund ein Drittel der Unternehmensgründungen erfolgte durch Einwanderer aus Übersee (vor allem Großbritannien und Irland) oder den USA (siehe auch Sweetman 1982, S. 27-31). Trotzdem besaßen fast alle Unternehmensgründungen eine starke regionale Bindung in Ottawa-Carleton (Steed u. DeGenova 1983, S. 268 f.). Beispielsweise lag die letzte Arbeitsstätte bei rund 90% der Fälle innerhalb der Region.
4. Mehr als die Hälfte der Neugründungen konnten bereits im ersten Geschäftsjahr Gewinne erzielen.

Die umfangreichen Spin-off-Wellen mit Schwerpunkt im Bereich Telekommunikation hatten verschiedenartige Ursachen. Durch technologische Fortschritte in der Kombination von Telefon- und Computertechnologie kam es in den 70er Jahren zu einer explosionsartigen Vermehrung der Anwendungsmöglichkeiten. Neue Absatzmärkte, noch nicht ausgeschöpfte Marktnischen und Ideen für technologische Weiterentwicklungen hatten eine Vielzahl von Neugründungen aus der alten Telefonindustrie in die neue Telekommunikationsindustrie zur Folge. In der

[1] Hintergründe für diese Differenzierung lieferten die Interviews mit Mr. Cowpland am 27./ 28. Juni 1988 und dem Business Development Officer der City of Kanata, Mr. Mallay, am 21. Juni 1988.

[2] Corel wurde 1985 von Cowpland gegründet, nachdem dieser seine Managementtätigkeit bei Mitel aufgegeben hatte. Der Aufbau von Newbridge erfolgte 1986 durch den zweiten Mitbegründer von Mitel, Matthews. Newbridge ist auch ein Beispiel dafür, daß sich die auf Bell Northern Research zurückführbaren Spin-off-Aktivitäten nach 1985 fortgesetzt haben.

Tab. 17: Finanzierung von Schlüsseltechnologie-Neugründungen in Ottawa's Telecom Valley

Art der Finanzierung	Unternehmens-zahl	Unternehmens-anteil
Ersparnisse/ Unternehmensgewinne	11	36%
Bankkredite	5	16%
Risikokapital	11	36%
Sonstige Finanzierungsart	4	13%
Summe	31	101%

Quelle: Eigene Erhebungen.

Region Ottawa-Carleton wurde zudem das Gründungsrisiko durch die relativ leichte Verfügbarkeit staatlicher Aufträge beträchtlich reduziert. Spektakuläre Unternehmensgründungen in den frühen Entwicklungsphasen übernahmen eine Vorbildfunktion und stimulierten Nachahmungseffekte. Aufgrund intensiver privater und geschäftlicher Kontakte zwischen erfolgreichen Unternehmerpersönlichkeiten entwickelte sich in der Region ein ausgesprochen gründungsfreundliches Geschäftsklima. Bekannte Gründer wie Cowpland, Matthews und Doyle waren in der Startphase vieler Unternehmensgründungen beteiligt. Durch ihr aktives Auftreten in der Öffentlichkeit förderten sie eine optimistische Einschätzung der zukünftigen Entwicklungsperspektiven von lokalen Schlüsseltechnologie-Industrien.

Auch der Kapitalmarkt reagierte auf den selbstinduzierten Wachstumsprozeß in der Region und bildete für die generelle Gründungsbereitschaft kein ernsthaftes Hindernis. Ottawa-Carleton besitzt zwar keine große Ballung von Risikokapital-Unternehmen, zumindest aber hatten viele neugegründete Unternehmen in ihrer Startphase guten Zugang zu Risikokapital (siehe Tab. 17). So finanzierten mehr als ein Drittel der einbezogenen Schlüsseltechnologie-Unternehmen ihre Gründungsphase primär durch die Aufnahme von Risikokapital. Ein zweites Drittel der Gründungen basierte zu überwiegenden Teilen auf eigenen Ersparnissen oder zuvor erwirtschafteten Unternehmensgewinnen. Demgegenüber spielten Bankkredite nur eine untergeordnete Rolle (siehe Tab. 17). Die Bedeutung des Risikokapital-Sektors für Neugründungen wird besonders deutlich, wenn man einen Vergleich mit den Hauptagglomerationen von Schlüsseltechnologie-Industrien durchführt (siehe Kapitel 4 und Oakey 1985). Nach den Ergebnissen der Unternehmensbefragung und den Untersuchungen von Oakey (1985, S. 105) wurde

Risikokapital in Ottawa-Carleton mit höherer Intensität als in Greater Boston und im Silicon Valley in Anspruch genommen.[1]

5.3.3.3 Standortstruktur im Kanata North Business Park

Ein großer Teil der Schlüsseltechnologie-Unternehmen der Region siedelte sich seit den 70er Jahren im Grenzbereich der beiden Gemeinden Kanata und Nepean an. Die bedeutendste räumliche Ballung von Schlüsseltechnologie-Unternehmen entstand im Kanata North Business Park. Im Rahmen der durchgeführten Unternehmensbefragungen in Ottawa-Carleton wurde deshalb im Kanata North Business Park eine Vollerhebung durchgeführt. Karte 9 verdeutlicht die günstige Verkehrslage des suburbanen Industriegebiets. Der Kanata North Business Park liegt rund 15 Kilometer westlich von Ottawa. Über den Queensway und die Carling Avenue besteht ein direkter und schneller Zugang zum Innenstadtbereich von Ottawa und zum Ottawa International Airport. Daneben existiert ein Eisenbahnanschluß, der für Transporte geräumiger Vor-, Zwischen- und Endprodukte genutzt wird.

Außer der guten Verkehrsanbindung waren die Nähe zum Defense Research Establishment (siehe Nummer 11 in Karte 9) und die Nähe zu den Unternehmensstandorten von Bell Northern Research, Northern Telecom und DEC (siehe die Nummern 1, 2 und 9 in Karte 9) Hauptursachen für die Agglomeration von Schlüsseltechnologie-Unternehmen im Kanata North Business Park. Ein Standort innerhalb dieses Gewerbeparks verschaffte den ansässigen Unternehmen informelle Verflechtungsmöglichkeiten und ein gutes Renommee. Wahrscheinlich stellte der Kanata North Business Park keinen a priori geplanten Technologiepark dar, sondern wurde erst im nachhinein als Gewerbepark ausgewiesen, nachdem bereits eine gewisse Ballung von Unternehmen vorhanden war. Für eine solche Vermutung spricht auch das äußere Erscheinungsbild. Im Unterschied zum Stanford Industrial Park (Silicon Valley), Research Triangle Park (North Carolina) oder Technology Park (Atlanta MSA) fehlen im Kanata North Business Park z.B. eine planmäßige, parkähnliche Anlage des Areals und eine bewußte bauliche Integration der Unternehmen in die Landschaft. Außerdem liegen die Betriebsstandorte ungewöhnlich nah zueinander.

Bis zum Jahr 1988 waren lediglich 40% des insgesamt 369 Hektar umfassenden Gewerbeparks besiedelt. D.h. innerhalb des Kanata North Business Park existierten noch genügend Freiflächen für zukünftige Schlüsseltechnologie-Ansiedlungen und Expansionsbestrebungen bereits ansässiger Unternehmen. Ein Teil der Freiflächen war 1988 jedoch nur unvollständig infrastrukturell erschlossen. Die Besiedlung des Kanata North Business Park erstreckte sich primär auf den südli-

[1] Steed u. Nichol (1985) konnten in ihrer Studie aus dem Jahr 1982 überraschenderweise keinen signifikanten Einfluß von Risikokapital feststellen. In den 80er Jahren haben sich jedoch die Kapitalmarkt-Bedingungen aufgrund der Initiativen großer Unternehmen wie Northern Telecom in der Region Ottawa-Carleton und ganz Kanada stark verbessert, und es sind neue Risikokapital-Fonds entstanden (vgl. z.B. auch Kolodziej 1982 und Lilley 1983).

Karte 9: Standortverteilung von Schlüsseltechnologie-Unternehmen im Kanata North Business Park und dessen Umgebung

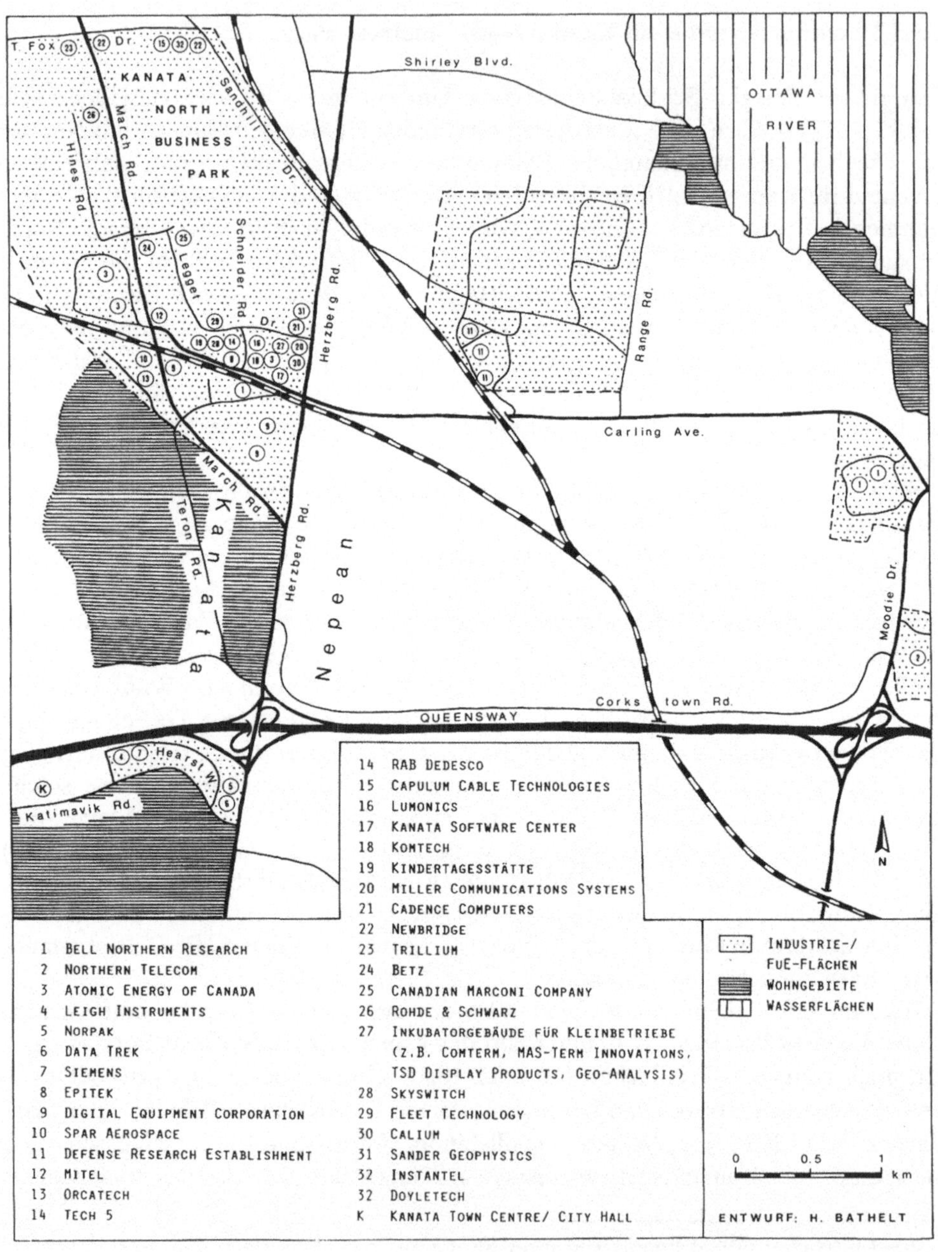

Quelle: Eigene Erhebungen.

chen Abschnitt. Niederlassungen von Unternehmen wie Newbridge und Instantel (siehe die Nummern 22 und 32 in Karte 9) im nördlichen Teil erfolgten erst nach 1985. Mit einer Kindertagesstätte, dem Kanata Software Center und einem Inkubatorgebäude für Kleinbetriebe (siehe die Nummern 19, 17 und 27 in Karte 9) verfügt der Kanata North Business Park über wichtige Infrastruktureinrichtungen, die von lokalen Schlüsseltechnologie-Unternehmen bzw. deren Mitarbeitern genutzt werden können.

5.3.3.4 Wachstums- und Wettbewerbsprobleme der 80er Jahre

Obwohl der Schlüsseltechnologie-Sektor in Ottawa-Carleton während der 70er und frühen 80er Jahre ein schnelles Wachstum verzeichnete, deuteten sich in der zweiten Hälfte der 80er Jahre ernste Krisensymptome an. Die Beschäftigtenzuwächse verringerten sich, und es kam zu Entlassungen, Betriebsstillegungen und Unternehmensaufkäufen. Es konnten zwar keine vollständigen Verlagerungen in andere Regionen festgestellt werden, aber die Insolvenzraten für Neugründungen im Schlüsseltechnologie-Bereich besaßen eine deutlich steigende Tendenz (OCEDCO 1986). Die folgende Liste von Beispielfällen, die aus Beobachtungen während der Unternehmensbefragungen resultierte, liefert stichhaltige Indizien für die regionalen Wachstumsprobleme in Ottawa-Carleton seit Mitte der 80er Jahre:

1. 1988 wurden die beiden BNR-Spin-offs Orchatech und Siltronics stillgelegt.
2. Das in der Anfangsphase sehr erfolgversprechende und durch Medienberichte überregional bekannt gewordene Unternehmen Nabu hatte technologische Weiterentwicklungen in der Telekommunikationsindustrie falsch eingeschätzt und erlebte daraufhin einen Einbruch auf den Absatzmärkten. Um eine endgültige Betriebsstillegung zu vermeiden, wurde die Organisationsstruktur von Nabu durch eine Aufsplittung grundlegend verändert. Ein Unternehmensteil operiert heute unter dem Namen Computer Innovations weiter, ein zweiter Teil wurde durch ein anderes Unternehmen aufgekauft.
3. Bereits zu Beginn der 70er Jahre wurde Computing Devices durch das US-amerikanische Schlüsseltechnologie-Unternehmen Control Data aus Minneapolis (Minnesota) aufgekauft.
4. Auch das bekannteste und größte Spin-off-Unternehmen der Region (Mitel) verzeichnete in den 80er Jahren Wettbewerbs- und Absatzprobleme. Umsatzverluste hatten Produktionsrückgänge und Entlassungen zur Folge. Als akute Finanzprobleme auftra-

ten, kaufte der britische Telekommunikationskonzern British Telecom eine Mehrheit von 51% der Anteile des Unternehmens auf.[1]

5. Northern Telecom wählte nicht die Region Ottawa, sondern einen Standort in direkter Nachbarschaft zum Pearson International Airport in Toronto als Hauptsitz für die Unternehmenszentrale.
6. Nachdem sich Furlong, der zuvor lange Zeit für Schlüsseltechnologie-Unternehmen in Ottawa-Carleton arbeitete, entschlossen hatte, ein eigenes Unternehmen zu gründen, verließ er die Region und eröffnete das Unternehmen CME Telemetrix in Waterloo. Diese Entscheidung beruhte vorwiegend auf Standortnachteilen in Ottawa-Carleton (vgl. dazu den folgenden Abschnitt) und der Attraktivität der neuen Standortregion durch die University of Waterloo (siehe Kapitel 6).[2]

Die Aufkäufe lokaler Schlüsseltechnologie-Unternehmen durch ausländische Unternehmen führten ab Mitte der 80er Jahre zu einer immer stärkeren regionsexternen Kontrolle des Arbeitsmarkts in Ottawa-Carleton. Während das Schlüsseltechnologie-Wachstum vor 1985 überwiegend von regionsinternen Gründungsprozessen ausgelöst und geprägt wurde, erhöhte sich der Einfluß ausländischer Schlüsseltechnologie-Unternehmen in der zweiten Hälfte der 80er Jahre infolge horizontaler und vertikaler Integrationstendenzen beträchtlich. Über 40% der befragten Unternehmen hatten 1988 ihren Stammsitz außerhalb der Region. Die diesem Prozeß zugrundeliegenden Wachstums- und Wettbewerbsprobleme waren unter anderem auf zwei Ursachengruppen zurückzuführen: Zum einen gerieten kleine und mittlere Unternehmen nach einer erfolgreichen Startphase während des Expansionsstadiums zunehmend in Schwierigkeiten. Das betraf vor allem Finanzierungsfragen und fehlende Erfahrungen bzw. Qualifikationen im Managementbereich. Zum anderen erwies sich die periphere Lage der Region als gavierender Standortnachteil. Aufgrund der Lageungunst und der unzureichenden interregionalen Verkehrsanbindung gestaltete es sich für die lokalen Schlüsseltechnologie-Unternehmen äußerst schwer, dauerhaften Zugang und enge Kontakte zu den Hauptabsatzmärkten aufrechtzuhalten (vgl. dazu den folgenden Abschnitt).

[1] Das Scheitern von Mitel ist vermutlich auf zwei Hauptursachen zurückzuführen. Erstens entschloß sich Mitel 1983 dazu, in großem Umfang mit IBM zusammenzuarbeiten und als Zulieferer für IBM zu operieren. Die hohen Investitionen in diese Kooperation zahlten sich jedoch nicht aus, weil der Auftrag verlorenging, nachdem IBM durch vertikale Integration die Produktbereiche von Mitel internalisieren konnte (Informationen aus Interviews mit Mr. Cowpland am 27./ 28. Juni 1988). Zweitens halten sich in der Region Ottawa-Carleton hartnäckige Gerüchte über angebliches Mismanagement bei Mitel. Die Tatsache, daß bei der Übernahme durch British Telecom das Management- und Marketingpersonal komplett ausgetauscht wurde, verstärkt diesen Verdacht.

[2] Informationen aus einem Interview mit Mr. Furlong von CME Telemetrix am 10. Mai 1988.

5.4 Dominante Standortfaktoren und Standortnachteile

Wie in der Route 128-Region hatten staatliche Aufträge mit militärischem Bezug und lokale Gründungs- und Spin-off-Prozesse auch in Ottawa-Carleton großen Einfluß auf das Wachstum und die Spezialisierungstendenzen von Schlüsseltechnologie-Industrien. Während öffentlich-staatliche Unterstützung und militärische Aufträge in Greater Boston primär auf die Gründungsintensität und die Wachstumsgeschwindigkeit wirkten, waren in Ottawa-Carleton wesentlich stärker auch Standortentscheidungen direkt mit der Regierungsnähe verbunden (vgl. Abb. 13 und Steed u. DeGenova 1983). Zugleich traten staatliche Institutionen als die bedeutendste Komponente der lokalen Nachfrage nach Schlüsseltechnologie-Produkten auf, so daß jeweils 55% der befragten Unternehmen sowohl öffentlich-staatliche Unterstützung als auch Kundennähe als wichtige Gründe ihrer Standortentscheidung bezeichneten (siehe Abb. 13). Die Präsenz der kanadischen Regierung war jedoch weder der einzige Standortfaktor, noch blieb ihr Einfluß auf den Wachstumsprozeß im Zeitablauf konstant. Die Ausführungen der vorangegangenen Abschnitte konnten belegen, daß staatliche Institutionen sich von einer qualitätsverbessernden Komponente für den Arbeitsmarkt über die Rolle als Auftraggeber für Militärkontrakte bis hin zu einem Inkubator für Schlüsseltechnologie-Gründungen gewandelt haben. Mit dem Aufstieg von Bell Northern Research zum dominanten Schlüsseltechnologie-Unternehmen der Region verzeichnete die Regierung allerdings einen absoluten Bedeutungsverlust als Standortfaktor.

Die aus der Unternehmensbefragung resultierende hohe Einstufung der Nähe zum Ausbildungs-/ Wohn-/ Geburtsort des Gründers für die Standortwahl in Ottawa-Carleton ist im Zusammenhang mit den ausgeprägten regionsinternen Gründungs- und Spin-off-Prozessen zu sehen (siehe Abb. 13). Unternehmensgründungen erfolgten gerade wegen der spezifischen Standortvorteile in Ottawa-Carleton, so daß eine alternative Standortregion meist nicht zur Debatte stand. Zudem entsprachen viele Standortbedingungen in Ottawa-Carleton den Mindestanforderungen neugegründeter Schlüsseltechnologie-Unternehmen, was unter anderem durch die vorderen Ränge der Standortfaktoren Bodenverfügbarkeit, Geschäftsklima und Verfügbarkeit qualifizierter Arbeitskräfte zum Ausdruck kam (siehe Abb. 13). Spin-off-Prozesse hatten nicht nur eine starke Spezialisierung innerhalb des Schlüsseltechnologie-Sektors auf die Telekommunikationsindustrie zur Folge, sondern förderten und verstärkten zugleich Agglomerationsvorteile. Es entwickelte sich ein äußerst förderliches Geschäftsklima und eine hohe Gründungseuphorie (siehe Abb. 13).

Der Arbeitsmarkt bildete eine weitere eigenständige Komponente als Impulsgeber für Wachstumsprozesse und Standortentscheidungen. Allerdings darf die auf Rang 4 eingestufte Verfügbarkeit qualifizierter Arbeitskräfte nicht isoliert vom Einfluß der kanadischen Regierung und des Unternehmens Bell Northern Research gesehen werden (siehe Abb. 13). In den Anfangsphasen trug vor allem der National Research Council zum Entstehen eines hochqualifizierten Arbeitsmarkts bei. Seit den 70er Jahren übernahm der Unternehmenskomplex um Bell Northern

Abb. 13: Bedeutende Standortfaktoren für Schlüsseltechnologie-Unternehmen in Ottawa-Carleton

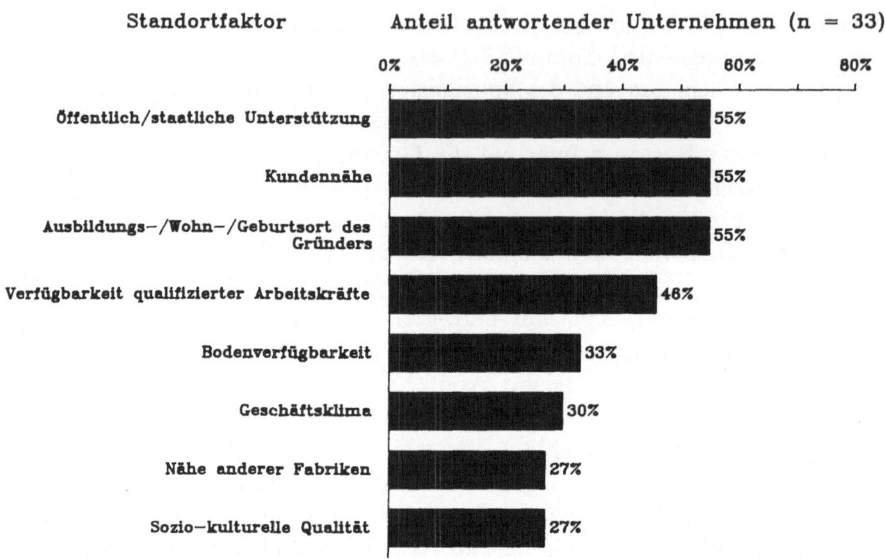

Quelle: Eigene Erhebungen.

Research diese Rolle immer stärker. Im Unterschied zur Route 128-Region in Boston besaßen lokale Universitäten zu keinem Zeitpunkt einen bedeutsamen Einfluß auf Ansiedlungsentscheidungen, den Wachstumsprozeß oder den Arbeitsmarkt. Für Planungszwecke stimmt diese Feststellung insofern optimistisch, als sie zeigt, daß das Entstehen einer Schlüsseltechnologie-Region nicht notwendigerweise auf dem Vorhandensein renommierter Forschungsuniversitäten in natur- und ingenieurwissenschaftlichen Bereichen beruhen muß. In Ottawa-Carleton übernahmen statt dessen private und staatliche Institutionen die Rolle von Universitäten in der Schaffung eines großen Angebots hochqualifizierter Arbeitskräfte.

Die spezifischen Standortvorteile in Ottawa-Carleton dürfen nicht darüber hinwegtäuschen, daß die Region inzwischen auch über vielfältige Standortnachteile verfügt (siehe Abb. 14). In keiner anderen Untersuchungsregion wurden so viele Standortnachteile wie in Ottawa-Carleton von mindestens 15% der befragten Unternehmen aufgezeigt. Mehr als ein Drittel der Unternehmen bemängelten die unzureichende Nähe von Zulieferern, rund ein Viertel die unzureichende Kundennähe und ein weiteres Fünftel die geringe regionale Nachfrage in Ottawa-Carleton (siehe Abb. 14). D.h. sowohl auf der Angebotsseite als auch auf der Nachfrageseite erwies sich ein Standort in Ottawa-Carleton als nachteilig, weil weder innerhalb der Region noch in der weiteren Umgebung eine nennenswerte Ballung von Zulieferern oder Nachfragern des Schlüsseltechnologie-Bereichs existierte. Die kanadische Regierung und staatliche Institutionen bildeten den einzi-

Abb. 14: Standortnachteile für Schlüsseltechnologie-Unternehmen in Ottawa-Carleton

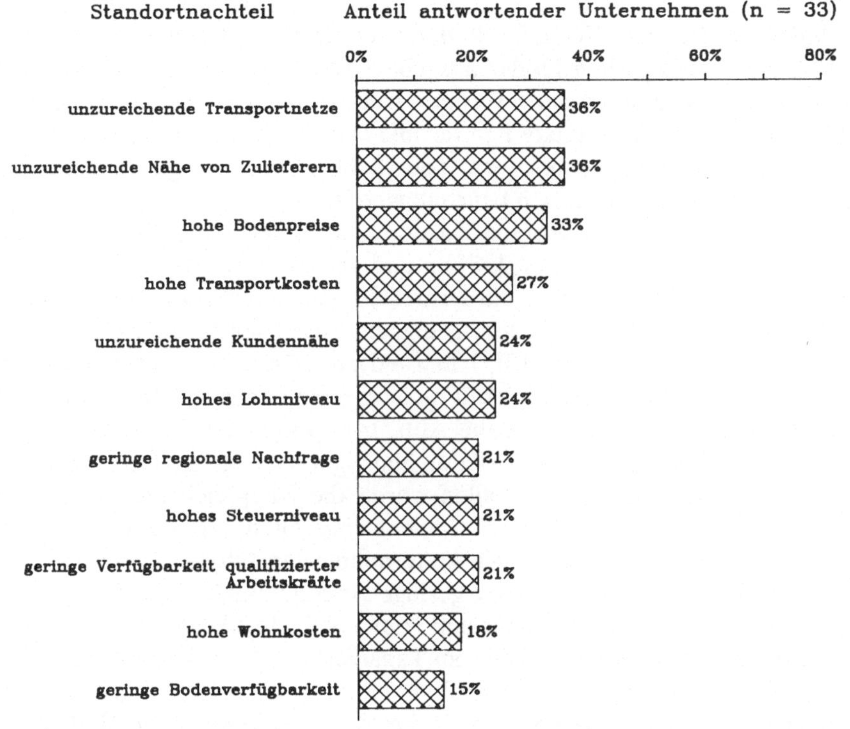

Quelle: Eigene Erhebungen.

Tab. 18: Arbeitskräfteknappheiten nach Berufsgruppen in Ottawa-Carleton

Berufsgruppen mit Arbeitskräftemangel (für Schlüsseltechnologie-Unternehmen)	Unternehmens-zahl (N = 33)	Unternehmens-anteil
Wissenschaftlich-technische Arbeitskräfte	16	49%
Management-/ Marketingpersonal	11	33%
Produktionspersonal	4	12%
Verwaltungspersonal	0	0%

Quelle: Eigene Erhebungen.

gen bedeutenden Abnehmer von Schlüsseltechnologie-Produkten. Der vorhandene Lagenachteil konnte zudem nicht durch hochwertige Verkehrsinfrastruktur kompensiert werden. Im Gegenteil beklagten 36% der befragten Unternehmen unzureichende Transportnetze und 27% zu hohe Transportkosten als Folge einer Kombination aus peripherer Lage und aus mangelhafter Erreichbarkeitssituation (siehe Abb. 14 und Karte 7). So besitzt die Region keinen direkten Zugang zum interregionalen Autobahnnetz. Außerdem entspricht das Flugangebot des Ottawa International Airport nicht den Bedürfnissen der lokalen Schlüsseltechnologie-Unternehmen, obwohl der Flughafen in den 80er Jahren mit einem Aufwand von fast 50 Millionen kanadischen Dollar ausgebaut wurde (OCEDCO 1986). Angesichts der großen Bedeutung hochwertiger Autobahn- und Flughafenanschlüsse für regelmäßige Geschäftskontakte und flexible Produktionsstrukturen müssen die zukünftigen Entwicklungsperspektiven von Schlüsseltechnologie-Industrien in Ottawa-Carleton eher pessimistisch beurteilt werden.

Auf dem Arbeitsmarkt der Region existieren in erster Linie Knappheiten an wissenschaftlich-technischen Arbeitskräften und an Management- und Marketingpersonal (siehe Tab. 18). Mehr als ein Drittel der befragten Unternehmen hatten in der Vergangenheit Schwierigkeiten, geeignete Arbeitskräfte in diesen Berufskategorien zu finden (siehe Tab. 18). Nur rund ein Fünftel der befragten Unternehmen führte die geringe Verfügbarkeit qualifizierter Arbeitskräfte allerdings auf regionale Besonderheiten zurück (siehe Abb. 14). Damit fiel die Bewertung der Arbeitsmarktsituation in Ottawa-Carleton günstiger aus als in Greater Boston (siehe Kapitel 4). In den meisten Fällen wurde die Knappheit an qualifizierten Arbeitskräften als gesamtkanadisches Problem angesehen. Als weitere Standortnachteile nannten Schlüsseltechnologie-Unternehmen in Ottawa-Carleton vor allem Kostengrößen: hohe Bodenpreise, geringe Bodenverfügbarkeit, hohe Löhne, hohes Steuerniveau und hohe Wohnkosten (siehe Abb. 14). Während das zu hohe Steuerniveau eher als generelle Kritik am kanadischen Steuersystem aufzufassen ist, deuten die anderen aufgezählten Problemfaktoren darauf hin, daß die Standortbedingungen in Ottawa-Carleton im Rahmen der zunehmenden Ballung von Schlüsseltechnologie-Industrien eine Verschlechterung erfahren haben.

Wenn Ottawa-Carleton auch in Zukunft eine attraktive Standortregion für Schlüsseltechnologie-Industrien bleiben und Schlüsseltechnologie-Branchen als integrativer Bestandteil der regionalen Wirtschaftsstruktur ihr Wachstum fortsetzen sollen, ist es notwendig, bereits kurzfristig planerische Maßnahmen zu ergreifen, die eine Verbesserung der Standortbedingungen zum Ziel haben. Um einen Exodus der ansässigen Schlüsseltechnologie-Sektoren zu verhindern, sollte das Angebot des Ottawa International Airport an Direktflugverbindungen verbessert und ein Autobahnanschluß zum Highway 401 errichtet werden. Die neue Autobahn-Teilstrecke könnte z.B. im Bereich der heutigen Route 16 oder Route 31 verlaufen (siehe Karte 7).

Um Zielgebiete potentieller Unternehmensverlagerungen herausfinden zu können, ist es von größter Bedeutung, die Standortbedingungen konkurrierender Schlüsseltechnologie-Regionen zu kennen. Zu diesem Zweck wurden rund 40 Schlüsseltechnologie-Unternehmen aus Ottawa-Carleton in einer Studie von Steed u. DeGenova (1983) darum gebeten, die allgemeinen Standortbedingungen kanadischer Städte zu beurteilen. Aufgrund dieser Befragung ergab sich eine Differenzierung der großen kanadischen Stadtregionen in vier Gruppen (siehe Abb. 15 und Steed u. DeGenova 1983, S. 273 ff.). Die eindeutig beste Eignung als Standort für Schlüsseltechnologie-Unternehmen besaß demnach die Region Toronto (vgl. auch Torretto 1990). Etwa 60% der in Ottawa befragten Unternehmen bewerteten aber

Abb. 15: Bewertung der allgemeinen Standortbedingungen kanadischer Städte durch Schlüsseltechnologie-Unternehmen in Ottawa-Carleton

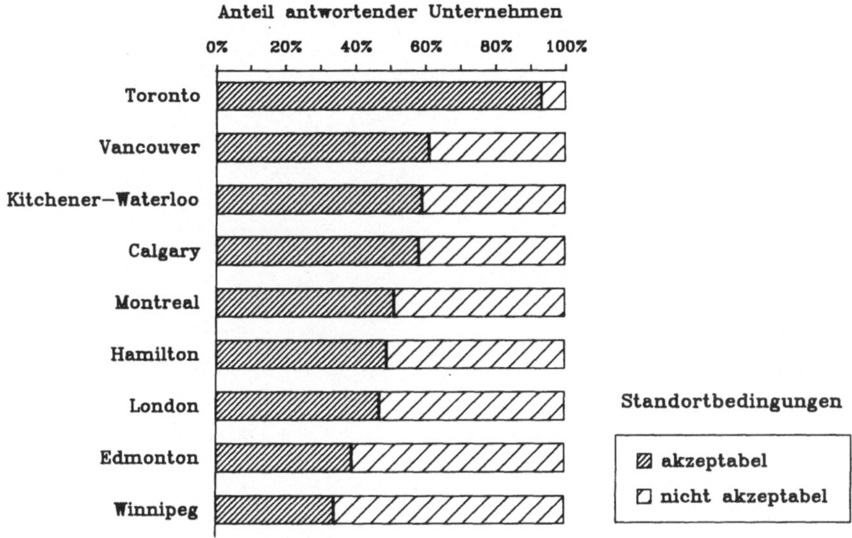

Quelle: Nach Steed u. DeGenova (1983, S. 275).

auch die Standortbedingungen in Vancouver, Kitchener-Waterloo und Calgary und etwa 50% die Standortgegebenheiten in Montreal, Hamilton und London als hauptsächlich positiv. Für mehr als die Hälfte der einbezogenen Unternehmen überwogen dagegen in Edmonton und Winnipeg Standortnachteile gegenüber Standortvorteilen (siehe Abb. 15).

Insgesamt ballen sich vor allem im Süden der Provinz Ontario mit Kitchener-Waterloo, Hamilton, London und dem Industriezentrum Toronto einige Standorte, die bei fortgesetzter Verschlechterung der Standortbedingungen in Ottawa-Carleton zu Zielgebieten von Verlagerungsprozessen werden könnten. Bemerkenswert erscheint die positive Beurteilung der Standortbedingungen in Kitchener-Waterloo im Vergleich zu den viel größeren Stadtregionen Vancouver, Calgary und Montreal (siehe Abb. 15). Diese Einschätzung hängt wahrscheinlich eng mit dem hohen Bekanntheitsgrad und dem guten Renommee der University of Waterloo zusammen (vgl. Kapitel 6).

6 Region Waterloo (Ontario): Canada's Technology Triangle (CTT)

6.1 Einführung

Die vier im Süden der kanadischen Provinz Ontario gelegenen Städte Cambridge, Kitchener, Waterloo und Guelph (siehe Karte 10) weisen grundlegende Unterschiede zu den bisher behandelten Schlüsseltechnologie-Regionen auf: Erstens erfolgte das Wachstum von Schlüsseltechnologien nicht auf der Grundlage einer monostrukturierten Regionalwirtschaft, sondern entwickelte sich aus einer diversifizierten Industriestruktur, deren Anfänge bis in die Pionierzeit im 19. Jahrhundert zurückreichen. Zweitens sind Schlüsseltechnologie-Branchen innerhalb der Region noch relativ jung. Während Schlüsseltechnologie-Industrien im Silicon Valley, der Route 128-Region und in Ottawa's Telecom Valley ihre Ursprünge bereits vor oder während des Zweiten Weltkriegs hatten, setzte die Evolution von Schlüsseltechnologie-Industrien in Cambridge, Kitchener, Waterloo und Guelph erst seit Ende der 50er Jahre ein. Drittens waren in diesem Zeitabschnitt die Einflüsse militärisch motivierter Innovationsaktivitäten nicht mehr so bestimmend wie während des Zweiten Weltkriegs. Anstelle von Rüstungsausgaben übernahm die University of Waterloo eine dominante Rolle als Standortfaktor, indem sie die notwendigen Voraussetzungen für die Schlüsseltechnologie-Entwicklung schuf, den Wachstumsprozeß grundlegend prägte und zugleich Einfluß auf Standortentscheidungen ausübte.

Die räumliche Abgrenzung der in diesem Kapitel behandelten Schlüsseltechnologie-Region ist nicht ganz unproblematisch, da keine administrative Gebietseinheit existiert, die alle vier Städte des Teilraums auf sinnvolle Weise einbezieht. Im folgenden sollen die Regional Municipality of Waterloo zusammen mit der Census Agglomeration of Guelph als Region Waterloo oder Canada's Technology Triangle (CTT) bezeichnet werden. Diese Abgrenzung bildet eine ausreichende Approximation für das räumliche Ausmaß der Schlüsseltechnologie-Region und ist in Karte 10 generalisiert in Form eines Dreiecks dargestellt. Demnach umfaßt die Region Waterloo die vier Städte Kitchener (1986 rund 150.000 Einwohner), Cambridge (80.000 Einwohner), Guelph (80.000 Einwohner), Waterloo (70.000 Einwohner) und deren ländlich geprägtes Umland.

Wesentliche Ursachen für das hohe Bevölkerungs- und Wirtschaftswachstum der Region Waterloo sind die Nähe zur Industriemetropole Toronto und die verkehrsgünstige Lage innerhalb der industriellen Kernregion Südontario, die sich hauptsächlich entlang des Highway 401 erstreckt (siehe Lenz 1988, S. 290-296; Robinson 1987, S. 158-180 und Butzin 1987). Karte 10 veranschaulicht, wie die Region Waterloo innerhalb von Südontario infrastrukturell in ein Netzwerk mittlerer und großer Städte integriert ist. Im Umland der Region Waterloo existiert in einer Entfernung von rund 30 bis 40 Kilometern ein erster Ring von Städten wie Stratford, Woodstock und Brantford mit mittlerer Einwohnerzahl. Ein zweiter, etwa 100 Kilometer entfernter Ring von großen Städten umfaßt die Census Metropolitan Areas von Toronto (1986 circa 3,5 Millionen Einwohner), Hamilton (560.000 Einwohner) und London (345.000 Einwohner). Innerhalb dieses Städtesystems entwickelte sich im Zeitablauf ein Interaktionsnetzwerk vielfältiger Input-Output-Verflechtungen, von denen auch die wachsenden Schlüsseltechnologie-Sektoren in der Region Waterloo profitieren konnten (siehe Bathelt u. Hecht 1990, S. 230 ff. und Karte 10).

Verkehrsmäßig ist die Region Waterloo durch den direkten Anschluß an den Highway 401 gut in das interregionale Autobahnnetz eingebunden. Der Highway 401 führt nach Westen über London und Windsor in Richtung der US-amerikanischen Industriezentren Detroit und Chicago. Nach Osten verschafft der Highway 401 eine Verbindung zu den kanadischen Metropolen Toronto und Montreal, und in südlicher Richtung bietet der Queen Elizabeth Way (QEW) Anschluß an Industriezentren in den USA wie Buffalo und Pittsburgh. Außerdem ist der Pearson International Airport im Westen von Toronto in etwa einer Stunde Fahrtzeit erreichbar. Der Pearson International Airport hat sich in den 70er und 80er Jahren zum bedeutendsten kanadischen Flughafen entwickelt und verfügt über eine Vielzahl direkter Flugverbindungen zu den großen US-amerikanischen Märkten und nach Übersee (siehe Karte 10).[1]

6.2 Regionale Wirtschaftsstruktur

Wie Ottawa-Carleton besitzt auch die Region Waterloo einen verhältnismäßig kleinen Arbeitsmarkt. So betrug die Zahl der Erwerbstätigen 1987 nur rund 206.000. Von diesen waren circa 72.000 Arbeitskräfte (35%) in der Verarbeitenden Industrie beschäftigt (siehe Cities of Cambridge, Waterloo, Kitchener and Guelph 1988; City of Guelph 1987a; City of Kitchener 1987b und City of Cambridge 1988b). Anfang der 80er Jahre hatte die Kitchener CMA den größten Industriebeschäftigtenanteil aller kanadischen Census Metropolitan Areas (Bunting 1984, S. 7). Die Region gehörte darüber hinaus zu den wirtschaftlich stärksten

[1] Daneben befindet sich innerhalb der Region mit dem Waterloo-Guelph Regional Airport ein kleiner regionaler Flughafen, der bisher allerdings noch keine größere Bedeutung erlangen konnte.

Karte 10: Übersichtskarte CTT und Umgebung

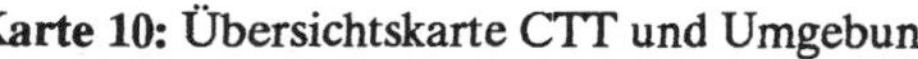

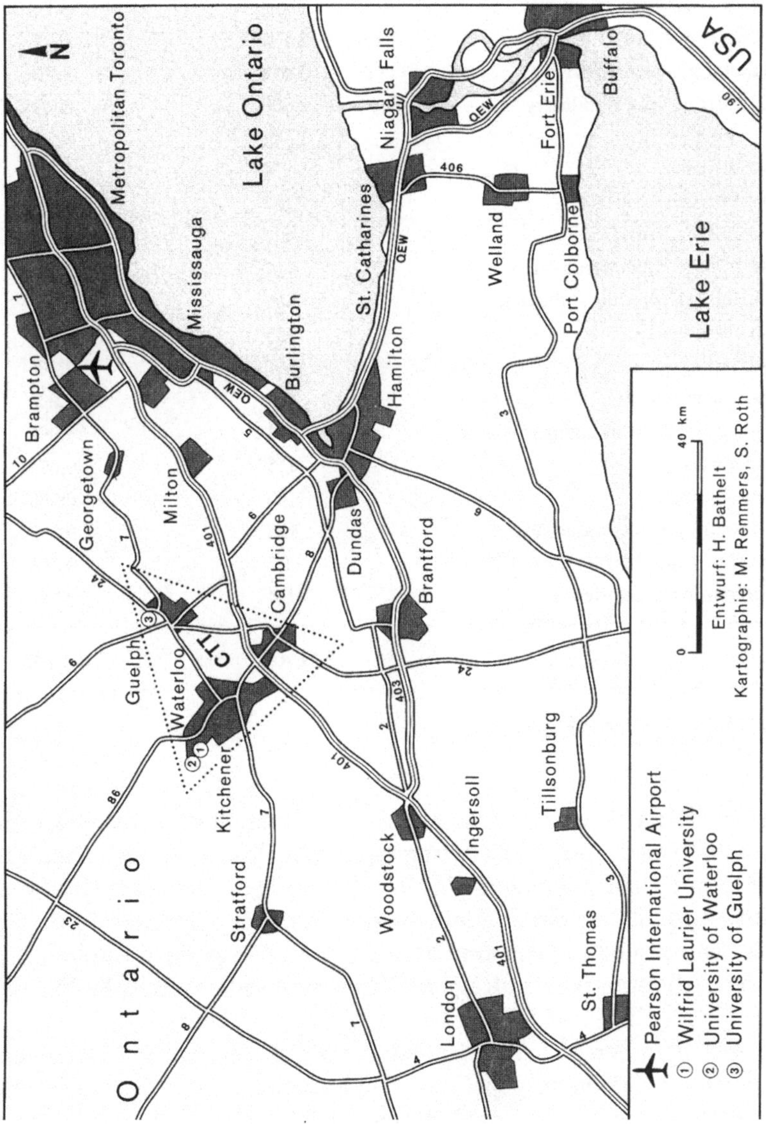

Tab. 19: Sektorale Industriestruktur in Kitchener 1987

Industriesektor	Beschäftigten-zahl	Beschäftigten-anteil
Food industries	4.891	18,0%
Transportation equipment industries	3.929	14,5%
Textile product industries	2.901	10,7%
Fabricated metal product industries	2.414	8,9%
Leather and allied products industry	2.408	8,9%
Machinery industries	1.771	6,5%
Clothing industries	1.536	5,7%
Furniture and fixture industries	1.237	4,6%
Electrical product industries	1.131	4,2%
Printing, publishing & allied industries	917	3,4%
Non-metallic mineral product industries	685	2,5%
Plastic products industry	655	2,4%
Wood industries	561	2,1%
Rubber products industry	529	2,0%
Paper and allied products industries	271	1,0%
Beverage industries	155	0,6%
Primary metal industries	143	0,5%
Refined petroleum product industries	128	0,5%
Chemical product industries	89	0,3%
Other manufacturing industries	754	2,8%
Summe	27.105	100,1%

Quelle: Nach City of Kitchener (1987a).

Teilräumen in Kanada und verzeichnete in den 70er und 80er Jahren ein sehr hohes Wirtschaftswachstum. 1987 betrug die Arbeitslosenquote im Raum Kitchener-Waterloo nur rund 5% (siehe City of Cambridge 1988b und Kirkby 1988a). Die Arbeitslosenquote lag damit deutlich unter den Vergleichswerten für Kanada, die Provinz Ontario und die Region Ottawa-Carleton (vgl. dazu Kapitel 5). Insgesamt war der Arbeitsmarkt der Region Waterloo in der zweiten Hälfte der 80er Jahre durch eine Vollbeschäftigungssituation gekennzeichnet.

Im Unterschied zu den bisher behandelten Schlüsseltechnologie-Regionen weist die Industriestruktur keine ausgeprägten Tendenzen zu einer Spezialisierung oder Monostrukturierung auf (siehe auch Regional Municipality of Waterloo 1984). Der vergleichsweise hohe Grad der Diversifikation läßt sich exemplarisch anhand der Industriestruktur der Stadt Kitchener verdeutlichen (siehe City of Kitchener 1987a und Tab. 19). 1987 waren in Kitchener etwa 27.000 Arbeitskräfte in der Verarbeitenden Industrie beschäftigt. Die traditionell vorherrschenden Industriezweige der Gummi-, Lebensmittelverarbeitung, Textil-, Leder-, Bekleidungs- und

Abb. 16: Sektorale Beschäftigtenstruktur von Schlüsseltechnologien in CTT 1987/88

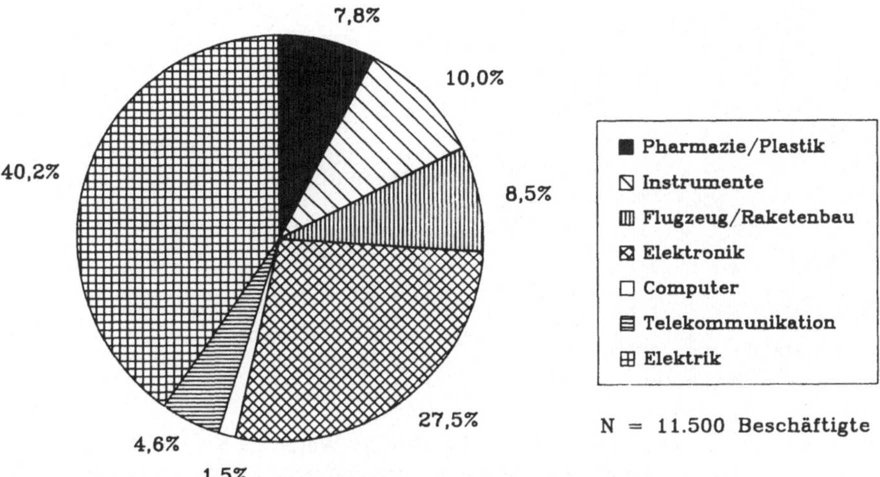

Quelle: Eigene Berechnungen nach Cities of Cambridge, Waterloo, Kitchener and Guelph (1988), City of Cambridge (1988a), City of Guelph (1987b), City of Kitchener (1987a) und City of Waterloo (1988a).

Möbelindustrie besaßen mit über 14.000 Arbeitskräften auch 1987 noch einen Beschäftigtenanteil von mehr als 50%. Die für den Arbeitsmarkt bedeutendsten Industriezweige in Kitchener waren die Food Industries und Transportation Equipment Industries mit Beschäftigtenanteilen von 18% bzw. 14,5%. Es folgten die Textile Product Industries, Fabricated Metal Product Industries und Leather and Allied Product Industries (siehe Tab. 19).

Anhand der Unternehmensverzeichnisse der City of Cambridge (1988a), City of Guelph (1987b), City of Kitchener (1987a) und City of Waterloo (1988a) konnten 1987/88 in der Region 165 Schlüsseltechnologie-Unternehmen mit insgesamt 11.500 Beschäftigten identifiziert werden (siehe Abb. 16). Die durchschnittliche Beschäftigtenzahl je Schlüsseltechnologie-Unternehmen belief sich auf rund 70 Beschäftigte und lag nochmals etwa 50% unter dem geringen Vergleichswert in Ottawa-Carleton (siehe Kapitel 5). Bei einer Industriebeschäftigtenzahl von 72.000 hatten Schlüsseltechnologie-Industrien in der Region Waterloo einen Beschäftigtenanteil von rund 15%. Dieser Wert lag zwar erheblich unter dem Beschäftigtenanteil von Schlüsseltechnologie-Industrien in der Route 128-Region und Ottawa's Telecom Valley, trotzdem hatten diese Industriegruppen in der Region Waterloo eine große regionalwirtschaftliche Bedeutung, weil sie zu einer zusätzlichen Diversifikation der Wirtschaftsstruktur beitrugen. Wie in den bisher behandelten Untersuchungsregionen zeigt sich auch in der Region Waterloo eine starke Konzentration von Schlüsseltechnologie-Industrien auf wenige Branchen: Die Elektroindustrie beschäftigte circa 40% und die Elektronikindustrie 28% der Arbeitskräfte (siehe Abb. 16). Beide Schlüsseltechnologie-Sektoren zeichneten sich zusammen

Abb. 17: Räumliche Beschäftigtenstruktur von Schlüsseltechnologien in CTT 1987/88

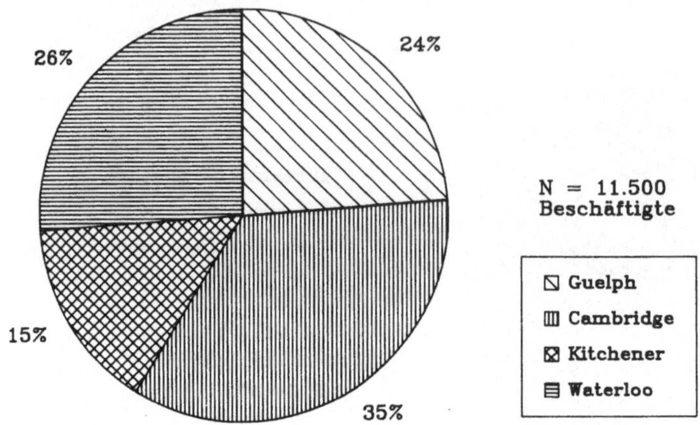

Quelle: Eigene Berechnungen nach Cities of Cambridge, Waterloo, Kitchener and Guelph (1988), City of Cambridge (1988a), City of Guelph (1987b), City of Kitchener (1987a) und City of Waterloo (1988a).

für über 50% der Schlüsseltechnologie-Unternehmen und etwa zwei Drittel der Beschäftigten verantwortlich (siehe Abb. 16).

Trotzdem besitzt die sektorale Spezialisierung in der Region Waterloo eine grundlegend andere Struktur als in allen bisher behandelten Regionen und muß deshalb unterschiedlich bewertet werden. Zum einen finden sich zahlreiche Unternehmen der Elektroindustrie, die bei einer engeren definitorischen Abgrenzung nicht zum Bereich der Schlüsseltechnologien zählen würden. Zum anderen weisen gerade die Elektro- und Elektronikindustrie unter den sieben Schlüsseltechnologie-Sektoren die größte Heterogenität auf. Beide Industrien dienen quasi als residuale Zuordnungsbereiche für eine Vielzahl unterschiedlicher Produktgruppen und haben längst keine so scharfe Abgrenzung wie die übrigen Schlüsseltechnologie-Sektoren. Analog dazu sind auch die Elektro- und Elektronikindustrien in der Region Waterloo keineswegs auf bestimmte Produktbereiche spezialisiert, sondern in ihrer Produktstruktur sehr vielschichtig ausgerichtet. D.h. innerhalb der Schlüsseltechnologie-Industrien in der Region Waterloo besteht zwar eine hohe Konzentration von Unternehmen und Beschäftigten auf wenige Sektoren, diese Konzentration entspricht aber keiner produktspezifischen Spezialisierung.

Ein weiterer Unterschied der Region Waterloo zu den bisher behandelten Schlüsseltechnologie-Regionen besteht in der geringen kleinräumigen Ballung von Schlüsseltechnologie-Unternehmen (siehe Abb. 17). Die Unternehmen verteilen sich auf die gesamte Fläche der Region. Die kleinste der vier Städte (Waterloo) besitzt die größte Zahl von Schlüsseltechnologie-Unternehmen. Fast 50% der Schlüsseltechnologie-Unternehmen lagen 1987/88 über das Stadtgebiet von Waterloo und die umliegenden Gemeinden verstreut. Mit einem Unternehmensanteil von 24% folgte Cambridge als zweitwichtigster Standort von Schlüsseltechnologie-Unternehmen in der Region. Auf der Basis von Beschäftigtendaten besaß Cambridge mit 35% sogar den größten Anteilswert. Jeweils ein weiteres Viertel der Arbeitskräfte waren in Waterloo und Guelph beschäftigt. Kitchener verfügte über die geringste Zahl von Unternehmen und Beschäftigten in Schlüsseltechnologie-Industrien (siehe Abb. 17).

6.3 Evolution von Schlüsseltechnologien

Im Unterschied zur Route 128-Region und Ottawa's Telecom Valley setzte das Wachstum von Schlüsseltechnologie-Industrien in der Region Waterloo spät ein. Anfänge der Entwicklung gehen zwar auf das Ende der 50er Jahre zurück, der entscheidende Durchbruch erfolgte jedoch erst in der zweiten Hälfte der 70er Jahre. Die wohl wichtigsten Impulse erhielten Schlüsseltechnologie-Industrien durch das hervorragende Renommee und die hohe Ausbildungs- und Forschungsqualität der University of Waterloo, die weit über die Grenzen von Kanada hinweg einen großen Bekanntheitsgrad besitzt.

1988 reagierten die Stadt- und Wirtschaftsplanungsabteilungen der Städte Cambridge, Guelph, Kitchener und Waterloo explizit auf die vorhandene Konzentration von Schlüsseltechnologie-Unternehmen in der Region (siehe Cities of Cambridge, Waterloo, Kitchener and Guelph 1988). Man hatte erkannt, daß Schlüsseltechnologie-Industrien eine wichtige Quelle für zukünftiges Wachstum darstellen, und versuchte durch eine vereinte Marketingstrategie, das Bewußtsein für Schlüsseltechnologien in der Region zu erhöhen, die technische Infrastruktur zu verbessern und weitere Ansiedlungsentscheidungen aktiv zu fördern (vgl. auch Black 1988; Chevreau 1988 und Kirkby 1988b). Seit der Herausgabe der Werbebroschüre *"Canada's Technology Triangle: Economic Profile"* vermarkten die Planungsabteilungen die Region in bewußter Anlehnung an das Research Triangle (North Carolina) als *"Canada's Technology Triangle"* (siehe Cities of Cambridge, Waterloo, Kitchener and Guelph 1988). Es handelt sich dabei um eine eher vordergründige Analogie, denn die Region Waterloo verfügt wie das Research Triangle über drei Universitäten: die University of Waterloo und die Wilfrid Laurier University in Waterloo sowie die University of Guelph in Guelph (siehe Karte 10). Die durch die Bezeichnung als Canada's Technology Triangle (CTT) hervorgerufenen Assoziationen, die Region sei eines der wichtigsten Schlüsseltechnologie-Zentren in Kanada und könne ähnlich erfolgreich wie das Research Triangle zu einem Zentrum von Forschungsaktivitäten heranwachsen, sind zwar durch das Planungskonzept erwünscht, entbehren aber jeglicher statistischen Grundlage.

6.3.1 Determinanten der Entwicklung vor 1945

Die Besiedlung des südlichen Teils von Ontario wurde in der zweiten Hälfte des 18. Jahrhunderts durch sog. Loyalisten aus den USA eingeleitet. Diese beschlossen nach der Unabhängigkeitserklärung von 13 ehemals englischen Kolonien (1776) in die kanadischen Kolonien auszuwandern, um weiterhin unter englischem Recht und Einfluß leben zu können. Die heutige Regional Municipality of Waterloo gehörte dabei zu den zuerst besiedelten Teilräumen in Südontario. Für die spätere wirtschaftliche, soziale und politische Entwicklung der Region waren Migrationsströme deutschstämmiger Mennoniten jedoch wichtiger als die Zuwanderung der Loyalisten (Lenz 1988, S. 117 ff.). Seit Beginn des 19. Jahrhunderts geriet die Region Waterloo somit unter einen starken Einfluß deutscher Kultur und Traditionen, die sich auf den gesellschaftlichen und wirtschaftlichen Alltag auswirkten. Auf der Basis der Energiequelle Wasserkraft setzte in Cambridge bereits frühzeitig die Industrialisierung ein. Es entwickelte sich ein prosperierender Industriesektor mit Schwerpunkten in der Leder- und Textilindustrie.

Etwa ab 1830 waren die Zuwanderer in die Region nicht mehr überwiegend Mennoniten, sondern deutschsprachige Immigranten aus Europa. Während die Mennoniten sich in der Regel auf landwirtschaftliche Nutzungen konzentrierten, waren unter den europäischen Siedlern vor allem Händler, Handwerker und Industrielle vertreten, so daß die berufliche Qualifikationsstruktur der Bevölkerung sehr schnell eine Diversifikation erfuhr. Die Gemeinde Berlin (das heutige Kitchener) wurde zum religiösen und kulturellen Zentrum des deutschsprachigen Einflußbereichs (English u. McLaughlin 1983, S. 1-19). Die wirtschaftliche Entwicklung der Region erhielt durch einen Eisenbahnanschluß ab Mitte des 19. Jahrhunderts zusätzliche Impulse und stützte sich vornehmlich auf kleine Industrieunternehmen. Zu Beginn des 20. Jahrhunderts verfügte Kitchener bereits über eine diversifizierte Industriestruktur. Wichtigster Industriezweig war die gummiverarbeitende Industrie.[1] Daneben besaßen auch die Möbel-, Leder-, Schuh-, Textilindustrie und die Lebensmittelverarbeitung eine große Bedeutung (English u. McLaughlin 1983, S. 53-105). Der große Bedarf an Lebensmitteln und Kleidung während des Zweiten Weltkriegs brachte für die lokalen Industrien einen zusätzlichen Aufschwung. Zugleich verzeichnete vor allem die Elektroindustrie während der Kriegsjahre ein starkes Wachstum und sorgte für eine weitere Diversifikation der Industriestruktur (McLaughlin 1987, S. 97-103).

---

[1] 1899 gründeten die lokalen Geschäftsleute Schlee und Kaufmann die Berlin Rubber Company als erstes Unternehmen der gummiverarbeitenden Industrie in Kitchener. Wie auch bei anderen neuen Industrien basierte die Einführung der Gummiverarbeitung auf Verflechtungen mit den bereits in der Region etablierten Industriezweigen. So gewann die Gummiverarbeitung in Verbindung mit der vorhandenen Schuhindustrie an Bedeutung, weil sich auf den Absatzmärkten Schuhe mit Gummisohlen durchgesetzt hatten. Während die gummiverarbeitende Industrie in Kitchener zunächst primär eine Zulieferfunktion für die Schuh- und Lederindustrie ausübte, dominierten später andere Operationsbereiche wie die Reifenherstellung (English u. McLaughlin 1983, S. 67 f.).

6.3.2 Determinanten der Entwicklung in den 50er und 60er Jahren

In den 50er und 60er Jahren setzte sich das industrielle Wachstum in der Region Waterloo fort, auch wenn einige Branchen wie etwa die Lederindustrie Schrumpfungstendenzen aufzuweisen hatten. Allerdings gab es bis zur Mitte der 50er Jahre noch keine Anzeichen für einen Durchbruch von Schlüsseltechnologie-Industrien. Obwohl die direkten Voraussetzungen der Schlüsseltechnologie-Entwicklung erst Ende der 50er Jahre durch die Gründung der University of Waterloo und erste Ansiedlungsentscheidungen von ausländischen Zweigwerken geschaffen wurden, verfügte die Region bereits über spezifische Traditionen und Standortvorteile, die für das spätere Wachstum der Schlüsseltechnologie-Industrien eine große Bedeutung erlangen sollten. Diese hatten sich infolge des frühen industriellen Wachstums unter deutschem Einfluß herausgebildet und wirkten sich insbesondere auf drei Bereiche aus:

1. *Qualifizierte Arbeitskräfte:* In der Region war ein großes Reservoir qualifizierter Arbeitskräfte in technisch-handwerklichen Berufen entstanden, die auch von den neuen Schlüsseltechnologie-Industrien benötigt wurden. In der Unternehmensbefragung bezeichneten lokale Schlüsseltechnologie-Unternehmen das Vorhandensein solcher Qualifikationsniveaus als unverzichtbar, um ein störungsfreies Funktionieren komplexer Produktionsabläufe zu garantieren.
2. *Unternehmerische Tradition:* Durch regionsinterne Wachstumsprozesse konnte sich seit dem 19. Jahrhundert eine unternehmerische Tradition etablieren, die sich in den Wellen von Schlüsseltechnologie-Neugründungen Ende der 70er Jahre fortsetzte.
3. *Diversifizierte Industriestruktur:* Schließlich hatte sich eine stark diversifizierte Industriestruktur entwickelt, die das spätere Wachstum von Schlüsseltechnologie-Industrien förderte. So fanden Schlüsseltechnologie-Unternehmen innerhalb der Region eine breite Palette von Zulieferindustrien vor, die den Aufbau regionaler Verflechtungsbeziehungen ermöglichten (Regional Municipality of Waterloo 1984).

6.3.2.1 Gründung der University of Waterloo

Ein entscheidender Durchbruch im Hinblick auf das Schlüsseltechnologie-Wachstum der 70er und 80er Jahre erfolgte in der zweiten Hälfte der 50er Jahre mit der Gründung der University of Waterloo. Als die heutige Wilfrid Laurier University in den 50er Jahren zögerte, ein ingenieurwissenschaftliches Ausbildungsprogramm einzuführen, forcierten amerikanische Geschäftsleute aus der Region die Gründung einer zweiten Universität in Waterloo (siehe auch English u. McLaughlin 1983, S. 174; Kirkby 1988b und University of Waterloo 1987). Unter der Leitung von Needles (dem Präsidenten des gummiverarbeitenden Unternehmens BF Goodrich aus Kitchener) wurde die University of Waterloo 1957 durch die Zusammenlegung existierender Colleges nur zwei Kilometer von der Wilfrid Laurier University entfernt gegründet. Unter dem Einfluß von Needles entwickelte sich die University of Waterloo in kurzer Zeit zu einer führenden technischen Universität in Kanada. Die Universität suchte von Anfang an intensive

Kontakte zur Privatwirtschaft und scheute sich nicht, Forschungsaufträge für Industrieunternehmen durchzuführen. Dadurch sollten Forschungsaktivitäten intensiviert und Forschungsergebnisse in den privatwirtschaftlichen Bereich transferiert werden. Die Bereitschaft, enge Verflechtungen zur Industrie aufzubauen, war in den 50er und 60er Jahren in Kanada ungewöhnlich und hatte zur Folge, daß die University of Waterloo einen hohen Bekanntheitsgrad erwerben konnte. Durch Kooperation mit der Industrie war die University of Waterloo in der Lage, ihr Finanzbudget entscheidend zu erhöhen (vgl. auch Allaby 1984 und Chevreau 1988). Allein zwischen 1976 und 1985 stieg der Umfang privatwirtschaftlich geförderter Forschungsaktivitäten fast um das fünffache von 6,5 Millionen kanadischen Dollar auf rund 30 Millionen kanadische Dollar. Heute gehören vor allem US-amerikanische Schlüsseltechnologie-Unternehmen zu den bedeutendsten privaten Geldgebern der Universität. So erhielt die University of Waterloo in den 80er Jahren Zuschüsse durch IBM in Höhe von 15 Millionen kanadischen Dollar und durch DEC in Höhe von 25 Millionen kanadischen Dollar.[1]

Den Kern der Verflechtungsbeziehungen zur Privatwirtschaft bildete das sog. *"Co-operative Education Program"* der University of Waterloo, das direkt nach der Universitätsgründung in den ingenieurwissenschaftlichen Bereichen eingeführt und seitdem schrittweise ausgebaut wurde. Im Rahmen dieses Co-op-Programms erhalten Studenten die Möglichkeit, im Anschluß an eine viermonatige theoretische Ausbildung an der Universität für weitere vier Monate praktische Kenntnisse und Fertigkeiten in der Privatwirtschaft zu erwerben, bevor sie zur Universität zurückkehren. Durch den ständigen Wechsel zwischen Universität und Privatwirtschaft werden neueste wissenschaftliche Erkenntnisse in den privaten Bereich übertragen und umgekehrt Informationen über industrielle Anforderungen in die universitäre Ausbildung und Forschung retransferiert (vgl. dazu auch Allaby 1984; Landfried 1987; University of Waterloo 1987; Chevreau 1988 und Bathelt 1989). Das Co-op-Programm der University of Waterloo erwies sich als äußerst erfolgreich. 1988 nahmen mehr als 9.200 der rund 16.000 Vollzeitstudenten (fast 60%) am Co-op-Programm teil. Damit besaß die University of Waterloo das zweitgrößte Co-op-Programm hinter der Northeastern University in Boston (vgl. auch Kapitel 4). 1988 waren die kanadische Regierung mit 400 bis 500 Studenten und das Unternehmen IBM mit rund 250 Studenten die größten Nachfrager nach Co-op-Studenten der University of Waterloo. Etwa drei Viertel aller Co-op-Studenten leisteten ihre Praktika 1988 in der Provinz Ontario ab. Räumliche Schwerpunkte bildeten die Regionen Toronto und Ottawa, wo 50% bzw. 15% der Co-op-Stu-

[1] Die Informationen stammen aus Gesprächen und Interviews mit der für das Co-op-Programm zuständigen Abteilung der University of Waterloo am 24. Mai 1988; dem Technology Transfer Officer der University of Waterloo, Mr. Nally, am 20. Mai und 8. Juni 1988; den Business Development Officers der City of Waterloo, Mr. O'Neil und Mr. McFadden, am 13. April und 6. Mai 1988 und dem Public Affairs and Marketing Communications Manager von BF Goodrich, Mr. Voisin, am 24. Mai 1988.

denten eine Praktikumsstelle antraten.[1] In der Region Waterloo verblieb dagegen mit weniger als 450 Studenten (etwa 5%) ein vergleichsweise kleiner Anteil der Co-op-Studenten.

Die University of Waterloo verfolgte als Alternative zum traditionellen Forschungskonzept anderer kanadischer Universitäten bewußt eine liberalere Forschungspolitik. In den 60er Jahren erwarb sich die Universität einen Ruf als Ort, wo Professoren experimentelle Forschung betreiben und ihre Visionen verwirklichen konnten. Aufgrund einer geeigneten Forschungsatmosphäre und der Möglichkeit, Auftragsforschungen im privatwirtschaftlichen Bereich durchzuführen, konnte die University of Waterloo ein großes Potential hochqualifizierter, junger Professoren aus den Bereichen Mathematik, Informatik und Ingenieurwissenschaften anwerben. Diese bildeten seit dem Ende der 70er Jahre eine wichtige Quelle für Unternehmensgründungen in Schlüsseltechnologie-Industrien. Ein deutliches Zeichen für die progressive Forschungspolitik der University of Waterloo zeigt sich in der Einstellung gegenüber technischen Innovationen, die aus Forschungsaktivitäten von Fakultätsmitgliedern auf dem Campus resultieren. Im Unterschied zu den meisten anderen kanadischen Universitäten gehen solche Innovationen nicht in den Besitz der University of Waterloo über, sondern bleiben Eigentum des Erfinders.

1986/87 waren an der University of Waterloo rund 25.000 Studierende, 9.000 davon auf Teilzeitbasis. Die große Bedeutung der University of Waterloo als natur- und ingenieurwissenschaftliche Universität in Nordamerika läßt sich anhand vieler Indikatoren ablesen. So waren 1986/87 insgesamt fast 12.000 Studenten in den drei Fachbereichen Engineering (3.800 Studenten), Mathematics (3.900 Studenten) und Science (4.000 Studenten) eingeschrieben. Die University of Waterloo verfügte damit über das größte ingenieurwissenschaftliche Ausbildungsprogramm in Kanada und sogar eines der weltweit größten universitären Ausbildungsprogramme in Mathematik (Allaby 1984). Im Vergleich zur Carleton University und University of Ottawa in Ottawa besaß die University of Waterloo eine sechsmal so hohe Zahl natur- und ingenieurwissenschaftlicher Studenten (vgl. Kapitel 5). 1985 hatten 10% aller kanadischen Hochschulabgänger der Ingenieurwissenschaften und 35% der Graduierten in Mathematik einen Hochschulabschluß der University of Waterloo (siehe Cities of Cambridge, Waterloo, Kitchener and Guelph 1988 und University of Waterloo 1987). Durch das Wachstum der University of Waterloo zu einer führenden kanadischen Universität in den Natur- und Ingenieurwissenschaften erfuhr der Arbeitsmarkt der Region Waterloo eine beträchtliche Aufwertung. Zugleich fungierte die Universität seit Ende der 70er Jahre als Inkubator für eine Vielzahl von Spin-off-Gründungen im Schlüsseltechnologie-Bereich (vgl. dazu die folgenden Abschnitte).

---

[1] Die Daten lieferte die für das Co-op-Programm zuständige Abteilung der University of Waterloo in einem Interview am 24. Mai 1988. Zusätzliche Informationen stammen aus Gesprächen mit dem Technology Transfer Officer der University of Waterloo, Mr. Nally, am 20. Mai und 8. Juni 1988.

6.3.2.2 Erste Schlüsseltechnologie-Ansiedlungen mit Ankerfunktion

Die Gründung der University of Waterloo und die daraus resultierende Aufwertung des regionalen Arbeitsmarkts waren nicht die einzigen Voraussetzungen für das spätere Schlüsseltechnologie-Wachstum. Zusätzlich kam es bis Mitte der 70er Jahre vereinzelt zu ersten Gründungen von Schlüsseltechnologie-Unternehmen, die zum Teil ohne Bezug zur University of Waterloo standen. Es handelte sich dabei interessanterweise vor allem um Zweigwerke oder Tochtergesellschaften angesehener US-amerikanischer Schlüsseltechnologie-Unternehmen. Diese übernahmen eine Ankerfunktion für nachfolgende Wachstumsprozesse, indem sie weitere Ansiedlungsentscheidungen nachhaltig beeinflußten. So wurde das potentielle Risiko einer Standortwahl in der Region Waterloo für andere Unternehmen subjektiv allein dadurch reduziert, daß bekannte Schlüsseltechnologie-Unternehmen bereits über eine Niederlassung in der Region verfügten. Speziell zwei Ansiedlungsentscheidungen sorgten im kanadischen Raum für großes Aufsehen:

1. *Raytheon:* Parallel zur Gründung der University of Waterloo eröffnete das Schlüsseltechnologie-Unternehmen Raytheon aus Lexington bei Boston 1956 ein Tochterunternehmen zur Herstellung von Radargeräten in Waterloo. Bis zur Gegenwart verzeichnete Raytheon in Waterloo ein kontinuierliches Wachstum. Allein zwischen 1980 und 1988 erhöhte sich die Beschäftigtenzahl um das 1,5fache und belief sich 1988 auf 640. Da das Unternehmen seinen Standort direkt neben der University of Waterloo wählte, entstand in der Region der Eindruck, Raytheon sei eng mit der Universität verflochten, und die Ansiedlung von Raytheon habe in engem Zusammenhang mit der Universitätsgründung gestanden. Tatsächlich aber besaß das Unternehmen zu keinem Zeitpunkt enge Beziehungen zur University of Waterloo, die über die Nutzung der Universität als Quelle für hochqualifizierte Arbeitskräfte hinausreichten. Auch in der ursprünglichen Standortwahl von Raytheon spielte die University of Waterloo, falls überhaupt, nur eine sekundäre Rolle. Vermutlich war die Entscheidung für den Standort Waterloo überwiegend durch politische Motive geprägt.
2. *NCR:* Es dauerte bis 1972, ehe mit NCR (National Cash Register) eine zweite wichtige Ansiedlung aus dem Schlüsseltechnologie-Bereich erfolgte. Das Unternehmen aus Dayton im US-Bundesstaat Ohio errichtete in Waterloo eine große Produktionsanlage für Electronic Banking Equipment. Das Zweigwerk in Waterloo ist die einzige Einrichtung dieser Art von NCR in Kanada. Nach der Gründung expandierte NCR sehr schnell und beschäftigte 1988 rund 600 Arbeitskräfte in Waterloo. Weitgehend unbemerkt blieb jedoch, daß NCR die Zahl der Beschäftigten zwischen 1980 und 1988 um circa ein Drittel reduzierte.[1] Im Unterschied zu Raytheon stützte sich die Standortentscheidung von NCR auf die spezifischen Arbeitsmarktvorteile und die diversifizierte Industriestruktur der Region Waterloo.

[1] Vertrauliche Information eines Konkurrenzunternehmens von NCR.

6.3.3 Determinanten der Entwicklung in den 70er und 80er Jahren

Um 1970 besaß die Region Waterloo durch die lokalen Universitäten, die vorhandene Industriestruktur, die Nähe zur Industriemetropole Toronto und erste Schlüsseltechnologie-Ansiedlungen zwar gute Standortvoraussetzungen für das Wachstum von Schlüsseltechnologie-Industrien, ein Boom war zu diesem Zeitpunkt jedoch noch nicht absehbar. Erst seit dem Ende der 70er Jahre häuften sich weitere Zweigwerksansiedlungen ausländischer Schlüsseltechnologie-Unternehmen in der Region. Trotzdem wurde die Schlüsseltechnologie-Entwicklung in der Region Waterloo nicht primär regionsextern gesteuert. Vielmehr entwickelte sich ab 1975 eine gewisse Eigendynamik, die sich in intensiven lokalen Gründungsaktivitäten ausdrückte. Vor allem die University of Waterloo erwies sich dabei als bedeutende Inkubatororganisation. Außerdem stellten ältere Unternehmen ihre Produktion in zunehmendem Maß um und verlagerten ihre Schwerpunkte aus traditionellen Industriezweigen in Schlüsseltechnologie-Bereiche.

6.3.3.1 Arbeitsmarkt, Universitäten und Universitäts-Spin-offs

Die ständige Erweiterung der lokalen Universitäten hatte eine kontinuierliche Verbesserung der Arbeitsmarktbedingungen für Schlüsseltechnologie-Unternehmen zur Folge. Dieser Effekt wurde dadurch verstärkt, daß die drei Universitäten der Region unterschiedliche fachliche Schwerpunkte aufweisen. So besitzt die University of Waterloo (1986/87 etwa 16.000 Vollzeitstudenten) ein hervorragendes Renommee in den Ingenieurwissenschaften, der Informatik und Mathematik. Die Wilfrid Laurier University (4.200 Vollzeitstudenten) zeichnet sich durch ihre betriebswirtschaftlichen Ausbildungsprogramme aus. Die University of Guelph (12.000 Studenten) weist darüber hinaus eine gewisse Spezialisierung in medizinischen und biotechnologischen Forschungsbereichen auf (siehe Black 1988 und Kirkby 1988b). Angesichts der relativ geringen Einwohnerzahl von 420.000 verfügte die Region Waterloo mit rund 30.000 Vollzeitstudenten im Vergleich zu anderen Schlüsseltechnologie-Regionen über einen sehr hohen Studentenanteil (siehe Cities of Cambridge, Waterloo, Kitchener and Guelph 1988 und City of Waterloo 1987a).
Durch das stimulierende Forschungsumfeld an der University of Waterloo und die eingeschlagene Politik, Innovationen eigentumsrechtlich dem Erfinder zu überschreiben, wurden Innovationsaktivitäten an der Universität intensiviert. Um 1970 kam es zu ersten Spin-off-Gründungen aus der University of Waterloo (siehe Tab. 20). Bis 1988 ereigneten sich insgesamt mindestens 68 Unternehmensgründungen auf der Basis neuer Technologien, die an der University of Waterloo ent-

wickelt worden waren.[1] D.h. rund die Hälfte aller durch den Science Council of Canada ermittelten 150 kanadischen Universitäts-Spin-offs stammten aus der University of Waterloo (siehe Science Council of Canada 1987 und Chevreau 1988). Etwa 80% der University of Waterloo-Spin-offs entstanden erst nach 1976. In vielen Fällen waren Professoren der University of Waterloo direkt an Gründungen beteiligt. Von 39 erfaßten Spin-off-Unternehmen wurden jeweils 15 in den beiden Perioden 1977 bis 1982 und 1983 bis 1988 gegründet (siehe Tab. 20). Die Erhöhung der Gründungsintensitäten seit Ende der 70er Jahre hatte verschiedene Ursachen. Zum einen wurde das Gründungsrisiko durch spektakuläre Wachstumserfolge früher Spin-off-Gründungen wie Volker-Craig 1973 und Watcom 1974 entscheidend reduziert und ein Nachahmungseffekt hervorgerufen. Zum anderen verstärkte die University of Waterloo unter ihrem Präsidenten Wright ihr privatwirtschaftliches Engagement und intensivierte die direkte Förderung von Unternehmensgründungen durch Fakultätsmitglieder und Hochschulabgänger. Mit engagiertem persönlichem Einsatz gelang es Wright z.B. 1984, von der Oxford University Press den Auftrag zur Erstellung einer Software-Grundlage für das Oxford English Dictionary zu erwerben. Bei diesem Prestigeprojekt konnte sich die University of Waterloo gegen eine Vielzahl renommierter Universitäten durchsetzen und ihren Bekanntheitsgrad auf internationaler Ebene vergrößern (siehe Allaby 1984; Chevreau 1988 und Berg et al. 1988). Ein wichtiger Schritt zur Förderung der Spin-off-Aktivitäten war die Schaffung eines sog. *"Technology Transfer Office"* an der Universität. Das Technology Transfer Office ist für die Koordination und Unterstützung der universitären Spin-off-Gründungen maßgeblich verantwortlich. Im einzelnen ergeben sich folgende Hauptaufgaben:

[1] In einem Interview am 20. Mai 1988 stellte der Technology Transfer Officer der University of Waterloo, Mr. Nally, eine Liste mit den Namen der 68 Universitäts-Spin-offs für Forschungszwecke zur Verfügung. Diese Namensliste diente als Grundlage für eine zusätzliche Erhebung unter den Spin-off-Unternehmen der University of Waterloo. Mindestens 50 der insgesamt 68 Spin-off-Gründungen wurden innerhalb, 8 weitere außerhalb der Region Waterloo gegründet. Für die verbleibenden 10 Unternehmen war nicht feststellbar, an welchem Standort der Gründungsschritt vollzogen wurde. Mit Hilfe von aktuellen Unternehmensverzeichnissen, Telefonbüchern, der Telefonauskunft sowie Zusatzinformationen der lokalen Business Development Offices und der University of Waterloo gelang es in 39 von 50 Fällen, Adressen und Telefonnummern der Spin-off-Unternehmen ausfindig zu machen. Alle 39 lokalen Spin-offs der University of Waterloo wurden im August 1988 telefonisch interviewt. Da keine Antwortverweigerungen auftraten, lag die Beteiligungsquote dieser Unternehmensbefragung bei 100%. Da für insgesamt 20 Spin-off-Unternehmen zum Zeitpunkt der Erhebung keinerlei Informationen verfügbar waren, muß davon ausgegangen werden, daß im Spin-off-Bereich bis 1988 eine große Zahl von Schließungen, Verlagerungen und Aufkäufen stattgefunden hatten (Mr. Nally bestätigte diese Vermutung in einem Interview am 8. Juni 1988). Basierend auf den Erhebungsinformationen waren bis 1988 rund 20% aller Universitäts-Spin-offs der University of Waterloo mangels Erfolg aufgegeben worden.

Tab. 20: Spin-off-Unternehmen der University of Waterloo nach Gründungsperioden

Gründungsperiode	Spin-off-Zahl	Spin-off-Anteil
Vor 1970	2	5%
1971 bis 1976	7	18%
1977 bis 1982	15	39%
1983 bis 1988	15	39%
Summe	39	101%

Quelle: Eigene Erhebungen.

Tab. 21: Größenverteilung von Spin-off-Unternehmen der University of Waterloo

Unternehmensgröße (Beschäftigte)	Spin-off-Zahl	Spin-off-Anteil
≤ 10	24	62%
11-20	8	21%
21-50	6	15%
> 50	1	3%
Summe	39	101%

Quelle: Eigene Erhebungen.

- Identifikation von Forschungsdurchbrüchen an der Universität und Zusammenführung von Ideen,
- Suche nach ingenieurwissenschaftlichen Hochschulabsolventen mit unternehmerischer Mentalität,
- Mitarbeit bei der Erstellung von Unternehmensplänen,
- Stimulierung von Unternehmensgründungen aus der Universität durch Hilfen im Gründungsstadium,
- Unterstützung der Startphase durch Finanz-, Marketing-, Strategieberatung und Kontaktvermittlung,
- Organisation von Lizenzvergaben,
- Funktion als Schnittstelle zwischen Universitäts-Spin-offs und lokalen Business Development Offices.

Analysiert man die in Tab. 21 dargestellten Beschäftigteneffekte, so relativiert sich die Bedeutung der University of Waterloo-Spin-offs beträchtlich: So waren 1988 in den erfaßten Spin-off-Unternehmen lediglich 545 Arbeitskräfte angestellt. Die durchschnittliche Betriebsgröße lag mit 14 Beschäftigten je Spin-off auf einem außerordentlich niedrigen Niveau. Rund 80% der einbezogenen Unternehmen besaßen höchstens 20 und etwa 60% sogar weniger als 11 Arbeitskräfte. Lediglich eine einzige Spin-off-Gründung mit mehr als 50 Beschäftigten konnte ermittelt werden (siehe Tab. 21). Auch die technologischen Impulse für die Region Waterloo erweisen sich bei einer genaueren Analyse der sektoralen Zusammensetzung der Spin-off-Unternehmen als mäßig: So entsprachen nur rund ein Drittel der erfaßten University of Waterloo-Spin-offs dem in dieser Arbeit verwendeten Schlüsseltechnologie-Begriff (vgl. Kapitel 2). Weitere 30% waren im Bereich Software-Entwicklung/ Programmierung und rund 20% in der Unternehmensberatung tätig. D.h. über die Hälfte der Spin-off-Unternehmen gehörten dem Dienstleistungsbereich an. Zwei Beispiele für Spin-off-Gründungen aus der University of Waterloo, die sowohl über zukünftige Wachstumschancen als auch über Gefahren eines unkontrollierten Wachstums Aufschluß geben, sind Volker-Craig und Waterloo Scientific:

1. Nachdem Volker während seines ingenieurwissenschaftlichen Studiums an der University of Waterloo ein Computer-Terminal entworfen hatte, gründete er 1973 das Unternehmen Volker-Craig, um seine Erfindung in Serie zu produzieren. Die University of Waterloo unterstützte den Gründungsschritt aktiv, indem sie im Anfangsstadium als bedeutsamer Nachfrager nach Computer-Terminals auftrat. Volker-Craig verzeichnete in der Folgezeit einen enormen Wachstumsprozeß und erreichte um 1980 einen Jahresumsatz von 10 Millionen kanadischen Dollar (siehe Allaby 1984; Chevreau 1988 und Black 1988). Allerdings zeigte sich auch, daß das Wachstum zu schnell stattgefunden hatte und das Unternehmen nicht über die notwendigen Kapitalreserven verfügte. 1981 mußte Volker-Craig fast zwangsläufig einem Aufkauf durch das Schlüsseltechnologie-Unternehmen Nabu aus Ottawa zustimmen. Parallel zu den Wettbewerbsproblemen von Nabu sanken während der 80er Jahre auch die Marktanteile von Volker-Craig, und die Produktionsanlagen mußten aus Kostengründen nach Korea verlagert werden. Als Ergebnis dieser Umstrukturierungen sank die Beschäftigtenzahl von Volker-Craig zwischen 1980 und 1988 von 185 auf nur noch 6.[1]
2. Als Folge von Forschungsergebnissen auf dem Gebiet der Halbleitertechnik gründete der Universitätsprofessor Dixon von der University of Waterloo 1986 das Unternehmen Waterloo Scientific. Das Unternehmen produziert Scanning Laser Microscopes für die US-amerikanische Halbleiterindustrie und konnte frühzeitig erste Verkaufserfolge erzielen. Obwohl sich das Unternehmen noch in einem Aufbaustadium befindet, zählt Waterloo Scientific zu denjenigen lokalen Schlüsseltechnologie-Unternehmen mit dem größten Wachstumspotential und den intensivsten Forschungsaktivitäten.[2]

Nach den Vorbildern der Universitäten im Research Triangle (North Carolina) und der Stanford University im Silicon Valley (Kalifornien) initiierten die Univer-

---

[1] Informationen aus einem Interview mit einem Manager von Volker-Craig am 24. Mai 1988.

[2] Informationen aus einem Interview mit dem Gründer von Waterloo Scientific, Dr. Dixon, am 12. April 1988.

sity of Waterloo und die University of Guelph Mitte der 80er Jahre die Errichtung von Technologie-/ Forschungsparks in Campusnähe. Durch die physische Nähe zwischen Forschungsabteilungen von Schlüsseltechnologie-Unternehmen und Universitätseinrichtungen erhoffte man sich Zugang zu neuen Kapitalquellen, weitere Forschungsanstöße und eine steigende Zahl von Arbeitsplätzen für Universitätsabgänger (siehe Cities of Cambridge, Waterloo, Kitchener and Guelph 1988 und Allaby 1984). Bisher handelte es sich in beiden Fällen jedoch primär um Absichtserklärungen. So befand sich der Technologiepark der University of Guelph 1988 in einem vagen Vorbereitungsstadium. Erfolgversprechender erschien demgegenüber das Konzept des Forschungsparks der University of Waterloo, wenngleich auch dort die öffentliche Propagierung dem tatsächlichen Entwicklungsstand vorauseilte. Der Forschungspark liegt auf universitätseigenem Gelände, verzeichnete bis 1988 allerdings keine bemerkenswerte Entwicklung. Eine Ursache lag unter anderem darin, daß zwischen der Universität und der Stadt Waterloo keine Einigung über die Erschließung des Geländes erzielt worden war. Für die 90er Jahre erwartet man jedoch durch die Ansiedlung eines Zweigwerks von Hewlett-Packard in direkter Nachbarschaft zum Forschungspark wesentliche Entwicklungsimpulse.[1]

6.3.3.2 Schlüsseltechnologie-Wachstum und betriebsinterne Umstrukturierungsprozesse

Mit den Innovationsschüben und Spin-off-Gründungen der University of Waterloo verzeichnete der Schlüsseltechnologie-Sektor in der Region Waterloo seit Mitte der 70er Jahre eine sprunghafte Entwicklung. Das Wachstum von Schlüsseltechnologie-Industrien war jedoch nicht ausschließlich universitätsbezogen. So erfolgten auch zahlreiche Unternehmensgründungen unabhängig von den lokalen Universitäten. Zugleich siedelten sich in den 80er Jahren weitere Zweigwerke von multinationalen Schlüsseltechnologie-Unternehmen in der Region Waterloo an - 1984 z.B. Hewlett-Packard und 1986 Mitsubishi Electric (Black 1988). Der schnelle Zuwachs an Unternehmen hatte zur Folge, daß sich in der Region ein steigendes Bewußtsein für die neuen Technologien entwickelte und die Kommuni-

[1] Seit 1984 besitzt Hewlett-Packard aus Palo Alto im US-Staat Kalifornien eine Niederlassung mit 60 Beschäftigten auf dem Gelände eines ehemaligen Verbrauchermarkts in Waterloo. Um großzügig expandieren zu können, erwarb das Unternehmen westlich des Forschungsparks der University of Waterloo ein 40 Hektar großes Gelände. Bis 1995 ist eine Verlagerung zu diesem neuen Standort geplant. Bisher zögerte Hewlett-Packard mit der Umsiedlungsentscheidung, weil für die Erschließung des Geländes noch kein Planungskonzept existierte. Das Unternehmen war sich der Signalwirkung einer Ansiedlung neben dem geplanten Forschungspark der Universität durchaus bewußt und erwartete deshalb in Bezug auf die Erschließung ein Entgegenkommen der zuständigen Behörden. Als Folge dieser Unklarheiten entstanden Spannungen zwischen dem Unternehmen, der Universität und der Stadt Waterloo (Informationen aus einem Interview mit dem Personnel Manager von Hewlett-Packard, Mr. Janetos, am 2. Juni 1988).

Abb. 18: Verteilung von Schlüsseltechnologie-Unternehmen in CTT nach Gründungsperioden

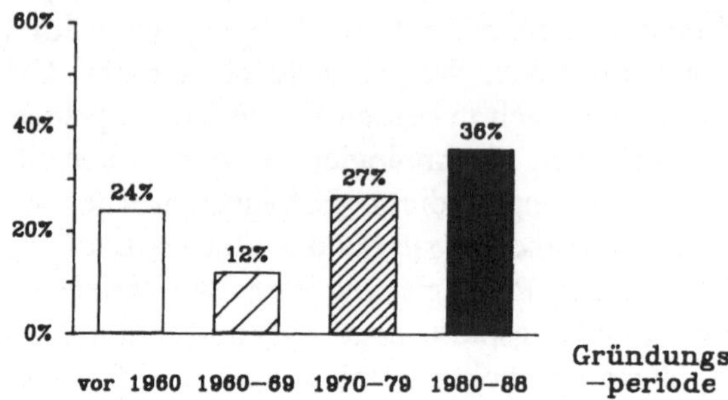

Quelle: Eigene Erhebungen.

Tab. 22: Finanzierung von Schlüsseltechnologie-Neugründungen in CTT

Art der Finanzierung	Unternehmens-zahl	Unternehmens-anteil
Ersparnisse/ Unternehmensgewinne	19	59%
Bankkredite	7	22%
Risikokapital	5	16%
Sonstige Finanzierungsart	1	3%
Summe	32	100%

Quelle: Eigene Erhebungen.

Tab. 23: Staatliche Verflechtungen von Schlüsseltechnologie-Unternehmen in CTT

Anteil von Verkäufen an staatliche Institutionen	Unternehmens-zahl	Unternehmens-anteil
0%	16	50%
1-9%	10	31%
10-19%	0	0%
20-49%	3	9%
≥ 50%	3	9%
Summe	32	99%

Quelle: Eigene Erhebungen.

kationsbeziehungen zwischen Unternehmen, Universitäten und Planungsbehörden ständig verbessert wurden.

Spin-off-Prozesse aus der Privatwirtschaft, wie sie für das Silicon Valley, die Route 128-Region und Ottawa's Telecom Valley charakteristisch waren, konnten in der Region Waterloo nicht festgestellt werden. Das Fehlen solcher Spin-off-Prozesse läßt sich unter anderem auf zwei Ursachen zurückführen: Einerseits waren Schlüsseltechnologie-Industrien in der Region Waterloo noch relativ jung. Andererseits zeigte der Schlüsseltechnologie-Bereich bisher keine ausgeprägte sektorale Spezialisierung. Rund zwei Drittel der befragten Schlüsseltechnologie-Unternehmen ließen sich erst nach 1970 in der Region Waterloo nieder. Etwa 25% der Ansiedlungs- bzw. Gründungsentscheidungen erfolgten in den 70er und circa 35% in den 80er Jahren (siehe Abb. 18).

Die Finanzierung von Unternehmensgründungen wurde zu überwiegenden Teilen ohne die Aufnahme von Fremdkapital abgewickelt (siehe Tab. 22). Fast 60% der einbezogenen Schlüsseltechnologie-Unternehmen finanzierten ihr Gründungsstadium primär durch eigene Ersparnisse oder zuvor erwirtschaftete Unternehmensgewinne. In rund 20% der Fälle bildeten Bankkredite die Hauptfinanzquelle, und nur etwa 15% der Unternehmen wurden unter Inanspruchnahme von Risikokapital gegründet. Dieses Resultat erlaubt zwar nicht den Rückschluß auf einen starken Einfluß des Risikokapital-Sektors, deutet aber zumindest an, daß auch für Unternehmen der Region Waterloo Zugang zu Risikokapital bestand (siehe Tab. 22).

Auf den ersten Blick überrascht der hohe Anteil von einem Viertel der Schlüsseltechnologie-Unternehmen, die bereits vor 1960 in der Region Waterloo Aktivitäten entfaltet hatten (siehe Abb. 18). So wurde in den vorhergehenden Abschnitten wiederholt betont, in der Region seien um 1960 praktisch noch keine Anzeichen für ein späteres Schlüsseltechnologie-Wachstum vorhanden gewesen. Daß trotzdem 8 der 33 befragten Unternehmen vor 1960 in der Region einen Standort besaßen, liefert Hinweise auf einen fundamentalen Umstrukturierungsprozeß, der seit den 70er Jahren in einer Reihe älterer lokaler Unternehmen stattfand. Im Rahmen dieses Prozesses wurden Produktionsaktivitäten aus angestammten, traditionellen Arbeitsgebieten sukzessive in neue Schlüsseltechnologie-Bereiche transferiert. Solche Umstrukturierungsvorgänge kommen einer horizontalen Expansions- bzw. Marktstrategie gleich und lassen sich exemplarisch anhand der Unternehmen Allen-Bradley und Hammond belegen:

1. *Allen-Bradley:* 1954 errichtete das Unternehmen Allen-Bradley aus Milwaukee im US-Staat Wisconsin in Cambridge (Ontario) ein Zweigwerk mit Zulieferfunktionen für die Motorenproduktion. Bis 1988 vollzog das Unternehmen zahlreiche organisatorische Veränderungen. So gehörte Allen-Bradley mittlerweile der Unternehmensgruppe um den Raketenproduzenten Rockwell International aus Pittsburgh im US-Staat Pennsylvania an und beschäftigte am Standort Cambridge rund 1.000 Arbeitskräfte. Damit zusammenhängend wurde ein großer Teil der Produktion auf Computertechnologien und Rüstungselektronik umgestellt (siehe McLaughlin 1987, S. 147; Clifford/ Elliot Ltd. 1987b und City of Cambridge 1988a).

2. *Hammond:* Das Unternehmen Hammond wurde 1917 in Guelph als Familienbetrieb gegründet. Der zunächst reine Elektrobetrieb expandierte kontinuierlich und besaß 1988 rund 15 Zweigwerke mit annähernd 2.000 Mitarbeitern. Der Wachstumsprozeß des Unternehmens zeichnete sich seit den 70er Jahren durch starke horizontale Expansionstendenzen in Produktionsbereiche der Elektronikindustrie aus (City of Guelph 1988).

Das Beispiel des Unternehmens Allen-Bradley liefert außerdem Anhaltspunkte für einen zweiten Umstrukturierungsprozeß, der in der Region Waterloo bisher weitgehend unbemerkt geblieben ist. Bei der Suche nach neuen Absatzmärkten gelang es einer Reihe lokaler Unternehmen, militärische Aufträge von der kanadischen Regierung oder von großen Rüstungsunternehmen zu erwerben. Auf diese Weise konnte sich seit den 70er Jahren ein signifikanter Anteil rüstungsbezogener Industrien in der Region etablieren. Einige dieser Unternehmen wie Raytheon operierten schon von Beginn an in militärischen Bereichen, andere wie Allen-Bradley drängten erst später auf staatliche Absatzmärkte. Die Ergebnisse der Unternehmensbefragung spiegeln die zunehmenden staatlichen Verflechtungsbeziehungen von lokalen Schlüsseltechnologie-Unternehmen wider (siehe Tab. 23). Die Hälfte der einbezogenen Unternehmen hatten zwar keinerlei Absatzbeziehungen zu staatlichen Institutionen aufzuweisen, und rund 80% erzielten weniger als 10% ihrer Umsätze durch Verkäufe an die Regierung. Aber immerhin 6 von 32 Unternehmen (etwa 20%) waren zu mehr als 20% ihrer Verkäufe von staatlichen Aufträgen (meist mit militärischem Charakter) abhängig. Für 3 Unternehmen bildete die kanadische Regierung sogar die Hauptabsatzquelle (siehe Tab. 23). Insgesamt waren die Verflechtungen mit staatlichen Institutionen in der Region Waterloo allerdings schwächer als in der Route 128-Region und in Ottawa's Telecom Valley ausgeprägt (siehe Kapitel 4 und Kapitel 5).

Die Region Waterloo erlebte seit Mitte der 70er Jahre ein unerwartet schnelles Wachstum von Schlüsseltechnologie-Industrien. Daraus entwickelte sich eine fast euphorische Grundstimmung in der Region, die mit einer Überschätzung zukünftiger Wachstumschancen einherging. Um den lokalen Schlüsseltechnologie-Boom und seine Begleiterscheinungen demgegenüber zu relativieren, sollen abschließend einige einschränkende Problemfelder aufgelistet werden:

1. *Beschäftigtenverluste:* Fast unbemerkt von der Öffentlichkeit verzeichneten wichtige Schlüsseltechnologie-Unternehmen der Region wie NCR und Volker-Craig in den 80er Jahren starke Beschäftigtenverluste.
2. *Unternehmensverlagerungen:* Eine Reihe befragter Unternehmen plant mittelfristig Teilverlagerungen in die USA, weil der kanadische Markt zu klein ist und der Anschluß an technologische Entwicklungen am besten vor Ort in den USA gehalten werden kann (siehe auch Kirkby 1988b).
3. *Stagnation der Spin-offs:* Die zahlreichen Spin-off-Gründungen aus der University of Waterloo zeigten bisher geringe Auswirkungen auf die regionale Wirtschaftsstruktur.
4. *Managementdefizite:* In der Region herrschte eine gewisse Knappheit an Management-Know-how. Diese Mangelerscheinung war einerseits für unkoordinierte Expansionstätigkeiten zunächst erfolgreicher Unternehmensgründungen, andererseits für die unzu-

reichende Ausschöpfung der Wachstumspotentiale kleiner Schlüsseltechnologie-Unternehmen mitverantwortlich.

5. *Geringes Technologieniveau:* Schließlich operieren viele Schlüsseltechnologie-Unternehmen der Region Waterloo nicht wirklich in innovativen Marktsegmenten, sondern stützen sich hauptsächlich auf die Produktion standardisierter Güter für angestammte Märkte. Viele dieser Unternehmen gehören der Elektroindustrie an.

6.4 Dominante Standortfaktoren und Standortnachteile

Das enorme Wachstum von Schlüsseltechnologie-Industrien in der Region Waterloo seit Mitte der 70er Jahre geschah relativ überraschend und ist aus regionalpolitischer Perspektive überaus positiv zu beurteilen. Noch Anfang der 80er Jahre herrschte die Meinung vor, das Wachstum von Schlüsseltechnologien werde sich in Zukunft auf wenige Regionen konzentrieren, weil die großräumige Standortverteilung im Prinzip vorgegeben und kumulative Entwicklungsvorsprünge entstanden seien. Das Beispiel der Region Waterloo stellt demgegenüber eine Ausnahme dar. So gelang es der Region, im Wettbewerb gegen etablierte Schlüsseltechnologie-Regionen in den USA und Kanada erfolgreich zu bestehen. Die Region Waterloo konnte zahlreiche Betriebsverlagerungen von multinationalen Schlüsseltechnologie-Unternehmen auffangen und eine kritische Masse an Unternehmen aufbauen. Daraus entstand im Zeitablauf ein sich selbstverstärkender Wachstumsprozeß mit vielen regionsinternen Unternehmensgründungen. Der Zuwachs an Schlüsseltechnologie-Industrien war weder rein zufällig, noch stützte er sich überwiegend auf arbeitsintensive Montagefunktionen wie etwa in vielen Südstaatenregionen der USA. Schlüsseltechnologie-Unternehmen wählten ihre Standorte in der Region Waterloo demnach nicht aufgrund von Lohnkosten-, Transportkosten- und anderen Kostenvorteilen, sondern auf der Basis eines komplexen Geflechts von Standortfaktoren (siehe Abb. 19).

Obwohl die Evolution von Schlüsseltechnologie-Industrien in der Region Waterloo vielfältige Unterschiede zu den bisher behandelten Schlüsseltechnologie-Regionen aufwies, existierten hinsichtlich der wichtigsten Standortfaktoren auffallende Parallelitäten (siehe auch Regional Municipality of Waterloo 1984; Kirkby 1988b; Bathelt 1989 und Bathelt u. Hecht 1990). Das betraf vor allem die drei am häufigsten genannten Standortfaktoren und ihre Wechselwirkungen: Verfügbarkeit qualifizierter Arbeitskräfte, Nähe zum Ausbildungs-/ Wohn-/ Geburtsort des Gründers und Universitätsnähe (siehe Abb. 19).

Den mit Abstand bedeutendsten Einzelfaktor für Ansiedlungsentscheidungen von Schlüsseltechnologie-Unternehmen bildete die Verfügbarkeit qualifizierter Arbeitskräfte. So besaß die Region Waterloo (gemessen an ihrer Einwohnerzahl) einen in quantitativer und qualitativer Hinsicht überdurchschnittlich guten Arbeitsmarkt. Die Arbeitsmarktvorteile resultieren aus zwei unterschiedlichen Quellen. Zum einen verfügt die Region seit langer Zeit über eine breite industrielle Basis mit einer diversifizierten Struktur. Zum anderen trugen die drei lokalen Universitäten zur Schaffung eines hochqualifizierten Arbeitskräftepotentials mit naturwissenschaftlichen, ingenieurwissenschaftlichen und betriebswirtschaftlichen Qualifikationsniveaus bei. Die University of Waterloo als eine der bedeutendsten technischen Universitäten in Kanada übernahm dabei eine Schlüsselrolle. Bereits die physische Nähe zur University of Waterloo war für einige Schlüsseltechnologie-Unternehmen ein ausreichender Grund, sich in der Region Waterloo anzusiedeln. Ein solcher Standort verschaffte eine Geschäftsadresse mit hohem Prestigewert sowie guten Zugang zu qualifizierten Hochschulabgängern und Co-op-Studenten. Fast die Hälfte der befragten Unternehmen bezeichneten dementsprechend die Universitätsnähe (meist in Bezug zur University of Waterloo) als einen der wichtigsten Gründe für die Standortentscheidung (siehe Abb. 19).[1]

Unternehmensgründer aus der Region Waterloo hatten keinen Anlaß, eine andere Region als Standort in Betracht zu ziehen. So erfolgten z.B. über 80% der Spin-off-Gründungen der University of Waterloo innerhalb der Region, und die Hälfte der befragten Schlüsseltechnologie-Unternehmen trafen ihre Standortentscheidung für die Region Waterloo unter anderem deshalb, weil die Gründer in der Region beheimatet waren, dort bereits längere Zeit gelebt oder ihre Ausbildung absolviert hatten (siehe Abb. 19). Subjektive Entscheidungsgründe wie Ortsverbundenheit, Sicherheitsdenken und Faktoren wie ausreichende Bodenverfügbarkeit oder hohes Wirtschaftswachstum in der Region hatten zur Folge, daß die Standortwahl bereits vor dem eigentlichen Gründungsschritt entschieden war. Außerdem fanden viele Gründungen gerade wegen der lokalen Standortgegebenheiten und der Kenntnisse über das Umfeld statt. Die Frage nach den Ursachen der Standortentscheidung war in solchen Fällen unbedeutend.

Ein drittes wichtiges Ursachenbündel für den Schlüsseltechnologie-Boom in der Region Waterloo steht in engem Zusammenhang mit dem allgemeinen industriellen Wachstum in Südontario und der Einbindung der Region in ein Netzwerk von benachbarten Industriestädten wie Hamilton, London und Toronto. Innerhalb dieses Städtesystems ballen sich die meisten kanadischen Nachfrager nach Schlüsseltechnologie-Produkten und eine Vielzahl von Zulieferdiensten. Die Region Waterloo hat innerhalb dieses Städtesystems eine marktstrategisch wichtige, zentrale Lage und durch den direkten Zugang zum Highway 401 einen hervorragenden Verkehrsanschluß. Noch bedeutsamer sind die relativ geringen Entfernungen zu den großen Absatzmärkten im Nordosten der USA (siehe auch Cities of Cambridge, Waterloo, Kitchener and Guelph 1988 und Kirkby 1988b). Über den Pearson International Airport in Toronto können alle wichtigen Schlüsseltechnologie-Regionen der USA in kurzer Zeit erreicht werden. Kundennähe, Kundenerreichbarkeit und Zugang zu Transportnetzen verschaffen der Region Waterloo einen komparativen Standortvorteil gegenüber kanadischen Regionen außerhalb von

[1] Gemeinsame Forschungsprojekte mit der University of Waterloo waren hingegen eher eine Ausnahme. Nur wenige der befragten Schlüsseltechnologie-Unternehmen besaßen Universitätskontakte, die über die Anwerbung von Hochschulabsolventen und Co-op-Studenten hinausreichten.

Abb. 19: Bedeutende Standortfaktoren für Schlüsseltechnologie-Unternehmen in CTT

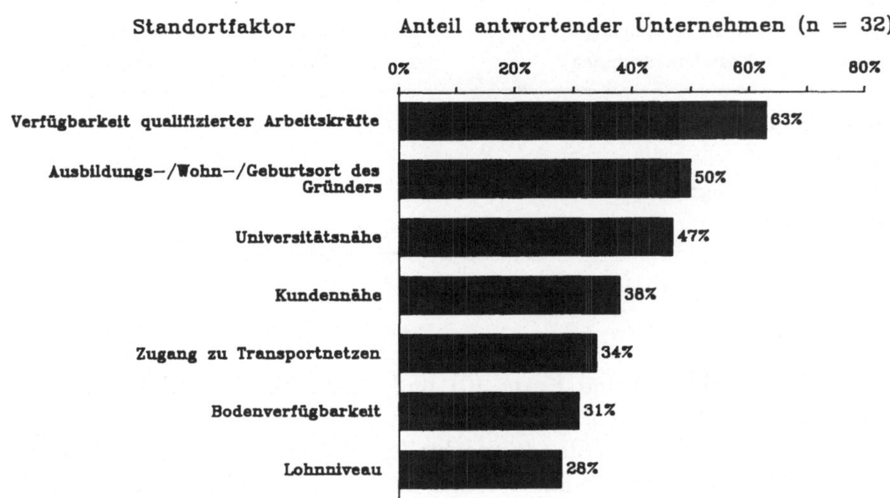

Quelle: Eigene Erhebungen.

Abb. 20: Standortnachteile für Schlüsseltechnologie-Unternehmen in CTT

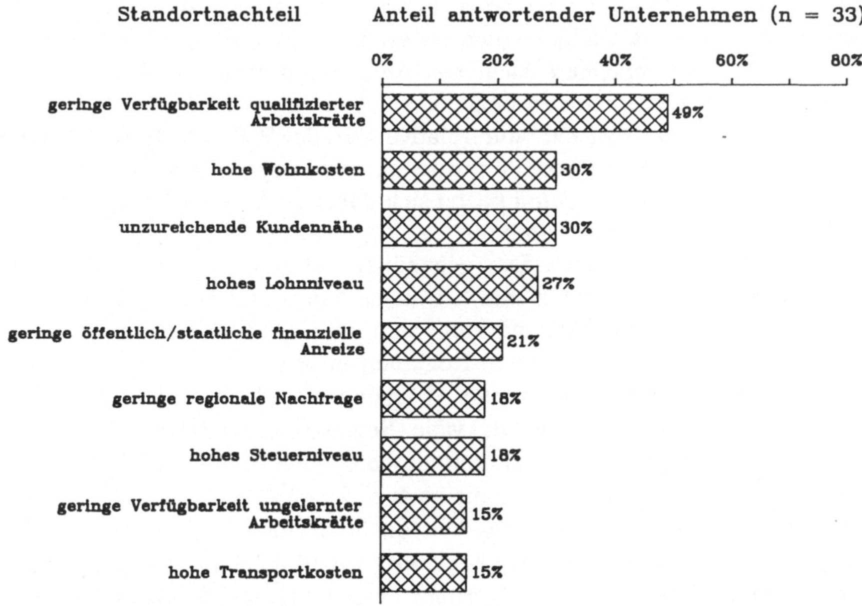

Quelle: Eigene Erhebungen.

Tab. 24: Arbeitskräfteknappheiten nach Berufsgruppen in CTT

Berufsgruppen mit Arbeitskräftemangel (für Schlüsseltechnologie-Unternehmen)	Unternehmens-zahl (N = 33)	Unternehmens-anteil
Wissenschaftlich-technische Arbeitskräfte	25	76%
Produktionspersonal	16	49%
Management-/ Marketingpersonal	9	28%
Verwaltungspersonal	6	18%

Quelle: Eigene Erhebungen.

Südontario (siehe Abb. 19 und Karte 10) und lassen für die Zukunft weiteres Schlüsseltechnologie-Wachstum erwarten.

Die in Abb. 20 aufgelisteten Standortnachteile, die von jeweils mindestens 15% der befragten Unternehmen genannt wurden, deuten auf mögliche Hemmnisse für zukünftige Wachstumsprozesse hin und belegen, daß die Region Waterloo bisher noch kein Hauptzentrum für Schlüsseltechnologie-Industrien geworden ist. In keiner anderen Untersuchungsregion zeigen die wichtigsten Standortfaktoren und Standortnachteile eine so große Übereinstimmung wie in der Region Waterloo (vgl. Abb. 19 und Abb. 20). Dieser scheinbare Widerspruch ist in der Region Waterloo vor allem auf zwei Ursachen zurückzuführen: Einerseits erfuhren einige Standortvorteile infolge des allgemeinen industriellen Booms im Zeitablauf eine Verschlechterung und machten sich als Agglomerationsnachteile für lokale Schlüsseltechnologie-Unternehmen bemerkbar. Andererseits bildeten die Bewertungen der Art *"gut oder schlecht"* nur relative Urteile. Z.B. wurde die Kundennähe von vielen Unternehmen sowohl positiv als auch negativ bewertet (vgl. Abb. 19 und Abb. 20). Das positive Urteil bezog sich dabei in der Regel auf einen Vergleich mit anderen kanadische Regionen, das negative Urteil auf einen Vergleich mit US-amerikanischen Regionen. D.h. gegenüber anderen kanadischen Regionen besaß die Region Waterloo einen marktstrategischen Standortvorteil, weil wichtige Abnehmer und Hauptabsatzmärkte leicht und schnell zugänglich waren. Gegenüber vielen Schlüsseltechnologie-Regionen in den USA kehrten sich diese Vorzüge ins Gegenteil, denn kanadische Absatzmärkte waren im Unterschied zu den US-amerikanischen Märkten für viele Schlüsseltechnologie-Industrien zu klein. Kanadische Unternehmen konnten deshalb ohne Exportaktivitäten keine genügend großen Umsätze erzielen (siehe auch Kirkby 1988b).

Interessanterweise war die Verfügbarkeit qualifizierter Arbeitskräfte für 63% der befragten Unternehmen ein entscheidender Standortfaktor und zugleich für 49% der befragten Unternehmen die geringe Verfügbarkeit qualifizierter Arbeitskräfte ein substantieller Standortnachteil (siehe Abb. 19 und Abb. 20). Am deutlichsten traten Arbeitskräfteknappheiten trotz der Präsenz von drei lokalen Universitäten in wissenschaftlich-technischen Berufsfeldern auf. Rund drei Viertel der befragten Schlüsseltechnologie-Unternehmen besaßen Schwierigkeiten bei der Anwerbung von geeigneten wissenschaftlich-technischen Arbeitskräften (siehe

Tab. 24). Diese dualistische Bewertung des Arbeitsmarkts offenbart ein Ungleichgewicht zwischen dem potentiellen Angebot an hochqualifizierten Arbeitskräften und der tatsächlichen Zugänglichkeit zu diesen. So werden in der Region Waterloo zwar eine Vielzahl von Studenten in natur- und ingenieurwissenschaftlichen Fachgebieten ausgebildet, diese wandern jedoch nach Beendigung ihres Studiums zum großen Teil in andere Regionen ab. Nur etwa 5% der Co-op-Studenten der University of Waterloo verrichteten ihre Praktika innerhalb der Region, und vermutlich ein noch kleinerer Anteil der Studienabsolventen bewarb sich in der Region um einen Arbeitsplatz. Nach dem Urteil einiger Schlüsseltechnologie-Unternehmen kam erschwerend hinzu, daß die Universitäten stark überregional orientiert waren und nur wenig Interesse für die Bedürfnisse der lokalen Industrien zeigten.

Weitere Knappheiten auf dem lokalen Arbeitsmarkt betrafen vor allem das Produktionspersonal. Wie aus einem Vergleich zwischen Tab. 24 und Abb. 20 hervorgeht, handelte es sich diesbezüglich weniger um einen Mangel an ungelernten Montagearbeitern als um einen Mangel an qualifiziertem Produktionspersonal. Zusätzlich wurde von rund 30% der befragten Unternehmen ein Mangel an Management-/ und Marketingpersonal bemerkt (siehe Tab. 24). Da Schlüsseltechnologie-Industrien in der Region Waterloo noch eine relativ neue Erscheinung darstellten, lagen nur begrenzte Erfahrungen in den Management- und Marketingbereichen dieser Sektoren vor. Gerade solche Berufsfelder gewinnen aber angesichts der starken Konkurrenz zwischen Regionen zunehmend eine Schlüsselposition und sind für den Erfolg junger expandierender Unternehmen von ausschlaggebender Bedeutung. Schließlich zeigten sich in der Region Waterloo als Folge des industriellen Booms der 70er und 80er Jahre erste Agglomerationsnachteile. Hauspreise, Mietkosten und Löhne verzeichneten in den 80er Jahren so starke Anstiege, daß zwischen einem Viertel und einem Drittel der einbezogenen Schlüsseltechnologie-Unternehmen darin mittlerweile einen Standortnachteil sahen (siehe Abb. 20). Objektiv gesehen waren die Vergleichswerte für Toronto erheblich ungünstiger; dennoch sollten lokale Planungsbehörden die aus der wachsenden industriellen Ballung resultierenden Verschlechterungen der Standortbedingungen nicht unterschätzen. Zunehmende Agglomerationsnachteile könnten sich zu einem bremsenden Faktor für das weitere Wachstum von Schlüsseltechnologie-Industrien entwickeln.

Insgesamt sind die zukünftigen Wachstumschancen der Region Waterloo trotzdem positiv zu beurteilen. Durch die University of Waterloo besitzt die Region ein hervorragendes Renommee als Standort für Schlüsseltechnologie-Unternehmen. Selbst viel größere Stadtbereiche wie Vancouver, Calgary und Montreal wurden in einer Befragung unter Schlüsseltechnologie-Unternehmen in Ottawa-Carleton hinsichtlich ihrer Standortbedingungen nicht besser bewertet als Kitchener-Waterloo (siehe Kapitel 5 und Steed u. DeGenova 1983, S. 273 ff.). Die Nähe zu Toronto und gemeinsame Aktivitäten der lokalen Planungsbehörden (wie das Konzept *"Canada's Technology Triangle"*) stellen zusätzliche Garanten für ein weiteres Wachstum von Schlüsseltechnologie-Industrien dar.

7 Region Atlanta MSA (Georgia)

7.1 Einführung

Der Großraum Atlanta (Georgia) liegt im Unterschied zu den zuvor behandelten Regionen im Süden der USA. In der Literatur wird Atlanta vor allem als wichtiges Dienstleistungs- und Verwaltungszentrum im amerikanischen Südosten hervorgehoben (vgl. Blume 1979, S. 321 ff. und Hartshorn 1976), als Standort von Schlüsseltechnologie-Industrien ist Atlanta bisher weitgehend unbekannt. Ähnlich wie in der Route 128 Region und in Ottawa's Telecom Valley lassen sich erste Schlüsseltechnologie-Entwicklungen in Atlanta auf den Einfluß militärischer Aktivitäten bis zum Beginn des Zweiten Weltkriegs zurückverfolgen. Im Gegensatz zu den Schlüsseltechnologie-Standorten im Nordosten der USA besaß der Großraum Atlanta vor dem Zweiten Weltkrieg noch keine industriellen Verdichtungen. Schlüsseltechnologie-Industrien siedelten sich etwa zeitgleich zu anderen Industriesektoren in Atlanta an, konnten also zu Beginn der Entwicklung nicht von den Verflechtungsmöglichkeiten einer diversifizierten Industriestruktur profitieren.

Im folgenden wird die Schlüsseltechnologie-Region Atlanta (Georgia) auf die Grenzen der administrativen Gebietseinheit Atlanta MSA (Metropolitan Statistical Area) beschränkt (vgl. dazu Karte 11 und Karte 12). Die MSA umfaßt insgesamt 18 Counties, die sich kreisförmig um Atlanta anordnen. Die Stadt Atlanta bildet den räumlichen Mittelpunkt der MSA. Atlanta besitzt nicht nur eine verkehrsmäßig zentrale Lage in der MSA und Georgia, sondern im gesamten Südosten der USA. Viele bedeutende interregionale Fernstraßen laufen sternförmig auf Atlanta zu und schneiden sich im Stadtzentrum. Die Interstates 20, 75 und 85 binden Atlanta an die Industriezentren im Nordosten und Südwesten der USA an und ermöglichen einen schnellen Zugang zu den Märkten im Südosten. Die Interstate 20 verläuft als Ost-West-Straßenverbindung von der Atlantikküste bis nach Dallas/ Fort Worth (Texas) und liefert Anschluß an die US-Staaten im Südwesten. Die Interstate 75 verschafft der Region Zugang zu wichtigen Industriezentren im Manufacturing Belt wie Cincinnati (Ohio) und Detroit (Michigan) und führt in südlicher Richtung bis nach Miami (Florida). Schließlich bindet die Interstate 85 Atlanta an die wichtigen Handelszentren Washington, Philadelphia und New York entlang der nördlichen Atlantikküste an. Innerhalb des Stadtgebiets sorgt die Interstate 285 als ringförmige Umgehungsautobahn für eine Verkehrsentlastung der Innenstadt und ermöglicht einen reibungslosen Transfer zwischen den verschiedenen Fernstraßen. Zugleich verfügt die Region Atlanta mit dem Hartsfield Atlanta International Airport über einen wichtigen internationalen Flughafen mit einem dichten Netz an Flugverbindungen und vielen Direktflügen nach Übersee (vgl. zur Lage Karte 11).

7.2 Regionale Wirtschaftsstruktur

Die Atlanta MSA hatte 1985 eine Gesamtbeschäftigtenzahl von 1,27 Millionen. In der Verarbeitenden Industrie waren 183.000 Arbeitskräfte, d.h. rund 14% aller Erwerbstätigen, beschäftigt. Im Vergleich zu den bisher behandelten Schlüsseltechnologie-Regionen war der Anteil der Verarbeitenden Industrie an der Gesamtbeschäftigung in der Atlanta MSA gering. Atlanta stellt also keinen typischen Industriestandort dar. In öffentlich-staatlichen Institutionen existierten beispielsweise ebenso viele Arbeitsplätze wie in der Verarbeitenden Industrie (siehe Atlanta Chamber of Commerce 1986b, 1985b, 1987a und 1987b sowie Blume 1979, S. 322 f.). Zwischen 1959 und 1976 verringerte sich der Beschäftigtenanteil der Verarbeitenden Industrie von 26% auf 15%. Dieser Bedeutungsverlust war nicht auf einen absoluten Rückgang der Industriebeschäftigten zurückzuführen, sondern resultierte aus einem starken Wachstumsprozeß im Dienstleistungsbereich. Durch die Expansion des Dienstleistungssektors entwickelte sich Atlanta zum zentralen Dienstleistungs-, Finanz-, Transport- und Verwaltungszentrum im amerikanischen Südosten. Der Aufschwung des Dienstleistungssektors und speziell der Leitungs- und Verwaltungsfunktionen stand in engem Zusammenhang mit der marktstrategisch wichtigen Verkehrslage der Region im Südosten der USA. Hinter New York und Chicago gehört Atlanta heute zu einer kleinen Zahl amerikanischer Großstädte, die von großen Industrie- und Dienstleistungsunternehmen als Standorte für zentrale Verwaltungsfunktionen angenommen werden (siehe Stanback u. Noyelle 1982, S. 94 f.; Atlanta Chamber of Commerce 1986d und 1986e sowie Rice 1983, S. 31 ff.).

Während der 70er Jahre war der Zuwachs an Arbeitsplätzen in der Atlanta MSA größer als der Bevölkerungszuwachs. Dadurch konnten selbst Massenentlassungen (z.B. Ende der 60er Jahre durch Lockheed) von der lokalen Wirtschaft aufgefangen werden (siehe Hartshorn 1976, S. 171 ff. und Blume 1979, S. 323). In den 80er Jahren herrschte dementsprechend Vollbeschäftigung. Die Arbeitslosenquote schwankte auf niedrigem Niveau zwischen 4,5% und 5,5% (Atlanta Chamber of Commerce 1985b). 1985 betrug die Arbeitslosenquote in der Atlanta SMSA nur 5% im Vergleich zu einem US-Durchschnitt von etwa 7% (Atlanta Chamber of Commerce 1986b).

Eine Analyse der Industriestruktur anhand der zweistelligen SIC-Kategorien belegt, daß neben dem Dienstleistungssektor auch der Industriesektor eine breite Diversifikation aufweist (siehe Tab. 25 und Atlanta Chamber of Commerce 1986b, 1987a und 1985b). Der aggregierte Industriezweig Metals and Machinery besaß 1985 mit rund 40.000 Beschäftigten (22% der Industriebeschäftigten) die größte

Karte 11: Übersichtskarte Atlanta und Umgebung

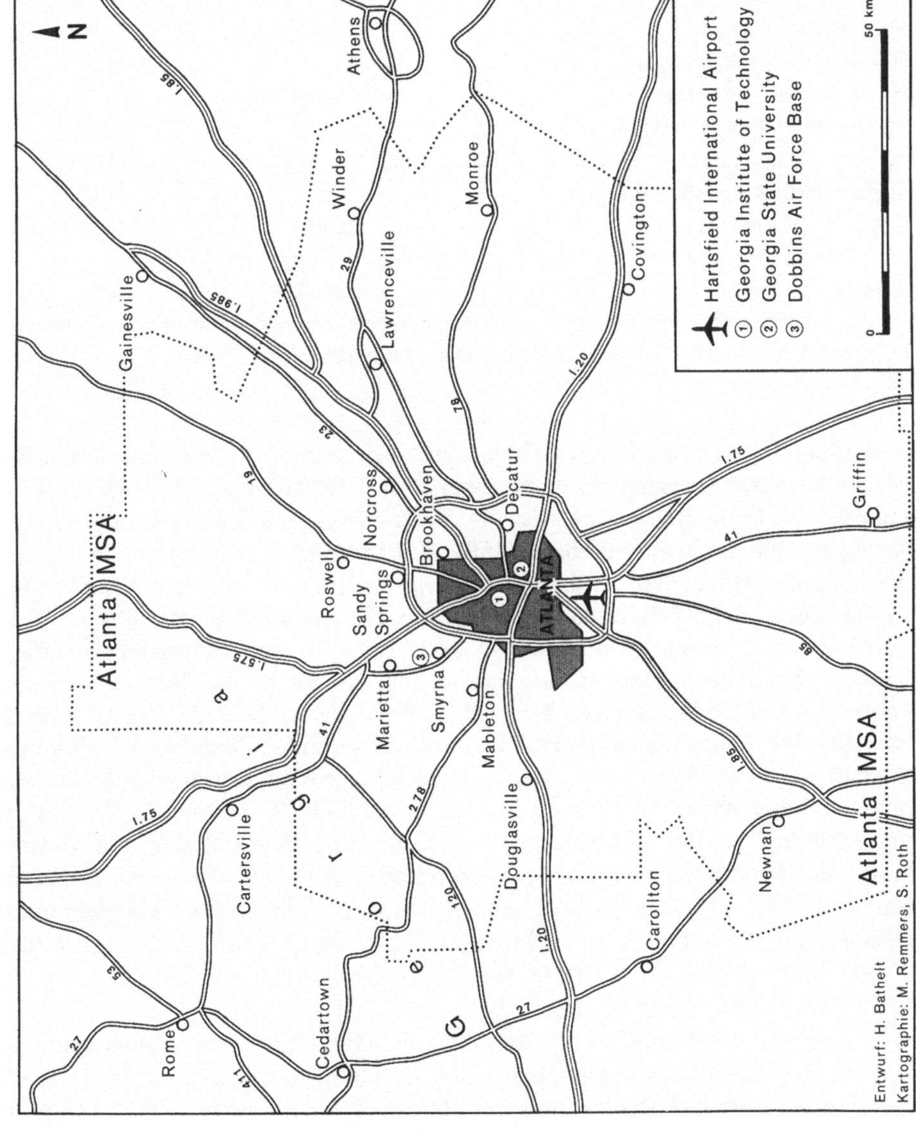

Tab. 25: Sektorale Industriestruktur in der Atlanta MSA 1985

Industriesektor	Beschäftigten-zahl	Beschäftigten-anteil
Metals & machinery (including electrical machinery)	40.100	22,0%
Transportation equipment	31.300	17,1%
Printing and publishing	21.300	11,6%
Textile and apparel products	20.300	11,1%
Food & kindred products	20.200	11,0%
Chemicals & allied products	9.800	5,4%
Lumber and furniture	9.200	5,0%
Paper and allied products	8.500	4,6%
Other industry groups	22.300	12,2%
Summe	183.000	100,0%

Quelle: Nach Atlanta Chamber of Commerce (1986b, 1987a und 1985b).

Bedeutung für den regionalen Arbeitsmarkt. An zweiter Stelle rangierte die Branche Transportation Equipment mit circa 31.000 Beschäftigten (17%). Unternehmen der traditionellen Leder-, Textil-, Bekleidungs-, Holz- und Möbelindustrien verfügten 1985 zwar über mehr als 15% aller Industriebeschäftigten, dennoch war die Atlanta MSA kein typischer Niedriglohnstandort für traditionelle Industriegruppen (siehe Tab. 25 sowie Stanback u. Noyelle 1982, S. 98).

Mit einem Beschäftigtenanteil von rund 20% an der Industriebeschäftigung hatten Schlüsseltechnologie-Industrien in der Atlanta MSA 1986 sogar ein stärkeres Gewicht als in Canada's Technology Triangle (siehe Tab. 25 und Abb. 21). Anhand des Unternehmensverzeichnisses des Atlanta Chamber of Commerce (1986a) waren 1986 rund 44.500 Arbeitskräfte in 206 Schlüsseltechnologie-Unternehmen beschäftigt (siehe auch Atlanta Chamber of Commerce 1985a). Die durchschnittliche Betriebsgröße erreichte mit 216 Beschäftigten nur etwa die Hälfte des für die Route 128-Region errechneten Durchschnittswerts. Im Bereich Flugzeug-/ Raketenbau dominierten allerdings extrem große Unternehmen. So besaßen die 11 erfaßten Unternehmen der Flugzeug-/ Raketenindustrie 1986 fast 20.000 Beschäftigte; die mittlere Betriebsgröße lag dementsprechend bei rund 1.800 Arbeitskräften (siehe Abb. 21).

Obwohl die Industriestruktur der Atlanta MSA insgesamt diversifiziert war, zeigten sich im Schlüsseltechnologie-Bereich ähnliche Spezialisierungstendenzen wie in der Route 128-Region und in Ottawa's Telecom Valley. 1986 waren etwa 45% aller Schlüsseltechnologie-Arbeitskräfte in der Flugzeug-/ Raketenindustrie und mehr als 20% im Bereich Telekommunikation tätig. Zwei Drittel aller Beschäftigten konzentrierten sich somit auf zwei von sieben Schlüsseltechnologie-Industriegruppen (siehe Abb. 21). Interessanterweise hatten sowohl Ottawa-Carle-

Abb. 21: Sektorale Beschäftigtenstruktur von Schlüsseltechnologien in der Atlanta MSA 1986

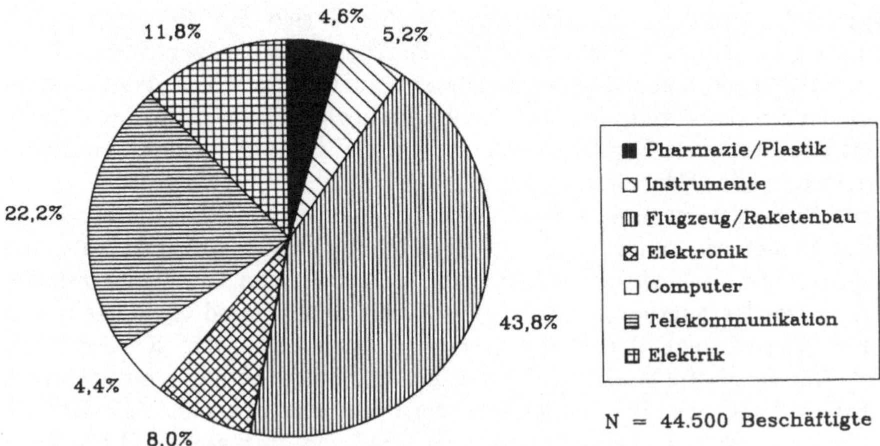

Quelle: Eigene Berechnungen nach Atlanta Chamber of Commerce (1986a).

Karte 12: Räumliche Beschäftigtenstruktur von Schlüsseltechnologien in der Atlanta MSA 1986

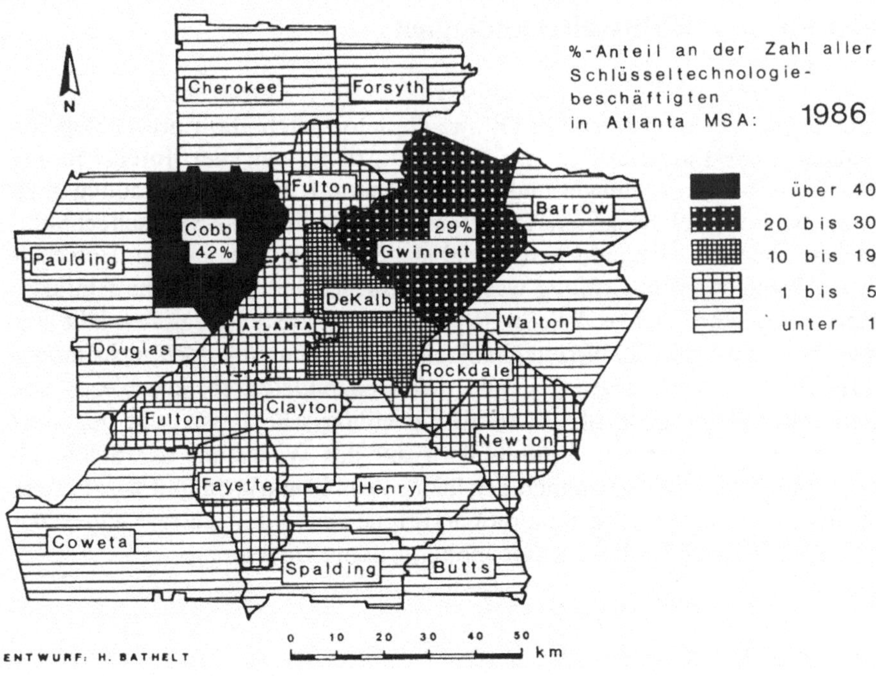

Quelle: Eigene Berechnungen nach Atlanta Chamber of Commerce (1986a).

ton als auch die Region Atlanta eine gewisse Spezialisierung in der Telekommunikationsindustrie (siehe auch Kapitel 5). Dabei handelte es sich allerdings um grundlegend verschiedene Ausrichtungen. Während sich die Telekommunikationsindustrie in Ottawa-Carleton auf die Telefontechnik konzentrierte, dominierte in Atlanta die Satellitentechnik. Dieser Strukturunterschied deutet darauf hin, daß die Spezialisierung von Schlüsseltechnologie-Industrien in der Atlanta MSA das Ergebnis eines Evolutionsprozesses ist und nicht allein durch komparative Standortvorteile erklärt werden kann.

Der räumliche Schwerpunkt von Schlüsseltechnologie-Industrien innerhalb der MSA liegt ähnlich wie in der Route 128-Region und Ottawa's Telecom Valley im suburbanen Raum - vor allem im nördlichen Teil der Region. In Atlanta und den direkt nach Norden angrenzenden Counties Cobb, DeKalb und Gwinnett hatten rund drei Viertel aller Schlüsseltechnologie-Unternehmen der Region ihren Standort. Der Beschäftigtenanteil dieser Counties belief sich auf rund 85% (vgl. Karte 12). Bedeutendste Beschäftigtenstandorte im Schlüsseltechnologie-Bereich waren Cobb County mit einem Beschäftigtenanteil von etwa 40% und Gwinnett County mit einem Anteil von 30%. Verläßt man die County-Ebene und geht zur Gemeindeebene über, so stößt man innerhalb der beiden Counties auf jeweils eine dominante Standortgemeinde. Innerhalb von Cobb County bildete Marietta und innerhalb von Gwinnett County die Gemeinde Norcross das Zentrum von Schlüsseltechnologie-Industrien.

7.3 Evolution von Schlüsseltechnologien

Wie in der Route 128-Region und in Ottawa-Carleton setzte die Entwicklung von Schlüsseltechnologie-Industrien in der Region Atlanta mit der Intensivierung militärelektronischer Forschungen und den steigenden Rüstungsaufwendungen zu Beginn des Zweiten Weltkriegs ein. Der eigentliche Boom von Schlüsseltechnologie-Branchen ereignete sich jedoch sehr viel später in den 70er Jahren. Entscheidend für die Nachkriegsentwicklung war die Tatsache, daß militärische Einflüsse in der Region erhalten blieben. Wie in den zuvor behandelten Regionen läßt sich das Standortverhalten von Schlüsseltechnologie-Unternehmen jedoch nicht monokausal erklären. Die vorhandenen Standortfaktoren bildeten ein komplexes und dynamisches Beziehungsgeflecht. Während die militärische Präsenz in den 50er Jahren noch der dominierende Einflußfaktor auf das Wachstum von Schlüsseltechnologie-Industrien war, gewannen der lokale Arbeitsmarkt (damit zusammenhängend die Universitäten), Agglomerationsvorteile sowie die zentrale Verkehrslage der Region in den 60er Jahren eine immer größere Bedeutung.

7.3.1 Determinanten der Entwicklung vor 1945

Die Stadt Atlanta wurde um 1840 zunächst unter dem Namen Terminus als Endstation einer Eisenbahnlinie auf dem südlichen Piedmontplateau gegründet. Von Anfang an versuchten lokale Politiker eine Vision von Größe und Macht in Atlanta zu verwirklichen, die die gesamte Entwicklung bis heute geprägt hat. Atlanta entwickelte sich im 19. Jahrhundert zunächst in Konkurrenz zur Hafenstadt Savannah zu einem regionalen Zentrum in Georgia. Bereits 1868 wurde Atlanta die Hauptstadt des US-Bundesstaats Georgia und konnte seitdem die Rolle als führende Metropole in Georgia beibehalten. Der ständige Ausbau des räumlichen Einflußbereichs der Stadt war eng mit der günstigen Verkehrslage verknüpft (vgl. dazu Rice 1983, S. 31 ff., Hartshorn 1976, S. 155 ff. und Blume 1979, S. 322).

Zu Beginn des 20. Jahrhunderts existierten in der Region Atlanta praktisch keine bedeutenden Industrieansiedlungen. Die ansässigen Unternehmen hatten sich in der Region niedergelassen, um den geringen gewerkschaftlichen Organisationsgrad der Arbeiterschaft, Lohn- und andere Kostenvorteile der Südstaaten gegenüber den Bundesstaaten im Nordosten der USA auszunutzen. Demzufolge konzentrierte sich ein großer Teil der industriellen Aktivitäten auf arbeitsintensive Funktionen. Wie viele Städte in den Südstaaten erhielt Atlanta durch den Zweiten Weltkrieg entscheidende wirtschaftliche Impulse. Es erfolgte eine nachholende industrielle Entwicklung, die sich nach Kriegsende intensivierte. Rice (1983, S. 32) beschreibt die Auswirkungen militärischer Aktivitäten auf die regionale Wirtschaftsstruktur wie folgt:

"In anticipation of wartime needs the army erected large brick warehouses and elaborate railroad switchyards on a 1,500-acre tract in Clayton County fifteen miles southeast of downtown. [...] along Peachtree Road in the northeastern suburban fringe, the government utilized the site of a World War I camp to establish a naval air station and an army hospital. The army airfield, located next to the municipal airport since 1929, served as an important stopover point for military aircraft. An estimated one hundred Atlanta firms dedicated their total output to the war effort, and dozens of others benefited less directly. [...] By far the most important single war industry in the area was the Bell bomber plant, located northwest of the city near the little Cobb County town of Marietta. By 1944 patronage on the Marietta interurban line had quadrupled to handle the nearly thirty thousand workers in the huge factory."

Unternehmensverlagerungen in die Region fanden nur teilweise unter Kostengesichtspunkten statt. Dies galt insbesondere für die Flugzeugindustrie, die sich in Marietta um die Produktionsanlagen der Bell-Bomber konzentrierte und später einen militärisch-ausgerichteten Schlüsseltechnologie-Komplex formte (Markusen u. Bloch 1985, S. 117). Auch wenn die Ursachen für die räumliche Verteilung der US-Flugzeugindustrie zu Beginn des Zweiten Weltkriegs bis heute nicht vollständig geklärt sind (vgl. Scott u. Mattingly 1989, S. 49; Markusen 1986, S. 99 f. und 1988b, S. 22 ff.), lassen sich zahlreiche Gründe finden, die für die Standortwahl von Flugzeugproduzenten in der Region Atlanta mitverantwortlich waren: Einerseits gewann Atlanta durch die Nähe zu zahlreichen militärischen Truppenstützpunkten und die zentrale Lage im Südosten der USA eine große militärstrategische Bedeutung. Andererseits besaß die Region einen quantitativ ausreichenden

Arbeitsmarkt für den Aufbau großer Produktionsstätten, einen Überschuß an industriell nutzbaren Flächen für den Bau von Start- und Landepisten und ein Klima (Atlanta Chamber of Commerce 1982), das ideale Voraussetzungen für ganzjährige Probeflüge und Produktionsaktivitäten im Freien schuf.

7.3.2 Determinanten der Entwicklung in den 50er und 60er Jahren

Das durch die militärischen Aufträge in der Region Atlanta hervorgerufene Wirtschaftswachstum setzte sich auch nach Kriegsende fort. Die während des Kriegs angesiedelten Unternehmen aus dem Bereich der Flugzeugindustrie hatten großen Einfluß darauf, daß die Atlanta MSA nicht wie andere Südstaatenregionen ein Standort von Niedriglohnindustrien blieb, sondern als potentieller Standort für Schlüsseltechnologie-Unternehmen fortlaufend an Bedeutung gewann. In der frühen Nachkriegszeit war jedoch das Wachstum der Dienstleistungsbereiche noch bemerkenswerter. Atlanta entwickelte sich in den 50er und 60er Jahren zur dominanten Handelsmetropole im Südosten und zu einer der bedeutendsten städtischen Agglomerationen der USA. Dieser Bedeutungszuwachs ging einher mit einer Qualitätsverbesserung des regionalen Arbeitsmarkts (vorangetrieben durch die Universitäten) und einem verstärkten Ausbau der Verkehrsinfrastruktur. Insbesondere die in den 60er Jahren einsetzende Erweiterung des Hartsfield Atlanta International Airport setzte neue Impulse für das regionale Wirtschaftswachstum.

Für den Wachstumsprozeß darf allerdings auch ein politischer Faktor nicht unterschätzt werden: die Rolle von Atlanta zur Zeit der Rassenunruhen in den 60er Jahren. Während die Aufstände schwarzer Bevölkerungsgruppen gegen die Rassendiskriminierung in anderen Städten der Südstaaten immer radikalere Formen annahmen, entwickelte sich Atlanta unter der Führung von King zum Zentrum des gewaltfreien Widerstands der Schwarzen. Da der Süden in der Nachkriegszeit einen großen Nachholbedarf in allen Wirtschaftsbereichen besaß, waren notwendige Investitionen (z.B. der Aufbau von Vertriebsnetzen oder Zweigwerksansiedlungen) in einer vergleichsweise liberalen Stadt wie Atlanta mit geringeren Risiken verbunden als in anderen Südstaatenregionen.

7.3.2.1 Staatlich-militärische Einflüsse

Zwei Ursachen waren ausschlaggebend dafür, daß der Einfluß militärischer Aktivitäten (insbesondere des Department of Defense) in der Region auch nach 1945 erhalten blieb, obwohl die Produktion von Bell-Bombern kurz nach Kriegsende eingestellt worden war:

1. *Ansiedlung von Lockheed:* 1951 siedelte sich Lockheed (aus Calabasas in Kalifornien) in den leerstehenden ehemaligen Fabrikhallen von Bell in Marietta an und baute dort eine große Produktionsanlage für Militärflugzeuge mit eigener FuE-Abteilung auf (vgl. Rice 1983, S. 37 und Hall 1988, S. 116 ff.). Zu dieser Zeit benötigte das Unternehmen dringend neue Produktionsstätten und Testgelände zur Produktion von B-47-Bombern

und C-130-Hercules-Transportmaschinen für den Koreakrieg. Marietta bot sich als Standort an, weil (neben klimatischen Gunstfaktoren) Produktionshallen aus der Vorkriegszeit vorhanden waren und auf dem lokalen Arbeitsmarkt durch die Kriegsproduktion vielfältige Erfahrungen in der Flugzeugindustrie existierten. Außerdem konnten Testflüge auf dem Militärflughafen der benachbarten Dobbins Air Force Base durchgeführt werden (vgl. zur Lage Karte 11).

2. *Regionaler Schwerpunkt der US-Regierung:* Nach dem Zweiten Weltkrieg legte die US-Regierung Atlanta als Standort für die Entscheidungszentrale des U.S. Army Forces Command und das Southeastern Regional Office des Department of Defense fest. Zugleich wurden wichtige Truppenstützpunkte der US-Armee in der Region wesentlich ausgebaut, darunter Fort Gillem, Fort McPherson, die Dobbins Air Force Base und die Atlanta Naval Station. Zusätzlich verfügte Atlanta als Hauptstadt von Georgia über den vollständigen Verwaltungs- und Entscheidungsapparat einer Einzelstaatsregierung. Die Atlanta MSA entwickelte sich also zu einer Region, die in starkem Maß durch Regierungsinstitutionen und deren Einflüsse geprägt war. Die Bedeutung des staatlichen Sektors für die lokale Wirtschaft zeigte sich noch in den 80er Jahren anhand der Beschäftigtenzahlen. 1985 waren allein rund 180.000 Arbeitskräfte in staatlichen Institutionen tätig. D.h. der öffentlich-staatliche Sektor besaß eine genauso große Bedeutung für den Arbeitsmarkt wie die gesamte Verarbeitende Industrie (siehe Rice 1983, S. 36 f. und 42; Atlanta Chamber of Commerce 1986b und Bathelt 1989, S. 92).

In den 50er Jahren wurde das wirtschaftliche Wachstum der Region entscheidend durch staatlich-militärische Projekte vorangetrieben. Militärische Ausgaben standen in dieser Periode zumeist im Zusammenhang mit dem Koreakrieg und waren überwiegend an Unternehmen der Flugzeugindustrie adressiert. Die Tradition intensiver Verflechtungsbeziehungen von Schlüsseltechnologie-Unternehmen zu Regierungsstellen setzte sich bis in die 80er Jahre fort und zeigte sich auch anhand der durchgeführten Unternehmensbefragung (siehe Tab. 26): Auf der einen Seite verzeichneten circa 60% der befragten Schlüsseltechnologie-Unternehmen 1988 nur schwach ausgeprägte staatliche Absatzbeziehungen (weniger als 10% der Umsätze stammten aus staatlichen Märkten). Auf der anderen Seite resultierten bei einem Viertel der befragten Unternehmen mindestens 20% der Umsätze aus der Nachfrage staatlicher Institutionen (siehe Tab. 26). Der Anteil der von militärischen Aufträgen abhängigen Schlüsseltechnologie-Unternehmen lag 1988 etwa auf demselben Niveau wie in der Route 128-Region (vgl. Kapitel 4). Im Unterschied zur Route 128-Region waren in der Atlanta MSA jedoch keine Anzeichen einer Umorientierung von staatlichen zu privaten Märkten feststellbar. D.h. diejenigen Schlüsseltechnologie-Unternehmen, die bereits seit langer Zeit auf militärische Märkte vertrauten, sahen bisher keine Veranlassung, ihre Absatz- und Produktstrategie zu verändern.

Die Ansiedlungsentscheidung von Lockheed in Marietta war eine Initialzündung für die Konzentration von Unternehmen der Flugzeugindustrie in der Region und hatte im wesentlichen drei miteinander verflochtene Auswirkungen (siehe GTRI 1986):

Tab. 26: Staatliche Verflechtungen von Schlüsseltechnologie-Unternehmen in der Atlanta MSA

Anteil von Verkäufen an staatliche Institutionen	Unternehmens-zahl	Unternehmens-anteil
0%	8	36%
1-9%	5	23%
10-19%	3	14%
20-49%	2	9%
≥ 50%	4	18%
Summe	22	100%

Quelle: Eigene Erhebungen.

Tab. 27: Hauptvertragspartner militärischer Einrichtungen in Georgia bis 1985 (ausschließlich Aerospace-Verträge über 1 Mio US-$)

Vertragsunternehmen	Vertragsumfang bis 1985	Anteil an Verträgen über 1 Mio US-$
Sanders Associates	119.587.000 $	11,9%
Hughes Aircraft	104.021.000 $	10,4%
Rockwell International	98.351.000 $	9,8%
McDonnell Douglas	76.189.000 $	7,6%
Lockheed	74.114.000 $	7,4%
United Technologies	54.813.000 $	5,5%
Summe	527.075.000 $	52,6%

Quelle: Nach Georgia Tech Research Institute (1986, S. 96).

1. *Ansiedlung von Konkurrenten:* Die Standortwahl von Lockheed übernahm für zahlreiche amerikanische Konkurrenzunternehmen eine Vorreiterfunktion in der Entscheidung, ebenfalls ein Zweigwerk in der Region zu errichten (z.B. für Hughes Aircraft und Rockwell International). Die Nähe zu Lockheed ermöglichte neu hinzukommenden Unternehmen, im direkten Wettbewerb zusätzliche Rüstungsaufträge zu erhalten und an dem vorhandenen Bestand erfahrener Arbeitskräfte zu partizipieren. Der regionale Arbeitsmarkt für Schlüsseltechnologie-Industrien wurde auf diese Weise in großem Umfang durch Zweigwerke aus anderen Regionen der USA beherrscht. Mit der zunehmenden technischen Komplexität und dem vermehrten Einsatz der Computertechnologie in der Luftraumforschung erweiterten viele Flugzeughersteller ihre Produk-

tionsaktivitäten um den Raketenbau (vgl. auch Berg u. Tielke-Hosemann 1989), der sich ebenfalls zu einem wichtigen Schlüsseltechnologie-Sektor der Region entwickelte.

2. *Zunahme staatlicher Aufträge:* Durch Lockheed erhöhten sich die in die Region fließenden Aufträge für Luftraumforschung. Davon profitierten auch später gegründete Zweigwerke bedeutender Flugzeughersteller, was eine weitere Zunahme der staatlichen Aufträge hervorrief (siehe Tab. 27). Betrachtet man ausschließlich Aufträge über mehr als eine Million US-Dollar, so wurden allein durch die militärischen Einrichtungen in Georgia bis 1985 rund 530 Millionen US-Dollar für Luftfahrtforschung ausgegeben. Die Militärkontrakte konzentrierten sich auf wenige Flugzeug-/ Raketenhersteller, von denen die meisten in der Region Atlanta eine bedeutende Produktionseinrichtung besaßen. Die sechs größten Vertragsunternehmen konnten über die Hälfte aller Aerospace-Verträge von mehr als einer Million US-Dollar auf sich vereinigen (siehe Tab. 27).
3. *Ansiedlung/ Gründung von Zulieferern:* Obwohl Lockheed nur in geringem Umfang regionale Liefer- und Absatzbeziehungen zu anderen Unternehmen der Region aufbaute, siedelten sich in der Nachkriegszeit zunehmend kleine und zum Teil hochspezialisierte Zulieferbetriebe in der Atlanta MSA an. Diese wurden überwiegend durch Unternehmensgründer aufgebaut, die in der Region beheimatet waren (oder dort ihre Ausbildung absolviert hatten) und somit ausgezeichnete Kenntnisse über das in der Region vorhandene Absatzpotential besaßen. In der Unternehmensbefragung zeigte sich, daß ein Teil dieser Zulieferbetriebe als Spin-off-Unternehmen aus den lokalen Universitäten (speziell aus dem Georgia Institute of Technology) hervorgegangen waren.

7.3.2.2 Universitäten und lokaler Arbeitsmarkt

Ein parallel zu den militärischen Aktivitäten wirkender Komplex von Einflüssen ging von den lokalen Universitäten aus. Diese trugen zur Entstehung eines qualitativ hochwertigen Arbeitsmarkts bei, der insbesondere den ansässigen Schlüsseltechnologie-Unternehmen zugute kam. Zugleich spielten lokale Universitäten eine wichtige Rolle bei der Spezialisierung auf einen neben der Flugzeug-/ Raketenindustrie zweiten Schlüsseltechnologie-Bereich: die Telekommunikationsindustrie. Vor allem das Georgia Institute of Technology (Georgia Tech) wurde aufgrund seiner technischen Ausrichtung und durch zahlreiche Spin-off-Gründungen zu einem wichtigen Standortfaktor für Schlüsseltechnologie-Unternehmen. Mit dem industriellen Wachstum und der zunehmenden Bedeutung von Dienstleistungs-, Verwaltungs- und Leitungsfunktionen erhöhte sich nach dem Zweiten Weltkrieg der Bedarf an hochqualifizierten Arbeitskräften (speziell Akademikern). Dieser Bedarf konnte nicht vollständig durch die Rekrutierung von Arbeitskräften aus anderen Regionen der USA gedeckt werden, so daß zwangsläufig eine verstärkte Förderung lokaler Universitäten einsetzte, an der sich auch etablierte Industrieunternehmen beteiligten.

Im Unterschied zur Route 128-Region und der Region Waterloo verfügt die Atlanta MSA über keine wirkliche Spitzenuniversität. Allerdings hat sich die Region mittlerweile zu einem bedeutenden Zentrum der höheren Bildung im

Südosten der USA mit einer großen Konzentration von Universitäten und Colleges entwickelt. In der Atlanta MSA existieren heute rund 30 Universitäten und Colleges, an denen 1985 mehr als 90.000 Studierende eingeschrieben waren. Die größten Universitäten waren die Georgia State University mit rund 22.000 Studenten (1985), Georgia Tech mit circa 11.000 Studenten und die Emory University mit 8.500 Studenten (siehe Atlanta Chamber of Commerce 1986b und 1986c sowie ATDC 1983). Diese verfügten mit Ausnahme des Georgia Institute of Technology lediglich über kleine technische Forschungsprogramme, so daß von ihnen keine wesentlichen Impulse auf den Schlüsseltechnologie-Sektor der Region ausgingen. Georgia Tech besaß dagegen zahlreiche Forschungsschwerpunkte in den Ingenieurwissenschaften, im Bereich Telekommunikation und in der Atomphysik. Nach einer Auswertung der National Science Foundation (NSF) hatte Georgia Tech unter allen nicht-privaten US-amerikanischen Universitäten den höchsten Etat für FuE-Aktivitäten in den Ingenieurwissenschaften. In den 70er und 80er Jahren konnte Georgia Tech durch seine gute Reputation die Forschungsetats beträchtlich erweitern. 1981 belief sich der Gesamtetat für Forschungszwecke auf 57,7 Millionen US-Dollar, 1985 bereits auf 88,4 Millionen US-Dollar (vgl. dazu Georgia Institute of Technology 1986a und 1986b).

Durch industriell verwertbare Forschungsprojekte, Co-op-Ausbildungsprogramme in den Ingenieurwissenschaften und intensive Verflechtungsbeziehungen zum privaten Sektor entwickelte sich Georgia Tech für lokale Schlüsseltechnologie-Unternehmen zu einer wichtigen Quelle hochqualifizierter technischer Arbeitskräfte. Rund 75% aller 2.231 in Georgia (1984) verliehenen ingenieurwissenschaftlichen Universitätsgrade stammten allein von Georgia Tech (Riall 1986, S. 23 ff.). Die Universität wurde zu einem eigenständigen Katalysator für das Schlüsseltechnologie-Wachstum:

1. *"Technology Park":* Durch die Initiative von Georgia Tech wurde in den 60er Jahren mit dem "Technology Park" ein Technologiepark nach dem Vorbild des Stanford Industrial Park (Silicon Valley) eingerichtet. Der "Technology Park" wurde als Industriestandort für Forschungsabteilungen und technologieorientierte Produktionseinrichtungen rund 35 Kilometer nordöstlich des Downtown-Bereichs von Atlanta in Norcross gegründet. Durch die aktive Förderung von Georgia Tech erlangte der "Technology Park" eine entscheidende Bedeutung für den späteren Agglomerationsprozeß von Schlüsseltechnologie-Unternehmen in Norcross (vgl. dazu auch die folgenden Abschnitte).
2. *GTRI:* Ebenfalls in Analogie zum Silicon Valley wurde das Georgia Tech Research Institute (GTRI) als nicht-gewinnorientierte Forschungseinrichtung der Universität gegründet, um gemeinsame Forschungsprojekte mit privatwirtschaftlichen Unternehmen und staatlichen Institutionen durchzuführen und zu intensivieren. Das Georgia Tech Research Institute besteht aus sieben Forschungslabors und beschäftigte 1985 insgesamt 1.270 Forscher. Über die Forschungslabors existierten enge Kontakte zwischen der Universität und den lokalen Schlüsseltechnologie-Unternehmen (vgl. dazu Georgia Institute of Technology 1986a und 1986b sowie Riall 1986, S. 30 ff.).
3. *Spin-offs:* Die Forschungsaktivitäten von Georgia Tech (speziell auf dem Gebiet der Telekommunikation) führten zur Gründung zahlreicher Universitäts-Spin-offs im Schlüsseltechnologie-Bereich, von denen Scientific Atlanta eine zentrale Bedeutung für

den Aufschwung der Telekommunikationsindustrie in der Region Atlanta besaß. Der Ausstrahlungsbereich von Georgia Tech dehnte sich in den 70er Jahren auf die gesamte Telekommunikationsindustrie in Georgia aus (vgl. dazu Riall 1986, S. 39 und die folgenden Abschnitte).

4. *ATDC:* Seit dem Ende der 70er Jahre bemühte sich Georgia Tech darum, das Entstehen von Universitäts-Spin-offs bewußt zu verstärken und in organisatorisch geregelte Bahnen zu lenken. Zu diesem Zweck wurde 1980 das Advanced Technology Development Center (ATDC) gegründet. Durch das ATDC werden in erster Linie technologieorientierte Gründungen während der Startphase betreut und gefördert. Den Kern des Programms bildet ein enges Beziehungsgeflecht der geförderten Unternehmen zu Georgia Tech. Dieses Geflecht wird durch die räumliche Nähe zwischen Unternehmen und Universität begünstigt. So befinden sich die Inkubatoreinrichtungen eines Gründerzentrums des ATDC direkt auf dem Campus von Georgia Tech (vgl. dazu Riall 1986, S. 29 f. und die folgenden Abschnitte).

7.3.2.3 Ausbau als Verkehrsknotenpunkt und Handelsmetropole

Die Verbesserung der Qualifikationsstruktur auf dem regionalen Arbeitsmarkt wurde seit den 60er Jahren ganz entscheidend durch den Aufstieg von Atlanta zu einer Handels-, Dienstleistungs-, Verwaltungs- und Finanzmetropole mit nationaler Bedeutung vorangetrieben. In dem Maß, in dem sich die zentralörtliche Position von Atlanta innerhalb des nordamerikanischen Städtesystems erhöhte, verbesserte sich die Qualifikationsstruktur des regionalen Arbeitskräftepotentials durch Zuwanderungsgewinne. Der Bedeutungszuwachs der 50er und 60er Jahre war vor allem auf drei miteinander verflochtene Ursachenkomplexe zurückzuführen, die nachhaltig auf den Schlüsseltechnologie-Sektor wirkten:

1. *Aufstieg zur US-Metropole:* Infolge großer Investitionsprojekte konnte die Stadt ihren Bekanntheitsgrad innerhalb der USA vergrößern und eine Vielzahl von Finanz-, Handels-, Verwaltungs- und anderer Dienstleistungsunternehmen anziehen, die in Atlanta einen marktstrategisch wichtigen Standort mit überregionaler Bedeutung für den gesamten US-amerikanischen Südosten suchten und fanden. Der Aufstieg zu einer US-Metropole wäre ohne ein vergleichsweise harmonisches Verhältnis zwischen den weißen und schwarzen Bevölkerungsschichten in dieser Form nicht denkbar gewesen (vgl. Economist vom 29. März 1975, vom 11. März 1978 und vom 7. August 1982 sowie Rice 1983, S. 38 ff.).
2. *Autobahnausbau:* Angesichts der ehrgeizigen Pläne, Atlanta vom Image einer regionalen Metropole zu befreien, wurden in den 50er und 60er Jahren Anstrengungen unternommen, den traditionellen Erreichbarkeitsvorteil der Region Atlanta weiter auszubauen (Rice 1983). Die Verkehrsinvestitionen konzentrierten sich zunächst vorrangig auf das interregionale Autobahnnetz. Die drei Interstates I 75, I 85 und I 20 und die periphere Ringautobahn I 285 wurden erweitert und zu vier- bis zehnspurigen Verkehrsnetzen ausgebaut. Im suburbanen Raum nutzte man Flächen entlang der Autobahnen zum Bau groß angelegter Gewerbe- und Industrieparks. Bereits Mitte der 70er Jahre waren über 60 neue Industrieparks entlang der interregionalen Fernstraßen ent-

standen (vgl. Hartshorn 1976, S. 187 ff.). Die größte Ballung von Industrieparks entstand in der Umgebung des Schnittpunkts der Interstate 85 mit der Ringautobahn I 285.

3. *Flughafenausbau:* Wahrscheinlich noch bedeutsamer als der Ausbau des interregionalen Fernstraßennetzes war die kontinuierliche Erweiterung des Hartsfield Atlanta International Airport zu einem der weltweit größten Flughäfen (vgl. zur Lage Karte 11). Die Flughafenerweiterung war als Voraussetzung für die Ausdehnung des räumlichen Einflußbereichs von Atlanta notwendig und dringend von der lokalen Geschäftswelt gefordert worden. Obwohl zunächst ein Streit um den Standort des Flughafens entbrannte, konnte ein wesentlicher Teil der Erweiterungsarbeiten bis 1970 abgeschlossen werden. In den 60er Jahren stieg das Passagieraufkommen des Hartsfield Atlanta International Airport von 1,7 Millionen auf 15,5 Millionen an (vgl. Atlanta Chamber of Commerce 1987a). Die Position des Flughafens verbesserte sich damit innerhalb der USA von Rang 10 auf Rang 3 (Rice 1983, S. 40). Seit 1980 ist der Hartsfield Atlanta International Airport zusammen mit Chicagos Flughafen O'Hara der "geschäftigste" Flughafen der USA (rund 40 Millionen Fluggäste pro Jahr).[1] Die Präsenz eines so bedeutenden Flughafens war mitentscheidend dafür, daß Atlanta als Headquarter-Standort innerhalb der USA akzeptiert wurde (vgl. Wheeler u. Brown 1985 und Cruickshank 1981). Zugleich wurde der Flughafen zu einem unverzichtbaren Standortfaktor für lokale Schlüsseltechnologie-Unternehmen. Durch die vielen Direktflugverbindungen innerhalb der USA und nach Übersee (vor allem Europa und Japan) trug der Hartsfield Atlanta International Airport dazu bei, daß seit den 70er Jahren verstärkt auch ausländische Schlüsseltechnologie-Unternehmen ihre Zweigwerke oder Tochtergesellschaften in der Atlanta MSA ansiedelten.

7.3.3 Determinanten der Entwicklung in den 70er und 80er Jahren

Durch den Ausbau der Verkehrsinfrastruktur und den Boom des Dienstleistungssektors veränderte sich in den 70er und 80er Jahren das Beziehungsgeflecht zwischen den dominanten Standortfaktoren in der Atlanta MSA nachhaltig. Obwohl militärische Einflüsse auch weiterhin eine große Rolle spielten, erlangten Transportgesichtspunkte und Verflechtungsmöglichkeiten zu Kunden und Zulieferern im Südosten der USA eine zunehmende Bedeutung für die lokalen Schlüsseltechnologie-Industrien. Die resultierenden Wachstumsimpulse hatten eine Welle von Neugründungen in Schlüsseltechnologie-Sektoren zur Folge. Getragen durch die Ausrichtung des Georgia Institute of Technology und die existierende Spezialisierung der regionalen Schlüsseltechnologie-Industrien verzeichneten die Bereiche Luft- und Raumfahrt sowie Telekommunikation die größten Zuwächse an neuen Unternehmen.

[1] Dabei ist einschränkend zu bemerken, daß über die Hälfte der Flugzeugpassagiere des Hartsfield Atlanta International Airport Transitreisende sind (Cruickshank 1981).

7.3.3.1 Schlüsseltechnologie-Gründungen und Risikokapital

Die Ergebnisse der Unternehmensbefragung spiegeln die zunächst zögernde, später dagegen sich stetig beschleunigende Entwicklung des Schlüsseltechnologie-Sektors in der Atlanta MSA wider (siehe Abb. 22). Bis 1960 existierten nur wenige Schlüsseltechnologie-Unternehmen in der Region, wenngleich diese eine wichtige Funktion als Impulsgeber hatten. Mit der groß angelegten Erweiterung des interregionalen Fernstraßennetzes und des internationalen Flughafens sowie dem Ausbau von Atlanta zum bedeutendsten Handelszentrum im amerikanischen Südosten schafften Schlüsseltechnologie-Industrien in den 70er Jahren den Durchbruch. Komparative Kostenvorteile, die in bezug auf den Arbeitsmarkt und die Besteuerung zweifellos im Vergleich zu Standorten im Nordosten der USA vorhanden waren, verloren gegenüber den markt- und absatzstrategischen Standortvorteilen der Atlanta MSA zunehmend an Bedeutung. Ein Drittel der einbezogenen Unternehmen errichteten ihre Produktions-, Verwaltungs- bzw. Forschungseinrichtungen in der Region zwischen 1970 und 1979, weitere 45% sogar erst in den 80er Jahren (siehe Abb. 22).

Der Schlüsseltechnologie-Sektor der Atlanta MSA besteht heute aus zwei verschiedenen Segmenten (Bathelt 1989, S. 92 f.): Zum einen gibt es eine Vielzahl reiner Verkaufs-, Distributions- oder Marketing-Zweigwerke großer multinationaler Schlüsseltechnologie-Unternehmen. Diese konzentrieren sich auf die großen Industrie- und Gewerbeparks entlang der Umgehungsautobahn. Unter den monofunktionalen Service-Einrichtungen befinden sich außer allen wichtigen US-amerikanischen Schlüsseltechnologie-Unternehmen in zunehmendem Umfang europäische Konkurrenzunternehmen. Besonders auffällig ist auch die starke Präsenz japanischer Schlüsseltechnologie-Unternehmen. Es handelt sich bei den meisten der monofunktionalen Zweigwerke um Hauptversorgungseinrichtungen für den Südosten der USA, die durch marktstrategische und klimatische Gunstfaktoren angezogen wurden und von den Agglomerationsvorteilen im Ballungsgebiet profitierten. Da sich die vorliegende Untersuchung a priori auf den produzierenden Sektor beschränkte (vgl. Kapitel 2), wurden reine Verkaufs-, Distributions- oder Marketing-Zweigwerke nicht in die Erhebung einbezogen.

Das zweite Segment des Schlüsseltechnologie-Sektors besteht aus Unternehmen mit Montage-, Produktions- und/ oder Forschungsfunktionen, die zum großen Teil den Branchen Flugzeug-/ Raketenbau und Telekommunikation angehören. Während das Wachstum dieser Industrie-Sektoren zunächst überwiegend externe Steuerungselemente besaß und durch Zweigwerksansiedlungen bestimmt war, setzte in den 70er Jahren ein regionsinterner Unternehmensgründungsprozeß ein. Die Gründungsaktivitäten wurden zu einem bedeutenden Teil durch Spin-off-Prozesse aus dem privaten und universitären Bereich getragen.

Spin-off-Prozesse auf der einen und die frühzeitige Spezialisierung des Schlüsseltechnologie-Sektors auf der anderen Seite hatten außerdem zur Folge, daß sich innerhalb der Schlüsseltechnologie-Industrien die Spezialisierungstendenzen weiter verstärkten. Neugegründete Unternehmen operierten tendenziell in denjenigen Branchen, die die besten Absatzmöglichkeiten boten und in denen die Gründer zuvor berufliche Erfahrungen gesammelt hatten. Obwohl sich Atlanta in den 70er

Abb. 22: Verteilung von Schlüsseltechnologie-Unternehmen in der Atlanta MSA nach Gründungsperioden

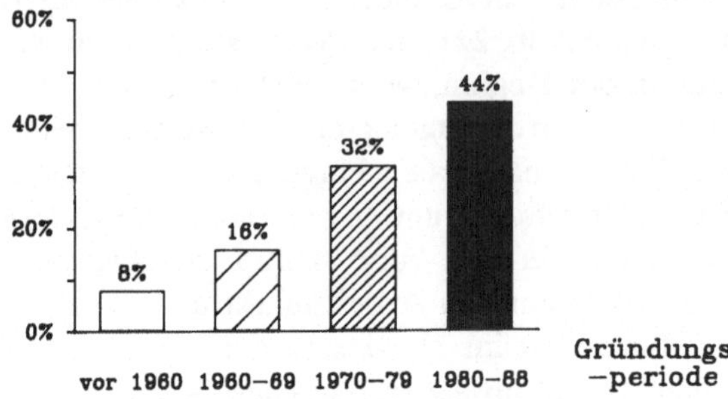

Quelle: Eigene Erhebungen.

Tab. 28: Finanzierung von Schlüsseltechnologie-Neugründungen in der Atlanta MSA

Art der Finanzierung	Unternehmens-zahl	Unternehmens-anteil
Ersparnisse/ Unternehmensgewinne	20	80%
Bankkredite	3	12%
Risikokapital	2	8%
Summe	25	100%

Quelle: Eigene Erhebungen.

Jahren zu einem US-Finanzzentrum entwickelte, besaß die Aufnahme von Fremdkapital nur eine geringe Bedeutung für die Finanzierung von Schlüsseltechnologie-Gründungen (siehe Tab. 28). Jeweils etwa 10% der befragten Unternehmen finanzierten ihr Gründungsstadium überwiegend durch Bankkredite oder durch Risikokapital. In 80% der Fälle (20 Unternehmen) erfolgte die Finanzierung ohne Fremdkapitalaufnahme. Der Anteil der auf eigenen Ersparnissen oder bereits erzielten Unternehmensgewinnen basierenden Gründungen lag in der Atlanta MSA somit deutlich höher als in der Route 128-Region und der Region Waterloo (vgl. Kapitel 4 und Kapitel 6).

Atlanta ist als Standort von Schlüsseltechnologie-Unternehmen bisher weitgehend unbekannt und deshalb vermutlich zu keiner Zeit zu einem Förderschwerpunkt für Risikokapital-Unternehmen aus dem Nordosten und Westen der USA geworden. Das weitgehende Fehlen von Risikokapital-Unternehmen führte in den 80er Jahren zu verstärkten Bemühungen seitens der lokalen Administration und industrieller Interessensverbände, neue Risikokapital-Fonds in der Region einzurichten, um ein Nachlassen der Gründungsaktivitäten zu verhindern. Mitte der 80er Jahre existierten in Atlanta mindestens vier Risikokapital-Unternehmen und mindestens vier weitere Risikokapital-Fonds auf Initiative lokaler Banken und Kreditinstitute (vgl. dazu den Artikel über Risikokapital in Peachtree Software 1984). Ob sich das Angebot an Risikokapital nachhaltig auf die Gründungsaktivitäten im Schlüsseltechnologie-Sektor auswirken wird, läßt sich nicht endgültig beurteilen. Vor allzu großen Erwartungen ist jedoch angesichts der Erfahrungen aus anderen Schlüsseltechnologie-Regionen zu warnen.

7.3.3.2 Struktur der Aerospace-Industrie

Nach einer Studie des GTRI (1986) waren 1985 mindestens 183 Unternehmen in Georgia auf dem Gebiet der Luft-/Raumfahrttechnik tätig oder eng damit verflochten. Darunter befanden sich Einrichtungen der größten amerikanischen Flugzeug-/ Raketenhersteller wie Lockheed, Rockwell International, Westinghouse Electric, Hughes Aircraft, Pratt and Whitney, Grumman Aerospace, Boeing und Goodyear Aerospace. Zwei Drittel der Aerospace-Unternehmen (121 Unternehmen) hatten ihren Standort im Planungsdistrikt der Atlanta Regional Commission.[1] Insgesamt umfaßte der Komplex um die Luft-/ Raumfahrttechnik in Georgia 1985 mehr als 30.000 Beschäftigte (GTRI 1986, S. 11 ff.). Bei rund 45% der Aerospace-Unternehmen in Georgia lag der Schwerpunkt der Aktivitäten in Produktions- und Montagetätigkeiten. Diese Unternehmen vereinigten 1985 über 95% aller Aerospace-Beschäftigten, über 90% aller FuE-Mittel des Aerospace-Sektors und über 85% aller Aerospace-Umsätze (jeweils bezogen auf Georgia) auf sich (vgl. Tab. 29 und GTRI 1986, S. 53 f.). Jeweils weitere 20% der Unternehmen konzentrierten sich auf Wartungs-/ Reparaturaufgaben oder Verkauf/ Distribution. Die verbleibenden 15% übernahmen in erster Linie andere Service-Funktionen wie Software-Entwicklung oder Ingenieursdienstleistungen (vgl. Tab. 29).

Nachdem zuerst die Flugzeugindustrie mit Produktionszweigwerken dominiert hatte, erfolgte später eine generelle Umstrukturierung der Aerospace-Industrie in der Region Atlanta. Einerseits erfolgte eine horizontale Diversifikation auf verwandte Produktgruppen und Techniken wie die Raketen- und Satellitentechnik. Andererseits traten im Rahmen einer vertikalen Diversifikation vor- und nachgelagerte Produktionsstufen in die regionale Wirtschaftsstruktur ein (z.B. spezialisierte Zulieferer und Service-Einrichtungen). 1985 besaßen über 60% aller Unternehmen der Aerospace-Industrie ihr Headquarter innerhalb von Georgia (siehe Tab. 29). Allerdings ist einschränkend hinzuzufügen, daß die in Georgia gegründeten Unternehmen im Durchschnitt eine kleinere Beschäftigtenzahl und kleinere

[1] Der Planungsdistrikt der Atlanta Regional Commission ist in seiner räumlichen Abgrenzung nicht mit der Atlanta MSA identisch, umfaßt jedoch den Kern der Metropolitan Area. Zum Planungsdistrikt der Atlanta Regional Commission zählen die sieben Counties Cobb, Douglas, Fulton, Clayton, DeKalb, Rockdale und Gwinnett (vgl. GTRI 1986, S. 7 f. mit Karte 12).

Tab. 29: Struktur der Aerospace-Industrie in Georgia 1985

Primary Business Activity	Unter-nehmens-anteil (N = 117)	Beschäf-tigten-anteil (N = 31.700)	Unternehm.-anteil mit Headquarter in Georgia	Auf-teilung der FuE-Mittel
Manufacturing	44,4%	95,5%	61,5%	91,1%
Maintenance/ repair	20,5%	1,9%	62,5%	0,2%
Air transport service	2,6%	0,1%	100,0%	-
Design/ engineering service	10,3%	1,0%	75,0%	7,2%
Software development	2,6%	0,0%	66,7%	1,1%
Distributing/ wholesaling	19,7%	1,5%	56,5%	0,4%
Summe	100,1%	100,0%	-	100,0%

Quelle: Nach Georgia Tech Research Institute (1986, S. 14 f., 32 und 48).

Tab. 30: Standortregionen der wichtigsten Kunden und Zulieferer der Aerospace-Industrie in Georgia 1985

US-Standortregion/ Hauptabnehmer	Kundenanteil (N = 169)	Zuliefereranteil (N = 159)
Süden	47,9%	41,5%
Westen	13,0%	20,1%
Nordosten	6,5%	19,5%
Mittelwesten	6,5%	15,7%
US-Regierung	23,1%	0,0%
Ausländische Kunden	3,0%	3,1%
Summe	100,0%	99,9%
Davon: Georgia	26,0%	27,0%

Quelle: Nach Georgia Tech Research Institute (1986, S. 72 f. und 77 f.).

Umsätze aufwiesen als die nach Georgia verlagerten Unternehmenszweige. 1985 hatten sämtliche Unternehmen der Aerospace-Industrie mit einem Jahresumsatz von über 100 Millionen US-Dollar ihre Unternehmenszentrale außerhalb von Georgia (GTRI 1986, S. 13). Übertragen auf die Arbeitsmarktsituation war demnach der größte Teil der Aerospace-Beschäftigten aus Georgia in solchen Unternehmen tätig, die in anderen Regionen der USA kontrolliert wurden.

Der steigende Anteil von Unternehmensgründungen im Bereich Luft- und Raumfahrt war eine direkte Folge der Verflechtungsmöglichkeiten innerhalb von

Georgia und dem Südosten der USA. Obwohl 1985 jedes zweite Unternehmen der Aerospace-Industrie in Georgia (53% der Unternehmen) Direktaufträge des Department of Defense erhielt (vgl. Tab. 26 und GTRI 1986, S. 57) und der größte Teil aller Umsätze durch staatlich-militärische Aufträge erzielt wurde, existierte Mitte der 80er Jahre im Süden der USA eine große Anzahl potentieller Kunden und Zulieferer der Aerospace-Industrie (siehe Tab. 30), von denen mehr als ein Viertel ihren Standort innerhalb des Bundesstaats hatten. Fast die Hälfte der bedeutendsten Kunden und rund 40% der bedeutendsten Zulieferer kamen aus dem amerikanischen Süden. Weitere 13% der Kunden und 20% der Zulieferer stammten aus der Pazifikregion. Der Nordosten und der Mittelwesten besaßen lediglich auf der Zuliefererseite eine substantielle Bedeutung (siehe Tab. 30). Die Region besaß bereits dadurch einen bedeutsamen Standortvorteil, daß wichtige Kunden und Zulieferer leicht und schnell zu erreichen waren.

7.3.3.3 Universitäts-Spin-offs und das Advanced Technology Development Center

Bereits vor Beginn der 70er Jahre hatte das Georgia Institute of Technology durch Spin-off-Gründungen entscheidenden Einfluß auf den Wachstumsprozeß von Schlüsseltechnologie-Industrien. 1951 gründeten sechs Fakultätsmitglieder von Georgia Tech das Schlüsseltechnologie-Unternehmen Scientific Atlanta. Basierend auf Technologien, die am Georgia Institute of Technology angewendet worden waren, entwickelte sich Scientific Atlanta zu einem Marktführer auf dem Gebiet der Telekommunikation mit einer Spezialisierung in der Satellitentechnik (Riall 1986, S. 39) und gehörte 1988 mit rund 3.000 Mitarbeitern zu den bedeutendsten Schlüsseltechnologie-Unternehmen der Region. Daneben war Georgia Tech an einer Vielzahl weiterer Schlüsseltechnologie-Neugründungen beteiligt, von denen mit GW Electronics (1972 gegründet) und Millimeter Wave Technology (1981 gegründet) zwei in die Unternehmensbefragung einbezogen wurden.

Die Spezialisierung von Georgia Tech auf angewandte Forschung im Bereich Telekommunikation und der große Erfolg von Scientific Atlanta führten zu einem beschleunigten Wachstum der Telekommunikationsindustrie in der Atlanta MSA. Scientific Atlanta fungierte als Inkubator für Spin-off-Gründungen (z.B. Electromagnetic Sciences).[1] Kontaktmöglichkeiten zu Georgia Tech und die Spezialisierung der regionalen Wirtschaft hatten eine Anreizfunktion für die Ansiedlung weiterer Unternehmen der Telekommunikationsindustrie. So errichtete AT&T 1972 ein großes Produktionszweigwerk mit 3.500 Beschäftigten (1988) in Norcross.

In den 70er Jahren intensivierte der Bundesstaat zusammen mit dem University System of Georgia die Bemühungen zur Stärkung des Schlüsseltechnologie-Wachstums in Georgia. Als Kern dieses Programms wurde 1980 das Advanced Technology Development Center (ATDC) in Atlanta gegründet, um technologieorientierte Unternehmen während der Startphase zu unterstützen (vgl. ATDC 1983

[1] Weitere Spin-offs von Georgia Tech sind Chromatics, Peachtree Software, Intelligent Systems Corporation, Management Science, Micrometrics Corporation, E-Tech und andere (vgl. Riall 1986, S. 39 und Peachtree Software 1984).

und 1988a sowie Riall 1986, S. 29 f.). Den Kern des ATDC bildet das Technology Business Center auf dem Campusgelände von Georgia Tech. In zwei Inkubatorgebäuden wird dort für junge technologieorientierte Unternehmen und für FuE-Abteilungen bereits etablierter Schlüsseltechnologie-Unternehmen eine Fläche von insgesamt rund 8.000 Quadratmetern für Büro-, Forschungs- und Produktionszwecke zur Verfügung gestellt. Bevorzugt behandelt werden Unternehmen der Branchen Luft-/ Raumfahrt, Telekommunikation, Computer, Software-Entwicklung, Elektronik, Präzisionsinstrumente, Pharmazeutik, Biotechnologie und Robotertechnik. Die individuelle Auswahl der zu fördernden Unternehmen erfolgt anhand des Technologiekonzepts, der kommerziellen Umsetzbarkeit neuer Produkte, des Wachstumspotentials, der Attraktivität für Investoren, der vorhandenen Managementerfahrung sowie der Geschäftsstrategie. Unternehmen, die in die Förderung des ATDC aufgenommen werden, können auf folgende Dienstleistungen zugreifen (ATDC 1988a):

- Bereitstellung von Inkubatorraum auf dem Campus von Georgia Tech,
- Zugang zu den Forschungseinrichtungen von Georgia Tech (z.B. Computer- und Bibliotheksbenutzung),
- Zugang zu hochqualifizierten Studenten von Georgia Tech auf der Basis von Teilzeit-Arbeitsverträgen,
- Hilfestellungen in Managementfragen,
- Zugang zu einem weitgespannten Netz an Consulting- und Finanzierungsquellen, Unternehmensdienstleistungen, Käufern, Zulieferern und lokalen Behörden .

Die Förderung junger technologieorientierter Unternehmen erfolgt unter Auflagen und ständigen Kontrollen. Angestrebtes Ziel des ATDC ist eine sog. *"Graduierung"* der geförderten Unternehmen innerhalb von drei Jahren nach Förderungsbeginn. Zu den *"Graduierungskriterien"*, von denen wenigstens eines innerhalb von drei Jahren zu erfüllen ist, zählen: ein Mindestumsatz von 3 Millionen US-Dollar, eine Mindestbeschäftigtenzahl von 35 Arbeitskräften und der Gang zur Börse. Zu einem späteren Zeitpunkt sollen sich die geförderten Unternehmen organisatorisch vom ATDC lösen, ohne die informellen Kontakte vollständig abzubrechen.

Das ATDC erwies sich seit seiner Gründung 1980 als äußerst erfolgreich und erregte weltweites Aufsehen (Giese 1987). Ob allerdings Ausbreitungseffekte des ATDC auf ganz Georgia (wie ursprünglich geplant) übertragen wurden, ist zumindest in Zweifel zu ziehen. 1987 besaß das ATDC 25 Mitgliedsunternehmen, die zusammen 138 Arbeitskräfte beschäftigten. Zusätzlich waren dem ATDC 14 *"Graduate Firms"* mit 482 Beschäftigten angeschlossen. Zwischen 1982 und 1987 förderte das ATDC insgesamt 61 Unternehmensgründungen in ihrer Startphase. Von diesen meldeten bis 1987 nur 11 Unternehmen Konkurs an. D.h. die Erfolgsrate des ATDC lag bei über 80% und hält einem Vergleich mit den Erfolgsquoten der MIT-Labors in der Route 128-Region durchaus stand (vgl. Kapitel 4). Alle durch das ATDC unterstützten Unternehmen schufen bis 1987 zusammen annähernd 1.500 neue Arbeitsplätze - zum überwiegenden Teil im Schlüsseltechnologie-Bereich der Atlanta MSA (ATDC 1988c).

7.3.3.4 Standortstruktur in Norcross

Viele Schlüsseltechnologie-Unternehmen ließen sich in den 70er Jahren in einem der verkehrsmäßig günstig und landschaftlich attraktiv gelegenen Industrie- und Gewerbeparks am Stadtrand von Atlanta entlang der Umgehungsautobahn (I 285) und der beiden Interstates I 75 und I 85 nieder (siehe auch Wheeler 1981, S. 137). Insbesondere zwei Gemeinden der Atlanta MSA entwickelten sich zu bevorzugten Standorten von Schlüsseltechnologie-Industrien: Marietta und Norcross. Marietta im Nordosten von Atlanta an der Interstate 75 (30.800 Einwohner 1986) war bereits während der Kriegszeit der wichtigste Standort der Flugzeugindustrie und konnte diese Position beibehalten (vgl. zur Lage Karte 11). Heute bildet die Gemeinde den Kern des militärisch ausgerichteten Schlüsseltechnologie-Komplexes der Region. Lockheed und die Dobbins Air Force Base agieren als die entscheidenden Ballungskräfte in Marietta. Seit den 60er Jahren hat sich neben Marietta die kleine Gemeinde Norcross (3.300 Einwohner 1986) zu einem zweiten Zentrum von Schlüsseltechnologie-Unternehmen entwickelt (vgl. Karte 11 und Karte 13). Unabhängig von möglichen subjektiven Einflüssen beruhte die Ballung von Schlüsseltechnologie-Unternehmen in Norcross auf einer Reihe komparativer Standortvorteile, die für die Mikrostandortwahl eine große Bedeutung besaßen:

1. *"Technology Park":* Durch die Errichtung des *"Technology Park"* setzte Georgia Tech bereits frühzeitig wichtige Impulse zur Erhöhung der Standortattraktivität der Gemeinde Norcross für Schlüsseltechnologie-Industrien. Der rund 140 Hektar große Technologiepark im Norden von Norcross war ursprünglich ausschließlich für technologie- und forschungsintensive Industrieunternehmen aufgebaut worden (vgl. zur Lage Karte 13). Auf dem landschaftsarchitektonisch vorbildlich konzipierten Industriegelände sollten technologieorientierte Unternehmen die Möglichkeit erhalten, in einer nach außen abgeschotteten Umgebung ihre Forschungsaktivitäten voranzutreiben und Innovationsimpulse auf den Schlüsseltechnologie-Sektor der Region zu übertragen. Als eines der ersten Unternehmen siedelte sich Scientific Atlanta und später dessen Spin-off Electromagnetic Sciences im "Technology Park" an (siehe die Nummern 18 und 19 in Karte 13). Weitere bekannte Schlüsseltechnologie-Unternehmen im "Technology Park" sind General Electric, NCR und Hayes Computer (siehe die Nummern 27, 43 und 14 in Karte 13). Obwohl sich der Technologiepark schnell füllte und heute fast vollständig besetzt ist, konnten nur Teilerfolge verbucht werden. 1988 waren im "Technology Park" mehr als 50 Unternehmen ansässig, von denen allerdings nur ein Fünftel dem Bereich der Schlüsseltechnologie-Industrien angehörten. Die Hauptfunktion des "Technology Park" besteht heute in einem hohen Prestigewert für die Gemeinde Norcross und die ansässigen Unternehmen.
2. *Kostenvorteile:* Die Erschließung von Norcross für Schlüsseltechnologie-Industrien basierte auch auf Kostenvorteilen gegenüber anderen Gemeinden. Obwohl sich das industrielle Wachstum traditionell auf die suburbanen Teilräume nördlich von Atlanta konzentriert hatte, war Norcross von dieser Entwicklung weitgehend ausgeschlossen geblieben, so daß noch in den 70er Jahren eine Vielzahl von Flächen zu geringen Bodenpreisen für die expandierenden Schlüsseltechnologie-Sektoren zur Verfügung standen.

Karte 13: Standortverteilung von Schlüsseltechnologie-Unternehmen in Norcross

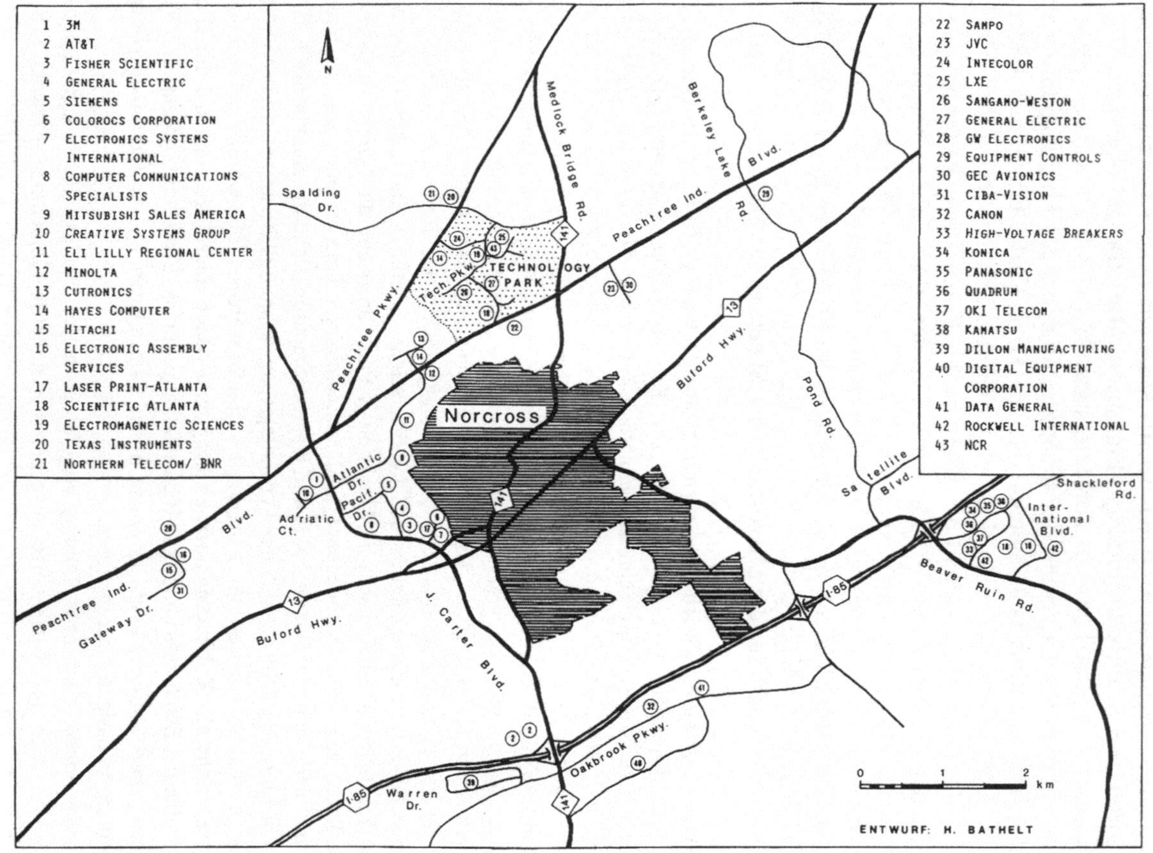

3. *Erreichbarkeitsvorteile:* Nach dem Ausbau des Fernstraßennetzes gehörte Norcross zu einer der am besten erreichbaren Gemeinden in der Atlanta MSA. Norcross liegt nur wenige Kilometer vom Kreuzungspunkt zwischen der Interstate 85 und der Umgehungsautobahn (I 285) entfernt. Dadurch besitzen Unternehmen aus Norcross einen hervorragenden Zugang zu Zulieferern und Kunden im Südosten der USA. Auch der Hartsfield Atlanta International Airport ist schnell erreichbar (vgl. zur Lage Karte 11).
4. *Lebensqualitätsvorteile:* Eine weitere Aufwertung erfuhr Norcross durch den Suburbanisierungsprozeß der Wohnbevölkerung. Die Gemeinden im Nordwesten von Atlanta gehören zu den landschaftlich attraktivsten Wohngebieten der USA und besitzen eine außerordentlich hohe Lebensqualität. Aus diesem Grund konzentrierten sich die Wohnstandorte eines Großteils der hochqualifizierten Arbeitskräfte in diesem Bereich. Von den bevorzugten Wohngebieten aus waren die Arbeitsstätten in Norcross schnell zu erreichen. Die gute Anbindung der Arbeitsstätten an die Wohnstandorte stellte für Schlüsseltechnologie-Unternehmen wiederum eine Voraussetzung dar, um hochqualifizierte knappe Fachkräfte zu rekrutieren und langfristig zu binden.

Unter den genannten Bedingungen entstand rund um den Gemeindekern von Norcross eine Ballung von Schlüsseltechnologie-Unternehmen, deren Struktur für 1988 in Karte 13 dargestellt ist. Die angesiedelten Unternehmen konzentrierten sich nahe der drei wichtigsten Verkehrsachsen: Peachtree Industrial Boulevard, Jimmy Carter Boulevard und Interstate 85. Entlang dieser Verkehrsachsen reihten sich Industrie- und Gewerbegebiete fast übergangslos aneinander. Unter den Schlüsseltechnologie-Unternehmen dominierte die Telekommunikationsindustrie mit Unternehmen wie AT&T, Scientific Atlanta, Hitachi, Northern Telecom/ BNR und OKI Telecom, die Flugzeug-/ Raketenindustrie mit Unternehmen wie Rockwell International und GEC Avionics sowie die Computerindustrie mit Unternehmen wie Hayes Computer und Computer Communications Specialists (vgl. dazu die in Karte 13 aufgelisteten Schlüsseltechnologie-Unternehmen). Auffällig war auch die starke Präsenz von japanischen Unternehmen wie Mitsubishi, Minolta, Hitachi, Canon, Konica, OKI Telecom und Kamatsu (vgl. die Nummern 9, 12, 15, 32, 34, 37 und 38 in Karte 13).

Ende der 80er Jahre stieß die Gemeinde Norcross an die Grenzen der industriellen Erschließung. In der Rush-Hour bildeten sich infolge der hohen Konzentration von Arbeitsplätzen auf fast allen Straßen der Gemeinde regelmäßig Verkehrsstaus durch Berufspendler. Flächen zur Expansion vorhandener Betriebe waren nur noch in geringem Umfang vorhanden. Die einsetzenden Agglomerationsnachteile führten zu einer hohen intraregionalen Unternehmensmobilität. Viele Unternehmen siedelten sich nur für kurze Zeit in Norcross an, um im Fall einer innerbetrieblichen Expansion in eine der Nachbargemeinden abzuwandern.

7.3.3.5 Strukturprobleme der 80er Jahre

Obwohl die Atlanta MSA in den 80er Jahren hohe Gründungsraten innerhalb des Schlüsseltechnologie-Sektors aufzuweisen hatte, zeichneten sich erste Agglomerationsnachteile (vor allem in Gemeinden wie Norcross und Marietta) und industriespezifische Strukturprobleme ab. Seit Beginn der 80er Jahre stagnierten oder schrumpften die Beschäftigtenzahlen in weiten Bereichen des Schlüsseltechnologie-Sektors der Region, obwohl sich die Zahl der Unternehmen kontinuierlich erhöhte.

Die Arbeitsmarktprobleme in der Atlanta MSA sind eine direkte Folge des Aufeinandertreffens verschiedener Abhängigkeitskonstellationen innerhalb des lokalen Schlüsseltechnologie-Komplexes: Erstens war die sektorale Spezialisierung innerhalb des Schlüsseltechnologie-Bereichs in der Atlanta MSA noch stärker ausgeprägt als in der Route 128-Region (vgl. Kapitel 4). Zweitens war der Schlüsseltechnologie-Arbeitsmarkt durch eine großbetriebliche Unternehmensstruktur gekennzeichnet. Drittens hatten die größten Unternehmen der Atlanta MSA den Status von Produktionszweigwerken (vgl. auch Wheeler u. Park 1984). Viertens waren die dominierenden Schlüsseltechnologie-Branchen (und in diesen Branchen vor allem die großen und regionsextern geleiteten Zweigwerke) zu einem hohen Grad abhängig von militärischen Aufträgen. Diese Strukurmerkmale bildeten durch ihr Zusammentreffen ein großes Stabilitätsrisiko für den Arbeitsmarkt der Atlanta MSA.

Die vorhandenen Abhängigkeiten besäßen eine geringere Tragweite, wenn die Region Atlanta den Status einer bedeutenden US-Agglomerationen von Forschungseinrichtungen, Innovationskapazitäten oder technologieintensiven Produktionsaktivitäten hätte. Dies war trotz des Wachstumsprozesses von Schlüsseltechnologie-Industrien allerdings nicht der Fall. Die Atlanta MSA zählte zur Kategorie der zweitrangigen Schlüsseltechnologie-Zentren und war deshalb in ihrer Entwicklung nicht unabhängig von anderen Schlüsseltechnologie-Regionen und den dortigen industriespezifischen Entwicklungen. Wenn eine einzelne dominante Industriegruppe eine konjunkturelle oder strukturelle Krisensituation durchlief, ein einzelnes großes Unternehmen in Wettbewerbsschwierigkeiten geriet oder die Rüstungsausgaben reduziert wurden, ergaben sich beträchtliche Auswirkungen für den Arbeitsmarkt der Region Atlanta. Der enge Zusammenhang zwischen industriestrukturellen Abhängigkeiten und mangelnder Arbeitsmarktstabilität soll im folgenden anhand zweier Beispiele dargestellt werden:

1. *Lockheed:* Das Unternehmen wälzte in der Vergangenheit wiederholt unternehmensinterne Organisations- und marktspezifische Umstrukturierungsprobleme auf den Zweigwerksstandort in Marietta ab. In den frühen 70er Jahren wurden z.B. zwei Drittel der Beschäftigten in Marietta entlassen, als die Produktion der Flugzeuge vom Typ C-5A eingestellt wurde (Hartshorn 1976, S. 171 ff.). 1988 wurden wiederum 6.000 Arbeitskräfte freigesetzt, um eine Anpassung des Unternehmens an die neuen Marktverhältnisse vorzunehmen. Mittlerweile hatte die US-amerikanische Flugzeugindustrie erhebliche Überkapazitäten aufgebaut, was zu einem verschärften Wettbewerb auf den Märkten für Militärflugzeuge führte. Um dem Konkurrenzdruck zu begegnen, entschloß sich Lockheed zu einer Verringerung der Produktionsaktivitäten in Marietta und zu einer Umorganisierung der FuE-Aktivitäten des gesamten Unternehmens. In diesem Rahmen erfolgte 1988 eine Rückverlagerung (verbunden mit einer Re-Zentralisierung) der FuE-Abteilung nach Kalifornien.

2. *Scientific Atlanta:* Seit der Gründung 1951 konnte Scientific Atlanta kontinuierlich seine Marktanteile vergrößern und entwickelte sich zu einem führenden Unternehmen auf dem Gebiet der Satellitentechnik. Mitte der 80er Jahre deutete sich jedoch an, daß das Unternehmen einen zu schnellen Wachstumsprozeß erfahren und eine unkontrollierte Diversifikation der Produktlinien vollzogen hatte. Auf dem oligopolistischen Markt für Vorprodukte der Cable Industry verlor Scientific Atlanta den technologischen Anschluß und mußte in der Folgezeit erhebliche Umsatzeinbußen in Kauf nehmen. 1986 zog Topol, der Präsident von Scientific Atlanta, erste Konsequenzen und wechselte die oberste Managementebene des Unternehmens aus. Unrentable Produktbereiche wurden daraufhin vollständig aufgegeben und eine dezentrale Organisationsform für die einzelnen Betriebs- und Entscheidungsebenen eingeführt, um die Innovationsfähigkeit des Unternehmens zu erhöhen. Mit diesem Konsolidierungsprozeß ging allerdings auch eine beträchtliche Verringerung der Beschäftigtenzahl einher, die sich für die Region Atlanta nachhaltig negativ bemerkbar machte. Insgesamt wurden rund 1.500 Arbeitsplätze von Scientific Atlanta abgebaut, 500 allein in der Atlanta MSA (Myerson 1988).

7.4 Dominante Standortfaktoren und Standortnachteile

Ohne tiefergehende Kenntnisse des evolutionären Wachstumsprozesses in der Atlanta MSA würde man versuchen, die Entwicklung von Schlüsseltechnologie-Industrien durch komparative Standortvorteile einer Südstaatenregion gegenüber Regionen im Manufacturing Belt zu erklären. In der Literatur existieren diesbezüglich zwei unterschiedliche Ansätze, die den Agglomerationsprozeß verschiedener Unternehmenssegmente betreffen:

1. *Kostenvorteile:* Traditionell waren die Südstaaten weniger dicht besiedelt und geringer industrialisiert als die Bundesstaaten im Nordosten der USA. Daraus resultierten größere Flächenverfügbarkeiten, geringere Bodenpreise, geringere Steuerniveaus und geringere Lebenshaltungskosten (vgl. Blume 1979; Hofmeister 1988 und Peet 1983). Gleichzeitig verfügten die Südstaaten über einen größeren Anteil von Arbeitskräften mit geringer Qualifikation und über ein niedrigeres Lohnniveau als die nördlich gelegenen Bundesstaaten. Diese Struktureigenschaften haben sich bis heute erhalten und treffen prinzipiell auch auf den Bundesstaat Georgia zu (Riall 1986, S. 18 ff. und 40-48). 1982 lagen die durchschnittlichen Industriearbeiterlöhne in Georgia z.B. mit 6,74 US-Dollar rund einen US-Dollar unter den Vergleichswerten für Massachusetts und sogar mehr als zwei US-Dollar unter den Durchschnittslöhnen in Kalifornien (vgl. ATDC 1983 und Riall 1986, S. 44). Auch die personen- und unternehmensbezogenen Steuersätze lagen in Georgia mindestens 50% unter den Vergleichswerten von Massachusetts, Pennsylvania, New Jersey und New York (vgl. Kapitel 4; Ecker u. Syron 1979, S. 28 ff. und Riall 1986, S. 45).
   Nach Ansicht vieler Studien hatten solche komparativen Kostenvorteile in der Nachkriegszeit entscheidende Bedeutung für die Verlagerung bestimmter Industriesegmente

aus dem Manufacturing Belt in den Süden der USA (vgl. unter anderem Wheeler 1981; Rice u. Bernard 1983; Norton u. Rees 1979; Perry u. Watkins 1977; Vollmar u. Hopf 1987 und Hofmeister 1988). Dies betraf vor allem die arbeitsintensive, standardisierte Massenproduktion mit geringeren Anforderungen an das Qualifikationsniveau der Arbeitskräfte. Eine Folge waren Verlagerungen von Zweigwerken mit Montage- und einfachen Produktionsaufgaben in die Südstaaten. Forschungs-, Verwaltungs- und Leitungsfunktionen verblieben dabei meistens in den städtischen Agglomerationen des Manufacturing Belt. Die Ansiedlung von Zweigwerken wurde zusätzlich durch steuerliche Anreize und andere Subventionen einzelner Bundesstaatsregierungen intensiv gefördert.

2. *Lebensqualitätsvorteile:* Eine zweite potentielle Erklärung stützt sich auf den Arbeitskräftebedarf innovativer Industriegruppen (vgl. Malecki 1986; Markusen et al. 1986 und Bradbury 1988). Die Wettbewerbsfähigkeit vieler Schlüsseltechnologie-Unternehmen hängt in entscheidendem Maß von ihrer Innovationskapazität und der Fähigkeit ab, auf veränderte Marktbedürfnisse flexibel reagieren zu können. Daraus erklärt sich eine zentrale Rolle von FuE-Abteilungen und den darin tätigen Ingenieuren/ Technikern im Rahmen der strategischen Unternehmensplanung. Bedenkt man, daß US-weit ein starker Wettbewerb um hochqualifiziertes FuE-Personal herrscht, so erscheint es folgerichtig, wenn Unternehmen bei der Standortwahl ihrer FuE-Abteilungen Kriterien zugrunde legen, die mit den Wohnstandortpräferenzen von hochqualifizierten Arbeitskräften übereinstimmen. In diesem Sinn bieten FuE-Standorte innerhalb der Südstaaten eine Reihe von Vorteilen gegenüber Regionen im Manufacturing Belt: In den Südstaaten sind die allgemeinen Lebenshaltungskosten sehr niedrig, die klimatischen Gegebenheiten besonders angenehm, die Umweltbedingungen gut, und es gibt in der Umgebung großer Metropolen eine Vielzahl attraktiver Wohngebiete mit hervorragender Lebensqualität bei gleichzeitig niedrigen Wohn-/ Grundstückskosten und Hauspreisen. Diejenigen Unternehmen, die ihre FuE-Einrichtungen auf Standorte in den Südstaaten konzentrieren, haben deshalb gute Voraussetzungen, um hochqualifizierte Arbeitskräfte in Konkurrenz zu anderen Unternehmen zu rekrutieren und zu halten.

Die genannten Erklärungsansätze weisen in bezug auf den Agglomerationsprozeß von Schlüsseltechnologie-Industrien in der Atlanta MSA allerdings zwei schwerwiegende Defizite auf (vgl. dazu auch Bathelt 1989, S. 92 f.): Einerseits besaß die Region Atlanta im Bereich der Schlüsseltechnologien weder eine ausgesprochene Ballung von Forschungseinrichtungen noch eine Ballung von Montage- bzw. standardisierten Produktionsfunktionen. Statt dessen herrschten technologieorientierte Produktionsbereiche vor. Andererseits war die Atlanta MSA kein ausschließlicher Standort von Schlüsseltechnologie-Zweigwerken mit regionsexternen Leitungsfunktionen. Beide Erklärungsansätze führen das Wachstum von Schlüsseltechnologie-Industrien auf interregionale Verlagerungsprozesse und komparative Standortvorteile zurück, sind jedoch nicht in der Lage, regionsinterne Gründungsprozesse und eigendynamische Wachstumsprozesse zu erklären.

Die Entwicklung von Schlüsseltechnologie-Industrien in der Atlanta MSA beruhte demgegenüber auf vielfältigen Standortvorteilen und war vom Aufstieg der Region zum dominanten Dienstleistungs-, Verwaltungs- und Finanzzentrum im Südosten der USA geprägt. Kostenvorteilen spielten nur eine geringe Rolle. Im

Rahmen der Unternehmensbefragung bezeichneten zwar jeweils rund 30% der befragten Unternehmen das geringe Lohnniveau bzw. die klimatischen Vorzüge als bedeutende Determinanten ihrer Standortentscheidung (siehe Abb. 23); angesichts der oben angesprochenen Erklärungsansätze wäre allerdings ein höheres Gewicht dieser Standortfaktoren zu erwarten gewesen.[1] Die Verfügbarkeit ungelernter und angelernter Arbeitskräfte sowie steuerliche Vorzüge wurden ebenfalls nicht unter den dominanten Standortfaktoren eingeordnet.

Die Entwicklungsdeterminanten in der Region Atlanta weisen überraschenderweise deutliche Parallelen zu den Bedingungen in der Route 128-Region und Ottawa's Telecom Valley auf (vgl. Kapitel 4 und Kapitel 5). Obwohl militärische Einflüsse die Spezialisierung des Schlüsseltechnologie-Sektors in der Region Atlanta prägten, war die Verfügbarkeit von Rüstungsaufträgen kein entscheidender Ansiedlungsfaktor. Statt dessen bildete der militärisch ausgerichtete Schlüsseltechnologie-Komplex um die Flugzeug-/ Raketenindustrie einen wichtigen Gründungs- und Wachstumsfaktor. Die Rolle militärischer Aktivitäten zeigt, daß in der Atlanta MSA nicht einzelne Standortfaktoren isoliert voneinander für den Agglomerationsprozeß von Schlüsseltechnologie-Unternehmen verantwortlich waren. Gerade das komplexe Wechselspiel von Standortfaktoren und die sich im Zeitablauf in ihrer Bedeutung ständig verändernden Gewichte einzelner Standortfaktoren waren entscheidende Impulsgeber für den Schlüsseltechnologie-Boom in Atlanta.

Die Schlüsseltechnologie-Entwicklung beruhte zum großen Teil auf den vorhandenen intraregionalen und interregionalen Verflechtungsmöglichkeiten, die sich kontinuierlich verbesserten und die Region zu einem der attraktivsten Standorte im Südosten der USA machten.[2] Jeweils rund 45% der befragten Unternehmen bezeichneten dementsprechend den Zugang zu Transportnetzen (vor allem die Anbindung an das interregionale Fernstraßennetz und den Zugang zum Hartsfield Atlanta International Airport) oder Kundennähe als einen der wichtigsten Gründe ihrer Standortwahl (siehe Abb. 23). D.h. die Standortwahl der meisten angesiedelten oder neugegründeten Schlüsseltechnologie-Unternehmen war in erster Linie marktorientiert. Kostenüberlegungen hatten demgegenüber nur eine sekundäre Bedeutung.

Die Kooperationsbereitschaft der lokalen Universitäten (speziell von Georgia Tech) mit dem Schlüsseltechnologie-Sektor und der Dienstleistungsboom führten zum Entstehen eines äußerst stimulierenden Geschäftsklimas in der Region. Das hervorragende Geschäftsklima wurde von rund einem Drittel der befragten

---

[1] Es sollte trotzdem beachtet werden, daß die klimatischen Gunstfaktoren und Lohnkostenvorteile in der Atlanta MSA einen signifikant höheren Einfluß auf die Standortwahl von Schlüsseltechnologie-Unternehmen ausübten als in der Route 128-Region, CTT oder Ottawa's Telecom Valley (vgl. Kapitel 4 bis Kapitel 6).

[2] Obwohl materielle Verflechtungen nicht unbedingt einen wirksamen Indikator für Agglomerationsvorteile darstellen, läßt sich aus den Input-Output-Beziehungen in der Region Atlanta eine deutliche regionale Orientierung ablesen. Rund 40% der Schlüsseltechnologie-Unternehmen bezogen mehr als die Hälfte ihrer Inputs aus einem Umkreis von 50 Meilen und etwa 15% verkauften mehr als die Hälfte ihrer Outputs in demselben Radius (Bathelt 1991a, S. 37 ff.).

Abb. 23: Bedeutende Standortfaktoren für Schlüsseltechnologie-Unternehmen in der Atlanta MSA

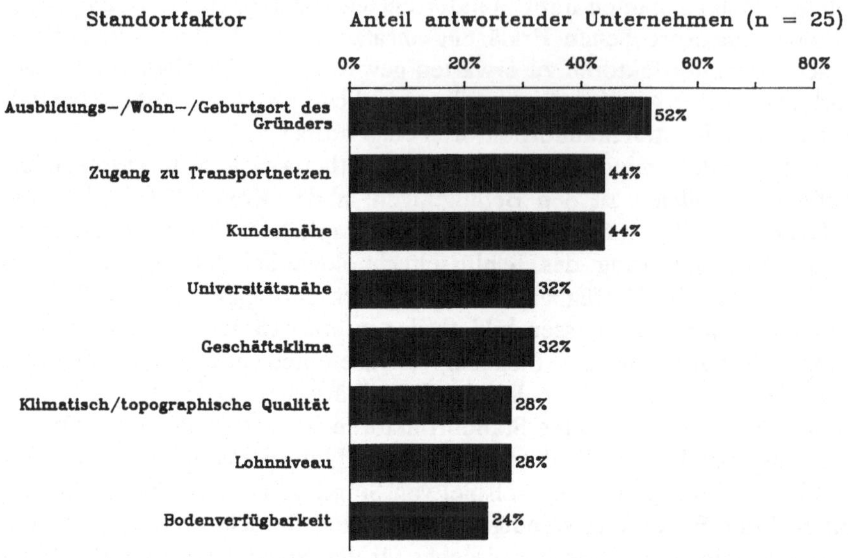

Quelle: Eigene Erhebungen.

Abb. 24: Standortnachteile für Schlüsseltechnologie-Unternehmen in der Atlanta MSA

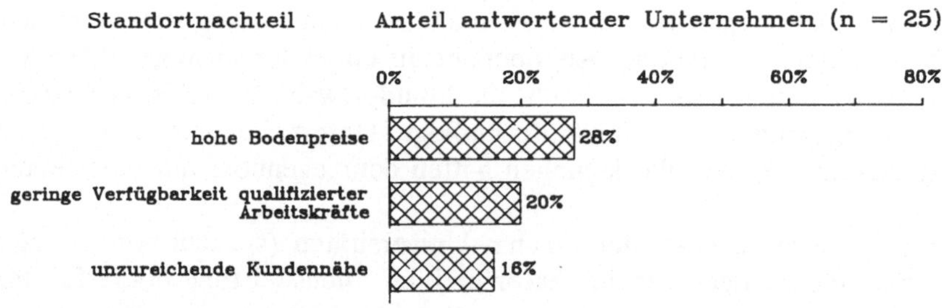

Quelle: Eigene Erhebungen.

Unternehmen als einer der wichtigen Standortfaktoren bezeichnet (siehe Abb. 23) und hatte nachhaltigen Einfluß auf regionsinterne Gründungsprozesse. Die Tatsache, daß wie in der Route 128-Region, Ottawa's Telecom Valley und der Region Waterloo (vgl. Kapitel 4 bis Kapitel 6) mehr als 50% der befragten Schlüsseltechnologie-Unternehmen die Nähe zum Ausbildungs-, Wohn- und/ oder Geburtsort des Gründers als eine der wichtigsten Ursachen für die Standortwahl herausstellten, ist ein Indikator für das die große Bedeutung regionsinterner Wachstumsprozesse. Wenn der Entschluß zu einer Unternehmensgründung erst einmal getroffen war, spielten oft nur noch Mikrostandortfaktoren eine Rolle, der Makrostandort

Tab. 31: Arbeitskräfteknappheiten nach Berufsgruppen in der Atlanta MSA

Berufsgruppen mit Arbeitskräftemangel (für Schlüsseltechnologie-Unternehmen)	Unternehmens-zahl (N = 25)	Unternehmens-anteil
Wissenschaftlich-technische Arbeitskräfte	5	20%
Verwaltungspersonal	3	12%
Management-/ Marketingpersonal	1	4%
Produktionspersonal	1	4%

Quelle: Eigene Erhebungen.

innerhalb der Atlanta MSA lag dagegen a priori fest. Durch die aktive Förderung von Spin-off-Prozessen trug das Georgia Institute of Technology entscheidend zu einer Intensivierung der Gründungsraten im Schlüsseltechnologie-Bereich bei (siehe Abb. 23).

Unter allen untersuchten Schlüsseltechnologie-Regionen schien in der Atlanta MSA die Zufriedenheit mit den vorhandenen Standortbedingungen am größten zu sein. Nur vereinzelt wurden überhaupt Standortnachteile genannt. Lediglich hohe Bodenpreise (als Folge der zunehmenden industriellen Ballung), eine geringe Verfügbarkeit qualifizierter Arbeitskräfte oder unzureichende Kundennähe wurden von mehr als 15% (jedoch weniger als 30%) der befragten Unternehmen als Standortnachteile wahrgenommen (siehe Abb. 24). Überraschenderweise wurde die Arbeitskräfteverfügbarkeit in der Atlanta MSA besser eingeschätzt als in den anderen Schlüsseltechnologie-Regionen. Nur für wissenschaftlich-technische Berufsfelder konnte ein gewisser Arbeitskräftemangel festgestellt werden (siehe Tab. 31).

Trotz der Wachstums-, Ansiedlungs- und Neugründungsprozesse während der Nachkriegszeit und der großen Zufriedenheit mit den vorhandenen Standortbedingungen gehört die Region Atlanta nicht zu den Hauptagglomerationen von Schlüsseltechnologie-Industrien in Nordamerika. Ob ein entscheidender Bedeutungszuwachs in Zukunft möglich sein wird, ist fraglich. Ein Schrumpfungsprozeß (abzulesen an den Beschäftigtenzahlen in Schlüsseltechnologie-Industrien) erscheint angesichts weltweiter Abrüstungsprozesse und der vielfältigen Abhängigkeitsbeziehungen lokaler Schlüsseltechnologie-Unternehmen eher vorstellbar. Um den Schlüsseltechnologie-Sektor in der Atlanta MSA auch in Zukunft als tragenden Bestandteil der lokalen Wirtschaft zu erhalten, wird ein breiter Umstrukturierungprozeß notwendig sein, in dessen Mittelpunkt eine stärkere sektorale Diversifikation und eine Abkehr von staatlichen Märkten stehen sollte.

8 Region Research Triangle (North Carolina)

8.1 Einführung

Im Umland von Raleigh (North Carolina) entwickelte sich seit Mitte der 60er Jahre eine bedeutende Agglomeration von Schlüsseltechnologie-Industrien, in der sich bevorzugt FuE-Einrichtungen großer multinationaler Schlüsseltechnologie-Unternehmen aus Europa und dem Manufacturing Belt ansiedelten (vgl. Hamley 1982 und Bathelt 1989, S. 93 ff.). Der Wachstumsprozeß war umso überraschender, als North Carolina zuvor keine nennenswerten industriellen Ballungen besaß und traditionell als Niedriglohnstandort mit einem großen Angebot ungelernter Arbeitskräfte eingestuft wurde. Durch geschickt organisierte Werbekampagnen, Werbebroschüren (z.B. RTF 1985), zahlreiche Medienberichte und die Wachstumserfolge von Schlüsseltechnologie-Industrien wurde die Region in den 70er Jahren unter dem Schlagwort *"Research Triangle"* überregional bekannt. Das Research Triangle gehört heute zusammen mit dem Silicon Valley und der Route 128-Region zu den populärsten Schlüsseltechnologie-Standorten in Nordamerika, obwohl die Region keine Hauptagglomeration von Schlüsseltechnologie-Industrien darstellt (siehe Kapitel 3). Die Namensgebung hing eng mit der Präsenz der drei lokalen Universitäten zusammen: der University of North Carolina (UNC) in Chapel Hill, der North Carolina State University (NCSU) in Raleigh und der Duke University in Durham (die ein räumliches Dreieck markieren). Durch die Planung und Gründung des Research Triangle Park (RTP) als Forschungspark im geometrischen Mittelpunkt der drei Städte setzten die lokalen Universitäten den entscheidenden Impuls für das spätere Schlüsseltechnologie-Wachstum. Im Unterschied zur Route 128-Region, Ottawa's Telecom Valley und der Atlanta MSA spielten militärische Aktivitäten hierbei keine Rolle. Ähnlich wie in der Region Waterloo setzte die Entwicklung im Research Triangle vergleichsweise spät ein.

Für die vorliegende Untersuchung erschien es ausreichend, die Region Research Triangle mit der administrativen Gebietseinheit der Raleigh-Durham MSA gleichzusetzen. Die Raleigh-Durham MSA besteht aus vier Counties: Wake County (mit Raleigh), Orange County (mit Chapel Hill), Durham County (mit Durham) und Franklin County (vgl. Raleigh Chamber of Commerce 1987b und Karte 14).

Die beiden Interstates I 85 und I 95, die östlich und westlich in Nord-Süd-Richtung verlaufen, binden die Region in das interregionale Fernstraßennetz der USA ein (vgl. Karte 14). Das gilt insbesondere für den Zugang zu den Industrie- und

Handelsmetropolen entlang der amerikanischen Atlantikküste (von Boston und New York im Norden bis nach Miami im Süden). Für die im Research Triangle angesiedelten Schlüsseltechnologie-Unternehmen bildet der Raleigh-Durham International Airport die mit Abstand wichtigste Komponente der lokalen Verkehrsinfrastruktur, da er in direkter Nachbarschaft zu den Hauptindustriegebieten im Research Triangle liegt. Keine der bisher behandelten Schlüsseltechnologie-Regionen besitzt einen so direkten Zugang zu einem internationalen Flughafen.

8.2 Regionale Wirtschaftsstruktur

Der Arbeitsmarkt der Raleigh-Durham MSA hatte mit circa 400.000 Erwerbspersonen 1987 ungefähr die Größe der beiden kanadischen Regionen Ottawa-Carleton und CTT. Rund 57.900 Arbeitskräfte waren in der Verarbeitenden Industrie beschäftigt, die damit wie die Atlanta MSA einen relativ kleinen Gesamtbeschäftigtenanteil von nur 15% umfaßte (vgl. Kapitel 7). Infolge der geringeren Industrialisierung von North Carolina und der Funktion von Raleigh als Hauptstadt des Bundesstaats hatten Verwaltungs- und Dienstleistungssektoren die größte Bedeutung für den lokalen Arbeitsmarkt: Annähernd 65% aller Arbeitskräfte waren 1987 in den Bereichen Trade (77.600 Beschäftigte), Service (89.900 Beschäftigte) und Government (86.200 Beschäftigte) tätig (vgl. dazu Raleigh Chamber of Commerce 1987a und 1987b; Durham Chamber of Commerce 1987 und Chapel Hill Chamber of Commerce 1987). Wegen des hohen Anteils von Dienstleistungs- und Verwaltungsaktivitäten und des seit den 70er Jahren stetig wachsenden Schlüsseltechnologie-Sektors konnte die Raleigh-Durham MSA überdurchschnittlich gute wirtschaftliche Kennzahlen aufweisen. Seit Mitte der 70er Jahre lag die Arbeitslosenquote ständig unter 5% - sogar in Perioden, in denen andere US-Staaten (z.B. Massachusetts) schwere Strukturkrisen zu überwinden hatten. 1987 betrug die Arbeitslosenquote in der Raleigh-Durham MSA 3,4% im Vergleich zu 5,2% in North Carolina und 7,3% im US-Durchschnitt (vgl. Raleigh Chamber of Commerce 1987b und Durham Chamber of Commerce 1987).

Innerhalb des Research Triangle bildete Wake County mit dem Zentrum Raleigh den industriellen Kern (rund 26.000 Industriebeschäftigte 1986). Eine Analyse der Industriestruktur von Wake County anhand der zweistelligen SIC-Kategorien belegt, daß die regionale Wirtschaft keineswegs durch eine Monostruktur traditioneller Industrien gekennzeichnet war (vgl. dazu Tab. 32 und Raleigh Chamber of Commerce 1987b). Die für den lokalen Arbeitsmarkt bedeutendsten Industriezweige waren Electrical and Electronic Machinery (rund 7.100 Beschäftigte 1986) und Machinery except Electrical (circa 3.400 Beschäftigte 1986), die mehr als 40% aller Industriebeschäftigten auf sich vereinigten. Der Industriebeschäftigtenanteil der bis in die 60er Jahre noch dominierenden Tabak-, Textil-, Bekleidungs-, Möbel- und Holzindustrien 1986 belief sich auf weniger als 15% (siehe Tab. 32). Statt dessen herrschten Schlüsseltechnologie-Industrien mit

Karte 14: Übersichtskarte Research Triangle und Umgebung

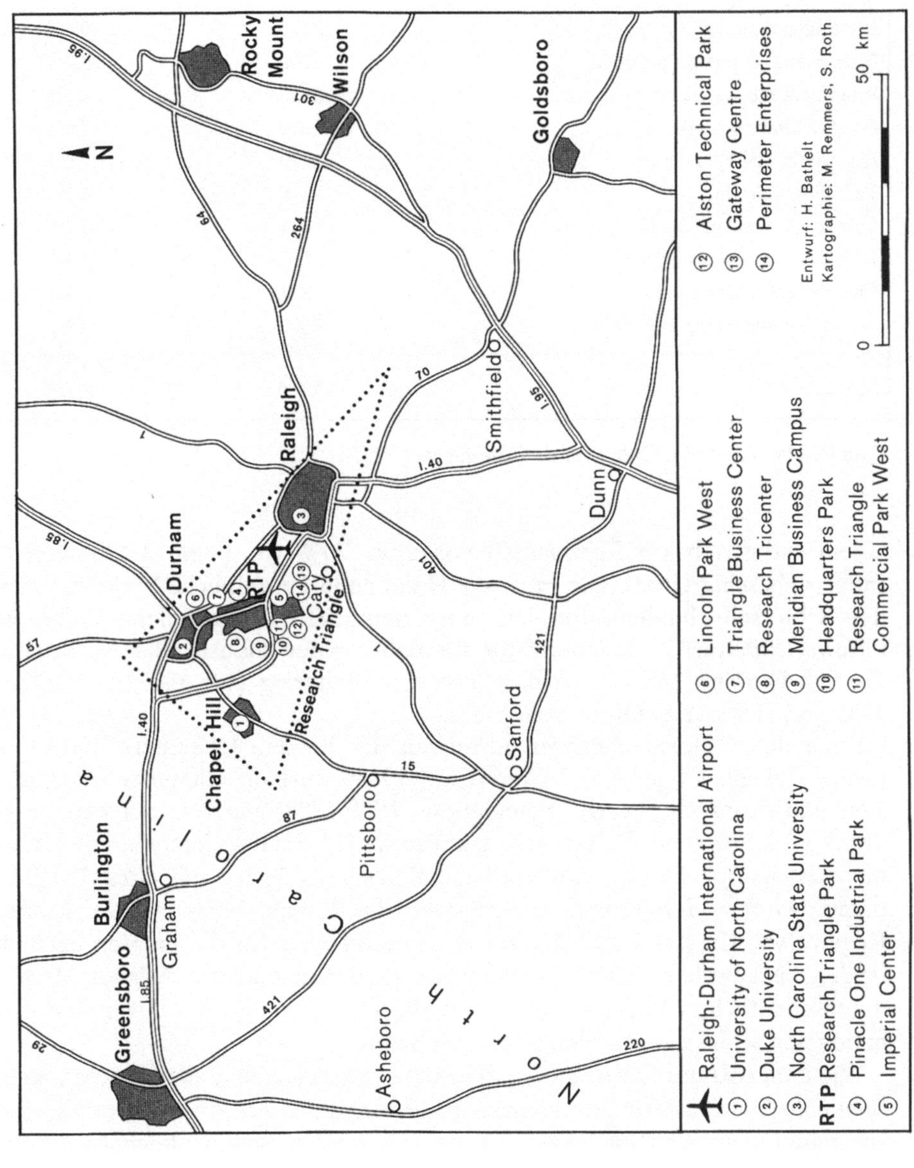

Tab. 32: Sektorale Industriestruktur in Raleigh und Wake County 1986

Industriesektor	Beschäftigten-zahl	Beschäftigten-anteil
Electrical & electronic machinery	7.090	27,5%
Machinery except electrical	3.370	13,1%
Printing and publishing	2.420	9,4%
Instruments & related products	2.090	8,1%
Primary & fabricated metal products	1.850	7,2%
Food & kindred products	1.800	7,0%
Apparel & other textile products	1.230	4,8%
Textile mill products	1.040	4,0%
Lumber & wood products	940	3,7%
Stone, clay & glass products	710	2,8%
Chemicals & allied products	650	2,5%
Other manufacturing industries	2.560	9,9%
Summe	25.750	100,0%

Quelle: Nach Raleigh Chamber of Commerce (1987b).

einem Industriebeschäftigtenanteil von etwa 70% vor (rund 41.000 von 58.000 Industriebeschäftigten). Die in dieser Höhe außergewöhnliche Spezialisierung auf den Schlüsseltechnologie-Bereich (noch deutlicher als im Silicon Valley und in Ottawa-Carleton) ist ein Indikator für den rapiden industriellen Wandel in der Raleigh-Durham MSA nach dem Zweiten Weltkrieg (vgl. Goldstein u. Malizia 1985 und Hekman u. Greenstein 1985).

Nach den Unternehmensverzeichnissen der lokalen Chambers of Commerce (siehe Raleigh Chamber of Commerce 1985; Durham Chamber of Commerce 1988 und Research Traingle Foundation - RTF 1988) waren in der zweiten Hälfte der 80er Jahre rund 41.000 Arbeitskräfte in 115 Schlüsseltechnologie-Unternehmen beschäftigt. Die durchschnittliche Betriebsgröße lag mit circa 350 Beschäftigten zwischen den Vergleichswerten für die Atlanta MSA und die Route 128-Region (vgl. Kapitel 4 und Kapitel 7). Hauptursache für die im Vergleich zu den beiden kanadischen Schlüsseltechnologie-Regionen und zur Atlanta MSA überdurchschnittlichen Betriebsgrößen war die Dominanz großer Zweigwerke multinationaler Schlüsseltechnologie-Unternehmen.

Wie in der Route 128-Region und in Ottawa's Telecom Valley beschränkten sich regionale Spezialisierungstendenzen nicht nur auf die Industriestruktur, sondern spiegelten sich auch innerhalb des dominierenden Schlüsseltechnologie-Sektors wider (siehe Abb. 25). Jeweils etwa 30% der Schlüsseltechnologie-Beschäftigten des Research Triangle konzentrierten sich auf die Telekommunikations- und die Computerindustrie. Die Dominanz dieser beiden Sektoren läßt sich auf die Ansiedlung von zwei Unternehmen zurückführen, die im Research Triangle große

Abb. 25: Sektorale Beschäftigtenstruktur von Schlüsseltechnologien im Research Triangle 1985/88

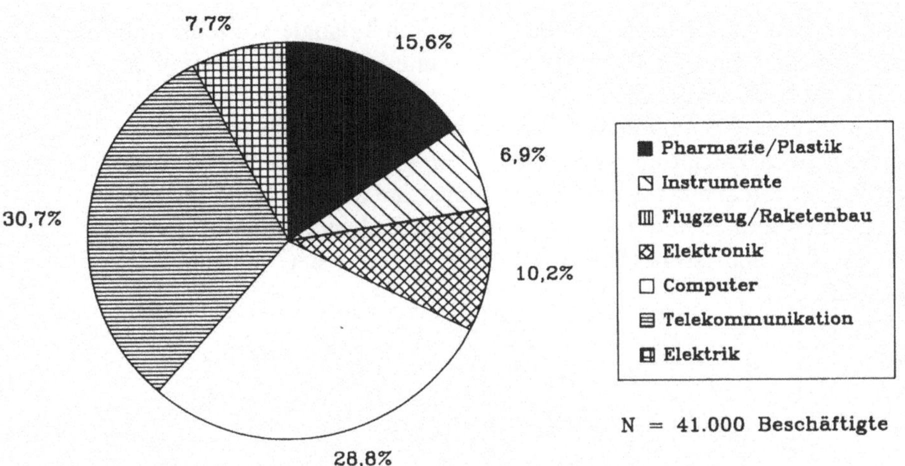

Quelle: Eigene Berechnungen nach Chapel Hill Chamber of Commerce (1987), Durham Chamber of Commerce (1988), Raleigh Chamber of Commerce (1985 und 1987b), Research Triangle Foundation (1988).

Abb. 26: Räumliche Beschäftigtenstruktur von Schlüsseltechnologien im Research Triangle 1985/88

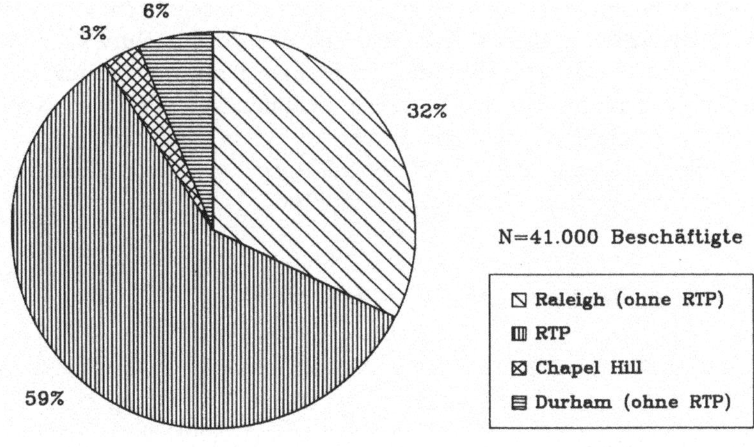

Quelle: Eigene Berechnungen nach Chapel Hill Chamber of Commerce (1987), Durham Chamber of Commerce (1988), Raleigh Chamber of Commerce (1985 und 1987b), Research Triangle Foundation (1988).

Produktions- und Forschungseinrichtungen mit jeweils rund 10.000 Beschäftigten errichteten. Es handelte sich dabei um IBM in der Computerindustrie und Northern Telecom/ BNR im Bereich Telekommunikation. Drei Viertel aller Schlüsseltechnologie-Beschäftigten des Research Triangle konzentrierten sich insgesamt auf die Sektoren Pharmazie, Computer und Telekommunikation (siehe Abb. 25). Abb. 26 verdeutlicht, daß der Research Triangle Park und Raleigh die Wachstumskerne des regionalen Schlüsseltechnologie-Sektors bildeten. Ende der 80er Jahre konzentrierten sich rund 15% aller Unternehmen und 60% der Beschäftigten von Schlüsseltechnologie-Industrien auf den RTP und etwa 55% der Unternehmen und 30% der Beschäftigten auf Raleigh. Durham und Chapel Hill waren für den Schlüsseltechnologie-Sektor nur von untergeordneter Bedeutung (siehe Abb. 26).

8.3 Evolution von Schlüsseltechnologien

Das Wachstum von Schlüsseltechnologie-Industrien im Research Triangle folgte einem völlig anderen Entwicklungspfad als in allen bisher behandelten Untersuchungsregionen. Trotzdem bildete sich auch im Research Triangle ein stark spezialisierter Schlüsseltechnologie-Sektor heraus. Die Wachstumserfolge und Spezialisierungstendenzen lassen sich wie in allen anderen Schlüsseltechnologie-Regionen nicht durch eine statische Analyse von Standortfaktoren erklären, sondern werden nur auf einer evolutionären Betrachtungsebene verständlich. Erst dadurch werden dynamische Veränderungen im Beziehungsgeflecht der wirkenden Standortfaktoren sichtbar. In der Anfangsphase wurde der Entwicklungsprozeß entscheidend durch planerische Eingriffe der lokalen Universitäten und der politischen Entscheidungsträger beeinflußt. Diese betrafen vor allem die Konzeption des Research Triangle Park und die erste Ansiedlungsentscheidungen. Später erlangten Lokalisationsvorteile, Arbeitsmarktaspekte und Faktoren der Lebensqualität eine zunehmende größere Bedeutung.

8.3.1 Determinanten der Entwicklung vor 1945

North Carolina verfügte im 19. und frühen 20. Jahrhundert wie fast alle Südstaaten über ein Überangebot an Arbeitskräften mit geringem Ausbildungsstand sowie ein niedriges Lohnniveau und war überwiegend landwirtschaftlich ausgerichtet. Die ersten Industrieansiedlungen während des 19. Jahrhunderts waren rohstofforientiert und konzentrierten sich auf die Tabak-, Möbel- und Textilindustrien. Die Textilindustrie erhielt zusätzliche Impulse durch die in den 20er Jahren einsetzenden Verlagerungen von Unternehmen aus den Neuenglandstaaten in den Süden (vgl. Jong 1987; Hekman 1980a und Kapitel 4).

Durch den Zweiten Weltkrieg erhielt North Carolina wichtige Industrialisierungsimpulse. Zwischen 1939 und 1954 erhöhte sich die Anzahl der Industriebetriebe in North Carolina von 3.150 auf rund 7.500. Es handelte sich dabei zum größten Teil um Unternehmensverlagerungen aus den nördlichen Bundesstaaten (vgl. Whittington 1985b, S. 3 und Vogel u. Larson 1985, S. 242). Das trotz allem bescheidene industrielle Wachstum beschränkte sich auf die etablierten Tabak-, Möbel- und Textilindustrien. Eine Diversifikation der Industriestruktur trat nicht ein. Aufgrund des Niedriglohncharakters und des geringen technologischen Stands der ansässigen Unternehmen wurden keine positiven Wachstumsimpulse auf die regionale Wirtschaftsstruktur übertragen. So war North Carolina in den 40er und 50er Jahren der US-Staat mit den geringsten Industriearbeiterlöhnen.

Als sich in den 40er und 50er Jahren eine Verschlechterung der Wirtschaftskraft abzeichnete, wurden Forderungen nach einer industriellen Umstrukturierung von North Carolina laut. Durch die Ansiedlung von forschungsintensiven, technologieorientierten Industriezweigen sollte eine Modernisierung der Wirtschaftsstruktur erfolgen. Bereits vor Kriegsbeginn prägte Odum (Professor für Soziologie an der Universtiy of North Carolina - UNC in Chapel Hill) die Vorstellung, industrielle und universitäre Forschungsaktivitäten in die Regionalwirtschaft zu integrieren. Beeindruckt von den Kooperationsbeziehungen zwischen Wissenschaft und Industrie in der Kriegsvorbereitung, entwickelte Odum ein organisatorisches Konzept, um universitäre Forschung und wirtschaftliche Entwicklung aneinander zu koppeln. Er schlug die Gründung eines Instituts in der Nähe des regionalen Flughafens vor, das die Forschungsschwerpunkte der drei lokalen Universitäten koordinieren und integrieren sollte (Vogel u. Larson 1985, S. 243 f.). Weitgehend unbekannt ist bisher, daß die Region um Raleigh-Durham schon vor Kriegsbeginn als *Research Triangle* bezeichnet wurde.

8.3.2 Determinanten der Entwicklung in den 50er und 60er Jahren

Nach dem Krieg wurde das Konzept von Odum zur Förderung forschungsorientierter Industrieansiedlungen wieder aufgegriffen und Ende der 50er Jahre durch die Gründung des Research Triangle Park (RTP), der sich zu einem der weltweit erfolgreichsten Forschungsparks entwickelte, in die Praxis umgesetzt. Die Planumsetzung und die ersten Wachstumserfolge des Forschungsparks in den 60er Jahren beruhten zum großen Teil auf einer engen Zusammenarbeit zwischen Politikern, Industriellen und Hochschullehrern der Region. Insbesondere der Gouverneur von North Carolina Hodges zeigte großes persönliches Engagement für die Entwicklung des RTP und hatte entscheidenden Einfluß auf die ersten Ansiedlungen von Forschungseinrichtungen in der zweiten Hälfte der 60er Jahre. Trotz des starken planerischen Elements und großer finanzieller Aufwendungen durch die Regierung von North Carolina entwickelten sich Schlüsseltechnologie-Industrien im Research Triangle bis zum Ende der 60er Jahre nur zögernd.

8.3.2.1 Bedeutung der Universitäten

Durch die Präsenz von drei Universitäten (University of North Carolina - UNC in Chapel Hill, North Carolina State University - NCSU in Raleigh und Duke University in Durham) existierte im Research Triangle schon vor dem Zweiten Weltkrieg ein beachtliches Potential hochqualifizierter Arbeitskräfte. Angesichts der geringen Einwohnerzahl der Region bildeten die drei Universitäten eine für den Süden beachtliche Konzentration von Einrichtungen des höheren Bildungswesens. 1987 waren an den drei Hochschulen rund 6.000 Arbeitskräfte (überwiegend Lehr- und Forschungspersonal) beschäftigt und über 50.000 Studierende eingeschrieben. D.h. etwa jeder zehnte Einwohner war Student an einer der Universitäten. Kaum eine andere Region der USA verzeichnete eine derartige Konzentration von Humankapital (vgl. Durham Chamber of Commerce 1987; RTF 1985 und Malecki 1986, S. 58).

In den 50er und 60er Jahren fanden die an den lokalen Universitäten ausgebildeten Arbeitskräfte oft weder im Research Triangle noch in anderen Regionen von North Carolina eine angemessene Beschäftigung, da die vorhandenen Industrien in erster Linie Produktionspersonal benötigten. Die Folge war ein starker Brain Drain-Effekt aus der Region und aus dem Bundesstaat. Noch in den 60er Jahren migrierten rund 80% der natur- und ingenieurwissenschaftlichen Hochschulabgänger der NCSU in einen anderen Bundesstaat, um dort eine Arbeitsstelle zu suchen. Durch das Engagement der Universitäten bei der Gründung des RTP und den nachfolgenden Schlüsseltechnologie-Boom konnten die Abwanderungstendenzen von Humankapital später gebremst werden. So fanden in den 80er Jahren immerhin 50% der natur- und ingenieurwissenschaftlichen Graduierten der NCSU innerhalb von North Carolina einen Arbeitsplatz, der ihrem Ausbildungsstand entsprach (Hamley 1982, S. 60).

Für den Arbeitsmarkt der Region und die Initiierung des Schlüsseltechnologie-Wachstums besaßen die lokalen Universitäten eine überragende Bedeutung. Ob die Forschungsaktivitäten der drei Hochschulen allerdings im Standortkalkül der ansiedelnden Schlüsseltechnologie-Unternehmen eine wichtige Funktion ausübten, ist stark anzuzweifeln. Nach den Unternehmensbefragungen im Research Triangle zeichnete sich erst seit den 80er Jahren eine intensivere Forschungskooperation zwischen Schlüsseltechnologie-Unternehmen und Universitäten ab. Berichte, nach denen mehr als 500 Wissenschaftler aus den Einrichtungen im RTP *"Adjunct Professorships"* an den lokalen Hochschulen wahrnahmen (Hamley 1982, S. 60), vermittelten ein falsches Bild über die Intensität der Universitäts-Industrie-Beziehungen. Die Unternehmensbefragungen im Research Triangle belegten zwar, daß rund 360 Wissenschaftler der RTP-Unternehmen mit einer der Universitäten assoziiert und etwa 140 Professoren der Hochschulen umgekehrt durch Beraterverträge zumindest zeitweise für RTP-Unternehmen tätig waren, intensive Verflechtungen beschränkten sich jedoch auf wenige Unternehmen der pharmazeutischen Industrie, allen voran Burroughs-Wellcome und Glaxo. Die meisten Unternehmen im Research Triangle hatten entweder keine (rund 50%) oder nur informelle Kontakte zu den Hochschulen.

Keine der lokalen Hochschulen besaß eine außergewöhnliche Reputation für Spitzenforschung. In einer Reihenfolge aller US-Universitäten nach verfügbaren FuE-Mitteln rangierten die drei lokalen Universitäten Anfang der 80er Jahre zwar unter den Top 50, keine hatte jedoch einen besseren Rang als 40 (Malecki 1986, S. 58). Im Unterschied zu den Universitäten im Silicon Valley, der Route 128-Region und der Region Waterloo waren die Hochschulen des Research Triangle nicht in den Ingenieurwissenschaften sondern in den Naturwissenschaften spezialisiert: Biologie, Chemie und Medizin (vgl. Durham Chamber of Commerce 1987 und RTF 1985). Diese Spezialisierung hatte zur Folge, daß sich in den 70er Jahren vor allem FuE-Einrichtungen mit denselben Forschungsschwerpunkten (überwiegend aus der pharmazeutischen Industrie) im RTP ansiedelten. Die universitäre Forschungsausrichtung hatte somit Einfluß auf die Art der Spezialisierung innerhalb des lokalen Schlüsseltechnologie-Sektors (siehe auch Robinson 1985b).

8.3.2.2 Politische Einflüsse: Konzeption und Gründung des Research Triangle Park (RTP)

Mitte der 50er Jahre präsentierte eine Regierungskommission des Bundesstaats North Carolina den Plan, einen groß angelegten Forschungspark unter Einbeziehung der lokalen Universitäten zu gründen, der als Katalysator für den industriellen Wandel in North Carolina dienen sollte. Unter privatwirtschaftlicher Leitung begannen die ersten Aktivitäten zur Gründung eines Forschungsparks. Der renommierte Entwicklungsträger Robbins willigte ein, als Sponsor für den Aufbau eines Forschungsparks aufzutreten, und kaufte in einem Gebiet zwischen den drei Städten der Region Land auf. Ohne eine endgültige Klärung der industriellen Erschließung und ohne ansiedlungswillige Unternehmen erwies sich dieser Vorstoß jedoch als zu riskant, so daß sich Robbins schrittweise von seinen Plänen zurückzog (siehe Vogel u. Larson 1985, S. 246 ff. und Moriarty 1985). Unter Leitung von Hanes (Präsident der Wachovia Bank and Trust Company in Winston-Salem) und Gouverneur Hodges wurde daraufhin ein neues Konzept ausgearbeitet, an dem die lokalen Universitäten direkt beteiligt werden sollten. Das notwendige Startkapital zum Aufkauf von Grundstücken und zum Bau der ersten Einrichtungen im Forschungspark sollte durch eine Spendenaktion in der Region gesammelt werden. Nach dem Vorbild des Stanford Industrial Park im Silicon Valley sollte der Erfolg des Research Triangle Park durch die Gründung einer Research Triangle Foundation (RTF) und eines Research Triangle Institute (RTI) sichergestellt werden (siehe auch RTF 1985):

1. Die RTF übernahm als nicht-gewinnorientiertes Institut unter Leitung der lokalen Universitäten die organisatorische Gesamtaufsicht über den RTP. Sie bewerkstelligte den Verkauf von Grundstücken an ansiedlungswillige Unternehmen, leitete die Verkaufserlöse in Forschungsprojekte der Universitäten zurück, sicherte die Erschließung der industriellen Flächen und überwachte die von ihr erlassenen Regeln, Gebote und Verbote innerhalb des RTP (siehe Vogel u. Larson 1985, S. 248 und Whittington 1985b, S. 8 f.).

2. Das Research Triangle Institute betrieb als unabhängiges, nicht-gewinnorientiertes Forschungsinstitut in Kooperation mit den lokalen Universitäten angewandte Forschung und Grundlagenforschung im Auftrag der Industrie und staatlicher Institutionen. Entsprechend der Ausrichtung der drei Universitäten spezialisierte sich das RTI auf die Forschungsbereiche Medizin, Umweltforschung, Elektronik und Pharmazie. Zum einen konnte das Forschungsinstitut bereits kurz nach der Gründung zahlreiche Forschungsaufträge erwerben. Zum anderen gelang es, hochqualifizierte Wissenschaftler in die Region und an die lokalen Hochschulen zu lenken (Vogel u. Larson 1985, S. 249 f.).
Das RTI spielte in jeder Phase eine wichtige Rolle. Während in den 50er und 60er Jahren durch Forschungsaufträge hochqualifizierte Arbeitskräfte angezogen werden konnten, fungierte das RTI in den 70er und 80er Jahren als Kontaktstelle zwischen den RTP-Unternehmen und den Universitäten. In den 80er Jahren konnte das RTI seine Forschungsetats durch eine Diversifizierung der Forschungsschwerpunkte (unter anderem Mikroelektronik und Biotechnologie) nochmals entscheidend ausbauen. Zwischen 1985 und 1987 erhöhten sich die FuE-Budgets des Forschungsinstituts von 52 Millionen US-Dollar auf 71 Millionen US-Dollar. Allerdings stammten lediglich 9% der FuE-Mittel (6,3 Millionen US-Dollar) aus privatwirtschaftlichen Quellen. 1987 waren am RTI 1.140 Forscher beschäftigt (vgl. RTI 1988; Whittington 1985b, S. 9 ff. und Leader Newsmagazine 1986).

Am 9. Januar 1959 wurde der Research Triangle Park (RTP) gegründet. Um eine parkähnliche Atmosphäre und ein attraktives Umfeld für FuE-Einrichtungen und deren Arbeitskräfte zu schaffen, wurden von der RTF zahlreiche Restriktionen und Vorschriften für ansiedelnde Unternehmen erlassen (vgl. dazu Moriarty 1985; Hamley 1982; Jong 1987, S. 73 und Sternberg 1988, S. 105 ff.):

1. *FuE-Verpflichtung:* Auf dem Gelände des RTP sollten ausschließlich Unternehmen mit Schwerpunkten in der Forschung zugelassen (mindestens 80% der Aktivitäten), die Errichtung von Produktions- und Montageanlagen dagegen weitgehend ausgeschlossen werden. Diese Forderung mußte 1965 allerdings fallengelassen werden, als IBM die Eröffnung eines Zweigwerks im RTP ankündigte. Um die Ansiedlung von IBM nicht zu gefährden, wurden zusätzlich zu Forschungsaktivitäten auch technologieorientierte Produktionstätigkeiten im RTP gestattet.
2. *Immissionsfreie Industrien:* Ausschließlich immissionsfreien Industrien sollte eine Niederlassung im RTP gestattet werden. Auch dieses Prinzip wurde 1986 durch die Ansiedlung einer Forschungseinrichtung von BASF zum Testen von Pestiziden und Herbiziden abgeschwächt.
3. *Mindestanforderungen:* Die Mindestgröße für den Erwerb eines Grundstücks beträgt 2,4 Hektar. Von jedem erworbenen Grundstück dürfen maximal 15% der Fläche bebaut werden, die verbleibenden 85% sind durch Grünanlagen zu gestalten. Zwischen den Grundstücksgrenzen und den Gebäuden soll ein Mindestabstand von 150 Metern gewahrt werden.

Tab. 33: Staatliche Verflechtungen von Schlüsseltechnologie-Unternehmen im Research Triangle

Anteil von Verkäufen an staatliche Institutionen	Unternehmens-zahl	Unternehmens-anteil
0%	11	42%
1-9%	6	23%
10-19%	4	15%
20-49%	3	12%
≥ 50%	2	8%
Summe	26	100%

Quelle: Eigene Erhebungen.

4. *Bodenpreissubvention:* Gewissermaßen als Kompensation für die zahlreichen Auflagen subventioniert die RTF die Bodenpreise im RTP.[1]

Außer der Regierung von North Carolina unterstützte auch die US-Regierung eine Forcierung der Forschungsaktivitäten im Research Triangle. Dies geschah durch die Vergabe von Forschungsaufträgen an das RTI und durch die Verlagerung von US-Forschungsbehörden in den Research Triangle Park. Im Unterschied zum Silicon Valley, der Route 128-Region, der Atlanta MSA und Ottawa's Telecom Valley hatten militärische Aktivitäten oder Rüstungsaufträge des DoD im Research Triangle zu keiner Phase einen nennenswerten Einfluß auf die Schlüsseltechnologie-Entwicklung (Malecki 1986, S. 59).[2] Aufgrund der Unternehmensbefragungen waren 1988 nur 2 von 26 Schlüsseltechnologie-Unternehmen (8%) zu mindestens 50% ihrer Umsätze von staatlichen Aufträgen und Verkäufen abhängig. Zwei Drittel der befragten Unternehmen hatten keine oder geringe Verflechtungen (weniger als 10% staatliche Verkäufe) zu staatlichen Institutionen (siehe Tab. 33).

8.3.2.3 Erste Schlüsseltechnologie-Ansiedlungen mit Ankerfunktion

Trotz der großen Publicity um den RTP siedelte sich in der Anfangsphase außer der Research Triangle Foundation, dem Research Triangle Institute und einigen Universitätseinrichtungen nur ein einziges größeres Forschungslabor an. Es han-

[1] So kostet ein Hektar Land außerhalb des RTP rund 40.000 US-Dollar, innerhalb des RTP dagegen nur etwa 15.000 US-Dollar (Informationen aus einem Interview mit Prof. Dr. Moriarty vom Department of Geography an der UNC in Chapel Hill am 18. April 1988).

[2] Die Behauptung von Rügemer (1985, S. 211), im Research Triangle würden Zweigwerke aus dem Silicon Valley und Boston sowie das Militär dominieren, ist damit falsch.

delte sich dabei um eine FuE-Abteilung von Chemstrand (einem Tochterunternehmen von Monsanto) für künstlicher Textilfasern (1959). Die Verlagerung aus Decatur (Alabama) in den RTP wurde massiv durch die Intervention lokaler Politiker, Forscher und Industrieller beeinflußt. Obwohl Chemstrand im RTP schnell expandierte und Mitte der 60er Jahre rund 500 Arbeitskräfte beschäftigte, kam zunächst keine weitere bedeutende Forschungseinrichtung hinzu. Lediglich einige Unternehmen und Verbände der Textilindustrie errichteten kleinere Labors. Die Spezialisierung des RTP auf die Textilforschung hing vor allem mit den Bemühungen der Regierung von North Carolina zusammen, die im Bundesstaat vorherrschende Textilindustrie zu unterstützen (Vogel u. Larson 1985, S. 251 ff.).

Mitte der 60er Jahre stagnierte die Entwicklung des RTP. Als sich eine zunehmende Verschuldung der Betreiber abzeichnete und zunehmend kritische Stimmen aus der Öffentlichkeit zu hören waren, wurden Anstrengungen unternommen, FuE-Zweigwerke aus dem Bereich der Schlüsseltechnologie-Industrien für eine Ansiedlung zu gewinnen (Malizia 1985). Die RTF stellte die hohe Lebens-, Umweltqualität und klimatische Gunstfaktoren als Standortvorteile für FuE-Aktivitäten heraus. Zweifellos besaß der RTP diesbezüglich absolute Standortvorteile gegenüber den Regionen im Manufacturing Belt. Es erscheint allerdings zweifelhaft, ob diese allein ausgereicht hätten, um in großem Umfang Verlagerungen von FuE-Zweigwerken nach North Carolina auszulösen (Whittington 1985, S. 5 ff.). Die nachfolgenden Ansiedlungsentscheidungen wurden vielmehr maßgeblich durch Interventionen exponierter Persönlichkeiten aus der Region beeinflußt. Dabei tat sich der in politischen und industriellen Kreisen einflußreiche Gouverneur Hodges besonders hervor (vgl. Vogel u. Larson 1985, S. 253 ff. und Moriarty 1985).[1]

Der entscheidende Durchbruch des RTP ereignete sich erst in der zweiten Hälfte der 60er Jahre durch die Errichtung von Forschungslabors der US-Regierung und durch die Ansiedlung von FuE-Zweigwerken multinationaler Schlüsseltechnologie-Unternehmen. Diese übernahmen eine wichtige Ankerfunktion für die Wachstumsprozesse der 70er und 80er Jahre, weil ihre Präsenz das Risiko der Standortwahl für weitere Unternehmen subjektiv reduzierte. Für die ersten Ansiedlungsentscheidungen im RTP spielten aber auch Ziele der strategischen Gesamtunternehmensplanung sowie die Tatsache eine wichtige Rolle, daß man das vorhandene Arbeitskräftepotential der Region ohne die Konkurrenz anderer Industriezweige nutzen konnte (vgl. Hamley 1982; Moriarty 1985; Rogers u. Larsen 1986, S. 244 f.; Whittington 1985, S. 10 f.; Jong 1987, S. 72 f.; Sternberg 1988, S. 105 und Bathelt 1989, S. 94):

1. *IBM:* 1965 entschloß sich IBM zum Aufbau einer großen Produktionsanlage für Computer-Peripheriegeräte mit produktionsorientierten FuE-Funktionen im RTP, die ein Jahr später bereits 2.500 Arbeitskräfte beschäftigte. Die Ansiedlung von IBM bedeutete für den RTP einen so großen Reputationszuwachs, daß man dem Unternehmen eine Reihe von Sonderrechten gewährte (z.B. Eisenbahnanschluß und Genehmigung von

[1] Gouverneur Hodges kümmerte sich persönlich um die Ansiedlungen von IBM und der Environmental Protection Agency im RTP.

Produktionsaktivitäten im RTP). In der Folgezeit wirkte IBM quasi als "Zugpferd" für andere FuE-Zweigwerke; denn jede Standortentscheidung des Marktführers IBM besaß eine Signalwirkung für Konkurrenz- und Zulieferunternehmen. Bis 1988 hatte IBM seine Aktivitäten innerhalb der Region in mehreren Stufen ausgeweitet und beschäftigte mit rund 10.000 Arbeitskräften ein Viertel aller Schlüsseltechnologie-Beschäftigten.

2. *EPA:* Ein weiterer wichtiger Vorstoß für den RTP waren die Ansiedlungen von Forschungslabors der Environmental Protection Agency - EPA (1968),[1] des National Institute of Environmental Health Sciences (1966) und des National Center for Health Statistics Laboratory (1966) durch die US-Regierung. Mit diesen Niederlassungen forcierte die US-Regierung aktiv das Wachstum des RTP und unterstrich die große Bedeutung, die sie der Entwicklung des RTP beimaß. 1988 waren rund 2.400 Wissenschaftler und Forscher in den drei Regierungslabors beschäftigt (RTF 1988). Unabhängig von diesem Beschäftigteneffekt stärkten die Regierungslabors durch ihre Ausrichtung auf biologische und medizinische Forschungsfelder die traditionellen Forschungsschwerpunkte der lokalen Universitäten.
3. *Pharmazeutische Unternehmen:* Durch die Ansiedlungen von Burroughs-Wellcome (1970) und Becton Dickenson (1969) aus der pharmazeutischen Industrie wurde der endgültige Anstoß für eine neuartige Spezialisierung der Forschungsaktivitäten im RTP gegeben. Beide Standortentscheidungen orientierten sich an den Forschungsschwerpunkten der lokalen Universitäten und der bereits vorhandenen Forschungseinrichtungen.

8.3.3 Determinanten der Entwicklung in den 70er und 80er Jahren

Nach dem langsamen Start des RTP überschlug sich die Entwicklung in den 70er und 80er Jahren (vgl. Malizia 1985 und Hekman u. Greenstein 1985). Die Zahl der staatlichen und privaten Einrichtungen im RTP stieg zwischen 1970 und 1980 von 15 auf mehr als 30. Es dominierten FuE-Zweigwerke aus dem Schlüsseltechnologie-Bereich, die zwar nur ungenügend in die Wirtschaft von North Carolina integriert waren, im Research Triangle jedoch einen eigenständigen, isolierten Forschungskomplex bildeten. Staatlich-politische Einflüsse verloren gegenüber der entstehenden Eigendynamik und den daraus resultierenden Agglomerationsvorteilen zunehmend an Bedeutung. Triebkräfte der Entwicklung wurden informelle Verflechtungsbeziehungen und Fühlungsvorteile sowie das hochqualifizierte und spezialisierte Arbeitskräftepotential.

[1] Die EPA garantierte zahlreichen Kleinunternehmen regelmäßige Aufträge, forderte dafür allerdings strikte räumliche Nähe. Selbst kleine Aufträge der Environmental Protection Agency hatten so Einfluß auf die Standortentscheidungen von Vertragsunternehmen (Sternberg 1988, S. 105).

Abb. 27: Verteilung von Schlüsseltechnologie-Unternehmen im Research Triangle nach Gründungsperioden

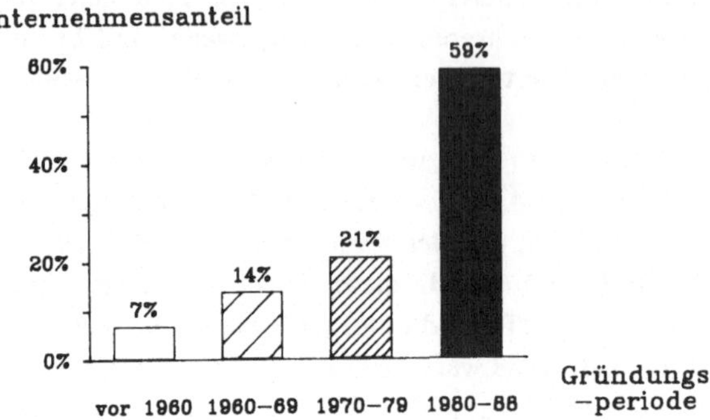

Quelle: Eigene Erhebungen.

8.3.3.1 Schlüsseltechnologie-Boom durch Unternehmensverlagerungen

Das anfangs zögernde Wachstum von Schlüsseltechnologie-Industrien im Research Triangle und der Boom der 70er und 80er Jahre lassen sich deutlich auch anhand der Ergebnisse der Unternehmensbefragung ablesen (siehe Abb. 27). Bis 1960 existierten nur vereinzelt Schlüsseltechnologie-Unternehmen in der Region (vorwiegend in Raleigh). Mit dem Durchbruch des RTP beschleunigte sich der Wachstumsprozeß in den 70er Jahren und erreichte zu Beginn der 80er Jahre seinen Höhepunkt. So siedelten sich etwa 20% der befragten Unternehmen während der 70er Jahre und weitere 60% zwischen 1980 und 1988 in der Region an (siehe Abb. 27).

Die meisten neu hinzukommenden Unternehmen hatten den Status von FuE-Zweigwerken mit partiellen Produktionsaktivitäten. Die Headquarter-Standorte dieser Einrichtungen lagen zum überwiegenden Teil im Manufacturing Belt oder in Europa (siehe Bathelt 1989, S. 94). Im RTP ließen sich überwiegend Schlüsseltechnologie-Unternehmen aus der pharmazeutischen Industrie nieder: darunter Becton Dickenson (1969), Burroughs-Wellcome (1970), Compuchem (1979), Rhone-Poulenc (1981), Glaxo (1983), Ciba-Geigy Biotechnology Research (1983) und BASF Wyandotte (1986). Ein zweiter Schwerpunkt der FuE-Aktivitäten lag in den Bereichen Elektronik, Telekommunikation und Computertechnologie: mit Unternehmen wie IBM (1966), Troxler Electronic Laboratories (1970), Data General (1977), Northern Telecom/ BNR (1980/ 1982), General Electric Microelectronics Center (1981), Sumitomo Electric (1985) und DuPont Electronics Development Center (1986).

Eine wesentliche Ursache für den Wachstumsboom der 70er und 80er bildete die unmittelbare Nachbarschaft des RTP zum Raleigh-Durham International Airport (vgl. zur Lage Karte 14). Noch Anfang der 60er Jahre besaß der Raleigh-Durham Airport überwiegend regionale Funktionen. Allerdings war die Flughafennähe schon während der Planungsphase des RTP bewußt in das Konzept integriert worden. Heute gehört der Raleigh-Durham International Airport zwar nicht zu den Hauptflughäfen der USA, alle wichtigen US-amerikanischen Großstädte und sogar Flughäfen in Europa können aber direkt angeflogen werden. Zwei Drittel der befragten Unternehmen benutzten den Flughafen intensiv für Transportzwecke und Geschäftskontakte. Basierend auf der Unternehmensbefragung entfielen 1988 auf 1.000 Schlüsseltechnologie-Beschäftigte im Research Triangle 1.900 Geschäftsflüge (Bathelt 1989, S. 103). Darin waren weder Materialtransporte noch Besuche durch Geschäftspartner eingeschlossen, so daß die tatsächliche Bedeutung des Flughafens noch wesentlich höher einzuschätzen ist. Allein aus dem Geschäftsreiseverkehr lokaler Schlüsseltechnologie-Unternehmen resultierte 1988 ein Nachfrage nach rund 80.000 Passagierplätzen.

Mit der zunehmenden Dichte von Schlüsseltechnologie-Industrien entstanden in der Region Lokalisationsvorteile, die in den 70er Jahren eine eigenständige Wachstumsdynamik auslösten und zu einer weiteren Agglomeration in den bereits etablierten Schlüsseltechnologie-Branchen führten. Dabei waren insbesondere zwei Aspekte von großer Bedeutung: Zum einen verfügte die Region über ein großes Potential hochqualifizierter Arbeitskräfte mit einer hohen Spezialisierung in den Bereichen Biologie, Chemie, Medizin und Elektronik. Diese Spezialisierung resultierte aus den Forschungsschwerpunkten der lokalen Universitäten und den Ausrichtungen der bereits vorhandenen FuE-Labors. Angesichts der US-weiten Knappheit an entsprechend qualifizierten Fachkräften und dem Problem, diese zu rekrutieren und langfristig zu halten, entwickelte sich das Research Triangle mit seiner hohen Lebensqualität zu einer Standortregion von großer arbeitsmarktstrategischer Bedeutung für bestimmte (sektorale wie funktionale) Segmente aus dem Bereich der Schlüsseltechnologien. Zum anderen bot ein Standort in Nachbarschaft zu Unternehmen derselben Branchen eine Reihe von Fühlungsvorteilen und informellen Kontaktmöglichkeiten. Im RTP siedelten sich zum Teil direkte Konkurrenzunternehmen wie etwa Burroughs-Wellcome und Glaxo, Sumitomo Electric und DuPont oder IBM und Northern Telecom an. Durch die räumliche Nähe zu konkurrierenden Unternehmen ergab sich die Möglichkeit, von dem Beschäftigtenstamm der Konkurrenz zu profitieren (unter Umständen direkt abzuwerben), deren Innovationsaktivitäten vor Ort mitzuverfolgen (eventuell Industriespionage zu betreiben), Forschungsprojekte miteinander abzusprechen, das entstandene Netzwerk von spezialisierten Unternehmensdienstleistungen gemeinsam zu nutzen und so weiter.

Die vorhandenen Agglomerationsvorteile hatten allerdings bis in die 80er Jahre keine regionsinternen Gründungswellen zur Folge. Im Research Triangle ließen sich weder umfangreiche Unternehmensgründungen noch Spin-off-Prozesse feststellen (vgl. Rogers u. Larsen 1986, S. 245; Jong 1987, S. 73 und Malecki 1986, S. 59). Lediglich ein einziges Schlüsseltechnologie-Unternehmen im RTP (Troxler Electronic Laboratories) wurde ursprünglich in der Region gegründet, alle anderen Einrichtungen waren Ansiedlungen aus anderen Regionen der USA. Dementsprechend erfolgte die Finanzierung bei 70% der befragten Schlüsseltechnologie-Unternehmen aus Unternehmensgewinnen, die zuvor außerhalb des Research Triangle erzielt wurden (siehe Tab. 34). Nur in 3 von 27 Fällen (11%) war Risikokapital die Hauptkapitalquelle für eine Neugründung. Ob die geringe Verfügbar-

Tab. 34: Finanzierung von Schlüsseltechnologie-Neugründungen im Research Triangle

Art der Finanzierung	Unternehmens-zahl	Unternehmens-anteil
Ersparnisse/ Unternehmensgewinne	19	70%
Bankkredite	5	19%
Risikokapital	3	11%
Summe	27	100%

Quelle: Eigene Erhebungen.

keit von Risikokapital tatsächlich eine Ursache für die geringen Gründungs- und Spin-off-Raten darstellte, wie die Studien von Malecki (1986, S. 59) und Steed (1987, S. 263 f.) implizieren, ist anzuzweifeln (siehe auch Goldstein u. Malizia 1985, S. 250). Vermutlich war das geringe Risikokapital-Angebot eher eine Folge der geringen Nachfrage nach dieser Finanzierungsart als umgekehrt. Seitens der Risikokapital-Unternehmen bestand durchaus die Bereitschaft, im Research Triangle stärker aktiv zu werden. Für die geringen Gründungs- und Spin-off-Raten im Research Triangle gibt es demzufolge andere Gründe (vgl. dazu Bathelt 1989, S. 94; Vogel u. Larson 1985, S. 260 f.; Whittington 1985b und Thomas 1988):

1. *Sektorale Isolation:* Die Schlüsseltechnologie-Branchen des Research Triangle waren vergleichsweise schlecht in die Industriestruktur von North Carolina eingebunden. Da die meisten FuE-Zweigwerke des RTP unternehmensintern mit den wichtigsten Inputs versorgt wurden, existierte nur ein begrenztes Netzwerk regionaler Input-Output-Verflechtungen, von dem Spin-off-Gründungen hätten profitieren können. Zugleich bestand aus dem Schlüsseltechnologie-Bereich nur ein begrenztes Nachfragepotential zur Gründung spezialisierter Zulieferunternehmen.
2. *Fehlendes Spin-off-Potential:* Die Forschungsprogramme der FuE-Einrichtungen im Research Triangle waren eher mittel- bis langfristig angelegt und konzentrierten sich nicht auf kurzfristige Produktentwicklungen. Aus diesem Grund war das Innovationspotential für Spin-off-Gründungen relativ gering (siehe auch Robinson 1985a). Außerdem gab es für potentielle Unternehmensgründer aus den Zweigwerken multinationaler Schlüsseltechnologie-Unternehmen oft die Alternative, betriebsinterne Aufstiegschancen (verbunden mit einem eventuellen Ortswechsel) wahrzunehmen.
3. *Fehlende Spitzenuniversitäten:* Keine der lokalen Hochschulen war eine Spitzenforschungsuniversität, die ähnlich wie das MIT in Boston oder die University of Waterloo in Waterloo als Inkubatororganisation für Universitäts-Spin-offs hätte fungieren können.
4. *Fehlende Pioniergründungen:* Es gab im Research Triangle keine erfolgreichen Schlüsseltechnologie-Gründungen, die als Vorbilder für weitere Gründungen agieren und einen *"Bandwagon"*-Effekt wie in der Route 128-Region (vgl. Kapitel 4) auslösen konnten.

5. *Kurze Existenz:* Die Schlüsseltechnologie-Entwicklung im Research Triangle ist noch vergleichsweise jung. Ähnlich wie in den anderen Untersuchungsregionen ist das Auftreten von Schlüsseltechnologie-Gründungen vielleicht nur noch eine Frage der Zeit. Ein kritisches Potential an Unternehmen und Beschäftigten scheint jedenfalls bereits überschritten zu sein (Goldstein u. Malizia 1985, S. 246 ff.).

8.3.3.2 Standortstruktur im Research Triangle Park (RTP)

Der Research Triangle Park hat eine Größe von mehr als 2.600 Hektar und erstreckt sich in Nord-Süd-Richtung über eine Länge von rund zehn Kilometern sowie in Ost-West-Richtung über eine Breite von etwa drei Kilometern. Die ursprünglich wichtigsten Straßenverbindungen im RTP waren die Route 54 zwischen Chapel Hill und Raleigh und die Route 55 von Durham zum RTP. Als die Zahl der Schlüsseltechnologie-Unternehmen in den 70er Jahren sprunghaft anstieg, reichten die Route 54 und 55 nicht mehr aus, um eine reibungslose An- und Abfahrt der Beschäftigten zu gewährleisten. Aus diesem Grund erfolgte ein substantieller Ausbau der Verkehrsinfrastruktur. In Ost-West-Richtung wurde die Interstate 40 errichtet, die außerdem einen direkten Anschluß an die Interstate 85 und damit an das interregionale Fernstraßennetz der Atlantikküste liefert. In nördlicher Richtung wurde zur Kanalisierung des Berufspendelverkehrs ein Expressway von der Interstate 40 nach Durham gebaut (vgl. Karte 14 und Karte 15). Im Osten und Westen wird der RTP von je einer Eisenbahnlinie flankiert. Die Eisenbahnverbindungen haben allerdings für die meisten Schlüsseltechnologie-Unternehmen (abgesehen von IBM) keine Bedeutung. Das bedeutendste Element der Transportinfrastruktur im RTP bildet der Raleigh-Durham International Airport. Der Flughafen liegt nur 15 bis 20 Autominuten östlich des RTP und war einer der ausschlaggebenden Faktoren für den Schlüsseltechnologie-Boom in den 70er und 80er Jahren.

Die nördliche, in Durham County gelegene Hälfte des RTP ist heute praktisch vollständig mit Unternehmen besetzt. Wie in der ursprünglichen Konzeption vorgesehen, dominieren staatliche und private FuE-Einrichtungen mit pharmazeutischen, biologischen, chemischen, medizinischen und elektronischen Forschungsschwerpunkten. 1988 waren rund 100 Industrieunternehmen, Dienstleistungsunternehmen und staatliche Institutionen mit einer Gesamtbeschäftigtenzahl von mehr als 30.000 Arbeitskräften im RTP vertreten, von denen sich allerdings nur rund 20 Unternehmen dem Bereich der Schlüsseltechnologie-Industrien zuordnen lassen (darunter die wichtigsten Arbeitgeber im RTP: IBM und Northern Telecom/ BNR). Erweiterungsmöglichkeiten sind im nördlichen Abschnitt des RTP nicht mehr vorhanden. Der Schwerpunkt von Expansionsaktivitäten wird sich deshalb auf den südlichen, in Wake County gelegenen Teil konzentrieren müssen. Die südliche Hälfte des RTP war 1988 noch gänzlich frei von Unternehmen, aber auch nur zum Teil für industrielle Ansiedlungen erschlossen (siehe Karte 15).

Obwohl im RTP 1988 rund 24.000 Arbeitskräfte allein in Schlüsseltechnologie-Unternehmen beschäftigt waren, vermittelt das äußere Erscheinungsbild keinen Eindruck von Dichte. Der größte Teil des RTP ist bewaldet, so daß eine parkähn-

Karte 15: Standortverteilung von Schlüsseltechnologie-Unternehmen im RTP

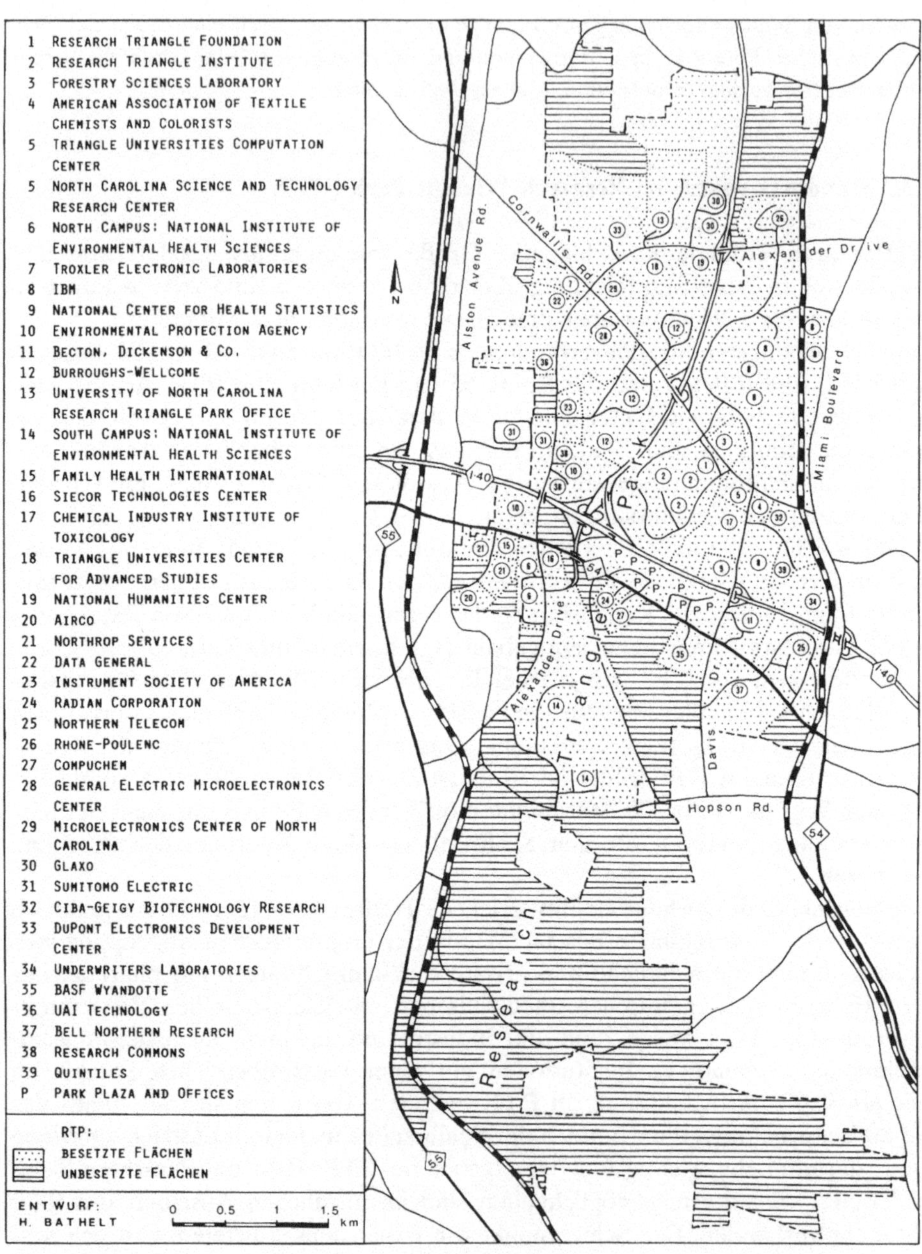

Quelle: Nach Research Triangle Foundation (1988).

liche Atmosphäre herrscht. Die einzelnen Unternehmen des RTP liegen relativ weit voneinander entfernt und sind von den Durchgangsstraßen her kaum einsehbar.[1] Trotz der hochwertigen Verkehrsinfrastruktur ereignen sich infolge der großen Arbeitsplatzdichte auf den Durchgangsstraßen des RTP und in der näheren Umgebung fast täglich Verkehrsstaus zu den Rush-hour-Zeiten. Diese lassen sich zumindest teilweise auf die vernachlässigte *städtische* Entwicklungsplanung zurückführen, die in krassem Widerspruch zu der sorgfältig konzeptionierten *wirtschaftlichen* Entwicklungsplanung steht. Die Strategie, wirtschaftliches Wachstum auf einer Fläche zwischen den drei Triangle-Städten zu konzentrieren, hatte zur Folge, daß Raleigh, Durham und Chapel Hill immer stärker in Richtung des RTP expandierten. Ursprünglich kleine Gemeinden, wie die zwischen dem RTP und Raleigh gelegene Gemeinde Cary, wurden zu den bevorzugten Wohngebieten der Beschäftigen aus dem RTP. Diese Gemeinden verzeichneten ein exponentielles Bevölkerungswachstum, ohne infrastrukturell entsprechend versorgt zu sein. Sollte sich das Schlüsseltechnologie-Wachstum im Research Triangle fortsetzen (und daran kann wohl kein Zweifel bestehen), dann werden bei einer Ausdehnung des RTP und der benachbarten Industrie- und Gewerbegebiete beträchtliche Flächennutzungskonflikte entstehen. Unterstellt man ein Szenario, in dem sich das gesamte Research Triangle zu einer geschlossenen Industrie- und Bevölkerungsagglomeration entwickelt, so verliert der RTP den ursprünglichen Vorteil einer suburbanen Lage und befindet sich plötzlich im Zentrum eines Ballungsgebiets.

8.3.3.3 Ausbreitungs- und Multiplikatoreffekte des Research Triangle Park in den 80er Jahren

Obwohl zahlreiche Produktions- und Montagezweigwerke von RTP-Unternehmen außerhalb des Research Triangle gegründet wurden, blieben die Ausbreitungseffekte des Schlüsseltechnologie-Wachstums auf North Carolina gering. Die Schlüsseltechnologie-Sektoren im Research Triangle standen nicht in Beziehung zu anderen Industriebranchen in North Carolina, sondern operierten weitgehend räumlich und sektoral isoliert. Das groß gesteckte Ziel des RTP, als Innovationskern und Wachstumspol im Sinn der Polarisationstheorie (vgl. Schätzl 1981a, S. 124 ff.; Buttler 1973 und Schilling-Kaletsch 1976) den industriellen Wandel in ganz North Carolina einzuleiten und Ausbreitungseffekte auf das gesamte Staatsgebiet zu übertragen, wurde bisher nicht erreicht. Allerdings war diese Erwartungshaltung ohnehin überhöht und unrealistisch. Erfahrungen aus anderen Regionen haben gezeigt, daß man nur bedingt mit großflächigen Ausbreitungseffekten eines räumlich manifestierten Wachstumspols rechnen kann. Unabhängig davon häuften sich in der Region die kritischen Stimmen von Wissenschaftlern und oppositio-

[1] An keiner Stelle entsteht der Eindruck, man befände sich in einem Industriegebiet. Der eigentliche Zweck des RTP wird erst bei genauerer Betrachtung der errichteten Gebäude deutlich. Fast alle FuE-Einrichtungen sind durch eine postmoderne Architektur gekennzeichnet, deren Stil Fortschrittlichkeit signalisiert. Jedes Unternehmen verfügt über ein betriebseigenes Sicherheitssystem - unter anderem bestehend aus Kameras für die Außenbereiche und einem zahlenmäßig starken Sicherheits- und Wachdienst. Diese Sicherheitseinrichtungen sind ein deutlicher Indikator für die Sensibilität der vor Ort durchgeführten Forschungen und für die Angst vor Industriespionage.

nellen Politikern, die den RTP als Mißerfolg und persönliches Prestigeobjekt führender Staatsmänner aus North Carolina verurteilten. Besonders hart wurde die von Gouverneur Hunt seit Mitte der 70er Jahre betriebene Politik angegriffen, große Anteile des Staatshaushalts von North Carolina in den Aufbau der Mikroelektronik-Industrie im RTP zu investieren (siehe Vogel u. Larson 1985, S. 258 ff. und Whittington 1985b, S. 19 ff.).

Trotz aller Kritik muß der RTP insgesamt als Erfolg gewertet werden. Ausbreitungs- und Multiplikatoreffekte des Schlüsseltechnologie-Wachstums (wenngleich diese schwer quantifizierbar sind) beschränken sich mittlerweile nicht mehr überwiegend auf den RTP, sondern erfassen zunehmend die gesamte Region. Das Research Triangle hat seit 1965 den Wandel von einer Region mit Niedriglohnindustrien zu einer Schlüsseltechnologie-Agglomeration vollzogen und gehört heute zu den wichtigen Wachstumszentren der USA. Zusätzlich zu den direkten Beschäftigungswirkungen und dem Einfluß des RTP auf die Qualität des regionalen Arbeitsmarkts gibt es eine Reihe anderer Effekte, die sich seit Beginn der 80er Jahre positiv auf das gesamte Research Triangle ausgewirkt haben (vgl. auch Bathelt 1989, S. 95; Goldstein u. Malizia 1985; Leader Newsmagazine 1986, S. 106 ff. sowie Goldstein u. Luger 1988a und 1988b):

1. *Sektorale Diversifizierung:* Während noch in den 70er Jahren (abgesehen von IBM) Schlüsseltechnologie-Unternehmen aus den Bereichen Pharmazie, Biomedizin und Biochemie dominierten, veränderte sich die sektorale Struktur der lokalen Schlüsseltechnologie-Industrien in den 80er Jahren grundlegend. 1980 eröffnete z.B. Northern Telecom aus Ottawa/ Toronto ein großes Produktions- und Forschungszweigwerk der Telekommunikationsindustrie im RTP, und 1981 wurde das Microelectronics Center of North Carolina (MCNC) gegründet. Das MCNC sollte im Bereich der Halbleitertechnik Grundlagenforschung und angewandte Forschung betreiben und das Wachstum der Halbleiterindustrie in North Carolina forcieren. Mit der Ansiedlung einer militärischen Forschungseinrichtung von General Electric im Bereich der Halbleitertechnik konnte das MCNC 1981 einen großen Prestige-Erfolg erzielen. Tatsächlich war die Standortentscheidung von General Electric nicht nur eng mit der Errichtung des MCNC verflochten, sondern sogar ausdrücklich als Standortvoraussetzung gefordert worden. Whittington (1985b, S. 19) und Goldstein u. Malizia (1985) beurteilen das MCNC als vielversprechendes Investitionsprojekt der Regierung von North Carolina und erwarten für die Zukunft weiteres Wachstum der Mikroelektronik-Industrie im Research Triangle. Diese optimistische Sicht muß allerdings relativiert werden: Ein entscheidender Durchbruch der Mikroelektronik-Industrie wurde vermutlich verpaßt, als sich mit der Microelectronics and Computer Technology Corporation (MCC) und Sematech zwei Joint-Venture-Forschungseinrichtungen der bedeutendsten US-amerikanischen Computer- und Halbleiterproduzenten in Austin (Texas) anstatt im Research Triangle ansiedelten (vgl. Malecki 1986, S. 59 f. und Kaps 1989). Durch den Aufbau des North Carolina Biotechnology Center (NCBC) versucht die Regierung von North Carolina in jüngster Zeit eine Expansion der Forschungsaktivitäten in biotechnologische Forschungsbereiche zu fördern.
2. *Expansion in Produktionsbereiche:* Zahlreiche Schlüsseltechnologie-Unternehmen sind seit Mitte der 70er Jahre in das Umland des RTP expandiert. Unternehmen wie IBM,

Sumitomo Electric, General Electric und Northern Telecom/ BNR gründeten z.B. in direkter Nachbarschaft zum RTP oder in Raleigh Produktions-, Verwaltungs- und/ oder Vermarktungseinrichtungen. Produktionsanlagen entstanden auch in anderen Städten von North Carolina (z.B. in Greensboro).

3. *Wandel der Unternehmensstruktur:* Während in den 60er und 70er Jahren vorwiegend große Zweigwerke von multinationalen Schlüsseltechnologie-Unternehmen im RTP einen Forschungsstandort suchten, verlagerte sich die Entwicklung seit Beginn der 80er Jahre zunehmend in die Städte im Umkreis des RTP. Neu hinzukommende Unternehmen waren relativ klein (gemessen an der Beschäftigtenzahl), organisatorisch unabhängig und nur noch teilweise mit Forschungsaufgaben beschäftigt. Es handelte sich dabei zunehmend um Zulieferbetriebe (auch in komplementären Industriezweigen) für etablierte Schlüsseltechnologie-Unternehmen.
4. *Expansion des RTP:* In der direkten Umgebung des RTP wurden in den 80er Jahren zahlreiche weitere Industriegebiete erschlossen. So konnten während der Unternehmensbefragungen im Research Triangle 11 weitere Industrie- und Gewerbeparks in einem Umkreis von weniger als 7 Kilometern um den RTP ermittelt werden (siehe Karte 14).
5. *Beginnende Gründungsaktivitäten:* Seit Mitte der 80er Jahre fanden vereinzelte Spin-off-Gründungen dem universitären Bereich statt. So konnten im Verlauf der Unternehmensbefragungen zwei kleine Spin-off-Gründungen durch ehemalige Fakultätsmitglieder der lokalen Universitäten identifiziert werden.
6. *Beschäftigten- und Einkommensmultiplikator:* Basierend auf einer Studie des US-Chamber of Commerce schätzt Hamley (1982, S. 61), daß durch 100 Beschäftigte im FuE-Bereich rund 70 Arbeitsplätze im Dienstleistungssektor geschaffen wurden. Nach dieser groben Schätzung wären durch die FuE-Aktivitäten von Schlüsseltechnologie-Unternehmen zwischen 10.000 und 20.000 Arbeitsplätzen im Dienstleistungsbereich des Research Triangle entstanden.

   Ein wichtiger indirekter Ausbreitungseffekt der Schlüsseltechnologie-Industrien erfolgte über die Multiplikatoreffekte der erzielten Einkommen. 1984 zahlten die Unternehmen aus dem RTP Gehälter in Höhe von rund 900 Millionen US-Dollar (Sternberg 1988, S. 108), die teilweise in der Region verausgabt wurden.[1] Außerdem profitierte die gesamte Region von dem hohen Grundsteuer- und Gewerbesteuer-Aufkommen lokaler Schlüsseltechnologie-Unternehmen. 1984 erbrachte der RTP den Counties Durham und Wake fast 9 Millionen US-Dollar an Steuereinnahmen (Moriarty 1985).

[1] In der Literatur werden Einkommensmultiplikatoren zwischen 2,0 und 3,0 für das Research Triangle genannt (vgl. Goldstein u. Malizia 1985, S. 231 ff. und Moriarty 1985). Die Grundlagen für die Ermittlung dieser Zahlenwerte sind allerdings völlig unklar. Vermutlich handelt es sich lediglich um Erfahrungsschätzwerte.

8.4 Dominante Standortfaktoren und Standortnachteile

Im Unterschied zu allen anderen Untersuchungsregionen wurde das Wachstum von Schlüsseltechnologie-Industrien im Research Triangle überwiegend geplant und durch politische Einflüsse vorangetrieben: Analog bezeichneten rund 60% der befragten Schlüsseltechnologie-Unternehmen das Geschäftsklima (Rang 3) und 50% (nicht-finanzielle) öffentlich/ staatliche Unterstützungen (Rang 3) als wichtige Ursachen ihrer Standortentscheidungen (siehe Abb. 28). Der durch eine konzertierte Aktion lokaler Politiker, Universitäten und Geschäftsleute gegründete Research Triangle Park (RTP) bildete die Keimzelle des industriellen Wandels im Research Triangle. Nach etwa zehnjähriger Anlaufphase erlebte der RTP einen Boom von Schlüsseltechnologie-Ansiedlungen, die in der zweiten Hälfte der 70er Jahre einen eigenständigen Entwicklungsprozeß auslösten und über Multiplikatorwirkungen das gesamte Research Triangle erfaßten.

Der RTP gilt heute als einer der weltweit erfolgreichsten und größten Forschungsparks und erhält oft eine Art Vorbildfunktion, wenn andere Regionen in den USA oder Europa beabsichtigen, durch planerische Eingriffe die Ansiedlung von Schlüsseltechnologie-Industrien zu fördern (vgl. Sternberg 1988; Goldstein u. Luger 1988a und 1988b sowie Dose u. Drexler 1988). Allzu oft wird dabei das dynamische Wechselspiel zwischen verschiedenen Standortfaktoren vernachlässigt: Zum einen waren die politischen Entwicklungsimpulse im Research Triangle nicht auf die gemeindliche Ebene beschränkt, sondern entstanden aus einer engen Kooperation von Gemeinde-, Staats- und US-Regierungsinstitutionen. Dabei spielten einzelne einflußreiche Persönlichkeiten wie Hodges, Hanes und Hunt mit ihren Beziehungsnetzwerken eine zentrale Rolle. Zum anderen setzte die Planung des RTP frühzeitig in einer Phase ein, als viele Schlüsseltechnologie-Unternehmen im Rahmen ihrer Gesamtstrategie eine Expansion in die Südstaaten der USA vornahmen. In jedem Fall kann davon ausgegangen werden, daß das Ansiedlungs- und Verlagerungspotential von Schlüsseltechnologie-Unternehmen in der Startphase des RTP größer und deshalb auch die Erfolgsaussichten besser waren als bei den meisten später durchgeführten Projekten gleicher Art.

Der Schlüsseltechnologie-Boom im Research Triangle beruhte aber nicht ausschließlich auf öffentlich/ staatlichen Einflüssen, sondern wäre ohne eine spezielle Konstellation zahlreicher anderer Standortfaktoren nicht möglich gewesen (vgl. zusammenfassend Whittington 1985b und Bathelt 1989). Während die in den anderen Untersuchungsregionen wirkenden Standortfaktoren gewisse Parallelitäten zeigten und zum Teil vergleichbare Entwicklungstendenzen auslösten (vgl. Kapitel 4 bis Kapitel 7), beruhte das Wachstum im Research Triangle auf völlig anderen Komponenten (siehe Abb. 28). Wie in keinem anderen Schlüsseltechnologie-Zentrum hatten die Standortfaktoren des Research Triangle Verlagerungen von Zweigwerken aus anderen Regionen mit überwiegendem Forschungscharakter zur Folge. Drei Viertel der im Research Triangle angesiedelten Schlüsseltechnologie-Unternehmen besaßen 1988 den Status von Zweigwerken oder Tochterunternehmen mit weitgehend regionsextern organisierten Leitungs- und Entscheidungsfunktionen (Bathelt 1989, S. 94).

Abb. 28: Bedeutende Standortfaktoren für Schlüsseltechnologie-Unternehmen im Research Triangle

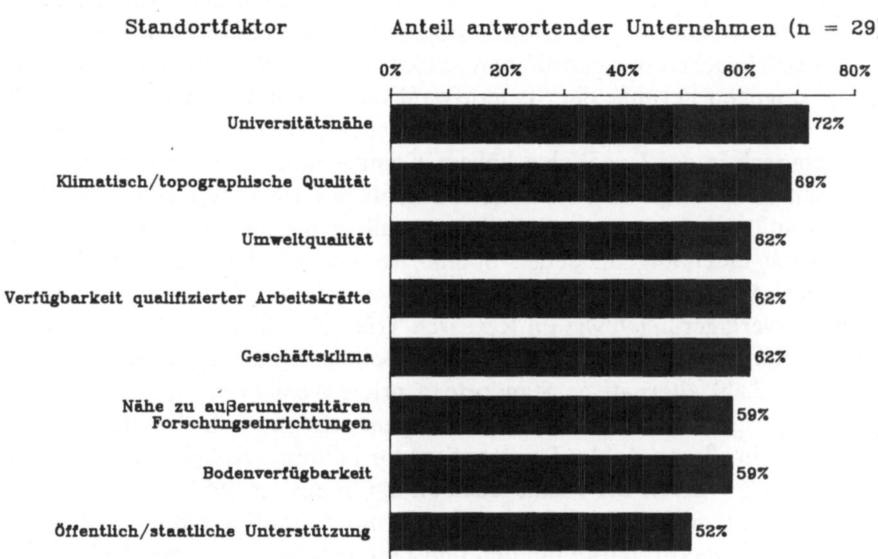

Quelle: Eigene Erhebungen.

Abb. 29: Standortnachteile für Schlüsseltechnologie-Unternehmen Research Triangle

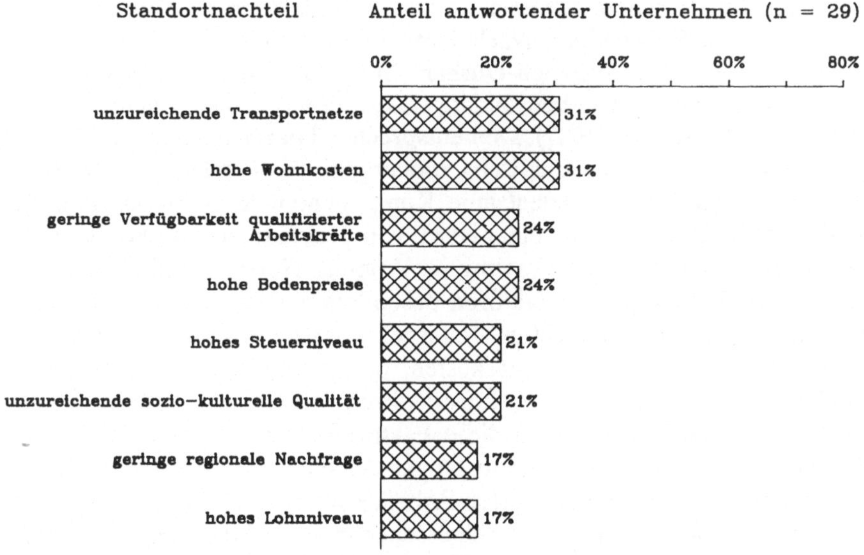

Quelle: Eigene Erhebungen.

Die besondere Organisationsstruktur hatte Auswirkungen auf die Art der Standortentscheidungsprozesse im Research Triangle. In der Route 128-Region, Ottawa's Telecom Valley, der Region Waterloo und der Atlanta MSA wurden durchschnittlich zwischen vier und fünf Standortfaktoren auf die Frage nach den bedeutendsten Ursachen der getroffenen Standortentscheidung genannt (vgl. dazu Kapitel 3). Dagegen beruhte die Standortwahl im Research Triangle im Durchschnitt auf neun Standortfaktoren. Standortentscheidungen besaßen im Research Triangle demnach in der Regel eine höhere Komplexität. In den zuvor behandelten Regionen basierte die Entwicklung von Schlüsseltechnologie-Industrien zum großen Teil auf regionsinternen Gründungs- und Spin-off-Prozessen. Dabei war die Frage nach einer angemessenen Standortregion auf den Geburts-, Wohn-, Arbeits- oder Ausbildungsort der Unternehmensgründer fixiert. Im Fall von Unternehmensverlagerungen wie im Research Triangle erhielt die Wahl einer angemessenen Standortregion eine viel größere Bedeutung als bei einer Neugründung, weil die Zahl alternativer Standorte a priori weniger stark eingeschränkt war. Die endgültige Auswahl einer Standortregion erfolgte deshalb unter Berücksichtigung einer größeren Zahl relevanter Standortfaktoren als bei einer Neugründung (vgl. Bathelt 1989, S. 101 f. und Hekman u. Greenstein 1985, S. 152 ff.). Das unterschiedliche Standortverhalten hatte wiederum Einfluß auf die Häufigkeitsverteilungen der Standortfaktoren in den fünf Untersuchungsregionen (vgl. im folgenden Kapitel 4 und Abb. 28). So wurde der im Research Triangle auf Rang 8 eingestufte Standortfaktor (öffentlich/ staatliche Unterstützung) immer noch von einem größeren Anteil von Schlüsseltechnologie-Unternehmen genannt als der in Greater Boston auf Rang 2 eingestufte Standortfaktor (Verfügbarkeit qualifizierter Arbeitskräfte).

Im Unterschied zu den anderen Untersuchungsregionen besaßen Aspekte der Lebensqualität im Research Triangle einen entscheidenden Einfluß auf die Schlüsseltechnologie-Entwicklung. Nach dem von Rand McNally erstellten *"Places Rated Almanac"* wurde die Raleigh-Durham MSA 1985 unter 329 Metropolitan Areas der USA anhand von Lebensqualitätsfaktoren auf Rang 3 eingestuft (Durham Chamber of Commerce 1987). Dementsprechend bezeichneten rund 70% der befragten Unternehmen die klimatisch/ topographische Qualität (Rang 2) und 60% die Umweltqualität als bedeutsame Komponenten ihrer Standortentscheidung (siehe Abb. 28). Auch in einer 1981 von Hekman u. Greenstein (1985) durchgeführten Unternehmensbefragung in Virginia, North Carolina und South Carolina wurden Lebensqualitätsfaktoren besonders hervorgehoben. Für Schlüsseltechnologie-Unternehmen wichtige Teilaspekte waren das Ausbildungssystem, der Immobilienmarkt, Lebenshaltungskosten, personenbezogene Steuern, Erholungsmöglichkeiten und klimatische Gunstfaktoren (Hekman u. Greenstein 1985, S. 157 ff.). Selbstverständlich hatten diese Faktoren für ein Unternehmen direkt keine Bedeutung, wohl aber für die dort tätigen Arbeitskräfte. Angesichts der US-weiten Knappheit von hochqualifizierten Arbeitskräften in FuE-Bereichen orientierte sich die Standortwahl vieler Schlüsseltechnologie-Unternehmen im Research Triangle an den Wohnstandortpräferenzen der Beschäftigten, um im Wettbewerb mit Konkurrenzunternehmen aus anderen Regionen erfolgreicher spezialisierte Arbeitskräfte rekrutieren zu können (vgl. insbesondere Kapitel 7).

Tab. 35: Arbeitskräfteknappheiten nach Berufsgruppen im Research Triangle

Berufsgruppen mit Arbeitskräftemangel (für Schlüsseltechnologie-Unternehmen)	Unternehmens-zahl (N = 29)	Unternehmens-anteil
Wissenschaftlich-technische Arbeitskräfte	10	35%
Management-/ Marketingpersonal	5	17%
Produktionspersonal	4	14%
Verwaltungspersonal	3	10%

Quelle: Eigene Erhebungen.

Diese Feststellung trifft auch auf den Arbeitsmarkt zu. Für etwa 70% der befragten Unternehmen bildete die Universitätsnähe (Rang 1), für 60% die Verfügbarkeit qualifizierter Arbeitskräfte (Rang 3) und für ebenfalls 60% die Nähe zu außeruniversitären Forschungseinrichtungen (Rang 6) eine wichtige Komponente in der Standortentscheidung (siehe Abb. 28). Eingeleitet durch die Spezialisierung der lokalen Universitäten und erste Ansiedlungsentscheidungen im RTP entwikkelte sich im Research Triangle ein hochspezialisierter Arbeitsmarkt mit Schwerpunkten in den Bereichen Medizin, Biologie, Chemie, Umwelttechnik und Elektronik. Es entstanden Lokalisationsvorteile, die eine eigenständige Wachstumsdynamik entfalteten und zu einer funktionalen und sektoralen Spezialisierung der wirtschaftlichen Aktivitäten im Research Triangle führten. Demgegenüber besaßen universitäre FuE-Aktivitäten und andere Aspekte des Arbeitsmarkts (z.B. die Verfügbarkeit ungelernter Arbeitskräfte oder das Lohnniveau) höchstens eine zweitrangige Bedeutung im Standortkalkül von Schlüsseltechnologie-Unternehmen.

Durch den Wachstumsboom der 70er und 80er Jahre waren aber auch eine Reihe von Agglomerationsnachteilen in der Region entstanden (Leader vom 7. April 1988a). Immerhin acht Standortnachteile wurden 1988 von jeweils mehr als 15% der befragten Unternehmen festgestellt (siehe Abb. 29). Unter den Standortnachteilen im Research Triangle dominierten Kostengrößen und Überlastungsindikatoren: Miet-, Haus- und Bodenpreise, Löhne sowie Steuern hatten sich beträchtlich erhöht, und die intraregionalen Verkehrswege waren zunehmend überlastet (siehe Abb. 29). Auf dem Wohnungsmarkt deuteten sich 1988 durch das andauernde Bevölkerungswachstum in der Region erstmals Knappheitssituationen an (Triangle Business vom 11.-18. April 1988). In bezug auf Kostengrößen besaß das Research Triangle im Vergleich zu Regionen im Manufacturing Belt trotzdem absolute Standortvorteile. Die in Abb. 29 dargestellten Standortnachteile sollten deshalb nicht als mögliche Ursachen für Abwanderungstendenzen überbewertet, sondern lediglich als Anhaltspunkte für lokale Aktionsprogramme zur Verbesserung der allgemeinen Standortbedingungen angesehen werden.

Diese Einschränkung gilt vor allem für Knappheitssituationen auf dem Arbeitsmarkt (siehe Abb. 29). In der Kategorie wissenschaftlich-technischer Arbeitskräfte klagten 35% der befragten Unternehmen 1988 über Probleme, entsprechend qualifizierte Arbeitskräfte zu finden. Bei der Suche nach Management-/ Marketing-, Produktions- und Verwaltungspersonal kam es dagegen nur gelegentlich zu Knappheitssituationen (siehe Tab. 35). Abgesehen von der Atlanta MSA traten Arbeitskräfteknappheiten in allen anderen Schlüsseltechnologie-Region häufiger auf als im Research Triangle (vgl. Kapitel 4 bis Kapitel 7). Es handelte sich dabei um ein US-weites und nicht um ein regionsspezifisches Problem. Die meisten Schlüsseltechnologie-Unternehmen profitierten von den Spezialisierungstendenzen auf dem lokalen Arbeitsmarkt und hatten zusätzlich ein US-weites Rekrutierungsnetz (Leader vom 7. April 1988b).

Die von rund 20% der befragten Unternehmen kritisierte unzureichende soziokulturelle Qualität und die zu geringe regionale Nachfrage deuten hingegen auf echte Defizite im Research Triangle hin, die einem weiteren Wachstum in Zukunft entgegenwirken könnten (siehe Abb. 29): Einerseits existierte auf dem kulturellen Sektor ein deutliches Unterangebot, denn außer Sportwettkämpfen (vor allem College-Basketball) fanden im Research Triangle nur selten kulturelle Veranstaltungen von überregionaler Bedeutung statt. Andererseits war der lokale Schlüsseltechnologie-Sektor noch immer weitgehend ohne Beziehung zu anderen Industrien in North Carolina. Es gab deshalb nur eine geringe Zahl potentieller Kunden in einem größeren Umkreis um das Research Triangle.

Zusammenfassend gehört das Research Triangle heute aufgrund der zahlreichen Standortvorteile und des auffälligen Wachstumsprozesses der 70er und 80er Jahre zu den Schlüsseltechnologie-Regionen, deren allgemeine Standortbedingungen US-weit von einem großen Teil aller Schlüsseltechnologie-Unternehmen positiv bewertet werden. So beurteilten annähernd 80% der befragten Unternehmen aus Greater Boston die Standortbedingungen im Research Triangle als zumindest befriedigend - und damit deutlich besser als z.B. in Atlanta oder Austin (vgl. Kapitel 4). Unter allen Untersuchungsregionen besitzt das Research Triangle im Bereich von Schlüsseltechnologie-Industrien offenbar die besten Wachstumsaussichten. Regionsinterne Unternehmensgründungen deuten sich seit wenigen Jahren an und werden sich vermutlich in absehbarer Zeit verstärken. Außerdem ist die Attraktivität des Research Triangle als Standort für FuE-Zweigwerke von multinationalen Schlüsseltechnologie-Unternehmen weiterhin ungebrochen.

9 Regionalwirtschaftlicher Strukturvergleich der untersuchten Schlüsseltechnologie-Regionen

9.1 Einführung und Überblick

In Kapitel 4 bis Kapitel 8 wurden regionale Ballungsprozesse von Schlüsseltechnologie-Industrien analysiert und die Determinanten des Schlüsseltechnologie-Wachstums in ihrem Zusammenwirken auf einer evolutionären Untersuchungsebene erfaßt. Als räumliche Grundlage der Studie dienten eine große (Greater Boston), zwei mittlere (Research Triangle und Atlanta MSA) sowie zwei kleine Schlüsseltechnologie-Agglomerationen (Ottawa-Carleton und CTT). Obwohl die Regionen unterschiedliche wirtschaftliche Voraussetzungen besaßen, ließen sich zahlreiche Parallelitäten im Entwicklungsverlauf und den Entwicklungsdeterminanten feststellen. Interessanterweise führte der Agglomerationsprozeß von Schlüsseltechnologie-Industrien in allen Untersuchungsregionen (mit Ausnahme von CTT) zu ausgeprägten sektoralen Spezialisierungstendenzen, deren Ursachen im dritten Teil der Arbeit untersucht werden (vgl. Kapitel 10 bis Kapitel 12). Zusammenfassend lassen sich für die untersuchten Schlüsseltechnologie-Regionen folgende Entwicklungsmerkmale festhalten (siehe Tab. 36):

1. *Entwicklungsbeginn:* Die Entwicklungsprozesse von Schlüsseltechnologie-Industrien hatten in einigen Regionen wie Greater Boston, Ottawa-Carleton und der Atlanta MSA ihre Ursprünge bereits vor oder während des Zweiten Weltkriegs.
2. *Wirkungsdauer:* Kurzfristige regionalwirtschaftliche Wachstumseffekte von Schlüsseltechnologie-Agglomerationen traten nicht ein. In allen Untersuchungsregionen dauerte es 20 bis 40 Jahre, bevor die Hauptwachstumsphase von Schlüsseltechnologie-Industrien einsetzte.
3. *Beschäftigtenanteile:* Der Schlüsseltechnologie-Sektor bildete Ende der 80er Jahre in allen Regionen ein bedeutendes Segment der Industriestruktur. In CTT, der Atlanta MSA und der Route 128-Region waren 15% bis 35% aller Industriebeschäftigten in Schlüsseltechnologie-Unternehmen tätig; in Ottawa-Carleton und dem Research Triangle lag dieser Anteil sogar zwischen 60% und 70%.
4. *Standortschwerpunkte:* Die Schlüsseltechnologie-Schwerpunkte konzentrierten sich auf den suburbanen Raum großer städtischer Metropolen. Abgesehen von den beiden

Tab. 36: Strukturmerkmale der untersuchten Schlüsseltechnologie-Regionen

Strukturmerkmal	Greater Boston	Ottawa
Entwicklungsbeginn	kurz vor dem Zweiten Weltkrieg	während des Zweiten Weltkriegs
Entwicklungshöhepunkt (vorläufig)	60er/ 70er Jahre	Ende 70er/ Anfang 80er Jahre
Schlüsseltechnologie-Beschäftigte	214.000	16.500
Schlüsseltechnologie-Anteil an der Industriebeschäftigung	35%	60%
Status in der Bedeutungshierarchie der Schlüsseltechnologie-Regionen	Haupt-Agglomeration	kleine Agglomeration
Intraregionale Schlüsseltechnologie-Schwerpunkte	NW-Abschnitt der Route 128	Kanata/ Nepean
Anbindung an interregionale Transportnetze	ausgezeichnet	mangelhaft
Militärische Einflüsse	hoch	hoch
Planerische Einflüsse	unbedeutend	gering
Einflüsse von Zweigwerks-ansiedlungen (Ankerfunktion)	unbedeutend	anfangs sehr hoch
Private Spin-off-Aktivitäten	sehr hoch	sehr hoch
Universitäre Spin-off-Aktivitäten	sehr hoch	unbedeutend
Zukünftiges Wachstumspotential für Schlüsseltechnologie-Industrien	hoch	gering bis durchschnittlich

Quelle: Eigene Erhebungen (vgl. auch Bathelt 1991, S. 33).

kanadischen Regionen waren diese Standortschwerpunkte ausgezeichnet an interregionale Transportnetze angeschlossen.

5. *Militärische und planerische Einflüsse:* Mit Ausnahme des Research Triangle und der Region Waterloo erlebten alle Schlüsseltechnologie-Regionen eine starke Einflußnahme durch militärische Aktivitäten. Bedeutsame planerische Einflüsse wurden lediglich im Research Triangle wirksam.
6. *Zweigwerksgründungen:* Außer in der Route 128-Region übernahmen Zweigwerksgründungen durch etablierte Schlüsseltechnologie-Unternehmen stets eine wichtige Ankerfunktion für nachfolgende Wachstumsprozesse.
7. *Spin-off-Gründungen:* Der Agglomerationsprozeß von Schlüsseltechnologie-Industrien löste in allen Untersuchungsregionen (mit Ausnahme des Research Triangle) bedeutsame private und/ oder universitäre Spin-off-Prozesse aus.

Tab. 36: Fortsetzung

CTT	Atlanta MSA	Research Triangle
Ende 50er/ Anfang 60er Jahre Ende 70er/ 80er Jahre	während des Zweiten Weltkriegs 70er/ Anfang 80er Jahre	Ende 50er Jahre Ende 70er/ 80er Jahre
11.500 15% kleine Agglomeration	44.500 20% mittlere Agglomeration	41.000 70% mittlere Agglomeration
Waterloo/ Cambridge ausreichend	Norcross/ Marietta ausgezeichnet	RTP/ Raleigh ausgezeichnet
gering durchschnittlich hoch	hoch gering hoch	gering sehr hoch sehr hoch
unbedeutend sehr hoch	durchschnittlich hoch	unbedeutend noch unbedeutend
durchschnittlich	durchschnittlich	hoch

8. *Wachstumspotentiale:* Basierend auf den durchgeführten Untersuchungen verfügten Greater Boston und das Research Triangle über ein hohes bis sehr hohes Wachstumspotential, während die Wachstumsaussichten in Ottawa-Carleton, der Region Waterloo und der Atlanta MSA nur als mäßig bis durchschnittlich eingeschätzt wurden.

Zum Abschluß des zweiten Teils der vorliegenden Arbeit wird im folgenden anhand ausgewählter wirtschaftlicher Merkmale ein regionaler Strukturvergleich von Schlüsseltechnologie-Industrien durchgeführt. Die dabei verwendeten Daten stammen aus den Unternehmensbefragungen und bilden hinsichtlich ihrer thematischen Breite und Gliederungstiefe eine gute Grundlage für einen komparativen Vergleich der Schlüsseltechnologie-Regionen. Durch eine Analyse von Beschäftigungswirkungen, FuE-Aktivitäten, Innovationsprozessen, regionalen Ausbreitungseffekten sowie interregionalen Abhängigkeitsbeziehungen wird zudem die Anwendung des Schlüsseltechnologie-Begriffs auf die befragten Unternehmen nachträglich gerechtfertigt (vgl. Kapitel 2).

9.2 Arbeitsmarkt- und Beschäftigtenstruktur

9.2.1 Beschäftigtenveränderungen

Zwischen 1980 und 1988 erhöhte sich die Gesamtzahl der Beschäftigten in allen 160 befragten Schlüsseltechnologie-Unternehmen um etwa 40.000 und erreichte ein Niveau von rund 125.000 (siehe Tab. 37). Insgesamt erfüllten die in die Erhebung einbezogenen Unternehmen somit die an Schlüsseltechnologie-Industrien geknüpfte Erwartung, durch hohes Wachstum die lokalen Arbeitsmärkte zu stärken. Der Beschäftigtenzuwachs von mehr als 45% verteilte sich allerdings nicht zu gleichen Teilen auf alle Untersuchungsregionen. Die prozentual stärksten Anstiege verzeichneten das Research Triangle, Ottawa's Telecom Valley und CTT. In diesen Regionen verlief die Beschäftigtenentwicklung zwischen 1980 und 1988 zudem relativ gleichmäßig. Demgegenüber verzeichnete die Beschäftigtenentwicklung in der Route 128-Region und in der Atlanta MSA geringere Zuwachsraten und einen ungleichmäßigen Verlauf. Seit 1984 zeigten sich in der Region Boston stagnierende und in der Atlanta MSA schrumpfende Tendenzen (vgl. Bathelt 1988 und 1991a, S. 35 ff. sowie Tab. 37). Die Gründe für die verringerten Zuwachsraten in Boston und Atlanta waren sowohl konjunkturell und strukturell als auch regions- und unternehmensspezifisch bedingt. Ursachen lagen unter anderem in den regionalen Branchenstrukturen sowie den Spezialisierungs- und Konzentrationsprozessen (vgl. auch den folgenden Abschnitt).[1] Trotz der unterschiedlichen Beschäftigtenentwicklung konnte weder ein erkennbarer Bedeutungsverlust der Route 128-Region noch ein Aufholprozeß der kleinen und mittleren Schlüsseltechnologie-Regionen festgestellt werden.

Untersucht man die Ursachen der Beschäftigtenveränderungen für den Gesamtzeitraum von 1980 bis 1988, so zeigt sich anhand der Erhebungsresultate, daß die Expansion bereits existierender Unternehmen einen größeren Einfluß auf den Beschäftigtenzuwachs ausübte als Unternehmensgründungen (vgl. Tab. 37). Außer im Research Triangle erhöhte sich die Zahl der Schlüsseltechnologie-Beschäftigten in allen Untersuchungsregionen durch Expansionsaktivitäten um 23% bis 69%, durch Gründungsaktivitäten oder Unternehmensansiedlungen aber lediglich um

[1] In Greater Boston waren die rückgängige Nachfrage auf dem Minicomputer-Markt, technologische Alterungserscheinungen zahlreicher Schlüsseltechnologie-Unternehmen und Unternehmensverlagerungen in angrenzende Regionen für stagnierende Beschäftigtenzahlen verantwortlich (vgl. Kapitel 4). In Atlanta führten Wettbewerbsprobleme der dominierenden Schlüsseltechnologie-Unternehmen zwischen 1984 und 1988 zu einem Rückgang der Beschäftigtenzahl um rund 5.000. Den Hauptanteil an diesem Rückgang trugen Lockheed und Scientific Atlanta (vgl. Kapitel 7).

Tab. 37: Struktur der Beschäftigtenzuwächse von Schlüsseltechnologie-Unternehmen

Indikator		Boston	Ottawa	CTT	Atlanta	RT
A. Beschäftigtenzahlen im Zeitablauf						
1980		43.682	6.517	4.957	17.687	11.105
1984		52.037	8.648	5.465	29.116	18.658
1988		53.210	11.753	7.699	23.969	28.314
B. Beschäftigtenveränderungen zwischen 1980 und 1988						
Neugründung	absolut	915	807	978	1.170	13.821
	relativ	2%	12%	20%	7%	124%
Expansion	absolut	10.124	4.489	2.313	5.267	4.043
	relativ	23%	69%	47%	30%	36%
Kontraktion	absolut	-1.511	- 60	- 549	- 155	- 655
	relativ	- 3%	- 1%	-11%	- 1%	- 6%
Insgesamt	absolut	9.528	5.236	2.742	6.282	17.209
	relativ	22%	80%	55%	36%	155%

Quelle: Eigene Erhebungen.

2% bis 20%. Gründungs- und Spin-off-Prozesse waren zwar ein Indikator für anhaltende regionale Verflechtungsmöglichkeiten und führten zu einer Verstärkung von Agglomerationsvorteilen, für den Arbeitsmarkt hatten diese Gründungsaktivitäten jedoch nur eine untergeordnete Bedeutung. Offensichtlich war in allen Regionen ein genügend großes Potential an Schlüsseltechnologie-Unternehmen vorhanden, um einen eigendynamischen Wachstumsprozeß in Gang zu setzen, der die Beschäftigtenentwicklung maßgeblich steuerte. Zusammenfassend ließen sich folgende Beschäftigtentrends erkennen (vgl. Bathelt 1988 und 1991a, S. 35 ff. sowie Tab. 37):

1. Außer im Research Triangle war die Expansion bestehender Unternehmen die Hauptursache für Beschäftigtenzuwächse in den 80er Jahren.[1] In den beiden kleinen kanadischen Schlüsseltechnologie-Regionen führten Expansionsaktivitäten bestehender Unternehmen mit 47% bzw. 69% zu den höchsten Beschäftigtenzuwächsen.
2. In den jüngeren Schlüsseltechnologie-Regionen Research Triangle und CTT war der Beschäftigtenzuwachs durch Neugründungen mit 124% und 20% am höchsten, in den

[1] Im Research Triangle zeigte sich auf dem Schlüsseltechnologie-Arbeitsmarkt eine andere Wachstumsstruktur. Durch Unternehmensansiedlungen wurden im Research Triangle rund 14.000, durch Expansionsaktivitäten existierender Unternehmen dagegen nur 4.000 neue Arbeitsplätze geschaffen. Die abweichende Wachstumsstruktur im Research Triangle war in erster Linie durch die Ansiedlungsentscheidung eines großen Zweigwerks von Northern Telecom/ BNR aus Kanada (1980) bedingt.

älteren Schlüsseltechnologie-Regionen Boston und Atlanta mit 2% bis 7% am geringsten.

3. Kontraktionserscheinungen bestehender Schlüsseltechnologie-Unternehmen spielten im Gesamtzeitraum von 1980 bis 1988 nur eine geringe Rolle. Lediglich in der Region Waterloo resultierte durch schrumpfende Unternehmen eine Bruttoabnahme der Beschäftigtenzahl um 11% und im Research Triangle um 6%.

9.2.2 Konzentrations- und Spezialisierungstendenzen

Aus dem komplexen Beziehungsgeflecht von Gründungs-, Standort- und Wachstumskomponenten resultierten in allen Untersuchungsregionen ausgeprägte sektorale Spezialisierungstendenzen (vgl. Kapitel 4 bis Kapitel 8), die sich auf die Unternehmensgrößen- und Branchenstruktur auswirkten. Der Agglomerationsprozeß von Schlüsseltechnologie-Industrien führte zu einer Konzentration der Schlüsseltechnologie-Beschäftigten in wenigen großen Unternehmen ausgewählter Industriebranchen.

Untersucht man Beschäftigtenanteile einzelner Unternehmen, so zeigt sich, daß der Schlüsseltechnologie-Arbeitsmarkt in allen Untersuchungsregionen in hohem Maß durch Großunternehmen beherrscht wurde (siehe Tab. 38). Etwa 40% aller Schlüsseltechnologie-Beschäftigten der Atlanta MSA arbeiteten für das größte lokale Unternehmen: Lockheed in Marietta. In den anderen Regionen war die Dominanz des jeweils größten Schlüsseltechnologie-Unternehmens zwar weniger stark ausgeprägt, immerhin waren aber auch dort rund 10% bis 20% aller Beschäftigten in nur einem einzigen Unternehmen tätig. Der Beschäftigtenanteil der vier größten Unternehmen lag (abgesehen von CTT) in allen Regionen zwischen 40% und 60% (siehe Tab. 38). Dieses Ergebnis vermittelt deutliche Anhaltspunkte über die Dominanz von Großunternehmen auf den regionalen Arbeitsmärkten (vgl. Grabher 1989) und über zunehmende oligopolistische Marktstrukturen innerhalb bestimmter Schlüsseltechnologie-Regionen (vgl. Markusen 1985a). Da die Beschäftigtenentwicklung in allen Untersuchungsregionen in starkem Maß vom Wachstum der großen Schlüsseltechnologie-Unternehmen getragen wurde, muß der unter quantitativen Gesichtspunkten positive Beschäftigteneffekt von Schlüsseltechnologie-Industrien relativiert werden:

Die Dominanz von Großunternehmen kann sich für den Kleinunternehmenssektor als Barriere auswirken, weil wichtige Produktionsfaktoren auf den regionalen Faktormärkten durch große Unternehmen gebunden und den Kleinunternehmen somit Wachstumschancen entzogen werden. Oft bleibt kleinen Schlüsseltechnologie-Unternehmen mit hohem Innovationspotential deshalb keine andere Wahl, als einer Akquisition durch ein etabliertes Großunternehmen zuzustimmen. Solche Fusionsaktivitäten stellen zwar keine prinzipiell nachteiligen Entwicklungen dar, tragen andererseits aber nicht zu einer Stabilisierung der regionalen Beschäftigungssituation bei. Oligopolistische Markttendenzen führen zu einer verstärkten regionalen Krisenanfälligkeit in Rezessionsphasen. Wettbewerbsprobleme der dominierenden Unternehmen können selbst in konjunkturellen Wachstumsphasen zu einem Anstieg der regionalen Arbeitslosigkeit führen und über Rückkopp-

Tab. 38: Beschäftigtenkonzentration in großen Schlüsseltechnologie-Unternehmen

Zahl der Unternehmen	Beschäftigtenanteil je Untersuchungsregion				
	Boston	Ottawa	CTT	Atlanta	RT
Das größte	15%	21%	8%	39%	21%
Die zwei größten	30%	32%	16%	48%	39%
Die vier größten	40%	45%	26%	60%	54%

Quelle: Eigene Berechnungen nach George D. Hall Company (1988), Ottawa-Carleton Economic Development Corporation (1987a), City of Cambridge (1988a), City of Guelph (1987b), City of Kitchener (1987a), City of Waterloo (1988a), Atlanta Chamber of Commerce (1986a), Durham Chamber of Commerce (1988), Raleigh Chamber of Commerce (1985 und 1987b) und Research Triangle Foundation (1988).

lungswirkungen die Wachstumschancen einer Regionalwirtschaft vermindern. Dies trifft vor allem dann zu, wenn viele kleine und mittlere Unternehmen anderer Branchen über Input-Output-Beziehungen eng mit den dominierenden Großunternehmen verflochten sind (vgl. auch Kapitel 12). Da viele große Schlüsseltechnologie-Unternehmen von militärischen Aufträgen abhängig sind und Rüstungsaufträge ihrerseits durch weltpolitische Gesamtkonstellationen und militärstrategische Entscheidungen beeinflußt werden (vgl. Kapitel 2), sind Schlüsseltechnologie-Regionen wie die Atlanta MSA und die Route 128-Region zusätzlich einer potentiellen, konjunkturunabhängigen Instabilität ausgesetzt.

In der Atlanta MSA führten Wachstumsprobleme der dominierenden Schlüsseltechnologie-Unternehmen (insbesondere von Lockheed) in der Vergangenheit mehrfach zu Massenentlassungen innerhalb des Schlüsseltechnologie-Sektors (vgl. Kapitel 7). Auch in Ottawa's Telecom Valley und der Route 128-Region erhöhte sich seit Mitte der 80er Jahre die Gefahr einer zunehmenden Arbeitslosigkeit durch Beschäftigtenverluste großer Schlüsseltechnologie-Unternehmen (vgl. Kapitel 4 und Kapitel 5). Diese Probleme traten umso stärker zutage, wenn gleichzeitig zu den Wettbewerbsproblemen einzelner Unternehmen (z.B. Mitel in Ottawa) branchenspezifische Strukturkrisen einsetzten (etwa die Wettbewerbsschwäche von DEC und Nixdorf in Greater Boston - verstärkt durch die generelle Absatzschwäche der Minicomputer-Industrie). Das Problem der regionalen Dominanz großer Schlüsseltechnologie-Unternehmen darf deshalb nicht isoliert und unabhängig von der ausgeprägten sektoralen Spezialisierung von Schlüsseltechnologie-Regionen gesehen werden. In allen Untersuchungsregionen waren mehr als die Hälfte der Schlüsseltechnologie-Beschäftigten in zwei von sieben Industriegruppen tätig (vgl. Tab. 39 und Bathelt 1991a, S. 36):

1. In Greater Boston entfielen mehr als 75% aller Schlüsseltechnologie-Beschäftigten auf die Elektronik-, Computer- und Instrumentenindustrie (vgl. Kapitel 4).

Tab. 39: Beschäftigtenstruktur nach Schlüsseltechnologie-Sektoren

Schlüsseltechnologie-Sektor	Beschäftigtenanteil je Untersuchungsregion				
	Boston	Ottawa	CTT	Atlanta	RT
Pharmazeutik/ Plastik	1%	3%	8%	5%	16%
Präzisionsinstrumente	22%	2%	10%	5%	7%
Flugzeug-/ Raketenbau	1%	6%	9%	44%	0%
Elektronik	28%	12%	28%	8%	10%
Computer	27%	15%	1%	4%	29%
Telekommunikation	8%	61%	5%	22%	31%
Elektrik	13%	1%	40%	12%	8%
Summe	100%	100%	101%	100%	101%

Quelle: Eigene Berechnungen nach George D. Hall Company (1988), Ottawa-Carleton Economic Development Corporation (1987a), City of Cambridge (1988a), City of Guelph (1987b), City of Kitchener (1987a), City of Waterloo (1988a), Atlanta Chamber of Commerce (1986a), Durham Chamber of Commerce (1988), Raleigh Chamber of Commerce (1985 und 1987b) und Research Triangle Foundation (1988).

2. Mit einem Beschäftigtenanteil von rund 60% bildete die Telekommunikationsindustrie (mit dem Schwerpunkt Telefontechnik) den dominanten Schlüsseltechnologie-Sektor in Ottawa-Carleton (vgl. Kapitel 5).
3. Annähernd 70% der Schlüsseltechnologie-Beschäftigten in der Region Waterloo konzentrierten sich auf die Elektro- und Elektronikindustrie (vgl. Kapitel 6).
4. Zwei Drittel aller Schlüsseltechnologie-Beschäftigten in der Atlanta MSA arbeiteten im Bereich Telekommunikation (mit Schwerpunkt Satellitentechnik) oder der Flugzeug-/ Raketenindustrie (vgl. Kapitel 7).
5. Im Research Triangle waren 60% aller Schlüsseltechnologie-Beschäftigten in der Telekommunikations- und Elektronikindustrie sowie weitere 16% in der pharmazeutischen Industrie tätig (vgl. Kapitel 8).

Die hohe sektorale Spezialisierung von Schlüsseltechnologie-Industrien war eine direkte Folge des Agglomerationsprozesses und resultierte aus vielfältigen regionalen Informations-, Arbeitsmarkt-, Kapitalmarkt-, Absatz- und Materialverflechtungen. Die Schlüsseltechnologie-Branchen einer Region mit den höchsten Wachstumsraten, den aussichtsreichsten FuE-Aktivitäten oder den am stärksten dominierenden Großunternehmen erlangten kumulative Wachstumsvorteile im Vergleich zu anderen Industriezweigen, da sich lokale Arbeitsmärkte, das Bildungssystem, die unternehmensbezogene Infrastruktur, Zuliefernetze und andere Ressourcen auf diese Branchen spezialisierten. Die Ausrichtung der Schlüsseltechnologie-Struktur auf bestimmte Branchen und/ oder bestimmte Unternehmen bildete eine entscheidende Grundlage für den regionalen Aufschwung, weil

Tab. 40: Beschäftigtenstruktur nach Berufsgruppen in Schlüsseltechnologie-Unternehmen

	Beschäftigtenanteil je Untersuchungsregion				
Berufsgruppe	Boston	Ottawa	CTT	Atlanta	RT
Wissenschaftlich-technische Arbeitskräfte	32,6%	33,1%	17,1%	17,1%	37,4%
Management-/ Marketingpersonal	14,5%	16,2%	9,0%	6,5%	11,6%
Verwaltungspersonal	18,0%	12,7%	12,1%	8,9%	25,4%
Produktionspersonal	34,9%	38,0%	61,8%	67,4%	25,6%
Summe	100,0%	100,0%	100,0%	99,9%	100,0%

Quelle: Eigene Erhebungen.

Agglomerationsvorteile entstanden und ein eigendynamischer Wachstumsprozeß ausgelöst wurde. Spin-off-Gründungen aus dem privaten oder universitären Bereich konzentrierten sich automatisch auf die wachstumsstärksten Branchen mit den am besten ausgebauten Verflechtungsbeziehungen und forcierten die sektoralen Konzentrationstendenzen auf dem Arbeitsmarkt.

9.2.3 Berufsstruktur

Außer dem quantitativen Aspekt der Schaffung neuer Arbeitsplätze sollen Schlüsseltechnologie-Industrien zu einer Verbesserung der beruflichen Qualifikationsniveaus in einer Arbeitsmarktregion beitragen: Durch die Schaffung hochwertiger Arbeitsplätze mit hohen Qualifikationsanforderungen vergrößert sich einerseits der Anteil von Beschäftigten mit einem gut bezahlten und zugleich sicheren Arbeitsplatz. Andererseits wird eine Verbesserung des regionalen Humankapitalangebots erwartet. Damit verbindet sich indirekt die Hoffnung, Umstrukturierungsprozesse anderer Wirtschaftssektoren zu forcieren und die Attraktivität der Region für weitere Industrieansiedlungen oder Unternehmensgründungen zu erhöhen. Ob die Erwartungen qualitativer Arbeitsmarkteffekte durch Schlüsseltechnologie-Industrien stets in der erhofften Weise eingetreten waren, ließ sich im einzelnen anhand der durchgeführten Studie nicht quantifizieren. Aus den Ergebnissen der Unternehmensbefragung konnte jedoch ableitet werden, daß die untersuchten Schlüsseltechnologie-Unternehmen in allen Untersuchungsregionen durch die Schaffung von Arbeitsplätzen in wissenschaftlich-technischen und Management-/ Marketing-Bereichen wesentlich zur Verbesserung des regionalen Humankapitalangebots beigetragen hatten. Basierend auf einer Analyse von vier komplementären Berufsgruppen ließ sich eine Unterscheidung in forschungsorientierte und produktionsorientierte Schlüsseltechnologie-Regionen durchführen (siehe Tab. 40):

1. *Forschungsorientierte Arbeitsmärkte:* In Greater Boston, Ottawa's Telecom Valley und im Research Triangle lag der Anteil wissenschaftlich-technischer Arbeitskräfte deutlich über den entsprechenden Werten der anderen Regionen. Zwischen 30% und 40% der Arbeitskräfte waren in wissenschaftlich-technischen, weitere 10% bis 15% in Management-/ Marketing-Positionen tätig. Der Anteil von Produktionspersonal lag in den forschungsorientierten Regionen nur bei 25% bis 35%.
2. *Produktionsorientierte Arbeitsmärkte:* In der Region Waterloo und der Atlanta MSA waren lediglich 15% bis 20% der Schlüsseltechnologie-Beschäftigten in wissenschaftlich-technischen und 5% bis 10% in Management-/ Marketing-Positionen tätig. Mit über 60% dominierte der Produktionsbereich. Trotz intensiver Spin-off-Aktivitäten aus den lokalen Universitäten war der Schlüsseltechnologie-Arbeitsmarkt in der Region Waterloo nur in geringem Maß forschungsorientiert. Die Dominanz von Produktionspersonal war vielmehr ein Indiz dafür, daß zahlreiche Unternehmen erst durch einen Transformationsprozeß aus traditionellen Industriebranchen in den Schlüsseltechnologie-Bereich vorgestoßen waren (vgl. Bathelt u. Hecht 1990 und Kapitel 6). In der Atlanta MSA hing die Ausrichtung des regionalen Arbeitsmarkts auf Produktionstätigkeiten eng mit der traditionell wichtigen Rolle großer Produktionsstätten der Flugzeugindustrie zusammen (vgl. Kapitel 7).

Tab. 40 bestätigt zwar die große Bedeutung hochqualifizierter Arbeitskräfte für den Schlüsseltechnologie-Bereich und deren Fähigkeit, entsprechende Arbeitsplätze zu schaffen, allerdings ist nicht erkennbar, welche Spezialisierungsanforderungen an die einzelnen Berufsgruppen gestellt wurden. Aus den Interviews mit Schlüsseltechnologie-Managern konnte die Schlußfolgerung gezogen werden, daß Arbeitskräfte einer bestimmten Berufsgruppe (speziell mit wissenschaftlich-technischer Qualifikation) weder zwischen verschiedenen Unternehmen noch zwischen verschiedenen Regionen oder gar Branchen beliebig austauschbar waren. Die große Nachfrage nach und das große Angebot an hochspezialisierten Arbeitskräften bildete eine entscheidende Voraussetzung für und war zugleich eine Folge von regionalen Wachstumsprozessen (vgl. Kapitel 4 bis Kapitel 8). Durch spezialisierte Anforderungen an die berufliche Qualifikation waren Arbeitskräfte aus anderen Industriebranchen für qualifizierte Positionen innerhalb von Schlüsseltechnologie-Unternehmen weitgehend ungeeignet. Schlüsseltechnologie-Industrien hatten deshalb nur eine eingeschränkte Möglichkeit, freigesetzte Arbeitskräfte aus schrumpfenden Industriebranchen aufzufangen. In einer altindustrialisierten Region konnte also nicht davon ausgegangen werden, daß Schlüsseltechnologie-Industrien eine bedeutsame Arbeitsplatzalternative zu den etablierten Industriebranchen darstellten. Immerhin belegte die Unternehmensbefragung, daß Schlüsseltechnologie-Unternehmen auch einen hohen Bedarf an ungelernten und gelernten Produktions- und Montagearbeitern verzeichneten (siehe Tab. 40). Dieser Bedarf war in einzelnen Schlüsseltechnologie-Regionen sogar größer als aufgrund verfälschender Medienberichte zu erwarten war. Aus diesem Grund konnten Schlüsseltechnologie-Unternehmen höchstens im Bereich gering qualifizierter, schlecht bezahlter und relativ konjunkturabhängiger Arbeitsplätze eine Beschäftigungsalternative zu anderen Industriesektoren darstellen. In den regionalpolitischen Zielvorstellungen war diese Variante allerdings weder berücksichtigt noch erwünscht.

Eine drohende Dualisierung des Arbeitsmarkts durch Schlüsseltechnologie-Industrien in gut dotierte, hochqualifizierte Arbeitsplätze einerseits und schlecht bezahlte, gering qualifizierte Arbeitsplätze andererseits, wie sie von Markusen (1985b), Weiss (1985) und Rogers u. Larsen (1986) befürchtet wird, ließ sich anhand der durchgeführten Unternehmensbefragungen nicht feststellen.[1] Es ist aber nicht auszuschließen, daß ein tendenzielles Verschwinden von Arbeitsplätzen für mittlere Qualifikationsniveaus in anderen Schlüsseltechnologie-Regionen durchaus stattfindet.

9.3 FuE-Struktur und Informationsnachfrage

9.3.1 FuE-Eigenschaften und Innovationsaktivitäten

Intensive FuE-Aktivitäten auf einem hohen technologischen Niveau wurden in Kapitel 2 aus folgenden Überlegungen als wesentliches Merkmal von Schlüsseltechnologie-Industrien angesehen (vgl. im folgenden Bathelt 1991c): Durch den Aufbau von FuE-Abteilungen in technologisch hochstehenden komplexen Forschungsbereichen entsteht eine Nachfrage nach hochspezialisierten Arbeitskräften mit wissenschaftlich-technischen Qualifikationen. Diese Nachfrage wirkt sich positiv auf die quantitative und qualitative Arbeitsmarktsituation aus und führt zu einer Stabilisierung regionaler Arbeitsmärkte. Zielgerichtete FuE-Aktivitäten erhöhen dauerhaft das Innovationspotential von Schlüsseltechnologie-Unternehmen und münden in technologisch komplexen Inventionen und Innovationen, die zu einer Stärkung der langfristigen Wettbewerbsfähigkeit beitragen und das Beschäftigtenwachstum in Produktionsbereichen stimulieren. Durch enge Input-Output-Verflechtungen profitieren auch vor- bzw. nachgelagerte Industriesektoren von den Innovationsprozessen des Schlüsseltechnologie-Sektors (vgl. zur Kritik Oakey 1991).

In einigen Studien wird ein FuE-Anteil am Umsatz von mindestens 10% als Kriterium angesehen, um ein Unternehmen dem Schlüsseltechnologie-Bereich zuzuordnen (vgl. z.B. Rügemer 1985, S. 27 f.). Bei einer Anwendung dieser Mindestanforderung auf die Stichprobenunternehmen zeigte sich, daß die potentiellen Schlüsseltechnologie-Unternehmen die Bedingung intensiver FuE-Aktivitäten erfüllten (siehe Tab. 41 und Tab. 42). Gleichzeitig konnte wie bereits anhand der FuE-Beschäftigtenanteile eine regionale Differenzierung zwischen *forschungsorientierten* und *produktionsorientierten Schlüsseltechnologie-Regionen* durchgeführt werden (vgl. die vorhergehenden Abschnitte). In den forschungsorientierten

---

[1] In die Kategorie Produktionspersonal in Tab. 40 entfielen sowohl ungelernte als auch gelernte Arbeitskräfte, in die Kategorie Wissenschaftler/ Techniker sowohl Hochschulabsolventen als auch hochqualifizierte Facharbeiter ohne Hochschulabschluß.

Tab. 41: FuE-Intensität von Schlüsseltechnologie-Unternehmen

FuE-Anteil am Umsatz	Unternehmensanteil je Untersuchungsregion				
	Boston	Ottawa	CTT	Atlanta	RT
1-5%	33%	17%	57%	44%	14%
6-9%	11%	10%	4%	13%	-
≥ 10%	56%	72%	39%	44%	86%
Summe	100%	99%	100%	101%	100%

Quelle: Eigene Erhebungen.

Tab. 42: Innovations- bzw. FuE-Indikatoren von Schlüsseltechnologie-Unternehmen

Innovations-/ FuE-Indikator	Boston	Ottawa	CTT	Atlanta	RT
Mittlerer FuE-Anteil	7,6%	19,8%	8,4%	8,4%	15,0%
Median-FuE-Anteil	10%	10%	5%	7,5%	15%
Anteil adoptierender Unternehmen (1984-1988)	85%	97%	85%	96%	90%
Anteil innovierender Unternehmen (1984-1988)	83%	88%	82%	88%	90%

Quelle: Eigene Erhebungen.

Tab. 43: FuE-Struktur von Schlüsseltechnologie-Unternehmen (Art der Verwendung von FuE-Mitteln)

	Anteil am FuE-Volumen je Untersuchungsregion				
Verwendungszweck	Boston	Ottawa	CTT	Atlanta	RT
Grundlagenforschung	16,0%	6,4%	2,2%	3,9%	5,7%
Angewandte Forschung	44,4%	33,3%	11,5%	24,9%	37,3%
Produktentwicklung	39,6%	60,2%	86,3%	71,2%	57,1%
FuE insgesamt	100,0%	99,9%	100,0%	100,0%	100,1%

Quelle: Eigene Erhebungen.

Schlüsseltechnologie-Regionen Ottawa-Carleton und Research Triangle verwendeten mehr als zwei Drittel der Schlüsseltechnologie-Unternehmen über 10% ihrer Umsätze für FuE. In den produktionsorientierten Schlüsseltechnologie-Regionen CTT und Atlanta betrug der Anteil FuE-intensiver Unternehmen lediglich 40%. Die Route 128-Region konnte weder eindeutig der Gruppe der forschungsorientierten noch der Gruppe der produktionsorientierten Regionen zugeordnet werden (siehe Tab. 41). Der durchschnittliche FuE-Anteil am Umsatz betrug in der Atlanta MSA, der Route 128-Region und in CTT rund 8%, in Ottawa-Carleton und im Research Triangle sogar 15% bis 20% (siehe Tab. 42).[1] Allerdings entsprachen nicht alle einbezogenen Unternehmen dem Image FuE-intensiver Schlüsseltechnologie-Industrien. In CTT und der Atlanta MSA verwendeten z.B. mehr als 40% der befragten Unternehmen weniger als 5% ihrer Umsätze für FuE-Aktivitäten (siehe Tab. 41).

Um den Umfang der FuE-Aktivitäten in den untersuchten Schlüsseltechnologie-Regionen richtig einordnen zu können, war es notwendig, die Ergebnisse zu anderen Studien und Industriedurchschnitten in Beziehung zu setzen: Nach Berechnungen der US International Trade Administration erreichte der durchschnittliche FuE-Umsatzanteil technologieintensiver Industriegruppen in den USA 1980 eine Höhe von 11,9% (Hagey u. Malecki 1986, S. 1484). Selbst führende Computerhersteller wie IBM, DEC und Hewlett-Packard verwendeten 1987 nicht mehr als 10% bis 11% ihrer Umsätze für FuE (vgl. IBM 1988; Digital Equipment Corporation 1987 und Hewlett-Packard 1987). In einer von Hagey u. Malecki (1986, S. 1484) durchgeführten Befragung von Schlüsseltechnologie-Unternehmen in Florida lag der FuE-Umsatzanteil nur bei einem Drittel der erfaßten Unternehmen über 3%. Angesichts dieser Vergleichswerte ist die Intensität der FuE-Aktivitäten in den befragten Schlüsseltechnologie-Unternehmen sehr hoch einzuschätzen.

Bei einer Untersuchung der FuE-Aktivitäten nach Art und Zielen zeigte sich eine klare Dominanz von Entwicklungsaktivitäten, während der Bereich der Grundlagenforschung nur eine untergeordnete Rolle spielte (vgl. zur idealtypischen Differenzierung von FuE-Arten Kapitel 2). In Ottawa-Carleton und im Research Triangle wurden im Durchschnitt lediglich 5% der FuE-Aufwendungen als Grundlagenforschung klassifiziert, aber 35% als angewandte Forschung und 60% als Produktentwicklung (siehe Tab. 43). In den produktionsorientierten Schlüsseltechnologie-Regionen Atlanta MSA und CTT lag der durchschnittliche Anteil von Entwicklungsaktivitäten sogar noch höher (mehr als 70%). Entgegen den verbreiteten Vorstellungen über langfristig orientierte FuE-Projekte mit dem Ziel der Exploration neuer wissenschaftlicher Erkenntnisse waren die FuE-Aktivitäten der meisten Schlüsseltechnologie-Unternehmen eher kurzfristig angelegt und stark produkt- bzw. produktionsbezogen. In den Interviews war nur eine begrenzte Risikobereitschaft zur Durchführung langfristiger FuE-Projekte ohne direkten Marktbezug zu erkennen. Hauptziel der FuE-Aktivitäten war in der

[1] Da absolute Umsatzzahlen nicht verfügbar waren, wurden die durchschnittlichen regionalen FuE-Anteile in Tab. 42 mit Hilfe von Beschäftigtenzahlen als Gewichten berechnet (vgl. dazu auch die Ermittlung durchschnittlicher Verflechtungsintensitäten in den folgenden Abschnitten und Kapitel 10).

Tab. 44: Innovationsarten von Schlüsseltechnologie-Unternehmen

Innovationsart	Unternehmensanteil je Untersuchungsregion				
	Boston	Ottawa	CTT	Atlanta	RT
Produktinnovation	86%	88%	86%	96%	93%
Prozeßinnovation	69%	63%	59%	48%	68%
Markt-/ Marketinginnovation	23%	31%	31%	39%	50%
Organisatorische Innovation	20%	38%	35%	26%	39%

Quelle: Eigene Erhebungen.

Tab. 45: Innovationsmotive von Schlüsseltechnologie-Unternehmen

Innovationsmotiv	Unternehmensanteil je Untersuchungsregion				
	Boston	Ottawa	CTT	Atlanta	RT
Kundenbedürfnisse	80%	79%	69%	78%	93%
Expansionsabsichten	66%	67%	83%	66%	68%
Technologische Optionen	51%	64%	66%	57%	86%
Diversifikationsabsichten	51%	49%	48%	48%	75%
Kosteneinsparungen	37%	46%	59%	17%	46%
Zufällige Innovationen	14%	15%	14%	4%	21%

Quelle: Eigene Erhebungen.

Regel eine Amortisation der FuE-Ausgaben innerhalb eines überschaubaren Zeitraums. Lediglich in der Region Boston konnte eine größere Bereitschaft zu langfristigen FuE-Projekten ohne kurzfristige Markterfolge festgestellt werden. Obwohl in Greater Boston ein relativ kleiner Anteil der befragten Schlüsseltechnologie-Unternehmen als FuE-intensiv eingestuft wurde (siehe Tab. 41 und Tab. 42), wurden durchschnittlich 16% der FuE-Ausgaben für Grundlagenforschung und 44% für angewandte Forschung aufgewendet (siehe Tab. 43).

Obwohl nicht alle Schlüsseltechnologie-Unternehmen hohe Umsatzanteile für FuE-Projekte verwendeten, verfügten die meisten über große Innovationskapazitäten, eine hohe Adoptionsbereitschaft und hohe Innovationsraten. Zwischen 1984 und 1988 entwickelten mehr als 80% der befragten Schlüsseltechnologie-Unternehmen eigene Innovationen, und mehr als 85% adoptierten die Innovationen anderer Unternehmen (siehe Tab. 42). Hinsichtlich der Art der adoptierten bzw. entwickelten Innovationen und den zugrundeliegenden Innovationsmotiven konnte im Rahmen der Unternehmensbefragung eine deutliche Hierarchie mit geringen interregionalen Unterschieden festgestellt werden (siehe Tab. 44 und Tab. 45):

1. *Innovationsarten:* Die Innovationsaktivitäten der erfaßten Schlüsseltechnologie-Unternehmen konzentrierten sich in erster Linie auf Produkt- und Prozeßinnovationen. Etwa 90% der Unternehmen entwickelten bzw. adoptierten neue Produkte; 60% entwickelten bzw. adoptierten neue Prozeßtechnologien. Markt-/ Marketing- sowie organisatorische Innovationen spielten demgegenüber eine untergeordnete Rolle (siehe Tab. 44).
2. *Innovationsmotive:* Die vorherrschenden Motive der Innovationsprozesse waren Kundenbedürfnisse (für 70% bis 90% der befragten Schlüsseltechnologie-Unternehmen) und Expansionsabsichten (für etwa 70% der Unternehmen). Jeweils rund 50% der Unternehmen bezeichneten des weiteren die Möglichkeit, neue technologische Optionen zu nutzen, und das Ziel einer größeren Diversifizierung als Ursachen ihrer Innovationsaktivitäten. Kosteneinsparungen spielten eher eine untergeordnete Rolle. Obwohl zufällige Aspekte unter den sechs zur Auswahl gestellten Innovationsmotiven am seltensten genannt wurden (von rund 15% der befragten Unternehmen), bildeten sie einen nicht zu unterschätzenden Ausgangspunkt für Innovationsprozesse (siehe Tab. 45).

Angesichts der Erwartungen über den Ablauf von FuE- und Innovationsprozessen in Schlüsseltechnologie-Industrien überraschten die Ergebnisse der durchgeführten Unternehmensbefragung. Die vermutete Grundlagenorientierung von FuE-Projekten konnte in der vorliegenden Untersuchung nicht bestätigt werden (siehe Tab. 43). Ebenso wenig beruhte das hohe Innovationspotential vorwiegend auf einer Ausschöpfung neuer technologischer Möglichkeiten. Vor allem Kundenbedürfnisse und Expansionsabsichten bildeten die Hauptantriebskräfte für Innovationsaktivitäten (siehe Tab. 45). Das Auftreten zufälliger Innovationen widersprach zudem dem Image eines langfristig geplanten FuE-Prozesses, der durch die Sequenz von Grundlagenforschung, angewandter Forschung und Produktentwicklung zum Entstehen neuer technologisch hochwertiger Produkte und Prozesse führt (vgl. auch Kapitel 2). Innovationsprozesse in Schlüsseltechnologie-Industrien schienen in erster Linie markt- bzw. nachfrageinduziert und nur in zweiter Linie technologieinduziert zu sein (vgl. auch Bathelt u. Hecht 1990, S. 232 f.). Allerdings wurde in vielen Unternehmen eine Kombination beider Aspekte beobachtet.

9.3.2 Informationsbedürfnisse und -quellen

Da die Innovationsprozesse von Schlüsseltechnologie-Unternehmen auf einem hohen technologischen Niveau standen und einem ständigen Wandel unterlagen (vgl. Tab. 41 bis Tab. 44), hatte der Bereich der Informationsbeschaffung für unternehmensinterne Planungsprozesse eine große Bedeutung. Es war zu erwarten, daß die Art der Verarbeitung aktueller technologischer und industriespezifischer Informationen direkte Auswirkungen auf das unternehmerische FuE-Verhalten hatte und den Erfolg der Innovationsprozesse maßgeblich beeinflußte. Neben den unternehmensinternen Routineabläufen bei der Informationsauswertung spielte dabei auch das Informationsangebot eine wesentliche Rolle. Um das Informationsverhalten als Bestimmungsgröße von Innovationsprozessen erfassen zu können, wurden im Rahmen der durchgeführten Erhebungen die Informations-

Tab. 46: Informationsbedürfnisse von Schlüsseltechnologie-Unternehmen

Arbeitsfelder mit hohem Informationsbedarf	Unternehmensanteil je Untersuchungsregion Boston	Ottawa	CTT	Atlanta	RT
Markt/ Marketing	95%	97%	100%	83%	96%
Produkt/ Service	60%	68%	69%	67%	86%
Absatz	35%	42%	47%	58%	50%
Rohstoffe	43%	49%	53%	42%	29%
Organisation	28%	21%	22%	25%	57%
Finanzierung	25%	33%	34%	21%	32%
Arbeitsmarkt	18%	24%	25%	21%	39%

Quelle: Eigene Erhebungen.

Tab. 47: Informationsquellen von Schlüsseltechnologie-Unternehmen

Informationsquelle	Unternehmensanteil je Untersuchungsregion Boston	Ottawa	CTT	Atlanta	RT
Kunden	83%	82%	91%	56%	83%
Zulieferer	78%	61%	82%	84%	69%
Fachzeitschriften	75%	94%	76%	60%	83%
Fachmessen	73%	73%	85%	68%	66%
Universitäten	40%	36%	33%	16%	62%
Öffentlich-staatliche Einrichtungen	25%	30%	18%	16%	31%

Quelle: Eigene Erhebungen.

bedürfnisse und Informationsquellen von Schlüsseltechnologie-Unternehmen analysiert (siehe Tab. 46 und Tab. 47):

1. *Informationsbedürfnisse:* Die Informationsbedürfnisse von Schlüsseltechnologie-Unternehmen erstreckten sich vor allem auf die Bereiche Markt/ Marketing (rund 90% der befragten Unternehmen) und Produkte/ Service (60% bis 70% der Unternehmen) sowie mit gewissen Einschränkungen auf die Bereiche Absatz und Rohstoffe (40% bis 50% der Unternehmen). Organisation, Finanzierung und Arbeitsmarkt spielten auf der Nachfrageseite nur eine untergeordnete Rolle (siehe Tab. 46).
2. *Informationsquellen:* Für 70% bis 90% der befragten Schlüsseltechnologie-Unternehmen stellten Kunden, Zulieferer, Fachzeitschriften und Fachmessen die wichtigsten Informationsquellen dar. Überraschenderweise spielten Universitäten außer im Research Triangle, wo der Agglomerationsprozeß von Schlüsseltechnologie-Industrien eng

mit den Aktivitäten der lokalen Universitäten verbunden war (vgl. Kapitel 8), für weniger als 40% der befragten Unternehmen eine bedeutende Rolle als Informationsanbieter (siehe Tab. 47).

Auf der Nachfrageseite bildeten Informationen über Arbeitsmärkte und Finanzierungsquellen offensichtlich keinen Engpaß für Schlüsseltechnologie-Unternehmen, obwohl beide Aspekte zentrale Bestimmungsgrößen der Investitionserfolge darstellten. Da die meisten Innovationsprozesse durch eine starke Marktorientierung gekennzeichnet waren, standen produkt- und marktbezogene Informationsbedürfnisse im Vordergrund der Informationsbeschaffung. Dementsprechend bildeten Kunden und Zulieferer die wichtigsten Informationsquellen für Schlüsseltechnologie-Unternehmen. Auf den sich schnell wandelnden, technologisch hochkomplexen Schlüsseltechnologie-Märkten war ein ständiger Informationsaustausch mit wichtigen Kunden und Zulieferern eine entscheidende Voraussetzung, um dauerhaft konkurrenzfähig zu bleiben und hohe Wachstumsraten zu erzielen. Die Rolle von Universitäten als Informationsquelle wurde vielfach überbewertet. In einer Phase als Schlüsseltechnologie-Produkte (z.B. in der Computerindustrie) grundlegend neu entwickelt wurden und ihre Absatzmärkte erst finden mußten, hatte die universitäre Grundlagenforschung eine große Bedeutung für die Entwicklungsrichtung des technologischen Fortschritts und das Auffinden neuer technologischer Paradigmen (vgl. Kapitel 2). In den 70er Jahre hatten die meisten Schlüsseltechnologie-Produkte allerdings ein derart hohes Maß an Perfektionierung und Spezialisierung erreicht, daß kaum eine Universität in der Lage war, in allen Anwendungsbereichen auf dem neuesten technologischen Stand zu bleiben. Mit fortschreitender Entwicklung fand auf der Seite der Schlüsseltechnologie-Unternehmen quasi automatisch eine Umorientierung der Informationsverflechtungen zu den Kunden und Zulieferern statt, die viel besser als Universitäten geeignet waren, notwendige Spezifizierungen zur Lösung technologischer Probleme und zur Befriedigung vorhandener Marktbedürfnisse zu liefern (vgl. Kapitel 4 und Kapitel 10).

Zugleich führten die ausgeprägten Spezialisierungstendenzen in den verschiedenen Anwendungsbereichen zu immer höheren FuE-Kosten und einer steigenden technologischen Komplexität. Für ein einzelnes Schlüsseltechnologie-Unternehmen war es vielfach nicht mehr möglich, isoliert von anderen Unternehmen zu operieren und eigenständig den Innovationsprozeß voranzutreiben. Aus dieser Problematik entwickelten sich neuartige, enge Kooperationsbeziehungen zwischen unabhängigen Schlüsseltechnologie-Unternehmen (z.B. im Silicon Valley) in Form sog. *Produktionsketten* (vgl. Gordon 1989b). Aufgrund der hohen Geschwindigkeits- und Flexibilitätsanforderungen solcher Verflechtungsbeziehungen erhielt der Faktor der räumlichen Nähe zwischen Zulieferern, Kooperationspartnern und Kunden eine zunehmende Bedeutung. Agglomerationsvorteile übernahmen im Rahmen der Innovationsprozesse und Standortentscheidungen von Schlüsseltechnologie-Unternehmen somit eine neue Funktion mit der Folge, daß lokale Informationsquellen immer wichtiger wurden (vgl. auch Kapitel 10 mit Kapitel 12). Im Gegensatz zu der Studie von Kok u. Pellenbarg (1987, S. 156 ff.) konnte in der

Tab. 48: Bedeutung lokaler Informationsquellen für Schlüsseltechnologie-Unternehmen

Indikator	Unternehmensanteil je Untersuchungsregion Boston	Ottawa	CTT	Atlanta	RT
- Überwiegend lokale Informationsquellen	28%	27%	18%	25%	21%
- Enge Kontakte zu lokalen Universitäten	48%	36%	47%	48%	46%
- Innovationshindernisse durch unzureichende lokale Informationsnetze	58%	42%	39%	58%	48%

Quelle: Eigene Erhebungen.

vorliegenden Untersuchung diese unerwartet starke Orientierung zu lokalen Informationsquellen belegt werden (siehe Tab. 48):

1. Zwischen 20% und 30% der befragten Unternehmen deckten ihre Informationsnachfrage größtenteils aus lokalen Informationsquellen.
2. Außer in der Region Ottawa besaßen etwa 50% der Schlüsseltechnologie-Unternehmen in allen anderen Untersuchungsregionen enge Kontakte zu lokalen Universitäten. Die engen Beziehungen betrafen allerdings in der Regel nicht den FuE-Bereich, sondern die Rekrutierung hochqualifizierter Arbeitskräfte (vgl. auch Kapitel 10).
3. Immerhin 40% bis 60% der befragten Unternehmen waren mit dem lokalen Informationsangebot derart unzufrieden, daß sie unzureichende lokale Informationsnetze als ernsthafte Innovationsbarrieren einstuften.

9.4 Regionalwirtschaftliche Multiplikatoreffekte: Export-Basis-Ansatz

Um der Frage nachzugehen, ob einige Regionen stärker aus der Agglomeration von Schlüsseltechnologie-Industrien profitiert haben als andere, soll im folgenden versucht werden, regionalwirtschaftliche Anstoßeffekte anhand der durchgeführten Unternehmensbefragungen zu quantifizieren. In makroökonomischen Modellansätzen werden zur Erfassung wirtschaftlicher Ausbreitungseffekte sog. *Multiplikatoren* verwendet. In dem hier interessierenden regionalen Kontext sollen aus den erhobenen mikroanalytischen Daten makroökonomische Verhaltensparameter geschätzt und mit deren Hilfe regionalwirtschaftliche Multiplikatoreffekte von Schlüsseltechnologie-Industrien ermittelt werden. Während die Schätzung räumlicher Multiplikatoren in der gängigen Anwendungspraxis meist auf einen Teilraum beschränkt ist (vgl. Lauschmann 1976, S. 163), wird im folgenden ein interregionaler Vergleich der regionalwirtschaftlichen Multiplikatorwirkungen von Schlüsseltechnologie-Industrien angestrebt. Dabei kommt ein sog. *Export-Basis-Ansatz* zur Anwendung (vgl. Lauschmann 1976, S. 162-182; Richardson 1979, S. 82-101; Schätzl 1981a, S. 106-112; Krietemeyer 1983, S. 33 ff.; Rees u. Stafford 1986, S. 24 f. sowie Bathelt 1988).

Die grundlegende Idee von Export-Basis-Modellen besteht darin, *"daß das Wirtschaftswachstum einer Region entscheidend von der Entwicklung ihres Exportsektors, d.h. von der außerregionalen Nachfrageexpansion, abhängt."* (Schätzl 1981a, S. 106). Aus diesem Grund werden zwei Arten von wirtschaftlichen Aktivitäten unterschieden: einerseits Unternehmen, die durch ihre Exportaktivitäten Einkommensströme in die Region lenken (sog. *Basic-Unternehmen*), und andererseits Unternehmen, die für die Bedürfnisse des lokalen Markts produzieren (sog. *Nonbasic-Unternehmen*). Durch die Exportaktivitäten von Basic-Unternehmen gelangen zusätzliche Einkommen in eine Region, die zumindest teilweise für dort produzierte Güter und Dienstleistungen verausgabt werden. Mit steigenden Exporten erhöht sich also nicht nur direkt das in der Region erwirtschaftete Einkommen (das sog. *Regionalprodukt*), sondern zugleich die Nachfrage nach Gütern aus anderen Wirtschaftssektoren der Region. Es erfolgt ein Produktionswachstum im Nonbasic-Sektor, aus dem wiederum zusätzliches Einkommen hervorgeht, das erneut innerhalb der Region verausgabt wird. Dieser Wachstumsprozeß setzt sich fort, bis eine regionale Gleichgewichtssituation erreicht ist. Die Exportaktivitäten von Basic-Unternehmen lösen somit einen Wachstumsprozeß aus, der umso höhere regionale Multiplikatorwirkungen hervorruft, je größer der Anteil der in der Region verbleibenden Einkommen ist. Je geringer die Sparneigung (d.h. je größer die Konsumquote) und je geringer die Importaktivitäten ausfallen, umso größer ist der resultierende regionalwirtschaftliche Multiplikator. Diese ökonomischen Zusammenhänge lassen sich in einem einfachen regionalen Kreislaufmodell zusammenfassen. Dabei sei folgende Notation für eine hypothetische Region i gegeben:

i : Index für Region i

Y : Regionalprodukt

A : Angebot

N : Nachfrage

C : Konsum

$\bar{C}$: Autonomer Konsum

c : Marginale Konsumquote

I : Investitionen

$\bar{I}$: Autonome Investitionen

X : Export

$\bar{X}$: Autonomer Export

x : Exportintensität

M : Import

m : Marginale Importquote

RM : Regionaler Multiplikator

Das Modell besteht aus einer Gleichgewichtsbedingung und fünf Definitionsgleichungen, die sich wie folgt umschreiben lassen (vgl. dazu das nachstehende, algebraisch formulierte Modell):

- Gleichung [1] fungiert als *Gleichgewichtsbedingung* für eine gegebene Region. Danach paßt sich das regionale Angebot, das definitionsgemäß gleich dem regionalen Einkommen ist, stets der regionalen Nachfrage an.
- Die *regionale Nachfrage* setzt sich gemäß Gleichung [2] additiv aus dem regionalen Konsum, den regionalen Investitionen sowie den regionalen Exporten abzüglich der regionalen Importe zusammen.
- *Regionale Investitionen* und *regionale Exporte* werden als autonome Größen angesehen, die exogen vorgegeben sind (siehe Gleichung [4] und [5]).
- Von den *regionalen Importen* wird in Gleichung [6] angenommen, daß sie direkt proportional zum Regionalprodukt sind. Der Proportionalitätsfaktor m_i entspricht der sog. *regionalen Importquote* und gibt an, welcher Anteil des regionalen Einkommens für Importe verausgabt wird.
- Für den *regionalen Konsum* ist in Gleichung [3] eine linearer Zusammenhang mit dem regionalen Einkommen unterstellt. Der Konsum besteht danach aus einer autonomen und einer einkommensabhängigen Komponente. Der Proportionalitätsfaktor c_i entspricht der sog. *marginalen Konsumquote* innerhalb einer Region, die angibt, welcher Anteil des zusätzlichen Einkommens für Konsumzwecke anstatt zum Sparen verwendet wird. Das Komplement der marginalen Konsumquote zu Eins ist die sog. *marginale Sparquote*.

Angebot : $$A_i = N_i \overset{!}{=} Y_i$$ Gleichgewichtsbedingung [1]

Nachfrage : $$N_i = C_i + I_i + X_i - M_i \qquad [2]$$

mit : $$C_i = \bar{C}_i + c_i \cdot Y_i \qquad [3]$$

$$I_i = \bar{I}_i \qquad [4]$$

$$X_i = \bar{X}_i \qquad [5]$$

$$M_i = m_i \cdot Y_i \qquad [6]$$

Durch Einsetzen der Gleichungen [3], [4], [5] und [6] in Gleichung [2] und Kombination von Gleichung [1] mit Gleichung [2] sowie anschließender Auflösung nach Y (dem Regionalprodukt) ergibt sich folgende regionale Gleichgewichtssituation:

$$Y_i = \frac{\bar{C}_i + \bar{I}_i + \bar{X}_i}{1 - c_i + m_i} \qquad [7]$$

In Gleichung [7] werden die regionalwirtschaftlichen Wachstumseffekte durch den Multiplikator RM erfaßt (siehe Gleichung [8]). Dieser gibt an, um welchen Faktor das regionale Einkommen steigt, wenn sich die autonomen Konsum-, Investitions- oder Exportausgaben um eine Geldeinheit erhöhen:

$$RM_i = \frac{1}{1 - c_i + m_i} \qquad [8]$$

Allerdings ist ein solch einfaches regionalwirtschaftliches Modell mit Vorsicht zu behandeln und darf aufgrund zahlreicher konzeptioneller Schwächen nur eingeschränkt interpretiert werden. Die Hauptkritik an Export-Basis-Modellen bezieht sich auf das hohe *Aggregationsniveau* in diesen Ansätzen. Es fließt nur eine kleine Zahl regionalwirtschaftlicher Kenngrößen und dementsprechend auch nur eine kleine, aber hochaggregierte Datenmenge in das Modell ein. Weitere Nachteile sind im folgenden kurz aufgelistet (vgl. Schätzl 1981, S. 110 ff.; Lauschmann 1976, S. 163 ff. und Richardson 1979, S. 87 ff.):

1. *Intersektorale Verflechtungen* innerhalb der betrachteten Region bleiben unberücksichtigt. Die Unterscheidung zwischen Basic- und Nonbasic-Unternehmen stellt eine zu starke Vereinfachung dar.
2. Die Seite des *Faktorangebots* wird in Export-Basis-Ansätzen vernachlässigt.
3. Die *funktionalen Beziehungen* zwischen den einbezogenen Wirtschaftsindikatoren und die darin unterstellten Verhaltensweisen sind stark simplifiziert (etwa die Annahme eines autonomen Investitionsverhaltens und einer Anpassung des Angebots an die Nachfrage).
4. Die Annahmen über *exogene Variablen* sind zu rigide (beispielsweise über autonome Exporte und Investitionen).
5. Regionen werden implizit als *miniaturisierte Volkswirtschaften* angesehen, obwohl z.B. eine konkrete Außen- und Handelspolitik nicht existiert. Da eine Region im Unterschied zu einer Volkswirtschaft nicht eindeutig definiert ist, hängt die Größenordnung des regionalwirtschaftlichen Multiplikators willkürlich von der Abgrenzung einer Region ab und ist manipulierbar.
6. Das verwendete Export-Basis-Modell besitzt *keine dynamische Komponente*, die zeitliche Strukturveränderungen erfassen kann.

Angesichts der zahlreichen Nachteile wurde davon Abstand genommen, die absoluten Größenordnungen der Multiplikatoreffekte zu berechnen. Statt dessen sollten interregionale Unterschiede herausgearbeitet werden, die aus den räumlich variierenden Export-Import-Aktivitäten von Schlüsseltechnologie-Industrien resultierten. A priori wurde vermutet, daß in den am längsten etablierten und am stärksten verdichteten Schlüsseltechnologie-Regionen höhere Multiplikatoreffekte wirksam wurden als in den gering verdichteten, relativ jungen Regionen. Gemäß dieser Hypothese waren für die Route 128-Region die höchsten, für das Research Triangle, Ottawa's Telecom Valley und CTT die geringsten Multiplikatoreffekte zu erwarten. Zur Ermittlung regionalwirtschaftlicher Multiplikatoreffekte reichte das in den Gleichungen [1] bis [6] definierte Export-Basis-Modell vor allem deshalb nicht aus, weil die regionalen Exporte als autonome Größen definiert wurden (siehe Gleichung [5]), regional differenzierte *Exportneigungen* in der Praxis aber als wesentliche Ursache für variierende Multiplikatoreffekte anzusehen waren. Um einen interregional vergleichbaren Index der regionalwirtschaftlichen Wirkungen aus den Export-Import-Aktivitäten von Schlüsseltechnologie-Unternehmen (I^*_i) zu erhalten, wurde der regionale Multiplikator aus Gleichung [8] mit einem Gewichtungsfaktor für die regionale Exportintensität (x_i) multipliziert und anschließend normiert. Die Normierung erfolgte derart, daß die Region mit dem geringsten gewichteten Multiplikator den Index 100 erhielt (siehe Gleichung [9]):

$$I^*_i = \frac{RM_i \cdot x_i \cdot 100}{\min_j (RM_j \cdot x_j)} \qquad [9]$$

Mit Hilfe von Gleichung [9] wurde für jede der Untersuchungsregionen ein Index der regionalwirtschaftlichen Multiplikatoreffekte berechnet. Dazu war es zunächst einmal notwendig, die marginalen Konsumquoten, Importquoten und Exportintensitäten für jede Untersuchungsregion zu schätzen. Folgende Konventionen wurden getroffen (vgl. jeweils mit Tab. 49): [1]

1. Als *Region* wurde vereinfachend jeweils ein 50 Meilen-Radius um die Standorte der befragten Schlüsseltechnologie-Regionen definiert. Dabei wurde sichergestellt, daß die Entfernungsringe der verschiedenen Unternehmen einer Region jeweils exakt dieselben Counties und Städte umfaßten. Durch die Definition sollten größenmäßig vergleichbare räumliche Einheiten geschaffen werden.
2. Da es auf der Basis makroökonomischer Studien nicht möglich war, regional differenzierte *marginale Konsumquoten* einzubeziehen, wurde lediglich eine Unterscheidung zwischen den Volkswirtschaften der USA und Kanadas getroffen. Nach Dornbusch et al. (1985, S. 223 f.) wurde die langfristige marginale Konsumquote für Kanada auf 88% und nach Hall u. Taylor (1988, S. 195 f.) die langfristige marginale Konsumquote der

[1] Vgl. zur Interpretation der marginalen Importquoten und Exportintensitäten, zur Durchschnittsbildung der in Tab. 49 dargestellten Indikatoren sowie den Schwächen dieser Vorgehensweise den Abschnitt über Agglomerationsnachteile in Kapitel 10.

Tab. 49: Regionale Multiplikatoreffekte aus Import-Exportaktivitäten von Schlüsseltechnologie-Unternehmen

Ökonomische Variable	Boston	Ottawa	CTT	Atlanta	RT
- Marginale Konsumquote c_i	91,0%	88,0%	88,0%	91,0%	91,0%
- Anteil der Zulieferungen aus mehr als 50 Meilen Entfernung m_i	78,1%	76,5%	59,6%	89,0%	72,5%
- Anteil der Verkäufe außerhalb eines 50-Meilen-Radius x_i	96,3%	89,5%	82,4%	96,2%	88,7%
- Index der regionalen Multiplikatoreffekte I^*_i	113	103	117	100	111

Berechnungsformel: $I^*_i = \frac{RM_i \cdot x_i \cdot 100}{\min_j (RM_j \cdot x_j)}$ mit $RM_i = \frac{1}{1 - c_i + m_i}$

Quelle: Eigene Erhebungen; Dornbusch et al. (1985, S. 223 f.) und Hall u. Taylor (1988, S. 195 f.).

USA auf 91% geschätzt (vgl. zur Zuverlässigkeit dieser Schätzwerte auch Wilton u. Prescott 1986, S. 63 ff. und Sheffrin et al. 1988, S. 56-61).

3. Die *marginalen Importquoten* wurden anhand der Unternehmensbefragung als durchschnittliche Anteile von Zulieferungen aus einer Entfernung von mehr als 50 Meilen geschätzt. Da die individuellen Prozentangaben über Zulieferungen aus einem 50 Meilen-Radius nicht (wie eigentlich erforderlich) mit Hilfe von Umsatzzahlen gewichtet werden konnten, wurde eine Proportionalität zwischen den Umsatz- und Beschäftigtenzahlen von Schlüsseltechnologie-Unternehmen angenommen. Die in Tab. 49 dargestellten regionalen Durchschnitte wurden deshalb als gewichtete arithmetische Mittel mit den Beschäftigtenzahlen als Gewichtungsfaktoren berechnet.
4. Analog wurden die regionalen *Exportintensitäten* x_i als durchschnittliche Anteile von Verkäufen über eine Entfernung von mehr als 50 Meilen definiert. Die regionale Durchschnittsbildung erfolgte wie bei den Importquoten unter Verwendung der Beschäftigtenangaben.

Die in Tab. 49 dargestellten Ergebnisse der Berechnungen zeigen einige überraschende Tendenzen. Anhand der Indices der regionalwirtschaftlichen Multiplikatoreffekte konnten (trotz aller Vorbehalte) zwei Gruppen von Schlüsseltechnologie-Regionen unterschieden werden: Die Atlanta MSA und Ottawa-Carleton erreichten Indexwerte um 100, während die Multiplikatoreffekte in der Route 128-Region, dem Research Triangle und in der Region Waterloo 10% bis 20% darüber lagen. Daraus wurden folgende Schlußfolgerungen abgeleitet (vgl. Bathelt 1988 und Tab. 49):

1. Durch die variierenden Export- und Importverflechtungen von Schlüsseltechnologie-Unternehmen entstanden interregionale Unterschiede in den regionalwirtschaftlichen Multiplikatorwirkungen (um bis zu 20%). Diese Unterschiede fielen allerdings geringer aus als erwartet.
2. Der regionale Gesamtnutzen von Schlüsseltechnologie-Industrien wurde somit in erster Linie durch die Größe des Schlüsseltechnologie-Sektors und nur in zweiter Linie durch interregional variierende Export- und Import-Aktivitäten determiniert.
3. Überraschenderweise waren die regionalwirtschaftlichen Multiplikatoreffekte in der Hauptagglomeration Greater Boston nicht signifikant größer als in allen anderen Untersuchungsregionen.
4. Die Hypothese, regionalwirtschaftliche Multiplikatorwirkungen seien in den am längsten etablierten und am stärksten verdichteten Schlüsseltechnologie-Regionen durchgängig größer als in gering verdichteten oder relativ jungen Schlüsseltechnologie-Regionen, ließ sich nicht aufrecht erhalten. Besonders erstaunlich erschien die Tatsache, daß in der jungen, gering verdichteten Region Waterloo offensichtlich Multiplikatoreffekte derselben Größenordnung auftraten wie in Greater Boston. Dieser scheinbar widersprüchliche Tatbestand wird an späterer Stelle in Kapitel 12 nochmals aufgegriffen, um auf einer evolutionären Untersuchungsebene im Zusammenhang mit sog. *regionalen Entwicklungspfaden* eine potentielle Erklärung nachzuliefern.

9.5 Interregionale Abhängigkeitsbeziehungen

9.5.1 Verflechtungen von Mehr-Betriebs-Unternehmen

Lokale Mehr-Betriebs-Unternehmen stellen für den regionalen Schlüsseltechnologie-Sektor unter Stabilitätsaspekten in mehrfacher Hinsicht eine bedeutsame Kenngröße dar: Einerseits dominieren große Mehr-Betriebs-Unternehmen häufig die lokalen Arbeitsmärkte (siehe Tab. 38). Anderseits sind Schlüsseltechnologie-Regionen in ein interregionales Verflechtungsnetzwerk aus Zweigwerken und Headquarters von Mehr-Betriebs-Unternehmen eingliedert, innerhalb dessen sie entweder eine lenkende oder eine ausführende Funktion übernehmen. Eine Schlüsseltechnologie-Region, in der ein großer Anteil der Schlüsseltechnologie-Beschäftigten in regionsextern kontrollierten Zweigwerken tätig ist, ist einer starken Außenabhängigkeit und zusätzlichen Krisenanfälligkeit ausgesetzt. Da unternehmensinterne Anpassungen an konjunkturelle, industriestrukturelle oder unternehmensinterne Schwächen in der Regel zuerst bei den Standorten außerhalb der Headquarter-Regionen wirksam werden, sind Regionen mit einer großen Ballung an Zweigwerken ohne Lenkungsfunktion der Gefahr einer erhöhten Krisenanfälligkeit und einer möglichen importierten Arbeitslosigkeit ausgesetzt. Während Zweigwerksregionen durch diese Anpassungsprozesse in einer Depressionsphase überdurchschnittlich hohe und anhaltende Instabilitäten erfahren, weisen Headquarter-Regionen umgekehrt einen relativ ausgeglichenen Konjunkturverlauf und eine stabile Wirtschaftsstruktur auf.

Anhand der durchgeführten Unternehmensbefragungen ließen sich unterschiedlich starke Abhängigkeitssituationen für die verschiedenen Untersuchungsregionen feststellen: In der Route 128-Region war der Anteil der regionsextern kontrollierten Schlüsseltechnologie-Unternehmen mit 33% deutlich geringer als in allen anderen Untersuchungsregionen. Demgegenüber lag der Anteil von extern kontrollierten Schlüsseltechnologie-Zweigwerken bzw. Tochterunternehmen in Ottawa-Carleton, CTT und der Atlanta MSA bei rund 45%. Wie erwartet war das Ausmaß der externen Kontrolle im Research Triangle aufgrund des starken planerischen Einflusses mit Abstand am größten. Mehr als 70% der im Research Triangle befragten Unternehmen waren Zweigwerke bzw. Tochterunternehmen aus anderen Regionen (siehe Abb. 30). Während in Greater Boston lediglich 15% aller Schlüsseltechnologie-Beschäftigten in regionsextern kontrollierten Unternehmen tätig waren, lag dieser Anteil in den beiden kanadischen Regionen bereits bei etwa 50%. In den Südstaaten-Regionen war die Arbeitsmarktdominanz extern kontrollierter Zweigwerke bzw. Tochterunternehmen am stärksten ausgeprägt. Rund 80% der Schlüsseltechnologie-Beschäftigten in der Atlanta MSA und sogar 95% im Research Triangle arbeiteten in Unternehmen, deren zentrale Entscheidungsfunktionen außerhalb der Region lagen (siehe Abb. 30). Aus den Ergebnissen der Unternehmensbefragungen ließen sich folgende Schlußfolgerungen über Beschäftigungsabhängigkeiten durch interregionale Verflechtungen von Mehr-Betriebs-Unternehmen ableiten (siehe Abb. 30):

1. Offensichtlich waren lediglich Hauptagglomerationen von Schlüsseltechnologie-Industrien wie die Route 128-Region einer geringen Außenabhängigkeit ausgesetzt. In den kleinen und mittleren Schlüsseltechnologie-Regionen unterlagen mindestens 50% der erfaßten Arbeitsplätze einer regionsexternen Kontrolle.
2. In den Südstaaten-Regionen war das Ausmaß der regionsexternen Kontrolle offensichtlich noch stärker ausgeprägt als in den kanadischen Schlüsseltechnologie-Regionen. Obwohl Kanada über die Gefahren eines zu starken *"Shadow Effect"* der US-amerikanischen Wirtschaft auf lokale Schlüsseltechnologie-Entwicklungen geklagt wurde (vgl. Kapitel 5 und Kapitel 6), war die mit dieser Abhängigkeit verbundene Krisenanfälligkeit nicht außergewöhnlich hoch und sogar geringer als in vielen Südstaatenregionen.
3. Bei einer zusätzlichen Unterscheidung zwischen *direkten und indirekten Beschäftigungsabhängigkeiten* zeigte sich, daß die Gefahr einer importierten Arbeitslosigkeit in der Atlanta MSA sehr groß und in Greater Boston und Ottawa-Carleton sehr klein war. Rund zwei Drittel der erfaßten Schlüsseltechnologie-Beschäftigten in der Atlanta MSA arbeiteten in extern kontrollierten Zweigwerken und Tochterunternehmen ohne unternehmensstrategische Entscheidungsbefugnisse. In der Region Waterloo und dem Research Triangle lag dieser Anteil zwischen 10% und 20%. Von den untersuchten

Abb. 30: Beschäftigungsabhängigkeiten durch interregionale Verflechtungen von Mehr-Betriebs-Unternehmen in Schlüsseltechnologie-Industrien

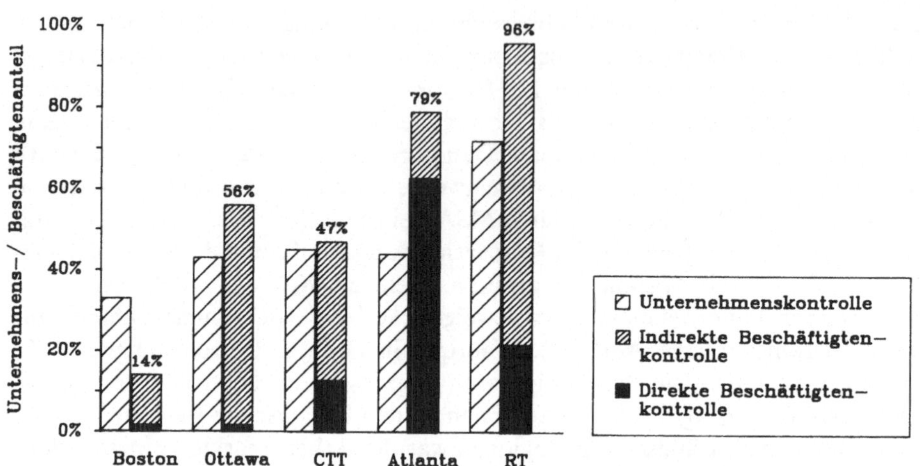

Quelle: Eigene Erhebungen.

Schlüsseltechnologie-Regionen war somit vor allem die Atlanta MSA der Gefahr einer importierten Wirtschaftskrise ausgesetzt (vgl. auch Kapitel 7).[1]

9.5.2 Verlagerungsabsichten

Eine noch direktere Gefährdung regionaler Arbeitsmärkte als durch interregionale Abhängigkeitsbeziehungen droht vor allem dann, wenn groß angelegte Verlagerungen von Schlüsseltechnologie-Unternehmen in andere Regionen stattfinden oder abzusehen sind. Diese können einerseits durch massive Standortnachteile vor Ort hervorgerufen werden, andererseits aber auch als Folge langfristiger räumlicher Verlagerungsprozesse entstehen. Um aus regionalpolitischer Sicht auf die Gefahren potentieller Unternehmensverlagerungen angemessen reagieren zu können, muß zwischen kurz-, mittel- und langfristigen Risiken unterschieden werden.

[1] Durch die Frage nach dem Standort der wichtigen unternehmensstrategischen Entscheidungsfunktionen war es möglich, eine Differenzierung zwischen einer *direkten* und einer *indirekten* Beschäftigungsabhängigkeit durchzuführen. Ein Unternehmen wurde als direkt abhängig angesehen, wenn die Entscheidungshoheit überwiegend regionsextern verankert war. Indirekt abhängige Unternehmen trafen die meisten unternehmensstrategischen Entscheidungen dagegen vor Ort. Durch diese Differenzierung wurde z.B. deutlich, daß die tatsächliche Beschäftigungsabhängigkeit in der Atlanta MSA wesentlich stärker ausgeprägt war als im Research Triangle, da ein großer Teil der Zweigwerke bzw. Tochterunternehmen des Research Triangle (im Gegensatz zur Atlanta MSA) über bedeutende dezentrale Lenkungsfunktionen verfügte.

Tab. 50: Verlagerungabsichten von Schlüsseltechnologie-Unternehmen für den Zeitraum 1988-1995

	Unternehmensanteil je Untersuchungsregion				
Verlagerungs-absicht	Boston (N=38)	Ottawa (N=33)	CTT (N=31)	Atlanta (N=23)	RT (N=22)
Geplante Verlagerung	55%	36%	39%	57%	14%
Keine Verlagerung	45%	64%	61%	43%	86%
Summe	100%	100%	100%	100%	100%

Quelle: Eigene Erhebungen.

Tab. 51: Zielstandorte geplanter Verlagerungen von Schlüsseltechnologie-Unternehmen (Zeitraum: 1988-1995)

	Anzahl der Nennungen je Untersuchungsregion				
Standortregion	Boston	Ottawa	CTT	Atlanta	RT
A. USA					
Norden/ Nordosten	18	1	-	-	-
Süden/ Südosten	1	-	4	13	3
Westen	2	-	1	-	-
B. Kanada					
Ontario	-	10	6	-	-
Restliche Provinzen	-	1	1	-	-
C. Übersee	-	-	-	-	-
Nennungen insgesamt	21	12	12	13	3

Quelle: Eigene Erhebungen.

In den Untersuchungsregionen konnten während der zweiten Hälfte der 80er Jahre zwar vereinzelte Unternehmensverlagerungen festgestellt werden, allerdings zeichneten sich in der Wanderungsbilanz keine kurzfristigen Abwanderungstrends von Schlüsseltechnologie-Unternehmen ab (vgl. Kapitel 4 bis Kapitel 8). Um die mittelfristige Gefahr von Verlagerungen abzuschätzen, wurden die einbezogenen Unternehmen danach gefragt, ob sie beabsichtigten, zwischen 1988 und 1995 eine partielle oder vollständige Unternehmensverlagerung durchzuführen und welches gegebenenfalls die in Frage kommenden Zielstandorte seien. Tatsächlich belegten die Erhebungsergebnisse, daß in allen Untersuchungsregionen bis auf das Re-

Tab. 52: Bevorzugte Gründungsstandorte von Schlüsseltechnologie-Unternehmen ohne Verlagerungsabsicht (Zeitraum: 1988-1995)

Standortregion	Anzahl der Nennungen je Untersuchungsregion Boston	Ottawa	CTT	Atlanta	RT
A. USA					
Norden/ Nordosten	15	4	-	1	3
Süden/ Südosten	1	3	6	4	11
Westen	1	1	1	1	3
B. Kanada					
Ontario	-	10	11	-	-
Restliche Provinzen	-	1	-	-	-
C. Übersee	-	2	1	4	2
Nennungen insgesamt	17	21	19	10	19

Quelle: Eigene Erhebungen.

search Triangle ein beträchtliches Verlagerungspotential vorhanden war. Rund 55% der befragten Schlüsseltechnologie-Unternehmen in Greater Boston und der Atlanta MSA sowie knapp 40% der Unternehmen in CTT und Ottawa-Carleton bestätigten Planungen, die zumindest auf eine partielle Verlagerung bis 1995 hindeuteten (siehe Tab. 50). In Greater Boston, Ottawa's Telecom Valley, der Atlanta MSA und im Research Triangle lagen die Zielgebiete der geplanten Unternehmensverlagerungen zu über 80% innerhalb der jeweiligen Großregionen. Lediglich in der Region Waterloo deutete sich eine Verlagerungstendenz in den Süden/ Südosten der USA an (siehe Tab. 51). Trotz des offensichtlich großen Verlagerungspotentials von Schlüsseltechnologie-Unternehmen waren somit keine mittelfristigen Verschiebungen in der Bedeutungshierarchie der untersuchten Schlüsseltechnologie-Regionen zu erwarten. In der Regel waren Expansionsengpässe an den bisherigen Standorten die Hauptursache für geplante Verlagerungen über relativ kurze Distanzen.

Um zusätzlich das langfristige Verlagerungspotential zu erfassen, wurden die Schlüsseltechnologie-Unternehmen ohne mittelfristige Verlagerungsabsicht danach gefragt, ob sie im Fall einer nochmaligen Unternehmensgründung die ursprüngliche Standortentscheidung erneut treffen würden. Nur in der Route 128-Region waren die meisten der betreffenden Schlüsseltechnologie-Unternehmen bereit, ihre Standortentscheidung zu wiederholen: Bei einer nochmaligen Gründungsentscheidung würden sich rund 90% der Unternehmen wiederum im Norden/ Nordosten der USA niederlassen (siehe Tab. 52). In Ottawa-Carleton, CTT, der Atlanta MSA und dem Research Triangle würden vermutlich etwa 50% der betreffenden Unternehmen im Fall einer nochmaligen Gründungsentscheidung eine neue Großregion als Standort bevorzugen. Kanadische Schlüsseltechnologie-Unternehmen tendierten zu US-Standorten mit Schwerpunkten im Süden/ Südosten, Unternehmen aus der Atlanta MSA zu Standorten in Übersee (siehe Tab. 52). Außer in der Route 128-Region bestand in allen Untersuchungsregionen langfristig die Gefahr von Abwanderungserscheinungen, da eine signifikante Zahl von Schlüsseltechnologie-Unternehmen ihre ursprünglichen Standortentscheidungen inzwischen als suboptimal bewerteten. Bei einer massiven Verschlechterung der regionalen Standortgegebenheiten könnten diese unzufriedenen Unternehmen ein beträchtliches Verlagerungspotential darstellen.

9.6 Fazit

Im Anschluß an die vergleichsweise isolierte Analyse der regionalen Agglomerationsprozesse von Schlüsseltechnologie-Industrien (vgl. Kapitel 4 bis Kapitel 8) erfolgte in Kapitel 9 ein regionalwirtschaftlicher Strukturvergleich, der unter Rückgriff auf die definitorischen Abgrenzungen in Kapitel 2 die Anwendung des Schlüsseltechnologie-Begriffs auf die befragten Industrieunternehmen nachträglich rechtfertigt. **Trotz einiger destabilisierenden Einflüsse zeigten die befragten Schlüsseltechnologie-Unternehmen insgesamt positive quantitative und qualitative Arbeitsmarktwirkungen, intensive FuE-Aktivitäten und Innovationsprozesse auf hohem technologischem Niveau sowie regionalwirtschaftliche Anstoßeffekte.**

1. *Quantitative und qualitative Arbeitsmarkteffekte:* Die befragten Schlüsseltechnologie-Unternehmen verzeichneten zwischen 1980 und 1988 einen Beschäftigtenzuwachs um rund 40.000 (etwa 45%) auf insgesamt 125.000 Arbeitskräfte (siehe Tab. 37). Circa 30% der Schlüsseltechnologie-Beschäftigten waren in wissenschaftlich-technischen Positionen mit spezialisierten Qualifikationsanforderungen tätig (siehe Tab. 40).
2. *FuE-Aktivitäten und Innovationsprozesse:* Eine im Vergleich zu anderen Untersuchungen überdurchschnittlich große Zahl von Schlüsseltechnologie-Unternehmen (mehr als 60%) verwendeten über 10% ihrer Umsätze für FuE-Aktivitäten. Sogar wenig FuE-intensive Unternehmen zeigten eine große Bereitschaft, Produkt- und Prozeßinnovationen auf hohem technologischem Niveau zu adoptieren und zu entwickeln (siehe Tab. 41 bis Tab. 45).
3. Anhand der Beschäftigten- und der FuE-Strukturen konnten *forschungsorientierte* (Research Triangle und Ottawa-Carleton) von *produktionsorientierten Schlüsseltechnologie-Regionen* (Atlanta MSA und CTT) unterschieden werden. Die Route 128-Region ließ sich keiner der beiden Gruppen eindeutig zuordnen (siehe Tab. 40 bis Tab. 43).
4. *Regionalwirtschaftliche Multiplikatoreffekte*: In Greater Boston, CTT und dem Research Triangle lagen die geschätzten Multiplikatoreffekte der Export- und Importaktivitäten von Schlüsseltechnologie-Unternehmen zwar um 10% bis 20% über den Werten in der Atlanta MSA und Ottawa-Carleton; interregionale Unterschiede waren jedoch geringer ausgeprägt als ursprünglich angenommen (siehe Tab. 49).

5. *Destabilisierung der Arbeitsmärkte:* Einerseits führten die Agglomerations- und Spezialisierungsprozesse von Schlüsseltechnologie-Industrien in allen Untersuchungsregionen zu einer hohen Beschäftigtenkonzentration auf wenige Schlüsseltechnologie-Branchen und innerhalb dieser Sektoren auf wenige dominante Unternehmen (siehe Tab. 38 und Tab. 39). Andererseits existierte in allen kleinen und mittleren Schlüsseltechnologie-Regionen eine hohe Beschäftigtenkonzentration (mindestens 50% der erfaßten Arbeitskräfte) auf regionsextern kontrollierte Zweigwerke bzw. Tochterunternehmen (siehe Abb. 30). Beide Aspekte verursachten eine tendenziell erhöhte Krisenanfälligkeit der untersuchten Schlüsseltechnologie-Regionen.
6. *Verlagerungsabsichten:* Trotz des Vorhandenseins eines beträchtlichen mittelfristigen Verlagerungspotentials konnten anhand der Unternehmensbefragungen keine massiven Abwanderungstendenzen festgestellt werden. Unternehmensverlagerungen wurden überwiegend innerhalb der bisherigen Großregionen geplant (siehe Tab. 50 bis Tab. 52).

TEIL III:

DAS STANDORTVERHALTEN VON SCHLÜSSEL-TECHNOLOGIE-INDUSTRIEN. THEORETISCHE ANSÄTZE UND EMPIRISCHE SCHLUSS-FOLGERUNGEN

Im zweiten Teil der vorliegenden Studie wurden die Ursachen für Schlüsseltechnologie-Ansiedlungen und Schlüsseltechnologie-Neugründungen in regionaler Differenzierung aufgearbeitet. Dabei standen die Agglomerationsprozesse in den einzelnen Untersuchungsregionen und der Einfluß von Schlüsseltechnologie-Industrien auf den regionalen Strukturwandel im Mittelpunkt der Analyse. Es wurde bewußt auf eine explizite Diskussion potentieller Erklärungsansätze für das Standortverhalten von Schlüsseltechnologie-Unternehmen verzichtet. Statt dessen sollte durch die regionale Untersuchung von Gründungs-, Ansiedlungs- und Wachstumsprozessen eine empirische Basis für die nun folgenden theoretischen Abhandlungen geschaffen werden.

Die zentrale Aufgabenstellung des abschließenden Teils dieser Arbeit besteht darin, unterschiedliche Erklärungsansätze für industrielle Standortentscheidungen zu bewerten und ihre Relevanz für den Schlüsseltechnologie-Bereich zu überprüfen. Dabei wird weder eine vollständige Abhandlung noch eine abschließende Bewertung industrieller Standorttheorien angestrebt. Aus der Vielfalt vorhandener Ansätze zum theoretischen Verständnis industrieller Standortentscheidungen werden im folgenden drei Theoriekomplexe gebildet und nacheinander behandelt:

1. *Traditionell-statische Erklärungsansätze* stellen das Problem der optimalen Standortwahl industrieller Unternehmen in den Mittelpunkt der Analyse. Unter Betonung der Kostenseite und insbesondere der Transportkosten werden in solchen Modellen die entscheidenden Standortfaktoren ermittelt.

2. *Zyklisch-dynamische Erklärungsansätze* konzentrieren sich auf zyklische Regelmäßigkeiten wirtschaftlicher Entwicklungen und leiten daraus eine Dynamik industrieller Standortentscheidungen ab. In der Produktzyklustheorie wird beispielsweise angenommen, daß industrielle Standortanforderungen infolge eines "normalen" technologischen Alterungsprozesses einem prognostizierbaren Wandel unterliegen.
3. *Dynamisch-evolutionäre Erklärungsansätze* lehnen es ab, die Attraktivität einer Region als Industriestandort ausschließlich auf deren Ausstattung mit Standortfaktoren zurückzuführen. Industriesektoren generieren in dieser Sichtweise durch positive Rückkopplungseffekte von Verflechtungsbeziehungen ein eigenes regionales Umfeld, das den Bedürfnissen angepaßt ist und zu eigendynamischen Agglomerationsprozessen führt. Auf einer evolutionären Untersuchungsebene wird es als notwendig angesehen, industrielles Standortverhalten differenziert nach Unternehmensstrategien und Unternehmenssegmenten zu analysieren.

Zu jedem der drei Theoriekomplexe werden zunächst unterschiedliche Konzepte behandelt. Anschließend erfolgt sowohl auf theoretischer als auch auf empirischer Basis eine kritische Bewertung der einzelnen Ansätze. Unter Rückgriff auf wissenschaftliche Studien und eigene Forschungsergebnisse wird schließlich auf deduktivem wie auf induktivem Weg jeweils die Anwendbarkeit auf den Schlüsseltechnologie-Bereich untersucht.[1]

---

[1] Nach der Klassifikation von Schamp (1988a, S. 4 ff.) gehören traditionell-statische und zyklisch-dynamische Erklärungsansätze (vgl. Kapitel 10 und Kapitel 11) zur Gruppe der *funktionalräumlichen oder raumwirtschaftlichen Forschungsansätze*. Diese Perspektive schreibt Industrieunternehmen eine Funktion innerhalb der (regionalen) Wirtschaftsstruktur zu und analysiert die daraus resultierenden Verflechtungsbeziehungen (z.B. Lieferverflechtungen zwischen Standorten). Standortentscheidungen und Verflechtungsbeziehungen werden ausschließlich in ökonomischen Kategorien erfaßt. Unternehmensinterne Strukturen und individuelle Verhaltensweisen bleiben weitgehend ausgeschlossen. Demgegenüber sind die segmentierten dynamisch-evolutionären Erklärungsansätze (vgl. Kapitel 12) der Klasse der *handlungstheoretischen und/ oder strukturalistischen Forschungsansätze* zuzuordnen. In der handlungstheoretischen Perspektive werden die Einflüsse unternehmensinterner Strukturen (z.B. Unternehmensorganisation und Unternehmensstrategie) auf Standort- und Verflechtungsmuster untersucht. In der strukturalistischen Perspektive stehen die räumlichen Folgen der Arbeitsteilung zwischen Personen, Betriebsstätten, Unternehmen oder Produktionssystemen im Mittelpunkt der Analyse. Bezüglich der raumwirksamen Prozesse erfolgt eine Unterscheidung zwischen einem Großunternehmens- und einem Kleinunternehmenssektor.

10 Traditionell-statische Erklärungsansätze für industrielle Standortentscheidungen

10.1 Einführung

Aus der Heterogenität räumlicher Standortbedingungen resultiert die Frage nach der Wahl eines geeigneten Standorts und den Grundprinzipien der industriellen Standortwahl. Vor diesem Hintergrund zielt die industrielle Standorttheorie darauf ab, Gesetzmäßigkeiten und allgemeine Einflußfaktoren zu finden, unter denen industrielle Standortentscheidungen getroffen werden. Sie konzentriert sich auf die Ermittlung der *Standortfaktoren*, die die optimale Standortwahl eines industriellen Ein-Betriebs-Unternehmens beeinflussen. Nach Weber (1909, S. 16) versteht man unter einem Standortfaktor:

"einen seiner Art nach scharf abgegrenzten Vorteil, der für eine wirtschaftliche Tätigkeit dann eintritt, wenn sie sich an einem bestimmten Ort, oder auch generell an Plätzen bestimmter Art vollzieht. Einen Vorteil, d.h. eine Ersparnis an Kosten und also für die Standortslehre der Industrie eine Möglichkeit, dort ein bestimmtes Produkt mit weniger Kostenaufwand als an anderen Plätzen herzustellen; noch genauer gesagt: den als Ganzes betrachteten Produktions- und Absatzprozeß eines bestimmten industriellen Produkts nach irgend einer Richtung billiger durchzuführen als anderswo."

Diese Definition von Standortfaktoren wird prinzipiell auch heute noch industriellen Standortuntersuchungen zugrundegelegt, beschränkt sich allerdings auf eine flächenbezogene Raumdimension. Nach Klüter (1986, S. 118-122 und 1987) ist es notwendig, zwischen drei verschiedenen Raumdimensionen zu unterscheiden:

1. Standort in der Raumdimension *Grundstück* : Grundstücke sind begrenzte Ausschnitte der Erdoberfläche mit bestimmter eigentumsrechtlicher Zuordnung, die nicht beliebig vermehrbar sind. In dieser Standortdimension verfügt jede Fläche über bestimmte physische Eigenschaften, deren räumliche Heterogenitäten das zentrale Untersuchungsobjekt der traditionellen Standortlehre bilden.
2. Standort in der Raumdimension *Ergänzungsraum* : Der Ergänzungsraum ist gegenüber dem Grundstück nicht durch räumliche Eigenschaften, sondern durch materielle Verflechtungsnetzwerke definiert. In dieser Standortdimension spielt die ökonomische Bewertung von Distanzen eine große Rolle, da ein Raumüberwindungsproblem ent-

steht und Transportkosten anfallen. Obwohl die traditionelle Standortlehre von Ergänzungsräumen ausgeht, wird sie dem Netzwerkkonzept aufgrund einer diskretionären Raumdefinition (vorgegebene Verflechtungsziele) nur bedingt gerecht.

3. Standort in der Raumdimension *anonymer Adressenraum* : Der anonyme Adressenraum ist eine geordnete Menge von Kommunikationsbezugspunkten. Vereinfacht entspricht diese Dimension einem informellen Äquivalent zum Ergänzungsraum, wenngleich der nicht-materielle Charakter informeller Verflechtungsbeziehungen grundlegende Unterschiede impliziert. Der anonyme Adressenraum ist in seinem Systemzusammenhang offen und im Gegensatz zum Ergänzungsraum kurzfristig veränderbar. Nicht nur die Kosten der Raumüberwindung, sondern das Vorhandensein einer Kommunikationsinfrastruktur sowie die Geschwindigkeit und Effizienz der Kommunikationsbeziehungen sind die ökonomisch relevanten Variablen dieser Standortdimension, die in der traditionellen Standortlehre keine Beachtung findet.

Dementsprechend darf der Begriff des Standortfaktors nicht ausschließlich flächenbezogen (quasi als Eigenschaft eines *Grundstücks*) definiert sein. Im Rahmen der vorliegenden Arbeit stehen Standortfaktoren als ein Konglomerat für sämtliche Ursachen, die auf industrielle Standortentscheidungen innerhalb eines *Adressen- und Ergänzungsraums* Einfluß ausüben. Dabei ist es zunächst unbedeutend, ob diese Gründe raumbezogener, zufälliger, verflechtungsbezogener oder unternehmensstrategischer Art sind. Weiterhin wird die Standortwahl eines industriellen Unternehmens im Gegensatz zur traditionellen Standorttheorie als ein potentiell mehrstufiger Entscheidungsprozeß angesehen (vgl. Wheeler 1981; Bathelt 1987, S. 162 f. und Chapman u. Walker 1987, S. 48 ff.). In einfachster Form kann man zwischen der Bestimmung eines Makrostandorts und der nachfolgenden Bestimmung eines Mikrostandorts differenzieren. Während die Makrostandortwahl auf den Adressen- und Ergänzungsraum ausgerichtet ist, beschränkt sich die Mikrostandortwahl primär auf den Grundstücksraum. In der vorliegenden Studie wird die Ebene der Mikrostandortwahl explizit ausgeschlossen, weil sie ein betriebswirtschaftliches Entscheidungsproblem darstellt (Auswahl eines Grundstücks), dessen Lösung in Abhängigkeit vom verwendeten Bewertungsverfahren und den Unternehmensansprüchen auf formalem Weg erfolgt (vgl. unter anderem Stafford 1979 und Rees u. Stafford 1986). Zudem bezieht sich die Mikrostandortwahl auf eine kleinräumige Analyseebene, die kein zentrales Untersuchungsobjekt der vorliegenden Arbeit darstellt.

10.2 Traditionelle Forschungsansätze der industriellen Standortlehre im Überblick

Aufbauend auf der landwirtschaftlichen Standort- und Landnutzungstheorie von Thünen (1826) und die von ihm entwickelte Methode der *isolierten Abstraktion ("Der isolierte Staat")* entstanden Ende des 19. Jahrhunderts die ersten wissenschaftlichen Studien, die eine modellhafte Erklärung industrieller Standortverteillungen unter ökonomischen Gesichtspunkten anstrebten (z.B. Launhardt, 1882). Durch seine Arbeit *"Über den Standort der Industrien"* wurde Weber (1909) zum eigentlichen Begründer einer systematischen industriellen Standorttheorie. Obwohl das theoretische Kalkül von Weber (1909) sehr stark durch die industriellen Strukturen und ökonomischen Rahmenbedingungen des beginnenden 20. Jahrhunderts geprägt war, wird seine Arbeit noch heute als theoretische Grundlage für viele Untersuchungen zur industriellen Standortwahl verwendet (vgl. z.B. Brede 1971; Behrens 1971; Lloyd u. Dicken 1977 sowie Brücher 1982). Im folgenden sollen die aus traditioneller Sicht bedeutendsten Standortfaktoren industrieller Standortentscheidungen anhand ausgewählter Studien herausgearbeitet und anschließend auf ihre Relevanz für den Schlüsseltechnologie-Bereich empirisch überprüft werden.

10.2.1 Kostenminimale Standortwahl nach Weber

Nach Weber (1909) läßt sich die optimale Standortwahl eines industriellen Einzelbetriebs als statischer Entscheidungsprozeß in drei Stufen darstellen: Transportorientierung (Weber 1909, S. 40-93), Arbeitsorientierung (Weber 1909, S. 94-120) und Einbeziehung von Agglomerationsfaktoren (Weber 1909, S. 121-163). Transportkosten sind in diesem Modell die mit Abstand bedeutendste Determinante der industriellen Standortwahl (vgl. im folgenden Behrens 1971, S. 7-19; Riley 1973, S. 7-14; Lloyd u. Dicken 1977, S. 120-127; Richardson 1979, S. 54 ff.; Böventer 1981, S. 422 ff.; Schätzl 1981a, S. 31-42; Brücher 1982, S. 37 ff.; Chapman u. Walker 1987, S. 32 ff. sowie Schickhoff 1988a, S. 40-47). Um eine konsistente theoretische Herleitung vornehmen zu können, bedient sich Weber (1909, S. 36 ff.) der Methode der isolierten Abstraktion. Die wichtigsten Restriktionen und Implikationen des Weberschen Modells sind im folgenden kurz aufgelistet (vgl. Bathelt 1987, S. 176 f.; Schätzl 1981a, S. 31 f. und Kuhn u. Kuenne 1962, S. 22 f.):

1. Ein Industriebetrieb, dessen Standort zu bestimmen ist, produziert ein einziges homogenes Gut unter Verwendung zweier Rohstoffmaterialien.
2. Die Rohstoffundorte und der Standort des einzigen Absatzmarkts sind vorgegeben.
3. Das Unternehmen produziert mit konstanten Prozeßtechnologien, d.h. mit konstanten Inputkoeffizienten.
4. Zielsetzung des Betriebs ist die Gewinnmaximierung.
5. Nachfrage und Erlöse sind unabhängig von der Standortwahl konstant.
6. Außer den Transport-, Arbeitskosten und Agglomerationsfaktoren existieren keine weiteren lageabhängigen Kostengrößen.
7. Der Planungsraum ist eine homogene Fläche. In dieser Fläche stellt jeder Punkt einen potentiellen Betriebsstandort dar. Transporte zwischen zwei Punkten erfolgen über Luftlinien.
8. Die Transportkosten sind direkt proportional zur zurückgelegten Entfernung, d.h. der Frachtsatz pro Tonnenkilometer ist einheitlich konstant und gegeben.

In der ersten Phase der Standortbestimmung werden Arbeitskosten als räumlich konstant angesehen und Agglomerationsvorteile ausgeschlossen. Unter Berücksichtigung dieser Annahmen hängt die Gewinnsituation eines Unternehmens ausschließlich von standortabhängigen Kosten ab - und zwar ausschließlich von den Transportkosten, die beim Transport von Rohstoffen, Vor- und Zwischenprodukten zum Unternehmensstandort sowie beim Transport von Endprodukten zum Markt anfallen. Die Bestimmung des gewinnmaximalen Unternehmensstandorts beschränkt sich in der ersten Modellphase auf die rechnerische Ermittlung des sog. *"Tonnenkilometrischen Minimalpunkts"* - TKM, dessen räumliche Lage durch die Art der im Produktionsprozeß eingesetzten Materialien beeinflußt wird. Weber (1909, S. 51 ff.) trifft diesbezüglich folgende Unterscheidung:

A. Ubiquitäten:

Sie sind nicht an bestimmte Fundorte gebunden, sondern an jedem Standort frei verfügbar.

B. Lokalisierte Materialien:

Ihre Gewinnung ist an bestimmte Fundorte gebunden. Lokalisierte Materialien lassen sich anhand des Verarbeitungsprozesses in zwei Gruppen unterteilen.

1. *Reingewichtsmaterial* geht mit vollem Gewicht in das Endprodukt ein. Für Reingewichtsmaterial sind die Transportkosten im Urzustand genauso groß wie die Transportkosten im verarbeiteten Zustand.
2. *Gewichtsverlustmaterial* geht bei der Verarbeitung nur zu einem Teil in das Endprodukt ein. Infolge des Gewichtsverlusts während des Produktionsprozesses sind die Transportkosten solcher Materialien im unverarbeiteten Zustand größer als im verarbeiteten Zustand.

Weber (1909, S. 49 ff.) beschränkt seine Analyse auf den Fall eines Betriebs, der für die Produktion eines einzigen Produkts zwei Materialen benötigt und das Endprodukt an einen einzigen Markt ausliefert. Durch die beiden Materialfundorte M_1 und M_2 sowie den Konsumort K wird im Raum ein sog. *Standortdreieck* definiert, innerhalb dessen das Unternehmen einen Produktionsstandort P wählt (siehe Abb. 31). In Abhängigkeit von der Art der benötigten Materialien errechnet sich innerhalb des Standortdreiecks ein unterschiedlicher *Tonnenkilometrischer Minimalpunkt* (vgl. Schätzl 1981a, S. 33 ff. und Schickhoff 1988a, S. 42 f.):

1. Gehen auf der Inputseite ausschließlich Ubiquitäten in den Produktionsprozeß ein, so ist der optimale Unternehmensstandort mit dem Konsumort identisch, da nur dort keine Transportkosten anfallen.
2. Werden auf der Inputseite ausschließlich Reingewichtsmaterialien eingesetzt, so ist wiederum der Konsumort der optimale Produktionsstandort, weil dort die Summe aller Transportwege minimal ist.
3. Falls auch Gewichtsverlustmaterialien in den Produktionsprozeß eingehen, so verlagert sich der optimale Unternehmensstandort tendenziell in Richtung der Materialfundorte.

Aus der ersten Phase der Standortbestimmung resultiert ein optimaler Unternehmensstandort, der entweder rohstoff- oder marktorientiert ist. Aus mathematischer Sicht entspricht der *Tonnenkilometrische Minimalpunkt* P im allgemeinen Fall der Lösung des folgenden nicht-linearen Optimierungsproblems (siehe Bathelt 1987, S. 177 ff.; Kuhn u. Kuenne 1962, S. 22; Scott 1970, S. 98; Wesolowsky 1973, S. 96 sowie Killen 1983, S. 233):

$$Z = \sum_{j=1}^{n} (w_{Pj} \cdot d_{Pj}) \stackrel{!}{=} \text{Min} ;$$

mit
- j : Bezugspunkt j (Materialfundorte oder Konsumorte)
- n : Anzahl der Bezugspunkte
- w_{Pj} : Transportkosten zwischen Bezugspunkt j und Unternehmensstandort P (Produkt aus dem Frachtsatz je Tonnenkilometer und dem Transportgewicht) je Entfernungseinheit
- d_{Pj} : Luftlinienentfernung zwischen Bezugspunkt j und Unternehmensstandort P .

Um das Minimum der Zielfunktion Z zu bestimmen (damit die Koordinaten des optimalen Produktionsstandorts P), sind die beiden ersten partiellen Ableitungen nach den Entscheidungsvariablen (den unbekannten Koordinaten von P) zu bilden und gleich Null zu setzen. Das daraus resultierende nicht-lineare Gleichungssystem läßt sich allerdings nicht vollständig nach den gesuchten Koordinaten von P auflösen, so daß eine direkte algebraische Lösung des Standortproblems nicht möglich ist.[1]

In der zweiten Phase werden neben den Transportkosten auch Arbeitskosten in die Standortbestimmung einbezogen (Weber 1909, S. 94-120). Zu den Materialfundorten M_1 und M_2, dem Konsumort K und dem *Tonnenkilometrischen Minimalpunkt* P treten zwei neue Standorte L_1 und L_2 hinzu, die als potentielle Produktionsstandorte Arbeitskostenersparnisse gegenüber P bieten (siehe Abb. 31). Eine fiktive Verlagerung vom *Tonnenkilometrischen Minimalpunkt* P zu einem der Standorte L_1 oder L_2 kommt offensichtlich nur dann in Frage, wenn die zusätzlichen Transportkosten durch Arbeitskosteneinsparungen überkompensiert werden.

[1] Kuhn u. Kuenne (1962, S. 26-32) schlagen einen effizienten Algorithmus vor, mit dessen Hilfe die Koordinaten des optimalen Unternehmensstandorts in einem iterativen Prozeß mit beliebiger Genauigkeit numerisch berechnet werden können. Im ersten Schritt werden die Koordinaten von P durch den Schwerpunkt des Standortpolygons approximiert. Vom Schwerpunkt ausgehend werden die Luflinienentfernungen zu allen Materialfundorten und Konsumorten berechnet. Durch Einsetzen der geschätzten Luftlinienentfernungen in das nicht-lineare Gleichungssystem errechnet sich ein verbesserter Schätzwert für die Koordinaten von P. Im zweiten Schritt werden die veränderten Koordinatenwerte verwendet, um die Luftlinienentfernungen neu zu berechnen und eine wiederum verbesserte Standortlösung zu ermitteln. Mit jedem Schritt des Verfahrens verringert sich die Abweichung zwischen den geschätzten und den optimalen Koordinatenwerten, so daß ein Konvergenzprozeß in Gang gesetzt wird. Für eine praktische Anwendung genügen in der Regel bereits wenige Iterationen, um eine hinreichend genaue Lösung des Standortproblems zu erzielen (vgl. Bathelt 1987, S. 179-182; Wesolowsky 1973, S. 97 f. und Killen 1983, S. 234).

Abb. 31: Methode der kritischen Isodapane unter Einbeziehung von Arbeitskosteneinsparungen

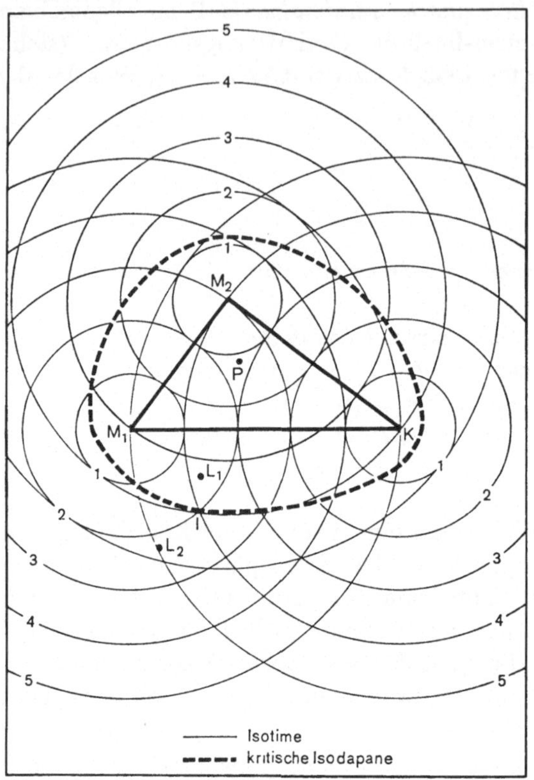

Quelle: Schätzl (1981a, S. 38).

Weber (1909, S. 100 ff.) löst dieses Problem formal durch Einführung sog. *Isotimen* und *Isodapanen*. Zunächst werden um jeden der Bezugsstandorte (M_1, M_2 und K) Isotimen als Linien gleicher Transportkosten definiert und konstruiert. Anschließend werden sämtliche Isotimen-Scharen räumlich aufaddiert, so daß eine Schar von Linien gleicher Gesamttransportkosten um P entsteht - diese werden als Isodapanen bezeichnet (siehe Abb. 31). Sofern bekannt ist, in welcher Höhe an den Standorten L_1 und L_2 Arbeitskosteneinsparungen zu erwarten sind, läßt sich eine sog. *kritische Isodapane* bestimmen. Die *kritische Isodapane* markiert genau jenen Bereich um P, innerhalb dessen zusätzliche Transportkosten durch eine potentielle Arbeitskosteneinsparung gegebener Höhe überkompensiert werden. Ein Standort, der wie L_2 in Abb. 31 außerhalb der *kritischen Isodapane* liegt, scheidet als Unternehmensstandort demnach aus, weil er höhere Kosten verursacht als P. Demgegenüber ist L_1 ein Standort mit geringeren Kosten als P und würde bei gleichzeitiger Berücksichtigung von Arbeits- und Transportkosten zum neuen Produktionsstandort (siehe Abb. 31).

Abb. 32: Methode der kritischen Isodapane unter Einbeziehung von Agglomerationsvorteilen

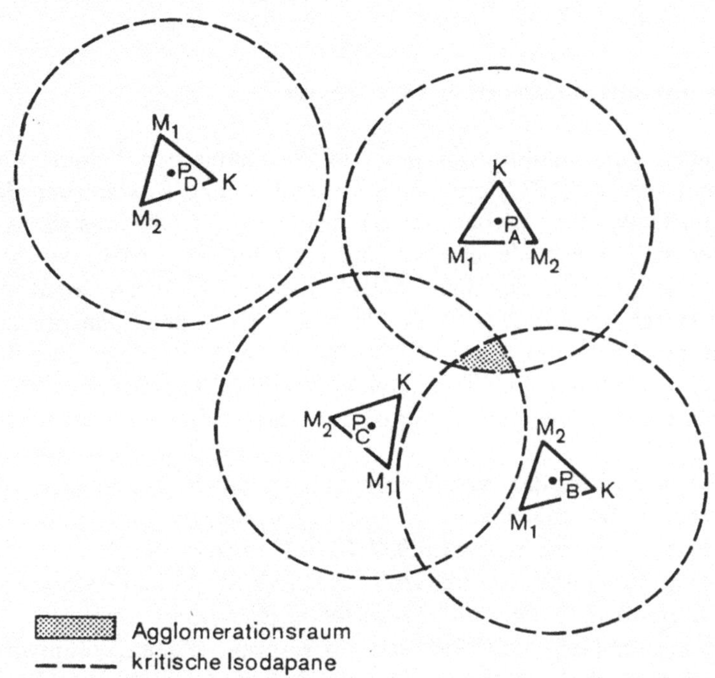

Quelle: Schätzl (1981a, S. 40).

In der letzten Phase der Standortanalyse können Agglomerationsfaktoren zu einer weiteren fiktiven Verschiebung des Unternehmensstandorts führen (Weber 1909, S. 121-163). Agglomerationsfaktoren werden nach Weber (1909, S. 123) als Lokalisationsvorteile einer Industriebranche definiert:

"Ein Agglomerationsfaktor [...] ist ein Vorteil, also eine Verbilligung der Produktion oder des Absatzes, die sich daraus ergibt, daß die Produktion in einer bestimmten Masse an einem Platz vereinigt vorgenommen wird [...]"

Agglomerationsfaktoren sind demnach Kosteneinsparungen, die daraus resultieren, daß mehrere benachbarte Unternehmen einer Industriebranche gemeinsame Transporte für dieselben Materialien und Endprodukte organisieren (vgl. Schätzl 1981a, S. 39 ff.). In Abb. 32 sind für vier Unternehmen (A, B, C und D) die kostenminimalen Standorte ohne Berücksichtigung von Agglomerationsfaktoren vorgegeben (P_A, P_B, P_C und P_D). Bei einer potentiellen Kosteneinsparung durch Standortballung läßt sich für jedes dieser Unternehmen eine *kritische Isodapane* errechnen. Innerhalb des durch die *kritische Isodapane* abgegrenzten Gebiets ist eine Standortverlagerung vorteilhaft, wenn dadurch Agglomerationsvorteile einer bestimmten Größenordnung wirksam werden. In Abb. 32 weisen die *kritischen Isodapanen* der Unternehmen A, B und C einen gemeinsamen Überlappungsbereich auf (*Agglomerationsraum*), innerhalb dessen der optimale Produktionsstandort aller drei Unternehmen liegt. Für Unternehmen D kommt eine Verlagerung in den Agglomerationsraum allerdings nicht in Frage, da dort keine Kostenminimierung erzielt wird (kein Überlappungsbereich mit anderen *kritischen Isodapanen*).

10.2.2 Konzept der Agglomerationsvorteile nach Hoover

In seiner Studie über die Standortwahl der US-amerikanischen Schuh- und Lederindustrie nimmt Hoover (1937) eine Reinterpretation und Erweiterung der industriellen Standortlehre von Weber (1909) vor. Obwohl die restriktiven Anwendungsvoraussetzungen der Weberschen Theorie kritisiert werden, beruhen Standortentscheidungen auch aus der Sicht von Hoover (1937) überwiegend auf dem Ziel der Kostenminimierung. Analog zu Weber (1909) stehen Transportkosten im Mittelpunkt der Analyse (Hoover 1937, S. 34-59), wenngleich anstelle der Annahme konstanter Frachtraten pro Tonnenkilometer eine nach Kostenverläufen, Transportmitteln und Kostenarten differenzierte Untersuchung erfolgt (siehe auch Riley 1973, S. 15 ff.).

Die bedeutendste Erweiterung der Weberschen Theorie durch Hoover (1937, S. 89-111) besteht in einer umfassenden Konzeptionierung von Agglomerationsfaktoren *(Economies of Concentration)*. Hoover (1937, S. 90 ff.) betont die Rolle räumlicher Konzentrationswirkungen für die betriebliche Standortwahl und unterscheidet dabei zwischen *Large-Scale Economies*, *Localization Economies* sowie *Urbanization Economies*. Böventer (1962 und 1981) hat das Konzept in seine Raumwirtschaftstheorie für den deutschsprachigen Raum übertragen und ausgebaut. Danach läßt sich eine Unterscheidung zwischen internen und externen Ersparnissen treffen, die jeweils sowohl positive als auch negative Einflüsse ausüben können. Im folgenden sollen lediglich die positiven Ersparnisse in ihrer Wirkungsweise betrachtet werden (vgl. Lloyd u. Dicken 1977, S. 260-298; Schätzl 1981a, S. 28 f.; Brücher 1982, S. 51 ff.; Gaebe 1981 sowie Schickhoff 1988b, S. 55):

Interne Ersparnisse (Large-Scale Economies):

Sie entstehen, wenn die Stückkosten der Herstellung eines Produkts mit steigendem Produktionsumfang sinken. In diesem Fall wird ein Unternehmen ein bestimmtes Produkt umso billiger auf dem Markt anbieten können, je größer die Produktionskapazitäten sind. Die Expansion der Produktionskapazitäten bietet für potentielle Zulieferunternehmen einen Anreiz zur Ansiedlung, so daß interne Ersparnisse im Zeitablauf externe Ersparnisse hervorrufen können.

Externe Ersparnisse (Agglomerationsvorteile):

1. *Lokalisationsvorteile (Localization Economies):* Sie entstehen aus einer räumlichen Ballung von Unternehmen derselben Industriebranchen und kommen durch ein großes Potential spezialisierter Arbeitskräfte, Zulieferunternehmen, Service-Einrichtungen sowie durch die Vorteile der räumlichen Nähe zu Konkurrenten zur Wirkung. Lokalisationsvorteile stellen innerhalb der dominierenden Industriebranchen Anreize für weitere Unternehmensansiedlungen und Neugründungen dar und wirken somit ballungsverstärkend.

2. *Urbanisationsvorteile (Urbanization Economies):* Sie entstehen aus einer räumlichen Ballung von Unternehmen verschiedener Sektoren und sind in metropolitanen Regionen am stärksten ausgeprägt (beispielsweise in Form von einer hochwertigen Infrastrukturausstattung, intensiven intersektoralen Verflechtungsmöglichkeiten und großen Arbeitsmärkten). Urbanisationsvorteile lösen allgemeine sektorübergreifende Ansiedlungs- und Gründungsimpulse aus und wirken deshalb ebenfalls ballungsverstärkend.

Obwohl es umstritten ist, ob und wie man Agglomerationsvorteile quantifizieren kann, gehören sie zu den zentralen Forschungsobjekten der industriellen Standorttheorie (vgl. Gaebe 1981). Allerdings hat sich die Art der Analyse von Agglomerationsvorteilen im Zeitablauf entscheidend verändert. In der Weberschen Standortlehre wirken Agglomerationsfaktoren in erster Linie auf die Kostenstrukturen der beteiligten Unternehmen und entstehen durch gemeinsame Transportaktivitäten. Bei Hoover (1937) und Böventer (1962 und 1981) stehen demgegenüber die materiellen Verflechtungsmöglichkeiten einer räumlichen Ballung von Industrieunternehmen im Vordergrund.[1] In der Export-Basis-Theorie hat eine wachsende Agglomeration im Non-Basic-Sektor eine Zunahme der lokalen Zulieferbeziehungen und eine Reduzierung der regionalen Importquote zur Folge, was ceteris paribus zu einer Erhöhung der regionalen Multiplikatoreffekte und zu einem schnelleren Wachstum des Regionalprodukts führt (vgl. Kapitel 9; Lauschmann 1976, S. 162-182; Richardson 1979, S. 132 ff.; Schätzl 1981a, S. 106-112 sowie Hewings 1985). In der Industriekomplex-Analyse nach Isard (1956) werden Agglomerationsvorteile zur Planung eines möglichst eng verflochtenen Industriekomplexes genutzt. Aus den regionalen Standortbedingungen ermittelt man zunächst isoliert jene Industriesektoren, die sich für eine Ansiedlung am besten eignen. Anschließend werden diejenigen Industriebranchen extrahiert, die über Input-Output-Beziehungen am stärksten miteinander verflochten sind. Diese sollen durch planerische Eingriffe zu einem regionalen Industriekomplex wachsen, der Lieferwege und Transportkosten minimiert (Müller 1976, S. 169-178). Die Industriekomplex-Analyse von Isard (1956) geht insofern über die traditionelle Behandlung von Agglomerationsfaktoren hinaus, als sie nicht nur auf Kosteneinsparungen sondern auch auf selbstverstärkende Wachstumsimpulse abzielt.

In neueren Studien werden vor allem informelle Verflechtungsmöglichkeiten innerhalb industrieller Ballungen hervorgehoben (vgl. etwa Hoare 1985 und Kok u. Pellenbarg 1987). Agglomerationsvorteile werden zunehmend mit dem Innovationsprozeß und der Komplexität des technologischen Fortschritts in Verbindung gebracht (vgl. Kok et al. 1985; Scott u. Storper 1988b; Gordon 1989b und Storper u. Walker 1989). Das Vorhandensein sektorspezifischer Verflechtungsnetzwerke mit intensiven lokalen Arbeitsmarkt-, Kommunikations-, Zuliefer-, Absatz-,

---

[1] Faktoren, die die Reichweite materieller Input-Output-Verflechtungen einschränken, sind hohe Transportkosten, lange Transportzeiten, die beschränkte räumliche Wahrnehmung von Kontaktmöglichkeiten, ein ausgeprägtes Regionalbewußtsein, eine vorhandene Risikoaversion sowie politische und technologische Einflüsse. Demgegenüber wirken verbesserte Kommunikationssysteme, Standardisierungstendenzen in der Produktion, Ausbreitungseffekte von Großunternehmen sowie politische und strategische Faktoren dispersionserzeugend (vgl. Hoare 1985, S. 49 ff.).

Informations- und Kapitalmarktbeziehungen wird in diesen Ansätzen als notwendige Voraussetzung für industrielle Unternehmen angesehen, um langfristig konkurrenzfähig zu bleiben, dem technologischen Wandel zu folgen und auf veränderte Bedarfsstrukturen flexibel zu reagieren. Dieser Aspekt von Agglomerationsvorteilen und die hieraus resultierenden regionalen Auswirkungen sind zentrale Bestandteile von Kapitel 12. Während in traditionellen Studien in erster Linie die ballungsverstärkende Wirkung von Urbanisationsvorteilen betont wird (Brücher 1982, S. 51 ff.), sehen Storper u. Walker (1989) vor allem Lokalisationsvorteile als entscheidende Auslöser industrieller Agglomerationsprozesse an.

10.2.3 Interdependente Standortwahl: Hotelling-Phänomen

Im Unterschied zu Weber (1909), der die industrielle Standortwahl als unternehmensspezifisches Optimierungsproblem für einen Einzelbetrieb behandelt, betont Hotelling (1929) in einem einfachen Modell die Interdependenz von Standortentscheidungen. Unter dem Prinzip der Erlösmaximierung kann die Standortentscheidung eines Unternehmens nicht unabhängig von den Standorten der Konkurrenzunternehmen erfolgen. Hotelling (1929) betrachtet den Fall zweier Produzenten A und B, die ein homogenes Produkt zu gleichen Kosten für einen linearen Markt (z.B. ein Reihendorf) der Länge D herstellen. In dem Marktgebiet ist die Nachfrage vollkommen unelastisch und gleichverteilt. Die Transportkosten sind direkt proportional zur Entfernung und zur transportierten Menge. Das zwischen den beiden Produzenten liegende Marktgebiet d_{ab} wird zu gleichen Teilen aufgespalten. Außerhalb dieses Konkurrenzgebiets besitzt jeder Produzent in Richtung zum Marktrand ein monopolistisches Marktgebiet. Das monopolistische Marktgebiet von A hat die Länge a, von B die Länge b. Entsprechend läßt sich das Marktgebiet D wie folgt zerlegen:

$$D = a + b + d_{ab} .$$

Hat Produzent A einen beliebigen Standort innerhalb des Marktgebiets D gewählt, so wird Produzent B seine Standortentscheidung derart treffen, daß er eine möglichst große Nachfrage binden kann. Die für Produzent B wirksame Nachfrage ist proportional zur Größe des von ihm abgedeckten Marktgebiets M_B:

$$M_B = b + (d_{ab}/2) = D - M_A .$$

Bei gegebenem Standort von A kann Produzent B seinen Erlös maximieren, indem er das Konkurrenzgebiet d_{ab} minimiert - also möglichst nahe zu A seinen Standort wählt (und zwar auf derjenigen Seite von A, die am weitesten von einem Rand des Marktgebiets entfernt liegt). Wenn beide Produzenten schrittweise ihren Standort in Abhängigkeit voneinander so oft verlagern, bis sie gleich große Marktgebiete versorgen ($M_A = M_B$), ergibt sich eine Gleichgewichtssituation, in der sowohl A als auch B im Zentrum des Marktgebiets angesiedelt sind. Während unter dem Ziel der Transportkostenminimierung eine Dispersion der Standorte

Abb. 33: Räumliche Kostenfunktion und Margins der Standortwahl

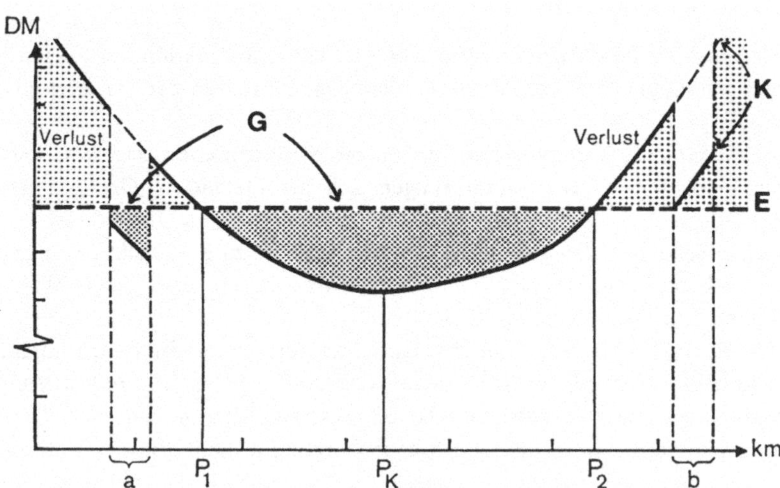

Quelle: Schätzl (1981a, S. 53) nach Smith.

erfolgen würde, führt das Modell von Hotelling (1929) zu einer Agglomeration von Unternehmensstandorten.

10.2.4 Marginalprinzip nach Smith

Die auf Smith (1971) zurückgehende sog. Marginalschule der industriellen Standortlehre verzichtet gegenüber der Weberschen Theorie auf das Prinzip der Gewinnmaximierung. Smith (1971) geht davon aus, daß Industrieunternehmen zwar nach Gewinn aber nicht zwangsläufig nach Gewinnmaximierung streben. Durch diese Modifikation löst sich Smith (1971) von einer punktbezogenen und gelangt zu einer flächenbezogenen Standortbewertung. Weiterhin wird eine explizite Unterscheidung zwischen erlösmaximalen, kostenminimalen und gewinnmaximalen Produktionsstandorten getroffen. Diese können im Einzelfall durchaus räumlich auseinanderfallen. Trotzdem konzentriert sich Smith (1971) auf die Untersuchung der Kostenseite (speziell der Transportkosten). Als Analyseinstrument dient eine räumliche Kostenfunktion *(Space Cost Curve)*; Erlöse werden als weitgehend konstant angesehen (siehe Abb. 33). Die räumliche Kostenfunktion setzt sich additiv aus standortunabhängigen Grundkosten *(Basic Costs)* sowie Lagekosten *(Locational Costs)*, die im wesentlichen den Transportkosten entsprechen, zusammen. Durch die Projektion der Kosten- und Erlösfunktion auf eine räumliche Ebene entstehen Gewinnzonen, in denen eine räumliche Wahlfreiheit *(Margins)* von Standortentscheidungen zum Ausdruck kommt (in Abb. 33 z.B. zwischen P_1 und P_2). Mit Hilfe dieses Instrumentariums untersucht Smith (1971) den Einfluß verschiedener Variablen auf die Standortwahl (vgl. Riley 1973, S. 26 ff.;

Lloyd u. Dicken 1977, S. 131 ff.; Schätzl 1981a, S. 46-54; Chapman u. Walker 1987, S. 43 ff. und Schickhoff 1988a, S. 48 ff.):

1. Durch einen *Anstieg der Produktpreise* verschiebt sich die Erlösfunktion bei unelastischer Nachfrage parallel nach oben, so daß die räumlichen Grenzen der Standortwahl enger werden.
2. Im Fall einer *Erhöhung der Transportkosten* nimmt die Kostenfunktion ceteris paribus einen steileren Verlauf ein. Wiederum verengen sich die räumlichen Grenzen der Standortwahl.
3. Als Folge einer *verbesserten Managementkoordination* kann es zu Kosteneinsparungen kommen (Verschiebung der Kostenfunktion nach unten), aus denen eine größere Wahlfreiheit von Standortentscheidungen resultiert.
4. Durch *staatliche Subventionen* verschiebt sich die Kostenfunktion partiell nach unten. Auf diese Weise können unter Umständen neue Regionen für potentielle Industrieansiedlungen zugänglich gemacht werden. In Abb. 33 rückt Region **a** im Zug einer Subventionierung in die Gewinnzone, während Region **b** trotz Subvention in der Verlustzone bleibt.

10.2.5 Behavioristische Standortwahl nach Pred

Aus der Erfahrung, daß viele empirische Studien bei dem Versuch scheitern, industrielle Standortverteilungen durch rationales Handeln zu erklären, hat sich eine Behavioristische Standortlehre entwickelt, die suboptimales Standortverhalten innerhalb gewisser Gewinnspannen nicht nur zuläßt, sondern auch erklärt (vgl. Riley 1973, S. 30 ff.; Brücher 1982, S. 58 ff.; Chapman u. Walker 1987, S. 19 ff. und Schickhoff 1988a, S. 51 ff.). In der von Pred (1967) beeinflußten Behavioristischen Schule wird im Unterschied zu Weber (1909) angenommen, Entscheidungsträger seien nicht in der Lage, sämtliche standortrelevanten Faktoren wahrzunehmen und in das Standortkalkül optimal zu einzubauen. Pred (1967) faßt dieses Konzept in Form einer sog. Behavioristischen Matrix zusammen (siehe Abb. 34). Darin wird eine Standortentscheidung auf zwei Ursachen zurückgeführt: die Menge der verfügbaren standortrelevanten Informationen sowie die Fähigkeit des Entscheidungsträgers, diese Informationen zu nutzen. Die Umsetzungsfähigkeit eines Entscheidungsträgers hängt nach Pred (1967) vom Erfahrungsstand, den zuvor erzielten Erfolgen, dem Ausbildungsstand, dem Alter, dem sozialen Umfeld und der emotionalen Stabilität ab.

Mit Hilfe der Behavioristischen Matrix stellt Pred (1967) historische Standortentscheidungen im nachhinein dem Verhalten eines gewinnmaximierenden Entscheidungsträgers gegenüber. Pred (1967) unterscheidet drei verschiedene Arten von Standorten: gewinnmaximale Standorte, Standorte innerhalb der Gewinnzone sowie Standorte außerhalb der Gewinnzone. Je näher ein aktueller Standort am Gewinnmaximum liegt, desto umfangreicher war der in der Entscheidungssituation vorliegende Informationsstand und desto größer die Fähigkeit des Entscheidungsträgers, diese Informationen in sein Standortkalkül zu integrieren. In der Behavioristischen Matrix wird ein solcher Fall im unteren rechten Viertel

Abb. 34: Behavioristische Matrix und industrielle Standortentscheidungen

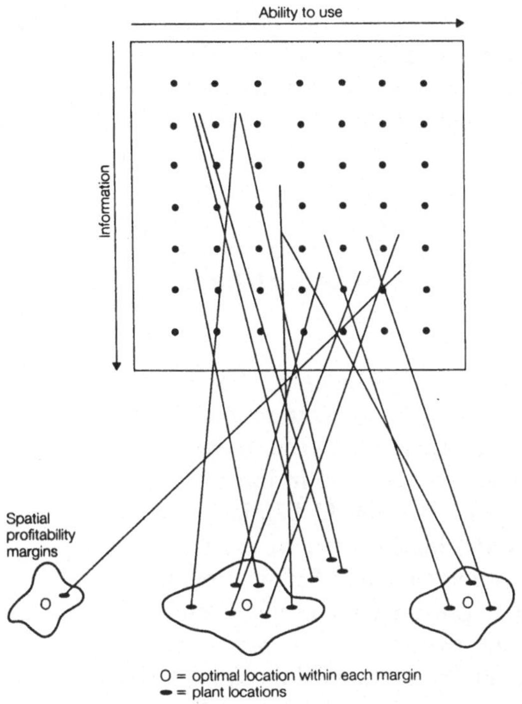

Quelle: Nach Chapman u. Walker (1987, S. 20) basierend auf Pred.

eingetragen (siehe Abb. 34). Ein nicht-optimaler Standort innerhalb der Gewinnzone resultiert daraus, daß der Entscheidungsträger die ihm verfügbaren Informationen nicht auf geeignete Weise bei seiner Entscheidung umsetzen kann (unteres linkes Viertel in der Behavioristischen Matrix). Je weiter ein realer Standort außerhalb der Gewinnzone liegt, desto geringer waren der verfügbare Informationsstand und die Umsetzungsfähigkeit des Entscheidungsträgers. In der Behavioristischen Matrix läßt sich ein solcher Fall in der oberen linken Ecke lokalisieren (siehe Abb. 34).

In einer Studie über industrielle Strukturveränderungen verwenden Kok u. Pellenbarg (1987) ein verhaltensorientiertes Modell zur Erklärung von Innovationsentscheidungen, das auch auf industrielle Standortentscheidungen anwendbar ist. Ähnlich wie Pred (1967) heben Kok u. Pellenbarg (1987, S. 152 ff.) den Informationsraum als zentralen Bestandteil des unternehmerischen Entscheidungsumfelds hervor (vgl. auch Bamberg u. Coenenberg 1981, S. 1 ff.). Sie unterscheiden zwischen einem objektiven und einem subjektiven Entscheidungsumfeld. Durch Ideen und Zielvorgaben vorgeprägt geht ein begrenzter Ausschnitt des objektiven Entscheidungsumfelds in die Entscheidung ein. Die Informationsinfrastruktur bildet das Medium der Übertragung von Informationen aus dem objektiven Entscheidungsumfeld in den Entscheidungsraum. Dabei findet eine Selektion der

Informationen in Abhängigkeit von Quantität und Qualität der Informationsinfrastruktur sowie den Informationsbedürfnissen der Entscheidungsträger statt. Je weniger Entscheidungsträger an einer Entscheidung beteiligt sind (z.B. in Kleinbetrieben), desto größer ist die Gefahr, infolge selektiver Wahrnehmung und unvollständiger Information Fehlentscheidungen herbeizuführen. Aus regionalpolitischer Sicht stellt die Informationsinfrastruktur demnach ein vorrangiges Aktionsfeld dar.

10.3 Kritikansätze an der traditionellen Standorttheorie

Die in den vorangegangenen Abschnitten behandelten standorttheoretischen Ansätze liefern, wenn auch kein vollständiges, so doch ein repräsentatives Bild der traditionellen Standortlehre. Die meisten Studien basieren entweder explizit oder implizit auf der Weberschen Standorttheorie und sind in ihrer Konzeption durch die neoklassische Wachstumstheorie geprägt. Obwohl häufig auf die Unzulänglichkeiten des Ansatzes von Weber (1909) hingewiesen wird, ist es in traditionell angelegten Studien nicht gelungen, grundlegende Modifikationen einzuführen. Trotz zahlreicher Erweiterungen und Ergänzungen sind viele Schwachstellen des Weberschen Modells nicht ausgeräumt worden. Meist wird eine weitgehende Faktormobilität und eine Entlohnung der Produktionsfaktoren nach ihrem Grenzprodukt unterstellt. Aus dem Vorliegen räumlich variierender Faktorpreise werden Faktorwanderungen abgeleitet, die eine Ausgleichstendenz in Gang setzen. Räumliche Heterogenitäten bleiben weitgehend unberücksichtigt, so daß sich das Problem der Raumüberwindung auf die anfallenden Transportkosten beschränkt (vgl. Rose 1977; Richardson 1979, S. 38 ff. und 135 ff. sowie Schätzl 1981a, S. 87-100). Vor diesem Hintergrund sollen im folgenden zusammenfassend wichtige Kritikpunkte an der traditionellen Standortlehre erläutert werden, ohne im Detail Einzelkritik an den zuvor behandelten Erklärungsansätzen zu üben (vgl. zum Überblick Brede 1971; Lauschmann 1976; Lloyd u. Dicken 1977; Richardson 1979; Schätzl 1981a; Gordon u. Kimball 1986 sowie Schickhoff 1988a, S. 47 f.):

1. *Gewinnmaximierung:* Ein zentraler Kritikpunkt bezieht sich auf die Annahme gewinnmaximierender Verhaltensweisen. Eine solche Annahme ist aus verschiedenen Gründen nicht haltbar: Zum ersten müßten Industriesektoren unter dem Kalkül der Gewinnmaximierung wesentlich stärker als tatsächlich feststellbar in wenigen Regionen hochkonzentriert sein, denn es ist unwahrscheinlich, daß zur gleichen Zeit mehrere Gewinnmaxima existieren. Zum zweiten setzt eine gewinnmaximierende Standortwahl vollständige Informationen und eine perfekte Informationsverarbeitung voraus. Beide Voraussetzungen sind jedoch in realen Entscheidungssituationen verletzt (vgl. Wolpert 1964 und Pred 1967). Zum dritten ist Gewinnmaximierung nicht die einzig mögliche unternehmerische Zielsetzung. Alternativ ist z.B. eine anspruchsniveau-orientierte Zielsetzung oder eine Maximierung der unternehmerischen Macht bzw. des Marktanteils vorstellbar. Die Ziele sind darüber hinaus von der Unternehmensgröße und der Art

bzw. Funktion der zu errichtenden Unternehmenseinheiten abhängig. Im Fall eines Mehr-Betriebs-Unternehmens muß zwischen kurzfristigen und langfristigen Zielen differenziert werden. Es ist beispielsweise möglich, daß kurzfristig ein Standort mit geringem Gewinnpotential (infolge einer räumlichen Ballung von Konkurrenten) akzeptiert wird, um langfristig eine Gewinnmaximierung zu erreichen (wenn Konkurrenten vom Markt gedrängt sind). Außerdem wirken insbesondere bei Neugründungen nicht-rationale Einflußfaktoren auf die Standortwahl (z.B. die spezifischen räumlichen Präferenzen oder das Regionalbewußtsein des Gründers). Um Zielsetzungen im Rahmen der Standortwahl adäquat zu erfassen, ist gegenüber der traditionellen Standortlehre eine Segmentierung von Industrieunternehmen erforderlich (vgl. Kapitel 12).

2. *Unternehmenskonzept:* Weiterhin besitzt die traditionelle Standortlehre ein unzureichendes Unternehmenskonzept. Unter Rückgriff auf den dominanten Unternehmenstyp des 19. Jahrhunderts steht die Standortwahl von Ein-Betriebs-Unternehmen im Mittelpunkt der meisten Untersuchungen. Mit der Entwicklung komplexer Unternehmensstrukturen und Organisationsformen haben sich die industriellen Strukturen während des 20. Jahrhunderts allerdings grundlegend verändert. Es wäre fahrlässig anzunehmen, Standortentscheidungen von multinationalen Unternehmen oder Unternehmenskonglomeraten würden unter denselben Bedingungen und Kalkülen wie im Fall von Ein-Betriebs-Unternehmen stattfinden (vgl. Mikus 1980; Thomas 1980; Bade 1983 sowie Dicken 1986). In traditionellen Ansätzen ist die Sektorzugehörigkeit der am stärksten differenzierende Einflußfaktor auf die Standortwahl (ob z.B. eine Rohstoff- oder eine Marktorientierung vorliegt); die differenzierende Kraft von Unternehmenstypen und Organisationsformen wird dagegen vernachlässigt (vgl. Kapitel 12).
3. *Kostenorientierung:* Insgesamt leidet die traditionelle Standortlehre trotz der marktorientierten Ansätze von Hotelling (1929), Palander (1935), Lösch (1944) und Greenhut (1956) unter einer einseitigen Betonung der Kostenseite und insbesondere der Transportkosten. Andere wichtige wirtschaftliche Bestimmungsfaktoren bleiben unberücksichtigt (beispielsweise räumliche variierende Faktor-, Güterpreise und Nachfragebedingungen). Obwohl die große Bedeutung von Transportkosten in der Theorie von Weber (1909) angesichts der Dominanz der Schwerindustrie zu Beginn des 20. Jahrhunderts einleuchtet, kann diese Hervorhebung eines einzelnen Standortfaktors heute nicht mehr akzeptiert werden. Rund drei Viertel aller Industriezweige haben einen Transportkostenanteil am Umsatz von weniger als 5% und gelten dementsprechend als transportkostenunempfindlich (Lauschmann 1976, S. 38 f.).
4. *Standortbegriff:* Durch die Beschränkung des Standortbegriffs auf die Raumdimensionen *Grundstück* und *Ergänzungsraum* im Sinn von Klüter (1986 und 1987) werden industrielle Standortentscheidungen implizit als eine Reaktion auf vorhandene Raumeigenschaften interpretiert. Unter dem Kalkül der traditionellen Standortlehre wird eine Industriebranche deshalb je nachdem, ob sie rohstofforientiert, energieorientiert, transportorientiert, arbeitsorientiert, marktorientiert oder ballungsorientiert ist, einen Standort auswählen, der diese Anforderungen bestmöglich erfüllt. Aktive Gestaltungsmöglichkeiten sowie raumprägende und faktorschaffende Einflüsse industrieller Aktivitäten bleiben ausgeschlossen.

In regionalen Studien werden unter dem Sammelbegriff der Standortvorteile alle Ursachen zusammengefaßt, die für den regionalen Wachstumsprozeß einer Industrie verantwortlich sind. Diese Vorgehensweise beinhaltet jedoch eine ungerechtfertigte

Gleichbehandlung verschiedenartiger Prozesse: regionsinterne Unternehmensneugründungen, Ansiedlungen von Unternehmen aus anderen Regionen sowie Expansionsaktivitäten bestehender Unternehmen (Schickhoff 1988c, S. 147 ff.). Da diese Teilprozesse von unterschiedlichen Bedingungen beeinflußt werden, ist es notwendig, eine Differenzierung zwischen Gründungs-, Standort- und Wachstumsfaktoren durchzuführen (vgl. Kapitel 12).

5. *Quantitative Sicht:* In der traditionellen Standortlehre werden Agglomerationsvorteile lediglich in einem eng begrenzten Rahmen als Lokalisationsvorteile einbezogen. Trotz der weitergehenden Differenzierung durch Hoover (1937) konzentrieren sich viele Studien ausschließlich auf die direkt kostenwirksamen Effekte industrieller Ballungen. Die Notwendigkeit zum Aufbau hochspezialisierter informeller Verflechtungsnetzwerke aus marktlichen oder technologischen Erfordernissen und die daraus resultierenden eigendynamischen Agglomerationsprozesse bleiben unberücksichtigt (vgl. Kapitel 12).
   Außerdem wird der Arbeitsmarkt ausschließlich unter den Gesichtspunkten von Lohnkosten und Knappheitssituationen in die Standortanalyse einbezogen; qualitative Aspekte und Spezialisierungseffekte werden vernachlässigt (vgl. Schickhoff 1988c und 1988d).
6. *Statischer Charakter:* Einer der Hauptkritikpunkte an traditionellen Erklärungsansätzen bezieht sich auf den weitgehend statischen Charakter dieser Modelle. Die industrielle Standortwahl wird als einmaliger Entscheidungsprozeß bei gegebenem technologischem Stand sowie konstanten wirtschaftlichen, politischen und sozialen Rahmenbedingungen angesehen. Mehrmalige Standortverlagerungen ein und desselben Unternehmens sind nicht vorgesehen, obwohl solche Prozesse in der Realität keine Seltenheit bilden. Veränderungen der Standortanforderungen innerhalb eines Industriesektors als Folge des technologischen Wandels (z.B. veränderte Zulieferbedürfnisse) sowie neuartige Verhaltensweisen durch radikale technologische Veränderungen bleiben im Kalkül der traditionellen Standorttheorie ausgeschlossen. Gerade der Schlüsseltechnologie-Bereich mit seinen hohen technologischen Innovationspotentialen und der daraus resultierenden Standortdynamik entzieht sich somit traditionellen Standortanalysen. Schließlich haben sich die institutionellen Rahmenbedingungen seit der industriellen Revolution in mehreren Wirtschaftsepochen grundlegend verändert. Es ist kaum anzunehmen, daß solche Veränderungen ohne Einfluß auf Standortentscheidungen bleiben. Die industrielle Standorttheorie muß deshalb im Unterschied zur traditionellen Standortlehre eine dynamische Basis haben (vgl. Kapitel 11 und Kapitel 12).

10.4 Standortfaktoren von Schlüsseltechnologie-Unternehmen: Traditionell-statische Analyse

Trotz der Unzulänglichkeiten der industriellen Standortlehre gab es noch in den 70er und 80er Jahren zahlreiche wissenschaftliche Untersuchungen und Darstellungen, die weitgehend an traditionelle Schemata angepaßt waren, weil ein ähnlich universell einsetzbares alternatives Paradigma nicht vorhanden war. Ein typisches Beispiel für eine traditionell angelegte Untersuchung war die Arbeit von Brede

(1971). Basierend auf einer vom Ifo-Institut für Wirtschaftsforschung durchgeführten Umfrage in der Verarbeitenden Industrie sollten Regelmäßigkeiten der Standortwahl und Hinweise auf die Wirkung bestimmter Standortfaktoren in der Bundesrepublik Deutschland für den Zeitraum von 1955 bis 1964 festgestellt werden. Bei einer Antwortquote von rund 50% wurde eine Stichprobe von 912 Unternehmen aus allen Branchen und Größenklassen gezogen (Brede 1971, S. 48-56). Jedes befragte Unternehmen wurde gebeten, aus einer Liste von 12 Standortfaktoren die drei wichtigsten Ursachen der getroffenen Standortentscheidung anzugeben.[1] Obwohl die verwendeten Standortkategorien sehr allgemein waren und die Rangfolge der Standortfaktoren nicht den Erwartungen entsprach, wurden alle traditionellen Erklärungskategorien identifiziert: In der direkten Nachkriegszeit waren industrielle Standortentscheidungen demnach in erster Priorität durch eine Arbeitsorientierung, in zweiter Priorität durch eine Bodenorientierung, in dritter Priorität durch eine Absatz-/ Marktorientierung und in vierter Priorität durch eine Kostenorientierung gekennzeichnet. Im Vergleich zur Weberschen Standorttheorie spielten Transportkosten zwar nur eine untergeordnete Rolle, aber immerhin jedes sechste Unternehmen bezeichnete diese Komponente als eine der drei wichtigsten Ursachen der gefällten Standortentscheidung. Die untersuchten Gründungen und Verlagerungen fanden in einer wirtschaftlichen Aufschwungperiode statt, in der Arbeitskräfte und Flächen bedeutende Engpaßfaktoren für den wirtschaftlichen Wachstumsprozeß darstellten. Dementsprechend groß war der Einfluß dieser Faktoren auf industrielle Standortentscheidungen (vgl. Schickhoff 1988c, S. 141 ff.).

Im Gegensatz zu der großen Zahl allgemeiner Untersuchungen über die Bedeutung von Standortfaktoren existieren nur wenige differenzierte Studien für den Schlüsseltechnologie-Bereich. Rees u. Stafford (1986, S. 41-47) versuchten beispielsweise herauszufinden, ob für Schlüsseltechnologie-Industrien dieselben Standortfaktoren Gültigkeit haben wie für andere Industriezweige der USA. Aus einer Befragung von 104 Unternehmen ergaben sich auf den vorderen Rängen nicht die erwartet deutlichen Bewertungsunterschiede zwischen beiden Industriegruppen. Unter den bedeutendsten Standortfaktoren wurden lediglich die Lebensqualität und die Materialverfügbarkeit unterschiedlich bewertet. Die am häufigsten genannten Standortfaktoren für Schlüsseltechnologie-Unternehmen waren Arbeit (Rang 1), Transportnetze (Rang 2), Lebensqualität (Rang 3) und Marktzugang (Rang 4); für andere Unternehmen lautete die Reihenfolge: Arbeit (Rang 1), Marktzugang (Rang 2), Transportnetze (Rang 3) und Materialverfügbarkeit (Rang 4). Das von Rees u. Stafford (1986) verwendete Kategorienschema war allerdings weder vollständig noch trennscharf, so daß auf dieser Grundlage

[1] Daraus resultierte folgende Reihenfolge von Standortfaktoren (vgl. Brede 1971, S. 62-116 und 142 sowie Brücher 1982, S. 65 ff.): Der Faktor Arbeit wurde von 56% aller befragten Unternehmen als eine der wichtigsten Entscheidungsdeterminanten bezeichnet (Rang 1), Expansionsmöglichkeiten von 50% (Rang 2), Bodenverfügbarkeit von 39% (Rang 3), Absatz von 25% (Rang 4), Steuern und öffentliche Vergünstigungen von 20% (Rang 5), Transportkosten von 17% (Rang 6), Fühlungsvorteile von 17% (Rang 7) und persönliche Präferenzen von 13% der Unternehmen (Rang 8).

ohnehin keine signifikanten Verhaltensunterschiede zwischen Schlüsseltechnologie-Industrien und anderen Industriezweigen zu erwarten waren.[1]

Obwohl empirische Untersuchungen angesichts der Unterschiedlichkeit der Stichprobenauswahl, der Art der Fragestellung, der Zusammensetzung der einbezogenen Industriegruppen, des Umfangs der vorgegebenen Standortkataloge sowie der verschiedenen räumlich-zeitlichen Rahmenbedingungen nur eingeschränkt miteinander vergleichbar sind, lassen sich grobe Tendenzen der Standortwahl von Schlüsseltechnologie-Unternehmen ableiten: Die Ergebnisse deuten darauf hin, daß Arbeitsmärkte, Universitätsnähe, Transportnetze, Marktnähe sowie Lebensqualitätsfaktoren großen Einfluß auf das Standortverhalten von Schlüsseltechnologie-Unternehmen ausüben. Wenn man auf diese Weise Standortfaktoren auflistet, scheinen sich die Standortanforderungen von Schlüsseltechnologie-Unternehmen allerdings nicht grundlegend von den Anforderungen anderer Industriebranchen zu unterscheiden. Auch für Standortentscheidungen in traditionellen Industriesektoren spielen Arbeitsmärkte, Marktzugang und Transportnetze eine zentrale Rolle (vgl. Brede 1971 und Lange 1986). Berücksichtigt man die detaillierten Ergebnisse über Agglomerationsprozesse in den einzelnen Untersuchungsregionen (vgl. Kapitel 4 bis Kapitel 8), so ist diese Feststellung nicht einmal überraschend. Es wurde mehrfach darauf hingewiesen, daß nicht das bloße Vorhandensein von Standortfaktoren, sondern deren komplexes Zusammenwirken, deren vorhandene Dynamik und deren spezifische Qualitätsstrukturen für die komparativen Standortvorteile einer Regionen verantwortlich waren (vgl. Kapitel 12). Ohne verallgemeinern zu wollen, soll im folgenden trotzdem überprüft werden, welche isolierte Bedeutung die in der traditionellen Standorttheorie hervorgehobenen Standortfaktoren für den Schlüsseltechnologie-Bereich haben (vgl. zusammenfassend Bathelt 1989).

10.4.1 Transportkosten

In der traditionellen Standortlehre gelten Transportkosten als zentrale Determinanten der industriellen Standortwahl. In Abhängigkeit von der Zusammensetzung der verarbeiteten Rohstoffe ergibt sich eine verschiedenartige Transportkostenstruktur und eine unterschiedliche Standortorientierung. Im Vergleich zu den Produkten traditioneller Industriebranchen sind Schlüsseltechnologie-Produkte durch ein geringes Gewicht bei gleichzeitig hohem Wert pro Volumeneinheit gekennzeichnet. Transportkosten haben deshalb nur einen geringen Anteil an den gesamten Produktionskosten und am Umsatz. Selbst eine ineffiziente Organisation der Produkt- und Materialtransporte wirkt sich kaum nachteilig auf die Kosten-

[1] Demgegenüber war der Standortkatalog in der von Grotz (1989, S. 270 ff.) koordinierten Untersuchung über technologieorientierte Unternehmensgründungen in Baden-Würtemberg trennschärfer, im Spektrum der erfaßten Standortfaktoren aber eingeschränkt. Die von technologieorientierten Unternehmensgründungen am höchsten bewerteten Standortfaktoren waren: qualifizierte Arbeitskräfte (Rang 1), Hochschulnähe (Rang 2), gute Verkehrslage (Rang 3), Flächenangebot (Rang 4), Industrienähe (Rang 5) sowie Wohnumfeld (Rang 6).

struktur eines Schlüsseltechnologie-Unternehmens aus. Dementsprechend spielten Transportkosten lediglich für 3% der befragten Unternehmen in Greater Boston und Ottawa-Carleton sowie für rund 13% in CTT, der Atlanta MSA und dem Research Triangle eine wichtige Rolle als Standortfaktor (siehe Tab. 53). In der Reihenfolge der 23 erfaßten Standortfaktoren rangierten Transportkosten ausschließlich auf Rängen zwischen 15 (in der Region Waterloo) und 21 (im Research Triangle).

Trotzdem waren Transportgesichtspunkte für den Schlüsseltechnologie-Sektor von Bedeutung - allerdings nicht kostenbezogen sondern im Hinblick auf eine gute Erreichbarkeit und eine hohe Transportgeschwindigkeit. Der Zugang zu Transportnetzen hatte in allen Untersuchungsregionen einen signifikant größeren Einfluß auf Standortentscheidungen als die Transportkosten (siehe Tab. 53). Rund 15% der Schlüsseltechnologie-Unternehmen in Greater Boston und Ottawa-Carleton sowie mehr als ein Drittel der Unternehmen in CTT, der Atlanta MSA und dem Research Triangle bezeichneten den Zugang zu Transportnetzen als einen der wichtigsten Gründe ihrer Standortentscheidung. Aufgrund schnell wechselnder Produkt- und Prozeßtechnologien sowie der Notwendigkeit intensiver Kontakte zu Kunden und Zulieferern, die überdies eine disperse Standortverteilung hatten, war die Anbindung an hochwertige interregionale Transportnetze für Schlüsseltechnologie-Unternehmen ein entscheidender Faktor, um langfristig konkurrenzfähig zu bleiben. Qualitativ hochwertige Transportnetze dienten als Substitute für fehlende räumliche Kunden- und Zulieferernähe und schufen die Voraussetzungen zum Aufbau flexibler Verflechtungsstrukturen. Abgesehen von Ottawa verfügten alle Untersuchungsregionen über eine ausgezeichnete Anbindung an das nordamerikanische Autobahnnetz und über einen leistungsfähigen internationalen Flughafen (vgl. Kapitel 4 bis Kapitel 8).

In Studien über die Standortwahl von Schlüsseltechnologie-Unternehmen wurde die Bedeutung internationaler Flughäfen bisher oft vernachlässigt. Weniger unter dem Aspekt von Materialtransporten als aufgrund der Notwendigkeit häufiger persönlicher Geschäftskontakte scheint der Zugang zu internationalen Flughäfen mit einer Vielzahl direkter Anflugziele eine grundlegende Voraussetzung zur Durchführung innovativer Unternehmensstrategien zu sein. In allen Untersuchungsregionen wurde der nächstgelegene internationale Flughafen intensiv durch lokale Schlüsseltechnologie-Unternehmen genutzt (siehe Tab. 54). Zugleich konnten durch die Unternehmensbefragung regionale Unterschiede in der Frequentierung der Flughäfen festgestellt werden: Im Research Triangle entfielen pro Jahr 1.900, in der Region Atlanta dagegen lediglich 750 Geschäftsflüge auf 1.000 Schlüsseltechnologie-Beschäftigte. Der Unterschied hing eng mit der Struktur des lokalen Schlüsseltechnologie-Sektors zusammen.[1] Im Schlüsseltechnologie-Bereich

[1] Im Research Triangle dominierten FuE-Zweigwerke mit regionsexternen Unternehmenszentralen und einem hohen interregionalen Kommunikationsbedarf. Außerdem stellte der Raleigh-Durham International Airport durch seine Lage in direkter Nachbarschaft zum RTP eine wesentliche Voraussetzung für den Ballungsprozeß von Schlüsseltechnologie-Industrien in der Region dar (vgl. Kapitel 8). Demgegenüber konzentrierten sich in der Atlanta MSA Schlüsseltechnologie-Segmente mit geringer Innovationsintensität und geringem interregionalen Kontaktbedarf (vgl. Kapitel 7).

Tab. 53: Bedeutung von Transportgesichtspunkten für Standortentscheidungen von Schlüsseltechnologie-Unternehmen

Ursachen der Standortentscheidung	Unternehmensanteil je Untersuchungsregion Boston	Ottawa	CTT	Atlanta	RT
Transportkosten	3%	3%	13%	12%	14%
Zugang zu Transportnetzen	18%	15%	34%	44%	35%

Quelle: Eigene Erhebungen.

Tab. 54: Bedeutung des nächstgelegenen internationalen Flughafens für den Geschäftsreiseverkehr von Schlüsseltechnologie-Unternehmen

Nutzungsindikator	Geschätzte Zahl jährlicher Geschäftsflüge Boston	Ottawa	CTT	Atlanta	RT
Flüge pro 1.000 Beschäftigte	1.000	1.500	1.100	750	1.900
Flüge pro 1.000 potentielle Geschäftsreisende [1)]	2.100	3.000	4.200	3.200	3.900
Geschäftsreisebedarf des lokalen Schlüsseltechnologie-Sektors	215.000	25.000	13.000	34.000	80.000

[1)] Potentielle Geschäftsreisende seien alle wissenschaftlich-technischen Arbeitskräfte sowie das gesamte Management-/ Marketingpersonal.

Quelle: Schätzwerte basierend auf eigenen Erhebungen.

unternahm jeder potentielle Geschäftsreisende in Ottawa-Carleton, der Region Waterloo, der Atlanta MSA und dem Research Triangle 3 bis 4 Geschäftsflüge pro Jahr.[1] Ungeachtet der regionalen Unterschiede zeugten die hohen Flugintensitäten von der grundlegenden Bedeutung des Verkehrsträgers Flugzeug für den Schlüsseltechnologie-Sektor. Allein aus dem Geschäftsreisebedarf von Schlüsseltechnologie-Unternehmen resultierten 1988 in Ottawa-Carleton, CTT und Atlanta zwischen 15.000 und 35.000, im Research Triangle 80.000 und in der Route 128-Region sogar mehr als 200.000 Flugbuchungen (siehe Tab. 54). Es ist zu beachten,

[1] In Greater Boston lag die geschätzte Zahl der jährlichen Geschäftsflüge eines potentiellen Geschäftsreisenden mit 2,1 unter den Vergleichswerten der anderen Regionen (siehe Tab. 54). Dieses Bild würde sich allerdings ändern, wenn man neben den Abflügen auch die Ankünfte im Geschäftsreiseverkehr einbezieht. Da die Region Boston eine der Hauptagglomerationen von Schlüsseltechnologie-Industrien darstellt, werden lokale Unternehmen stärker von außerhalb kontaktiert als umgekehrt (vgl. Kapitel 4).

daß in diesen Zahlen lediglich Geschäftsflüge in andere Regionen, aber weder Materialtransporte noch Geschäftsflüge aus anderen Regionen enthalten sind - die wirkliche Bedeutung von Flughäfen also noch unterschätzt wird.

10.4.2 Agglomerationsvorteile

In der traditionellen Standortlehre stehen Agglomerationsvorteile im Schatten der Transportkosten. Sie werden lediglich als Standortfaktoren von untergeordneter Bedeutung angesehen und meist als direkte Kostenvorteile aus einer räumlichen Ballung von Konkurrenten, Zulieferern oder Kunden definiert. Vergleicht man die Ergebnisse von empirischen Standortuntersuchungen (siehe Brede 1971; Grotz 1980; Gaebe 1981; Wheeler 1981; Schickhoff 1983 und Lange 1986), so werden Agglomerationsvorteile in den traditionellen Erklärungsansätzen offensichtlich unterbewertet. Anhand der Fragestellungen in der durchgeführten Unternehmensbefragung wurde deshalb eine Unterscheidung verschiedener Dimensionen der räumlichen Nähe durchgeführt, die über das Verständnis der traditionellen Standortlehre hinausgeht.

Lediglich 5% bis 10% der befragten Schlüsseltechnologie-Unternehmen in Boston und CTT trafen ihre Standortentscheidung unter Berücksichtigung der lokalen Nachfrage (siehe Tab. 55). In Ottawa-Carleton, der Atlanta MSA und dem Research Triangle lag der entsprechende Unternehmensanteil mit etwa 20% zwar deutlich höher, allerdings war die hohe Bewertung der lokalen Nachfrage in diesen Regionen überwiegend auf individuelle Besonderheiten zurückzuführen.[1] Insgesamt spielten Kostenvorteile aus der direkten Nachbarschaft zu Marktballungen eine geringe Rolle für die Standortwahl. In keiner Untersuchungsregion gehörte die lokale Nachfrage zu den 8 bedeutendsten Standortfaktoren. Demgegenüber besaßen die Nähe zu anderen Fabriken und die Nähe zu Kunden einen signifikant größeren Einfluß auf Standortentscheidungen (siehe Tab. 55). Außer in der Atlanta MSA bezeichneten 20% bis 25% der Schlüsseltechnologie-Unternehmen die Nähe zu anderen Fabriken und sogar 30% bis 55% der Unternehmen die Nähe zu Kunden als wesentlichen Entscheidungsfaktor der Standortwahl. In der Route 128-Region, Ottawa-Carleton und CTT rangierte die Nähe zu anderen Fabriken in der Reihenfolge der Standortfaktoren immerhin auf Plätzen zwischen 6 und 11; die Nähe zu Kunden gehörte außer im Research Triangle (wo andere Einflußfaktoren noch bedeutsamer waren) überall zu den 5 wichtigsten Standortfaktoren. Zulieferernähe wurde m Vergleich zu Kundennähe deutlich niedriger

[1] In Ottawa-Carleton war die kanadische Regierung durch ihre Strategie der räumlichen Konzentration von Rüstungsaufträgen ein entscheidender Auslöser für das Wachstum von Schlüsseltechnologie-Sektoren. Ohne staatliche Absatzverflechtungen hätte sich die Region nicht zu einem Standort von Schlüsseltechnologie-Industrien entwickeln können (vgl. Kapitel 5). Atlanta gewann nach dem Zweiten Weltkrieg vor allem durch seine zentrale Lage zu den Märkten im Südosten der USA an Attraktivität. Ein wichtiger Aspekt der Ansiedlungsentscheidungen vieler Schlüsseltechnologie-Unternehmen bestand deshalb in der Erschließung neuer Marktgebiete (vgl. Kapitel 7).

Tab. 55: Einflüsse von Agglomerationsvorteilen und räumlicher Nähe auf Standortentscheidungen von Schlüsseltechnologie-Unternehmen

Ursachen der Standortentscheidung	Unternehmensanteil je Untersuchungsregion				
	Boston	Ottawa	CTT	Atlanta	RT
Lokal-regionale Nachfrage	10%	21%	6%	16%	21%
Nähe zu anderen Fabriken	25%	27%	22%	4%	21%
Nähe von Zulieferern	13%	18%	25%	8%	17%
Kundennähe	30%	55%	38%	44%	41%
Universitätsnähe	35%	9%	47%	32%	72%
Nähe zu FuE-Einrichtungen	13%	21%	13%	16%	59%

Quelle: Eigene Erhebungen.

Tab. 56: Regionale Materialverflechtungen von Schlüsseltechnologie-Unternehmen

Entfernungsring	Boston	Ottawa	CTT	Atlanta	RT
A. Wertmäßiger Anteil regionaler Zulieferungen am Gesamtinputbedarf					
(nach der Entfernung der Bezugsquellen)					
20-Meilen-Radius	12,6%	18,0%	14,3%	6,7%	18,7%
50-Meilen-Radius	21,9%	23,5%	40,4%	11,0%	27,5%
B. Wertmäßiger Anteil regionaler Verkäufe am Gesamtabsatz					
(nach der Entfernung der Lieferziele)					
20-Meilen-Radius	1,9%	7,3%	6,3%	2,1%	5,4%
50-Meilen-Radius	3,7%	10,5%	17,6%	3,8%	11,3%

Quelle: Eigene Erhebungen.

eingestuft und rangierte außer in der Region Waterloo nicht unter 10 wichtigsten Standortfaktoren.[1]

Die Tatsache, daß die lokale Nachfrage in allen Untersuchungsregionen einen signifikant geringeren Einfluß auf Standortentscheidungen ausübte als die Nähe zu Kunden, stellt unter dem Kalkül der traditionellen Standortlehre einen scheinbaren Widerspruch dar und zeigt, daß die Ausrichtung der traditionellen Erklä-

[1] Lediglich in der Region Waterloo bezeichneten mehr als 20% der Schlüsseltechnologie-Unternehmen die Nähe zu Zulieferern als wichtige Ursache ihrer Standortentscheidung (siehe Tab. 55). Die hohe Bewertung hing damit zusammen, daß sich der Schlüsseltechnologie-Sektor in CTT aus einer diversifizierten Industriestruktur entwickelte und deshalb von Anfang an Zulieferbeziehungen zu den etablierten Industriebranchen gesucht wurden (vgl. Kapitel 8).

rungsansätze den realen Entscheidungsprozessen nicht gerecht wird. Anscheinend existierte in keiner der Untersuchungsregionen eine bedeutsame Nachfrage nach Schlüsseltechnologie-Produkten, und offensichtlich spielten die Kostenvorteile einer Nachfrageballung nur eine geringe Rolle für die Standortwahl von Schlüsseltechnologie-Unternehmen. Trotzdem gehörte die Kundennähe zu den wichtigsten Entscheidungskomponenten. Um diesen scheinbaren Widerspruch aufzuklären, ist es notwendig, die großräumige Verteilung der Nachfrage zu analysieren: Da Schlüsseltechnologie-Produkte einen stark spezialisierten Charakter haben, gibt es keine herausragenden kleinräumigen Ballungen von Kunden und demzufolge keine kleinräumigen Hauptabsatzmärkte. Dennoch ist eine enge Verflechtung mit Kunden (damit auch die räumliche Nähe zu Kunden) von zentraler Bedeutung für die Wettbewerbs- und Innovationsfähigkeit, weil Produktlebensdauern in vielen Schlüsseltechnologie-Bereichen relativ kurz sind und sich die Bedürfnisse auf den Absatzmärkten schnell verändern können. Dies gilt umso mehr, wenn Unternehmensstrategien (wie in vielen Schlüsseltechnologie-Branchen seit Beginn der 70er Jahre zu beobachten) immer stärker auf flexible Fertigungssysteme und kundenorientierte Einzelfertigung ausgerichtet sind. Da praktisch keine Region über eine nennenswerte Ballung von Nachfragern verfügt, ist bereits die Nähe zu wenigen Stammkunden oder eine großräumig marktstrategische Lagegunst [1] von zentraler Bedeutung für die Standortwahl, selbst wenn die Nachfrage innerhalb der Standortregion lediglich einen Bruchteil der Gesamtunternehmensnachfrage umfaßt.

Basierend auf den Ergebnissen der Unternehmensbefragung konzentrierte sich nur ein geringer Anteil der Materialverflechtungen von Schlüsseltechnologie-Unternehmen auf einen 20-Meilen- oder 50-Meilen-Radius um die Unternehmensstandorte (siehe Tab. 56). Die in Tab. 56 dargestellten Anteile regionaler Zulieferungen und regionaler Verkäufe wurden anhand der unternehmensspezifischen Angaben aus der Unternehmensbefragung geschätzt.[2] Um bei der Ermittlung regionaler Durchschnittswerte Schätzfehler zu begrenzen, wurde angenommen, der Umsatz eines Schlüsseltechnologie-Unternehmens sei direkt proportional zu dessen Beschäftigtenzahl. Dementsprechend wurden die unternehmensspezifischen Verflechtungsdaten mit den zugehörigen Beschäftigtenzahlen gewichtet und analog gemittelt (Umsatzzahlen waren nicht verfügbar). Vernachlässigt man vorübergehend die geschätzten Werte für die Region Waterloo, so ergibt sich ein relativ einheitliches Bild regionaler Materialverflechtungen: Lediglich 10% bis

[1] Dabei spielt wiederum die Qualität der interregionalen Transportnetze und insbesondere das Vorhandensein eines leistungsfähigen Flughafens eine wichtige Rolle, um im Bedarfsfall schnell mit Kunden, Zulieferern und Konkurrenten in Kontakt treten zu können (vgl. dazu den vorhergehenden Abschnitt). Die Region Waterloo verfügt diesbezüglich über eine marktstrategisch vorteilhafte Lage im Hinblick auf die Märkte im Nordosten der USA, die Region Ottawa-Carleton im Hinblick auf die Märkte in Ontario/ Quebec und die Region Atlanta im Hinblick auf die Märkte im Südosten der USA (vgl. Kapitel 5 bis Kapitel 7).

[2] Anhand der unternehmensspezifischen Angaben über Bezugsstandorte ließ sich nicht feststellen, ob diese mit den Produktionsstandorten der Vor- und Zwischenprodukte identisch waren. Analog boten die Angaben über Käuferstandorte keine Garantie, daß dort auch tatsächlich ein Verbrauch oder eine Weiterverarbeitung stattfand.

25% aller Schlüsseltechnologie-Inputs wurden innerhalb eines 50-Meilen-Umkreises gekauft und sogar nur 4% bis 10% aller Schlüsseltechnologie-Produkte innerhalb desselben Umlandbereichs verkauft. Innerhalb eines 20-Meilen-Radius lag der Anteil der Zulieferungen und der Verkäufe noch einmal deutlich unter den Werten für den 50-Meilen-Radius (siehe Tab. 56). Dabei waren folgende Besonderheiten zu erkennen:

1. Insgesamt waren die regionalen Materialverflechtungen auf der Inputseite größer als auf der Outputseite, obwohl die Standortwahl von Schlüsseltechnologie-Unternehmen erheblich stärker durch eine Kunden- als durch eine Zuliefererorientierung gekennzeichnet war. Für diesen nur scheinbaren Widerspruch gibt es zwei Erklärungen: Einerseits schien in einer potentiellen Standortregion ein genügend großes Zuliefererpotential für den Schlüsseltechnologie-Bereich zu existieren, so daß Standortentscheidungen diesbezüglich relativ unabhängig waren (vgl. Kapitel 12). Andererseits waren die Käufer von Schlüsseltechnologie-Produkten offensichtlich so dispers im Raum verteilt, daß die regionalen Verkaufsverflechtungen selbst dann geringer ausgeprägt waren als die regionalen Zulieferverflechtungen, wenn Standortentscheidungen speziell auf Kundenstandorte ausgerichtet wurden (vgl. auch Oakey 1985 sowie Torretto 1990).
2. Ungeachtet der Unterschiede der regionalen Städtesysteme konzentrierte sich der überwiegende Teil sowohl der regionalen Liefer- als auch der regionalen Verkaufsverflechtungen auf den engeren 20-Meilen-Umkreis um die Unternehmensstandorte - im Prinzip also auf die in Kapitel 4 bis Kapitel 8 abgegrenzten Schlüsseltechnologie-Regionen.

   Lediglich in CTT wurde der überwiegende Teil der regionalen Zulieferungen und Verkäufe außerhalb des 20-Meilen-Radius getätigt. Auf die Interaktionen innerhalb dieses weiteren Entfernungsrings ließ sich zurückzuführen, daß Schlüsseltechnologie-Unternehmen aus Waterloo intensiver als in den übrigen Untersuchungsregionen regional verflochten waren: Rund 40% der Input-Verflechtungen und 18% der Output-Verflechtungen wurden innerhalb eines 50-Meilen-Radius um die Unternehmensstandorte getätigt (siehe Tab. 56). CTT liegt inmitten eines Netzwerks von wichtigen Industrie- und Handelszentren wie Hamilton und Toronto, die explizit in den 50-Meilen-Entfernungsring miteinbezogen wurden. Innerhalb dieses Städtesystems konnten sich intensive Verflechtungsbeziehungen (speziell zu Toronto) entwickeln, von denen der Schlüsseltechnologie-Sektor der Region Waterloo in starkem Maß profitierte (vgl. Bathelt u. Hecht 1990, S. 231 f.).
3. A priori war erwartet worden, daß der Anteil regionaler Materialverflechtungen in Greater Boston am größten sein würde, weil diese Region eine Hauptagglomeration von Schlüsseltechnologie-Aktivitäten bildete. Es überraschte daher, daß der Anteil regionaler Zulieferungen und Verkäufe in Greater Boston nicht größer war als in CTT und dem Research Triangle. Mögliche Ursachen für die geringen regionalen Materialverflechtungen waren die beherrschende Stellung multinationaler Großunternehmen sowie die ausgeprägten militärischen Abhängigkeiten in Greater Boston. Beide Komponenten implizierten eine außerordentlich starke überregionale Orientierung von Materialverflechtungen (vgl. Bathelt 1991a, S. 37 ff.). Allerdings kann diese Begründung angesichts der empirischen Belege in Tab. 56 nicht voll zufriedenstellen (vgl. auch Kapitel 9). Ein neuartiger Erklärungsversuch für die geringen regionalen Verflech-

tungsintensitäten in der Route 128-Region im Vergleich zur Region Waterloo wird deshalb aus prozeßorientierter Sicht in Kapitel 12 vorgenommen.

Zusammenfassend scheinen die direkten Kostenersparnisse aus einer Agglomeration von Kunden und Zulieferern wesentlich geringer zu sein als in der traditionellen Standortlehre angenommen. Statt dessen haben die Vorteile räumlicher Nähe vor allem unter dem Aspekt technologie- und marktbedingter Verflechtungsbeziehungen großen Einfluß auf Standortentscheidungen von Schlüsseltechnologie-Unternehmen. Neben Kunden, Zulieferern und Konkurrenten spielen in diesem Zusammenhang auch Universitäten und andere FuE-Einrichtungen, die im Kalkül der traditionellen Standorttheorie keine Berücksichtigung finden, eine wichtige Rolle. Rund ein Drittel der Schlüsseltechnologie-Unternehmen aus Boston und Atlanta, die Hälfte der Unternehmen aus der Region Waterloo und sogar mehr als 70% der Unternehmen aus dem Research Triangle trafen ihre Standortentscheidungen unter Einbeziehung der Zugangsmöglichkeiten zu Universitäten (siehe Tab. 55).[1] Lokale Universitäten zählten mit Ausnahme von Ottawa-Carleton in allen Untersuchungsregionen zu den 4 bedeutendsten Standortfaktoren von Schlüsseltechnologie-Unternehmen. Zusätzlich beeinflußten auch nicht-universitäre FuE-Einrichtungen die Standortwahl: In rund 15% der Standortentscheidungen von Schlüsseltechnologie-Unternehmen aus Boston, Ottawa, CTT und Atlanta sowie in 60% der Standortentscheidungen im Research Triangle gehörten nicht-universitäre FuE-Einrichtungen zu den Hauptstandortfaktoren.[2] Universitäten und andere FuE-Einrichtungen hatten insgesamt eine signifikant größere Bedeutung für die Standortwahl als die lokale Nachfrage oder die Nähe zu Konkurrenten und Zulieferern. Lokale Universitäten mit ingenieurwissenschaftlichen und anderen technischen Ausbildungs- und Forschungsschwerpunkten wurden von Schlüsseltechnologie-Unternehmen in vielfacher Weise genutzt:

- Durch die räumlich Nähe zu Universitäten erhielten Schlüsseltechnologie-Unternehmen einen direkten Zugang zu hochqualifizierten Hochschulabgängern.
- Durch Kontakte zu Hochschullehrern, Graduierten und Co-op-Studenten war ein ständiger Transfer neuester wissenschaftlicher Forschungsergebnisse gewährleistet.
- Durch die räumliche Nähe war eine flexible Nutzung universitärer Einrichtungen möglich (z.B. Fachbibliotheken, Rechenzentren und FuE-Labors).

---

[1] Im Research Triangle und der Region Waterloo wurde die Nähe zu Universitäten signifikant höher eingeordnet als in den anderen Untersuchungsregionen. Die Ursache für diese hohe Bewertung lag darin begründet, daß Universitäten in beiden Regionen zentrale Auslöser für das Wachstum von Schlüsseltechnologie-Aktivitäten waren (vgl. Kapitel 6 und Kapitel 8). In Ottawa-Carleton hatten lokale Universitäten dagegen infolge ihrer nichttechnischen Ausrichtung zu keinem Zeitpunkt Einfluß auf die Entwicklung des Schlüsseltechnologie-Sektors (vgl. Kapitel 5).

[2] Im Research Triangle rangierten nicht-universitäre FuE-Einrichtungen infolge der großen Ballung von FuE-Zweigwerken und den daraus resultierenden Fühlungsvorteilen auf Rang 6 unter aller Standortfaktoren (vgl. Kapitel 8). In den anderen Regionen variierte die Stellung von FuE-Einrichtungen zwischen Rang 9 und Rang 15.

- Universitäten konnten zur Schulung und Weiterbildung eigener Mitarbeiter genutzt werden.
- Fachleute der lokalen Universitäten konnten zur Lösung technischer und betriebswirtschaftlicher Probleme herangezogen werden.
- Hochschullehrer konnten durch Zeitverträge zu Consulting-Zwecken im Schlüsseltechnologie-Bereich tätig werden. Umgekehrt hatten Fachkräfte aus Schlüsseltechnologie-Branchen gelegentlich die Chance, eigene Lehrveranstaltungen an den Universitäten anzubieten.
- Schließlich war durch die räumliche Nähe eine Möglichkeit gegeben, in enger Kooperation und ständigem Kontakt FuE-Projekte in Auftrag zu geben oder gemeinsam mit den Universitäten durchzuführen.

Trotz der Kontaktvielfalt lag die Hauptaufgabe lokaler Hochschulen aus der Sicht von Schlüsseltechnologie-Unternehmen im Ausbildungs- und nicht im Forschungsbereich. Qualifizierte FuE-Programme konnten zwar die Reputation der Universitäten und die Höhe der Finanzbudgets steigern, waren für den Schlüsseltechnologie-Bereich aber von zweitrangiger Bedeutung. In den durchgeführten Unternehmensbefragungen wurden Universitäten in erster Linie als Bezugsquelle für hochqualifizierte Arbeitskräfte angesehen. Darüber hinaus waren Universitäten in allen Untersuchungsregionen (mit Ausnahme von Ottawa-Carleton) eine bedeutende Quelle für Schlüsseltechnologie-Gründungen durch Spin-off-Prozesse und leisteten einen wichtigen Beitrag zur Spezialisierung der lokalen Arbeitsmärkte. Die ursprüngliche Funktion als Träger des technologischen Fortschritts und Impulsgeber für Basisinnovationen schien seit dem Zweiten Weltkrieg in den hier untersuchten Schlüsseltechnologie-Branchen verloren gegangen zu sein. Zusätzlich war nicht jede Universität automatisch ein wichtiger Standortfaktor für Schlüsseltechnologie-Unternehmen. Das Negativbeispiel der Region Ottawa (vgl. Kapitel 5) belegt, daß in der Regel nur technisch ausgerichtete Universitäten mit einer ausgezeichneten Reputation für FuE-Aktivitäten auf hohem technologischem Niveau einen signifikanten Einfluß auf regionale Entwicklungsprozesse von Schlüsseltechnologie-Industrien ausübten (vgl. auch Fusfeld 1986, S. 15-36).

10.4.3 Arbeitsmarkt

In der Weberschen Standorttheorie wird der Arbeitsmarkt ausschließlich unter Kostengesichtspunkten als sekundäre Einflußgröße behandelt (vgl. auch Behrens 1971, S. 59 und Brücher 1982, S. 49 f.). Eine Arbeitsorientierung industrieller Unternehmen findet nur dann statt, wenn Lohnkosteneinsparungen nicht durch zusätzliche Transportkosten überkompensiert werden. In Greater Boston und Ottawa-Carleton hatte das Lohnniveau praktisch keinen Einfluß auf die Standortwahl und war nicht unter den 15 bedeutendsten Standortfaktoren vertreten. In den übrigen Untersuchungsregionen bezeichneten jedoch etwa 30% der Schlüsseltechnologie-Unternehmen das lokale Lohnniveau als wichtige Ursache ihrer Standortentscheidung. In den 70er und 80er Jahren fanden speziell im Bereich der Computer- und Halbleiterindustrie zahlreiche Standortverlagerungen aus Schlüs-

Tab. 57: Bedeutung von Arbeitsmarktaspekten für Standortentscheidungen von Schlüsseltechnologie-Unternehmen

Ursachen der Standortentscheidung	Unternehmensanteil je Untersuchungsregion				
	Boston	Ottawa	CTT	Atlanta	RT
Lohnniveau	5%	6%	28%	28%	28%
Verfügbarkeit ungelernter Arbeitskräfte	20%	-	9%	8%	28%
Verfügbarkeit qualifizierter Arbeitskräfte	50%	46%	63%	20%	62%

Quelle: Eigene Erhebungen.

seltechnologie-Agglomerationen in Niedriglohnregionen statt (vgl. Rügemer 1985; Rogers u. Larsen 1986; Nuhn 1989 und Scott u. Angel 1988). Anscheinend waren diese Verlagerungsprozesse mit einer generellen Dynamik verbunden, die im Rahmen traditionell-statischer Standorttheorien nicht erfaßt werden konnte: Industriebranchen, die sich anfangs in Industrieagglomerationen ansiedelten, verließen diese zu einem späteren Zeitpunkt und wanderten in wenig industrialisierte Regionen mit niedrigen Löhnen, obwohl sich weder räumliche Lohnkosten- noch Transportkostenstrukturen entscheidend verändert hatten (vgl. Kapitel 11).

Im Gegensatz zu den Lohnkosten spielten die qualitativen Arbeitsmarktaspekte (der Faktor Humankapital) eine zentrale Rolle für die Standortwahl von Schlüsseltechnologie-Unternehmen (vgl. Lange 1986; Rees u. Stafford 1986; Grotz 1989 sowie Malecki 1985a, S. 346). Abgesehen von der Atlanta MSA bezeichneten rund 50% bis 60% der Unternehmen in jeder Region die Verfügbarkeit qualifizierter Arbeitskräfte als eine zentrale Ursache ihrer Standortentscheidung (siehe Tab. 57). Damit rangierte dieser Standortfaktor in der Regel auf Rängen zwischen 1 und 4.[1] Schlüsseltechnologie-Unternehmen beschäftigten einen überdurchschnittlich hohen Anteil von Arbeitskräften mit ingenieur- und naturwissenschaftlichen Universitätsabschlüssen (vgl. Kapitel 2 und Kapitel 9). Diese Qualifikationsniveaus waren von zentraler Bedeutung, um in Produktbereichen auf hohem technologischem Niveau konkurrieren und kontinuierlich innovieren zu können. Die Überlebensfähigkeit eines Schlüsseltechnologie-Unternehmens war direkt von der Qualifikationsstruktur der Beschäftigten abhängig.

Daneben waren aber auch Arbeitskräfte mit geringem Qualifikationsniveau für die Operationsfähigkeit eines Unternehmens bedeutend. Dieser Aspekt gewann

[1] In der Atlanta MSA hatte die Verfügbarkeit qualifizierter Arbeitskräfte überraschenderweise nur auf 20% der Standortentscheidungen Einfluß (Rang 9). Vermutlich erwies es sich für lokale Schlüsseltechnologie-Unternehmen als unkompliziert, qualifizierte Arbeitskräfte regionsextern zu rekrutieren oder im Fall einer Unternehmensverlagerung direkt vom alten Standort nach Atlanta mitzutransferieren (vgl. Kapitel 7).

vor allem dann an Bedeutung, wenn Massenproduktionstendenzen einsetzten und im Rahmen einer räumlich-funktionalen Arbeitsteilung große Produktions- und Montagezweigwerke entstanden. Die Verfügbarkeit ungelernter Arbeitskräfte hatte allerdings einen geringeren Einfluß auf Standortentscheidungen als die Verfügbarkeit qualifizierter Arbeitskräfte, weil in den meisten Regionen ohnehin ein relativ großes Potential ungelernter Arbeitskräfte vorhanden war - Knappheitssituationen also selten auftraten. Im Rahmen der Standortwahl spielte die Verfügbarkeit ungelernter Arbeitskräfte lediglich in der Route 128-Region (Rang 7) und im Research Triangle (Rang 15) für mehr als 10% der befragten Schlüsseltechnologie-Unternehmen eine wichtige Rolle (siehe Tab. 57).[1]

In der getroffenen Unterscheidung zwischen qualifizierten und ungelernten Arbeitskräften blieb die eigentliche Wirkungsweise des Faktors Humankapital sogar noch verdeckt.[2] Schlüsseltechnologie-Industrien zeigten keinen allgemeinen Bedarf an qualifizierten Arbeitskräften, sondern stellten äußerst spezialisierte Anforderungen, die z.B. von der Sektorzugehörigkeit, der Unternehmensstrategie und der Art der Arbeitsteilung abhingen. Ein Ingenieur aus der Computerindustrie konnte also nicht ohne weiteres durch einen gleich gut qualifizierten Ingenieur aus der Flugzeugindustrie ersetzt werden. In allen Untersuchungsregionen führte der Agglomerationsprozeß von Schlüsseltechnologie-Industrien zu ausgeprägten sektoralen Spezialisierungstendenzen (vgl. Kapitel 4 bis Kapitel 9 sowie Bathelt 1991a, S. 36). Dementsprechend wurden in den einzelnen Regionen unterschiedliche Ansprüche an die Qualifikationsstruktur von Arbeitskräften gestellt. Die Evolution spezialisierter räumlicher Arbeitsmärkte war eng mit der Ausrichtung lokaler Universitäten und anderer FuE-Einrichtungen, der regionalen Industriestruktur sowie den Ausbreitungseffekten etablierter Schlüsseltechnologie-Branchen verbunden. Ein qualifizierter und spezialisierter Schlüsseltechnologie-

---

[1] In der Route 128-Region war der hohe Bedarf an ungelernten Arbeitskräften ein Indikator für technologische Alterungstendenzen (vgl. Kapitel 4). Obwohl sich im RTP vor allem spezialisierte FuE-Einrichtungen ansiedelten, existierte auch dort ein Bedarf an ungelernten Arbeitskräften, der bereits im Kalkül der Ansiedlungsentscheidungen berücksichtigt worden war (vgl. Kapitel 8).

[2] In einfachster Form kann man zwischen einem Bedarf an qualifizierten und einem Bedarf an ungelernten Arbeitskräften unterscheiden. Zahlreiche Untersuchungen deuten an, daß Arbeitsplätze für mittlere Qualifikationsniveaus (*"blue-collar jobs"*) sukzessive abgebaut werden (beispielsweise in der Computer- und Halbleiterindustrie), so daß in der Arbeitsplatzstruktur eine Dualisierung zwischen hochdotierten Arbeitsplätzen mit spezialisierten Qualifikationsanforderungen und gering bezahlten Arbeitsplätzen mit geringen Anforderungen an die berufliche Qualifikation stattfindet (vgl. Markusen 1985b und Weiss 1985). Diese Entwicklungstendenz läßt sich allerdings nicht auf sämtliche Schlüsseltechnologie-Branchen übertragen.

Arbeitsmarkt umfaßte deshalb neben Ingenieuren und Naturwissenschaftlern ebenso technisch ausgebildete Facharbeiter und Handwerker.[1]

10.4.4 Öffentlich-staatliche Einflüsse und Kapitalmarkt

In traditionellen Erklärungsansätzen konzentriert sich die Analyse staatlicher Einflüsse auf die Kostenseite (vgl. Smith 1971; Brede 1971, S. 93-101; Stafford 1979, S. 69-74 und Brücher 1982, S. 61 ff.). Es wird erwartet, daß lageabhängige Steuervorteile und Subventionen zu einer größeren Wahlfreiheit von Standortentscheidungen führen und durch marktwirtschaftliche Anreize eine Standortlenkung möglich ist. Unter dieser Annahme wurden in der Vergangenheit zahlreiche regionale Förderungsprogramme entwickelt (in der Bundesrepublik Deutschland z.B. die Gemeinschaftsaufgabe zur Verbesserung der regionalen Wirtschaftsstruktur), um die Ansiedlung traditioneller Industrien in zurückgebliebenen Regionen zu unterstützen. Allerdings wurden mit dieser Förderpraxis nur begrenzte Erfolge erzielt. In vielen Fällen stellten Steuererleichterungen lediglich einen Gratiszuschlag für bereits gefällte Standortentscheidungen dar (vgl. z.B. Recker 1978; Thoss 1982 und Asmacher et al. 1986). Da Schlüsseltechnologie-Industrien aufgrund hoher Umsatzzuwächse weniger von Kosten abhängig sind als traditionelle Industriebranchen, ist noch weniger davon auszugehen, daß Steuern im Standortkalkül von Schlüsseltechnologie-Unternehmen eine wichtige Rolle spielen. Diese Vermutung bestätigte sich in der durchgeführten Unternehmensbefragung, obwohl innerhalb des Untersuchungsraums starke regionale Unterschiede hinsichtlich der Steuerpolitiken und ein ausgeprägtes Nord-Süd-Gefälle des Steuerniveaus existierte. In den drei nördlichen Untersuchungsregionen hatte das regionale Steuerniveau keinen signifikanten Einfluß auf Standortentscheidungen und rangierte in der Reihenfolge ller Standortfaktoren auf Rängen zwischen

[1] Zusätzlich hängt die Bedeutung des Arbeitsmarkts für die Standortwahl auch von sozialen Aspekten ab: Zum einen scheint diesbezüglich der Gewerkschaftseinfluß eine gewisse Rolle auszuüben. Im Gegensatz zu den Schwerindustrien sind die Arbeitskräfte von Schlüsseltechnologie-Branchen nur zu einem geringen Teil gewerkschaftlich organisiert. Aus Sicht der Unternehmen wurde in der Vergangenheit versucht, ein Vordringen der Gewerkschaften durch den Aufbau mächtiger Interessensvertretungen zu verhindern (vgl. Rügemer 1985 und Saxenian 1989a). Ob der gewerkschaftliche Organisationsgrad allerdings bedeutsame Auswirkungen auf die großräumige Standortverteilung von Schlüsseltechnologie-Sektoren zeigte, muß aufgrund der Unternehmensbefragungen bezweifelt werden. Zum anderen hängen die Anforderungen an die regionalen Arbeitsmärkte von der sozialen Arbeitsteilung ab. Im Fall *vertikal desintegrierter* Produktionsstrukturen sind Schlüsseltechnologie-Unternehmen stark spezialisiert, und es herrschen kundenorientierte Unternehmensstrategien mit *Small-Batch*-Produktion vor. Dementsprechend besteht auf dem Arbeitsmarkt eine diversifizierte Nachfrage nach hochspezialisierten, flexibel einsetzbaren Arbeitskräften. Im Fall *vertikal integrierter* Produktionsstrukturen dominieren interne Ersparnisse und *Large-Scale*-Produktion. Es kommt zu einer ausgeprägten innerbetrieblichen Arbeitsteilung, so daß auf dem Arbeitsmarkt beispielsweise verstärkt mittlere Qualifikationsniveaus für relativ einseitige Tätigkeiten gesucht werden (vgl. z.B. Scott u. Storper 1988; Storper u. Scott 1989; Storper u. Walker 1989 sowie Kapitel 12).

Tab. 58: Bedeutung öffentlich-staatlicher Einflüsse für Standortentscheidungen von Schlüsseltechnologie-Unternehmen

Ursachen der Standortentscheidung	Unternehmensanteil je Untersuchungsregion				
	Boston	Ottawa	CTT	Atlanta	RT
Steuerniveau	3%	3%	3%	12%	41%
Öffentlich-staatliche Unterstützung	3%	55%	9%	16%	52%
Verfügbarkeit von Rüstungsaufträgen	8%	21%	9%	-	3%
Verfügbarkeit von Investitionskapital	8%	3%	3%	4%	14%
Anteil der Gründungen durch Risikokapital	17%	36%	16%	8%	11%

Quelle: Eigene Erhebungen.

18 und 22 (siehe Tab. 58). Selbst in Atlanta bezeichneten nur 12% der befragten Unternehmen das Steuerniveau als wichtige Ursache ihrer Standortentscheidung (Rang 16). Das Research Triangle war die einzige Region, in der steuerliche Gründe bei die Standortwahl eine signifikant größere Rolle spielten (für rund 40% der Unternehmen - Rang 11).

Neben steuerlichen Regelungen gibt es eine Vielzahl weiterer Möglichkeiten der öffentlich-staatlichen Einflußnahme auf Standortentscheidungen. Seit Anfang der 70er Jahre werden beispielsweise in vielen Regionen Technologieparks und Gründerzentren eingerichtet, in denen sich technologieorientierte Unternehmen ansiedeln sollen. Ausgehend von diesen Einrichtungen sollen lokale Gründungsprozesse einsetzen und langfristige regionale Wachstumsimpulse entstehen (vgl. Goldstein u. Luger 1988a und 1988b; Sternberg 1986 und 1988; Drexler u. Dose 1988; Hilpert 1988 sowie Kepp 1988). Wie erfolgreich solche Projekte sind, muß sich in vielen Fällen erst noch herausstellen. Es scheint sich jedoch anzudeuten, daß Technologieparks und Gründerzentren nur dort mittelfristig die erwünschten Wirkungen zeigen, wo bereits gute Standortvoraussetzungen für technologieorientierte Unternehmen existieren (beispielsweise qualitativ hochwertige Arbeitsmärkte und intensive Verflechtungsnetzwerke innerhalb einer diversifizierten Industriestruktur). In den Untersuchungsregionen fanden während des Agglomerationsprozesses von Schlüsseltechnologie-Industrien unterschiedliche Formen öffentlich-staatlicher Unterstützung statt, die die späteren Entwicklungen nachhaltig beeinflußten (vgl. Kapitel 4 bis Kapitel 8): Im Research Triangle hatten Interventionen wichtiger Persönlichkeiten direkten Einfluß auf industrielle Standortentscheidungen. In der Route 128-Region, der Atlanta MSA und in Ottawa-Carleton wurden durch militärische Aktivitäten während des Zweiten Weltkriegs starke Wachstumsimpulse ausgelöst und die Grundlagen für die spätere Schlüsseltechnologie-Entwicklung geschaffen (vgl. Oakey 1991). Allerdings wurden diese Einflüsse in der Unternehmensbefragung regional unterschiedlich bewertet. Die Verfügbarkeit von Rüstungsaufträgen bildete lediglich in Ottawa-Carleton für etwa 20% der befragten Schlüsseltechnologie-Unternehmen einen wichtigen Ansiedlungsgrund (Rang 9); in den anderen Regionen lag der korrespondierende Unternehmensanteil unter 10% (siehe Tab. 58). Demgegenüber bezeichneten rund 15% der Unternehmen aus der Atlanta MSA sowie mehr als 50% aus dem Research Triangle und der Region Ottawa andere Arten öffentlich/ staatlicher Einflußnahme als wichtige Ursache ihrer Standortentscheidung (siehe Tab. 58). In Ottawa-Carleton rangierte diese Komponente unter allen Standortfaktoren auf Rang 1, im Research Triangle auf Rang 8.[1]

Insgesamt können öffentlich-staatliche Einflüsse auf industrielle Standortentscheidungen sehr vielschichtig sein. Schwer meßbare Faktoren wie die persönlichen Aktivitäten herausragender Politiker mögen sogar in der Summe eine wesentlich größere Bedeutung haben als die direkt kostenwirksamen steuerlichen Maßnahmen. Darüber hinaus wirken öffentlich/ staatliche Aktivitäten auch auf regionalwirtschaftliche Rahmenbedingungen wie das Gründungsklima und den Kapitalmarkt. In empirischen Untersuchungen wird der Kapitalmarkt (vor allem die Verfügbarkeit von Risikokapital) [2] häufig als ein zentraler Standortfaktor für Schlüsseltechnologie-Unternehmen herausgestellt (vgl. z.B. Steed 1987 und Malecki 1986). Obwohl in jeder Untersuchungsregion (außer der Atlanta MSA) mehr als 10% der befragten Schlüsseltechnologie-Unternehmen durch die Inanspruchnahme von Risikokapital gegründet worden waren (in Ottawa-Carleton sogar mehr als ein Drittel der Unternehmen), spielte die Verfügbarkeit von Investitionskapital nur eine untergeordnete Rolle für die Standortwahl (siehe Tab. 58). Zusammen mit den Transportkosten zählten Steuern, Rüstungsaufträge und Investitionskapital zu den vier am niedrigsten eingestuften Standortfaktoren für Ansiedlungsentscheidungen. Offensichtlich hing die Verfügbarkeit von Risikokapital und anderen Investitionsarten stärker von den Inhalten der Unternehmenskonzepte als von der Lage der Unternehmensstandorte ab. Für vielversprechende Unternehmensgründungen im Schlüsseltechnologie-Bereich schien Kapitalverfügbarkeit weder ein limitierender Faktor noch ein regionales Problem zu sein.

Trotzdem darf die Bedeutung von Risikokapital ebenso wie die Bedeutung von Rüstungsaufträgen nicht unterschätzt werden. Die Tatsache, daß beide Größen in ihrer Stellung als Standortfaktoren gering eingeschätzt wurden, läßt nicht die Schlußfolgerung zu, daß von ihnen keine wichtigen Impulse auf Schlüsseltechnologie-Industrien ausgehen. Vielmehr zeigt sich darin ein generelles Problem der

[1] Ottawa-Carleton bot als Regierungssitz einen zentralen Standortvorteil für den Schlüsseltechnologie-Sektor, weil die kanadische Regierung zum bedeutendsten Käufer lokaler Schlüsseltechnologie-Produkte wurde (vgl. Kapitel 5).

[2] Vgl. zur Finanzierung von Unternehmensgründungen durch Risikokapital sowie zur regionalen Verteilung von Risikokapital-Unternehmen und regionalen Inanspruchnahme dieser Finanzierungsart Florida u. Kenney (1988), Leinbach u. Amrhein (1987) und Kao (1987b und 1987c).

Standorttheorie: Traditionelle Erklärungsansätze konzentrieren sich in ihrer Analyse auf industrielle Ansiedlungsentscheidungen. Dabei spielen aber offenbar weder Rüstungsausgaben noch Risikokapital eine dominante Rolle. Rüstungsaufträge waren demgegenüber von zentraler Bedeutung für die Höhe des Schlüsseltechnologie-Wachstums und wirkten als *Wachstumsfaktoren*; die regionale Verfügbarkeit von Risikokapital bildete eine wichtige Entscheidungskomponente für Gründungsentschlüsse und übernahm die Funktion eines *Gründungsfaktors*.

10.4.5 Regionale Umwelt- und Lebensbedingungen

Der Komplex räumlicher Umwelt- und Lebensbedingungen findet in der traditionellen Standortlehre i.d.R. kaum Beachtung. In der Standortsystematik nach Behrens (1971, S. 66 f.) werden geologische Bedingungen und klimatische Eigenschaften ausschließlich unter den Aspekten der Standorteignung und der Kostenersparnisse berücksichtigt. Brücher (1982, S. 42) zieht sogar das Fazit, *"daß bei den physischen Faktoren heute eher der limitierende Faktor in den Vordergrund tritt."* Diese Schlußfolgerung kann in undifferenzierter Form sicher nicht aufrechterhalten werden, denn in fast allen empirischen Studien über Schlüsseltechnologie-Industrien wird die zunehmende Bedeutung von Lebensqualitätsaspekten für Standortentscheidungen ausdrücklich hervorgehoben (vgl. z.B. Rees u. Stafford 1986 und Joint Economic Committee 1982). Unter dem Kalkül einer humankapital-orientierten Standortwahl spielen die Wohnstandortpräferenzen der benötigten Fachkräfte möglicherweise auch für industrielle Standortentscheidungen eine wichtige Rolle. Je stärker Schlüsseltechnologie-Unternehmen spezialisiert sind, desto spezieller sind auch die Anforderungen an berufliche Qualifikationsniveaus und desto härter sind die Konkurrenzbeziehungen bei der Rekrutierung knapper hochqualifizierter Fachkräfte. Ein Unternehmen in einer Region mit vorteilhafter Lebensqualität mag aus der Sicht einer Spitzenkraft eher für eine Anstellung in Frage kommen als ein Unternehmen in einer Region mit beeinträchtigter Lebensqualität. Im Rahmen einer dynamischen Analyse mag die Bedeutung der Lebensqualität in dem Maß wachsen, in dem Umweltkomponenten zu knappen Gütern werden. Der Bereich Lebensqualität läßt sich in die beiden Teilkomplexe Klimagunst/ Umweltqualität und kulturelle/ urbane Attraktivität unterteilen. Bisher ist der Einfluß der Lebensqualität auf Standortentscheidungen allerdings nur unzureichend operationalisiert und wenig erforscht (vgl. Malecki 1985a, S. 350).

Im Rahmen der vorgenommenen Untersuchung war eine generelle Aussage über Lebensqualitätsaspekte nicht zu erwarten, da die einbezogenen Schlüsseltechnologie-Regionen zu unterschiedliche Voraussetzungen aufweisen. Von Norden nach Süden nehmen die monatlichen Durchschnittstemperaturen und die Anzahl der schneefreien Tage in den Untersuchungsregionen zu, so daß sich die klimatischen Lebensbedingungen verbessern. In den vergleichsweise gering industrialisierten Südstaaten-Regionen Research Triangle und Atlanta MSA war deshalb mit einem höheren Einfluß klimatischer und umweltbedingter Faktoren auf die Standortwahl zu rechnen. Tatsächlich bestätigte sich diese Vermutung (siehe Tab. 59): Rund 30% der Unternehmen aus der Atlanta MSA und sogar 70% aus

Tab. 59: Bedeutung von Lebens- und Umweltbedingungen auf Standortentscheidungen von Schlüsseltechnologie-Unternehmen

Ursachen der Standortentscheidung	Unternehmensanteil je Untersuchungsregion				
	Boston	Ottawa	CTT	Atlanta	RT
Klimagunst	-	9%	9%	28%	69%
Umweltqualität	3%	12%	22%	16%	62%
Sozio-kulturelle Qualität	5%	27%	25%	16%	45%
Wohnkosten	3%	6%	16%	12%	48%

Quelle: Eigene Erhebungen.

dem Research Triangle bezeichneten klimatisch-topographische Gunstfaktoren als wichtige Ursachen ihrer Standortentscheidung.[1] In beiden Regionen rangierte die Klimagunst unter den 6 wichtigsten Standortfaktoren. In den drei nördlichen Untersuchungsregionen lag der entsprechende Unternehmensanteil wie erwartet jeweils unter 10% (Ränge zwischen 16 und 23). Die Umweltqualität beeinflußte zwischen 10% und 20% der Standortentscheidungen in Ottawa-Carleton, CTT und der Atlanta MSA. Lediglich im hochindustrialisierten Boston hatte dieser Faktor eine signifikant geringere Bedeutung (für 3% der Schlüsseltechnologie-Unternehmen - Rang 18) und in der am wenigsten industrialisierten Region Research Triangle eine signifikant größere Bedeutung (für rund 60% der Schlüsseltechnologie-Unternehmen - Rang 3) als in den anderen Untersuchungsregionen (siehe Tab. 59).

Unter den Aspekten kultureller Vielfalt und städtischer Lebensformen besitzen vor allem große Metropolen eine hohe Attraktivität als Wohnstandorte für hochqualifizierte Arbeitskräfte.[2] Es überrascht daher nicht, daß alle untersuchten Schlüsseltechnologie-Regionen innerhalb von Metropolitan Areas liegen und Schlüsseltechnologie-Standorte sich innerhalb dieser Regionen auf suburbane Gebiete konzentrieren. Einer solchen klein- und großräumigen Standortverteilung mag das Prinzip zugrunde liegen, die kulturellen Vorteile großer Metropolen zu nutzen und gleichzeitig umweltspezifische Nachteile zu meiden. In der Unternehmensbefragung wurde die sozio-kulturelle Qualität als Standortfaktor in jeder Untersuchungsregion etwa genauso hoch eingeschätzt wie die Umweltbedingungen - im Research Triangle am höchsten und in Greater Boston niedrigsten (siehe

[1] Aufgrund der hohen Konzentration von FuE-Einrichtungen und dem daraus resultierenden Bedarf an hochqualifizierten Forschern war der Einfluß klimatischer Faktoren im Research Triangle deutlich höher als in allen anderen Schlüsseltechnologie-Regionen (vgl. Kapitel 8).

[2] Eine nicht zu unterschätzende Bedeutung hatten unter dem Aspekt der Lebensqualität auch die in allen Regionen vorhandenen Major-League-Sportarten (Baseball, Eishockey, Football und Basketball).

Tab. 59).[1] Im Vergleich dazu hatten Wohnkosten einen geringeren Einfluß auf die Standortentscheidungen von Schlüsseltechnologie-Unternehmen. Lediglich in CTT und im Research Triangle wurden die Wohnkosten tendenziell höher bewertet (siehe Tab. 59).[2]

Insgesamt sollte man Aussagen über die Bedeutung von Lebensqualitätsaspekten im Rahmen industrieller Standortentscheidungen mit größter Vorsicht treffen und nicht verallgemeinern. Auch wenn der Einfluß dieser Komponenten generell eher mäßig zu sein scheint (vgl. auch Bradbury 1988), existieren regionale Ausnahmefälle wie das Research Triangle, wo die Lebensqualität aufgrund der hohen Konzentration und Spezialisierung bestimmter Unternehmensfunktionen einen wichtigen Standortfaktor darstellt. Obwohl die geringe Lebensqualität in den Regionen des Manufacturing Belt vermutlich nicht zu signifikanten Abwanderungstendenzen führen wird, ist doch umgekehrt ein positiver Impuls auf das Schlüsseltechnologie-Wachstum in den Südstaaten vorstellbar. In jedem Fall ist aber festzuhalten, daß die verschiedenen Aspekte der Lebensqualität offensichtlich einen größeren Einfluß auf Standortentscheidungen von Schlüsseltechnologie-Unternehmen ausüben als die in der traditionellen Standortlehre hervorgehobenen Kostenfaktoren (wie etwa Transportkosten, Lohnkosten oder Steuern).

10.4.6 Fazit

Obwohl die traditionelle Standortlehre bereits in den 50er Jahren wegen der restriktiven Annahmen, des statischen Charakters und der Überbetonung der Kostenseite (speziell der Transportkosten) kritisiert wurde, erschienen noch in den 70er Jahren Arbeiten, die eine Reinterpretation der Weberschen Standortlehre vornahmen, ohne diese entscheidend weiterzuentwickeln (z.B. von Smith 1971). Das kontinuierliche Festhalten an herkömmlichen Erklärungsansätzen war allerdings anhand der Ergebnisse zahlreicher empirischer Studien durchaus verständlich. Zwar wurde bemängelt, daß Arbeitsmärkte und Agglomerationsfaktoren in den traditionellen Ansätzen unterbewertet waren (vgl. Brede 1971; Wheeler 1981 und Lange 1986); trotzdem gelang es, die herkömmlichen Standortkategorien regelmäßig auf empirischem Weg zu identifizieren.

Für das Standortverhalten der schnell wachsenden Schlüsseltechnologie-Industrien lieferten die traditionellen Ansätze jedoch keine adäquate Erklärung, da sich der Anteil der Transportkosten an den Gesamtkosten sukzessiv reduzierte und die Standortbindung an Rohstofflagerstätten verringerte. Qualitativ hochwer-

---

[1] Obwohl Boston über das mit Abstand beste kulturelle Angebot verfügte, hatte die soziokulturelle Qualität keinen signifikanten Einfluß auf die Standortwahl. Dafür gibt es zwei Erklärungen: Einerseits waren andere Standortfaktoren in Greater Boston noch bedeutender als sozio-kulturelle Aspekte. Andererseits stammten viele Gründer von Schlüsseltechnologie-Unternehmen aus der Region und bewerteten die kulturelle Vielfalt deshalb möglicherweise nicht als außergewöhnliche Situation (vgl. Kapitel 4).

[2] Dabei war natürlich zu berücksichtigen, daß insbesondere Greater Boston und Ottawa-Carleton Regionen hoher Wohn- und Lebenshaltungskosten waren (vgl. Kapitel 4 und Kapitel 5).

tige Verkehrsinfrastrukturnetze zum Aufbau von effektiven Verflechtungsbeziehungen wurden für die Standortwahl wichtiger als Transportkosten. Gegenüber bloßen Kostenaspekten (Lohnniveaus) standen zunehmend qualitative Anforderungen an den Arbeitsmarkt im Blickpunkt industrieller Standortentscheidungen. Die Standortwahl in räumlicher Nähe von Kunden, Zulieferern und Universitäten basierte nicht auf Kostenüberlegungen, sondern erfolgte aus der Notwendigkeit, durch Informationsverflechtungen auf hohem technologischen Niveau flexibel auf veränderte Marktbedürfnisse reagieren zu können. Zusätzlich rückten Lebensqualitätsaspekte und subjektive Einflüsse in das Standortkalkül, deren Integration in traditionelle Konzepte Probleme bereitete.

Nach wie vor besitzen die in den traditionellen Erklärungsansätzen behandelten Standortdimensionen einen hohen Erklärungsgehalt für industrielle Standortentscheidungen, jedoch hat sich die inhaltliche Bedeutung der einzelnen Standortfaktoren grundlegend verändert. Während in der traditionellen Standortlehre die quantitativen Aspekte von Standortfaktoren für Ansiedlungsentscheidungen eine zentrale Rolle spielen, scheinen heute qualitative Aspekte zu dominieren. Für den Schlüsseltechnologie-Sektor sind offenbar weder das Vorhanden- oder Nichtvorhandensein von Standortfaktoren noch die räumlichen Kostenunterschiede von Bedeutung. In bezug auf Transportbedingungen, Agglomerationsfaktoren, Arbeitsmarktstrukturen und Lebensqualitätsaspekte haben vor allem Spezialisierungseffekte sowie die dynamischen Wechselwirkungen zwischen den verschiedenen Standortfaktoren einen zentralen Einfluß auf Standortentscheidungen und regionale Ballungsprozesse von Schlüsseltechnologie-Industrien. Während die traditionelle Standortlehre den Eindruck erweckt, industrielle Standortverteilungen ließen sich durch räumliche Addition von Standortvorteilen erklären, hängen reale Standortentscheidungen vor allem von den auftretenden Synergieeffekten eines Systems komplexer Verflechtungsbeziehungen ab.

11 Zyklisch-dynamische Erklärungsansätze für industrielle Standortentscheidungen

11.1 Einführung

Die Unvereinbarkeit aktueller Standortentscheidungen mit der traditionellen Standorttheorie hatte zur Folge, daß Schlüsseltechnologie-Industrien als *Footloose*-Industrien ohne Standortbindung bezeichnet wurden. Anstatt die überkommenen Erklärungsansätze zu überdenken oder zu erneuern, wurden Industriegruppen, auf die das alte Paradigma nicht zutraf, aus der Standortanalyse ausgeschlossen. Die Hypothese der *Footloose*-Industrien konnte allerdings nicht beibehalten werden, weil die neuen Schlüsseltechnologie-Industrien ebenso starke räumliche Ballungstendenzen offenbarten wie z.B. die Eisen- und Stahlindustrie, die wiederum ein typisches Untersuchungsobjekt der traditionellen Standorttheorie darstellte. Darüber hinaus zeichnete sich der Schlüsseltechnologie-Bereich durch eine ausgeprägte Standortdynamik aus. Es entstanden Agglomerationen von Schlüsseltechnologie-Industrien in Regionen mit völlig verschiedenen Standortbedingungen (vgl. Kapitel 4 bis Kapitel 8), deren Auswahl anhand eines eindimensionalen Optimierungskriteriums (z.B. Kostenminimierung) nicht ohne weiteres nachvollziehbar war.

Nachdem traditionelle Forschungsansätze bei der Erfassung aktueller industrieller Standortverteilungen gescheitert waren, rückten in den 70er Jahren verstärkt zyklisch-dynamische Erklärungsansätze in den Vordergrund. Einerseits erlebte die Theorie der Langen Wellen einen Aufschwung als übergeordnete Theorie des langfristigen industriellen Wandels. Andererseits wurde aus den Hypothesen über den Produktlebenszyklus die sog. Produktzyklustheorie abgeleitet und auf verschiedene räumliche Maßstabsebenen zur Erklärung dynamischer Standortentscheidungen übertragen.

11.2 Konjunkturforschung und Lange Wellen

Die Erforschung sog. *Langer Wellen* der wirtschaftlichen Entwicklung wird innerhalb der Volkswirtschaftslehre dem Bereich der Konjunkturtheorie zugeordnet. Die Konjunkturforschung setzte etwa Mitte des 19. Jahrhunderts ein, als man erkannte, daß die wirtschaftliche Entwicklung in kapitalistischen Volkswirtschaften nicht durch stetiges Wachstum, sondern durch wellenförmige, regelmäßig wiederkehrende Abweichungen vom langfristigen Wachstumstrend gekennzeichnet war. Beginnend mit den empirischen Studien von Juglar bildeten sich unterschiedliche Konjunkturtheorien (bzw. *Krisentheorien*), die meist monokausal angelegt waren. Nicht zufällig beginnt die Beobachtung von Langen Wellen zeitgleich mit der *Industriellen Revolution* gegen Ende des 18. Jahrhunderts; denn als Folge der *Industriellen Revolution* entstand eine völlig neue Art von Wirtschaftswachstum. Erstmals in der Geschichte lag der Produktionszuwachs dauerhaft über dem Bevölkerungszuwachs (und dem Arbeitskräftezuwachs), so daß sich ein kontinuierlicher Anstieg des Bruttosozialprodukts pro Kopf der Bevölkerung sowie der Arbeitsproduktivität einstellte (Holtfrerich 1980, S. 413).

Eine wesentliche Weiterentwicklung erfuhr die Konjunkturforschung durch die 1939 von Schumpeter veröffentlichte Studie über Konjunkturzyklen (Schumpeter 1961a und 1961b). Darin geht Schumpeter (1961a, S. 171 ff.) von der Existenz dreier sich überlagernder Konjunkturzyklen mit unterschiedlichen Entstehungsursachen, Tragweiten und Wellenlängen aus (vgl. auch Holtfrerich 1980, S. 427):

1. Kitchin-Zyklen mit einer Länge von 3 bis 4 Jahren,
2. Juglar-Zyklen mit einer Länge von 8 bis 11 Jahren,
3. Kondratieff-Zyklen (*Lange Wellen*) mit einer Länge von 50 bis 60 Jahren.

Da Konjunkturzyklen von kurzer und mittlerer Dauer als relativ unproblematisch angesehen und durch "normale" marktwirtschaftliche Anpassungsmechanismen erklärt wurden, rückten Lange Wellen in den Mittelpunkt des Forschungsinteresses. Die von Schumpeter (1911, 1961a und 1961b) begründete Theorie der Langen Wellen betrachtet den technologischen Wandel und das Entstehen technologischer Innovationen im Unterschied zu den klassischen Wirtschaftstheorien nicht als exogene Steuerungsgrößen, sondern integriert diese als modellinterne Größen. Lange Wellen entstehen aus dem wirtschaftlichen Entwicklungsprozeß durch *"das schwarmweise Auftreten der Unternehmer"* (Schumpeter 1911, S. 320) [1] und verändern den weiteren Entwicklungsprozeß nachhaltig. Die Theorie der Langen Wellen ist heute zwar nicht unumstritten, sie kann jedoch in ihren wesentlichen Zügen als übergeordnete Theorie des technologischen Wandels innerhalb marktwirtschaftlicher Wirtschaftssysteme gelten und als Bezugsrahmen für die Analyse von Schlüsseltechnologie-Industrien verwendet werden (vgl. im folgenden Mensch 1975; Rostow 1975 und 1977; Delbeke 1981; Tinbergen 1981; Van Duijn 1981;

---

[1] Vgl. zum Schumpeterschen Unternehmer- und Innovationsbegriff die ausführliche Diskussion in Kapitel 2.

Mensch et al. 1981; Kleinknecht 1981; Forrester 1981; Mandel 1981; Clark et al. 1981; Rothwell 1982; Hall 1985a sowie Storper u. Walker 1989, S. 199 ff.).

11.2.1 Theorie der Langen Wellen nach Schumpeter

In der Fachliteratur wird der russische Forscher Kondratieff mit derselben Bedeutung wie Schumpeter mit der Theorie der Langen Wellen in Verbindung gebracht. Diese Gleichsetzung entspricht allerdings einer Fehleinschätzung der wissenschaftlichen Leistung von Kondratieff. Die Bedeutung, die Kondratieff heute beigemessen wird, beruht weniger auf seiner Arbeit über die Langen Wellen der Konjunktur (Kondratieff 1926 und 1935) als vielmehr auf der Tatsache, daß Schumpeter (1961a) dem russischen Wissenschaftler zu Ehren seine Langen Wellen als Kondratieff-Zyklen bezeichnete.[1]

Das Ziel der Originalstudie von Kondratieff (1926, S. 574) bestand darin, auf empirischem Weg festzustellen, ob es Lange Wellen in der wirtschaftlichen Entwicklung gibt. Eine Erklärung für das Entstehen Langer Wellen oder eine theoretische Grundlegung war von Kondratieff (1926) nicht angestrebt. Um die Existenz von Langen Wellen nachzuweisen, analysierte Kondratieff (1926, S. 577 ff.) verschiedene Wirtschaftsindikatoren im Zeitablauf - darunter die Roheisenerzeugung und den landwirtschaftlichen Arbeitslohn in England sowie die Außenhandelsumsätze und den Kohleverbrauch in Frankreich (siehe Abb. 35). Aus Gründen der Datenverfügbarkeit reichten die einzelnen Beobachtungen nur bis zum Ende des 18. Jahrhunderts zurück. Da die meisten Wirtschaftsindikatoren trendbehaftet waren und andere nicht-zyklische Komponenten enthielten, benutzte Kondratieff (1926, S. 574 ff.) ein dreistufiges Verfahren, um die Langen Wellen von störenden Einflüssen zu isolieren:

1. Zunächst wurden alle Datenreihen in Pro-Kopf-Werte umgerechnet, um etwaige Größeneinflüsse durch Bevölkerungsveränderungen auszuschalten.
2. Der Trend in den Zeitreihen der Pro-Kopf-Werte wurde anschließend durch eine lineare Einfachregression nach der Methode der kleinsten Quadratsumme geschätzt (vgl. zur Methode Rinne u. Ickler 1986, S. 225-238 und Bahrenberg et al. 1990, S. 134-146).
3. Die trendbereinigten Zeitreihen der Residuen enthielten danach im wesentlichen nur noch zyklische Schwankungen. Allerdings überlagerten sich in den Residuen Konjunkturzyklen unterschiedlicher Länge. Um den Einfluß Langer Wellen in reiner Form darzustellen, wurden deshalb die Zeitreihen der Residuen mit Hilfe eines gleitenden Durchschnitts der Länge $l = 9$ geglättet (vgl. zur Methode Rinne u. Ickler 1986, S. 239-276). Die geglätteten Werte enthielten keine kurzen (etwa dreijährigen) oder mittleren (rund neunjährigen) Konjunkturschwankungen mehr.

[1] Tatsächlich gibt es eine Reihe von Studien, die bereits vor Kondratieff (1926) auf die Existenz Langer Wellen hingewiesen haben. Spiethoff und Sombart gehörten beispielsweise zu den ersten Wissenschaftlern, die Lange Wellen untersuchten, methodisch konzeptionierten und empirisch prüften (Holtfrerich 1980, S. 428). Die von Schumpeter (1911) geleistete theoretische Fundierung der Langen Wellen existierte in ihren Grundzügen mehr als zehn Jahre vor der deutschsprachigen Publikation von Kondratieff (1926).

Abb. 35: Lange Wellen der Konjunktur für ausgewählte wirtschaftliche Indikatoren

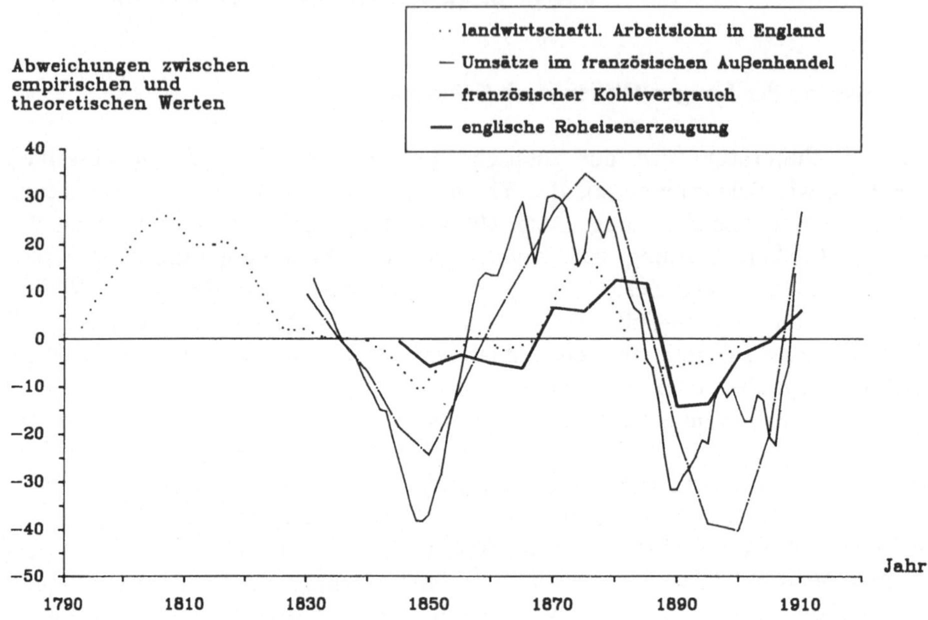

Quelle: Nach Kondratieff (1926, S. 583 f., 586 und 603 ff.).

Die aus dieser methodischen Vorgehensweise resultierenden Datenreihen (Abweichungen zwischen empirischen und theoretischen Werten) sind über den Zeitraum von 1790 bis 1910 für vier Wirtschaftsindikatoren in Abb. 35 dargestellt. Die Ergebnisse von Kondratieff (1926, S. 577-590) stärken die Hypothese, daß die wirtschaftliche Entwicklung in kapitalistischen Volkswirtschaften in der Form Langer Wellen mit einer Wellenlänge von 50 bis 60 Jahren verläuft. Die erste beobachtete Welle begann um 1790 und erreichte um 1815 ihren Höhepunkt. Der Aufschwung der zweiten Welle begann etwa 1845 und dauerte bis 1870. Die dritte Welle setzte um 1890 ein und erreichte ihren Höhepunkt 1920. Interessanterweise ließ sich sowohl für unterschiedliche Wirtschaftsindikatoren als auch für verschiedene Volkswirtschaften eine große zeitliche Übereinstimmung der Langen Wellen feststellen (siehe Abb. 35). Kondratieff (1926, S. 592) hielt Lange Wellen aufgrund seiner empirischen Auswertungen zwar für sehr wahrscheinlich, bemerkte aber einschränkend, daß der vergleichsweise kurze Beobachtungszeitraum nicht ausreichte, um mit Sicherheit die behauptete Zyklizität nachweisen zu können.

Schumpeter (1911, S. 318-369 und 1961a, S. 139-171) erklärt das Entstehen Langer Wellen als einen "Prozeß der schöpferischen Zerstörung durch das scharenweise Auftreten von *Unternehmern*" (vgl. auch Scherer 1986; Tinbergen 1981 und Hall 1985a, S. 6 ff.): Voraussetzungen für das Auftreten von *Unternehmern* sind das Vorhandensein neuer Möglichkeiten in der Privatwirtschaft, Marktzugangsbeschränkungen (durch hohe Qualifikationsanforderungen an die potentiellen *Unternehmer*) und eine halbwegs kalkulierbare volkswirtschaftliche Situation. Die wirtschaftliche Entwicklung gerät nach Schumpeter (1911, S. 319 f.) genau dann in eine Abschwungphase, wenn neue Kombinationen (Basisinnovationen) auf die Produktionsbedingungen der alten Kombinationen wirken und ihnen zunehmend Produktionsfaktoren entziehen. Ein erneuter Aufschwung tritt erst ein, wenn durch Nachahmungseffekte scharenweise neue *Unternehmer* aktiv werden. Sowohl Abschwung als auch Aufschwung sind letztlich eine direkte Folge der Einführung von Basisinnovationen. Eine ausgeprägte Wellenbewegung entsteht dadurch, daß neue Kombinationen sich im Wettbewerb gegen die alten Kombinationen durchsetzen müssen. Das Auftreten von *Unternehmern* geht also mit dem Niederkonkurrieren und dem Niedergang alter Kombinationen einher. Die nachlassende Nachfrage nach Produktionsfaktoren für alte Kombinationen erzeugt Stagnationstendenzen innerhalb der gesamten Volkswirtschaft. Durch den Nachfrageschub von scharenweise auftretenden *Unternehmern* werden jedoch später Multiplikatoreffekte auf die gesamte Volkswirtschaft übertragen, die den Wachstumsprozeß beschleunigen. In dieser sekundären Welle, die der Welle der *Unternehmer* folgt, manifestiert sich die Aufschwungphase (Schumpeter 1911, S. 334 ff.).

Die Sequenz von Abschwüngen und Aufschwüngen bleibt aus, wenn Basisinnovationen unabhängig voneinander über die Zeit gleichverteilt sind. Das ist jedoch nicht der Fall. Schumpeter (1911, S. 339 ff.) begründet das scharenweise Auftreten von *Unternehmern* mit Hilfe der Verteilung von *Unternehmerfähigkeiten* auf Personen. Wenn die *Unternehmereignung* normalverteilt ist, so gibt es in der Anfangsphase einer Langen Welle nur wenige Personen mit der Fähigkeit, das Innovationsrisiko zu tragen und die Erfolgsaussichten abzuschätzen. Im Fall einer erfolgreichen Markteinführung übernehmen die Erstinnovatoren jedoch eine Vorreiterrolle. Es entsteht ein *Unternehmergewinn* aus einer vorübergehenden Monopolsituation, so daß ein Anreiz zur Nachahmung vorhanden ist (vgl. Kapitel 2). Da die Routineabläufe erstmals durchbrochen sind, verringert sich das Marktrisiko weiterer Innovationen. Unter diesen Bedingungen sinken die Anforderungen an *Unternehmerfähigkeiten*, wodurch sich die Zahl potentieller *Unternehmer* analog zum Verlauf der Normalverteilungsdichte erhöht. Dieser Prozeß beschleunigt sich in dem Maß weiter, in dem immer mehr Innovationshindernisse aus dem Weg geräumt werden. Das scharenweise Auftreten von *Unternehmern* beschränkt sich nicht ausschließlich auf die Industriezweige, in denen die ersten Innovationen stattfinden, sondern erfaßt die gesamte Volkswirtschaft. Durch positive Rückkopplungseffekte kommt es auch in den vor- und nachgelagerten Sektoren zu einer verstärkten *Unternehmertätigkeit*. Mit fortschreitender Entwicklung verringert sich der *Unternehmergewinn*, und das vorhandene Potential von *Unternehmern* wird zunehmend ausgeschöpft. Der Aufschwung ist durch steigende Kapitalanlagen, eine höhere Nachfrage in der Produktionsgüterindustrie, neue Kaufkraft, Preisanstiege, einen Rückgang der Arbeitslosigkeit, ein Ansteigen von Löhnen und Zinsen sowie die Ausbreitung sekundärer Aufschwungwellen (Multiplikatoreffekte der tragenden Industriezweige) gekennzeichnet.

Basierend auf der theoretischen Fundierung und historischen Analyse von Konjunkturzyklen durch Schumpeter (1911, 1961a und 1961b) unterteilt man die wirtschaftliche Entwicklung seit dem Ende des 18. Jahrhunderts in vier Lange Wellen. Jede Welle wurde von bestimmten Industriesektoren getragen, in denen wichtige

Basisinnovationen eingeführt wurden (siehe Abb. 36). Im einzelnen lassen sich folgende Langen Wellen unterscheiden (vgl. dazu Vosgerau 1978, S. 485 f.; Holtfrerich 1980, S. 427 ff.; Giersch 1981, S. 896 f.; Hall 1985a, S. 6 ff.; Dicken 1986, S. 19 ff. und Gritsai u. Treivish 1990, S. 68 f.):

1. *Erste Lange Welle* von 1790 bis 1840 (Kondratieff-Welle der industriellen Revolution): Eine umwälzende Erfindung dieser Epoche war die Dampfkraft. Tragende Industriesektoren waren die Textilverarbeitung (speziell Baumwolle) und die Eisenindustrie (Schumpeter 1961a, S. 263-313).
2. *Zweite Lange Welle* von 1840 bis 1890 (Bourgois-Kondratieff-Welle): Diese Periode war durch die weitreichende industrielle Nutzung der Dampfkraft und die Erfindung der Eisenbahn gekennzeichnet. Mit der Eisenbahn existierte erstmals ein effizientes Transportmittel für Massen- und Schwertransporte. Eisen- und Stahlverarbeitung waren die wichtigsten Industriesektoren (Schumpeter 1961a, S. 314-408).
3. *Dritte Lange Welle* von 1890 bis 1940 (Neomerkantilistische Kondratieff-Welle): Die bedeutendsten Innovationen dieser Phase fanden in der Auto-, Elektro- und Chemieindustrie statt (Schumpeter 1961a, S. 408-459).
4. *Vierte Lange Welle* seit 1940: Der Aufstieg nach dem Zweiten Weltkrieg wurde von der Elektronikindustrie, der Petrochemie und der Verarbeitung synthetischer Materialien (insbesondere Kunststoffe) getragen. Beginn und Dauer der vierten Welle sind in der Literatur umstritten (Vosgerau 1978, S. 486). Einige Autoren vermuten sogar, daß in den 70er oder 80er Jahren eine fünfte Lange Welle eingesetzt hat (vgl. Mensch 1975; Rostow 1977; Hall 1985a und Gritsai u. Treivish 1990).

Die empirische Studie von Kondratieff (1926) war stets als Nachweis für die Gültigkeit von Schumpeters Theorie der Konjunkturzyklen umstritten. Man kritisierte unter anderem, daß die von Kondratieff (1926) ermittelten Langen Wellen primär bei der Verwendung von Preisreihen auftraten. Kuznets gelangte z.B. unter Verwendung anderer Indikatoren zu erheblich kürzeren Wellenlängen mit einer Länge von etwa 20 Jahren (vgl. Rostow 1975 und Van Duijn 1981). Eine konsequente empirische Überprüfung der Schumpeterschen Theorie der Langen Wellen wurde von Mensch (1975) durchgeführt (vgl. auch Mensch et al. 1981; Delbeke 1981, S. 248 ff. und Jong 1987, S. 24 f.). Mensch stellte fest, daß in den Jahren 1825, 1886 und 1935 eine Clusterung von Basisinnovationen stattgefunden hatte, die in der Folgezeit jeweils zur Entwicklung neuer Industriesektoren führte. Der allgemeine wirtschaftliche Aufschwung setzte 7 bis 11 Jahre nach Erreichen der Innovationspeaks ein. Während Basisinnovationen den wirtschaftlichen Aufschwung lediglich einleiteten, stützten Verbesserungsinnovationen die eigentliche Aufschwungphase. Clark et al. (1981) konnten auf empirischem Weg allerdings keine klare Beziehung zwischen der Clusterung von Innovationen und der allgemeinen wirtschaftlichen Entwicklung entdecken.

Abb. 36: Schema der Kondratieff-Wellen und der zugehörigen Technologien

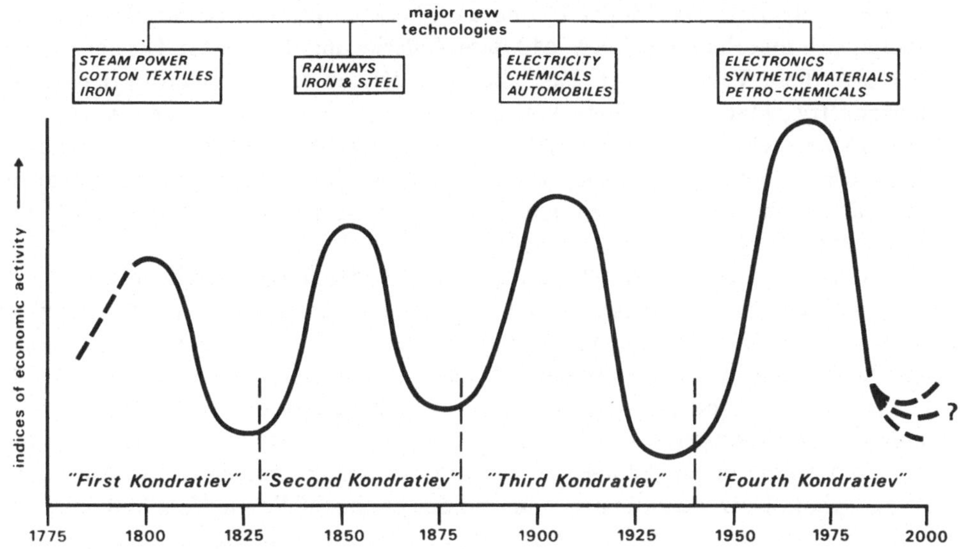

Quelle: Dicken (1986, S. 20).

11.2.2 Räumliche Implikationen von Langen Wellen

In der Theorie der Langen Wellen wird versucht, die auf lange Sicht ungleichmäßige, zyklisch verlaufende wirtschaftliche Entwicklung mit Hilfe zeitlich zusammenfallender Innovationsprozesse zu erklären. Es handelt sich dabei um eine Theorie, die a priori keinen Raumbezug herstellt. Insbesondere gibt es keine direkten räumlichen Implikationen aus der Theorie der Langen Wellen für die industrielle Standortwahl. Allerdings lassen sich aus einer historischen Analyse empirische Regelmäßigkeiten über die räumlichen Standortschwerpunkte der tragenden Industriesektoren und deren langfristige Dynamik gewinnen. Diese Beobachtungen treffen unabhängig davon zu, ob man als theoretische Grundlage zyklisch wiederkehrende Wellen (vgl. Schumpeter 1911, 1961a und 1961b; Kondratieff 1926 sowie Mensch 1975), Wirtschaftsstufen (vgl. Giersch 1981, S. 896; Schätzl 1981a, S. 112 ff., Holtfrerich 1980, S. 425 ff. sowie Rostow 1961, 1975 und 1977) oder "Regimes der Akkumulation" (vgl. Boyer 1988) verwendet.

Erstens ist nachweisbar, daß sich in der Aufeinanderfolge von Langen Wellen nicht nur die tragenden Industriesektoren (siehe Abb. 36), sondern auch die tragenden Volkswirtschaften verändert haben (Hall 1985a, S. 9 ff.). Die grundlegenden Erfindungen der ersten Langen Welle fanden vor allem in England statt, wo daraufhin die ersten Ballungen der Textilindustrie entstanden. In der zweiten Welle traten neben England auch Deutschland und teilweise die USA als führende Volkswirtschaften hinzu. Während der dritten Welle entstanden neue Standortschwerpunkte der tragenden Industriezweige in den USA. In Deutschland fanden zahlreiche Erfindungen in der Chemie- und Pharmaindustrie statt (insbesondere durch die IG Farben). Wegweisende Innovationen auf dem Gebiet der kommerziellen Nutzung der Elektrizität (etwa die Glühbirne) und in der Automobilindustrie (beispielsweise das "Model T" und die Fließbandproduktion durch Ford) ereigneten sich innerhalb der USA. Mit dem Aufschwung der vierten Langen Welle setzte sich diese Tendenz fort. Fast alle bedeutenden Innovationen in der Computerindustrie, Halbleitertechnik und in anderen Elektronikbereichen wurden in den USA entwickelt (z.B. Röhren, Transistoren und Mikroprozessoren) und dort erfolgreich auf dem Markt eingeführt. Im Verlauf der vierten Welle wurde Japan in zunehmendem Maß zu einem neuen Standortschwerpunkt der tragenden Industriesektoren.

Zweitens lassen sich innerhalb einzelner Volkswirtschaften deutliche räumliche Verlagerungen der Standortschwerpunkte führender Industriesektoren feststellen (vgl. Rostow 1977, S. 83 ff. und Rothwell 1982, S. 365 ff.). Von Welle zu Welle entwickelten sich in z.B. Deutschland, England, Frankreich, Italien und den USA neue regionale Standortschwerpunkte mit einer hohen Konzentration der jeweils dominierenden Industriesektoren. Besonders extreme Ausmaße regionaler Industrieballungen mit einer Tendenz zur Monostrukturierung finden sich in den USA. In Neuengland konzentrierte sich während der ersten Welle die Textilindustrie, in Pittsburgh während der zweiten Welle die Stahlindustrie, in Detroit während der dritten Welle die Automobilindustrie und im Silicon Valley bzw. der Route 128-Region während der vierten Welle die Elektronikindustrie. Diese Agglomerationen waren nicht nur durch starke Persistenzeffekte, sondern auch durch zunehmende Konzentrationstendenzen der vorherrschenden Industriebranchen gekennzeichnet (hohe regionale Gründungsraten, Spin-off-Prozesse und Oligopolisierungstendenzen). Als Ergebnis der räumlichen Ballungsprozesse entstanden hochspezialisierte monostrukturierte Regionalwirtschaften mit einem engen internen Verflechtungsnetzwerk.

Offensichtlich verändern sich mit der Abfolge von Langen Wellen sowohl die tragenden Industriesektoren als auch die internationalen Standortschwerpunkte der betreffenden Branchen und innerhalb einzelner Volkswirtschaften die dominierenden Industrieballungen. Mit der Dynamik der Langen Wellen geht somit eine grundlegende Dynamik der industriellen Standortwahl einher. Unter dem Einfluß einer einzelnen Langen Welle entwickeln sich ausgeprägte industrielle Agglomerationen mit starken Persistenzeffekten (vgl. Kapitel 4 bis Kapitel 8). Eine Volkswirtschaft oder eine Region, in der sich ein Aufschwung manifestiert, scheint zu Beginn der nachfolgenden Langen Welle nicht dieselbe Rolle erneut spielen zu können. Die in der nächsten Welle führenden Industriesektoren ballen sich in anderen Volkswirtschaften und anderen Regionen als zuvor.[1]

---

[1] Daß diese Aussage lediglich eine Tendenz und keine Gesetzmäßigkeit ausdrückt, ist selbstverständlich. Eine Region, die in einer bestimmten Periode Standortschwerpunkt der führenden Branchen einer Langen Welle war, verliert nicht automatisch ihre Fähigkeit, in Zukunft tragende Industriezweige anzuziehen. Der Großraum Boston war z.B. während der ersten Welle eine der bedeutendsten Agglomerationen der Textilindustrie und entwickelte sich trotzdem während der vierten Welle zu einem Standortschwerpunkt der Elektronikindustrie (vgl. Kapitel 4).

Es handelt sich dabei zunächst um rein deskriptive Feststellungen, für die die Theorie der Langen Wellen keine Erklärung liefert. Zudem ist umstritten, ob die industrielle Standortdynamik überhaupt mit den Langen Wellen in Verbindung steht. Prinzipiell lassen sich unterschiedliche Schlußfolgerungen aus den empirischen Regelmäßigkeiten im Ablauf von Langen Wellen ziehen:

1. *Regionale Ausgleichstendenzen:* Rostow (1977, S. 84 ff.) betrachtet die langfristige Verlagerung von Standortschwerpunkten als einen wechselseitigen Prozeß von Konzentrations- und Ausgleichstendenzen. Für langfristige Ausgleichstendenzen sind vor allem zwei Ursachen verantwortlich: Erstens besitzen zurückgebliebene Regionen in bezug auf noch nicht angewendete Technologien eine hohe Absorptionsfähigkeit, während hochentwickelte Regionen zwar auf der Einführung neuer Technologien basieren, zugleich aber über einen großen Bestand veralteter Industrieanlagen verfügen. Zweitens erleichtert die mit dem Wohlstand zunehmende Bedeutung des Dienstleistungssektors den Aufschwung zurückgebliebener Regionen. Demnach wäre der relative Aufstieg von Standorten im Süden/ Westen der USA als industrieller Aufhol- oder Nachholprozeß zu verstehen, in dessen Rahmen einige Bundesstaaten aus dem Süden/ Westen infolge des technologischen Nachholbedarfs höhere Wachstumsraten verzeichneten als die Staaten im Manufacturing Belt.
2. *Wandel der erklärungsrelevanten Standorttheorien:* Die langfristige Verlagerung von industriellen Standortschwerpunkten läßt sich aber auch mit dem Wandel der führenden Industrien in Verbindung bringen. Folgt man der traditionellen Standortlehre (vgl. Kapitel 10), so stellen verschiedene Industriesektoren unterschiedliche Standortanforderungen. Die führenden Industrien der ersten Wellen aus den Bereichen Eisen und Stahl waren in hohem Maß abhängig von Gewichtsverlustmaterialien und besaßen einen hohen Transportkostenanteil an den Produktionskosten. Im Hinblick auf eine optimale Standortwahl spielten insbesondere die Transportkosten eine entscheidende Rolle. Standortschwerpunkte der Eisen- und Stahlindustrie entwickelten sich in erster Linie rohstofforientiert in der Nähe der Kohle- und Erzreviere. Demgegenüber hatten Transportkosten und die Nähe zu Rohstoffen für die tragenden Industrien der späteren Wellen praktisch keine Bedeutung mehr. Unternehmen der Computer-, Halbleiter- und Elektronikindustrie waren statt dessen auf vielfältige Verflechtungsbeziehungen, die Nähe zu Forschungseinrichtungen und qualitativ hochwertige Arbeitsmärkte angewiesen. In dem Maß, in dem Qualifikationsanforderungen auf den Arbeitsmärkten zu Engpässen führten und die Verfügbarkeit von Rohstoffen in den Hintergrund rückte, gewannen Wohnstandortansprüche der potentiellen Arbeitskräfte zunehmend an Bedeutung für die industrielle Standortwahl. Regionen mit einem qualitativ hochwertigen Arbeitsmarkt, einer Ballung von Forschungsuniversitäten, vorteilhaften klimatischen und sozio-ökonomischen Bedingungen, einer hohen Umwelt- und Lebensqualität sowie geringen Lebenshaltungs- und Wohnkosten wurden zu den bevorzugten Standorten für die tragenden Industrien der vierten Langen Welle (vgl. Kapitel 4 bis Kapitel 8 sowie Kapitel 10).

   Wenn unterschiedliche Industrien verschiedene Standortanforderungen aufweisen, ist nicht zu erwarten, daß eine Standortwahl unter Optimierungsgesichtspunkten zu denselben Standortschwerpunkten führt (vgl. auch Hall 1985a, S. 10 ff.). Demnach läßt sich die langfristige Verlagerung von Standortschwerpunkten direkt auf den Wandel der

tragenden Industriesektoren zurückführen. Die Verlagerung industrieller Wachstumszentren aus dem Manufacturing Belt in den Süden/ Westen der USA ist in diesem Rahmen als natürliche Folge aus der Sequenz von Langen Wellen zu verstehen. Während der Manufacturing Belt für die dominierenden Schwerindustrien der ersten Wellen geeignete Standortvoraussetzungen bot, besaß der Süden/ Westen der USA Standortvorteile für die Elektronikbranchen der vierten Welle. Man könnte sogar weiter vermuten, daß sich mit der Abfolge von Langen Wellen auch die relevanten Theorien zur Erklärung der industriellen Standortwahl verändert haben. Transportkostenminimierendes Standortverhalten in den ersten Langen Wellen könnte z.B. durch Humankapitalorientierung ersetzt worden sein.
Die Hypothese einer sich mit der Sequenz von Langen Wellen verändernden industriellen Standorttheorie läßt sich zwar im Kern kaum abstreiten; allerdings ist der Ansatz sehr restriktiv und vernachlässigt eine Vielzahl entscheidender Einflußfaktoren, die eine größere Bedeutung für die Standortwahl besitzen als der bloße Wandel führender Industriesektoren. So haben sich die politischen, institutionellen und weltwirtschaftlichen Rahmenbedingungen in den letzten 200 Jahren grundlegend verändert. Der industrielle Handlungsrahmen in der zweiten Hälfte des 20. Jahrhunderts ist deshalb mit dem Milieu des 18. Jahrhunderts nicht mehr vergleichbar. Durch die zunehmende Internationalisierung und Vernetzung von Produktion und Absatz sind vollkommen neue Rahmenbedingungen entstanden. Unternehmensziele und Unternehmensstrategien haben sich gewandelt, so daß selbst das Standortverhalten einer einzelnen Branche einen grundlegenden Wandel erfahren hat. In welchem Umfang und mit welchen Implikationen sich industrielle Bedürfnisse, Unternehmensstrategien und Produktionsbedingungen verändern, bleibt jedoch unberücksichtigt, wenn die Verlagerungen von Standortschwerpunkten ausschließlich auf den dynamischen Wandel führender Branchen zurückgeführt werden.

3. *Entstehung monostrukturierter Industrieballungen:* Die bisher erläuterten Erklärungsansätze heben die langfristigen Verlagerungstendenzen industrieller Standortschwerpunkte hervor, vernachlässigen jedoch die augenfälligen Parallelen industrieller Standortverteilungen in den verschiedenen Wirtschaftsepochen. Unter dem Einfluß einer Langen Welle entstehen offensichtlich hochspezialisierte und relativ einseitig strukturierte industrielle Agglomerationen der jeweils führenden Sektoren. Diese Prozesse lassen sich für die Perioden der ersten Langen Welle ebenso nachvollziehen wie für die vierte Lange Welle (vgl. auch Scott u. Angel 1987, S. 899 f.). In Kapitel 4 bis Kapitel 8 wurde im Detail herausgearbeitet, wie und aus welchen Gründen sich Schlüsseltechnologie-Industrien der Nachkriegszeit in verschiedenen Regionen konzentriert und hochgradig spezialisiert haben (siehe auch Kapitel 9). Als Hauptursachen für derartige Ballungstendenzen konnten vielfältige Verflechtungsbeziehungen (z.B. Arbeitsmarkt-, Kapitalmarkt-, Informations- und Input-Output-Beziehungen) sowie selbstverstärkende regionale Entwicklungsprozesse herausgearbeitet werden. Der Grad der Spezialisierung auf den Arbeitsmärkten, in den tragenden Industriebranchen, in der Infrastruktur und in der institutionellen Umgebung scheint in solchen Agglomerationen ein derart hohes Ausmaß zu erreichen, daß der regionale Entwicklungspfad in doppelter Weise vorstrukturiert wird: Einerseits sind die Ressourcen so stark auf spezifische Industriesektoren ausgerichtet, daß die Wachstumsvoraussetzungen für andere Branchen beeinträchtigt werden und diese folgerichtig andere Standortregionen bevorzugen. Andererseits bil-

den sich Machtstrukturen, die eine einseitige Förderung der vorhandenen Strukturen erzwingen und ein Vordringen neuer Aktivitäten behindern. Angesichts solcher Agglomerations- und Spezialisierungstendenzen stellt sich die Frage, ob es nicht doch Erklärungsansätze für industrielle Standortentwicklungen gibt, die sich auf mehrere Wirtschaftsepochen gleichzeitig anwenden lassen. In diesem Zusammenhang mag die Diskussion in Kapitel 12 neue Ansatzpunkte liefern (vgl. auch Scott 1985; Scott u. Storper 1988b und Storper u. Walker 1989).

11.2.3 Kritikansätze und alternative Konzepte zur Theorie der Langen Wellen

Die Hauptkritikpunkte an der Theorie der Langen Wellen beziehen sich auf die impliziten technologischen Determinismen des Konzepts (Walker 1985, S. 242 ff.). So einleuchtend die These wirtschaftlicher Konjunkturzyklen mit einer Länge von etwa 50 Jahren auch sein mag, so unzureichend sind die empirischen Nachweise und so unvollständig die theoretischen Begründungen. Relativ unbestritten läßt sich zwar die wirtschaftliche Entwicklung seit dem Ende des 18. Jahrhunderts in vier Wirtschaftsepochen einteilen, die durch eine unterschiedliche Wirtschaftsstruktur und einen Wechsel der tragenden Industriesektoren gekennzeichnet waren; ob diesem Wandel allerdings eine strenge Zyklizität zugrundeliegt, die sich auch in Zukunft in einem 50jährigen Rhythmus fortsetzen wird, ist reine Spekulation. Aus den bisherigen vier Wirtschaftsepochen läßt sich jedenfalls nicht mit hinreichender statistischer Sicherheit auf eine deterministische Sequenz schließen. Besonders deutlich wird die Gefahr einer deterministischen Interpretation von Langen Wellen in der Studie von Mensch (1975). Dieser verwendet seine empirischen Ergebnisse nicht nur, um zu belegen, daß Lange Wellen in der Vergangenheit aus dem scharenweisen Auftreten von Basisinnovationen hervorgegangen sind, sondern versucht darüber hinaus durch numerische Fortschreibung, den Beginn der nächsten Welle zu prognostizieren. In einer solchen Analyse wird die dynamische Komplexität wirtschaftlicher Zusammenhänge quasi auf ein formalstatistisches Problem reduziert.

Ein zweiter Ansatzpunkt der Kritik bezieht sich auf die Entstehungsursachen von Langen Wellen. Im Unterschied zu den klassischen Wirtschaftstheorien wird der technologische Fortschritt bei Schumpeter (1911) nicht durch ceteris-paribus-Bedingungen externalisiert, sondern als zentraler Auslöser für ungleichmäßige wirtschaftliche Entwicklungsprozesse integriert. Es wird aber lediglich erklärt, wie und warum sich Basisinnovationen in bestimmten Perioden häufen. Dagegen fehlt eine hinreichende Begründung für die Zeitpunkte und Zeitabstände des erstmaligen Auftretens von Basisinnovationen. Warum sollen entscheidende Basisinnovationen regelmäßig in 50jährigen Abständen stattfinden? Zahlreiche Wissenschaftler kritisieren zurecht (vgl. z.B. Rostow 1975; Delbeke 1981 und Walker 1985), daß die initialen Marktdurchbrüche im Modell von Schumpeter (1911, 1961a und 1961b) als exogene Faktoren behandelt werden. Sind Basisinnovationen wirklich die Ursache für das Entstehen oder lediglich eine Folge langfristiger Konjunkturzyklen? Läßt sich aus der vielleicht nur zufälligen zeitlichen Übereinstimmung von Innovationswellen und wirtschaftlichen Aufschwungperioden eine zwingende monokausale Abhängigkeitsbeziehung ableiten? Diese und andere Fragen werden in der Literatur kontrovers diskutiert.

Neben der Theorie der Langen Wellen von Schumpeter (1911) existieren zahlreiche alternative Konzepte über den Prozeß der wirtschaftlichen Entwicklung und das Entstehen von Wirtschaftsepochen: [1] In der Wirtschaftsstufentheorie von Rostow (1961, 1975 und 1977) wird die langfristige wirtschaftliche Entwicklung als gesellschaftlicher Evolutionsprozeß definiert, in dessen Rahmen Innovationsprozesse aus der stufenweise Höherentwicklung einer Gesellschaft resultieren und nicht die Ursachen der Entwicklung sind. In der Theorie der "Régulation" (vgl. Boyer 1988) werden demgegenüber die institutionellen Rahmenbedingungen der wirtschaftlichen Entwicklung als entscheidende Ursachen für das Entstehen neuer Wirtschaftsepochen betont. Danach bildet sich unter einem "Regime der Akkumulation" bei gegebenen institutionellen Rahmenbedingungen ein bestimmter "Mode der Régulation", nach dem Wirtschaftssubjekte handeln und Entscheidungsprobleme lösen. Durch ein strukturelles Ungleichgewicht zwischen den Rahmenbedingungen und den Anpassungsmechanismen kommt es zu einer Krisensituation, die durch den Übergang zu einem neuen "Mode der Régulation" überwunden wird. In der Theorie der "Régulation" wird insbesondere der unzulänglichen Behandlung von politischen, wirtschaftlichen, sozialen und ökonomischen Rahmenbedingungen in der Theorie der Langen Wellen Rechnung getragen (z.B. Kriege, Revolutionen, der gesellschaftliche Wandel oder veränderte Produktionsstrategien und Wettbewerbsformen).

11.2.4 Fazit

Auch wenn räumliche Implikationen aus der Theorie der Langen Wellen für die industrielle Standortwahl sehr umstritten sind und mit Vorsicht behandelt werden müssen, ist es durchaus möglich und sinnvoll, die Abgrenzung von Schlüsseltechnologie-Industrien (vgl. Kapitel 2) an die Theorie der Langen Wellen zu koppeln. Wenn man Schlüsseltechnologien als Industriesektoren definiert, die technologisch hochstehende Produkte entwickeln, Arbeitsmärkte stabilisieren und als Impulsgeber wirtschaftliche Wachstumseffekte übertragen (regional wie sektoral), so kann und darf man kein statisches Konzept zugrunde legen. Die historische Erfahrung lehrt, daß Industriesektoren mit diesen Eigenschaften einen diskreten Wandel erfahren haben, der von Schumpeter durch das zeitliche Zusammenfallen von Basisinnovationen erklärt wird. **Ohne die deterministischen Implikationen der Theorie der Langen Wellen zu akzeptieren, aber auch ohne den Erklärungsansatz von Schumpeter vollständig abzulehnen, könnte man die These vertreten,**

[1] In einer neueren Studie versuchen Gritsai u. Treivish (1990), die Theorie der Langen Wellen und das evolutionäre Zentrum-Peripherie-Modell von Friedmann miteinander zu verknüpfen. Ungeachtet des bemerkenswerten Versuchs leidet die Studie von Gritsai u. Treivish (1990) unter der Annahme einer strengen und universellen Zyklizität sozio-ökonomischer Entwicklungen auf unterschiedlichen räumlichen Analyseebenen. Die Verknüpfung beider Konzepte erfolgt auf einer historisch-deskriptiven Ebene; eine theoretisch konsistente Ableitung fehlt.

daß Schlüsseltechnologie-Industrien mit dem Abschwung von Langen Wellen einen grundlegenden Wandel erfahren. Die Textilindustrie bildete den Kern des Schlüsseltechnologie-Sektors während der ersten Langen Welle, die Eisen- und Stahlindustrie den Schlüsseltechnologie-Kern der zweiten Welle, die Elektro-, Automobil- und Chemieindustrie den Kern der dritten Welle und die Elektronik- und Pharmaindustrie den Kern der vierten Welle.

Die Theorie der Langen Wellen bildet ungeachtet ihres deterministischen Charakters einen wichtigen theoretischen Baustein, um den Einfluß von Innovationsprozessen auf volkswirtschaftliche Entwicklungen zu erfassen und die volkswirtschaftliche Bedeutung von Schlüsseltechnologie-Industrien richtig einzuordnen. Mit der Abfolge von Langen Wellen (bzw. Wirtschaftsepochen) haben sich nicht nur die dominierenden Industriezweige, sondern auch die tragenden Industrienationen und innerhalb dieser Volkswirtschaften die führenden Industrieregionen grundlegend verändert. Wenn man versucht, den diskontinuierlichen sektoralen und regionalen Wandel miteinander in Einklang zu bringen, so gelangt man zu der Hypothese, daß die Abfolge führender Industriebranchen zu einer prinzipiellen Veränderung industrieller Standortentscheidungen geführt hat und mit dieser Veränderung die erklärungsrelevanten Standorttheorien einen Wechsel erfahren haben.

11.3 Produktlebenszyklus und Produktzyklustheorie

Während die Theorie der Langen Wellen versucht, langfristige wirtschaftliche Entwicklungen zu erfassen und zu erklären, konzentriert sich die auf dem Produktlebenszyklus aufbauende Produktzyklustheorie auf die Produktebene und umfaßt einen kurz- bis mittelfristigen Entscheidungshorizont. Eine Beziehung zwischen der Theorie der Langen Wellen und der Produktzyklustheorie wird häufig unter Rückgriff auf den Innovationsprozeß hergestellt (vgl. Kapitel 2). Danach werden Produktlebenszyklen als die kleinsten Bausteine von Langen Wellen angesehen, durch deren Aggregation sich Lange Wellen quasi manifestieren. Eine solche Verknüpfung sollte allerdings mit größter Vorsicht behandelt werden: Erstens konzentriert sich der Innovationsbegriff von Schumpeter (1911) auf Basisinnovationen, während das Konzept des Produktlebenszyklus alle neuen Produkte einbezieht. Zweitens fehlt eine zwingende logische Begründung, warum Produktlebenszyklen sich ausgerechnet zu Langen Wellen aggregieren sollen. Von einer Verknüpfung der Theorie der Langen Wellen mit der Produktzyklustheorie wird deshalb im Rahmen der vorliegenden Arbeit Abstand genommen.

Die Produktzyklustheorie wurde Mitte der 60er Jahre von Vernon (1966) und Hirsch (1967 und 1972) an der Harvard Business School begründet und als dynamischer Ansatz in der Außenhandelstheorie zur Erklärung bestimmter Außenhandelsströme eingesetzt (vgl. Wells 1972b und 1972c sowie Gruber et al. 1972). Nach Hesse (1977, S. 369 ff.) gehört die Produktzyklustheorie zu der Klasse von Außenhandelstheorien, die das Entstehen von Außenhandelsströmen auf Nicht-

Verfügbarkeiten von technischem Fortschritt zurückführen. In diesem Kalkül resultieren bestimmte Außenhandelsströme direkt aus dem Innovationsprozeß, weil Innovationen vorübergehend in einigen Volkswirtschaften nicht verfügbar sind und aus dem Innovationsland importiert werden müssen.

11.3.1 Produktlebenszyklus-Konzepte im engeren und weiteren Sinn

Die *Produktlebenszyklus-Hypothese* unterstellt, daß jedes Produkt in Analogie zu einem lebenden Organismus einen "natürlichen" Alterungsprozeß - den sog. Produktlebenszyklus - durchläuft. In diesem Prozeß wird von wirtschaftlichen Kenngrößen ein im Zeitablauf typischer, sich von Produkt zu Produkt wiederholender Verlauf erwartet, der einem Zyklus gleicht. Der sog. *Produktlebenszyklus i.w.S. (im weiteren Sinn)* beginnt zum Zeitpunkt des Vorliegens einer Invention und endet mit dem Ausscheiden des daraus entstehenden Produkts aus dem Markt (siehe Abb. 37). In Übereinstimmung mit der Definition des Innovationsbegriffs nach Giese u. Nipper (1984, S. 205) läßt sich der Produktlebenszyklus i.w.S. in eine *vorkommerzielle* (A) und eine *kommerzielle Phase* (B) unterteilen:

(A) Die *vorkommerzielle Phase* (Thomas 1987, S. 27 f.) bzw. der *Entstehungszyklus* (Hahn 1986, S. 196 ff.) reicht vom Zeitpunkt der Entscheidung, ein neues Produkt zu entwickeln oder eine vorliegende Erfindung bis zur Marktreife zu perfektionieren, bis zur Einführung einer Innovation auf dem Markt. Während des Entstehungszyklus fallen für ein Unternehmen noch keine Erlöse an. Nach der Art der anfallenden Kosten unterscheidet Hahn (1986, S. 199 und 857 f.) innerhalb eines Entstehungszyklus verschiedene Abschnitte: Am Anfang steht zunächst die Suche nach alternativen Problemlösungsideen sowie die Alternativenbewertung und Auswahl. Forschungen im Hinblick auf die Entwicklung eines neuen Produkts setzen erst ein, wenn eine Strategie für den Entstehungszyklus definiert ist und Vorgaben für das auf dem Markt einzuführende Produkt bestehen. Die FuE-Aktivitäten haben im Anfangsstadium eher den Charakter von angewandter Forschung und sind in der Endphase stärker als Entwicklungsaktivitäten auf die Ausdifferenzierung des neuen Produkts ausgerichtet (vgl. zur Unterscheidung von FuE-Arten Kapitel 2). Zu Beginn der FuE-Aktivitäten steht die konzeptionelle Entwicklung eines neuen Produkts in verschiedenen Varianten. Nach einer Bewertung der verschiedenen Varianten werden Prototypen hergestellt und getestet. Schließlich erfolgen an dem neuen Produkt inkrementale Verbesserungsaktivitäten im Sinn einer Perfektionierung der Produkteigenschaften. Der Entstehungszyklus endet mit Produktions- und Absatzvorbereitungen für das neue Produkt (z.B. Fertigungsanläufe).

(B) Mit der Markteinführung des neuen Produkts beginnt die zweite Phase des Produktlebenszyklus i.w.S. Es ist dies die *kommerzielle Phase* (Thomas 1987, S. 27 f.) bzw. der *Marktzyklus* (Hahn 1986, S. 199). Die zweite Phase wird auch als der eigentliche *Produktlebenszyklus i.e.S. (im engeren Sinn)* bezeichnet (vgl. Hirsch 1967, S. 16 ff.; Wöhe 1986, S. 626 ff.; Schierenbeck 1989, S. 106 f. sowie Nuhn 1985, S. 189 f.; Dicken 1986, S. 98 f. und Chapman u. Walker 1987, S. 110 f.). Erst mit dem Beginn des Produktlebenszyklus i.e.S. (im folgenden: Produktlebenszyklus)

Abb. 37: Konzept des Produktlebenszyklus i.w.S. (im weiteren Sinn)

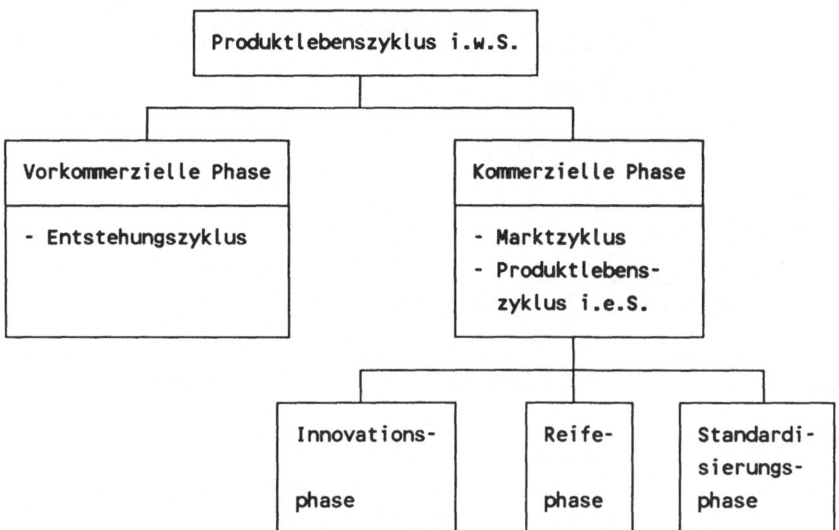

läßt sich ein Produkt anhand der spezifischen technischen Eigenschaften, der Produktionsmethode und der Verwendungszwecke definieren (Thomas 1987, S. 32). Im Vergleich zum Entstehungszyklus haben die Kosten während des Produktlebenszyklus eine grundlegend andere Struktur. Neben FuE-Kosten treten Kosten der laufenden Produktion sowie Absatz- und Marketingkosten hinzu. Zugleich fallen im Unterschied zur Entstehungsphase kontinuierliche Verkaufserlöse an. Entsprechend der Produktnachfrage bzw. der Verkaufserlöse läßt sich der Produktlebenszyklus idealtypisch in verschiedene Phasen einteilen. In der Literatur existieren Einteilungen in drei, vier oder fünf Produktlebenszyklus-Phasen. Da sich die verschiedenen Klassifizierungen nur graduell und nicht substantiell voneinander unterscheiden, erscheint es im folgenden ausreichend, eine Dreiteilung des Produktlebenszyklus in eine Innovations-, eine Reife- und eine Standardisierungsphase vorzunehmen (vgl. Hirsch 1967, S. 17; Nuhn 1985, S. 189 und Wöhe 1986, S. 626 ff.):

1. *Innovationsphase:* In dieser Phase sind auf der Nachfrageseite erhebliche Widerstände zu überwinden. Aufgrund der hohen Grenzkosten der Produktion ist der Produktpreis relativ hoch. Außerdem sind nur begrenzte Informationen verfügbar, so daß sich der Verbraucher zuerst über den Zweck und die Qualität des neuen Produkts klar werden muß. Die Nachfrage ist somit relativ gering, und die Umsätze laufen nur langsam an. Um die Nachfrage zu erhöhen, sind intensive Werbemaßnahmen notwendig. FuE-Aktivitäten aus dem Entstehungszyklus werden fortgesetzt, um das neue Produkt den Marktbedürfnissen anzupassen und kleinere Fehler zu korrigieren. Obwohl der Produktpreis aufgrund monopolistischer oder oligopolistischer Marktstrukturen die Grenz-

Abb. 38: Phasen des Produktlebenszyklus i.e.S. (im engeren Sinn)

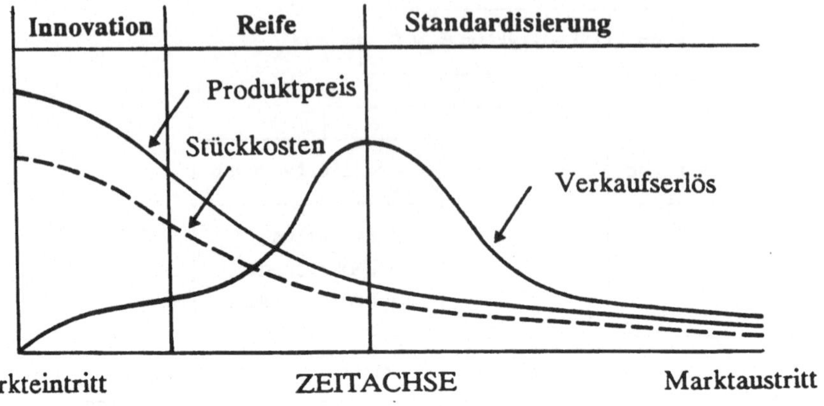

Innovation | Reife | Standardisierung

Produktpreis

Stückkosten

Verkaufserlös

Markteintritt ZEITACHSE Marktaustritt

Quelle: Nach Nuhn (1985, S. 189).

kosten der Produktion übersteigt (siehe Abb. 38), ist erst gegen Ende der Innovationsphase mit signifikanten Gewinnen zu rechnen.

2. *Reifephase:* In dieser Phase setzt eine starke Nachfrage ein, und die Verkaufserlöse erhöhen sich exponentiell. Ungewißheitssituationen über die Größe und die Bedürfnisse der Nachfrage sowie über den Produktionsprozeß sind weitgehend ausgeräumt. Durch die Möglichkeit, *interne Ersparnisse* zu erzielen, setzt eine Tendenz zur Massenproduktion ein. Die Grenzkosten der Produktion sinken. FuE-Aktivitäten haben eine untergeordnete Bedeutung und bestehen überwiegend aus modebedingten Produktänderungen. Zugleich steigt der Gesamtgewinn. Aufgrund des zunehmenden Wettbewerbs zwischen den Produzenten sinkt der Produktpreis stärker als die Grenzkosten der Produktion, so daß ein tendenzieller Ausgleich zwischen Preisen und Grenzkosten erfolgt (siehe Abb. 38).
3. *Standardisierungsphase:* In der letzten Phase des Produktlebenszyklus kommt es zunächst zu einer Stagnation der Nachfrage, weil das Marktpotential ausgeschöpft ist, und schließlich sogar zu einem Nachfragerückgang, der am Zyklusende die Rücknahme des Produkts vom Markt zur Folge hat (siehe Abb. 38).

11.3.2 Produktzyklustheorie als Erklärungsansatz für eine dynamische Standortanalyse

Den Ausgangspunkt der Produktzyklustheorie bildete das sog. Leontief-Paradoxon (vgl. Vernon 1966, S. 201 f.; Hirsch 1967, S. 7-13 und 1972, S. 49 f. sowie Wells 1972b, S. 3 ff.). Durch die Erstellung gesamtwirtschaftlicher Input-Output-Tabellen für die USA gelangte Leontief Anfang der 50er Jahre überraschenderweise zu dem Ergebnis, daß sich ein großer Teil der Exporte der USA aus relativ arbeitsintensiven Produkte zusammensetzte, während zugleich ein großer Anteil der Importe aus kapitalintensiven Produkten bestand. Nach dem Heckscher-

Ohlin-Theorem wären dagegen umgekehrte Außenhandelsströme zu erwarten gewesen (vgl. Woll 1978, S. 465 und Wells 1972b, S. 19 ff.): Eine Volkswirtschaft wie die USA mit hoher Kapitalverfügbarkeit und komparativen Kostenvorteilen für kapitalintensive Produkte müßte vor allem Exportindustrien mit hoher Kapitalintensität aufweisen. Umgekehrt müßten Importe aufgrund von komparativen Kostennachteilen für den Produktionsfaktor Arbeit in erster Linie arbeitsintensive Produkte umfassen.

Vernon (1966) versuchte, das Leontief-Paradoxon unter Rückgriff auf das Konzept des Produktlebenszyklus zu lösen. Die von ihm entwickelte Produktzyklustheorie unterscheidet in Anlehnung an den Produktlebenszyklus drei Phasen: die Innovations-, die Reife- und die Standardisierungsphase (vgl. im folgenden auch Wells 1972b; Freeman 1982, S. 180 ff.; Dicken 1986, S. 103 ff. und 129 ff.; Chapman u. Walker 1987, S. 110 ff. und Taylor 1987, S. 77 ff.). Folgende Annahmen liegen dem Modell zugrunde (vgl. auch Wells 1972b, S. 5 ff. und 19 ff.):

1. Produktionsfunktionen, Nachfrageverhältnisse und Investitionsbedingungen verändern sich während eines Produktlebenszyklus.
2. Unter gewissen Rahmenbedingungen können prinzipiell *Economies of Large Scale* erzielt werden.
3. Konsummuster differieren mit dem Einkommensniveau.
4. Informationsflüsse zwischen Volkswirtschaften sind beschränkt.
5. Der Transfer von technischem Wissen zwischen Volkswirtschaften verursacht Kosten.
6. Innovationen sind nicht in jeder Volkswirtschaft zum gleichen Zeitpunkt verfügbar.
7. Das Entstehen von Innovationen ist informationsabhängig.
8. Es besteht die Möglichkeit, Kapital zwischen verschiedenen Volkswirtschaften zu transferieren.
9. Industrielle Standortfaktoren sind dynamisch und verändern sich infolge der Annahmen 1. bis 8. während eines Produktlebenszyklus mit prognostizierbarer Regelmäßigkeit.

11.3.2.1 Neue Produkte (Innovationsphase)

Die Analyse von Vernon (1966, S. 192 f.) basiert auf der Hypothese, die Fähigkeit eines Unternehmens, Marktlücken für neue Produkte zu erkennen, hänge von den bestehenden Kommunikationsmöglichkeiten ab. Da diese bei geringer Distanz am besten seien, sei das Erkennen von Marktlücken entfernungsabhängig. Unter dieser Voraussetzung treten bestimmte Marktlücken, die durch hohe Arbeitskosten, gute Kapitalverfügbarkeit (Anreiz zur Substitution von Arbeit durch Kapital) und hohe Einkommen (Nachfragestimuli) entstehen, zuerst in hochentwickelten Volkswirtschaften auf und werden zuerst von dortigen Produzenten in neue Produkte umgesetzt. In der Anfangsphase bestimmen vor allem Kommunikationsmöglichkeiten und Agglomerationsvorteile den Innovationsprozeß. Da ein neues Produkt zum Zeitpunkt der Markteinführung noch nicht homogen ist, ergeben sich zahlreiche Implikationen für das Standortkalkül der betreffenden Hersteller (Vernon 1966, S. 195):

1. Solange die endgültige Kombination der Inputs nicht feststeht und der Produktionsprozeß noch variiert, besteht keine Möglichkeit, einen kostenminimalen Standort zu berechnen.
2. Die Preiselastizität der Nachfrage ist in diesem Stadium gering, so daß Kosten- und Preisunterschiede zwischen konkurrierenden Anbietern nur geringe Auswirkungen auf die unternehmensspezifische Erlössituation haben. Es besteht kein Zwang zu kostenminimaler Produktion.
3. Da auf dem potentiellen Markt eine Ungewißheitssituation vorliegt, besteht die Notwendigkeit zum Aufbau hochwertiger und schneller Kommunikationsnetze zu Nachfragern und Konkurrenten, um flexibel und schnell auf geänderte Bedürfnisse reagieren zu können.

In diesem Teststadium werden Marktanpassungen in Form von Produktmerkmalsänderungen vorgenommen. Die Produktion beschränkt sich auf kleine Mengen, weil Produktionsverfahren ständig variieren. Da Investitionen einem hohen Risiko unterliegen, wird kein spezialisierter Maschinenpark zur Massenproduktion aufgebaut. In Produktion und Forschung kommen vor allem hochqualifizierte Arbeitskräfte zum Einsatz (Hesse 1977, S. 370 f.). Entscheidende Standortfaktoren der Innovationsphase sind die Verfügbarkeit von wissenschaftlich-technischem Fachpersonal, externe Zulieferer und Dienste sowie Managementqualitäten. Die Verfügbarkeit von ungelernten Arbeitskräften spielt dagegen nur eine untergeordnete Rolle (siehe Abb. 39; Nuhn 1985, S. 189 f. und Hirsch 1972, S. 39 ff.). Die Produzenten der neuen Produkte sind in der Innovationsphase überwiegend in hochentwickelten Volkswirtschaften lokalisiert, weil dort die besten Standortbedingungen vorliegen. Demzufolge sind hochentwickelte Volkswirtschaften die Hauptexportländer der neuen Produkte (siehe Abb. 40; Vernon 1966, S. 191-196; Hirsch 1967, S. 32-41 und Auty 1984, S. 327 f.).

11.3.2.2 Reifeprodukte (Reifephase)

Mit zunehmender Nachfrage setzt ein Prozeß der Standardisierung und Homogenisierung des neuen Produkts ein, obwohl unter dem erhöhten Preiswettbewerb auch weiterhin Produktänderungen vorgenommen werden. Bestimmte technische Standards im Produktionsprozeß erfahren eine zunehmende Akzeptanz, und es setzen Spezialisierungstendenzen ein. Die Käuferpräferenzen sind in der Reifephase weitgehend bekannt, so daß der Bedarf an Flexibilität in bezug auf die Standortansprüche sinkt. Durch die Fixierung von Produktionsprozessen und die Aussicht auf interne Ersparnisse entsteht eine Tendenz zur Massenproduktion (vgl. Vernon 1966, S. 196-202; Hirsch 1967, S. 29-32 und Hesse 1977, S. 371). Damit erhöht sich auch die Wahrscheinlichkeit, in anderen (entwickelten) Volkswirtschaften Produktionsstandorte einzurichten, zumal die Nachfrage nach dem Reifeprodukt in diesen Volkswirtschaften schnell ansteigt, sobald größere Produktionsläufe möglich sind. Infolge der veränderten Rahmenbedingungen kommt es während der Reifephase durch Produzenten aus hochentwickelten Volkswirtschaften zum Aufbau euer Produktionsstätten in entwickelten Volkswirtschaften.

Abb. 39: Bedeutungswandel von Standortfaktoren im Produktlebenszyklus

Innovation	Reife	Standar-disierung	
hoch	mittel	niedrig	wiss. und techn. Fachpersonal
mittel	hoch	niedrig	Management
niedrig	mittel	hoch	ungelernte Arbeiter
niedrig	hoch	hoch	Kapital
hoch	mittel	niedrig	externe Zulieferer und Dienste

Bedeutung: hoch mittel niedrig

Quelle: Nuhn (1985, S. 190) nach Hirschman (1967, S. 35 und 1972, S. 41).

Dieser Schritt setzt voraus, daß die Grenzkosten der Produktion in den neuen Standortländern (einschließlich der anfallenden Transportkosten) geringer sind als in den ursprünglichen Herstellerländern. Ausgehend von hochentwickelten Volkswirtschaften setzt also ein Export von Produktionseinrichtungen ein, der eine direkte Veränderung der Außenhandelsströme zur Folge hat. Einerseits sinken die Güterexporte der hochentwickelten Volkswirtschaften und die Güterimporte der entwickelten Volkswirtschaften. Andererseits setzen Güterexporte aus den neuen Standortregionen in Entwicklungsländer ein (siehe Abb. 40; Vernon 1966, S. 196 ff.).

Nach Vernon (1966, S. 198 ff.) hat eine rein ökonomische Begründung internationaler Standortverlagerungen allerdings nur eine begrenzte Aussagekraft, weil nicht-ökonomische Einflüsse wie strategische Unternehmensziele, zufällige Ereignisse, die politische Stabilität, Gewerkschafts- sowie Tarifbedingungen in den potentiellen Investorstaaten den Entscheidungsprozeß überlagern. Erste ausländische Zweigwerksgründungen durch Produzenten aus hochentwickelten Volkswirtschaften mögen z.B. erfolgen, um Marktpositionen in den bisherigen Importstaaten zu sichern oder Eingriffen durch dortige Regierungen (z.B. Importrestriktionen zum Schutz einheimischer Produzenten) zuvorzukommen. Ungewißheiten über die langfristigen Auswirkungen solcher Investitionen und über neue Produktionskostenstrukturen bei den Erstinvestoren drängen weitere Produzenten aus hochentwickelten Volkswirtschaften zu ähnlichen Investitionsprojekten im Ausland.

In der Reifephase besitzen Managementqualitäten zur Entwicklung langfristiger Unternehmensstrategien und zur Organisation der Produktion sowie die Kapitalverfügbarkeit zur Abwicklung internationaler Investitionsprojekte und zum Aufbau von Maschinenparks für die Massenproduktion den größten Einfluß auf die

Abb. 40: Veränderungen im Außenhandel während eines Produktlebenszyklus

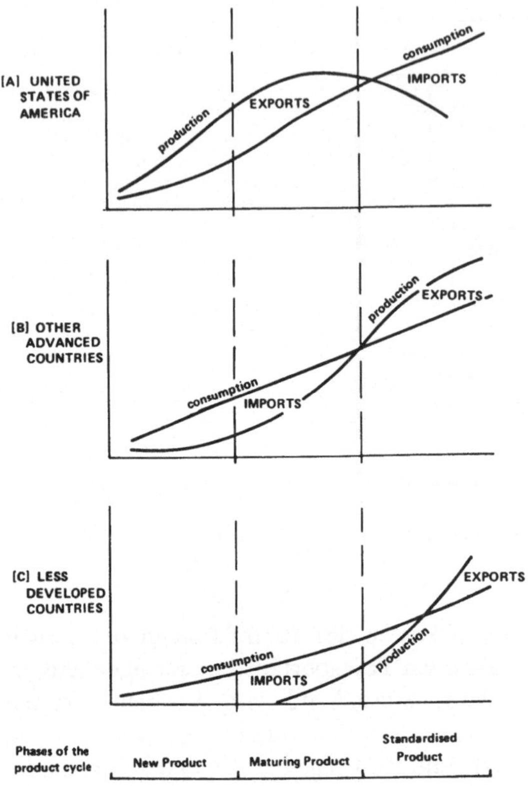

Quelle: Taylor (1987, S. 78) nach Vernon (1966, S. 199).

Standortwahl. Produktionsaktivitäten erfordern weniger qualifizierte Arbeitskräfte als in der Innovationsphase und werden zunehmend mit ungelernten Arbeitskräften durchgeführt. Dementsprechend sinkt die Bedeutung von wissenschaftlich-technischen Fachkräften und Agglomerationsvorteilen für Standortentscheidungen, während die Verfügbarkeit ungelernter Arbeitskräfte an Bedeutung gewinnt (siehe Abb. 39; Nuhn 1985, S. 190 und Hirsch 1972, S. 39 ff.).

11.3.2.3 Standardisierte Produkte (Standardisierungsphase)

Mit zunehmender Standardisierung von Produkten und Prozessen werden internationale Märkte immer leichter zugänglich, und Investitionen in anderen Volkswirtschaften sind mit geringen Risiken verbunden. Die Unternehmen tendieren zu einer optimalen Standortwahl auf der Basis von Kostenvorteilen. Sobald interne Ersparnisse auf der Produktionsseite ausgeschöpft sind, beruht die Standortdifferenzierung typischerweise auf Lohnkosten-Unterschieden. Arbeitsintensive und lohnkostenempfindliche Produktionsbereiche werden in zunehmendem Maß in

Entwicklungsländer mit geringen Lohnniveaus, geringen Steuern, reichhaltigen Rohstoffvorkommen und ausreichender Verkehrsinfrastruktur verlagert. Die Verlagerungstendenzen sind umso stärker ausgeprägt, je geringer der Anteil der Transportkosten an den gesamten Produktionskosten ist. Wichtige Standortfaktoren der Standardisierungsphase sind demzufolge die Verfügbarkeit und die Kosten von ungelernten Arbeitskräften und Kapital. Managementfähigkeiten, Agglomerationsvorteile und die Verfügbarkeit von wissenschaftlich-technischen Fachkräften sind im Unterschied zur Innovations- und Reifephase praktisch ohne Einfluß auf die Standortwahl (siehe Abb. 39; Vernon 1966, S. 202 ff.; Hirsch 1972, S. 39 ff.; Hesse 1977, S. 371 und Nuhn 1985, S. 190). Da die Kapitalmärkte internationalisiert werden, bildet die Verfügbarkeit von Kapital kein Hindernis mehr für Investitionen in Entwicklungsländern.

Die dynamischen Veränderungen vom Beginn der Innovationsphase bis zur Standardisierungsphase führen zu einer strukturellen Veränderung der Außenhandelsströme (siehe Abb. 40; Vernon 1966, S. 202-207 und Hirsch 1967, S. 24-29). In hochentwickelten und entwickelten Volkswirtschaften sinken bzw. stagnieren die Produktionsaktivitäten, während der Produktionsumfang in Entwicklungsländern exponentiell ansteigt. Die Gründung von Produktionszweigwerken in Entwicklungsländern dient nicht nur dem Zweck der Importsubstitution, sondern auch dem Export in hochentwickelte und entwickelte Volkswirtschaften. Hochentwickelte Volkswirtschaften werden zu Importeuren standardisierter Produkte, Entwicklungsländer zu Exporteuren. Während Außenhandelshandelsaktivitäten in der Innovationsphase durch Nicht-Verfügbarkeiten des technischen Fortschritts ausgelöst werden, hängen die Außenhandelsströme in der Standardisierungsphase von Kostenunterschieden ab. Wenn hochentwickelte Volkswirtschaften überwiegend arbeitsintensive Produkte der Innovationsphase exportieren und kapitalintensive Produkte der Standardisierungsphase aus Entwicklungsländern importieren, liegen Außenhandelsbeziehungen vor, die zur Erklärung des Leontief-Paradoxons beitragen.

11.3.3 Ergänzungen und Weiterentwicklungen der Produktzyklustheorie

In den 70er und 80er Jahren wurde die Produktzyklustheorie erweitert und an spezielle Problemstellungen angepaßt. In zunehmendem Maß standen dabei regionale Entwicklungen innerhalb einer Volkswirtschaft im Mittelpunkt. Aus Unzufriedenheit mit dem statischen Charakter und den restriktiven Anwendungsvoraussetzungen der traditionellen industriellen Standortlehre erhöhte sich die Bedeutung der Produktzyklustheorie als alternativer Erklärungsansatz für die dynamischen Veränderungen eines räumlichen Systems industrieller Standorte. Gegenüber traditionellen Standorttheorien wurde der technologische Wandel in produktzyklustheoretischen Konzepten explizit als unternehmensrelevante Entscheidungskomponente einbezogen und somit ein dynamischer Weg der Analyse von Standortentscheidungen eingeschlagen. Mit Hilfe der Produktzyklustheorie bestand nicht nur die Möglichkeit, unterschiedliche industrielle Standortschwerpunkte auf die Lebenszyklusphasen von Produkten zurückzuführen, zusätzlich konnten Verlagerungen von Standortschwerpunkten im Zeitablauf als Folge eines Alterungs- und Reifungsprozesses erklärt werden.

11.3.3.1 Profitzyklustheorie nach Markusen

Wie Auty (1984) versucht Markusen (1985a) das Produktzyklusmodell um Marktformen und Wettbewerbsbedingungen zu erweitern und angepaßte Verhaltensweisen von Unternehmen einzubeziehen. Aus der Sicht von Markusen (1985a, S. 23) wird in dem Originalmodell von Vernon (1966) die zyklische Entwicklung der Nachfrage zu stark hervorgehoben. Allein durch das Steigen und Fallen der Nachfrage erklärt Vernon (1966) Wachstums- und Schrumpfungsprozesse der Produktion. Auf Produkte wie Weizen und Kohle, die keine im Zeitablauf glokkenförmig verlaufende Nachfrage besitzen, sei die Produktzyklustheorie deshalb nicht anwendbar.[1] Gegenüber der Nachfrageentwicklung werden in der Produktzyklustheorie unvollständige Wettbewerbsformen (etwa Oligopole) und den Marktbedingungen angepaßte Verhaltensweisen der Entscheidungsträger (z.B. adaptives Managementverhalten) vernachlässigt. Markusen (1985a) löst sich in ihrer Weiterentwicklung der Produktzyklustheorie von der Vorstellung einer zyklischen Entwicklung der Nachfrage und unterstellt in einem *Profitzyklusmodell* statt dessen eine zyklische Abfolge von fünf verschiedenen Gewinnphasen. Während sich das Originalmodell auf Produktlebenszyklen konzentriert, bezieht sich die Profitzyklustheorie auf Industriesektoren (vgl. im folgenden Markusen 1985a, S. 27-38 und Markusen et al. 1986, S. 40 ff.):

1. In der *Zero-Profit*-Phase sind FuE-Aktivitäten vorherrschend. Massenproduktionstechniken können nicht eingesetzt werden, weil noch kein genügend großer Markt für die neuen Produkte existiert und die Kapitalverfügbarkeit begrenzt ist. Dementsprechend ist die Beschäftigtenzahl relativ gering. Nachdem ein neues Produkt auf dem Markt eingeführt ist, sind die Preise wegen der hohen Stückkosten sehr hoch. Sobald der hohe Nutzen des neuen Produkts von den Konsumenten adäquat eingeschätzt wird, erfolgt ein zusätzlicher Preisanstieg, so daß der Produktpreis nur in schwacher Beziehung zu den Stückkosten steht. Insgesamt herrscht eine hohe Marktkonzentration (geringer Wettbewerb) mit geringen Markteintrittschancen. Aufgrund des hohen FuE-Bedarfs und der hohen Produktionskosten werden in dieser Phase trotzdem nur geringe Gewinne erzielt.
2. Die *Super-Profit*-Phase wird dadurch ausgelöst, daß die Stückkosten infolge von Standardisierungstendenzen erheblich stärker sinken als die Produktpreise infolge des zunehmenden Wettbewerbs. Noch herrscht eine monopolistische oder oligopolistische Wettbewerbssituation. Produktionsmengen und Beschäftigtenzahlen wachsen schnell; unternehmensinterne Marketing-/Managementfunktionen gewinnen an Bedeutung. Trotz einer Erhöhung der durchschnittlichen Betriebsgrößen steigt der Wettbewerb, weil die Zahl der Markteintritte ansteigt (z.B. Spin-off-Prozesse) und industrielle

[1] Durch die Anwendungsbeschränkungen von Vernon (1966, S. 193) wird dies allerdings auch nicht beabsichtigt.

Abnehmer des neuen Produkts durch vertikale Integration ebenfalls auf den Markt drängen.

3. Die *Normal-Profit*-Phase setzt ein, wenn die Produktpreise infolge des schnell wachsenden Angebots sinken. Der Preiswettbewerb ist intensiv, so daß sich die Differenz zwischen Produktpreis und Stückkosten verringert. Mit näherrückender Marktsättigung verlangsamt sich das Beschäftigtenwachstum. Gegenüber den Anfangsphasen spielt effizientes Managementverhalten eine entscheidende Rolle, um Marktpositionen beizubehalten oder auszubauen. Die Unternehmensstrategien sind durch Produktivitätssteigerung, Kostenreduktion und die Ausnutzung von *Economies of Large Scale* gekennzeichnet. Durch Aufkauf- und Fusionsaktivitäten setzen Integrationstendenzen ein. Die durchschnittlichen Betriebsgrößen erhöhen sich sprunghaft, da kleine Unternehmen aus dem Markt ausscheiden. Der Übergang zur nächsten Profitzyklusphase hängt von den technischen Kapazitäten, den finanziellen Ressourcen und den Machtverhältnissen innerhalb eines Industriesektors ab.
4. Wenn die Unternehmen einer Branche nach dem Erreichen der Sättigungsgrenze durch eine zunehmende Oligopolisierung auf sinkende Wachstumsaussichten reagieren, setzt die *Normal-Plus-Profit*-Phase ein. Der Markt wird von wenigen Anbietern dominiert, die durch oligopolistische Steuerungselemente (Outputbeschränkungen und Preiserhöhungen) ihre Gewinne zwischenzeitlich steigern können. Die führenden Unternehmen bauen eine Lobby auf, um politischen Druck auszuüben (Drängen auf Subventionen und staatliche Aufträge). Unternehmensstrategien konzentrieren sich auf die Sicherung oder Erhöhung von Marktanteilen (z.B. in Form von Produktdifferenzierung und Intensivierung der Marketingpolitik). Durch den hohen Grad der Standardisierung sind die Produktionsprozesse wenig flexibel. Damit ist die Anpassungsfähigkeit an neue Bedürfnisse eingeschränkt. Gewinne werden in andere Industriebranchen investiert, so daß sich diversifizierte Unternehmenskonglomerate bilden. Die Beschäftigtenzahlen stagnieren oder sinken; Markteintritte sind praktisch unmöglich.
   Sofern keine Oligopolbildung erfolgt, führt die Konkurrenz durch Substitutionsgüter und zunehmende Importe im Anschluß an die *Normal-Profit*-Phase zu sinkenden Gewinnen. Es setzt eine *Normal-Minus-Profit*-Phase ein. Substitutionsgüter können besonders schnell vordringen, falls Umstrukturierungen in den inzwischen etablierten Produktzweigen verpaßt wurden. Es entsteht ein starker Preisdruck. Gelingt es, auf dem neuen Markt der Substitutionsgüter Fuß zu fassen, so wird erneut eine *Super-Profit-* oder *Normal-Profit*-Phase erreicht. Anderenfalls setzt sich der Abstieg fort. Unternehmensstrategien konzentrieren sich auf Rationalisierungsmaßnahmen und Kapitaltransfers in andere Industriesektoren. Durch Unternehmensschließungen und Fusionsaktivitäten erhöht sich die Marktkonzentration, während die Beschäftigtenzahlen zurückgehen. Markteintritte sind weitgehend ineffizient.
5. In der abschließenden *Negative-Profit*-Phase sinken Produktion und Beschäftigung. Mit dem Ziel der finanziellen Sanierung werden zunehmend Unternehmensteile verkauft. Vor allem relativ alte und große Unternehmen scheiden aus dem Markt. Es verbleiben relativ arbeitsintensive, kleine Unternehmen, so daß sowohl die Betriebsgrößen als auch die Marktkonzentration in der Endphase rückläufig sind.

In ihren räumlichen Aussagen bleibt die Profitzyklustheorie sehr allgemein. Markusen (1985a, S. 43 ff., 54 f., 69 f., 253 f. und 287 ff.) verzichtet in ihrem Modell bewußt darauf, den Bedeutungswandel von Standortfaktoren während des Profitlebenszyklus hervorzuheben. Aus den sich ändernden Wettbewerbsbedingungen während des Profitlebenszyklus werden lediglich räumliche Konzentrations- oder Dispersionstendenzen abgeleitet. Im Anfangsstadium gibt es auf dem Markt nur wenige Anbieter, so daß a priori eine relativ hohe räumliche Konzentration vorliegt. Die Verteilung der ursprünglichen Standorte einer Industriegruppe hat im weiteren Verlauf großen Einfluß auf die räumlichen Entwicklungstrends. In der *Super-Profit*-Phase verstärkt sich infolge vielfältiger Neugründungs- und Spin-off-Prozesse die Agglomeration an den Ursprungsstandorten. Erst in der *Normal-Profit*-Phase setzen mit zunehmendem Wettbewerb Dispersionstendenzen ein. Es kommt zu Unternehmensverlagerungen und Gründungsaktivitäten in anderen Standortregionen. Am Zyklusende kehrt sich der Trend zur räumlichen Dispersion wieder um. Mit der Bildung von Oligopolen und der Häufung von Unternehmensschließungen verstärken sich zentripedale Kräfte, die eine Rekonzentration der Produktionsstandorte zur Folge haben. Die verbleibenden Standorte stimmen allerdings nicht zwangsläufig mit den ursprünglichen Standortregionen überein.[1]

Im empirischen Teil versucht Markusen (1985a, S. 101-272), die Gültigkeit der Profitzyklustheorie für ausgewählte Branchen der Produktionsgüter-Industrie, Konsumgüter-Industrie und ressourcenabhängiger Industrien nachzuweisen. Obwohl im theoretischen Konzept die Nachfrageentwicklung als steuernde Größe des Profitlebenszyklus abgelehnt wird und statt dessen Gewinne in den Mittelpunkt gerückt werden, gehen in die empirische Untersuchung keine Gewinnstatistiken ein. Bei der Überprüfung der Theorie werden lediglich Variablen verwendet, die auch bei der Anwendung herkömmlicher Produktzyklusmodelle herangezogen werden (z.B. Beschäftigtenzahlen und Umsatzdaten). Die empirischen Auswertungen sind deshalb als Nachweis für die Profitzyklustheorie nur eingeschränkt gültig.

11.3.3.2 Unternehmens-, Industrie- und Regionalzyklen: Aggregationsprobleme

In den Studien und Ergänzungen zur Produktzyklustheorie läßt sich ein ständiger Wechsel zwischen verschiedenen Analyseebenen feststellen. Während sich die

---

[1] Streng genommen bildet die Profitzyklustheorie ein nicht-räumliches Modell, innerhalb dessen das Wachstum und die Wettbewerbsbedingungen von Industriesektoren in Abhängigkeit von der Gewinnentwicklung erklärt werden. Aus räumlicher Sicht impliziert die Dynamik des Profitlebenszyklus im Unterschied zum Produktlebenszyklus keine zyklische Abfolge, sondern eine evolutionäre Entwicklung. Allerdings gelingt es Markusen (1985a, S. 273) nicht, die Hypothesen über räumliche Konzentrations- und Dispersionstendenzen durchgängig für alle Industriesektoren empirisch nachzuweisen. Trotzdem bleibt positiv festzuhalten, daß der deterministische Charakter des Originalmodells von Vernon (1966) durch die Einbeziehung von Wettbewerbsbedingungen und adaptiven Verhaltensstrategien reduziert wird. So existiert innerhalb des Profitlebenszyklus kein eindeutig vorgegebener Entwicklungspfad, sondern es gibt alternative Wachstumsrichtungen. Beispielsweise sind im Anschluß an die *Normal-Profit*-Phase zwei verschiedene Entwicklungspfade möglich, und es ist sogar die Option vorhanden, durch marktstrategisches Verhalten in die *Super-Profit*-Phase zurückzukehren.

Konzepte des Innovations- und Produktlebenszyklus eindeutig auf die Produktebene beziehen und die Veränderung von Nachfragegrößen und Produktionseigenschaften im Zeitablauf beschreiben, steht in den Arbeiten von Vernon (1966) und Hirsch (1967) bereits nicht mehr das Produkt sondern das Unternehmen im Mittelpunkt der Analyse. Vernon (1966) und Hirsch (1967) gehen von einem Produktlebenszyklus zu einem Unternehmenslebenszyklus über, indem sie eine Dynamik von Standortfaktoren herleiten und Unternehmensverlagerungen zwischen Volkswirtschaften erklären. Selbst unter der Annahme, die im Produktlebenszyklus enthaltenen Determinismen seien in der Realität zutreffend, ist der Übergang von einem Produkt- zu einem Unternehmenskonzept nur dann fehlerfrei möglich, wenn die Analyse auf Ein-Produkt-Unternehmen beschränkt bleibt. Eine solche Einschränkung ist jedoch empirisch nicht haltbar. Die meisten Unternehmen (speziell aus dem Schlüsseltechnologie-Bereich) stellen verschiedene Produkte her. In der Unternehmensbefragung erreichte die Zahl der hergestellten Produkte im Extremfall sogar mehrere Hundert. Im Fall eines Mehr-Produkt-Unternehmens wäre es fahrlässig anzunehmen, alle Produkte des Unternehmens befänden sich in ein und demselben Stadium des Produktlebenszyklus. Genau das Gegenteil ist zu erwarten. In großen Teilen der Halbleiterindustrie beruhen Unternehmensstrategien z.B. darauf, möglichst schnell neue Produkte auf dem Markt einzuführen, so daß beim Auslaufen standardisierter Produktlinien keine Ausfälle in Produktion und Verkäufen eintreten. Durch solche Strategien haben sich die Produktlebensdauern in der Halbleiter- und Computerindustrie seit den 50er Jahre extrem verkürzt. Während man bei älteren Produkten noch von einer Lebensdauer von etwa 30 Jahren ausgehen konnte, haben Produktlinien der 80er Jahre eine Lebensdauer von 5 bis 15 Jahren (vgl. Markusen et al. 1986, S. 41 und Nuhn 1989, S. 263). Infolge der verkürzten Produktlebensdauern fertigen viele große Computer- und Halbleiterhersteller sowohl Produkte der Innovationsphase als auch Produkte der Standardisierungsphase. Eine exakte Phasenzuordnung von Unternehmen ist deshalb in vielen Fällen unmöglich.

Ähnliche Aggregationsprobleme entstehen beim Transfer des Produktlebenszyklus auf Industriegruppen (z.B. Stobaugh 1972 und Auty 1984) oder auf Regionen (z.B. Rees 1979 und Nuhn 1989). Markusen (1985a) versucht z.B. einen Profitlebenszyklus-Ansatz auf Industriesektoren zu übertragen und die Existenz von Industriezyklen (Branchenzyklen) anhand der zeitlichen Veränderung wirtschaftlicher Kenngrößen empirisch nachzuweisen. Das Ziel der Untersuchung von Markusen (1985a) besteht darin, Industrien der Innovations-, der Reife- und der Standardisierungsphase zu unterscheiden. Die Analyse verleitet jedoch zu dem Fehlschluß, Industriesektoren der Innovationsphase setzten sich ausschließlich aus innovativen Unternehmen zusammen, die ausschließlich Produkte der Innovationsphase herstellten (analog für die anderen Phasen). Eine solche Vereinfachung erscheint unangemessen und gefährlich, da sie die Heterogenität innerhalb der einzelnen Wirtschaftszweige und vorhandene unternehmerische Handlungsalternativen vernachlässigt. In vielen Fällen muß die Zuordnung eines Industriesektors, in dem wie in der Elektroindustrie sowohl Produkte der Innovations- als auch Produkte der Standardisierungsphase hergestellt werden, fehlschlagen.

Noch problematischer ist die Übertragung der Produktzyklustheorie von der internationalen auf die interregionale Erklärungsebene in den Arbeiten von Norton u. Rees (1979) und Barkley (1988). Angesichts hoher wirtschaftlicher Wachstumsraten der Bundesstaaten im Süden/ Westen der USA bei gleichzeitiger Stagnation der nördlichen/ nordöstlichen Bundesstaaten versuchen Norton u. Rees (1979, S. 145 ff.), das Entstehen einer Sunbelt-Frostbelt-Dichotomie mit Hilfe der Produktzyklustheorie zu erklären. Industrielle Verlagerungen aus dem Manufacturing Belt in den Süden/ Westen der USA werden damit begründet, daß die Bundesstaaten im Süden/ Westen für Unternehmen und Industriesektoren der Standardisierungsphase besonders geeignete Standortvoraussetzungen bieten. Noch einen Schritt weiter führen die Überlegungen von Rees (1979) und Nuhn (1989), die von der Existenz regionaler Lebenszyklen ausgehen. Danach würde eine Region wie ein Produkt die Stadien der Innovation, Reife und Standardisierung durchlaufen. Rees (1979, S. 51) beschreibt den Wandel der industriespezifischen Struktur einer Region während eines solchen Zyklus wie folgt:

"Over time, the spatial manifestation of product cycles may result in regional life cycles of growth and decline. During the initial stage of such a life cycle, a region acts as a seed-bed for technological innovation. The growth stage depends on a continuing surge of growth industries and the development of internal markets. A stagnant stage then occurs if a region's technology becomes obsolescent, accompanied by an increasing ability of competing regions to attract growth industries."

Rees (1979, S. 51) wie auch Nuhn (1985, S. 190) vollziehen den Übergang von der Produktebene zur Regionsebene in nur einem einzigen Satz. Der Wechsel zwischen verschiedenen Analyseebenen erfolgt intuitiv und besitzt keine zwingende Logik. Bestenfalls lassen sich regionale Lebenszyklen als Sonderfälle einstufen; denn ihre Existenz setzt voraus, daß innovative Regionen ausschließlich innovative Industrien beherbergen, die sich aus innovativen Unternehmen zusammensetzen, die ihrerseits Produkte der Innovationsphase herstellen. Es ist jedoch keinesfalls einzusehen, warum Produktlebenszyklen, sofern sie überhaupt existieren, sich zu Unternehmenszyklen, Branchenzyklen oder gar Regionalzyklen aggregieren müssen. Die Anwendung der Produktlebenszyklus-Hypothese auf andere Analyseebenen ist rein deskriptiv. Die dem Produktlebenszyklus innewohnenden Determinismen werden transferiert, ohne die daraus resultierenden Konsequenzen zu durchdenken. Empirische Untersuchungen geraten zunehmend in den Zwang, sich einem vorgegebenen Muster anzupassen.[1] Außer dem Aggregationsproblem lassen sich zahlreiche weitere Kritikansätze zu produktzyklustheoretischen Modellen finden, die im folgenden Abschnitt zusammenfassend erörtert werden.

[1] Wenn im folgenden unter Bezugnahme auf das Produktlebenszyklus-Konzept auf der Unternehmens-, Industrie- oder Regionsebene argumentiert wird, geschieht dies stets unter dem Vorbehalt möglicher Aggregationsfehler und dient lediglich der Anschauung.

11.3.4 Kritikansätze an produktzyklustheoretischen Erklärungsansätzen

Mit der Flut von Anwendungen der Produktzyklustheorie wurden ursprünglich auferlegte Modellrestriktionen immer weniger beachtet und sorgfältige theoretische Herleitungen vernachlässigt. Die von Vernon (1966) hervorgehobenen Beschränkungen des Konzepts auf Innovationen, die durch hohe Einkommensniveaus, hohe Arbeitslöhne und gute Kapitalverfügbarkeit hervorgerufen werden, blieben in den meisten empirischen Studien zur Produktzyklustheorie unberücksichtigt. Nachdem sich Vernon (1979) in einer späteren Studie zurückhaltend über den Erklärungsgehalt der Produktzyklustheorie äußerte und von der These abrückte, Produktionsaktivitäten würden sich in der Standardisierungsphase aus entwickelten Volkswirtschaften in Entwicklungsländer verlagern, häuften sich Mitte der 80er Jahre kritische Darstellungen über die Produktzyklustheorie. Vor allem die Arbeiten von Taylor (1986 und 1987) erregten Aufsehen und dämpften den vorhandenen Optimismus, die Produktzyklustheorie sei ein weithin einsetzbares Modell für dynamische industrielle Standortanalysen. Im folgenden sollen wichtige Schwachstellen zusammenfassend kurz erläutert werden (vgl. dazu Van Duijn 1981; Markusen 1985a, S. 57 ff.; Walker 1985; Storper 1985a und 1985b; Gordon u. Kimball 1986 sowie Taylor 1986 und 1987):

1. *Produktbegriff:* Ein wesentliches Problem der Produktzyklustheorie betrifft den Produktbegriff: Wie lange bleibt ein Produkt in der Realität ein und dasselbe Produkt? Ist es gerechtfertigt, am Beginn und am Ende eines Produktlebenszyklus auf ein und dasselbe Produkt zu verweisen? Entgegen der Annahme der Produktzyklustheorie findet im Zeitablauf nur selten eine Homogenisierung von Produkteigenschaften statt. Unternehmen sind statt dessen darauf bedacht, durch Produktdifferenzierung die eigenen Produkte hervorzuheben, um spezielle Marktsegmente bevorzugt anzusprechen, Marktnischen zu erobern und eine Stammkundschaft zu erwerben. Wenn nun ein Produkt im Zeitablauf diskontinuierlich weiterentwickelt und verändert wird, ändern sich auch wesentliche Produkteigenschaften. Eine manuelle Schreibmaschine aus den 50er Jahren hat z.B. mit einer computerisierten Schreibmaschine der 80er Jahre kaum mehr gemeinsam als dieselbe Buchstabenbelegung der Tastatur. Es wäre fahrlässig, diese Entwicklungen durch einen Pseudo-Produktlebenszyklus erfassen zu wollen.
2. *Phasenabgrenzung:* Aus formaler Sicht bleibt unklar, wie lange die verschiedenen Phasen eines potentiellen Produktlebenszyklus insgesamt und im Verhältnis zueinander andauern. Die Phasenabgrenzung bereitet Schwierigkeiten, da kein allgemein anerkanntes Indikatorensystem zur Ermittlung der einzelnen Lebenszyklusphasen existiert. Aus diesem Grund liefert das Konzept des Produktlebenszyklus in der laufenden Produktion keine Entscheidungshilfen. Für ein konkretes Produkt kann letztendlich nur a posteriori festgestellt werden, ob die Hypothesen des Produktlebenszyklus zutreffend waren und zwischen welchen Zeitpunkten welches Stadium durchlaufen wurde.
3. *Technologischer Determinismus:* Weiterhin impliziert die Produktzyklustheorie einen ausgeprägten technologischen Determinismus und vernachlässigt dadurch vorhandene Handlungsalternativen innerhalb industrieller Wachstumsprozesse. Der Determinismus beginnt bereits mit dem Innovationsprozeß. Es wird angenommen, neue Produkte (Innovationen) erschienen in fast vollendeter Form auf dem Markt. In der Innovations-

phase sind lediglich Abstimmungen auf Marktbedürfnisse notwendig. Mit dem Beginn der Reifephase nimmt die Produkthomogenisierung zu, und es werden kaum mehr FuE-Aktivitäten zur Produktverbesserung durchgeführt. Dieses Schema widerspricht jedoch den empirischen Befunden. Maßnahmen im Rahmen der Produktentwicklung führen in der Realität diskontinuierlich zu Verbesserungen. Fortlaufende Entwicklungsaktivitäten sind sowohl aufgrund von Nachfragebedürfnissen als auch zur Sicherung von Umsatzzuwächsen zwingend notwendig.[1]

Auf der Produktionsseite prognostiziert die Produktzyklustheorie die Entwicklung entlang eines einzigen Wachstumspfads. Danach unterliegt der Produktionsprozeß bei geringer werdender Unsicherheit und zunehmender Produkthomogenisierung in steigendem Maß Standardisierungstendenzen. Es wird von der Möglichkeit ausgegangen, interne Ersparnisse zu erzielen, und daraus eine Entwicklung in Richtung Massenproduktion prognostiziert.[2] Durch diese Vorgabe erfaßt die Produktzyklustheorie nur ein sehr enges Spektrum potentieller Produktionsstrategien. Möglichkeiten flexibler Produktion, spezialisierter Einzelfertigung oder kundenorientierter Nischenproduktion, denen eine Tendenz zur Massenproduktion fernliegt, werden implizit ausgeschlossen.

Mit dem Erreichen der letzten Produktlebenszyklus-Phase wird zugleich das Erreichen der letzten Prozeßphase unterstellt. Es ist demnach nicht möglich, in der Standardisierungsphase Arbeit durch Kapital zu substituieren. Empirische Belege weisen jedoch darauf hin, daß mit zunehmender Alterung (z.B. in der chemischen Industrie) Prozeßinnovationen immer bedeutsamer werden. Wenn es in der Standardisierungsphase gelingt, umfangreiche Mechanisierungs- und Rationalisierungsmaßnahmen durchzuführen, sind viele Schlußfolgerungen der Produktzyklustheorie (vor allem in bezug auf Investitions- und Standortentscheidungen) hinfällig. Bereits Faktorpreis-Änderungen können in der Standardisierungsphase zu einem vollständigen Wechsel der Produktionsbedingungen führen. Während die Produktzyklustheorie eine Tendenz zu technologischer Stabilität voraussagt, sind reale Wachstumsprozesse durch ausgeprägte Instabilitäten gekennzeichnet.

4. *Deskriptiver Charakter:* In der Produktzyklustheorie wird eine im Zeitablauf glockenförmige Entwicklung von Angebot und Nachfrage eines Produkts als idealtypischer (quasi-natürlicher) Verlauf unterstellt. Diese Annahme ist rein deskriptiv und bleibt

---

[1] Der Ablauf eines Produktlebenszyklus i.w.S. impliziert einen Innovationsbegriff, der ähnlich wie der von Schumpeter geprägte Begriff Basisinnovationen hervorhebt. Zugleich wird der Innovationsprozeß als eine deterministische Sequenz von Forschungsstufen angesehen. Am Anfang steht eine Basiserfindung, die z.B. aus der universitären Grundlagenforschung stammt. Das vorkommerzielle Stadium beginnt mit angewandten Forschungsaktivitäten und Nicht-Routine-Entscheidungen, die stärker auf das Produktkonzept als auf das Produkt selbst ausgerichtet sind. Aus der angewandten Forschung resultieren weitere FuE-Aktivitäten, die in zunehmendem Maß die Produktentwicklung betreffen und aus inkrementalen Verbesserungen und Veränderungen bestehen. Bereits in Kapitels 2 wurde festgestellt, daß eine solche deterministische Sequenz ausschließlich zur gedanklichen Strukturierung des Innovationsprozesses sinnvoll, für reale Innovationsprozesse aber untypisch ist (vgl. Freeman 1982, S. 107 ff. und Walker 1985, S. 237 ff.).

[2] Dabei wird von der Existenz der sog. *Lern-* oder *Erfahrungskurve* ausgegangen (vgl. Schierenbeck 1989, S. 107 und Rogers u. Larsen 1986, S. 109 ff.).

Abb. 41: Variationsmöglichkeiten von Produktlebenszyklen

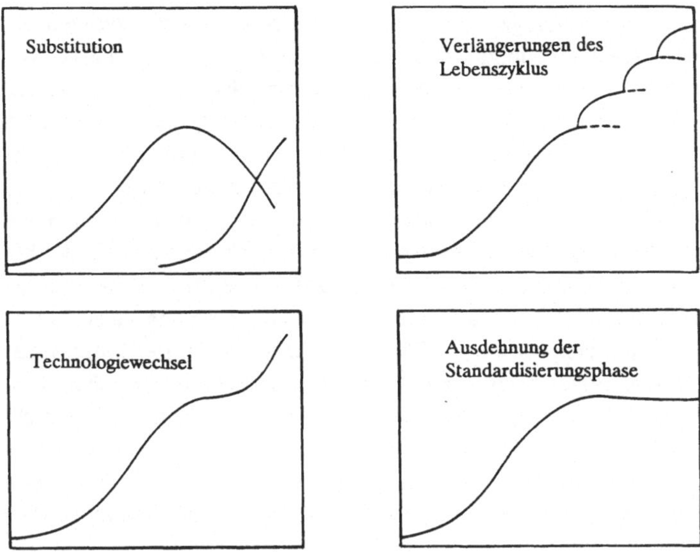

Quelle: Nach Van Duijn (1981, S. 266).

ohne Begründung.[1] Wenn für ein bestimmtes Produkt ein glockenförmiger Verlauf der Produktionsmenge beobachtet wird, ist noch längst nicht geklärt, ob es sich dabei um eine natürliche Entwicklung (aus welchen Gründen auch immer) handelt oder die zyklische Veränderung der Angebotsmenge aus einem geplanten Wechsel der Unternehmensstrategie resultiert [2] - z.B. einer Produktsubstitution mit entsprechender Umverteilung der Produktionsfaktoren (siehe Abb. 41). In der Realität läßt sich nur für wenige Produkte ein zyklischer Verlauf von Angebot und Nachfrage nachweisen. Durch diskontinuierliche Produktverbesserungen und Prozeßinnovationen besteht in der Regel die Möglichkeit, den Produktlebenszyklus zu verlängern oder zu überwinden. Produktänderungen können zu *Cycles-upon-cycles* und Technologiewechsel zu einem erneuten Start des Produktlebenszyklus führen. Schließlich kann es sein, daß die Nachfrage nach Erreichen der Standardisierungsphase konstant bleibt und somit kein Abbruch des Lebenszyklus erfolgt (siehe Abb. 41).

Eine Anwendung der Produktzyklustheorie auf Güter der Rüstungsindustrie muß prinzipiell in Frage gestellt werden, da in diesem Bereich spezifische Nachfragebedingungen

[1] Bereits durch einfache logische Verknüpfungen läßt sich zeigen, daß die unterstellten Regelmäßigkeiten lediglich einen Spezialfall aus der Menge möglicher Entwicklungen darstellen. Sinken z.B. die Produktpreise und erhöht sich dadurch die Nachfragemenge, so läßt sich nicht zwangsläufig auf steigende Verkaufserlöse rückschließen. Ein solcher Effekt kann nur dann auftreten, wenn der relative Preisrückgang durch den relativen Nachfrageanstieg überkompensiert wird - die Preiselastizität der Nachfrage also größer als Eins ist.

[2] Vgl. dazu das Beispiel des Schlüsseltechnologie-Unternehmens High Voltage Engineering in Kapitel 4.

ohne zyklischen Charakter vorherrschen (vgl. Kapitel 2). Die Nachfrage des Staats (als Monopsonist) nach Waffensystemen hängt von den weltweiten politischen, wirtschaftlichen und sozialen Rahmenbedingungen sowie wahlstrategischen Entscheidungen ab. Im Zeitablauf resultiert daraus eine ungleichmäßig alternierende Nachfragekurve (vgl. Markusen et al. 1986, S. 45-57). Da viele Schlüsseltechnologie-Sektoren enge militärische Verflechtungen aufweisen und deshalb zum Bereich der Rüstungsindustrien zählen (vgl. Markusen u. Bloch 1985 und Markusen 1986), ist eine Anwendung der Produktzyklustheorie auf Schlüsseltechnologie-Industrien generell in Frage zu stellen.

5. *Unternehmenskonzept:* Schließlich hat die Produktzyklustheorie einen unzureichenden Unternehmenskontext. Einzig werden Unternehmen danach unterschieden, ob sie ihre Aktivitäten auf den heimischen Markt beschränken oder Investitionen in anderen Volkswirtschaften durchführen. Eine Differenzierung von Unternehmen nach Größe, Aktionsradius und Wachstumsziel, wie sie von Taylor u. Thrift (1982a, 1982b und 1983) vorgeschlagen wird, erfolgt nicht. Nicht einmal eine Unterscheidung zwischen Ein-Betriebs- und Mehr-Betriebs-Unternehmen findet in der Produktzyklustheorie Berücksichtigung, obwohl sich diese beiden Unternehmensgruppen hinsichtlich der Realisierbarkeit von Unternehmensstrategien, möglicher Aktionsradien, der Nutzung und Bewertung von Standortfaktoren sowie der Unternehmensorganisation grundsätzlich voneinander unterscheiden. Weiter vernachlässigt die Produktzyklustheorie, daß die unternehmensinterne Verteilung der Produktionsfaktoren von der Wahl einer bestimmten Unternehmens- oder Innovationsstrategie abhängt (vgl. auch Kapitel 2). Ein offensiver Innovator wird z.B. vermeiden, in ein Stadium der Standardisierung vorzudringen, weil seine Wettbewerbsfähigkeit auf technologischer Marktführerschaft beruht. Durch Diversifikation oder vertikale Integration bestehen außerdem Möglichkeiten, drohende Umsatzeinbußen abzuwenden oder Marktanteile auszubauen. In Abhängigkeit von Unternehmensorganisation, Unternehmensstrategien und Wettbewerbsformen existieren alternative Aktions- und Reaktionsmöglichkeiten, die unterschiedliche Entwicklungen nach sich ziehen. Das diffuse Unternehmenskonzept der Produktzyklustheorie gestattet keine Einbeziehung solcher Handlungsalternativen.

11.3.5 Produkt-/ Unternehmenslebenszyklen und Schlüsseltechnologie-Industrien: Empirisch-methodische Bewertungen

Es kann nicht verleugnet werden, daß die Produktzyklustheorie unter bestimmten Bedingungen einen Erklärungsbeitrag im Rahmen einer dynamischen Standortanalyse zu leisten vermag. Sieht man von den Aggregationsproblemen ab, die beim Übergang von der Produktebene zur Unternehmens-, Industrie- oder Regionalebene auftreten, so bietet die Produktzyklustheorie im Fall expandierender Mehr-Betriebs-Unternehmen, die in bestimmten Produktbereichen unter dem "Regime der Massenproduktion" operieren, eine potentielle Erklärung für Standortverlagerungen als Folge eines technologischen Alterungsprozesses im Sinn von Vernon (1966). Unter der Voraussetzung, daß eine weitgehende Nicht-Substituierbarkeit von Arbeit durch Kapital besteht und die Möglichkeit gegeben ist, *Economies of Large Scale* zu erzielen, erfaßt die Produktzyklustheorie in einem begrenzten Anwendungsspektrum somit einen wichtigen Ausschnitt des realen Entscheidungsumfelds. Markusen (1985a, S. 253 f.) schätzt die räumlichen Implikationen der Produkt-/ Profitzyklustheorie allerdings nicht als sehr zwingend ein.

11.3.5.1 Räumliche Anwendungsdimensionen der Produktzyklustheorie

In der Geographie und anderen Regionalwissenschaften wurde die Produktzyklustheorie auf vier unterschiedliche räumliche Dimensionen übertragen: auf internationale, interregionale und intraregionale Standortverlagerungen sowie auf den Strukturwandel von Regionen. Im folgenden sollen diese vier Anwendungsdimensionen anhand von typischen Beispielen kurz erläutert und fallspezifisch hinterfragt werden:

1. *Internationale Standortverlagerungen:* Eine der ersten Anwendungen der Produktzyklustheorie bezog sich auf die Außenhandelsbeziehungen der US-amerikanischen Elektronikindustrie. Hirsch (1967 und 1972) verwendete die Veränderungen der Außenhandelsbilanzen für elektronische Produktgruppen, um das Zutreffen der Produktzyklustheorie für die Nachkriegszeit zu bestätigen. Später galt vor allem die Halbleiterindustrie als typisches Beispiel einer Industriegruppe mit internationalen Unternehmensverlagerungen als Folge von technologischen Alterungsprozesse (vgl. z.B. Rogers u. Larsen 1986 und Rügemer 1985). Die Verlagerung monofunktionaler Montagezweigwerke in ostasiatische Entwicklungsländer wurde dadurch erklärt, daß ab einem gewissen Reifestadium vor allem Kostenfaktoren (insbesondere Lohnkosten) die Standortwahl arbeitsintensiver Segmente der Halbleiterindustrie beeinflußten. FuE-Aktivitäten würden dagegen innerhalb der Innovationsschwerpunkte hochentwickelter Volkswirtschaften verbleiben, um Agglomerationsvorteile und das große Angebot hochqualifizierter Fachkräfte zu nutzen. Diese Interpretation impliziert, daß die räumliche Organisation der Halbleiterindustrie bereits seit den 70er Jahren ein Endstadium erreicht hat. Dabei werden jedoch grundlegende Substitutionsmöglichkeiten von Arbeit durch Kapital nicht berücksichtigt, die in Zukunft zu einer Umverteilung von Produktions- und Montagestandorten führen können. Falls es durch Prozeßinnovationen möglich sein wird, weitreichende Rationalisierungsmaßnahmen in den Montagebereichen der Halbleiterindustrie durchzuführen, könnten sich die Verlagerungstrends durchaus umkehren und eine Rekonzentration sämtlicher Funktionsbereiche der Halbleiterindustrie in hochentwickelten Volkswirtschaften einleiten (vgl. Walker 1985, S. 250 ff. und Taylor 1987, S. 88 f.).[1]

[1] Außerdem vernachlässigt eine Produktlebenszyklus-Interpretation die generellen Internationalisierungsprozesse von Produktions-, Absatz- und Arbeitsmarktverflechtungen seit den 60er Jahren, die unabhängig von technologischen Alterungsprozessen vor allem unter strategischen Gesichtspunkten erfolgten. Im Rahmen einer neuen internationalen Arbeitsteilung profitierten vor allem Industrieländer von Unternehmensverlagerungen der Halbleiterindustrie. Die Auslagerung von Montagezweigwerken konzentrierte sich auf jene Segmente der Halbleiterindustrie, die unter dem "Regime der Massenproduktion" operieren. Unternehmen mit flexiblen Fertigungsstrategien und kundenorientierter Einzelproduktion in Marktnischen verzeichneten keine ähnlichen Entwicklungstrends (vgl. Angel 1990 sowie Scott u. Angel 1987 und 1988).

2. *Interregionale Standortverlagerungen:* Als "klassisches" Beispiel für interregionale Unternehmensverlagerungen im Rahmen des Produktlebenszyklus gilt die US-amerikanische Textilindustrie (vgl. Hekman 1980a, S. 7 und Hekman u. Strong 1981). Während des 19. Jahrhunderts konzentrierte sich der überwiegende Teil der Textilindustrie im Nordosten der USA. Die dortigen Textilhersteller konnten durch enge Verflechtungen mit der Werkzeugmaschinen-Industrie kontinuierlich Produkt- und Prozeßinnovationen hervorbringen. Neuengland verschaffte den Unternehmen bedeutsame Agglomerationsvorteile und bot im Anfangsstadium die besten Standortvoraussetzungen. Mit zunehmender Standardisierung und dem Einstieg in die Massenproduktion setzten zu Beginn des 20. Jahrhunderts Verlagerungstendenzen aus dem Nordosten in die Südstaaten ein. Diese betrafen zunächst ausschließlich Textilien und Garne von geringer Qualität, aber hohem Arbeitskräftebedarf. Die Südstaaten besaßen ein großes Angebot ungelernter Arbeitskräfte, ein geringes Lohnniveau und waren somit ideale Standorte für lohnkostenempfindliche, arbeitsintensive Segmente der Textilindustrie. Zwischen 1880 und 1920 erhöhte sich der Anteil der Südstaaten an der US-Produktion von Niedrigqualitätsgarn von 30% auf 70%. Bis in die 60er Jahre des 20. Jahrhunderts erfolgte ein fast vollständiger Exodus aller Teilbereiche der Textilindustrie aus den ursprünglichen Standortregionen in die Südstaaten (vgl. Kapitel 4, Kapitel 7 und Kapitel 8). Ob ein produktzyklustheoretischer Ansatz zur Erklärung der interregionalen Unternehmensverlagerungen in der Textilindustrie ausreicht, erscheint trotzdem fraglich (Walker 1985, S. 252). Schließlich existierte bereits 1850 in den Südstaaten eine industrielle Textilbasis, bevor Standardisierungstendenzen einsetzten. Es mag durchaus sein, daß der technologische Wandel in der Textilindustrie bewußt vorangetrieben wurde, um eine Dispersion erst zu ermöglichen (beispielsweise im Hinblick auf billige Arbeitskräfte in den Südstaaten). In jedem Fall erfolgte die Mechanisierung rund 100 Jahre vor dem Höhepunkt der Dispersionserscheinungen.
3. *Intraregionale Standortverlagerungen:* In den 80er Jahren wurde sogar der Versuch unternommen, intraregionale Unternehmensverlagerungen mit Hilfe der Produktzyklustheorie zu erfassen. Herrmann (1983) erklärt z.B. die Verlagerungen von Schlüsseltechnologie-Unternehmen innerhalb der Region Boston aus dem zentralen Kernbereich entlang der Route 128 in die Außenbereiche entlang der Interstate 495 durch Standardisierungstendenzen während des Produktlebenszyklus (vgl. Kapitel 4 und Bathelt 1990). Auch wenn sich nicht abstreiten läßt, daß in den 70er und 80er Jahren gewisse technologische Alterungsprozesse in Schlüsseltechnologie-Unternehmen der Route 128-Region stattgefunden haben, liefern diese keine adäquate Erklärung für die

---

Gordon u. Kimball (1986) interpretieren die Verlagerungstendenzen in der Halbleiterindustrie unabhängig von Produktlebenszyklen. Internationale Verflechtungen und die Schaffung integrierter weltweiter Produktionsnetze werden von Gordon u. Kimball (1986) als strategisch-politische Instrumente multinationaler Unternehmen angesehen, um eine permanente Kontrolle über die Materialbasis für Innovations-, Finanzierungs-, Kommunikations- und Produktionsvorgänge zu sichern. Standortentscheidungen stellen in diesem Rahmen kein Optimierungsproblem mehr dar, sondern dienen der Schaffung miteinander verflochtener Produktionskomplexe, deren Einzelelemente entsprechend den strategischen Unternehmenszielen jeweils an die regionalen Strukturen angepaßt sind.

industrielle Erschließung der Außenbereiche.[1] Basierend auf der Analyse von Soppelsa (1976) handelte es sich in erster Linie um junge, innovative Unternehmen, die entlang der Interstate 495 ihre Standorte wählten. Entscheidende Gründe für die Standortwahl im Bereich der Interstate 495 waren nicht die Verfügbarkeit ungelernter Arbeitskräfte, geringe Löhne oder andere Kostenfaktoren, sondern Standortfaktoren der Innovationsphase - insbesondere Nähe und Zugang zu Universitäten und der hochqualifizierte Arbeitsmarkt. Die Verlagerung von Schlüsseltechnologie-Unternehmen erfolgte somit unter bewußter Wahrung von Agglomerationsvorteilen und nicht unter Kostengesichtspunkten (vgl. Jong 1987, S. 66 und Bathelt 1990).

4. *Regionaler Strukturwandel:* In Analogie zur Produktzyklustheorie unterteilt Nuhn (1989, S. 259 ff.) die wirtschaftliche Entwicklung des Silicon Valley in vier Phasen: In der Innovationsphase wurde das Wachstum von Schlüsseltechnologie-Industrien vor allem durch militärische Ausgaben, die FuE-Aktivitäten der Stanford University und Ansiedlungsentscheidungen wichtiger FuE-Abteilungen aus der Elektronik- und Luftfahrtindustrie forciert. Die Agglomerationsvorteile des Silicon Valley dauerten in der Wachstums- und Reifephase weiter an und hatten hohe Gründungsraten speziell in der Halbleiterindustrie zur Folge. Dabei spielten insbesondere private Spin-off-Prozesse eine entscheidende Rolle. Durch Standardisierungstendenzen und Massenproduktion rückten später zunehmend Kostengesichtspunkte in den Mittelpunkt von Standortentscheidungen und führten zu Auslagerungen von Montagezweigwerken. Mit der ständigen Verkürzung von Produktlebenszyklen konnte das Silicon Valley seine Funktion als Standortregion für innovative Segmente der Elektronikindustrie in der Erneuerungs- und Umstrukturierungsphase allerdings beibehalten (vgl. auch Saxenian 1985c und Jong 1987, S. 71 f.).

   Eine produktzyklustheoretische Interpretationen des regionalen Strukturwandels impliziert, daß sich das Silicon Valley seit Ende der 70er Jahre in der letzten Phase eines regionalen Lebenszyklus befindet. Danach wäre in der weiteren Entwicklung des Silicon Valley eine zunehmende Konzentration von FuE- und Leitungsfunktionen sowie ein Verschwinden von Produktions- und Montagefunktionen zu erwarten. Diese Tendenzen haben sich jedoch durch die Entwicklungen der 80er Jahre nicht bestätigt. Im Gegenteil beruhte das Wachstum des Silicon Valley seit Mitte der 80er Jahre vor allem auf dem produzierenden Sektor. Nicht die in der Massenproduktion tätigen Unternehmen, sondern Halbleiterproduzenten mit kundenorientierter Einzelfertigung und spezialisierter Nischenproduktion waren die Träger der neuen Wachstumsprozesse. Nach wie vor ist das Silicon Valley das dominante US-Zentrum für Schlüsseltechnologie-Neugründungen (Angel 1990). Es ist nicht absehbar, ob ein dauerhafter Strukturwandel mit ausgeprägten funktionalen Spezialisierungstendenzen in Analogie zur Produktzyklustheorie tatsächlich stattfinden wird.[2]

---

[1] Sofern technologische Alterungsprozesse überhaupt eine Rolle spielten, waren diese keine Folge zyklischer Nachfrageänderungen, sondern resultierten vor allem aus einem Strategiewechsel der betreffenden Schlüsseltechnologie-Unternehmen (vgl. Kapitel 4).

[2] Für Teilbereiche der Halbleiterindustrie des Silicon Valley, die unter dem "Regime der Massenproduktion" operieren, mögen die Schlußfolgerungen von Nuhn (1989) und Saxenian (1985a und 1985c) dagegen durchaus zutreffen.

11.3.5.2 Untersuchungsergebnisse auf der Ebene von Schlüsseltechnologie-Unternehmen

Die behandelten Beispiele belegen, daß die Produktzyklustheorie alternativ zu den traditionellen Ansätzen der industriellen Standortlehre (vgl. Kapitel 10) speziell auf den Bereich der Schlüsseltechnologie-Industrien übertragen wurde. Im Rahmen der durchgeführten Unternehmensbefragung sollte die empirische Überprüfung der Produktzyklustheorie im Unterschied zu den meisten anderen Studien auf der individuellen Unternehmensebene ansetzen. Es sollte untersucht werden, ob die Produktzyklustheorie Rückschlüsse auf die unternehmensspezifische Bewertung von Standortfaktoren zuläßt.[1] Die Bearbeitung dieser Aufgabenstellung erfolgte in mehreren Schritten: Zunächst wurden die befragten Schlüsseltechnologie-Unternehmen in zwei Gruppen eingeteilt - in Unternehmen der Innovationsphase und Unternehmen der Reifephase. Anschließend wurde geprüft, ob die beiden Unternehmensgruppen unterschiedliche Produktionscharakteristika aufweisen und bestimmte Standortfaktoren unterschiedlich bewerten. Die Differenzierung von Schlüsseltechnologie-Unternehmen nach Lebenszyklusphasen erfolgte in Analogie zu Markusen (1985a, S. 27-42) anhand der Gewinnentwicklung und der Wettbewerbssituation:

1. Ein Schlüsseltechnologie-Unternehmen wurde der *Innovationsphase* zugeordnet, wenn sich die Gewinnsituation im Zeitraum zwischen 1984 und 1988 nicht verschlechtert und zugleich der Wettbewerb nicht abgeschwächt hatte.
2. Ein Schlüsseltechnologie-Unternehmen wurde umgekehrt der *Reifephase* zugeordnet, wenn die Gewinne zwischen 1984 und 1988 rückläufig waren und/ oder der Wettbewerb sich verringert hatte.

Auf der Basis dieser Zuordnungsvorschrift konnten im Rahmen der Unternehmensbefragung 102 innovative Unternehmen (69%) und 46 Reifeunternehmen (31%) identifiziert werden. Angesichts der Definition des Schlüsseltechnologie-Begriffs (vgl. Kapitel 2) und der wissenschaftlichen Literatur über Schlüsseltechnologie-Industrien überraschte es nicht, daß mehr als zwei Drittel der befragten Unternehmen dem Innovationsstadium zuzurechnen waren. Nach der Produktzyklustheorie müßten solche Unternehmen wechselnde Produkte mit variierenden Prozeßtechnologien in kleinen Stückzahlen fertigen, eine hohe FuE-Intensität aufweisen und durch enge regionale Verflechtungsbeziehungen Agglomerationsvorteile ausnutzen. Rund ein Drittel der befragten Unternehmen hatten die Innovationsphase bereits durchlaufen und das Stadium der Reife bzw. Standardisierung erreicht. Nach dem Kalkül der Produktzyklustheorie müßten Reifeunternehmen im Unterschied zu den Unternehmen der Innovationsphase vermehrt etablierte Produkte herstellen, fixe Prozeßtechnologien für große Produktionsläufe einsetzen sowie eine geringere FuE-Intensität und schwächer ausgeprägte regionale Ver-

[1] Der Einfachheit halber wurde das Aggregationsproblem beim Übergang von der Produkt- auf die Unternehmensebene an dieser Stelle vernachlässigt.

Tab. 60: Produktionseigenschaften von Schlüsseltechnologie-Unternehmen differenziert nach Lebenszyklusphasen

Produktionseigenschaft	Anteile an allen identifizierten Innovativen Unternehmen	Reife-unternehmen
Hersteller etablierter Produkte	33%	44%
Hersteller wechselnder Produkte	67%	56%
Hersteller mit fixen Prozessen	32%	42%
Hersteller mit variierenden Prozessen	68%	58%
Hersteller mit Large-Scale-Produktion	28%	37%
Hersteller mit Small-Scale-Produktion	72%	63%

Quelle: Eigene Erhebungen.

flechtungsbeziehungen aufweisen. Im einzelnen konnten bezüglich dieser Hypothesen folgende Ergebnisse ermittelt werden:

(A) Vergleicht man zunächst die Produktionseigenschaften beider Unternehmensgruppen miteinander, so lassen sich die produktzyklustheoretischen Implikationen in der Tendenz bestätigen (siehe Tab. 60). Unabhängig vom Stand innerhalb des Lebenszyklus fertigten jeweils mehr als 60% der befragten Unternehmen wechselnde Produkte, besaßen variierende Produktionsprozesse und produzierten kleine Stückzahlen. Die hohen Anteile korrespondierten mit dem bestehenden Image einer dynamischen Industrie, die durch kontinuierlichen technologischen Wandel, hohe Innovationskapazitäten und sich fortlaufend verringernde Produktlebensdauern gekennzeichnet ist. Der Anteil von Herstellern mit wechselnden Produkten, variierenden Prozessen und Small-Scale-Produktion lag bei innovativen Unternehmen signifikant höher (rund 10%-Punkte) als bei Reifeunternehmen (siehe Tab. 60). Insgesamt fielen die Unterschiede zwischen beiden Unternehmensgruppen allerdings geringer aus, als zu erwarten war. Obwohl die Produktzyklustheorie sehr oft im Schlüsseltechnologie-Bereich Anwendung findet, scheinen sich die Produktionseigenschaften in diesen Industriesektoren durch technologische Alterung weniger stark zu verändern als in traditionellen Industrien.

(B) Legt man Verflechtungsbeziehungen und FuE-Eigenschaften von Schlüsseltechnologie-Unternehmen zugrunde, so ergibt sich ein uneinheitliches Urteil über die Relevanz der Produktzyklustheorie (siehe Tab. 61). Hinsichtlich der regionalen Orientierung durch Input-Output-Verflechtungen [1] konnten keine signifikanten Unterschiede zwischen innovativen Unternehmen und Reifeunter-

[1] Eine regionale Orientierung wurde dann angenommen, wenn mehr als die Hälfte der Input- bzw. der Outputverflechtungen (gemessen am Wert der Lieferungen) auf einen 50 Meilen-Radius um den Unternehmensstandort konzentriert waren.

Tab. 61: Verflechtungsbeziehungen und FuE-Eigenschaften von Schlüsseltechnologie-Unternehmen differenziert nach Lebenszyklusphasen

Verflechtungsbeziehung/ FuE-Eigenschaft	Anteile an allen identifizierten Innovativen Unternehmen	Reife-unternehmen
Regional orientierte Hersteller		
a) nach Inputs (≥ 50% der Inputs aus einem 50 Meilen-Umkreis)	44%	43%
b) nach Outputs (≥ 50% der Outputs in einen 50 Meilen-Umkreis)	19%	26%
Regionale Informationsquellen	27%	21%
Enge Kontakte zu lokalen Universitäten	47%	40%
Behinderungen des Innovationsprozesses		
a) durch ungenügende regionale Input-Output-Verflechtungen	5%	9%
b) durch ungenügende regionale Informationsverflechtungen	53%	43%
FuE-intensive Hersteller (≥ 10% des Umsatzes für FuE)	63%	47%
Hersteller nach Innovationsstrategie		
a) Traditionelle Innovatoren	6%	22%
b) Offensive Innovatoren	37%	28%

Quelle: Eigene Erhebungen.

nehmen festgestellt werden. Etwa 20% der befragten Schlüsseltechnologie-Unternehmen beider Gruppen lieferten mehr als die Hälfte ihrer Outputs in einen 50 Meilen-Radius; rund 45% bezogen mehr als die Hälfte ihrer Inputs aus demselben Umkreis. Trotz der bemängelten unzureichenden Kunden- oder Zulieferernähe (vgl. Kapitel 4 bis Kapitel 8) sahen weniger als 10% der Unternehmen ihren Innovationsprozeß durch ungenügende regionale Input-Output-Verflechtungen behindert (siehe Tab. 61). Die große Bedeutung der Inputseite dokumentierte sich auch anhand der regionalen Informationsverflechtungen. Mehr als 20% der Schlüsseltechnologie-Unternehmen aus beiden Lebenszyklusphasen stützten sich überwiegend auf Informationsquellen innerhalb ihrer Standortregion; mindestens 40% besaßen enge Kontakte zu den lokalen Universitäten (siehe Tab. 61).

Während Reifeunternehmen gemessen an der Intensität regionaler Materialverflechtungen tendenziell sogar in stärkerem Umfang Agglomerationsvorteile ausnutzten als innovative Unternehmen, zeigte sich bei den Informationsverflechtungen das erwartete, vom Lebenszyklus abhängige Muster. Der Anteil der Unternehmen mit regional ausgerichteten Informationsquellen und engen Kontakten zu lokalen Universitäten lag bei innovativen Unternehmen etwa 7%-Punkte höher als bei Reifeunternehmen. Die divergierenden Resultate für materielle und informelle Verflechtungen dürfen allerdings nicht überbewertet werden. Hoare (1985, S. 75) vermutet, daß informelle Verflechtungen als Indikator für die Bedeutung von Agglomerationsvorteilen aussagekräftiger sind als materielle Verflechtungen. Besonders im Schlüsseltechnologie-Bereich scheinen Agglomerationsvorteile in Form von engen regionalen Informationsbeziehungen unverzichtbar zu sein. Diese Hypothese bestätigte sich durch den großen Anteil von Schlüsseltechnologie-Unternehmen (mehr als 40% der Reifeunternehmen und sogar mehr als 50% der innovativen Unternehmen), die ihren Innovationsprozeß durch ungenügende regionale Informationsverflechtungen behindert sahen (siehe Tab. 61).

(C) Im Vergleich zu den Produktionseigenschaften und den Verflechtungsbeziehungen variierten die FuE-Charakteristika innerhalb des Produktlebenszyklus am stärksten (siehe Tab. 61). Der Anteil FuE-intensiver Schlüsseltechnologie-Unternehmen lag zwar generell auf einem hohen Niveau, trotzdem konnte in der Unternehmensbefragung ein signifikanter Unterschied zwischen den beiden Produktlebenszyklus-Gruppen festgestellt werden. Über 60% der innovativen Unternehmen, aber weniger als 50% der Reifeunternehmen verwendeten mehr als 10% ihrer Umsätze für FuE-Zwecke. Ebenso zeigten sich bei der Wahl von Innovationsstrategien (definiert anhand der idealtypischen Klassifikation von Freeman 1982, S. 169-186) signifikante produktzyklusspezifische Verhaltensunterschiede (vgl. auch Kapitel 2). Während 6% der innovativen Unternehmen eine traditionelle und 37% eine offensive Innovationsstrategie verfolgten, waren traditionelle Innovatoren unter den Reifeunternehmen mit 22% signifikant häufiger und offensive Innovatoren mit 28% signifikant geringer vertreten (siehe Tab. 61).

(D) Die abschließende Überprüfung der standorttheoretischen Implikationen des Produktzyklusmodells für Schlüsseltechnologie-Unternehmen beruhte auf einer Einteilung der Standortfaktoren in zwei Gruppen. In Anlehnung an die Studien von Vernon (1966) und Hirsch (1967 und 1972) wurden Faktoren der Innovationsphase von Faktoren der Reifephase unterschieden. Zu den Standortfaktoren der Innovationsphase zählten unter anderem: die Verfügbarkeit qualifizierter Arbeitskräfte, Universitätsnähe, die Nähe zu außeruniversitären Forschungseinrichtungen, Geschäftsklima, die Nähe zu anderen Fabriken, die Nähe zu Kunden und Zulieferern sowie die regionale Nachfrage. Demgegenüber gehören zur Reifephase: die Verfügbarkeit ungelernter Arbeitskräfte, Transportkosten, Lohnniveau, Bodenverfügbarkeit und Bodenpreise, Steuerniveau sowie Kapitalverfügbarkeit (siehe Tab. 62). Eine direkte Analyse der Standortentscheidungen in Abhängigkeit vom Stand innerhalb des Produktlebenszyklus konnte nicht durchgeführt werden, weil sich die produktzyklusspezifische Einordnung von Schlüsseltechnologie-Unternehmen auf den Zeitpunkt der Unternehmensbefragung bezog, die erfragten Standortfaktoren aber den Zeitpunkt der Ansiedlungsentscheidung betrafen. Da zwischen dem Zeitpunkt der Ansiedlung in der Region und dem Zeitpunkt der Unternehmensbefragung durchaus ein Voranschreiten innerhalb des Produktlebenszyklus möglich und sogar wahrscheinlich war, hätte eine Ana-

Tab. 62: Ausgewählte Standortnachteile von Schlüsseltechnologie-Unternehmen differenziert nach Lebenszyklusphasen

Standortnachteil	Anteile an allen identifizierten Innovativen Unternehmen	Reifeunternehmen
A. Faktoren der Innovationsphase		
- Geringe Verfügbarkeit qualifizierter Arbeitskräfte	34%	45%
- Unzureichende interpersonelle Kommunikationsnetze	5%	2%
- Unzureichende Transportnetze	30%	15%
- Unzureichende Kundennähe	16%	23%
- Unzureichende Nähe von Zulieferern	12%	13%
- Geringe regionale Nachfrage	11%	15%
B. Faktoren der Reifephase		
- Geringe Verfügbarkeit ungelernter Arbeitskräfte	21%	19%
- Hohes Lohnniveau	28%	34%
- Hohe Bodenpreise	29%	23%
- Hohes Steuerniveau	27%	21%
- Hohe Transportkosten	18%	15%

Quelle: Eigene Erhebungen.

lyse der historischen Standortentscheidungen unter Verwendung einer aktuellen Lebenszyklus-Zuordnung zu groben Ergebnisverzerrungen geführt. Aus der Produktzyklustheorie wurden deshalb in einem Umkehrschluß Hypothesen über die Perzeption von Standortnachteilen abgeleitet (vgl. dazu Vernon 1966 und Hirsch 1967):

1. Die Wachstumschancen innovativer Unternehmen hängen von Agglomerationsvorteilen, der Verfügbarkeit qualifizierter Arbeitskräfte und anderen Standortfaktoren der Innovationsphase ab. Deshalb wäre zu erwarten, daß innovative Unternehmen unter objektiv gleichen Bedingungen empfindlicher auf Standortdefizite bei diesen Faktoren reagieren als Reifeunternehmen.
2. Umgekehrt müßte sich für Reifeunternehmen eine höhere Sensibilität beim Auftreten von Standortnachteilen nachweisen lassen, die die Reife- bzw. Standardisierungsphase betreffen (insbesondere bei Kostenfaktoren).

Diese Vorgehensweise war insofern unvollständig, als einige Standortfaktoren wie Universitätsnähe, die Nähe zu außeruniversitären Forschungseinrichtungen oder die Verfügbarkeit von Kapital weder von innovativen Unternehmen noch von

Unternehmen der Reifephase nachteilig empfunden wurden und deshalb in der Liste der Standortnachteile nur mit geringer Häufigkeit auftauchten.

Entgegen den Erwartungen wurden Standortnachteile der Innovationsphase von innovativen Unternehmen keineswegs durchgängig häufiger bemängelt als von Reifeunternehmen. Nur für zwei Standortfaktoren der Innovationsphase konnten überhaupt signifikante Bewertungsunterschiede festgestellt werden (Verfügbarkeit qualifizierter Arbeitskräfte und Qualität der Transportnetze). Rund ein Drittel der innovativen Unternehmen bemängelten unzureichende Transportnetze, während nur 15% der Reifeunternehmen trotz objektiv gleicher Verhältnisse dieselbe Einschätzung vertraten. Tendenziell wurden interpersonelle Kommunikationsnetze, die z.B. für Gründungs- und Spin-off-Prozesse im Silicon Valley eine entscheidende Bedeutung hatten, ebenfalls von einem größeren Anteil innovativer Unternehmen als unzureichend empfunden. Im Gegensatz dazu reagierten Unternehmen der Reifephase empfindlicher auf eine unzureichende Kunden- oder Zulieferernähe, eine geringe regionale Nachfrage sowie eine geringe Verfügbarkeit qualifizierter Arbeitskräfte. Obwohl nach der Produktzyklustheorie vor allem Unternehmen der Innovationsphase einen hohen Bedarf an qualifizierten Fachkräften aufweisen müßten, bemängelten 45% der Reifeunternehmen, aber nur 30% der innovativen Unternehmen ein unzureichendes Angebot qualifizierter Arbeitskräfte (siehe Tab. 62).

Bei den Faktoren der Reifephase setzte sich die mit der Produktzyklustheorie inkonsistente Bewertung von Standortnachteilen fort. Während vor allem Unternehmen der Reifephase eine geringe Verfügbarkeit qualifizierter Arbeitskräfte beklagten, wurde die Verfügbarkeit ungelernter Arbeitskräfte ebenso unerwartet von innovativen Unternehmen (21%) stärker kritisiert als von Unternehmen der Reifephase (19%). Auch bei der Bewertung der Bodenpreise, Steuerniveaus und Transportkosten resultierte tendenziell ein den Erwartungen entgegengesetztes Bild. Lediglich in bezug auf das Lohnniveau zeigten die Schlüsseltechnologie-Unternehmen das vermutete Verhalten. So bemängelten 34% der Reifeunternehmen im Vergleich zu 28% der innovativen Unternehmen überhöhte Löhne (siehe Tab. 62). Insgesamt konnten die standortrelevanten Annahmen der Produktzyklustheorie aufgrund der Untersuchungsergebnisse für Schlüsseltechnologie-Unternehmen nicht bestätigt werden.

11.3.5.3 Fazit

Die Produktzyklustheorie basiert auf der Annahme eines "natürlichen" technologischen Alterungsprozesses von Produkten, in dessen Rahmen entscheidungsrelevante Standortfaktoren einen systematischen Wandel erfahren. Insofern ist die Produktzyklustheorie als ein bedeutsamer Versuch zu werten, den statischen Charakter traditioneller Erklärungsansätze zu überwinden und die generelle Dynamik industrieller Standortverteilungen zu modellieren. Die empirischen Belege gestatten zwar keine endgültige Bewertung der Produktzyklustheorie, dennoch lassen sich für den Bereich der Schlüsseltechnologie-Industrien Aussagen zur Relevanz produktzyklustheoretischer Implikationen treffen: Produktionseigenschaften, Verflechtungsbeziehungen und FuE-Charakteristika ändern sich im Verlauf von Produktlebenszyklen tendenziell in der erwarteten Weise. Allerdings sind die Strukturunterschiede zwischen innovativen Unternehmen und Reifeunternehmen geringer als in der Produktzyklustheorie prognostiziert. Im Gegensatz dazu läßt sich kein konsistent-zyklischer Bedeutungswandel von Standortfaktoren feststellen. Defizite bei Standortfaktoren der Innovationsphase werden nicht überwiegend von innovativen Unternehmen bemängelt; analog werden Defizite bei Standortfaktoren der Reifephase nicht primär von Reifeunternehmen wahrgenommen. **Die standorttheoretischen Implikationen der Produktzyklustheorie (selbst wenn sie unter restriktiven Bedingungen durchaus zutreffen können) besitzen offensichtlich eine geringere Relevanz als vielfach angenommen. Die Hauptursachen für die geringe Raumwirksamkeit von Produktlebenszyklen liegen in den deterministischen Bedingungen und der Monofunktionalität, unter denen industrielles Wachstum in der Produktzyklustheorie abläuft. Der hervorgehobene zyklische Wandel von Standortfaktoren wird durch eine Vielzahl anderer Einflußgrößen überlagert, die im Modell unberücksichtigt bleiben, in der Realität aber insgesamt einen stärkeren Einfluß auf das Standortverhalten ausüben als produktbezogene technologische Alterungsprozesse.** Dazu zählen die Unternehmensziele, die Unternehmensorganisation, die Unternehmensstrategien, die Innovationsstrategien und die institutionellen Rahmenbedingungen. Auf einige dieser Einflußgrößen, die sowohl von der Produktzyklustheorie als auch von den traditionellen Ansätzen der industriellen Standortlehre vernachlässigt werden, wird im folgenden Kapitel im Rahmen einer evolutionär-segmentierten Betrachtungsweise näher eingegangen.

12 Dynamisch-evolutionäre Erklärungsansätze einer segmentierten industriellen Standortlehre

12.1 Einführung

Ausgehend von den konzeptionellen Defiziten der traditionell-statischen und zyklisch-dynamischen Erklärungsansätze (vgl. Kapitel 10 und Kapitel 11) sollen zum Abschluß des theoretischen Teils mehrere Richtungen für eine Weiterentwicklung der industriellen Standortlehre aufgezeigt werden. Dabei werden zwei zentrale Aspekte hervorgehoben, die in anderen Untersuchungen nicht ausreichend Beachtung finden: die Notwendigkeit einer Segmentierung und einer dynamisch-evolutionären Sichtweise. Ein entscheidender Nachteil der zuvor behandelten theoretischen Erklärungsansätze liegt in ihrem unzureichenden Unternehmenskonzept. Während sich traditionelle Modelle i.d.R. auf Ein-Betriebs-Unternehmen beschränken (vgl. Kapitel 10), impliziert die Produktzyklustheorie die Existenz von Ein-Produkt-Mehr-Betriebs-Unternehmen (vgl. Kapitel 11). Beide Ansätze vernachlässigen die Vielfalt bzw. Komplexität möglicher Organisationsformen und deren Auswirkungen auf industrielle Standortentscheidungen. Unternehmen haben außerdem eine gewisse Wahlfreiheit in der Entscheidung für eine Unternehmens- bzw. Innovationsstrategie, die wiederum Einfluß auf die Bewertung von Standortfaktoren ausübt und eine segmentierte Standortanalyse erfordert.

Durch die Beschränkung des Standortbegriffs auf die Raumdimensionen *Grundstück* und *Ergänzungsraum* im Sinn von Klüter (1986 und 1987) wird die industrielle Standortwahl in traditionellen Studien als Reaktion auf vorhandene Raumeigenschaften interpretiert (vgl. Kapitel 10). Der Handlungsspielraum für Industrieunternehmen wird auf reaktive Verhaltensweisen beschränkt. Aktive Gestaltungsmöglichkeiten sowie faktorprägende und faktorschaffende Einflüsse industrieller Aktivitäten bleiben weitgehend ausgeschlossen. Gerade solche kreativen Kräfte spielen jedoch eine entscheidende Rolle für räumliche Entwicklungsprozesse, wenn der Standortbegriff um die Raumdimension des *anonymen Adressenraums* erweitert wird (vgl. Klüter 1986 und 1987). Erst durch den Übergang zu einer evolutionären Analyseebene ist es möglich, das Entstehen komplexer industrieller Verflechtungsnetze zu erklären, die eigendynamische Wachstumsprozesse auslösen und im Sinn von Storper u. Walker (1989, S. 96) dazu führen, daß:

Abb. 42: Ausgewählte Standortfaktoren von Schlüsseltechnologie-Unternehmen mit zunehmender Bedeutung

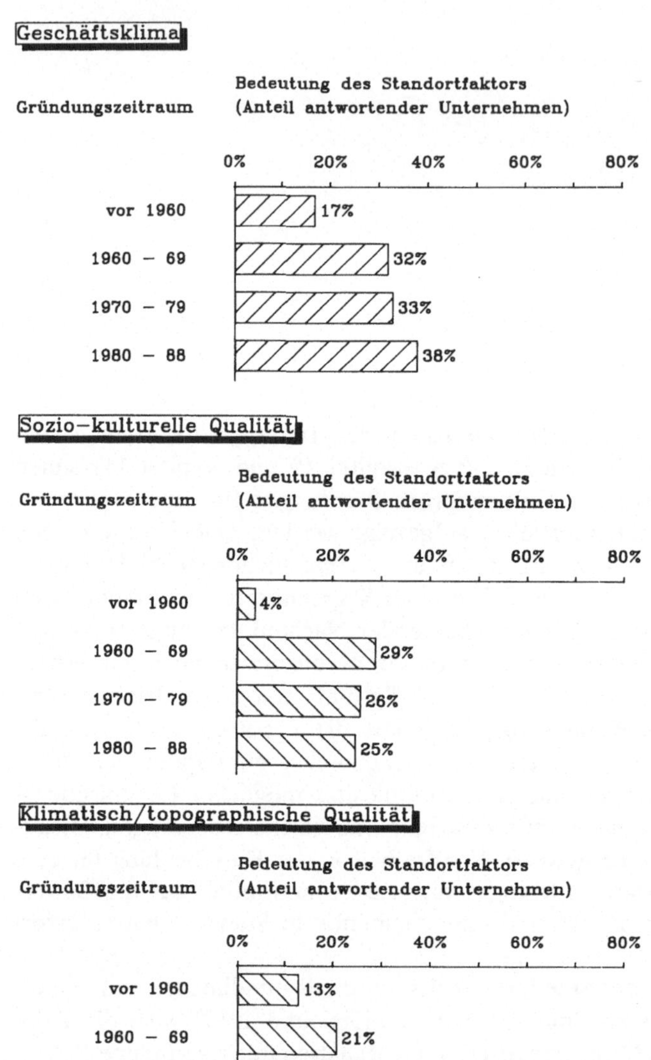

Quelle: Eigene Erhebungen.

"[...] industries create regional resources and not the other way around. [...] It follows that the central motor of regional development is not industry location as a response to prior resource endowments, but geographical industrialization as a process of growth and resource generation."

Abb. 43: Ausgewählte Standortfaktoren von Schlüsseltechnologie-Unternehmen mit abnehmender Bedeutung

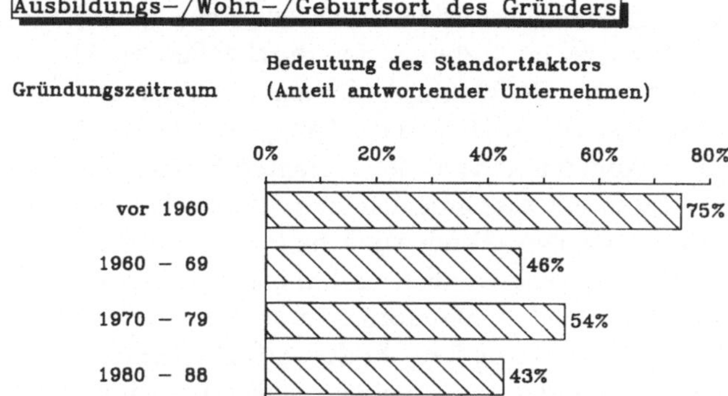

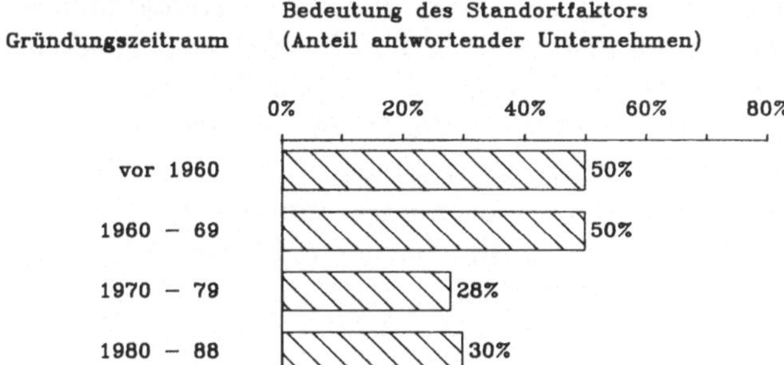

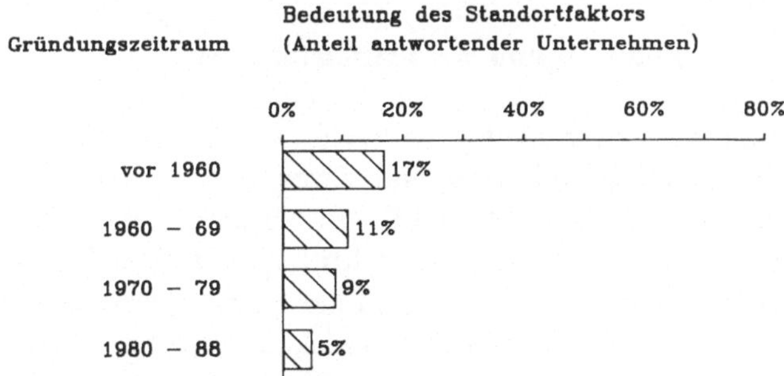

Quelle: Eigene Erhebungen.

Industrielle Standortentscheidungen sind in einer solchen strukturalistischen Perspektive (vgl. Schamp 1988a, S. 10 ff.) nicht das Ergebnis einer optimalen Standortwahl, sondern die Folge eines ungleichgewichtigen Wachstumsprozesses. Dieser läßt sich (je nachdem ob eine räumliche oder eine sektorale Betrachtung den

Ausgangspunkt der Standortanalyse bildet) entweder in Form von sog. *regionalen* oder *industriellen Entwicklungspfaden* modellieren (vgl. dazu die folgenden Abschnitte). Anstelle des in der Produktzyklustheorie prognostizierten zyklischen Wandels von einer qualitativ-agglomerationsorientierten zu einer quantitativ-kostenorientierten Standortwahl wurde im Rahmen der durchgeführten Unternehmensbefragungen eine evolutionäre Bedeutungsänderung von Standortfaktoren festgestellt (vgl. Abb. 42 und Abb. 43). Bei einer Disaggregation in Gründungs- bzw. Ansiedlungsperioden konnten anhand der befragten Schlüsseltechnologie-Unternehmen Standortfaktoren mit zunehmender und Standortfaktoren mit abnehmender Bedeutung ermittelt werden. Tendenziell hatten Standortfaktoren wie das Geschäftsklima, die sozio-kulturelle Qualität und klimatisch/ topographische Vorteile einen im Zeitablauf steigenden, Standortfaktoren wie die Nähe zum Ausbildungs-/ Wohn-/ Geburtsort des Gründers, Bodenverfügbarkeit und die Verfügbarkeit von Rüstungsaufträgen einen im Zeitablauf sinkenden Einfluß auf industrielle Standortentscheidungen (siehe Abb. 42 und Abb. 43).

Analog zu diesen Vorüberlegungen wird im folgenden der Versuch unternommen, Grundzüge einer segmentierten, dynamisch-evolutionären Standortanalyse zu skizzieren. Im Unterschied zu den in Kapitel 10 und Kapitel 11 behandelten Erklärungsansätzen dürfen die in Kapitel 12 vorgestellten Modellansätze nicht als geschlossenes Theoriebündel aufgefaßt werden, sondern sind als Anregungen für mögliche Entwicklungsrichtungen der industriellen Standortlehre (vor allem im Hinblick auf die Standortanalyse von Schlüsseltechnologie-Industrien) anzusehen. Aufgrund des vorläufigen Charakters werden die einzelnen Erklärungsdimensionen bewußt keiner eingehenden Kritik unterzogen.

12.2 Aspekte einer segmentierten Standortanalyse

12.2.1 Dynamik von Gründungs-, Standort- und Wachstumsfaktoren

In sektoralen Standortanalysen wird zwar häufig eine Differenzierung zwischen Betriebsverlagerungen, Unternehmensgründungen und Zweigwerksansiedlungen durchgeführt (vgl. z.B. Schickhoff 1988c, S. 143 f.), i.d.R. entfällt diese Unterscheidung jedoch, wenn regionale Industrieentwicklungen im Mittelpunkt einer Untersuchung stehen. Häufig werden unter dem Sammelbegriff der Standortvorteile alle Ursachen zusammengefaßt, die für den industriellen Entwicklungsprozeß in einer Region verantwortlich sind. So wird z.B. aus der hohen Verfügbarkeit militärischer Aufträge im Silicon Valley und der Route 128-Region auf eine große Standortwirkung militärischer Einflüsse geschlossen. Im Rahmen der durchgeführten Unternehmensbefragung konnte diese Vermutung allerdings nicht bestätigt werden. Lediglich 17% der vor 1960 gegründeten bzw. angesiedelten Schlüsseltechnologie-Unternehmen (nur noch 5% in den 80er Jahren) bezeichneten die Verfügbarkeit von militärischen Aufträgen als wichtige Ursache ihrer Standortentscheidung (vgl. Abb. 43). Der Hauptgrund für derartige Fehlbeurteilungen liegt in der weit verbreiteten, ungerechtfertigten Gleichbehandlung von drei verschiedenartigen Entwicklungsprozessen: regionsinterne Unternehmensgründungen, Ansiedlungsentscheidungen aus anderen Regionen sowie Expansionsaktivitäten bestehender Unternehmen. Da diese Prozesse von unterschiedlichen Einflußgrößen abhängen, ist es erforderlich, eine strenge Unterscheidung zwischen Gründungs-, Standort- und Wachstumsfaktoren durchzuführen:

Innerhalb eines Ergänzungs- und anonymen Adressenraums umfassen Gründungsfaktoren alle Ursachen für Unternehmensgründungen, Standortfaktoren alle Ursachen für Unternehmensansiedlungen und Wachstumsfaktoren alle Ursachen für Expansionsentscheidungen existierender Unternehmen. Die Einflußgrößen können raumbezogen, zufällig, verflechtungsbezogen oder unternehmensstrategisch sein.

Faktoren, die auf regionale Gründungsaktivitäten wirken, können ebenso das Wachstum vorhandener Unternehmen oder die Ansiedlung neuer Unternehmen beeinflussen. In den meisten Regionen unterscheiden sich allerdings die auf die drei Entwicklungsprozesse wirkenden Ursachen: Im Fall einer Unternehmensgründung steht der Übergang von einer abhängigen zu einer selbständigen Beschäftigung im Mittelpunkt der Entscheidungsfindung. Die Gründungsentscheidung basiert z.B. auf persönlichen Wertvorstellungen, dem Verhältnis des bisherigen zum zukünftigen Tätigkeitsbereich sowie dem vorhandenen Marktpotential einer Neugründung. Oftmals entsteht bei einer Neugründung kein Standortproblem, weil die innerhalb des bisherigen Aktivitätsraums vorherrschenden Standortbedingungen und Verflechtungsnetze eine notwendige Voraussetzung für die Gründungsoption darstellen. Demgegenüber werden im Fall von Ansiedlungsentscheidungen (Unternehmensverlagerungen oder Zweigwerksgründungen) die Bedingungen der alten Standortregion denen der potentiellen neuen Standortregion gegenübergestellt. Dabei gehen regionalwirtschaftliche Kennziffern direkt als Standortfaktoren in den Entscheidungsprozeß ein. Eine Standortentscheidung basiert z.B. auf einem interregionalen Vergleich der Kostenstrukturen, der Zulieferund Absatzpotentiale, der Arbeitsmarktstrukturen sowie vielfältiger Agglomerationsvorteile. Eine wiederum andersartige Entscheidungsstruktur liegt den Expansionsaktivitäten existierender Unternehmen zugrunde. Die Entscheidung eines Industrieunternehmens, die in einer Region vorhandenen Produktionskapazitäten auszubauen, hängt in erster Linie vom Nachfragepotential auf den Absatzmärkten (die nicht zwangsläufig in der Region liegen müssen), dem Verhalten von Konkurrenten sowie von der Möglichkeit ab, interne Ersparnisse zu erzielen. Unter den Wachstumsfaktoren spielen Raumeigenschaften nur indirekt eine Rolle, wenn es um die Frage geht, ob zusätzliche Produktionskapazitäten am bisherigen Standort oder in einer neuen Standortregion geschaffen werden sollen. Im letzten Fall liegt eine Kombination zwischen einer Expansions- und einer Standortentscheidung vor.

Im Rahmen der durchgeführten Erhebungen bezeichneten drei Viertel der vor 1960 gegründeten Schlüsseltechnologie-Unternehmen die Nähe zu Ausbildungs-/ Wohn-/ Geburtsort des Gründers und 50% die ausgezeichnete Bodenverfügbarkeit als wesentliche Gründe ihrer Standortentscheidung. In den 80er Jahren spielten diese Faktoren nur noch für 30% bis 40% der Gründungen bzw. Ansiedlungen eine wichtige Rolle. Gleichsam erhöhte sich das Gewicht des Geschäftsklimas von

Tab. 63: Dynamik von Gründungs-, Standort- und Wachstumsfaktoren in den untersuchten Schlüsseltechnologie-Regionen

Zeitabschnitt	Greater Boston	Ottawa
	A. Gründungsfaktoren	
50er und 60er Jahre	1 technologische Optionen 2 "Gründungstradition" 3 Universitätslabors 4 erfolgreiche Vorreiter 5 sektorale Spezialisierung 6 Risikokapital	1 zufällige Einflüsse 2 staatliche Auftragspolitik
70er und 80er Jahre	1 Verflechtungspotential 2 sektorale Spezialisierung 3 qualifizierter Arbeitsmarkt 4 technologische Optionen 5 universitäre Förderung 6 Risikokapital	1 erfolgreiche Vorreiter 2 Zuliefererbedarf 3 sektorale Spezialisierung 4 staatliche Auftragspolitik
	B. Standortfaktoren	
50er und 60er Jahre	1 Universitätslabors 2 qualifizierter Arbeitsmarkt 3 Verflechtungspotential 4 sektorale Spezialisierung 5 militärische Aufträge	1 Regierungspräsenz 2 zufällige Einflüsse
70er und 80er Jahre	1 erfolgreiche Vorreiter 2 qualifizierter Arbeitsmarkt 3 Verflechtungspotential 4 sektorale Spezialisierung 5 Universitätslabors	1 Regierungspräsenz 2 qualifizierter Arbeitsmarkt 3 sektorale Spezialisierung
	C. Wachstumsfaktoren	
50er und 60er Jahre	1 militärische Märkte 2 regionale Verflechtungen 3 Technologietransfer	1 militärische Märkte 2 andere staatliche Märkte
70er und 80er Jahre	1 neue private Märkte 2 "economies of scale" 3 regionale Verflechtungen 4 militärische Märkte	1 militärische Märkte 2 andere staatliche Märkte 3 private Märkte

Tab. 63: Fortsetzung

CTT	Atlanta MSA	Research Triangle
	A. Gründungsfaktoren	
-	1 Zuliefererbedarf 2 militärische Aufträge 3 technologische Optionen	-
1 erfolgreiche Vorreiter 2 universitäre Förderung 3 technologische Optionen 4 Verflechtungspotential	1 erfolgreiche Vorreiter 2 Verflechtungspotential 3 sektorale Spezialisierung 4 universitäre Förderung 5 militärische Aufträge	1 Zuliefererbedarf 2 sektorale Spezialisierung
	B. Standortfaktoren	
1 zufällige Einflüsse 2 diversifizierter Arbeitsmarkt	1 Militärpräsenz 2 zufällige Einflüsse 3 sektorale Spezialisierung 4 Lagegunst (Südosten USA)	1 öffentlich-staatl. Förderung 2 zufällige Einflüsse
1 Lagegunst (nahe Toronto) 2 Universitäten 3 diversifizierter Arbeitsmarkt 4 Verflechtungspotential	1 erfolgreiche Vorreiter 2 sektorale Spezialisierung 3 militärische Aufträge 4 Lagegunst (Südosten USA) 5 qualifizierter Arbeitsmarkt	1 erfolgreiche Vorreiter 2 sektorale Spezialisierung 3 qualifizierter Arbeitsmarkt 4 Universitäten/ FuE-Labors 5 Klimagunst
	C. Wachstumsfaktoren	
1 Markterschließung Kanada	1 militärische Märkte	1 regionsexterne Einflüsse
1 Marktnähe Toronto 2 private Märkte 3 regionale Verflechtungen	1 militärische Märkte 2 Marktnähe US-Südosten 3 reg. Bedeutungszuwachs	1 regionsexterne Einflüsse 2 Markterschließung USA

17% (der Standortentscheidungen vor 1960) auf 38% (der Standortentscheidungen der 80er Jahre). Diese Dynamik deutet darauf hin, daß der Agglomerationsprozeß von Schlüsseltechnologie-Industrien im Zeitablauf in unterschiedlichem Maß durch Neugründungen, Unternehmensansiedlungen und Expansionsaktivitäten geprägt war (vgl. Abb. 42 und Abb. 43): In den Anfangsphasen der Schlüsseltechnologie-Entwicklung resultierten regionale Agglomerationsprozesse zum großen Teil aus regionsinternen Unternehmensgründungen (möglicherweise angestoßen durch regionsexterne Impulse). Dabei spielten die Nähe zum bisherigen Wohnort, zur Arbeits- bzw. Ausbildungsstätte oder zum Geburtsort sowie die ausreichende Verfügbarkeit industriell nutzbarer Flächen oftmals eine größere Rolle als spezifische Standortvorteile im interregionalen Vergleich. D.h. Standortentscheidungen waren durch den vorherigen Aktvitätsraum des Gründers weitgehend vorbestimmt; eine Standortentscheidung im eigentlichen Sinn fand nicht statt. Nachdem sich in einer Region eine "kritische Masse" von Schlüsseltechnologie-Unternehmen gebildet hatte und durch sektorale Spezialisierungseffekte vielfältige Verflechtungspotentiale entstanden waren, verbesserten sich die Voraussetzungen für weitere Gründungen und Ansiedlungen. Der Agglomerationsprozeß beruhte nun überwiegend auf interregionalen Standortvorteilen und dem Wachstum vorhandener Schlüsseltechnologie-Unternehmen (vgl. Kapitel 9).

Die Notwendigkeit einer Differenzierung zwischen Gründungs-, Standort- und Wachstumsfaktoren ergibt sich sowohl aus den grundsätzlichen Unterschieden der entsprechenden *Entscheidungsprozesse* als auch aus den im Zeitablauf variierenden Bedeutungsgewichten der drei *Entwicklungsprozesse*. Die Dynamik der verschiedenen Faktorengruppen läßt sich am Beispiel der untersuchten Schlüsseltechnologie-Regionen zusammenfassend wie folgt beurteilen (vgl. dazu Tab. 63 sowie Kapitel 4 bis Kapitel 9):

1. *Gründungsfaktoren:* In allen Untersuchungsregionen (abgesehen vom Research Triangle) [1] basierten Unternehmensgründungen in der Anfangsphase der Schlüsseltechnologie-Entwicklung auf technologischen Optionen, die aus universitären und/ oder militärischen FuE-Projekten hervorgingen. Erste wichtige Schlüsseltechnologie-Gründungen, die für die nachfolgende Entwicklung eine Vorreiterfunktion übernahmen, wurden oftmals durch quasi-zufällige, nicht-wiederholbare Ereignisse beeinflußt. Nachdem diese Unternehmen etabliert waren, kam es in allen Untersuchungsregionen zu weiteren Gründungsaktivitäten (*"Follow-the-Leader"*-Verhalten). Die frühen Schlüsseltechnologie-Gründungen hatten nicht nur eine Vorbildfunktion für weitere Gründungsentscheidungen, sondern auch eine Vorreiterfunktion in der sektoralen Ausrichtung. D.h. nachfolgende Gründungen operierten vorzugsweise in denselben Industriesektoren. Ausgeprägte sektorale Spezialisierungstendenzen setzten ein, die zur Entstehung hochqualifizierter Arbeitsmärkte und vielfältiger Verflechtungspotentiale beitrugen. Es entwickelte sich ein eigendynamischer Agglomerationsprozeß, der durch universitäre

[1] Im Research Triangle hatten bis Mitte der 80er Jahre noch keine Gründungsprozesse eingesetzt (vgl. zu den Ursachen Kapitel 8). Aufgrund der hohen sektoralen Spezialisierung lokaler Schlüsseltechnologie-Industrien und der vorhandenen Inputbedürfnisse deuteten sich jedoch Ende der 80er Jahre erste Gründungsaktivitäten an.

und/ oder private Spin-off-Prozesse verstärkt wurde (vgl. Keune u. Nathusius 1977, S. 34 ff.). Diese resultierten daraus, daß neue Absatzmärkte zuerst von Personen aus den betreffenden Regionen wahrgenommen und Gründungsentscheidungen durch lokale Universitäten oder Kommunikationsstrukturen forciert wurden. Risikokapital spielte vor allem in der Route 128-Region eine unterstützende Rolle für Schlüsseltechnologie-Gründungen. Daneben wirkten in jeder Schlüsseltechnologie-Agglomeration regionsspezifische Einflüsse auf den Gründungsprozeß (in Ottawa-Carleton z.B. die staatliche Auftragspolitik und in Greater Boston die lange Gründungstradition).

2. *Standortfaktoren:* Auf Ansiedlungsentscheidungen von Schlüsseltechnologie-Unternehmen wirkten zum Teil dieselben Faktoren wie auf Gründungsentscheidungen. Wiederum waren quasi-zufällige Einflußfaktoren für die ersten Unternehmensansiedlungen (meistens Zweigwerke aus anderen Regionen) mitverantwortlich. Außer in den Hauptagglomerationen Greater Boston und Silicon Valley gingen von solchen Zweigwerksgründungen entscheidende Impulse auf nachfolgende sektorale Spezialisierungstendenzen aus. Die ersten Ansiedlungen erzielten auf dem lokalen Arbeitsmarkt einen hohen Grad an Dominanz und waren Auslöser von Start-up- und Spin-off-Prozessen. Ferner hatten sie eine Signalwirkung für andere Unternehmen derselben Industriebranchen (insbesondere für direkte Konkurrenten), sich ebenfalls anzusiedeln. Regierungs- und Militärpräsenz gehörten vor allem in den 50er und 60er Jahren zu den Standortfaktoren von Schlüsseltechnologie-Unternehmen. Mit zunehmender sektoraler Spezialisierung entwickelten sich in allen Untersuchungsregionen spezifische interregionale Standortvorteile, die die Ansiedlungsentscheidungen der 70er und 80er Jahre prägten: insbesondere qualifizierte und diversifizierte Arbeitsmärkte sowie komplexe Verflechtungsnetze innerhalb der Standortregionen. Renommierte Spitzenuniversitäten und andere FuE-Einrichtungen wurden durch ihre Rolle als Anbieter von hochqualifizierten Arbeitskräften und durch ihre Bemühungen nach einer engen Kooperation mit dem Privatsektor zu wichtigen Standortfaktoren. Zusätzlich wirkten jeweils regionsspezifische Standortfaktoren auf die Ansiedlungsprozesse von Schlüsseltechnologie-Industrien (z.B. die Lagegunst der Regionen Waterloo und Atlanta oder die Interventionen durch einflußreiche Politiker im Research Triangle).
3. *Wachstumsfaktoren:* In den ältesten Schlüsseltechnologie-Regionen, die bereits während des Zweiten Weltkriegs wichtige Schlüsseltechnologie-Impulse erhielten, wurden die hohen Schlüsseltechnologie-Wachstumsraten der 50er und 60er Jahre entscheidend durch die steigenden Militärausgaben beeinflußt (vgl. Oakey 1991). Erst später erfolgte eine Erschließung privater Märkte. Ausgelöst durch die Computerindustrie kam es zu einer "Explosion" privater Anwendungsmöglichkeiten, so daß die militärische Nachfrage in den 80er Jahren an Bedeutung verlor. Weitere Wachstumsquellen (insbesondere für Kleinunternehmen) bildeten die Zulieferbedürfnisse der großen lokalen Schlüsseltechnologie-Unternehmen sowie (speziell in den Regionen Waterloo und Atlanta) die marktstrategisch gute Lage. In den technologisch führenden Schlüsseltechnologie-Regionen Greater Boston und Silicon Valley wirkte sich ferner ein schneller Technologietransfer stimulierend auf Expansionsaktivitäten existierender Unternehmen aus (bedingt durch eine hohe Arbeitsplatzmobilität, lokale Universitäten und/ oder enge Kommunikationsnetze). Dort bestand zugleich die Möglichkeit, durch interne Ersparnisse höhere Durchschnittsgewinne zu erzielen.

12.2.2 Unternehmenssegmentierung

Die Analyse von Gründungs-, Wachstums- und Standortfaktoren verdeutlicht die Notwendigkeit einer Differenzierung von Schlüsseltechnologie-Unternehmen nach Organisationsform, Größe und Funktionsvielfalt. So besteht ein prinzipieller Unterschied zwischen den Gründungs- bzw. Standortentscheidungen von kleinen Ein-Betriebs- und großen Mehr-Betriebs-Unternehmen. Standortentscheidungen von Mehr-Betriebs-Unternehmen (Zweigwerksgründungen) werden in Abhängigkeit von den Unternehmenszielen und -strategien, der Art des zu errichtenden Zweigwerks (z.B. FuE- oder Montagefunktion), den spezifischen Arbeitsmarkt- und Verflechtungsbedürfnissen, Kostengesichtspunkten sowie vielfältigen Standortanforderungen getroffen. Die Entscheidungsfindung beruht auf einem komplexen innerbetrieblichen Entscheidungsprozeß und resultiert aus der Bewertung mehrerer Standortalternativen (vgl. z.B. Stafford 1979).

Durch eine funktionale Arbeitsteilung zwischen räumlich getrennten Unternehmenseinheiten besteht die Möglichkeit, bestimmte Unternehmensfunktionen in den Regionen mit den jeweils besten Standorteigenschaften anzusiedeln (vgl. z.B. Scott 1986): FuE-Zweigwerke können z.B. in Regionen mit einem großen Potential an hochqualifizierten Arbeitskräften, Agglomerationsvorteilen, renommierten Forschungsuniversitäten, einer hohen sozio-kulturellen und klimatischen Qualität sowie hochwertigen Lebensbedingungen angesiedelt werden, Montagezweigwerke analog in Regionen mit einem großen Potential ungelernter Arbeitskräfte, geringen Lohnniveaus und anderen Kostenvorteilen. Durch eine räumlich-funktionale Arbeitsteilung läßt sich unter Umständen eine Effizienzsteigerung innerhalb des Produktionsablaufs erzielen. Diese Form der räumlichen Organisation von Mehr-Betriebs-Unternehmen ist allerdings nicht die einzige mögliche (vgl. den folgenden Abschnitt) und außerdem in ihrer empirischen Bedeutung umstritten (vgl. z.B. Bade 1983).[1]

Im Unterschied zu Mehr-Betriebs-Unternehmen verfügen Ein-Betriebs-Unternehmen über ein schlechter ausgestattetes Informations- bzw. Entscheidungssystem und sind in ihrer Standortentscheidung stärkeren Beschränkungen unterworfen. Außerdem ist die Standortwahl eines Ein-Betriebs-Unternehmens i.d.R. ein einmaliger Entscheidungsprozeß, der sich nach der Unternehmensgründung nicht wiederholt. Die Unternehmensgründung ist wiederum häufig nicht mit einer echten Standortentscheidung verbunden, weil der Unternehmensstandort durch den zuvor erschlossenen Aktivitätsraum weitgehend vorbestimmt ist. Normalerweise findet eine Unternehmensgründung nicht spontan statt, sondern ist über einen gewissen Zeitraum geplant. Aufgrund der mit der Gründung verbundenen persönlichen Existenzrisiken erfolgt der Übergang von einer abhängigen zu einer selbständigen Beschäftigung stufenweise. Die ersten Gründungsschritte werden

---

[1] Auf die Standortwahl von Mehr-Betriebs-Unternehmen soll hier nicht weiter eingegangen werden. Weitergehende Ausführungen über das Standortverhalten von Mehr-Betriebs- sowie multinationalen bzw. transnationalen Unternehmen finden sich in den Arbeiten von Dicken (1986, S. 94-135 und 183-220), Chapman u. Walker (1987, S. 70 ff.), Brücher (1982, S. 74 ff.), Thomas (1980) sowie Moran (1985a bis 1985e).

häufig parallel zur bisherigen Tätigkeit unternommen.[1] Eine typische Strategie zur Unternehmensgründung ist das sog. "*Soft Company*"-Modell (Jong 1987, S. 146):

"These entrepreneurs start as technical consultants; then they pass through several stages of development, and finally they become 'hardened' firms manufacturing standardized products for a general market. The minimization of risks - the low costs of entry into the business, and the flexibility with which the hardening process can be managed - is central to the concept."

Insbesondere private Spin-off-Prozesse beruhen nicht überwiegend auf interregionalen Standortvorteilen, sondern sind von personen- und unternehmensbezogenen Strukturmerkmalen ohne räumliche Dimension abhängig. Dazu zählen nach Jong (1987, S. 141-158) die Gründereigenschaften, die Arbeitsbedingungen innerhalb der Inkubatororganisation, die Kapitalverfügbarkeit, das Geschäftsklima, die Förderungsbedingungen für Neugründungen sowie das Vorhandensein sog. "*Entrepreneurial Networks*" (vgl. auch Ragab 1987, Crawford u. Ibrahim 1987 sowie Kao 1987a und 1987b). Keune u. Nathusius (1977, S. 54-64) führen den eigentlichen Gründungsentschluß auf positive und negative Deplazierungswirkungen zurück, die mit den Lebens- und Arbeitsbedingungen des potentiellen Gründers zusammenhängen (vgl. auch Thomas 1987 und 1988):

Negative Deplazierungswirkungen

1. Kündigung oder Bedrohung des bisherigen Arbeitsplatzes
2. Unzufriedenheit mit den vorhandenen Arbeitsbedingungen
3. Konzeptionelle Divergenzen mit den Vorgesetzten über zukünftige Produkt- oder Prozeßentwicklungen.

Positive Deplazierungswirkungen

1. Finanzierungsmöglichkeiten z.B. mit Hilfe von Risikokapital (vgl. auch Leinbach u. Amrhein 1987, Florida u. Kenney 1988 sowie Kapitel 10)
2. Vorhandenes Marktpotential ("*Market-Pull*"-Hypothese)
3. Vorreiterfunktion erfolgreicher Gründerpersönlichkeiten
4. Spezifische Gründereigenschaften und persönliche Erfahrungen (vgl. auch Roberts 1968 und 1987; Cooper 1971 sowie Steed u. Nichol 1985).

Die Unterscheidung zwischen Ein-Betriebs- und Mehr-Betriebs-Unternehmen ist zwar geeignet, um einige (durch die Organisationsstruktur bedingte) Unterschiede in den Standort- bzw. Gründungsentscheidungen herauszuarbeiten, allerdings hat diese Differenzierung für praktische Anwendungen eine zu geringe Komplexität. Eine detailliertere Gruppierung in homogene Unternehmenssegmente, die auf der Dichotomie zwischen Kleinunternehmen (nur ein Standort) und Großunternehmen (i.d.R. mehrere Betriebsstätten an verschiedenen Standorten) aufbaut, stammt von Taylor u. Thrift (1983). Diese Segmentierung basiert auf mehreren

[1] In diesem Sinn ist die durch spektakuläre Unternehmensgründungen in der Computerindustrie bekannt gewordene Entwicklung von einem "Garagen- zu einem Weltunternehmen" (vgl. McSummit u. Martin 1990 sowie Rogers u. Larson 1986) nicht als idealtypische Erfolgssequenz, sondern lediglich als risikominimierendes Verhalten beim Gründungsschritt zu verstehen.

Strukturvariablen wie der Beschäftigtenzahl, den Verflechtungsbeziehungen und den Wachstumsbedingungen. Innerhalb der beiden Hauptgruppen unterscheiden Taylor u. Thrift (1983, S. 451-460) zahlreiche Teilsegmente von Industrieunternehmen, die eine verschiedenartige Organisationsform und ein unterschiedliches Standortverhalten aufweisen (vgl. auch Taylor u. Thrift 1982a und 1982b, Taylor 1983 sowie Morphet 1987):

A. Kleinunternehmen

1. *Laggards:* Die Gruppe der Nachzügler besteht aus *Handwerksbetrieben* und *Satisficern*. Diese sind durch ein geringes Wachstum und eine hohe Konjunkturanfälligkeit gekennzeichnet. Die Lebensdauer dieser Unternehmen ist oft mit der Lebensdauer der jeweiligen Besitzer identisch. *Laggards* beliefern i.d.R. kleine Märkte und setzen nur in geringem Umfang moderne Technologien ein. Sie werden bewußt klein und überschaubar gehalten.
2. *Intermediates:* Das Zwischensegment setzt sich aus der *Loyal Opposition* und den *Satellites* zusammen. Unternehmen der *Loyal Opposition* operieren in Marktnischen oder Restmärkten, die von Großunternehmen nicht bzw. nicht mehr abgedeckt werden. Es handelt sich meistens um Ein-Produkt- oder Ein-Markt-Unternehmen mit einer gut ausgebauten Marketing-/ Managementorganisation. Forschungstätigkeiten konzentrieren sich überwiegend auf Entwicklungsaktivitäten. Es gibt nur wenige Markteintritte und Marktaustritte, so daß eine stabile Wettbewerbssituation herrscht.
   Das *Satellite*-Segment ist demgegenüber durch eine hohe Verflechtungsabhängigkeit von Großunternehmen gekennzeichnet. Die Grundlage dieser Abhängigkeit bilden *Subkontrakte* oder *Konzessionen*. Im Unterschied zur *Loyal Opposition* existieren sowohl hohe Markteintritts- als auch Marktaustrittsraten, so daß eine instabile Wettbewerbssituation vorliegt. Die Konkurrenzfähigkeit großer *Satellite*-Unternehmen beruht auf der Fähigkeit, interne Ersparnisse zu erzielen. Die Existenz kleiner *Satellite*-Unternehmen ist von der Externalisierung bestimmter Produktionsstufen aus dem Großunternehmensbereich abhängig.
3. *Leaders:* Die Gruppe der führenden Unternehmen ist relativ jung und beruht auf intensiven Innovationsaktivitäten sowie einem hohen Innovationspotential. Sofern ausreichend Investitionskapital verfügbar ist, haben diese Unternehmen das größte Wachstumspotential unter allen Kleinunternehmen. Da sich der Wettbewerbsvorteil der *Leader*-Unternehmen durch Imitation und zunehmende Konkurrenz verringert, existieren nicht nur hohe Gründungs-, sondern auch hohe Insolvenzraten. Erfolgreiche *Leader* werden häufig durch Großunternehmen aufgekauft, erfolglose *Leader* scheiden vom Markt aus oder wechseln in das Segment der *Laggards*.

B. Großunternehmen

1. *Multidivisionale Unternehmen:* Es ist dies die häufigste Form von Großunternehmen. Durch räumliche Expansion und sektorale Diversifikation sind *multidivisionale Unternehmen* zu einer Größe gewachsen, die erhebliche Leitungs- und Koordinationsprobleme verursacht. Dauerhafte Wettbewerbsfähigkeit wird durch zunehmende Oligopolisierung oder ständiges Innovieren gesichert. Analog zum Segment der Kleinunternehmen lassen sich *Leader-*, *Intermediate-*, und *Laggard-* sowie zusätzlich *Support*-Unternehmen unterscheiden. *Leader*-Großunternehmen besitzen große Innovations-

kapazitäten und operieren mit hohem Risiko. Sie sind auf technisches Know-how, qualifizierte Arbeitskräfte, Managementerfahrungen und externe Ersparnisse angewiesen. *Intermediate*-Segmente stellen etablierte Produkte her und sind in jedem Großunternehmen zu finden. Sie benötigen in erster Linie spezielle Marketingfähigkeiten und Kapitalzugang. *Laggard*-Unternehmen konzentrieren sich auf die Fertigung von standardisierten Produkten und sind von Kostenvorteilen abhängig. *Support*-Unternehmen übernehmen Servicedienste für den Großunternehmenssektor.

2. *Globale Unternehmen:* Dieses Segment ist infolge einer Internationalisierung von Kapital und einer internationalen Arbeitsteilung aus der Gruppe der *multidivisionalen Unternehmen* hervorgegangen. Die Zahl der *globalen Unternehmen* ist klein, da nur wenige Großunternehmen in der Lage sind, die finanziellen Mittel zum Aufbau eines weltweiten Betriebsnetzes aufzubringen. Ein *globales Unternehmen* setzt sich aus *Leader-*, *Intermediate-*, *Laggard-* und *Support*-Divisionen zusammen, die im Sinn einer opportunistischen Unternehmensstrategie potentielle Investitionsobjekte darstellen. In Abhängigkeit von den weltweiten politisch-ökonomischen Rahmenbedingungen werden Investitionsalternativen ständig neu bewertet, die aussichtsreichsten Investitionsprojekte ermittelt und Kapitalzuweisungen entsprechend angepaßt.

Aus den unterschiedlichen räumlichen Organisationsstrukturen der verschiedenen Unternehmensgruppen leiten Taylor u. Thrift (1983, S. 458 f.) die Notwendigkeit einer segmentierten industriellen Standorttheorie ab: Für Großunternehmen werden die Produktzyklustheorie und betriebswirtschaftliche Entscheidungsmodelle als Erklärungsansätze vorgeschlagen, für Kleinunternehmen soziologische Modelle sowie evolutionäre Clusterungs- und Agglomerationsansätze. Obwohl die Klassifikation von Taylor u. Thrift (1983) breiten Eingang in industriegeographische Untersuchungen gefunden hat, darf sie aufgrund zahlreicher Schwachstellen nicht unkritisch übernommen werden. Diese betreffen die weitgehend deskriptive Zuordnung von Unternehmen, die zu starke Anlehnung an die Produktzyklustheorie (für den Großunternehmenssektor) sowie die unzureichende Berücksichtigung innerbetrieblicher Leitungsstrukturen und Entscheidungsprozesse. In einem alternativen (ebenfalls nicht erschöpfenden) Ansatz unterscheiden Lloyd u. Dicken (1977, S. 366 ff.) drei Entwicklungsstufen der Unternehmensorganisation, die durch eine steigende Komplexität und eine zunehmende Arbeitsteilung zwischen verschiedenen Entscheidungsebenen gekennzeichnet sind (vgl. im folgenden Abb. 44):

1. *Ein-Produkt-Ein-Betriebs-Unternehmen:* Diese Stufe entspricht dem Fall der Neugründung. In einer einfachen (oft personengebundenen) Leitungsstruktur besteht keine klare Trennung zwischen strategischen, administrativen und operativen Entscheidungsebenen.
2. *Ein-Produkt-Mehr-Betriebs-Unternehmen:* Mit zunehmender Unternehmensgröße und räumlicher Expansion erfolgt eine innerbetriebliche organisatorische Arbeitsteilung. Für spezifische Funktionsbereiche (z.B. Produktion, FuE und Marketing) entstehen eigenständige Abteilungen, die dezentrale Leitungsfunktionen der operativen Entscheidungsebene übernehmen. Die funktionale Spezialisierung und Mehr-Betriebs-Organisation erfordert zugleich ein höheres Maß an zentraler Kontrolle. Als übergeordnete Ent-

Abb. 44: Entwicklungsstufen der Unternehmensorganisation

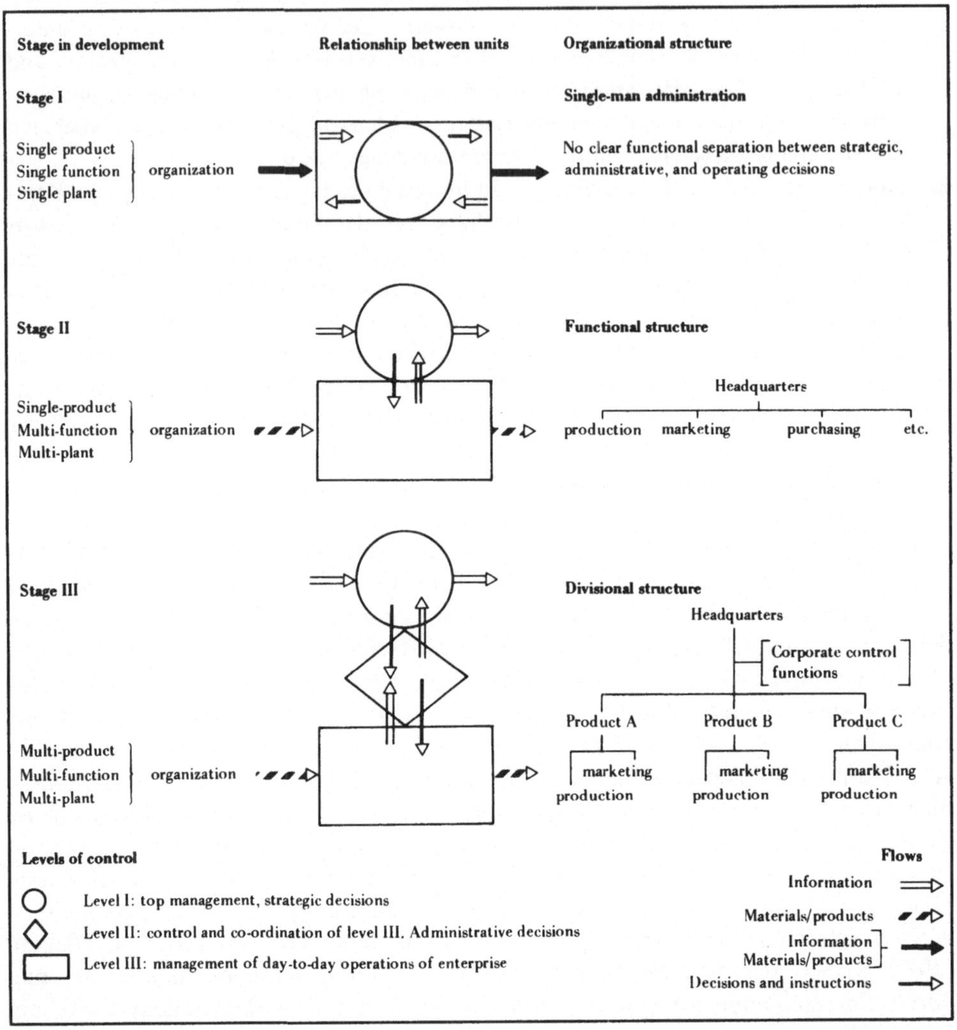

Stage in development | **Relationship between units** | **Organizational structure**

Stage I
Single product
Single function
Single plant
organization

Single-man administration
No clear functional separation between strategic, administrative, and operating decisions

Stage II
Single-product
Multi-function
Multi-plant
organization

Functional structure
Headquarters
production marketing purchasing etc.

Stage III
Multi-product
Multi-function
Multi-plant
organization

Divisional structure
Headquarters
Corporate control functions
Product A — marketing, production
Product B — marketing, production
Product C — marketing, production

Levels of control
Level I: top management, strategic decisions
Level II: control and co-ordination of level III. Administrative decisions
Level III: management of day-to-day operations of enterprise

Flows
Information
Materials/products
Information / Materials/products
Decisions and instructions

Quelle: Lloyd u. Dicken (1977, S. 367).

scheidungsebene wird ein Headquarter gebildet, das die Unternehmensziele festgelegt sowie die funktionalen Entscheidungsbereiche koordiniert und überwacht.

3. *Mehr-Produkt-Mehr-Betriebs-Unternehmen:* Mit zunehmender Diversifikation entsteht eine divisionale Organisationsstruktur. Anstelle von funktionalen Abteilungen entstehen produktspezifische Divisionen (sog. *Geschäftsfeldbereiche*), die vereinfacht jeweils der Struktur eines Ein-Produkt-Ein-Betriebs-Unternehmens entsprechen. Bezüglich der Leitungsfunktionen entwickelt sich eine dreistufige Hierarchie: Auf der unteren Ebene werden von den einzelnen Geschäftsfeldbereichen operative Leitungsfunktionen wahrgenommen. Die mittlere Ebene erfüllt koordinierende und administrative Funktionen.

Tab. 64: Ausgewählte Standort- bzw. Gründungsfaktoren der Haupt- und Zweigwerke von Schlüsseltechnologie-Unternehmen

Standort-/ Gründungsfaktor	Anteile an allen erfaßten (1) Hauptwerken N = 86	(2) Zweigwerken N = 44	(3) Differenz (1) - (2)
A. Gründungsaspekte			
- Nähe Ausbildungs-/ Wohn-/ Geburtsort des Gründers	79%	9%	+70%
- Verfügbarkeit von Rüstungsaufträgen	7%	2%	+ 5%
- Nähe zu anderen Fabriken	21%	18%	+ 3%
- Kapitalverfügbarkeit	8%	5%	+ 3%
B. Kosten-/ Qualitätsaspekte			
- Steuerniveau	4%	23%	-19%
- Nähe zu außeruniversitären Forschungseinrichtungen	16%	36%	-20%
- Öffentlich/ staatliche Unterstützung	16%	39%	-23%
- Klimatische Qualität	13%	36%	-23%
- Universitätsnähe	33%	57%	-24%
- Bodenpreise	14%	39%	-25%

Quelle: Eigene Erhebungen.

Auf der obersten Entscheidungsebene werden nicht-programmierte Entscheidungen gefällt, die das Gesamtsystem betreffen, sowie Unternehmensziele vorgegeben und überwacht.

Aus den verschiedenartigen Bedarfsstrukturen der drei Entscheidungsebenen leiten Lloyd u. Dicken (1977, S. 368-383) ein differenziertes Standortverhalten ab: Strategische Leitungsfunktionen haben einen hohen Bedarf an flexiblen und qualitativ hochwertigen Kommunikations- und Informationsnetzen und konzentrieren sich deshalb vorrangig auf große Metropolen mit Agglomerations- und Fühlungsvorteilen. Operative Leitungsfunktionen verzeichnen demgegenüber eine größere Standortvariabilität, weil sie unterschiedliche Standortbedürfnisse haben. In Abhängigkeit von den strategischen Zielen und spezifischen Funktionen (z.B. FuE oder Montage) siedeln sie sich in Regionen mit entsprechenden Standortvorteilen an (vgl. zur Kritik Bade 1983).

Im Rahmen der Unternehmensbefragung wurde untersucht, ob Schlüsseltechnologie-Unternehmen analog zur Theorie der Unternehmenssegmentierung ein differenziertes Standortverhalten aufweisen. Die erfragten Standort- bzw. Gründungsfaktoren wurden deshalb nach Unternehmenssegmenten getrennt ausgewertet. Um ausreichend große Stichprobenumfänge je Segment zu erhalten, wurde lediglich zwischen Hauptwerken (N = 86) und Zweigwerken (N = 44) unterschieden (siehe Tab. 64). Da die Standortwahl von Hauptwerken i.d.R. mit der Unternehmensgründung identisch war, wurde davon ausgegangen, daß Gründungsfaktoren in der Standortentscheidung von Hauptwerken eine größere Rolle spielten als bei Zweigwerken. Umgekehrt wurde erwartet, daß in den Standortentscheidungen von Zweigwerken entweder Kostengesichtspunkte (im Fall von Produktionseinrichtungen) oder Qualitätsaspekte (im Fall von FuE-Einrichtungen) eine größere Bedeutung hatten.

Die Hypothesen über variierende Standortpräferenzen in Abhängigkeit von organisatorischen Merkmalen konnten anhand der empirisch ermittelten Ergebnisse für Schlüsseltechnologie-Industrien tendenziell bestätigt werden (siehe Tab. 64): Faktoren, die vor allem für Unternehmensgründungen eine große Bedeutung haben, wie die Nähe zum Ausbildungs-/ Wohn-/ Geburtsort des Gründers, Kapitalverfügbarkeit, die Nähe zu anderen Fabriken und die Verfügbarkeit von Rüstungsaufträgen wurden am häufigsten von *Hauptwerken* als Ursachen der Standortwahl bezeichnet. Der einzige signifikante Unterschied ergab sich dabei für den Faktor der Nähe zum Ausbildungs-/ Wohn-/ Geburtsort des Gründers: 79% der Hauptwerke, aber nur 9% der Zweigwerke ordneten diesem Faktor eine wichtige Rolle im Rahmen ihrer Standortentscheidung zu. Wie erwartet hatten umgekehrt Universitäten, andere Forschungseinrichtungen und klimatische Gunstfaktoren für *forschungsorientierte Zweigwerke* sowie das Steuerniveau, öffentlich-staatliche Unterstützungen und Bodenpreise für *produktionsorientierte Zweigwerke* eine (jeweils signifikant) größere Bedeutung als für Hauptwerke (siehe Tab. 64).

Aus diesen Unterschieden konnte jedoch weder auf eine räumlich-funktionale Standortdifferenzierung bei Zweigwerksansiedlungen noch auf grundlegend verschiedene Standortschwerpunkte von Haupt- und Zweigwerken geschlossen werden. Die fünf am häufigsten genannten Standortfaktoren von Haupt- und Zweigwerken waren weitgehend identisch. Die Rangfolge der wichtigsten Standort- bzw. Gründungsfaktoren für Hauptwerke lautete: (1) Nähe zum Ausbildungs-/ Wohn-/ Geburtsort des Gründers, (2) Verfügbarkeit qualifizierter Arbeitskräfte, (3) Kundennähe, (4) Universitätsnähe und (5) Bodenverfügbarkeit. Für Zweigwerke resultierte folgende Reihenfolge: (1) Universitätsnähe, (2) Verfügbarkeit qualifizierter Arbeitskräfte, (3) Bodenverfügbarkeit, (4) Universitätsnähe und (5) Geschäftsklima.

12.2.3 Unternehmens- und Innovationsstrategien

Für eine Analyse der Unternehmensorganisation ist es erforderlich, auch auf Unternehmensstrategien einzugehen, weil verschiedene Unternehmenssegmente über unterschiedliche unternehmensstrategische Optionen verfügen. Aus handlungstheoretischer Perspektive besteht bei der Entscheidung für eine Unternehmensstrategie eine gewisse Wahlfreiheit. Da unterschiedliche Unternehmensstrategien verschiedene räumliche Organisationsformen bedingen können, impliziert die vorhandene Wahlfreiheit eine (partielle) Nicht-Prognostizierbarkeit industrieller Standortverteilungen. D.h. strukturgleiche Industrieunternehmen derselben Branche können infolge unterschiedlicher Unternehmensstrategien verschiedenartige Standortpräferenzen aufweisen.

Eine Unternehmensstrategie dient dem langfristigen Aufbau von Erfolgspotentialen und hat einen vorab unbegrenzten Zeithorizont. In einer Unternehmensstrategie werden die Aktionsfelder eines Unternehmens, die zentralen Aktionsparameter sowie die dazu erforderlichen Ressourcen festgelegt. Die Auswahl einer Strategie erfolgt unter Berücksichtigung unternehmensexterner Bedingungen und erfordert konsistente Verflechtungsbeziehungen zwischen allen wesentlichen unternehmensinternen Elementen (vgl. insbesondere Stahl 1991, Kapitel 4.2 sowie Meffert 1986, S. 54 ff. und Staehle 1990, S. 426 ff. und 561 ff.). Nachdem die Entscheidung für eine konkrete Unternehmensstrategie gefallen ist, muß ein betriebswirtschaftlicher Transformationsprozeß vollzogen werden, durch den die Anpassung aller unternehmensinternen Elemente an die vorgegebenen Ziele unter Berücksichtigung der Umfeldbedingungen erfolgt. Dieser Transformationsprozeß umfaßt unter anderem auch eine strategiegerechte Anpassung der räumlichen Unternehmensorganisation (vgl. dazu Chapman u. Walker 1987, S. 117 ff.; Lloyd u. Dicken 1977, S. 358 ff. sowie Abb. 45). In Anlehnung an die Klassifikation von Stahl (1991, Kapitel 4.2) kann man zwischen *aktionsfeldorientierten* und *wettbewerbsorientierten Unternehmensstrategien* unterscheiden. Die wichtigsten Strategietypen beider Oberkategorien werden im folgenden kurz aufgeführt und potentielle räumliche Auswirkungen abgeleitet:

A. Aktionsfeldorientierte Strategien

1. *Differenzierungsstrategie:* Bei dieser Strategie versucht ein Unternehmen, die eigenen Produkte durch Qualitäts- und Leistungsvorteile von denen der Konkurrenten abzuheben. Ziel ist es, für die Produkte ein einzigartiges Image zu gewinnen, das zu einer stärkeren Kundenbindung führt und das Unternehmen vor Konkurrenten abschirmt (vgl. Eichenberg 1986, S. 415 ff. und Meffert 1986, S. 91). Die Differenzierungsstrategie ist ausgesprochen kundenorientiert und mag dazu führen, daß die Standortwahl in der Nähe wichtiger Stammkunden vorgenommen wird. Um flexibel auf Kundenbedürfnisse reagieren zu können, ist eine räumliche Spezialisierung angebracht (siehe Abb. 45 Fall b): Die einzelnen Produktbereiche werden dabei in räumlich getrennte Unternehmenseinheiten zerlegt, die jeweils marktorientierte Standorte suchen.
2. *Diversifikationsstrategie:* Das Ziel dieser Strategie besteht darin, durch eine Erweiterung des Marktbereichs (*räumliche Diversifikation*) oder des Leistungsprogramms (*Produktdiversifikation*) neue Wachstumspotentiale zu erschließen sowie die Anfälligkeit gegenüber Konjunktur- und Strukturkrisen zu verringern (vgl. Lloyd u. Dicken 1977, S. 358 ff.). Die Diversifikation kann entweder auf einer *unternehmensinternen* oder auf einer *unternehmensexternen Erweiterungsstrategie* (Diversifikation durch Fusions- oder Aufkaufaktivitäten) beruhen. Ferner läßt sich zwischen einer *horizontalen Diversifikation* in vollkommen neue Produktbereiche, einer *vertikalen Diversifikation* in vorgelagerte oder nachgelagerte Produktbereiche sowie einer *gemischten Diversifikation* unterscheiden (vgl. Schreyögg 1984, S. 58-69 und 118 f.; Scholz 1987, S. 234 ff.; Wieselhuber

Abb. 45: Räumliche Wirkungen von Unternehmensstrategien

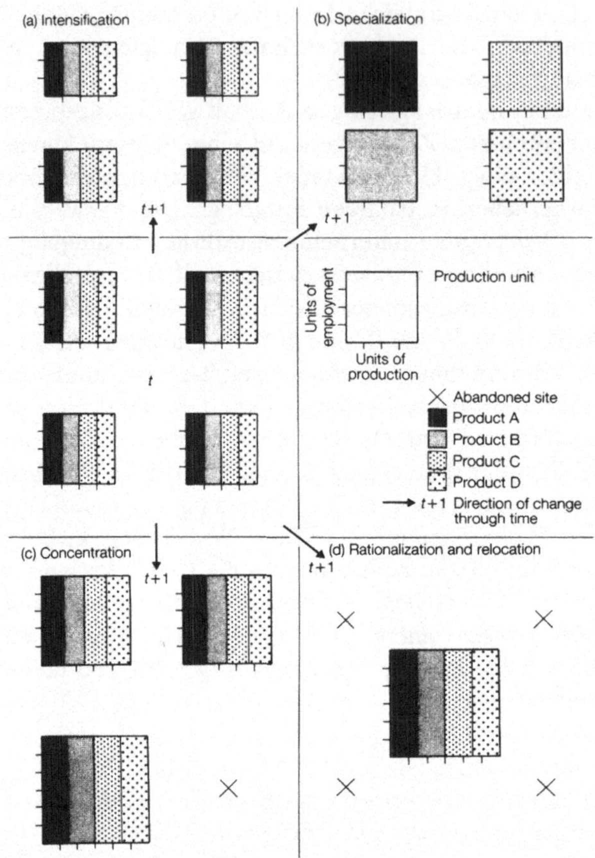

Quelle: Chapman u. Walker (1987, S. 121).

1986 sowie Meffert 1986, S. 91 ff.). Sofern eine räumliche Diversifikation geplant ist, mag eine schnelle Durchdringung aller wichtigen Märkte auf nationaler oder internationaler Ebene angestrebt werden. Bei einer rückwärts- oder vorwärtsgerichteten Produktdiversifikation können sich räumliche Spezialisierungstendenzen einstellen (siehe Abb. 45 Fall b): Durch Aufkaufaktivitäten im Zulieferbereich wird z.B. ein betriebsinternes Verflechtungsnetz zwischen verschiedenen Produktionsstufen aufgebaut. Je höher das technologische Niveau der Leistungserstellung ist, desto größer ist der zu erwartende Bedarf an räumlicher Nähe zwischen den verschiedenen Produktionsstufen.

3. *Konzentrationsstrategie:* Im Gegensatz zur Diversifikationsstrategie wird bei der Konzentrationsstrategie angestrebt, eine geringe Zahl von Märkten und Produkten mit möglichst hohem Gewinnpotential auszuwählen. Die Spezialisierung auf wenige Geschäftsfeldbereiche ermöglicht es, besonders wettbewerbsintensiven Märkten auszuweichen und zugleich durch interne Ersparnisse und Erfahrungskurven-Effekte Kostenvorteile gegenüber Konkurrenten zu erlangen. Diese Strategie wird häufig von Unter-

nehmen angewendet, denen die finanziellen Mittel für eine Diversifikation fehlen (vgl. Schreyögg 1984, S. 120; Eichenberg 1986, S. 414 ff. sowie Meffert 1986, S. 96 ff.). Im Fall einer Konzentrationsstrategie sind verschiedene Formen der räumlichen Anpassung denkbar (siehe Abb. 45): Es kann zur Aufgabe einzelner Standorte bei gleichzeitiger Konzentration der Produktionsaktivitäten in den bestehenden Betriebsstätten (Fall c) oder zu einer Rationalisierung und Verlagerung sämtlicher Produktionsaktivitäten zu einem neuen Standort kommen (Fall d).

B. Wettbewerbsorientierte Strategien

1. *Kosten- und Preisführerschaftsstrategie:* Bei dieser Strategie sollen die Stückkosten unter das Niveau der Konkurrenz gesenkt werden. Dies geschieht z.B. durch die Nutzung niedriger Lohn- und Steuerniveaus, die Einführung standardisierter Produktionsverfahren zur Massenproduktion sowie eine zunehmende innerbetriebliche Arbeitsteilung. Es setzt ein Verdrängungswettbewerb ein, bei dem versucht wird, möglichst große Marktanteile zu erwerben. Die niedrigen Produktpreise wirken als Markteintrittsbarriere und verstärken vorhandene Oligopolisierungstendenzen (vgl. Schreyögg 1984, S. 117 f. und Meffert 1986, S. 104 ff.). Eine Preisführerschaft kann je nach Marktlage durch unterschiedliche räumliche Organisationsformen unterstützt werden (siehe Abb. 45): Einerseits sind Intensivierungsaktivitäten denkbar. Durch eine Substitution von Arbeit durch Kapital werden dabei an den meisten Standorten Arbeitskräfte freigesetzt, ohne die Produktionskapazitäten zu verringern (Fall a). Andererseits können Rationalisierungsprozesse einsetzen, die zu einer Konzentration des Leistungsprogramms an neuen, kostengünstigeren Standorten führen (Fall d). Alternativ ist eine räumlich-funktionale Arbeitsteilung möglich, bei der einzelne Unternehmensfunktionen wie Unternehmensleitung, FuE, Produktion und Montage (analog zu Fall b) jeweils Standorte mit geeigneten Standortvoraussetzungen wählen.
2. *Kooperationsstrategie:* Im Gegensatz zur Preisführerschaftsstrategie verfolgt die Kooperationsstrategie das Ziel einer vertikalen oder horizontalen Zusammenarbeit mit Konkurrenzunternehmen. Eine solche Kooperation ist von Vorteil, wenn sich durch gemeinsame Aktivitäten ein Wettbewerbsvorteil ergibt. Eine Kooperationsstrategie kann z.B. sinnvoll sein, um einen Schutz vor ausländischer Konkurrenz aufzubauen (vgl. Töpfer 1986 und Meffert 1986, S. 108 f.). Kleine Unternehmen wenden eine solche Strategie aus marktlichen oder technologischen Erfordernissen an, um im Wettbewerb gegen Großunternehmen bestehen zu können. Eine extreme Form der vertikalen Kooperationsstrategie stellen sog. *Chains of Production* dar, in denen sich hochspezialisierte Kleinunternehmen auf jeweils nur eine Produktionsstufe konzentrieren und erst durch komplementäre Verflechtungsbeziehungen ein vollständiger Produktionsprozeß entsteht (vgl. Gordon 1989b, Scott 1986 und Schoenberger 1988). Eine solche Strategie fördert das Entstehen eng verflochtener Produktionskomplexe, in denen Agglomerationsvorteile eine entscheidende Bedeutung haben.

Neben einer Gesamtunternehmensstrategie lassen sich sog. *Geschäftsfeldstrategien* und *Funktionsbereichsstrategien* unterscheiden, die im Verhältnis zur Gesamtunternehmensstrategie den Charakter von Teilstrategien haben. Während Geschäftsfeldstrategien einzelne Produkt- und/ oder Marktbereiche betreffen, beziehen sich Funktionsbereichsstrategien auf einzelne Funktionsbereiche wie

Produktions- oder Innovationsprozesse.[1] Trotz einer einheitlichen Gesamtunternehmensstrategie können Industrieunternehmen unterschiedliche produktbezogene, produktionsbezogene oder innovationsbezogene Strategien einschlagen, die jeweils unterschiedliche räumliche Organisationsformen implizieren können und dadurch die Komplexität der industriellen Standortanalyse weiter erhöhen. Da systematische FuE-Aktivitäten und technologische Innovationen den Kern von Schlüsseltechnologie-Industrien bilden (vgl. Kapitel 2), sollen im folgenden die räumlichen Implikationen von Innovationsstrategien näher untersucht werden. Basierend auf der Klassifikation von Freeman (1982, S. 169-186) läßt sich eine idealtypische Hierarchie von sechs Innovationsstrategien mit abnehmender Komplexität, Risikobereitschaft, FuE-Intensität sowie rückgängigem Gewinnpotential erstellen: (1) die offensive, (2) die defensive, (3) die opportunistische, (4) die imitative, (5) die abhängige sowie (6) die traditionelle Innovationsstrategie (vgl. zur Definition der verschiedenen Innovationsstrategien Kapitel 2). Morphet (1987, S. 50-57) vermutet, daß die Wahl der Innovationsstrategie mit der Organisationsform eines Unternehmens zusammenhängt, und ordnet den Innovationsstrategien von Freeman (1982) auf deduktivem Weg die Unternehmenssegmente von Taylor u. Thrift (1983) zu: [2]

1. *Offensive Innovationsstrategie:* Kleinunternehmen (Leaders), Großunternehmen (Leaders)
2. *Defensive Innovationsstrategie:* Großunternehmen (Leaders)
3. *Opportunistische Innovationsstrategie:* Kleinunternehmen (Leaders, Loyal Opposition)
4. *Imitative Innovationsstrategie:* Großunternehmen (Intermediates, Laggards)
5. *Abhängige Innovationsstrategie:* Kleinunternehmen (Satellites), Großunternehmen (Laggards)
6. *Traditionelle Innovationsstrategie:* Kleinunternehmen (Satisficer, Handwerksbetriebe, Loyal Opposition) .

Im Rahmen der durchgeführten Unternehmensbefragung bestätigte sich, daß Schlüsseltechnologie-Unternehmen eine Wahlfreiheit zwischen verschiedenen Innovationsstrategien haben. So konnten in meisten Untersuchungsregionen alle sechs Innovationsstrategien identifiziert werden (siehe Abb. 46). Trotzdem neigten die meisten Schlüsseltechnologie-Unternehmen wie erwartet zu FuE-intensiven, risikoreichen und komplexen Innovationsstrategien mit hohem Gewinnpotential. Am häufigsten wurde eine offensive oder opportunistische Innovationsstrategie verfolgt: Zwischen 30% und 55% der Schlüsseltechnologie-Unternehmen strebten durch eine offensive Innovationsstrategie technologische Marktführerschaft an.

[1] Hinsichtlich der Produktionsstrategien kann z.B. zwischen den Extremen der Massenproduktion und der flexiblen Einzelfertigung unterschieden werden (vgl. unter anderem Schoenberger 1986, 1988 und 1989; Scott 1986 sowie Angel 1990). Während eine Massenproduktionsstrategie zu einer Standortwahl in Analogie zur Produktzyklustheorie führen kann (vgl. Kapitel 11), lösen flexible Fertigungsstrategien nach Storper u. Walker (1989) evolutionäre Clusterungsprozesse aus (vgl. die nachfolgenden Abschnitte).

[2] Diese Zuordnung darf in keinem Fall in deterministischer Form übernommen werden, sondern sollte lediglich als tendenzieller Zusammenhang angesehen werden.

Abb. 46: Regionale Variation von Innovationsstrategien in Schlüsseltechnologie-Unternehmen

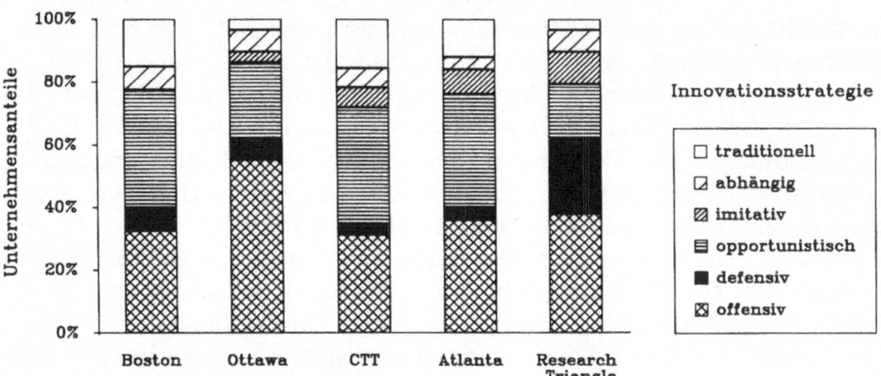

Quelle: Eigene Erhebungen.

Tab. 65: Ausgewählte Standortnachteile von Schlüsseltechnologie-Unternehmen nach Innovationsstrategien

Standortnachteil	Anteile an allen erfaßten (1) Offensiven Innovatoren N = 59	(2) Opportunistischen Innovatoren N = 48	(3) Differenz (1)-(2)
A. Forschungs- und verflechtungsbezogene Faktoren			
- Geringe regionale Nachfrage	19%	4%	+15%
- Unzureichende Kundennähe	22%	14%	+ 8%
- Unzureichende Kommunikationsstrukturen	7%	-	+ 7%
- Geringe Kapitalverfügbarkeit	7%	2%	+ 5%
- Unzureichende Universitätsnähe	5%	2%	+ 3%
- Unzureichende Zulieferernähe	10%	8%	+ 2%
B. Kostenbezogene Faktoren			
- Hohe Bodenpreise	20%	27%	- 7%
- Hohes Steuerniveau	15%	23%	- 8%
- Geringe Verfügbarkeit ungelernter Arbeitskräfte	14%	23%	- 9%
- Hohe Wohnkosten	27%	38%	-11%
- Hohes Lohnniveau	15%	31%	-16%

Quelle: Eigene Erhebungen.

Dabei hatten hochwertige Informations- und Kommunikationsnetze, qualifizierte Ausbildungsprogramme und auf hohem technologischem Niveau stehende FuE-Aktivitäten eine große Bedeutung. Weitere 15% bis 40% der Unternehmen versuchten, durch eine opportunistische Innovationsstrategie mit begrenztem Forschungsaufwand und hoher Kreativität neue Märkte oder Marktnischen zu erobern (siehe Abb. 46). In den forschungsorientierten Schlüsseltechnologie-Regionen (Research Triangle und Ottawa-Carleton) war der Anteil offensiver oder defensiver Innovatoren signifikant höher als in den stärker produktionsorientierten Schlüsseltechnologie-Regionen (vgl. zur Differenzierung von forschungs- und produktionsorientierten Schlüsseltechnologie-Regionen Kapitel 9).

Um auf empirischem Weg Zusammenhänge zwischen der Wahl der Innovationsstrategie und der Bewertung von Standortfaktoren aufzeigen zu können, erfolgte eine nach Innovationsstrategien getrennte Auswertung der erfragten Standortnachteile.[1] Im Hinblick auf den Stichprobenumfang wurde lediglich zwischen offensiven Innovatoren (N = 59) und opportunistischen Innovatoren (N = 48) unterschieden (siehe Tab. 65). Es wurde vermutet, daß Schlüsseltechnologie-Unternehmen mit offensiver Innovationsstrategie forschungs- und verflechtungsbezogene Standortnachteile stärker wahrnehmen als opportunistische Innovatoren. Umgekehrt war davon auszugehen, daß Kostennachteile für offensive Innovatoren eine geringere Bedeutung haben als für opportunistische Innovatoren. Diese Hypothesen konnten aufgrund der Ergebnisse der Unternehmensbefragung weitgehend bestätigt werden (siehe Tab. 65): Existierende Kommunikationsstrukturen sowie Verflechtungsbeziehungen zu Kunden, Zulieferern und Universitäten wurden vor allem von offensiven Innovatoren bemängelt, während Schlüsseltechnologie-Unternehmen mit opportunistischer Innovationsstrategie umgekehrt zu hohe Steuern, Bodenpreise, Löhne und Arbeitskosten häufiger kritisierten. Wie stark der Einfluß von Innovationsstrategien auf industrielle Standortentscheidungen war, ließ sich anhand der vorliegenden Untersuchung nicht exakt quantifizieren, zumal lediglich für drei Standortnachteile (geringe regionale Nachfrage, hohe Wohnkosten und hohes Lohnniveau) ein signifikanter Bewertungsunterschied ermittelt wurde.

12.3 Evolutionäre Aspekte der Standortanalyse

Die in vielen Studien gebräuchliche Beschränkung des Agglomerationsbegriffs auf materielle Verflechtungsmöglichkeiten innerhalb einer Industrieregion ist nicht ausreichend, um den evolutionären Wachstumsprozeß von Schlüsseltechnologie-

---

[1] Da sich die Innovationsstrategie zwischen dem Zeitpunkt der Unternehmensgründung und dem Befragungszeitpunkt geändert haben konnte, war es nicht möglich, den direkten Einfluß von Innovationsstrategien auf industrielle Standortentscheidungen festzustellen. Stattdessen wurden Standortnachteile in einer Art Umkehrschluß als Argumentationsgrundlage herangezogen (vgl. zu dieser Vorgehensweise auch Kapitel 11).

Industrien und die dabei auftretenden sektoralen Spezialisierungstendenzen zu erfassen (vgl. zu Agglomerationsvorteilen Kapitel 10). Im Rahmen der durchgeführten Unternehmensbefragungen wurde beispielsweise festgestellt, daß lediglich 10% bis 25% aller Inputs und 4% bis 10% aller Outputs von Schlüsseltechnologie-Unternehmen innerhalb eines 50 Meilen-Umkreises gekauft bzw. verkauft wurden, regionale Materialverflechtungen also offensichtlich nur eine geringe Rolle spielten. Durch die zunehmende Komplexität des technologischen Fortschritts gewannen demgegenüber informelle Verflechtungsbeziehungen eine immer größere Bedeutung, um langfristig konkurrenzfähig zu bleiben und flexibel auf veränderte Bedarfsstrukturen zu reagieren (vgl. Hoare 1985; Jong 1987; Scott u. Storper 1988b; Gordon 1989b; Storper u. Walker 1989 sowie Bathelt 1988 und 1991a). Es erscheint deshalb auf einer evolutionären Analyseebene notwendig, das Konzept der Agglomerationsvorteile zu erweitern:

Agglomerationsfaktoren sind als komplexe Verflechtungsnetzwerke aus spezialisierten (branchenspezifischen wie branchenübergreifenden) Input-Output-, Arbeitsmarkt-, Kapitalmarkt-, Forschungs-, Technologie-, Kommunikations- und Informationsbeziehungen zu verstehen, die aus industriellen Ballungsprozessen resultieren, sektorale Spezialisierungstendenzen hervorrufen und durch positive Rückkopplungseffekte eigendynamische Wachstumsprozesse auslösen können.

Diese Verflechtungsbeziehungen sind im Gegensatz zur traditionellen Sichtweise weder zwangsläufig und unmittelbar kostenwirksam noch lassen sie sich als Raumeigenschaften interpretieren. Agglomerationsvorteile müssen vielmehr als betriebswirtschaftliche Kräftefelder im *anonymen Adressenraum* aufgefaßt werden, die erst durch Technologie- und Markterfordernisse Distanzrelationen erhalten und somit auf eine räumliche Ebene projizierbar sind. Erfahrungsgemäß bereitet es allerdings große Schwierigkeiten, komplexe Verflechtungsbeziehungen zu quantifizieren (vgl. z.B. Gaebe 1981). Obwohl durchschnittliche Materialflüsse innerhalb einer Standortregion zur Erfassung informeller Verflechtungsbeziehungen ungeeignet sind (vgl. dazu die empirisch ermittelten Ergebnisse in Kapitel 10), läßt sich ein verwandter Input-Output-Indikator finden, der eine bessere Aussage über Verflechtungsintensitäten gestattet:

1. Im Rahmen eines Strukturvergleichs von Schlüsseltechnologie-Industrien in Schottland, der Südostregion von England und der San Francisco Bay Area geht Oakey (1984 und 1985) der Frage nach, zu welchem Grad Ein-Betriebs-Unternehmen in die regionale Wirtschaftsstruktur eingebunden sind. Als Maß zur Erfassung der regionalen Verflechtungsbeziehungen verwendet Oakey (1985, S. 98 ff.) den Anteil von Schlüsseltechnologie-Unternehmen, die mehr als die Hälfte ihrer Inputs bzw. Outputs innerhalb eines 30 Meilen-Radius erwerben bzw. vertreiben. Anhand dieses Indikators bestehen in der San Francisco Bay Area offensichtlich sehr hohe Verflechtungsintensitäten. Auf der Outputseite waren 1982 rund 34% und auf der Inputseite sogar 68% der erfaßten Ein-Betriebs-Unternehmen überwiegend regional orientiert (vgl. auch Oakey et al. 1988).
2. In einer mit der vorliegenden Studie koordinierten Untersuchung kommt Torretto (1990, S. 108 ff.) für die Toronto CMA zu ähnlichen Ergebnissen wie Oakey (1985) für die San Francisco Bay Area. Rund 50% aller befragten Schlüsseltechnologie-Unter-

Tab. 66: Regional verflochtene Schlüsseltechnologie-Unternehmen (50-Meilen-Radius)

Input-/ Output-Orientierung in einem 50-Meilen-Radius	Unternehmensanteil je Untersuchungsregion				
	Boston	Ottawa	CTT	Atlanta	RT
A. Alle Unternehmen					
Mindestens 50% regionale Inputverflechtungen	70%	27%	47%	39%	29%
Mindestens 50% regionale Outputverflechtungen	23%	19%	24%	14%	18%
B. Kleinunternehmen (maximal 100 Beschäftigte)					
Mindestens 50% regionale Inputverflechtungen	78%	44%	52%	50%	38%
Mindestens 50% regionale Outputverflechtungen	33%	29%	32%	17%	50%
C. Rüstungsunabhängige Unternehmen (maximal 10% der Umsätze durch Regierungsaufträge)					
Mindestens 50% regionale Inputverflechtungen	74%	38%	50%	55%	35%
Mindestens 50% regionale Outputverflechtungen	28%	8%	27%	23%	19%

Quelle: Eigene Erhebungen.

nehmen versorgten sich 1989 zu über 50% innerhalb der Toronto CMA mit Inputs (und etwa 20% verkauften mehr als 50% ihrer Outputs innerhalb der Toronto CMA).

In Analogie zu Oakey (1985) wurden in der vorliegenden Untersuchung die Anteile von Schlüsseltechnologie-Unternehmen ermittelt, die mehr als die Hälfte ihrer Inputs bzw. Outputs innerhalb eines 50 Meilen-Radius kaufen bzw. verkaufen. Die entsprechenden Unternehmen wurden als *regional orientiert* bezeichnet. Der verwendete Indikator eignete sich vor allem deshalb zur Erfassung regionaler Verflechtungsintensitäten, weil er die Zuliefer- und Absatzorientierung von Kleinunternehmen stärker hervorhebt als bei der Verwendung durchschnittlicher regionaler Materialflüsse. Auf der Inputseite wurden in der Route 128-Region und CTT die höchsten regionalen Verflechtungsintensitäten festgestellt. In Greater Boston besaßen 70% und in der Region Waterloo 47% der befragten Schlüsseltechnologie-Unternehmen durch Zulieferbeziehungen eine regionale Orientierung. In Ottawa-Carleton, dem Research Triangle und der Atlanta MSA lag dieser Anteil mit 27% bis 39% deutlich darunter (siehe Tab. 66). Auch auf der Outputseite wurde in den Regionen Boston und Waterloo eine stärkere regionale Orientierung (rund 25% der Schlüsseltechnologie-Unternehmen) festgestellt als in den anderen Untersuchungsregionen (14% bis 19% der Unternehmen). Hinsichtlich der Verflechtungsstrukturen konnten folgende Schlußfolgerungen gezogen werden (vgl. dazu Tab. 66 sowie Oakey 1985, S. 98 ff.; Torretto 1990, S. 108 ff. und Bathelt 1991a, S. 37 ff.):

1. Anhand der Input-Output-Verflechtungen war in allen Untersuchungsregionen ein signifikanter Anteil von Schlüsseltechnologie-Unternehmen überwiegend regional orientiert.
2. Regionale Verflechtungsnetze entstanden vor allem durch Zulieferbeziehungen. Der Anteil regional orientierter Schlüsseltechnologie-Unternehmen war in allen Schlüsseltechnologie-Regionen auf der Inputseite größer als auf der Outputseite. Diese Tendenz ließ sich auf die hohe Spezialisierung der Schlüsseltechnologie-Outputs zurückführen, die eine räumliche Diversifikation der Absatzmärkte implizierte.
3. Eine Differenzierung nach der Unternehmensgröße zeigte, daß Kleinunternehmen mit maximal 100 Beschäftigten in allen Untersuchungsregionen die stärkste regionale Orientierung verzeichneten. In Greater Boston versorgten sich z.B. circa 80% der Kleinunternehmen überwiegend mit Inputs aus einem 50 Meilen-Radius.
4. Auch Rüstungsausgaben wirkten differenzierend auf die regionalen Verflechtungsintensitäten von Schlüsseltechnologie-Unternehmen. Unternehmen, die maximal 10% ihrer Umsätze durch staatliche Aufträge erzielten, waren in stärkerem Maß regional orientiert als rüstungsabhängige Produzenten (die in der Wahl ihrer Zulieferer und Kunden eingeschränkt waren).

Wie erwartet zeichneten sich in den bedeutendsten Schlüsseltechnologie-Agglomerationen Greater Boston und Silicon Valley höhere regionale Verflechtungsintensitäten ab als in den mittleren und kleinen Untersuchungsregionen. Trotzdem wurde auch in der Region Waterloo ein dichtes Netz regionaler Verflechtungsbeziehungen festgestellt (vgl. Tab. 66 sowie Kapitel 6, Kapitel 9 und Kapitel 10). Die Materialverflechtungen in CTT waren zum großen Teil auf die Industriemetropole Toronto ausgerichtet und bestätigten damit die Hypothese einer überragenden Bedeutung von Toronto für die Schlüsseltechnologie-Industrien der umgebenden Städte (vgl. Bathelt u. Hecht 1990, S. 231 sowie Torretto 1990, S. 111). Ob diese Erklärung für die unerwartet hohen Verflechtungsintensitäten in der Region Waterloo ausreicht, soll im folgenden anhand eines regionalen Entwicklungsmodells näher untersucht werden.

12.3.1 Regionale Entwicklungspfade

Auf einer evolutionären Analyseebene soll modellhaft gezeigt werden, wie Schlüsseltechnologie-Regionen aus unterschiedlichen Entwicklungspfaden entstehen können. Das Modell erhebt weder Anspruch auf Vollständigkeit noch auf Allgemeingültigkeit. Vielmehr soll eine kleine Gruppe von Variablen des industriellen Agglomerationsprozesses selektiert und in ihrem komplexen Zusammenwirken untersucht werden. Die Analyse konzentriert sich in erster Linie auf die Interaktionen unterschiedlicher Kräftefelder und die resultierenden raumwirksamen Effekte; eine Ursachenanalyse der einzelnen Kräfte wird nicht angestrebt. Aus einer nicht abschätzbaren Zahl regionaler Entwicklungspfade seien zwei betrachtet, die zum Entstehen einer Schlüsseltechnologie-Region führen. Für beide Entwicklungspfade, denen der Einfachheit halber zwei Regionen A und B zugeordnet werden, sei eine im Zeitablauf zunehmende Agglomeration von Schlüsseltechnologie-Aktivitäten unterstellt. Unvorhersehbare Ereignisse können die quasi-normalen Anpassungsmechanismen eines Entwicklungsprozesses beschleunigen oder verlangsamen oder zu einer strukturellen Veränderung der Routineabläufe führen.

Ein regionaler Entwicklungspfad kann als stochastischer räumlicher Entwicklungsprozeß aufgefaßt werden, in dessen Verlauf ein bestimmtes "Regime der Entwicklung" so lange vorherrscht, bis es durch ein anderes "Regime" abgelöst wird. Ein "Regime der Entwicklung" besteht aus einer wohldefinierten Menge regionaler Teilprozesse, die durch Synergieeffekte einen Gesamtentwicklungsprozeß formen. Jeder einzelne Teilprozeß steht für die zeitliche Entwicklung eines regionalwirtschaftlichen Indikators. Die Menge aller Teilprozesse bildet ein interdependentes regionales Wirkungssystem. Wenn sich Teilprozesse oder ihr wechselseitiges Zusammenwirken radikal (d.h. nicht-kontinuierlich) verändern (beispielsweise durch einen Strukturbruch), erfolgt der Übergang zu einem neuen "Regime der Entwicklung".

In dem hier analysierten Modell seien unvorhersehbare Ereignisse, die zu einem Strukturbruch führen, ausgeschlossen, so daß kein Wechsel des dominierenden "Regimes der Entwicklung" stattfinden kann. Das Ziel des Modells besteht darin, einen potentiellen Erklärungsansatz dafür zu finden, warum zwei unterschiedlich strukturierte und unterschiedlich gewachsene Schlüsseltechnologie-Regionen wie Greater Boston (vgl. Kapitel 4) und Canada's Technology Triangle (vgl. Kapitel 6) ähnlich hohe regionalwirtschaftliche Multiplikatoreffekte als Folge regionaler Import-Exportaktivitäten von Schlüsseltechnologie-Unternehmen aufweisen können (vgl. Kapitel 9). Durch das Modell soll vor übereilten Generalisierungen gewarnt werden, die aus der simplen Übereinstimmung von Standortfaktoren oder regionalwirtschaftlichen Kennziffern resultieren können. Die in der Regionalpolitik verbreitete Übertragung von positiven Erfahrungen aus Schlüsseltechnologie-Agglomerationen (z.B. dem Silicon Valley) auf andere Regionen ist unter Berücksichtigung des Konzepts regionaler Entwicklungspfade prinzipiell in Frage zu stellen. Vielmehr ist es notwendig, regionales Wachstum und industrielle Standortentscheidungen differenziert und prozeßorientiert zu untersuchen. Das Konzept der regionalen Entwicklungspfade, in deren Verlauf die regionale Struktur durch eine schnell wachsende Gruppe von dominierenden Industriesektoren geprägt wird, beschränkt sich nicht a priori auf bestimmte Industriezweige und kann unter Umständen auf verschiedene Wirtschaftsepochen und die jeweils führenden Industrien übertragen werden (vgl. Kapitel 11).

Die Ursachen einer beginnenden Agglomeration mögen in den historisch gewachsenen regionalen Strukturen (z.B. der Spezialisierung vorhandener Industriestrukturen, des Arbeitsmarkts und der regionalen Infrastruktur) und den wirtschaftlichen, politischen und sozialen Rahmenbedingungen liegen. Infolge der Verschiedenartigkeit industrieller Standortanforderungen mag jede der beiden untersuchten Regionen A und B zu Beginn der Modellanalyse für einige Industriesektoren besonders geeignete Standortvoraussetzungen bieten. Dabei handle es sich um Schlüsseltechnologie-Industrien. Die industrielle Anziehungskraft der

Regionen resultiere nicht aus der bloßen Aggregation von Standortvorteilen, sondern aus der besonderen Qualität und Spezialisierung der Standortfaktoren und ihrem komplexen Zusammenwirken. Welches die konkreten Voraussetzungen und Gründe für die beginnende Agglomeration von Schlüsseltechnologie-Industrien in den Regionen A und B sind, sei von untergeordneter Bedeutung. Es interessiere vorrangig, auf welche Weise verschiedene Entwicklungsprozesse zeitgleich ablaufen und jeweils auf die regionalwirtschaftliche Situation wirken.

Als Teilprozesse sollen (1) das Agglomerationsniveau, (2) das Technologieniveau sowie (3) der Umfang militärischer Einflüsse (z.B. Rüstungsaufträge) betrachtet und in ihrer Wechselwirkung analysiert werden (siehe Abb. 47). Die Art der angewendeten Technologien, das Ausmaß der räumlichen Ballung und die militärischen Abhängigkeiten haben entscheidenden Einfluß auf die Intensität regionaler Input-Output-Beziehungen. Dabei müssen Agglomerations- und Technologieniveau in ihrer zeitlichen Entwicklung als interdependente Prozesse angesehen werden, die zusätzlich von weiteren Bestimmungsgrößen abhängig sind. Während Rüstungsaufträge sowohl auf regionale Input- als auch auf regionale Output-Beziehungen wirken, beschränkt sich der Einfluß von Agglomerations- und Technologieniveau in erster Linie auf regionale Input-Beziehungen:

Auf dem monopsonistischen Markt für Rüstungsgüter sind Marktgebiete und Kundenstandorte nicht frei wählbar, sondern entweder durch den Staat auf vertraglicher Ebene oder durch die Standorte militärischer Einrichtungen vorgegeben (vgl. Kapitel 2). Da militärische Anlagen innerhalb Kanadas und der USA über das gesamte Staatsgebiet relativ breit gestreut sind, wird mit zunehmendem Rüstungsumfang ein immer größerer Anteil von Verkäufen außerhalb der Standortregion stattfinden. Aus Sicht einer Region erhöhen sich die Exportaktivitäten. Zugleich steigen aber auch die Importaktivitäten, da ein immer höherer Anteil des Gesamtinputbedarfs regionsextern gedeckt wird. Die geringen regionalen Input-Verflechtungen hängen wesentlich mit der Komplexität von Rüstungsgütern zusammen. Viele Rüstungsproduzenten aus dem Schlüsseltechnologie-Bereich verwenden in ihrem Fertigungsprozeß sowohl High-Tech- als auch Low-Tech-Komponenten (in der Flugzeug- und Raketenindustrie z.B. elektronische Steuerungsanlagen ebenso wie Stahlgerüste). Da in Schlüsseltechnologie-Regionen traditionelle Industrien (z.B. aus den Bereichen Eisen und Stahl) unterrepräsentiert sind (vgl. Kapitel 4 bis Kapitel 8), müssen Vor- und Zwischenprodukte aus diesen Sektoren überwiegend importiert werden. Zugleich besitzen Rüstungsproduzenten bei der Auswahl von Zulieferern oft nur eine geringe Wahlfreiheit. Innerhalb von militärischen Projekten werden die betreffenden Handelspartner häufig direkt durch den Auftraggeber festgelegt. Im Vergleich zu privaten führen militärische Aufträge zu geringeren regionalen Verflechtungsbeziehungen.

Die Endprodukte von Schlüsseltechnologie-Industrien haben zum Teil einen derart speziellen Charakter, daß praktisch keine Region über eine nennenswerte Ballung von Nachfragern verfügt. Aus regionaler Sicht ist also von einer gleichmäßig hohen Exportintensität des Schlüsseltechnologie-Sektors auszugehen. Die empirischen Studien von Oakey (1985), Hagey u. Malecki (1986), Oakey et al. (1990), Torretto (1990) und Bathelt (1991a) belegen in einem interregionalen und internationalen Vergleich, daß regionale Verflechtungen auf der Inputseite

Abb. 47: **Prozeßkomponenten ausgewählter regionaler Entwicklungspfade**

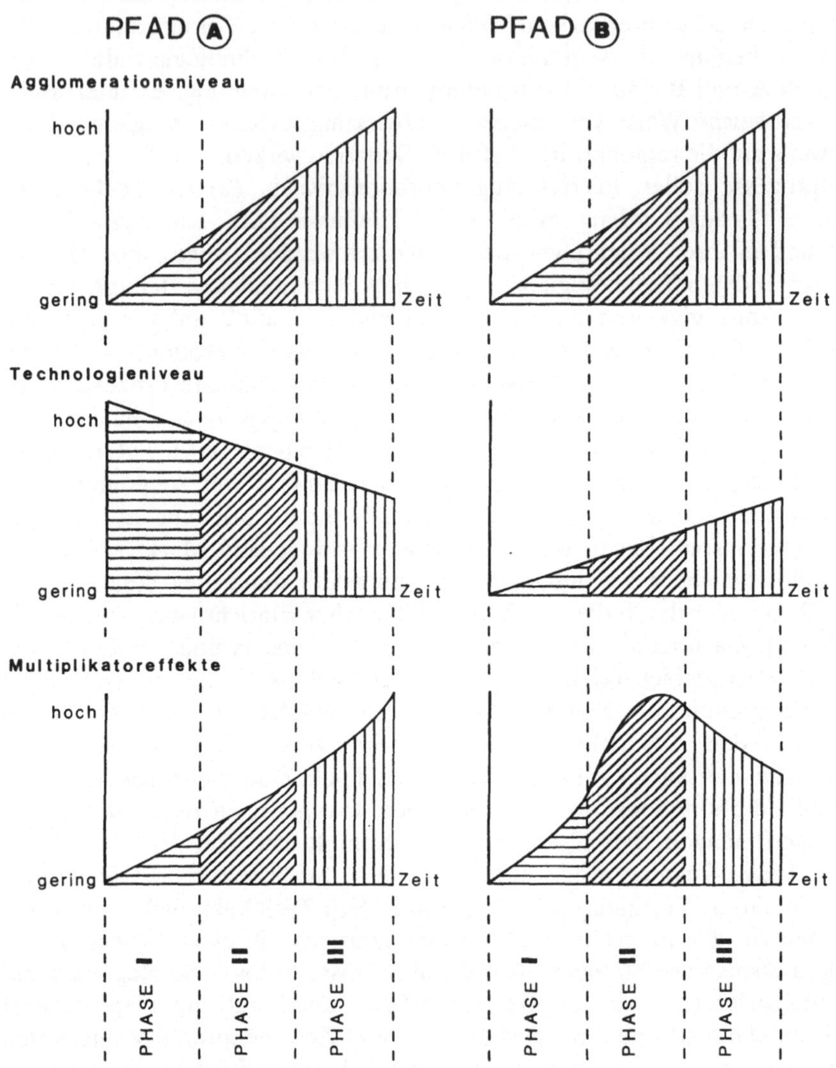

Entwurf: H. Bathelt

wesentlich stärker variieren als auf der Outputseite (vgl. die vorhergehenden Abschnitte sowie Kapitel 9). Unter der vereinfachenden Annahme konstanter regionaler Output-Verflechtungen wirken dynamische Änderungen des Agglomerations- und Technologieniveaus ausschließlich auf die Intensität regionaler Input-Verflechtungen - aber in entgegengesetzter Richtung:

1. Ein *zunehmendes Agglomerationsniveau* führt zu einer größeren Dichte von Schlüsseltechnologie-Aktivitäten innerhalb einer Region. Durch den wachsenden Inputbedarf

entstehen Anreize für Neugründungen oder Unternehmensansiedlungen in vorgelagerten Produktionsbereichen. Die Zahl potentieller Zulieferer in der Region und die Möglichkeiten, regionale Zulieferbeziehungen aufzubauen, steigen. Ceteris paribus verringert sich die marginale Importquote, was wiederum direkt zu einer Erhöhung des regionalen Multiplikators führt.

2. Ein *Ansteigen des regionalen Technologieniveaus* impliziert eine zunehmende Komplexität der Produktionsbeziehungen. Im Fall einer Entwicklung in Richtung *Leading-Edge*-Technologie sind immer weniger Unternehmen in der Lage, die technologischen Anforderungen auf der Inputseite des Schlüsseltechnologie-Sektors zu erfüllen. Aufgrund sinkender lokaler Zulieferfähigkeit sind Zulieferbeziehungen stärker überregional ausgerichtet, so daß ceteris paribus ein Anstieg der marginalen Importquote und ein Rückgang des regionalen Multiplikators zu erwarten ist.

Die dynamische Entwicklung regionalwirtschaftlicher Nutzeneffekte wird dadurch erheblich verkompliziert, daß Veränderungen des Agglomerationsniveaus, des technologischen Niveaus und der Rüstungsabhängigkeit gleichzeitig stattfinden und sich teilweise verstärken oder kompensieren. Um die Interdependenz der verschiedenen Prozesse zu verdeutlichen, sollen zwei idealtypische Szenarien analysiert werden: Region A ist durch einen Entwicklungspfad mit zunehmender Agglomeration von Schlüsseltechnologie-Aktivitäten gekennzeichnet, der auf einem hohen Technologieniveau mit starker militärischer Abhängigkeit einsetzt, während der Entwicklungspfad in Region B auf vergleichsweise niedrigem Technologieniveau und mit geringer militärischer Abhängigkeit beginnt (vgl. dazu das Export-Basis-Modell in Kapitel 9):

1. *Entwicklungspfad der Region A:* In Region A wirken ein geringes Agglomerationsniveau und ein hohes Technologieniveau in gleicher Richtung. Auf der Inputseite existieren in der Anfangsphase I lediglich schwach ausgeprägte regionale Verflechtungen. Es kommt zu hohen Kapitalabflüssen aus der Region und einem geringen regionalen Multiplikator von Schlüsseltechnologie-Exporten. Ein zunehmendes Agglomerationsniveau in den Phasen II und III geht einher mit einem steigenden Potential regionaler Verflechtungsmöglichkeiten auf der Inputseite. Gleichzeitig sinkt das regionale Technologieniveau. Dabei spielen unter anderem zwei Prozesse eine wichtige Rolle: Zum einen kann bei technologisch führenden Schlüsseltechnologie-Branchen ein Alterungsprozeß einsetzen, der zu einer teilweisen Standardisierung der komplexen Produktionsbeziehungen führt. Zum anderen haben die Diffusion inzwischen etablierter Technologien und *Backward Linkages* der führenden Industriezweige eine Ansiedlung von Unternehmen mit geringerem Technologieniveau zur Folge (z.B. Zweigwerksansiedlungen mit Montagefunktionen oder Unternehmensgründungen im Zulieferbereich). Insgesamt verstärkt sich der regionale Wettbewerb, und ehemalige Marktführer versuchen, drohende Umsatzverluste durch einen Wechsel der Unternehmens- oder Innovationsstrategie abzuwenden (etwa durch Diversifikation der Produktlinien, horizontale Integration oder den Übergang von einer offensiven zu einer opportunistischen Innovationsstrategie). Letztendlich sinkt das in der Region akkumulierte Technologieniveau, so daß sowohl die Zahl potentieller Zulieferer als auch deren Zulieferfähigkeiten steigen. Mit sinkendem technologischem Niveau erhöht sich die Anwendungsbreite der

hergestellten Schlüsseltechnologie-Produkte. In Phase I überwiegend militärisch ausgerichtete Absatzbeziehungen erfahren einen strukturellen Wandel und konzentrieren sich in Phase III auf private Märkte. Insgesamt erhöhen sich daher die regionalen Inputverflechtungen. Kapitalabflüsse aus der Region werden sukzessive verringert, so daß die regionalen Multiplikatorwirkungen in Phase II zunehmen und in Phase III ihr vorläufiges Maximum erreichen (siehe Abb. 47).

2. *Entwicklungspfad der Region B:* Im Unterschied zu Region A beginnt der Entwicklungspfad in Region B auf einem niedrigen technologischen Niveau mit geringen militärischen Einflüssen. Zunehmende Ballungstendenzen sind in Region B von einem steigenden Technologieniveau begleitet und führen zu gegensätzlichen Entwicklungsimpulsen. Obwohl in Phase I bei niedrigem Technologieniveau eine hohe Zulieferfähigkeit besteht, existiert aufgrund des noch geringen Agglomerationsniveaus vorerst nur ein geringes Potential an Zulieferern. Deshalb kommt es zu großen Kapitalabflüssen (hohe marginale Importquote) und geringen regionalwirtschaftlichen Nutzeneffekten durch Exportaktivitäten. In Phase II führt der Agglomerationsprozeß von Schlüsseltechnologie-Unternehmen bei zwar steigendem, aber insgesamt noch geringem technologischem Niveau (hohe Zulieferfähigkeit) zu einer schnellen Intensivierung der regionalen Input-Verflechtungen. Ceteris paribus verringert sich die marginale Importquote. Die regionalwirtschaftlichen Nutzeneffekte von Schlüsseltechnologie-Exporten erreichen in Phase II einen vorläufigen Höhepunkt. In Phase III kommt es infolge des steigenden Technologieniveaus und zunehmender militärischer Verflechtungen zu Entwicklungstendenzen, die dem wachsenden Agglomerationsniveau entgegenwirken. Durch enge militärische Verflechtungen erhöht sich ceteris paribus die marginale Importquote. Das steigende Technologieniveau führt ceteris paribus zu einer Reduzierung der Lieferfähigkeit ansässiger Zulieferer und somit ebenfalls zu einer Erhöhung der Kapitalabflüsse. Es ist durchaus vorstellbar, daß beide Prozesse in ihrer gemeinsamen Wirkung den Einfluß des zunehmenden Agglomerationsniveaus überkompensieren und in Phase III zu einer Verringerung des regionalen Multiplikators führen.[1]

Für den Anstieg des Technologieniveaus gibt es vielfältige Ursachen: Die Diffusion neuer Technologien aus anderen Regionen, *Forward Linkages* etablierter Schlüsseltechnologie-Sektoren und das steigende Technologiebewußtsein der ansässigen Unternehmen induzieren eine zunehmende Komplexität von Produktionsbeziehungen. Durch ein wachsendes Technologiebewußtsein und eine verbesserte Gründungsinfrastruktur werden Unternehmensgründungen auf hohem technologischem Niveau und Spin-off-Prozesse begünstigt. Zunehmender Wettbewerb und steigendes Technologiebewußtsein lösen gleichzeitig Änderungen der vorherrschenden Unternehmens- und Innovationsstrategien aus. Unternehmen mit traditionellen Innovationsstrategien vollziehen z.B. einen Übergang zu imitativen, opportunistischen oder defensiven Innovationsstrategien oder erschließen durch vorwärtsgerichtete Integration technologisch fortgeschrittene Produktbereiche. Da Zweigwerksniederlassungen in Region B eine Verbreiterung der

[1] Eine Verringerung der regionalwirtschaftlichen Nutzeneffekte beim Übergang von Phase II zu Phase III ist grundsätzlich möglich und plausibel, aus den Modellannahmen aber nicht zwangsläufig herzuleiten. Sofern man die Region Waterloo aber als Beispiel für einen solchen Entwicklungspfad akzeptiert, unterstützen die empirischen Belege in Kapitel 6 die Vermutung einer Überkompensation von Agglomerationswirkungen durch technologische und militärische Einflüsse.

technologischen Basis hervorrufen, wirken sie im Unterschied zu den Ansiedlungen in Region A stimulierend auf das regionale Technologieniveau (siehe Abb. 47).

Selbstverständlich bildet Phase III in Abb. 47 keinen Endzustand der regionalen Entwicklung. Die behandelten drei Phasen stellen lediglich einen Ausschnitt zweier komplexer Entwicklungspfade dar. Von einer Prognose der anschließenden Entwicklung wird bewußt Abstand genommen, da das evolutionäre Konzept regionaler Entwicklungsprozesse unkalkulierbare stochastische Einflüsse gestattet. Vor Beginn von Phase I oder nach Beendigung von Phase III ist z.B. auch ein Wechsel des vorherrschenden "Regimes der Entwicklung" möglich. Wendet man das Modell auf die Regionen Boston (Region A) und Waterloo (Region B) an, so erhält man eine prozeßorientierte Erklärung für die überraschende Feststellung, daß in beiden Regionen trotz unterschiedlicher Strukturen und Entwicklungsverläufe etwa gleich hohe Nutzeneffekte aus Export-Importaktivitäten von Schlüsseltechnologie-Unternehmen resultierten (vgl. Kapitel 4 und Kapitel 6). Die relative Übereinstimmung regionalwirtschaftlicher Indikatoren in der Route 128-Region und in CTT könnte in einer prozeßorientierten Sichtweise darauf zurückgeführt werden, daß beide Regionen einerseits unterschiedliche Entwicklungspfade beschritten haben und sich andererseits zum Zeitpunkt der Erhebungen innerhalb der jeweiligen Entwicklungspfade in einem unterschiedlichen Entwicklungsstadium befanden: Boston in Phase III des Entwicklungspfads A und CTT in Phase II des Entwicklungspfads B. Die Entwicklungspfade und Entwicklungsphasen in Abb. 47 haben allerdings Modellcharakter und sind deshalb stark vereinfacht dargestellt. Es werden lediglich so viele Prozeßkomponenten in das Modell aufgenommen, wie notwendig sind, um die beobachteten Phänomene in Greater Boston und CTT zu erklären. Vielfältige andere Einflüsse auf die Verflechtungsmuster von Schlüsseltechnologie-Aktivitäten bleiben unberücksichtigt. Im folgenden wird eine Auswahl weiterer Prozeßkomponenten angesprochen, die ebenfalls Bestandteile eines "Regimes der Entwicklung" sind und zur Entstehung unterschiedlicher Entwicklungspfade beitragen können:

1. Der *Zeitpunkt des Entwicklungsbeginns* hat entscheidenden Einfluß auf die Höhe der regionalen Gesamtnutzeneffekte und auf das maximal erreichbare Agglomerationsniveau. So besitzt die Route 128-Region gegenüber anderen Schlüsseltechnologie-Regionen einen kumulativen Entwicklungsvorsprung im Sinn von Myrdal (vgl. z.B. Richardson 1979, S. 147 ff.; Schätzl 1981a, S. 127 ff. und Lloyd u. Dicken 1977, S. 386 ff.), da die Initialimpulse für Schlüsseltechnologie-Wachstum dort frühzeitig einsetzten (vor dem Zweiten Weltkrieg). Andere Regionen konnten aufgrund eines geringeren Entwicklungsstands und geringerer Agglomerationsvorteile nicht in demselben Maß Schlüsseltechnologie-Unternehmen anziehen wie die Route 128-Region. Positive Rückkopplungseffekte führten deshalb in Greater Boston zu stärkeren regionalwirtschaftlichen Nutzeneffekten als in anderen Schlüsseltechnologie-Regionen.
2. Das *Ausmaß der externen Kontrolle* ist ein weiterer zentraler Bestandteil regionaler Entwicklungspfade. Durch einen steigenden Anteil von Zweigwerken bzw. Tochtergesellschaften mit regionsexternen Gravitationskernen (Headquarter-Standorte) erhöht sich die Abhängigkeit von regionsextern geschaffenen Rahmenbedingungen (vgl. Kapi-

tel 9). Unternehmensinterne Produktionsbeziehungen gewinnen zunehmend an Bedeutung und lokale Schlüsseltechnologie-Aktivitäten verlieren Entscheidungsfreiheiten. Regionsextern entworfene und gesteuerte Unternehmensstrategien und Unternehmensziele überformen den regionalen Entwicklungspfad. Auf der Inputseite erhöhen sich regionsexterne Verflechtungsbeziehungen (in unternehmensinternen Produktionsnetzwerken), so daß Kapitalabflüsse zunehmen und regionale Multiplikatoreffekte sinken. Dieser Prozeß läßt sich insbesondere anhand der Schlüsseltechnologie-Aktivitäten in der Atlanta MSA (vgl. Kapitel 7) und im Research Triangle (vgl. Kapitel 8) nachvollziehen.

3. Schließlich hat der *Umfang planerischer Einflüsse* durch die verschiedenen Gebietskörperschaften entscheidende Auswirkungen auf die regionalen Verflechtungsmuster von Schlüsseltechnologie-Industrien. In einer Region mit einem hohen Grad planerischer Eingriffe (vgl. dazu die Entwicklung des Research Triangle in Kapitel 8) ist nicht zu erwarten, daß Schlüsseltechnologie-Aktivitäten ähnlich stark in die regionale Wirtschaftsstruktur eingebunden sind wie in einer Region, in der Schlüsseltechnologie-Industrien evolutionär aus bestehenden Strukturen hervorgegangen sind (vgl. dazu die Entwicklung der Route 128-Region in Kapitel 4). Gegenüber einer "natürlichen" Entwicklung dürfte bei einer hohen Intensität planerischer Eingriffe mit einer geringeren Zahl regionaler Zulieferunternehmen zu rechnen sein. Demzufolge kommt es zu höheren Kapitalabflüssen und geringeren regionalen Multiplikatorwirkungen von Schlüsseltechnologie-Exporten.

Die Liste von Prozeßkomponenten mit Einfluß auf regionale Entwicklungspfade läßt sich noch erheblich ausbauen. Nicht angesprochen wurden bisher *regionale Kapitalmarktbeziehungen*, *regionale Infrastrukturnetze*, qualitative und quantitative Aspekte des *regionalen Humankapitalangebots* sowie *regional abgebildete Unternehmensstrategien und Unternehmensziele*. Jeder einzelne Prozeß wird von internen und externen Steuerungselementen beeinflußt. Innerhalb einer konkreten Wirtschaftsepoche existieren z.B. spezifische institutionelle Rahmenbedingungen auf regionaler, nationaler und internationaler Ebene, die das Potential regionaler Entwicklungsmöglichkeiten entscheidend einschränken.

Die verschiedenen Teilprozesse regionaler Entwicklungspfade sind keineswegs unabhängig voneinander, sondern weisen vielfältige Interdependenzen auf. Intensive Planungseingriffe führten z.B. im Research Triangle zu einer Schlüsseltechnologie-Struktur mit einem hohen Maß an externer Kontrolle. Durch die Verschiedenartigkeit der externen Kontrollmechanismen mögen im Research Triangle (vorwiegend FuE-Zweigwerke) allerdings andere Auswirkungen auf das regionale Technologieniveau eingetreten sein als in der Atlanta MSA (vorwiegend produktionsorientierte Zweigwerke). Der Umfang der externen Kontrolle und der militärischen Verflechtungen wirkt zugleich auf die Geschwindigkeit von Agglomerationsprozessen (und damit auf die Dauer der einzelnen Phasen regionaler Entwicklungspfade). Umfangreiche militärische FuE-Aktivitäten mögen das regionale Innovationspotential vergrößern und zu einem Anstieg regionsinterner Gründungs- und Spin-off-Raten führen (so etwa in der Route 128-Region). Zweigwerksansiedlungen durch Marktführer aus dem Schlüsseltechnologie-Bereich können ähnlich wie in der Region Waterloo oder in Ottawa-Carleton eine Ankerfunktion übernehmen, Anreize für weitere Unternehmensansiedlungen setzen und den Agglomerationsprozeß beschleunigen.

Die aufgeführten Prozeßbeziehungen verdeutlichen die Notwendigkeit einer segmentierten und prozeßorientierten Analyse regionalwirtschaftlicher Strukturveränderungen. Durch sukzessive Verkettung verschiedener Prozeßkomponenten wird man immer stärker Gründungs-, Standort- und Wachstumsfaktoren in die Analyse einbeziehen. Im Gegensatz zur traditionellen Standortlehre sind diese allerdings keine statischen Entwicklungsdeterminanten, sondern vorübergehend meßbare Resultate der im Raum abgebildeten Produktionsbeziehungen. Insofern sind Gründungs-, Standort- und Wachstumsfaktoren lediglich Momentaufnahmen eines regionalen Entwicklungsprozesses, die in Abhängigkeit von den verschiedenen Prozeßkomponenten dynamischen Veränderungen unterliegen. Regionen mit einer annähernd gleichen Kombination von Standortvorteilen und Standortnachteilen können deshalb in bezug auf industrielle Standortentscheidungen nicht automatisch als gleichwertig angesehen werden. Ohne detaillierte Kenntnis des dynamischen Beziehungsgeflechts kann aus dem Vorhandensein von Standortvorteilen nicht auf zukünftige regionale Entwicklungsrichtungen geschlossen werden. Genau dieser Gedankengang ist aber typisch für herkömmliche Analyse- und Politikansätze. Ohne prozessuale Einblicke mögen regionalpolitische Eingriffe in ein System von Gründungs-, Standort- und Wachstumsfaktoren erst sehr spät und nicht unbedingt in erwarteter Weise Wirkung zeigen (siehe auch Kunzmann 1988, S. 64 f.). Standortvorteile beeinflussen nicht nur einzelne Prozesse (z.B. den der Agglomeration von Schlüsseltechnologie-Industrien), sondern haben komplexe Auswirkungen auf eine Vielzahl interdependenter Teilprozesse. Sie sind sowohl Ursache für Prozeßveränderungen als auch Ergebnis von regionalen Entwicklungspfaden. Im folgenden Abschnitt wird vor diesem Hintergrund auf die raumprägende Rolle von Industrieunternehmen und industriellen Produktionsbeziehungen auf regionale Agglomerationsprozesse vertiefend eingegangen.

12.3.2 Industrielle Entwicklungspfade: Wie Industrien ihre Standortregionen produzieren

Während die traditionellen Erklärungsansätze der industriellen Standortlehre ebenso wie die Produktzyklustheorie davon ausgehen, daß Regionen eine feste Ausstattung von Standortfaktoren besitzen und durch Standortvorteile in der Lage sind, bestimmte Industriebranchen anzuziehen, gibt es seit Mitte der 80er Jahre als Ergebnis der Studien von Scott (1983a, 1983b, 1985 und 1986), Scott u. Mattingly (1989), Henderson u. Scott (1987), Scott u. Storper (1988a und 1988b), Storper (1985a und 1985b), Storper u. Walker (1989), Walker (1985) und Gordon (1989b und 1989c) neue Erklärungsansätze, die ein grundlegend anderes prozessuales Wirkungsgefüge zugrunde legen.[1] Danach sind nicht Raumeigenschaften für die Entwicklung regionaler Industriestrukturen verantwortlich, sondern umgekehrt beeinflussen etablierte Unternehmen und Industrien entsprechend ihren Bedürfnissen die Rahmenbedingungen ihrer Standortregion derart, daß geeignete Voraussetzungen für einen eigendynamischen industriellen Wachstumsprozeß entstehen. Industrielle Standortentscheidungen sind in dieser Interpretation nicht das Ergebnis einer Standortwahl unter Optimierungskriterien, sondern die Folge eines ungleichgewichtigen industriellen Wachstumsprozesses, der sich aus vier (nicht zwangsläufig sequenziellen) Teilprozessen zusammensetzt: Lokalisierungsprozesse neuer Industrien, selektive Clusterungsprozesse, Dispersionsprozesse und Verlagerungsprozesse von Standortschwerpunkten (siehe Abb. 48).

12.3.2.1 Lokalisierungsprozesse neuer Industrien: "Windows of Locational Opportunity"

Seit dem 19. Jahrhundert konzentrierten sich neue Industrien wiederholt in Regionen, die zuvor nur gering industrialisiert waren und keine besondere Standorteignung für industrielles Wachstum vorzuweisen hatten (vgl. auch Kapitel 11). Das traf auf die Ballung der Autoindustrie in Detroit ebenso zu wie auf die Ballung der Halbleiterindustrie im Silicon Valley. Wie kommt es, daß neue Industrien im Widerspruch zur traditionellen Standortlehre in Regionen mit ungünstigen Produktionsbedingungen vorstoßen? Storper u. Walker (1989, S. 72 ff.) führen solche scheinbar irrationalen Standortentscheidungen auf die räumliche Wahlfreiheit von schnell wachsenden Industriezweigen zurück. Jede Industrie besitzt a priori konkrete Produktionsanforderungen in bezug auf Arbeit, natürliche Ressourcen, Märkte sowie Input-Output-Verflechtungen. Diese sind im Sinn von Weber (1909) zwar nicht ubiquitär vorhanden, andererseits existieren nur wenige Regionen, die durch diese Anforderungen zwangsläufig als Standorte ausgeschlossen sind. Anhand der Standortbedingungen kann man im Prinzip lediglich zwischen Regionen mit höheren und Regionen mit geringeren Produktionskosten differenzieren.

Im Unterschied zu etablierten Industriesektoren sind schnell wachsende neue Industriezweige in der Lage, ihre Produktionsbedürfnisse standortunabhängig sicherzustellen. Materialressourcen und Arbeitskräfte, die nicht in einer Standortregion vorhanden sind, werden durch die Rekrutierung qualifizierter Arbeitskräfte bzw. den Abschluß langfristiger Lieferverträge aus anderen Regionen angezogen. Dabei anfallende zusätzliche Kosten können mit überdurchschnittlich hohen Gewinnen leicht kompensiert werden. Darüber hinaus generieren neue Industrien im Zeitablauf eigene Verflechtungsnetzwerke innerhalb der Standortregion. In der Anfangsphase der Entwicklung einer neuen Industrie sind die benötigten Inputs oft so neuartig, daß Vor- und Zwischenprodukte entweder nur unternehmens-

[1] Aufgrund der gemeinsamen theoretischen Basis, der weitgehend übereinstimmenden Argumentation, derselben Herkunftsregion und dem hohen Grad an Kooperation zwischen den aufgezählten Autoren könnte man diese standorttheoretische Position als *kalifornische Schule industrieller Wachstums- und Standortentscheidungsprozesse* bezeichnen.

Abb. 48: Raumwirksame Prozesse industrieller Entwicklungspfade

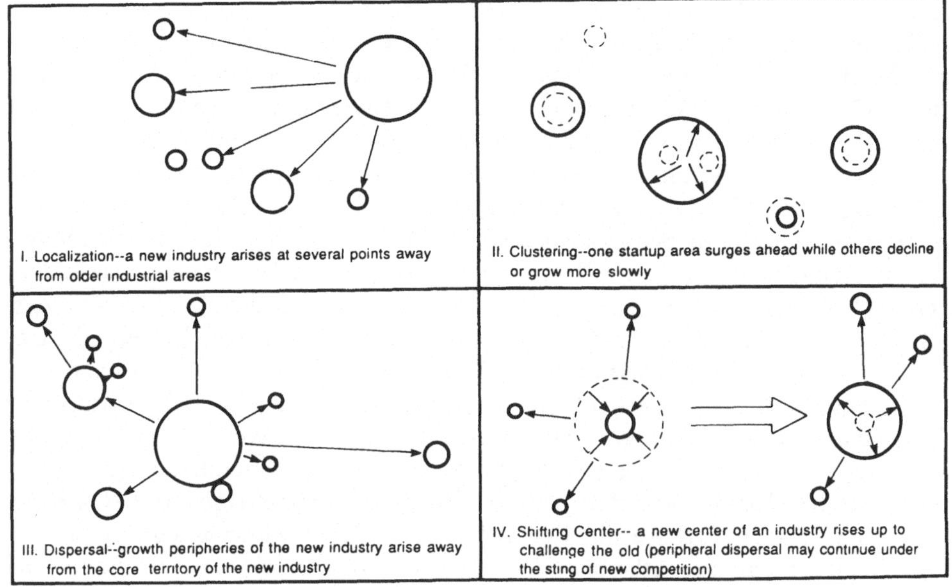

Quelle: Storper u. Walker (1989, S. 71).

intern oder in engem Kontakt mit kundenorientierten Zulieferern aus der Region (beispielsweise *Machine Shops*) hergestellt werden können. Mit zunehmender Spezialisierung der lokalen Zulieferer werden regionsexterne Zulieferer vom Markt gedrängt. Da hinreichend qualifizierte Arbeitskräfte in diesem Stadium praktisch in keiner Region verfügbar sind, beschränken sich die Anforderungen an das lokale Arbeitskräftepotential auf eine hohe Adaptionsfähigkeit und Flexibilität. Hinsichtlich der Materialbeschaffung und des Arbeitsmarkts sind führende Unternehmen neuer Industriezweige somit keinen restriktiven Standortvoraussetzungen unterworfen.

Im Gegensatz zu einer Standortwahl bei vollständigem Wettbewerb unter Kostenminimierungszielen kann eine neue Industrie aufgrund temporärer Monopolmacht ihre Standortregion relativ frei wählen (siehe Abb. 48). Es entstehen sog. *Windows of Locational Opportunity* (Storper u. Walker 1989, S. 75). Trotzdem besitzt nicht jede Region automatisch dieselben Entwicklungschancen. Nicht-industrialisierte, ländliche Standorte mit einem geringen Zuliefererpotential und einem geringen Angebot naturwissenschaftlich-technischer Arbeitskräfte sind in der Initialphase keine geeigneten Industriestandorte, weil es nicht möglich ist, die notwendigen Produktionsfaktoren in diese Regionen zu lenken oder dort lokal zu generieren. Die Frage, warum innovative neue Industrien in bestimmten Regionen entstehen und sich dort agglomerieren, läßt sich demnach nicht allgemeingültig beantworten (Scott u. Angel 1987, S. 890). Erst im Nachhinein ist es möglich, die Ursprünge neuer Industriesektoren zu erfassen und ihre Standortverteilung zu erklären. Dabei spielen die Bedingungen eine große Rolle, unter denen die ersten Unternehmensgründungen stattfinden. Die Rahmenbedingungen hängen vom Entwicklungsstand einer Volkswirtschaft sowie den sozialen, technologischen, politischen und wirtschaftlichen Rahmenbedingungen der jeweiligen Wirtschaftsepoche ab. Insgesamt sind die Standortregionen einer neuen Industrie durch historische Gründungsaktivitäten größtenteils vorbestimmt und weisen im Zeitablauf starke Persistenzeffekte auf (vgl. Scott u. Mattingly 1989 und Hall 1988).

In der vorliegenden Studie läßt sich der Einfluß frühzeitiger Unternehmensgründungen und Unternehmensansiedlungen auf spätere Wachstums- und Spezialisierungsprozesse von Schlüsseltechnologie-Industrien für jede Untersuchungsregion nachweisen: In Greater Boston lösten erfolgreiche Unternehmensgründungen (z.B. Raytheon, Wang Laboratories und DEC) weitreichende Nachahmungseffekte aus und führten zu Ballungsprozessen in den Bereichen Rüstungselektronik, Minicomputer und Präzisionsinstrumente (vgl. Kapitel 4). In Ottawa-Carleton übernahmen Zweigwerksansiedlungen von Unternehmen wie BNR, Computing Devices und DEC eine Ankerfunktion für das Wachstum von Schlüsseltechnologie-Industrien und die Spezialisierung im Bereich Telekommunikation (vgl. Kapitel 5). In der Region Waterloo prägten Zweigwerksansiedlungen von Raytheon, NCR und Hewlett-Packard die Entwicklung von Schlüsseltechnologie-Industrien (vgl. Kapitel 6). In der Atlanta MSA wurde das Wachstum der Aerospace- und Telekommunikationsindustrie entscheidend durch die Ansiedlung von Lockheed und durch frühe Spin-off-Gründungen wie Scientific Atlanta vorgezeichnet (vgl. Kapitel 7). Der Erfolg des Research Triangle als Standort von FuE-Einrichtungen aus verschiedenen Schlüsseltechnologie-Bereichen beruhte im wesentlichen auf den Ansiedlungsentscheidungen von IBM und der EPA (vgl. Kapitel 8).

12.3.2.2 Selektive Clusterungsprozesse

Nicht alle Regionen, in denen sich neue Industrien lokalisieren, entwickeln sich in der Folgezeit zu bedeutenden Standortschwerpunkten. Verschiedene Regionen durchlaufen unterschiedliche Entwicklungspfade, die zu selektiven Clusterungsprozessen führen. Im Bereich der Schlüsseltechnologie-Industrien entwickelten sich das Silicon Valley und Greater Boston zu Hauptagglomerationen, während andere Regionen wie die Atlanta MSA und Ottawa-Carleton sekundäre Industriestandorte blieben. Selektive Clusterungsprozesse werden dadurch ausgelöst, daß die Produzenten einiger Regionen dauerhafte Wettbewerbsvorteile erlangen, die sich im Zeitablauf durch steigende Umsätze, technologische Kapazitäten und Investitionen sowie durch die Zuwanderung von Arbeitskräften sukzessive verstärken (Storper u. Walker 1989, S. 76 ff.). Wenn der Wettbewerbsvorsprung solcher Regionen eine bestimmte Schwelle übersteigt, kommt es zu einer deutlichen Einschränkung in der Wahlfreiheit von Standortentscheidungen. Die beschleunigten Wachstumsprozesse führen zwar zu einem schnellen Anstieg der Faktorpreise, dieser Nachteil kann jedoch durch Agglomerationsvorteile überkompensiert werden. Im Unterschied zur traditionellen Standortlehre wirken Agglomerationsvorteile nicht in erster Linie auf die Kostenstrukturen (als kostenminimierende Input-

Output-Verflechtungen), sondern auf die Produktivitäts- und Organisationsstrukturen (*Division and Integration of Labor*).

Das Heranwachsen dominierender Industrieregionen beruht sowohl auf internen als auch auf externen Ballungskräften. Zunächst wirken vorwiegend *interne Ersparnisse* auf den Clusterungsprozeß. So kommt es z.B. zu einer Mechanisierung und Rationalisierung lokaler Arbeitsprozesse, wenn eine Mindestintensität und Mindestkonzentration industrieller Aktivitäten erreicht ist. Gleichzeitig bieten sich durch die zunehmende Arbeitsteilung zwischen Unternehmenseinheiten Möglichkeiten zur Erzielung *externer Ersparnisse*. Es entstehen sektorspezifische Verflechtungsnetzwerke mit regionalem Bezug. Spezialisierungsprozesse des regionalen Arbeitsmarkts (vgl. Kapitel 9) und die Erhöhung des regionalen Technologieniveaus bewirken eine fortlaufende Verstärkung der Agglomerationsvorteile. Insgesamt resultiert ein eigendynamischer Agglomerationsprozeß, der zu einem diversifizierten Bestand an Arbeitskräften und Unternehmen mit hoher Verflechtungsintensität sowie sinkenden Produktionskosten führt (vgl. den Abschnitt über regionale Entwicklungspfade). Das dabei zutage tretende Prinzip der zirkulären Verursachung kumulativer sozio-ökonomischer Wachstums- und Schrumpfungsprozesse im Sinn von Myrdal (vgl. Schätzl 1981, S. 127 ff.) läßt sich umgekehrt auch auf Regionen mit geringem Wachstum übertragen. In diesen Regionen fehlen ballungsverstärkende Agglomerationseffekte. Es entwickelt sich kein eigendynamischer Wachstumsprozeß, so daß diese Regionen immer weiter hinter die führenden Agglomerationen zurückfallen (siehe Abb. 48). Während in den langsam wachsenden Regionen meist nur die größten Unternehmen mit einem hohen Grad an vertikaler Integration zurückbleiben, finden in den schnell wachsenden Agglomerationen auch spezialisierte Zulieferer und Kleinunternehmen dauerhafte Absatzmärkte. Storper u. Walker (1989, S. 78 ff.) heben zwei Komponenten des selektiven Clusterungsprozesses hervor:

1. *The Workplace as a Geographical Cluster:* Maßnahmen zur Steigerung der Arbeitsproduktivität lassen sich am effektivsten innerhalb großer Unternehmen verwirklichen und führen zu Preissenkungen und Nachfragesteigerungen (interne Ersparnisse). Mit zunehmender Produktivität können immer größere Marktgebiete durch einzelne Unternehmen versorgt werden, so daß sich die gesamte Industriebranche stärker auf wenige Unternehmen und wenige Standorte konzentriert. Großunternehmen wirken zugleich stimulierend auf Gründungs- oder Ansiedlungsprozesse von spezialisierten Zulieferern und ziehen Arbeitskräfte aus anderen Regionen an. Allein durch hohe Produktivität und dominante Größe verstärken sie somit Konzentrations- und Agglomerationsprozesse.
2. *The Vertically-Disintegrated Production Complex:* Neben einer unternehmensinternen Arbeitsteilung besteht die Möglichkeit einer Arbeitsteilung zwischen Unternehmenseinheiten, was eine Herausbildung marktlich verflochtener Industriekomplexe nach sich zieht. Während im Fall von Großunternehmen vertikal integrierte Produktionsstrukturen vorherrschen, führen arbeitsteilige Prozesse zwischen Unternehmen zu vertikal desintegrierten Produktionsstrukturen, die durch technologische Unvereinbarkeiten, optimale Produktionsumfänge, flexible Markterfordernisse und unsichere Marktstrukturen hervorgerufen werden. Externe Ersparnisse spielen im Fall vertikaler

> Desintegration eine noch größere Rolle als bei vertikaler Integration. Mit zunehmender Agglomeration werden Verflechtungsbeziehungen komplexer, es erfolgt ein Risikosplitting, und es entwickeln sich Input-Output-Netze zwischen hochspezialisierten Unternehmenseinheiten. Vertikale Produktionsbeziehungen sind am stärksten in den *Chains of Production* ausgeprägt (Gordon 1989), in denen einzelne Unternehmen nur Teilfunktionen des komplexen Produktionsprozesses übernehmen. Daneben entwickeln sich aber auch horizontale Verflechtungsbeziehungen, die einen Ausgleich von Nachfrageschwankungen sichern. Je komplexer die Verflechtungsbeziehungen und je größer die Transaktionskosten sind, umso ausgeprägter sind die räumlichen Konzentrationstendenzen, *"[...] because spatial proximity is a fundamental way to bring people and firms together, to share knowledge and to solve problems"* (Storper u. Walker 1989, S. 80). Mit zunehmender Agglomeration steigen die lokalen Beschaffungs- und Absatzpotentiale, so daß Anreize für Ansiedlungen, Gründungen und Spin-off-Prozesse in den führenden Standortregionen fortlaufend größer werden. Die Anpassung des lokalen Arbeitsmarkts an die industriellen Bedürfnisse ist quasi nur eine Frage der Zeit und vollzieht sich parallel zum industriellen Agglomerationsprozeß. Das erforderliche Arbeitskräftepotential wird von einem eng verflochtenen Industriekomplex und lokalen Bildungseinrichtungen (speziell technisch ausgerichteten Spitzenuniversitäten) quasi selbst erzeugt.

Die Vielfalt von Verflechtungsbeziehungen und die Auswirkungen interner und externer Ersparnisse wurden im empirischen Teil der vorliegenden Studie detailliert herausgearbeitet. Die Ballungskräfte und Verflechtungsaspekte waren in jeder Schlüsseltechnologie-Region äußerst komplex und zeichneten sich durch ein regionsspezifisches Zusammenwirken aus: Zuliefer-, Rüstungs- und Kapitalmarktbeziehungen in Greater Boston (vgl. Kapitel 4), spezialisierte Zulieferbeziehungen um den industriellen Gravitationskern (BNR/ Northern Telecom) und staatliche Absatzverflechtungen in Ottawa-Carleton (vgl. Kapitel 5), Umstrukturierungsprozesse etablierter Industriezweige und die Entwicklung eines regionalen Technologiebewußtseins in der Region Waterloo (vgl. Kapitel 6), der Einfluß von Lockheed auf Qualifikationsstrukturen des lokalen Arbeitsmarkts in der Atlanta MSA (vgl. Kapitel 7) sowie FuE-Spezialisierungstendenzen und rückwärts gerichtete Verflechtungswirkungen im Research Triangle (vgl. Kapitel 8). Als Folge der ausgeprägten Agglomerationsvorteile kam es zu umfangreichen Unternehmensneugründungen, privaten und/ oder universitären Spin-off-Gründungen sowie Unternehmensansiedlungen.

12.3.2.3 Dispersionsprozesse: "Growth Peripheries"

Beobachtbare Schrumpfungsprozesse in den etablierten Industriezentren des Manufacturing Belt und das Entstehen neuer Wachstumsschwerpunkte im Süden/ Westen der USA vermitteln den Eindruck (vgl. Kapitel 9 und Kapitel 11), als ob industrielle Aktivitäten einem breit angelegten Dispersionsprozeß unterliegen. Trotz solcher Tendenzen bleiben industrielle Standortschwerpunkte nach wie vor auf wenige Regionen in ausgewählten Industrienationen konzentriert und sind durch ausgeprägte Spezialisierungstendenzen gekennzeichnet (vgl. Kapitel 4 bis

Kapitel 9). Storper u. Walker (1989, S. 83 ff.) sehen industrielle Dispersionserscheinungen deshalb lediglich als sekundäre Entwicklungsprozesse ohne nachhaltige Agglomerationseffekte an.

Industrielle Dispersionserscheinungen werden als Prozeß der Erschließung sog. *Wachstumsperipherien (Growth Peripheries)* interpretiert, der aus den Rahmenbedingungen des Industriewachstums resultiert (siehe Abb. 48). Durch das Vordringen in neue Regionen werden neue Märkte mit großem Nachfragepotential erschlossen und Konkurrenten vom Markt gedrängt. Der Vorstoß in neue Regionen erfolgt durch die Errichtung neuer Produktionsanlagen oder durch Aufkauf und Umrüstung von Konkurrenzunternehmen. Die räumliche Diffusion erfolgt nicht unter dem Ziel, neue industrielle Gravitationskerne aufzubauen, sondern die vorhandenen Standortschwerpunkte zu stärken und zu erweitern. Es handelt sich also um einen Prozeß der Expansion und nicht des Abbaus industrieller Agglomerationen. Der Wachstums- und Technologietransfer zwischen den industriellen Kernen und der *Wachstumsperipherie* vollzieht sich über unternehmensinterne Verflechtungsnetzwerke zwischen räumlich getrennten Funktionseinheiten. Verlagerte Unternehmenssegmente drängen in neue Märkte vor und generieren für die industriellen Kerne zusätzliche Wachstumsimpulse.[1] In Kapitel 4 wurde für Greater Boston festgestellt, daß der Wachstumsprozeß von Schlüsseltechnologie-Industrien zu einer Erschließung von *Wachstumsperipherien* auf verschiedenen räumlichen Bezugsebenen geführt hatte. Die Intensität solcher Expansionsprozesse hängt von den Rahmenbedingungen des Wachstumsprozesses ab und variiert mit der Wettbewerbssituation, der Dynamik von Produkt- und Prozeßinnovationen, der Bedeutung des Faktors Arbeit sowie mit der Organisationsform und der Unternehmensstrategie.

Unternehmensverlagerungen zu Niedriglohnstandorten sind häufig die Folge einer Preisführerschaftsstrategie, die allerdings verschiedene Ursachen haben kann (technologische Alterung, Kapazitätsüberschüsse durch Überinvestition oder zunehmender Wettbewerbsdruck) und deshalb nicht monokausal wie in der Produktzyklustheorie (vgl. Kapitel 11) erklärt werden darf. Weiterhin ist zu beachten, daß nicht sämtliche Unternehmen einer Industriebranche auf den industriellen Wachstumsprozeß in gleicher Weise reagieren. Während Großunternehmen der Halbleiterindustrie unter dem "Regime der Massenproduktion" zahlreiche Montagezweigwerke in Niedriglohnstaaten verlagerten, zeigten die spezialisierten Hersteller mit kundenorientierter Einzelfertigung keine derartigen Dispersionstendenzen (Angel 1990).

12.3.2.4 Verlagerungsprozesse von Standortschwerpunkten: "Shifting Centers"

Während Dispersionsprozesse die vorhandenen Standortschwerpunkte stärken, können grundlegende Umstrukturierungen zu einer vollständigen Verschiebung

[1] Dadurch ist z.B. auch erklärbar, warum die Dominanz des Silicon Valley als Standortschwerpunkt der Halbleiterindustrie in den 60er und 70er Jahren ständig zunahm, obwohl sich massive Zweigwerksverlagerungen zu Niedriglohnstandorten ereigneten.

der industriellen Ballungskerne führen (siehe Abb. 48). Im Extremfall können ehemalige Standortschwerpunkte innerhalb kurzer Zeit ihre industrielle Basis ohne ein nach außen hin sichtbares auslösendes Moment verlieren, wenn die bis dahin wirksamen Agglomerationsvorteile und Spezialisierungen von Arbeitsmarkt und technologischer Infrastruktur keine wachstumsfördernden Effekte mehr ausüben. Storper u. Walker (1989, S. 90 ff.) führen radikale Verlagerungen der führenden Industrieballungen auf industrielle *Umstrukturierungs- und Erneuerungsprozesse (Industrial Restructuring and Renewal)* zurück. Eine räumliche Verlagerung der industriellen Gravitationskerne erfolgt nicht unbedingt parallel zu einem industriellen Niedergang, sondern kann auch aus einem wachstumsinduzierenden Erneuerungsprozeß resultieren.

Um radikale Verlagerungen industrieller Standortschwerpunkte zu verstehen, muß man den Ursachen der Entstehung von Industriesektoren nachgehen. Neue Industrien entwickeln sich entweder aus technologischen Neuheiten, einem Wandel der Nachfragestruktur oder einer Evolution alter Industriesektoren. In jedem Fall läßt sich der Ursprung neuer Industriezweige auf existierende Branchen zurückführen und als Erneuerungsprozeß dieser Branchen auffassen. Eine Erneuerung kann durch die Entwicklung neuer Produkte ebenso wie durch radikale Veränderungen vorhandener Produkte, Produktionsprozesse und Organisationsformen hervorgerufen werden. Aus einem erfolgreichen Erneuerungsprozeß resultieren neue Wachstumschancen. Dadurch wird der industrielle Entwicklungsprozeß trotz der Existenz von Industrieballungen und Wachstumsperipherien in das Anfangsstadium der Lokalisierung zurückversetzt: Hohe Wachstumsraten führen erneut zu einer größeren Wahlfreiheit industrieller Standortentscheidungen *(Windows of Locational Opportunity)*. Unternehmen, die den Erneuerungsprozeß tragen, siedeln sich häufig außerhalb der alten Standortschwerpunkte an, weil die dortigen Strukturen und Verflechtungsbeziehungen einseitig auf traditionelle Industriebereiche ausgerichtet sind.[1] In Konkurrenz zu den alten Ballungskernen entstehen neue Industriezentren, in denen später eigendynamische Clusterungsprozesse ablaufen können. Unter Umständen mögen Agglomerationsprozesse in den neuen industriellen Gravitationskernen zu einer vollständigen Abkehr von alten Standortschwerpunkten führen *(Shifting Centers)*.

---

[1] Ein industrieller Erneuerungsprozeß muß nicht zwangsläufig zur Entstehung neuer Standortschwerpunkte führen, sondern kann durchaus innerhalb traditioneller Industrieregionen stattfinden. Die empirisch zu beobachtende generelle Wachstumsschwäche dieser Regionen hängt vielmehr mit der Industriestruktur und den dominierenden Großunternehmen zusammen. Nach Grabher (1989, S. 99) war die Dominanz von Großunternehmen im Ruhrgebiet aus zwei Gründen ein entscheidendes Wachstumshemmnis für Kleinunternehmen und verhinderte eine Ausdifferenzierung der regionalen Branchenstruktur: *"Zum einen trachteten die regional dominierenden [...] [Großunternehmen] danach, ihre Monopsonstellung auf dem regionalen Arbeitsmarkt zu sichern, indem sie die Ansiedlung potentieller Arbeitsmarktkonkurrenten durch eine entsprechende Lohn- und Grundstückspolitik [...] erschwerten [...]. Zum zweiten entzogen die dominierenden Großunternehmen durch ihren hohen Internalisierungsgrad der Region Agglomerationsvorteile und engten damit die Voraussetzungen für regionale Unternehmensgründungen ein [...]"*.

12.4 Fazit

Aus der Kritik an den zuvor behandelten theoretischen Erklärungsansätzen wird in Kapitel 12 die Notwendigkeit einer dynamisch-evolutionären, segmentierten industriellen Standortlehre abgeleitet. Es wird eine strenge Unterscheidung zwischen Gründungs-, Standort- und Wachstumsfaktoren gefordert, da diese auf grundsätzlich verschiedene Entwicklungsprozesse einwirken. Gleichzeitig wird eine Differenzierung von Unternehmen nach Organisationsmerkmalen und eine Berücksichtigung handlungstheoretischer Aspekte (z.B. die Wahl der Unternehmens- und Innovationsstrategie) als notwendig erachtet. Es wurde gezeigt, daß den Prozessen der Unternehmensgründung und Zweigwerksansiedlung verschiedene Entscheidungsstrukturen zugrunde liegen und demzufolge die relevanten Standort- bzw. Gründungsfaktoren eine unterschiedliche Bedeutung aufweisen. Die Bewertung von Standortfaktoren (bzw. Standortnachteilen) war ferner von der eingeschlagenen Innovationsstrategie abhängig.

Während die Entwicklung regionaler Industriestrukturen aus traditioneller Sicht in erster Linie von den Raumeigenschaften abhängt, generieren Industriesektoren aus prozessualer Sicht durch positive Rückkopplungseffekte von Verflechtungsbeziehungen ihr eigenes regionales Umfeld, das den spezifischen Bedürfnissen angepaßt ist und zu eigendynamischen Wachstumsprozessen führt. In diesem Sinn werden Agglomerationsvorteile auf einer evolutionären Analyseebene als komplexe Netzwerke aus spezialisierten Input-Output-, Arbeitsmarkt-, Kapitalmarkt-, Forschungs-, Technologie-, Kommunikations- und Informationsbeziehungen verstanden, die aus räumlichen Ballungs- und sektoralen Spezialisierungsprozessen resultieren. Die prozessualen Aspekte beim Entstehen regionaler Verflechtungsnetze werden in zwei Modellansätzen über regionale und industrielle Entwicklungspfade verdeutlicht und aufgrund der empirischen Belege für Schlüsseltechnologie-Industrien qualitativ weitgehend bestätigt.

In dem Modell der *regionalen Entwicklungspfade* ist ein ausgewählter regionaler Wirkungsprozeß (Entwicklung regionalwirtschaftlicher Multiplikatoreffekte) vom komplexen Zusammenwirken mehrerer Ursachenprozesse (Entwicklung von Agglomerationsniveau, Technologieniveau sowie militärischer Einflußnahme) abhängig. Es wird gezeigt, wie in zwei Regionen mit unterschiedlichen Ausgangszuständen grundsätzlich verschiedene Verflechtungsbeziehungen entstehen können, die zu zeitlich und räumlich differierenden Industriestrukturen führen.

Anhand des von Storper u. Walker (1989) modellierten *industriellen Evolutionsprozesses* können Schlüsseltechnologie-Regionen nach ihrem Entwicklungsstand eingeordnet werden. In der Route 128-Region, in Ottawa-Carleton und der Atlanta MSA entstanden bereits zu Beginn der Schlüsseltechnologie-Entwicklung erste industrielle Ballungen. Die vier Regionen zählten zu den Standorten, in denen sich neue Schlüsseltechnologie-Branchen aufgrund der vorhandenen Rahmenbedingungen zuerst lokalisierten. In den nachfolgenden Phasen beschritten die Untersuchungsregionen in Abhängigkeit von den dort vorherrschenden Gründungs-, Standort- und Wachstumsbedingungen verschiedene Entwicklungspfade, die zu regionsspezifischen Spezialisierungsprozessen mit unterschiedlicher Branchenstruktur führten. Während in der Route 128-Region durch interne und externe Ersparnisse ein eigendynamischer Agglomerationsprozeß in Gang gesetzt wurde, blieben Ottawa-Carleton und die Atlanta MSA von Clusterungsprozessen weitgehend ausgeschlossen und erlebten eine relative Stagnation. Demgegenüber wurden Wachstumsprozesse in der Region Waterloo und im Research Triangle erst in der dritten Modellphase durch Dispersionstendenzen hervorgerufen. Beide Regionen agierten zunächst als Wachstumsperipherien, die den industriellen Agglomerationskernen neue Wachstumschancen und Wettbewerbsvorteile verschafften. Das Research Triangle schien sich in den 80er Jahren von der Rolle einer Wachstumsperipherie zu lösen und den Wandel zu einer eigendynamisch wachsenden Schlüsseltechnologie-Ballung zu vollziehen. Das Phänomen der Shifting Centers (vierte Phase) traf allerdings weder auf das Research Triangle als neues Zentrum noch auf die Route 128-Region als altes Zentrum zu.

13 Zusammenfassung

Durch Veränderungen auf der Angebots- und Nachfrageseite erfuhren die wirtschaftlichen Wachstumsbedingungen seit dem Ende der 60er Jahre in vielen Industriestaaten einen grundlegenden Wandel. Die zunehmenden wirtschaftlichen und sozialen Probleme führten in Wirtschaft, Wissenschaft und Politik seit Mitte der 70er Jahre zu einem sprunghaft steigenden Interesse an sog. Schlüsseltechnologie-Industrien. Man hoffte, daß technologie-intensive Industrien in der Lage seien, Arbeitsplatzverluste in anderen Sektoren auszugleichen und auf lange Sicht das Wirtschaftswachstum zu sichern. Die Ansiedlung von Schlüsseltechnologie-Industrien wurde auch unter regionalen Aspekten als ein Instrument zur Lösung regionalwirtschaftlicher Probleme in zurückgebliebenen und altindustrialisierten Regionen angesehen. In diesem Kontext wurden in der vorliegenden Arbeit die Entwicklungsdeterminanten für das Entstehen von Schlüsseltechnologie-Agglomerationen in ihrem komplexen Zusammenwirken herausgearbeitet und auf potentielle Gemeinsamkeiten und/ oder Unterschiede untersucht. Ein zentrales Untersuchungsobjekt bildete der Einfluß von Schlüsseltechnologie-Entwicklungen auf regionale Wirtschaftsstrukturen und den regionalen Strukturwandel. Schließlich wurde der Frage nachgegangen, ob theoretische Modellansätze im Rahmen der industriellen Standortlehre dazu geeignet sind, das Standortverhalten von Schlüsseltechnologie-Unternehmen und die räumliche Verteilung von Schlüsseltechnologie-Industrien zu erklären. Als räumliche Bezugseinheit wurde Nordamerika ausgewählt, weil sich weltweit fast alle Schlüsseltechnologie-Projekte auf amerikanische Erfahrungen stützten, zahlreiche Schlüsseltechnologie-Sektoren in den USA den Durchbruch erzielten und die räumliche Entwicklung von Schlüsseltechnologie-Industrien in den USA am weitesten fortgeschritten war (**vgl. Kapitel 1 über Untersuchungsziele**).

Trotz des großen Interesses an Schlüsseltechnologie-Industrien gab es in den 80er Jahren keine allgemein anerkannte Begriffsabgrenzung. In der vorliegenden Arbeit wurden Schlüsseltechnologien normativ als Industriesektoren definiert, die Produkte auf hohem technologischem Niveau entwickeln und herstellen, durch einen hohen Beschäftigtenzuwachs die Arbeitsmarktsituation stabilisieren sowie als Impulsgeber wirtschaftliches Wachstum auf bestimmte Segmente der Volkswirtschaft übertragen. Systematische FuE-Aktivitäten und technologische Innovationen bildeten den Kern des Schlüsseltechnologie-Begriffs und den Ausgangspunkt für die erwarteten wirtschaftlichen Anstoßeffekte. Der normalerweise verwendete High-Tech-Begriff wurde in der vorliegenden Studie bewußt vermieden, weil er zur Bezeichnung für eine Vielzahl verschiedener Sachverhalte dient und von verschiedenen Interessengruppen je nach Bedarf zur Durchsetzung gruppenspezifischer Ziele eingesetzt wird. Besondere Probleme bereitet der qualitative Charakter des High-Tech-Begriffs, der erst durch den Gegensatz zwischen Hochtechnologien und Niedrigtechnologien verständlich wird (**vgl. Kapitel 2 über definitorische Aspekte des Schlüsseltechnologie-Begriffs**).

Die anschließende Operationalisierung von Schlüsseltechnologie-Industrien war mit weiteren konzeptionellen Schwierigkeiten verbunden: Da der Schlüsseltechnologie-Begriff sektoral abgegrenzt wurde, war die Operationalisierung automatisch den Nachteilen der existierenden Industrieklassifikationen unterworfen: eine große Heterogenität innerhalb einzelner Branchen, eine geringe Flexibilität gegenüber industriestrukturellen Veränderungen sowie generelle Zuordnungsschwierigkeiten. Ein zusätzliches Problem entstand durch die Notwendigkeit einer Dynamisierung des Schlüsseltechnologie-Konzepts, da somit eine intertemporale und internationale Vergleichbarkeit von Schlüsseltechnologie-Industrien erschwert wurde. Hinsichtlich der Methoden zur Operationalisierung von Schlüsseltechnologie-Industrien konnte zwischen objektiven Abgrenzungen (auf der Basis statistischer Kenngrößen) und subjektiven Abgrenzungen (i.d.R. Expertenurteile) unterschieden werden. Die gängigen objektiven Abgrenzungsversuche von Schlüsseltechnologie-Industrien basierten entweder auf Merkmalsindikatoren der Inputseite (z.B. FuE-Beschäftigtenanteil oder FuE-Umsatzanteil) oder auf Merkmalsindikatoren der Outputseite (z.B. Beschäftigtenwachstum, Umsatzwachstum sowie Zahl der Patente oder Produktinnovationen). Im einzelnen wurden sowohl in objektiven als auch in subjektiven Abgrenzungsversuchen gewichtige Nachteile herausgearbeitet.

Die Aufgabe der Operationalisierung von Schlüsseltechnologie-Industrien wurde in der vorliegenden Arbeit angesichts der erheblichen Nachteile jeder einzelnen Abgrenzungsmethode auf pragmatischem Weg gelöst. Durch einen synoptischen Vergleich verschiedener Abgrenzungen konnte festgestellt werden, daß die meisten Schlüsseltechnologie-Kataloge im Kern eine große Übereinstimmung aufwiesen. Die sektorale Auswahl von Schlüsseltechnologie-Industrien erfolgte deshalb unter Zuhilfenahme wichtiger Vergleichsstudien - zunächst für die Industriesektoren der USA. Kanadische Schlüsseltechnologie-Industrien wurden anschließend dem US-Katalog angepaßt. Um eine Vermischung unterschiedlicher Strukturen zu vermeiden, wurde a priori eine industriebezogene Definition unter Ausschluß des Dienstleistungssektors vorgenommen. In die Abgrenzung gingen vor allem Indikatoren der Inputseite ein. Der resultierende Katalog von Schlüsseltechnologie-Industrien umfaßte 16 Sektoren für das Staatsgebiet der USA sowie 12 Sektoren für Kanada - jeweils auf der Basis dreistelliger SIC-Gruppen. Es handelte sich dabei um Industriebranchen aus den Bereichen Pharmazie/ Plastik, Präzisionsinstrumente, Flugzeug-/ Raketenbau, Elektronik, Computer, Telekommunikation sowie Elektrik (**vgl. Kapitel 2 über die Operationalisierung von Schlüsseltechnologie-Industrien**).

Ausgehend von den Untersuchungszielen und Begriffsabgrenzungen wurde in **Kapitel 3 die Konzeption einer eigens durchgeführten Unternehmensbefragung** abgeleitet. Obwohl bereits eine große Anzahl von Studien mit verwandten Problemstellungen existiert, besteht noch ein beachtliches Forschungsdefizit über Schlüsseltechnologien. Die meisten Arbeiten haben den Charakter von regionalen oder sektoralen Fallstudien und sind aufgrund der unterschiedlichen Datenbasen und Untersuchungsmethoden sowie zahlreicher konzeptioneller Schwächen weder verallgemeinerungsfähig noch miteinander vergleichbar. Um dieses Forschungsdefizit zu verringern, wurde ein intersektoraler und interregionaler Forschungsansatz zugrundegelegt. Die Ergebnisse der Untersuchung sollten erstmals eine regional differenzierte Strukturanalyse der Standortentscheidungen von Schlüsseltechnologie-Unternehmen ermöglichen und dadurch einen wichtigen Beitrag zur Grundlagenforschung über Schlüsseltechnologie-Agglomerationen leisten sowie Hinweise zur Auswahl effizienter Aktionsprogramme im Rahmen der Regionalpolitik liefern. Als Untersuchungsregionen wurden eine große Agglomeration (Greater Boston), zwei mittlere Agglomerationen (Research Triangle und Atlanta MSA) sowie zwei kleine Agglomerationen von Schlüsseltechnologie-Industrien (Ottawa-Carleton und Canada's Technology Triangle) herangezogen.

Um die Gefahr sog. ökologischer Fehlschlüsse auszuschließen, wurde eine mikroanalytische Untersuchungsebene gewählt, die bei den Unternehmen als den Trägern von Standortentscheidungen ansetzte. Die Grundlage für eine Erhebung bildete ein standardisierter Fragebogen, der zum großen Teil aus geschlossenen Fragen bestand. Der Fragebogen bot sowohl die Möglichkeit zu persönlichen als auch zu postalischen oder telefonischen Interviews mit Schlüsseltechnologie-Managern. Als Auswahlgrundlage der Unternehmensstichprobe dienten aktuelle Unternehmensverzeichnisse, anhand derer in einem ersten Schritt in jeder Untersuchungsregion die Subregionen mit der größten Ballung von Schlüsseltechnologie-Beschäftigten ermittelt wurden. Im zweiten Schritt erfolgte die Auswahl der in diesen Subregionen zu befragenden Unternehmen. Durch eine Konzentration der Stichprobe auf Subregionen und eine Mischung aus Voll- und Teilerhebungen wurden die Schlüsseltechnologie-Kernbereiche in jeder Untersuchungsregionen detailliert erfaßt. Die Stichprobenumfänge schwankten zwischen 25 und 40 Unternehmen je Region und waren somit hinreichend groß für statistische Inferenzaussagen. Zudem wurde eine überdurchschnittlich hohe Antwortquote von 90% erzielt. Die Sektorzugehörigkeit der einbezogenen Schlüsseltechnologie-Unternehmen entsprach in allen Untersuchungsregionen der Gesamtstruktur der Schlüsseltechnologie-Kernbereiche. Systematische Fehlerquellen, die aus der Erhebungssituation resultieren konnten, wurden dadurch weitgehend vermieden, daß außer dem Verfasser keine anderen Interviewer zum Einsatz kamen und ein ausgezeichneter Rapport erzielt wurde **(vgl. Kapitel 3 zur Repräsentativität der Unternehmensbefragung)**.

Basierend auf den durchgeführten Unternehmensbefragungen wurden die **Agglomerationsprozesse von Schlüsseltechnologie-Industrien** anschließend für jede Untersuchungsregion in gesonderten Kapiteln eingehend analysiert **(vgl. Kapitel 4 bis Kapitel 8)**. Im Anschluß daran erfolgte in **Kapitel 9 ein regionalwirtschaftlicher Strukturvergleich**. In einer zusammenfassenden Betrachtung wurde festgestellt, daß der Agglomerationsprozeß in allen Schlüsseltechnologie-Regionen zu ausgeprägten sektoralen Spezialisierungs- und Konzentrationstendenzen geführt hatte. Fast überall hatten militärische Aktivitäten sowie Zweigwerksgründungen durch etablierte Schlüsseltechnologie-Unternehmen einen entscheidenden Einfluß auf die Agglomerationsprozesse. Typische Kennzeichen des einsetzenden eigendynamischen Wachstums waren intensive private und/ oder universitäre Spin-off-Prozesse, die zu einer Verstärkung von Agglomerationsvorteilen führten.

Kapitel 9 lieferte zugleich nachträglich eine **Rechtfertigung für die Anwendung des Schlüsseltechnologie-Begriffs** auf die befragten Unternehmen: Trotz einiger destabilisierender Einflüsse konnten positive quantitative und qualitative Arbeitsmarktwirkungen, intensive FuE- und Innovationsaktivitäten auf hohem technologischem Niveau sowie regionalwirtschaftliche Anstoßeffekte festgestellt werden. Zwischen 1980 und 1988 erhöhte sich die Zahl der Beschäftigten in den Stichprobenunternehmen um rund 40.000 (circa 45%) auf 125.000. Etwa 30% waren in wissenschaftlich-technischen Positionen mit hohen Qualifikationsanforderungen tätig. Eine im Vergleich zu anderen Untersuchungen überdurchschnittlich große Zahl von Schlüsseltechnologie-Unternehmen (mehr als 60%) verwendeten über 10% ihrer Umsätze für FuE-Aktivitäten. Die hohe Beschäftigtenkonzentration auf wenige Schlüsseltechnologie-Industrien und innerhalb dieser Sektoren auf wenige dominierende Unternehmen sowie eine hohe regionsexterne Beschäftigungsabhängigkeit verursachten allerdings in allen Untersuchungsregionen eine erhöhte Krisenanfälligkeit. Trotz eines beträchtlichen mittelfristigen Verlagerungspotentials konnten anhand der Unternehmensbefragungen keine massiven Abwanderungstendenzen festgestellt werden.

Nach Abschluß der regionalwirtschaftlichen Entwicklungs- und Strukturanalyse in den ausgewählten Schlüsseltechnologie-Agglomerationen verblieb die Aufgabe, die empirisch ermittelten Ergebnisse in einen theoretischen Bezugsrahmen einzuordnen. Unterschiedliche Ansätze aus der industriellen Standortlehre wurden auf ihren Erklärungsgehalt für das Standortverhalten von Schlüsseltechnologie-Industrien überprüft. **Kapitel 10** behandelte zunächst **traditionell-statische Erklärungsansätze für industrielle Standortentscheidungen**:

Die auf Weber zurückzuführende industrielle Standortlehre befaßt sich mit der optimalen Standortwahl industrieller Einzelbetriebe. Unter der Annahme räumlich konstanter Erlöse ergibt sich der optimale Produktionsstandort durch eine reine Kostenminimierung. Es treten lediglich Transportkosten, Arbeitskosten und Agglomerationsfaktoren als Standortfaktoren auf. Obwohl im Ansatz von Hotelling der Einfluß der Erlösseite auf Standortentscheidungen untersucht wird, die Arbeit von Hoover das Konzept der Agglomerationsvorteile erweitert und Pred die Integration verhaltensorientierter Aspekte in die Standortlehre fordert, beruhen die meisten Arbeiten zur industriellen Standortwahl ohne grundlegende Änderungen auf den Weberschen Modellvorstellungen: Im Prinzip wird davon ausgegangen, daß industrielle Standortentscheidungen je nach Sektorzugehörigkeit und Produkteigenschaften entweder rohstofforientiert, energieorientiert, transportkostenorientiert, arbeitsorientiert, marktorientiert oder ballungsorientiert getroffen werden. Diese Sichtweise industrieller Standortentscheidungen ist jedoch mit einer Vielzahl von Nachteilen verbunden. Dazu zählen die Beschränkung auf gewinnmaximierendes Verhalten, das unzureichende Unternehmenskonzept, die

Überbetonung der Kostenseite, der nicht-prozeßorientierte Standortbegriff, die Nichtberücksichtigung qualitativer Standortaspekte sowie Unzulänglichkeiten bei der Erfassung dynamischer Standortveränderungen.

Für das Standortverhalten der schnell wachsenden Schlüsseltechnologie-Industrien waren traditionelle Erklärungsansätze besonders problematisch, da sich der Anteil der Transportkosten an den Gesamtkosten sukzessive reduzierte und sich die Standortbindung an Rohstofflagerstätten verringerte. Qualitativ hochwertige Verkehrsinfrastrukturnetze zum Aufbau von effektiven Verflechtungsbeziehungen wurden für die Standortwahl wichtiger als Transportkosten. Gegenüber Lohnkosten standen zunehmend qualitative Anforderungen an den Arbeitsmarkt im Blickpunkt industrieller Standortentscheidungen. Die Standortwahl in räumlicher Nähe zu Kunden, Zulieferern und Universitäten basierte nicht auf Kostenüberlegungen, sondern erfolgte aus der Notwendigkeit, durch Informationsverflechtungen auf hohem technologischem Niveau flexibel auf veränderte Marktbedürfnisse reagieren zu können. Zusätzlich rückten Lebensqualitätsaspekte und subjektive Einflüsse in das Standortkalkül, deren Integration in traditionelle Konzepte Probleme bereitete. Während in der traditionellen Standortlehre die quantitativen Aspekte von Standortfaktoren für Ansiedlungsentscheidungen eine zentrale Rolle spielten, schienen in der Praxis qualitative Aspekte zu dominieren. In bezug auf Transportbedingungen, Agglomerationsfaktoren, Arbeitsmarktstrukturen und Lebensqualitätsaspekte hatten vor allem Spezialisierungseffekte, komplexe Synergieeffekte sowie dynamische Wechselwirkungen zwischen den verschiedenen Standortfaktoren einen zentralen Einfluß auf Standortentscheidungen und regionale Ballungsprozesse von Schlüsseltechnologie-Industrien.

Alternativ zu den statischen Modellen wurden in **Kapitel 11 dynamisch-zyklische Erklärungsansätze für industrielle Standortentscheidungen** vorgestellt:

Obwohl die Theorie der Langen Wellen in erster Linie die langfristigen wirtschaftlichen Entwicklungszyklen und die damit einhergehenden Veränderungen von Industriestrukturen abzubilden versucht, lassen sich aus den empirischen Regelmäßigkeiten im Ablauf von Langen Wellen wichtige Anhaltspunkte über den Wandel industrieller Standortverteilungen gewinnen. Nach Schumpeter wird das Entstehen circa 50jähriger Wellenbewegungen in der wirtschaftlichen Entwicklung auf das scharenweise Auftreten von Basisinnovationen zurückgeführt, die "alte Kombinationen niederkonkurrieren" und später Multiplikatoreffekte auf die Gesamtwirtschaft übertragen. Durch diesen Prozeß bilden sich neue führende Industriesektoren. Hauptkritikpunkte an der Theorie der Langen Wellen beziehen sich auf die unzureichende empirische Absicherung und die zugrundeliegenden deterministischen Implikationen. Alternativ zur Theorie der Langen Wellen wird die langfristige wirtschaftliche Entwicklung von Rostow als evolutionärer Wachstumsprozeß in Form von Wirtschaftsstufen interpretiert. In der Theorie der "Régulation" erfolgt demgegenüber durch grundlegende Veränderungen der institutionellen Rahmenbedingungen der Übergang von einer alten zu einer neuen Wirtschaftsepoche.

Ohne die deterministischen Implikationen der Theorie der Langen Wellen zu akzeptieren, wurde davon ausgegangen, daß Schlüsseltechnologie-Industrien mit dem Abschwung einer Langen Welle einem strukturellen Wandel unterliegen. Die

Textilindustrie bildete den Kern des Schlüsseltechnologie-Sektors während der ersten Langen Welle, die Eisen- und Stahlindustrie den Schlüsseltechnologie-Kern der zweiten Welle, die Elektro-, Automobil- und Chemieindustrie den Kern der dritten Welle und die Elektronik- und Pharmaindustrie den Kern der vierten Welle. Mit der Abfolge von Langen Wellen (bzw. Wirtschaftsepochen) veränderten sich nicht nur die dominierenden Industriezweige, sondern auch die führenden Industriestaaten und innerhalb dieser Volkswirtschaften die tragenden Industrieregionen. Bei dem Versuch, den diskontinuierlichen sektoralen und regionalen Wandel miteinander in Einklang zu bringen, wurde vermutet, daß die Abfolge führender Industriebranchen zu einer prinzipiellen Veränderung industrieller Standortentscheidungen führte und mit dieser Veränderung die zutreffenden Standorttheorien einen strukturellen Wandel erfuhren - z.B. von einer Transportkostenorientierung zu einer Humankapitalorientierung (**vgl. Kapitel 11 zur Theorie der Langen Wellen**).

Im Unterschied zur Theorie der Langen Wellen hat die Produktzyklustheorie einen direkten Bezug zur industriellen Standortwahl. Ausgehend von der Annahme eines "natürlichen" technologischen Alterungsprozesses von Produkten wird ein systematischer Wandel der entscheidungsrelevanten Standortfaktoren abgeleitet. In der Innovationsphase eines Produkts wird von unvollständigen Marktinformationen und einem hohen Flexibilitätsbedürfnis ausgegangen, so daß die Verfügbarkeit wissenschaftlich-technischer Fachkräfte und Agglomerationsvorteile die wichtigsten Standortfaktoren bilden. Mit fortschreitender Entwicklung unterstellt die Produktzyklustheorie eine Tendenz zur Massenproduktion, wobei Kostengrößen (vor allem Lohnkosten) einen immer stärkeren Einfluß auf industrielle Standortentscheidungen ausüben. Mit Hilfe der Produktzyklustheorie können unterschiedliche Standortschwerpunkte eines Industriesektors auf den jeweiligen Stand im Produktlebenszyklus zurückgeführt und Verlagerungen von Standortschwerpunkten als eine Folge technologischer Alterungsprozesse erklärt werden.

Empirische Anwendungen der Produktzyklustheorie beschränkten sich zuerst auf internationale Standortverlagerungen, wurden später aber auch auf interregionale und intraregionale Unternehmensverlagerungen sowie auf den regionalen Strukturwandel übertragen. Ein letztlich überzeugender empirischer Nachweis für das prognostizierte Standortverhalten konnte allerdings nicht geliefert werden. Zahlreiche inhaltliche Erweiterungen der Produktzyklustheorie strebten deshalb eine bessere Anpassung des Erklärungsansatzes an reale Entwicklungen an, ohne jedoch eine grundlegende Veränderung des gedanklichen Konzepts vorzunehmen.

Für den Bereich der Schlüsseltechnologie-Industrien konnte aufgrund der durchgeführten Unternehmensbefragungen kein konsistent-zyklischer Bedeutungswandel von Standortfaktoren festgestellt werden. Defizite bei Standortfaktoren der Innovationsphase wurden nicht überwiegend von innovativen Unternehmen bemängelt; analog wurden Defizite bei Standortfaktoren der Reifephase auch nicht primär von Reifeunternehmen wahrgenommen. Die standorttheoretischen Implikationen der Produktzyklustheorie hatten offensichtlich eine geringere Relevanz als vielfach angenommen. Die Hauptursachen für die geringe Raumwirksamkeit der Produktzyklustheorie lagen in der problematischen Produkt- und Phasenabgrenzung, den postulierten technologischen Determinismen (insbesondere einer Entwicklungstendenz in Richtung Massenproduktion), dem unzureichenden Unternehmenskonzept sowie den Aggregationsproblemen beim Übergang von einer Produkt- zu einer Unternehmens- oder Industrieebene begründet (**vgl. Kapitel 11 zur Produktzyklustheorie**).

Aus der Kritik an den zuvor behandelten theoretischen Erklärungsansätzen wurde in **Kapitel 12 die Notwendigkeit einer dynamisch-evolutionären, segmentierten industriellen Standortlehre** abgeleitet. Es wurde eine strenge Unterscheidung zwischen Gründungs-, Standort- und Wachstumsfaktoren gefordert, da diese auf grundsätzlich verschiedene Entwicklungsprozesse einwirken. Gleichzeitig wurde eine Differenzierung von Unternehmen nach ihrer Größe, Funktion und anderen Organisationsmerkmalen für notwendig erachtet. Während Spin-off-Gründungen in der Regel aus regions- und/ oder unternehmensspezifischen Bedingungen resultierten und dabei die Frage der Standortwahl oftmals keine Relevanz besaß, lag den Standortentscheidungen von Mehr-Betriebs-Unternehmen eine wesentlich differenziertere Standortbewertung zugrunde. Außerdem spielten auch handlungstheoretische Aspekte wie die Wahl einer Unternehmens- oder Innovationsstrategie eine wichtige Rolle zur Erklärung von Standortentscheidungen. Es konnte gezeigt werden, daß die Bewertung von Standortfaktoren zum Teil signifikant von der eingeschlagenen Innovationsstrategie abhängig war. Auf einer evolutionären Analyseebene wurden Agglomerationsvorteile als komplexe Netzwerke aus spezialisierten Input-Output-, Arbeitsmarkt-, Kapitalmarkt-, Forschungs-, Technologie-, Kommunikations- und Informationsbeziehungen verstanden, die aus industriellen Ballungsprozessen resultieren. Anhand zweier Modellansätze über regionale und industrielle Entwicklungspfade wurde das Entstehen hoher regionaler Verflechtungsintensitäten anschließend einer prozessualen Analyse unterworfen:

Während aus traditioneller Sicht Raumeigenschaften für die Entwicklung regionaler Industriestrukturen verantwortlich sind, generieren Industriesektoren aus prozessualer Sicht umgekehrt durch positive Rückkopplungseffekte von Verflechtungsbeziehungen ihr eigenes regionales Umfeld, das den spezifischen Bedürfnissen angepaßt ist und zu eigendynamischen Agglomerationsprozessen führt. In dem Modell der regionalen Entwicklungspfade wird ein ausgewählter regionaler Wirkungsprozeß (Entwicklung regionalwirtschaftlicher Multiplikatoreffekte) aus dem komplexen Zusammenwirken mehrerer Ursachenprozesse (Entwicklung von Agglomerationsniveau, Technologieniveau sowie militärischer Einflußnahme) erklärt. Es wird verdeutlicht, wie in zwei Regionen mit unterschiedlichen Ausgangszuständen grundsätzlich verschiedene Verflechtungsbeziehungen entstehen, die zu zeitlich und räumlich differierenden Industriestrukturen führen. Trotz des Ablaufs unterschiedlicher Entwicklungspfade und des Erreichens unterschiedlicher Entwicklungsphasen ist es möglich, daß zu einem bestimmten Zeitpunkt dieselbe Gesamtwirkung auftritt. Es wird deshalb davor gewarnt, aus Strukturindikatoren derselben Größenordnung auf identische Prozeßabläufe zu schließen.

In dem Modell der industriellen Entwicklungspfade nach Storper u. Walker wird der raumprägende Einfluß von Industriesektoren als ungleichgewichtiger Wachstumsprozeß in vier Entwicklungsstufen dargestellt. Die erste Stufe setzt bei der

Lokalisierung neuer Industrien an. Aufgrund temporärer Monopolmacht und der Neuartigkeit von Verflechtungsbedürfnissen wird in dieser Phase eine relativ große Wahlfreiheit von Standortentscheidungen vermutet. In der zweiten Stufe kommt es in bestimmten Regionen zu Clusterungsprozessen, die ihren Ursprung entweder in den positiven Rückkopplungswirkungen dominierender Großunternehmen oder in den komplexen Verflechtungsbeziehungen vertikal desintegrierter Produktionskomplexe haben. Ausgehend von den industriellen Hauptagglomerationen können in der dritten Modellphase Dispersionstendenzen einsetzen. Diese werden im Unterschied zu gängigen Interpretationen nicht als Entstehungsprozesse neuer industrieller Gravitationskerne, sondern als Erschließungsprozesse neuer Wachstumsquellen für die bisherigen Standortschwerpunkte angesehen. In der vierten Stufe sind prinzipielle Verlagerungsprozesse möglich, die im Unterschied zu den Dispersionserscheinungen der dritten Phase zu einem Abbau der bisherigen Standortschwerpunkte führen. Grundlegende Verlagerungen werden mit der Entwicklung neuer Industrien in Verbindung gebracht und die Entstehung von neuen Industrien als Erneuerungsprozesse existierender Branchen (mit einer vorgegebenen Standortverteilung) aufgefaßt. Aus den Erneuerungsprozessen resultieren neue Wachstumschancen, die eine Industrie quasi in das Stadium der Lokalisierung zurückversetzen und zur Erschließung neuer Industrieregionen führen können.

In der Route 128-Region, dem Silicon Valley, in Ottawa-Carleton und der Atlanta MSA entstanden in Anfangsphase die ersten Schlüsseltechnologie-Ballungen. Während im Silicon Valley und der Route 128-Region durch interne und externe Ersparnisse bedeutende eigendynamische Agglomerationsprozesse in Gang gesetzt wurden, blieben Ottawa-Carleton und die Atlanta MSA von den Clusterungsprozessen der zweiten Stufe weitgehend ausgeschlossen und erlebten eine relative Stagnation. Demgegenüber agierten die Region Waterloo und das Research Triangle als Wachstumsperipherien, die den industriellen Agglomerationskernen in der dritten Stufe neue Wachstumschancen und Wettbewerbsvorteile verschafften. Obwohl das Phänomen der Shifting Centers für die untersuchten Schlüsseltechnologie-Regionen bisher nicht festgestellt werden konnte, wurden auf einer qualitativen Analyseebene zahlreiche empirische Belege gefunden, die das Modell der industriellen Entwicklungspfade von Storper u. Walker in den Grundsätzen bestätigten.

Literaturverzeichnis

Abernathy, W. J./ Chakravarthy, B. S. (1987): Government intervention and innovation in industry: A policy framework. In: Generating technological innovation (Hrsg.: E. B. Roberts), S. 222-242.

Abler, R./ Adams, J. S./ Gould, P. (1971): Spatial organization. The geographer's view of the world. Englewood Cliffs (New Jersey).

Adams, W. P. (Hrsg.: 1987): Die Vereinigten Staaten von Amerika. Fischer Weltgeschichte, 2. Auflage, Frankfurt.

Adler, P. S. (1985): Rethinking the skill requirements of new technologies. In: High hopes for high tech (Hrsg.: D. Whittington), S. 85-112.

Advanced Technology Development Center (Hrsg., 1983): Georgia perspective for growth in high technology industry. Atlanta.

Advanced Technology Development Center (Hrsg., 1988a): Advanced technology industries. Atlanta.

Advanced Technology Development Center (Hrsg., 1988b): Atlanta. The next horizon. Atlanta.

Advanced Technology Development Center (Hrsg., 1988c): 1987 report card. Atlanta.

Allaby, I. (1984): The not so hallowed halls of higher learning. In: Canadian Business (Vol. 57, No. 9), S. 85-89.

Allen, P. M. (1988): Evolution, innovation and economics. In: Technical change and economic theory (Hrsg.: G. Dosi/ C. Freeman/ R. Nelson/ G. Silverberg/ L. Soete), S. 95-119.

Allen, T. J. (1987): Performance of information channels in the transfer of technology. In: Generating technological innovation (Hrsg.: E. B. Roberts), S. 89-104.

Alm, R. (1985): How Massachusetts rebuilt its image. In: U.S. News & World Report vom 28. Januar, S. 73-74.

Alm, R. (1986): The Massachusetts model. Looking north for answers. In: U.S. News & World Report vom 21. April, S. 27.

American Research & Development (Hrsg., 1988): 1987 annual report. Boston.

Angel, D. P. (1989): The labor market for engineers in the U.S. Semiconductor industry. In: Economic Geography (Vol. 65), S. 99-112.

Angel, D. P. (1990): New Firm Formation in the Semiconductor Industry: Elements of a Flexible Manufacturing System. In: Regional Studies (Vol. 24), S. 211-221.

Armington, C. (1986): The changing geography of high-technology businesses. In: Technology, regions, and policy (Hrsg.: J. Rees), S. 75-93.

Armington, C./ Harris, C./ Odle, M. (1983): Formation and growth in high technology businesses: A regional assessment. Washington (D.C.).

Arnold, F. (1982): Technik und Entwicklungsdynamik neuer Medien. In: Informationen zur Raumentwicklung (Heft 3.1982), S. 187-200.

Asmacher, C./ Schalk, H.-J./ Thoss, R. (1986): Wirkungsweise der regionalen Strukturpolitik. In: Informationen zur Raumentwicklung (Heft 9/10.1986), S. 721-733.

Associated Industries of Massachusetts (Hrsg., 1987a): Massachusetts econotrends. Boston.

Associated Industries of Massachusetts (Hrsg., 1987b): Tax & economic advisor. Boston.

Atlanta Chamber of Commerce (Hrsg., 1982): Atlanta: Climatological data. Atlanta.

Atlanta Chamber of Commerce (Hrsg., 1984): Atlanta taxes. Atlanta.

Atlanta Chamber of Commerce (Hrsg., 1985a): Atlanta high technology manufacturers. Atlanta.

Atlanta Chamber of Commerce (Hrsg., 1985b): Atlanta MSA: Summary of 1982 economic census. Atlanta.

Atlanta Chamber of Commerce (Hrsg., 1985c): Atlanta MSA: General social & economic characteristics. Atlanta.

Atlanta Chamber of Commerce (Hrsg., 1985d): Atlanta MSA: 1979 average household income. Atlanta.

Atlanta Chamber of Commerce (Hrsg., 1986a): Atlanta manufacturing. Atlanta.

Atlanta Chamber of Commerce (Hrsg., 1986b): Atlanta facts. Atlanta.

Atlanta Chamber of Commerce (Hrsg., 1986c): Atlanta education. Atlanta.

Atlanta Chamber of Commerce (Hrsg., 1986d): Atlanta major headquartered firms. Atlanta.

Atlanta Chamber of Commerce (Hrsg., 1986e): Atlanta operations Fortune industrial and service 500 firms. Atlanta.

Atlanta Chamber of Commerce (Hrsg., 1987a): Atlanta MSA: Growth statistics. Atlanta.

Atlanta Chamber of Commerce (Hrsg., 1987b): Southeastern market growth statistics. Atlanta.

Atlanta Chamber of Commerce (Hrsg., 1987c): Southeastern metropolitan Atlanta: Growth statistics. Atlanta.

Atlanta Chamber of Commerce (Hrsg., 1988): Home price comparisons. Atlanta.

AT&T (Hrsg., 1988): 1987 annual report. New York.

Auty, R. M. (1984): The product life-cycle and the location of the global petrochemical industry after the second oil shock. In: Economic Geography (Vol. 60), S. 325-338.

Bacon, S. R. Jr./ Rempp, K. A. (1967): Electronics in Michigan. Ann Arbor.

Bade, F.-J. (1983): Large corporations and regional development. In: Regional Studies (Vol. 17), S. 315-326.

Bagamery, A. (1984): No policy is good policy. In: Forbes vom 18. Juni, S. 140-145.

Bahrenberg, G. (1978): Ein allgemeines statisch-diskretes Optimierungsmodell für Standort-Zuordnungsprobleme. Karlsruher Manuskripte zur Mathematischen und Theoretischen Wirtschafts- und Sozialgeographie (Heft 31), Karlsruhe.

Bahrenberg, G. (1979): Anmerkungen zu E. Wirths vergeblichem Versuch einer wissenschaftstheoretischen Begründung der Länderkunde. In: Geographische Zeitschrift (Jg. 67), S. 147-157.

Bahrenberg, G. (1986): Quantitative Geographie. In: Geographische Rundschau (Jg. 38), S. 170-174.

Bahrenberg, G./ Giese, E. (1975): Statistische Methoden und ihre Anwendung in der Geographie. Stuttgart.

Bahrenberg, G./ Giese, E./ Nipper, J. (1990): Statistische Methoden in der Geographie. Band 1. Univariate und bivariate Statistik. 3. Auflage, Stuttgart.

Bahrenberg, G./ Loboda, J. (1973): Einige raumzeitliche Aspekte der Diffusion von Innovationen am Beispiel der Ausbreitung des Fernsehens in Polen. In: Geographische Zeitschrift (Jg. 61), S. 165-194.

Balkin, D. B./ Gomez-Mejia, L. R. (1984): Determinants of R and D compensation strategies in the high tech industry. In: Personnel Psychology (Vol. 37), S. 635-650.

Bamberg, G./ Coenenberg, A. G. (1981): Betriebswirtschaftliche Entscheidungslehre. 3. Auflage, München.

Banai-Kashani, A. R. (1990): Dealing with uncertainty and fuzziness in development planning: A simulation of high-technology industrial location decisionmaking by the analytic hierarchy process. In: Environment and Planning A (Vol. 22), S. 1183-1203.

Barkley, D. L. (1988): The decentralization of high-technology manufacturing to nonmetropolitan areas. In: Growth and Change (Vol. 19), S. 13-30.

Bartels, D. (1980): Die konservative Verarmung der "Revolution". In: Geographische Zeitschrift (Jg. 68), S. 121-131.

Bass, A. (1984): Defining toxic exposure: A battle of semantics. In: Technology Review (Vol. 87, May/ June), S. 25 und 31.

Bathelt, H. (1987): Lineare Optimierung - Modellansätze, Lösungsverfahren und Anwendungsmöglichkeiten in der Geographie. (Diplomarbeit) Gießen.

Bathelt, H. (1988): A comparative analysis of East coast key technology locations in the United States and Canada: Preliminary results. (Paper presented at the 35th North American meetings of the Regional Science Association in Toronto).

Bathelt, H. (1989): The evolution of key technology centres in North America: A comparative analysis. In: Geographische Zeitschrift (Jg. 77), S. 89-107.

Bathelt, H. (1990): Industrieller Wandel in der Region Boston: Ein Beitrag zum Standortverhalten von Schlüsseltechnologie-Industrien (Jg. 78), S. 150-175.

Bathelt, H. (1991a): Employment changes and input-output linkages in key technology industries: A comparative analysis. In: Regional Studies (Vol. 25), S. 31-43.

Bathelt, H. (1991b): Der Einfluß von Schlüsseltechnologie-Industrien auf den regionalen Strukturwandel in den USA und in Kanada. Ein empirischer und theoretischer Beitrag zur industriellen Standortlehre. (Dissertation) Gießen.

Bathelt, H. (1991c): FuE-Eigenschaften von Schlüsseltechnologie-Unternehmen. FuE-Aktivitäten und Informationsverhalten. In: Standort (Heft 3/91).

Bathelt, H./ Hecht, A. (1990): Key technology industries in the Waterloo region: "Canada's Technology Triangle (CTT)". In: Canadian Geographer (Vol. 34), S. 225-234.

Batt, R. (1982): Silicon Valley firms seem seeking more fertile ground. In: Computerworld (Vol. 16, No. 6), S. 123 und 128.

Baumgardt, K./ Nuhn, H. (1989): Sozialräumliche und ökologische Probleme des Technologiebooms im Silicon Valley. In: Geographische Rundschau (Jg. 41), S. 298-305.

Beck, G. (1981): Zur Theorie der Verhaltensgeographie. In: Geographica Helvetica, S. 155-161.

Becker, F. (1991): Biotechnologie. Raumwirksamkeit, ökonomische Perspektiven und soziale Folgen. In: Geographische Rundschau (Jg. 43), S. 72-77.

Becker, K. (1982): Das Konzept der ausgeglichenen Funktionsräume. In: Grundriß der Raumordnung (Hrsg.: Akademie für Raumforschung und Landesplanung), S. 232-240.

Bee, E. (1985): Courting high-tech industry: Not a quick marriage for most developers. In: Economic Development Review (Vol. 3, No. 2), S. 7-12.

Behrens, K. C. (1971): Allgemeine Standortbestimmungslehre. 2. Auflage, Opladen.

Berg, D. L./ Gonnet, G. H./ Tompa, F. W. (1988): The New Oxford English Dictionary project at the University of Waterloo. University of Waterloo Centre for the New Oxford English Dictionary. Waterloo (Ontario).

Berg, H./ Tielke-Hosemann, N. (1989): Luftfahrtindustrie. In: Marktökonomie. Marktstruktur und Wettbewerb in ausgewählten Branchen der Bundesrepublik Deutschland (Hrsg.: P. Oberender), S. 109-166.

Berger, J. (1986): Is the world economy riding a long wave to prosperity? In: Business Week vom 5. Mai 1986, S. 84 und 88.

Berry, B. J. L. (1972): Hierarchical diffusion: The basis of development filtering and spread in a system of growth centers. In: Growth centres in regional economic development (Hrsg.: N. M. Hansen), S. 108-138.

Bertram, H./ Schamp, E. W. (1989): Räumliche Wirkungen neuer Produktionskonzepte in der Automobilindustrie. In: Geographische Rundschau (Jg. 41), S. 284-290.

BF Goodrich (Hrsg., 1987): BF Goodrich Canada Inc. annual report 1986. Waterloo (Ontario).

Birg, H. (1982): Analyse- und Prognosemethoden in der empirischen Regionalforschung. In: Grundriß der Raumordnung (Hrsg.: Akademie für Raumforschung und Landesplanung), S. 135-168.

Birkin, M./ Wilson, A. G. (1986): Industrial location models 1: A review and an integrating framework. In: Environment and Planning A (Vol. 18), S. 175-205.

Black, D. (1988): Canada's Technology Triangle. In: En Route (August), S. 30-32, 44, 46 und 52.

Blume, H. (1979): USA. Eine geographische Landeskunde. II. Die Regionen der USA. Darmstadt.

Böhler, H. (1989): Gentechnologie. In: Marktökonomie. Marktstruktur und Wettbewerb in ausgewählten Branchen der Bundesrepublik Deutschland (Hrsg.: P. Oberender), S. 633-664.

Bökemann, D. (1982): Theorie der Raumplanung. München/ Wien.

Boraiko, A. A. (1982): The chip: Electronic mini-marvel that is changing your life. In: National Geographic (Vol. 162), S. 420-457.

Boston Chamber of Commerce (Hrsg., 1987): Profile of the Boston marketplace. Boston.

Boston Redevelopment Authority (Hrsg., 1987): Survey of Boston's health services economy. Boston.

Boston Redevelopment Authority (Hrsg., 1988): The industries with highest growth potential. Boston.

Böventer, E. von (1962): Theorie des räumlichen Gleichgewichts. Tübingen.

Böventer, E. von (1981): Raumwirtschaft I: Theorie. In: Handbuch der Wirtschaftswissenschaften (Bd. 6), S. 407-429.

Böventer, E. von/ Hampe, J./ Steinmüller, H. (1982): Theoretische Ansätze zum Verständnis räumlicher Prozesse. In: Grundriß der Raumordnung (Hrsg.: Akademie für Raumforschung und Landesplanung), S. 64-94.

Boyer, R. (1988): Technical change and the theory of 'régulation'. In: Technical change and economic theory (Hrsg.: G. Dosi/ C. Freeman/ R. Nelson/ G. Silverberg/ L. Soete), S. 67-94.

Bradbury, K. L. (1985): Prospects for growth in New England: The labor force. In: New England Economic Review (September/ October), S. 50-60.

Bradbury, S. L. (1988): Locational decision-making of R&D facilities and professional labor. (Paper presented at the 35th North American meetings of the Regional Science Association in Toronto).

Braun, E. (1980): From transistors to microprocessors. In: The micro-electronics revolution (Hrsg.: T. Forrester), Oxford, S. 72-82.

Brede, H. (1971): Bestimmungsfaktoren industrieller Standorte. Eine empirische Untersuchung. Schriftenreihe des IFO-Instituts für Wirtschaftsforschung Nr. 75, Berlin/ München.

Breheny, M. J. (Hrsg., 1988): Defense expenditure and regional development. London/ New York.

Breheny, M./ Cheshire, P./ Langridge, R. (1985): The anatomy of job creation? Industrial change in Britain's M4 corridor. In: Silicon landscapes (Hrsg.: P. Hall/ A. Markusen), S. 118-133.

Breheny, M. J./ McQuaid, R. (Hrsg., 1987a): The development of high technology industries. An international survey. London/ New York.

Breheny, M. J./ McQuaid, R. (1987b): H.T.U.K.: The development of the United Kingdom's major centre of high technology industry. In: The development of high technology industries (Hrsg.: M. J. Breheny/ R. McQuaid), S. 296-354.

Breuer, H. (1973): Die industrielle Entwicklung in Connecticut: Rezession oder Strukturkrise? In: Erdkunde (Bd. 27), S. 131-139.

Breuer, H. (1980): Ersatz und Einsetzbarkeit von Industrien als raumwirksame Aufgabe. In: Methoden und Feldforschung in der Industriegeographie (Hrsg.: W. Gaebe/ K. Hottes), S. 233-248.

Britton, J. N. H. (1985): Research and development in the Canadian economy: Sectoral, ownership, locational and policy issues. In: The regional economic impact of technical change (Hrsg.: A. T. Thwaites/ R. P. Oakey), S. 67-114.

Britton, J. (1987): High technology industry in Canada: Locational and policy issues of the technology gap. In: The development of high technology industries (Hrsg.: M. J. Breheny/ R. McQuaid), S. 143-191.

Broadwell, L. (1987): Site report: San Francisco Bay Area. In: Successful Meetings (Vol. 36, No. 1), S. 143-156.

Bronny, H. (1980): Integrated research in industrial and social change in the Ruhr. In: Methoden und Feldforschung in der Industriegeographie (Hrsg.: W. Gaebe/ K. Hottes), S. 1-24.

Brösse, U. (1982): Raumordnungspolitik. 2. Auflage, Berlin/New York.

Brown, L. A. (1975): The market and infrastructure context of adoption. In: Economic Geography (Vol. 51), S. 185-215.

Brown, L. A. (1981): Innovation diffusion. A new perspective. London/ New York.

Brown, L. A./ Malecki, E. J. (1977): Comments on landscape evolution and diffusion processes. In: Regional Studies (Vol. 11), S. 211-223.

Brown, L. A./ Malecki, E. J./ Gross, S. R./ Shresta, M. N./ Semple, R. K. (1974): The diffusion of cable television in Ohio. In: Economic Geography (Vol. 50), S. 285-299.

Browne, L. E. (1983): Can high tech save the Great Lakes states? In: New England Economic Review (November/ December), S. 19-33.

Browne, L. E. (1984): Conflicting views of technological progress and the labor market. In: New England Economic Review (July/ August), S. 5-16.

Browne, L. E. (1986): High technology in the world marketplace. In: New England Economic Review (May/ June), S. 21-25.

Browne, L. E. (1987): Too much of a good thing? Higher wages in New England. In: New England Economic Review (January/ Febuary), S. 39-53.

Brücher, W. (1982): Industriegeographie. Braunschweig.

Bruder, W./ Ellwein, T. (1978): Forschungs- und Entwicklungsförderung als Mittel zur Förderung der Invention und Innovation in Betrieben. In: Informationen zur Raumentwicklung (Heft 7.1978), S. 515-520.

Brugger, E. A. (1980): Innovationsorientierte Regionalpolitik. In: Geographische Zeitschrift (Jg. 68), S. 173-198.

Brugger, E. A. (1984): "Endogene Entwicklung": Ein Konzept zwischen Utopie und Realität. In: Informationen zur Raumentwicklung (Heft 1/2.1984), S. 1-19.

Bunting, T. E. (1984): Kitchener-Waterloo: The geography of mainstreet. Waterloo (Ontario).

Business Week vom 20. Juni 1988: R&D scoreboard. S. 139-162.

Buskirk, B. D. (1986): Industrial market behaviour and the technological life cycle. In: Industrial Management & Data Systems (November/ December), S. 8-12.

Buswell, R. J. (1983): Research and development and regional development: A review. In: Technological change and regional development (Hrsg.: A. Gillespie), S. 9-22.

Buswell, R. J./ Easterbrook, R. P./ Morphet, C. S. (1985): Geography, regions and research and development activity: The case of the United Kingdom. In: The regional economic impact of technological change (Hrsg.: A. T. Thwaites/ R. P. Oakey), S. 36-66.

Buttler, F. (1973): Entwicklungspole und räumliches Wirtschaftswachstum. Das spanische Beispiel. Tübingen.

Buttler, F./ Gerlach, K./ Liepmann, P. (1977): Grundlagen der Regionalökonomie. Hamburg.

Butzin, B. (1987): "Counterurbanization": Räumliche Arbeitsteilung und regionaler Lebenszyklus in Kanada. In: Verhandlungen des Deutschen Geographentages, Stuttgart. S. 392-401.

Butzin, B. (1989): Regional life-cycles in the Ruhr-area: Consequences for development strategies. In: Regional and local economic policies and technology (Hrsg.: M. de Smidt/ E. Wever), S. 23-31.

Canadian Marconi Company (Hrsg., 1987): Annual report 1986-1987. Montreal.

Castells, M. (Hrsg., 1985a): High technology, space, and society. Beverly Hills, London & New Delhi.

Castells, M. (1985b): High technology, economic restructuring, and the urban-regional process in the United States. In: High technology, space, and society (Hrsg.: M. Castells), S. 11-40.

Chaikin, S. C. (1985): Trade, investment, and deindustrialization: Myth and reality. In: Multinational corporations (Hrsg.: T. H. Moran), S. 159-172.

Chapel Hill Chamber of Commerce (Hrsg., 1987): A demographic and economic profile. Chapel Hill.

Chapman, K./ Walker, D. (1987): Industrial location. Oxford.

Chevreau, J. (1988): Caution: Future under construction. In: Challenges (March), S. 14-17.

Christaller, W. (1933): Die zentralen Orte in Süddeutschland. 3. Auflage 1980, Darmstadt.

Cities of Cambridge, Waterloo, Kitchener and Guelph (Hrsg., 1988): Canada's Technology Triangle. Economic profile. Kitchener.

City of Boston (Hrsg., 1986): Boston statistical overview. Boston.

City of Cambridge (Hrsg., 1988a): Cambridge industrial directory. Cambridge (Ontario).

City of Cambridge (Hrsg., 1988b): Cambridge community profile. Cambridge (Ontario).

City of Cambridge (Hrsg., 1988c): Business review 1987. Cambridge (Ontario).

City of Guelph (Hrsg., 1986): Community profile. Guelph.

City of Guelph (Hrsg., 1987a): Statistical summary 1987. Guelph.

City of Guelph (Hrsg., 1987b): 1987-88 industrial directory. Guelph.

City of Guelph (Hrsg., 1988): 1987 annual report. Guelph.

City of Kitchener (Hrsg., 1987a): Kitchener business directory. Kitchener.

City of Kitchener (Hrsg., 1987b): Kitchener. The good life. Kitchener.

City of Nepean (Hrsg., 1986): 1986 business and employment survey. Nepean.

City of San Jose (Hrsg., 1987): Leading the Bay area into the 21st century. An overview of the San Jose economy. San Jose.

City of Waterloo (Hrsg., 1987a): Community profile. Waterloo (Ontario).

City of Waterloo (Hrsg., 1987b): Economic impact study. Waterloo (Ontario).

City of Waterloo (Hrsg., 1988a): Business directory 1988-1989. Waterloo (Ontario).

City of Waterloo (Hrsg., 1988b): Annual report. Business development and economic activity for 1987. Waterloo (Ontario).

Clark, J./ Freeman, C./ Soete, L. (1981): Long waves, inventions, and innovations. In: Futures (Vol. 13), S. 308-322.

Clark, N. G. (1972): Science, technology and regional economic development. In: Research Policy (Vol. 1), 296-319.

Clark, N./ Juma, C. (1988): Evolutionary theories in economic thought. In: Technical change and economic theory (Hrsg.: G. Dosi/ C. Freeman/ R. Nelson/ G. Silverberg/ L. Soete), S. 197-218.

Clay, J. C./ Stuart, A. W. (Hrsg.,1988): Charlotte. Patterns & trends of a dynamic city. Department of Geography and Earth Sciences and Urban Institute at the University of North Carolina at Charlotte. Charlotte.

Cliff, A. D./ Haggett, P./ Ord, J. K./ Versey, G. R. (1981): Spatial diffusion. An historical geography of epidemics in an island community. Cambridge (Massachusetts).

Clifford/ Elliot Ltd. (Hrsg., 1987a): Zepf. Sometimes a little knowledge is a good thing. In: Industrial Management (July), S. 12-14.

Clifford/ Elliot Ltd. (Hrsg., 1987b): Allen-Bradley: Laying the CAD/ CAM foundation. In: Industrial Management (July), S. 36-41.

Clifford/ Elliot Ltd. (Hrsg., 1987c): Electrohome: Breaking down the barriers to automation success. In: Industrial Management (July), S. 45-46.

Cohen, R. B. (1977): Multinational corporations, international finance, and the sunbelt. In: The rise of the sunbelt cities (Hrsg.: D. C. Perry/ A. J. Watkins), S. 211-226.

Conzemann, C. (1987): Wie riskant ist Gentechnik im Freiland? In: bild der wissenschaft (11-1987), S. 116-120.

Conzen, M. P./ Lewis, G. K. (1976): Boston: A geographical portrait. In: Contemporary metropolitan America. Vol. 1: Cities of the nation's historic metropolitan core (Hrsg.: J. S. Adams), S. 51-138.

Cooke, P./ Morgan, K./ Jackson, D. (1984): New technology and regional development in austerity Britain: The case of the semiconductor industry. In: Regional Studies (Vol. 18), S. 277-289.

Cooper, A. C. (1971): Spin-offs and technical entrepreneurship. In: IEEE Transactions on Engineering Management (Vol. 18), S. 2-6.

Craig, R. G./ Noori, H. (1987): Recognition and use of automation: A comparison of small and large manufacturers. In: Entrepreneurship and new venture management (Hrsg.: R. W. Y. Kao/ R. M. Knight), S. 238-245.

Craig, S. (1988): University Research Park. In: 1988 annual executive's guide. University City/ Charlotte, S. 7-11.

Crawford, R. L./ Ibrahim, A. B. (1987): A strategic planning model for small business. In: Entrepreneurship and new venture management (Hrsg.: R. W. Y. Kao/ R. M. Knight), S. 67-74.

Cross, M. (1983): Technical change, the supply of new skills, and product diffusion. In: Technological change and regional development (Hrsg.: A. Gillespie), S. 54-67.

Cruickshank, A. (1981): Hartsfield Atlanta International Airport. In: Geography (Vol. 66), S. 60-63.

Darragh, I. (1983): New downtown for the nation's capital. In: Canadian Geographic (Vol. 103, Febuary/ March), S. 64-68.

Data General Corporation (Hrsg., 1987): 1987 annual report. Westboro (Massachusetts).

Dear, M. J./ Wolch, J. R. (1989): How territory shapes social life. In: The power of geography (Hrsg.: J. Wolch/ M. Dear), S. 21-40.

Deiters, J. (1986): Nutzwertanalyse in der Raumplanung. In: Geographische Rundschau (Jg. 38), S. 175-181.

Delbeke, J. (1981): Recent long-wave theories: A critical survey. In: Futures (Vol. 13), S. 246-257.

Derenbach, R. (1982): Qualifikation und Innovation als Strategie der regionalen Wirtschaftspolitik. In: Informationen zur Raumentwicklung (Heft 6/7.1982), S. 449-462.

Derenbach, R. (1984): Berufliche Kompetenz und selbsttragende regionalwirtschaftliche Entwicklung. In: Informationen zur Raumentwicklung (Heft 1/2.1984), S. 79-95.

Deutermann, E. P. (1966): Seeding science-based industry. In: Business Review (May), S. 3-10.

Dewar, S. (1982): High tech's brightest hopes. In: Canadian Business (Vol. 55, No. 4), S. 76-87.

Dhawan, K./ Kryanowski, L. (1983): High technology plant location decisions. Montreal.

Dicken, P. (1986): Global shift. Industrial change in a turbulent world. London.

Digital Equipment Corporation (Hrsg., 1987): Annual report 1987. Maynard (Massachusetts).

Dobler, R./ Fürstenberg, M. (1989): Standortentwicklung und aktuelle Standorttendenzen bei Siemens. In: Geographische Rundschau (Jg. 41), S. 274-282.

Dobson, S. M. (1987): Manufacturing establishment linkage patterns and the implications for peripheral area development: The case of Devon and Cornwell. In: Geoforum (Vol. 18), S. 37-54.

Dorfman, N. S. (1983): Route 128: The development of a regional high technology economy. In: Research Policy (Vol. 12), S. 299-316.

Dornbusch, R./ Fischer, S./ Sparks, G. R. (1985): Macroeconomics. 2nd Canadian edition, Toronto.

Dose, N. (1988): Technischer Fortschritt und Nachfrageverhalten. In: Technologieparks (Hrsg.: N. Dose/ A. Drexler), S. 90-109.

Dose, N./ Drexler, A. (Hrsg., 1988): Technologieparks. Voraussetzungen, Bestandsaufnahme und Kritik. Opladen.

Dose, W./ Dose, N. (1988): Review japanischer Erfahrungen: Das Technopolis-Konzept. In: Technologieparks (Hrsg.: N. Dose/ A. Drexler), S. 358-368.

Dosi, G. (1988): The nature of the innovative process. In: Technical change and economic theory (Hrsg.: G. Dosi/ C. Freeman/ R. Nelson/ G. Silverberg/ L. Soete), S. 221-238.

Dosi, G./ Freeman, C./ Nelson, R./ Silverberg, G./ Soete, L. (1988): Technical change and economic theory. London/ New York.

Dosi, G./ Orsenigo, L. (1988): Coordination and transformation: An overview of structures, behaviours and change in evolutionary environments. In: Technical change and economic theory (Hrsg.: G. Dosi/ C. Freeman/ R. Nelson/ G. Silverberg/ L. Soete), S. 13-37.

Dowdy, W. L./ Nikolchev, J. (1986): Can industries de-mature? - Applying new technologies to mature industries. In: Long Range Planning (Vol. 19, No. 2), S. 38-49.

Drexler, A./ Dose, N. (1988): Einleitung: Technologieparks - Ursachen und Ideologie. In: Technologieparks (Hrsg.: N. Dose/ A. Drexler), S. 10-31.

Durham Chamber of Commerce (Hrsg., 1987): Economic summary. Durham.

Durham Chamber of Commerce (Hrsg., 1988): Directory of manufacturing for Durham/ Durham County. Durham.

Eastwood, D. G. (1987): The University of Waterloo. High technology and new firm creation. In: Manufacturing in Kitchener-Waterloo: A long-term perspective (Hrsg.: D. F. Walker), S. 151-170.

Ecker, D. S./ Syron, R. F. (1979): Personal taxes and interstate competition for high technology industries. In: New England Economic Review (September/ October), S. 25-32.

Economic Development and Industrial Corporation (Hrsg., 1986): Boston in brief. Boston.

Economic Service Directorate/ Labour Market Information Unit/ Employment and Immigration Canada (Hrsg., 1985): Canada Employment Centre (CEC) area profile Kitchener. Willowdale.

Economist vom 29. März 1975: Atlanta: The way of all cities? S. 88-89.

Economist vom 11. März 1978: Property bust. S. 44.

Economist vom 4. April 1981: Number games. S. 28.

Economist vom 7. August 1982: Young ideas. S. 25.

Economist vom 10. April 1986: A rough ride on Route 128. S. 71.

Eggleston, W. (1961): The Queen's choice. A story of Canada's capital. Ottawa.

Eichenberg, W. (1986): Strategien zur Erschließung von Auslandsmärkten - Internationalisierung des Marketing. In: Strategisches Marketing (Hrsg.: N. Wieselhuber/ A. Töpfer), S. 408-425.

Electromagnetic Sciences, Inc. (Hrsg., 1988): 1987 annual report. Norcross.

English, J./ McLaughlin, K. (1983): Kitchener. An illustrated history. Waterloo (Ontario).

Engstrom, T. (1987): Little Silicon Valleys. In: High Technology (Vol. 7, No. 1), S. 24-32.

Enrick, N. L. (1987): Issues in high-technology management. In: International Journal of Technology Management (Vol. 2), S. 532-534.

Ewers, H.-J./ Wettmann, R.-W. (1978): Innovationsorientierte Regionalpolitik - Überlegungen zu einem regionalstrukturellen Politik- und Forschungsprogramm. In: Informationen zur Raumentwicklung (Heft 7.1978), S. 467-481.

Ewringmann, D./ Kortenkamp, L. (1986): Veränderte Rahmenbedingungen für die regionale Wirtschaftspolitik. In: Informationen zur Raumentwicklung (Heft 9/10.1986), S. 669-677.

Fahrmeir, L./ Hamerle A. (Hrsg., 1984): Multivariate statistische Verfahren. Berlin/ New York.

Feldman, M. M. A. (1985): Biotechnology and local economic growth: The American pattern. In: Silicon landscapes (Hrsg.: P. Hall/ A. Markusen), S. 65-79.

Ferguson, R. F./ Ladd, H. F. (1986): Economic performance and economic development policy in Massachusetts. Cambridge (Massachusetts).

Fiedler, H. (1988): Technologie- und Innovationspark Berlin: Entstehung, Status, Perspektiven. In: Technologieparks (Hrsg.: N. Dose/ A. Drexler), S. 294-307.

Fischer, A. (1987): Technologischer Wandel in der französischen Industrie. In: Geographische Rundschau (Jg. 39), S. 676-681.

Fischer, C. S. (1985): Studying technology and social life. In: High technology, space, and society (Hrsg.: M. Castells), S. 284-300.

Flitner, M. (1991): Biotechnologie und landwirtschaftliche Produktion in den Entwicklungsländern. Rohstoffsubstitution und Gene als Rohstoff: Das Beispiel Kakao. In: Geographische Rundschau (Jg. 43), S. 78-83.

Flore, C. (1978): Instrumente der Innovationsförderung im Rahmen der Raumordnungspolitik. In: Informationen zur Raumentwicklung (Heft 7.1978), S. 503-514.

Florida, R. L./ Kenney, M. (1988): Venture capital, high technology and regional development. In: Regional Studies (Vol. 22), S. 33-48.

Flynn, P. M. (1984): Lowell: A high technology success story. In: New England Economic Review (September/ October), S. 39-47.

Flynn, P. M. (1986): Technological change, the "training cycle", and economic development. In: Technology, regions, and policy (Hrsg.: J. Rees), S. 282-308.

Forrester, J. W. (1981): Innovation and economic change. In: Futures (Vol. 13), S. 323-331.

Fortune vom 25. April 1988: The Fortune 500 largest U.S. industrial corporations. S. D1-D60.

Frankfurter Allgemeine Zeitung vom 11. Juni 1987: Das Silicon Valley erlebt eine neue Blüte. S. 20.

Frankfurter Allgemeine Zeitung vom 21. September 1987: In der "Technology Region" sind die Grundstücke knapp. S. 16.

Frankfurter Allgemeine Zeitung vom 13. Oktober 1987: Der Vorteil niedriger Arbeitskosten wird an Bedeutung verlieren. S. 14.

Frankfurter Rundschau vom 4. September 1990: Software rechnet sich. S. 6.

Freeman, C. (1982): The economics of industrial innovation. 2nd edition, London.

Freeman, C./ Perez, C. (1988): Structural crisis of adjustment: Business cycles and investment behaviour. In: Technical change and economic theory (Hrsg.: G. Dosi/ C. Freeman/ R. Nelson/ G. Silverberg/ L. Soete), S. 38-66.

Freytag, H.-L./ Windelberg, J. (1978): Ein Ansatz für eine integrierte regionale Innovationsstrategie. In: Informationen zur Raumentwicklung (Heft 7.1978), S. 527-533.

Friedrichs, J. (1984): Methoden der empirischen Sozialforschung. 12. Auflage, Opladen.

Friedt, W./ Kräuter, R. (1987): Biotechnologie in der Züchtung nachwachsender Rohstoffe. In: Spiegel der Forschung (5/87), S. 5-8.

Frieling, H.-D. von/ Schamp, E. W. (1985): Internationale Konkurrenz und Produktionsstandorte. In: Geographische Rundschau (Jg. 37), S. 616-622.

Friese, H. W. (1990): Florida. Bevölkerungswachstum, Wirtschaftsentwicklung, Umweltprobleme. In: Geographische Rundschau (Jg. 42), S. 482-487.

Fusfeld, H. I. (1986): The technical enterprise. Present and future patterns. Cambridge (Massachusetts).

Gadbois, A./ Knight, R. M. (1987): The 1980's - ascending years for venture capital. In: Entrepreneurship and new venture management (Hrsg.: R. W. Y. Kao/ R. M. Knight), S. 139-143.

Gaebe, W. (1981): Zur Bedeutung von Agglomerationswirkungen für industrielle Standortentscheidungen. Mannheimer Geographische Arbeiten 13, Mannheim.

Gaebe, W. (1985): Industrieentwicklung in Köln. In: Geographische Rundschau (Jg. 37), S. 601-606.

Gaebe, W. (Hrsg., 1988): Handbuch des Geographieunterrichts. Band 3: Industrie und Raum. Köln.

Gaebe, W./ Hottes, K. (Hrsg., 1980): Methoden und Feldforschung in der Industriegeographie. Mannheimer Geographische Arbeiten 7, Mannheim.

Gaebe, W./ Skarke, H. (1989): Strukturwandel im Rhein-Neckar-Raum. Gründe der geringen Wachstumsdynamik. In: Zeitschrift für Wirtschaftsgeographie (Jg. 33), S. 113-123.

Galbraith, C. S. (1985): High-technology location and development: The case of Orange county. In: California Management Review (Vol. 28, No. 1), S. 98-109.

Ganz, A. (1985): Where has the urban crises gone? How Boston and other larger cities have stemmed economic decline. In: Urban Affairs Quarterly (Vol. 20), S. 449-468.

Garrison, W. L. (1959): Spatial structure of the economy: II. In: Annals of the Association of American Geographers (Vol. 49), S. 471-482.

Garvin, D. A. (1983): Spin-offs and the new firm formation process. In: California Management Review (Vol. 25, No. 2), S. 3-20.

George D. Hall Company (Hrsg., 1988): Directory of Massachusetts manufacturers: 1988-1989 edition. Boston.

Georgia Department of Industry and Trade (Hrsg., 1987a): Atlanta's high tech growth. Atlanta.

Georgia Department of Industry and Trade (Hrsg., 1987b): Georgia opportunities in technology. Atlanta.

Georgia Institute of Technology (Hrsg., 1986a): Tech facts. Atlanta.

Georgia Institute of Technology (Hrsg., 1986b): Research at Georgia Tech. Atlanta.

Georgia Institute of Technology (Hrsg., 1987): Service to Georgia. Atlanta.

Georgia Tech Research Institute (Hrsg., 1986): A comprehensive profile of Georgia's aerospace industry. Atlanta.

Gibbs, D. C./ Edwards, A. (1983): Some preliminary evidence for the interregional diffusion of selected process innovations. In: Technological change and regional development (Hrsg.: A. Gillespie), S. 23-35.

Gibbs, D. C./ Edwards, A. (1985): The diffusion of new product innovations in British industry. In: The regional economic impact of technological change (Hrsg.: A. T. Thwaites/ R. P. Oakey), S. 132-163.

Giersch, H. (1981): Risiken und Chancen unserer Wirtschaft. In: Versicherungswirtschaft (Vol. 13), S. 896-902.

Giese, E. (1979a): Entwicklung und Forschungsstand der "Quantitativen Geographie" im deutschsprachigen Bereich. In: Geographische Zeitschrift (Jg. 68), S. 256-283.

Giese, E. (1979b): Innerstädtische Landnutzungskonflikte in der Bundesrepublik Deutschland - analysiert am Beispiel des Frankfurter Westends. In: Schriften des Zentrums für regionale Entwicklungsforschung der Justus-Liebig-Universität Gießen (Heft 11), S. 1-32.

Giese, E. (1987): The demand for innovation-oriented regional policy in the Federal Republic of Germany: Origins, aims, policy tools and prospects of realization. In: The spatial impact of technological change (Hrsg.: J. F. Brotchie/ P. Hall/ P. W. Newton), S. 240-253.

Giese, E./ Aberle, G./ Kaufmann, L. (1982a): Wechselwirkungen zwischen Hochschule und Hochschulregion. Bd. 1. Gießen.

Giese, E./ Aberle, G./ Kaufmann, L. (1982b): Wechselwirkungen zwischen Hochschule und Hochschulregion. Bd. 2. Gießen.

Giese, E./ Nipper, J. (1979): Zeitliche und räumliche Persistenzeffekte bei räumlichen Ausbreitungsprozessen. Karlsruher Manuskripte zur Mathematischen und Theoretischen Wirtschafts- und Sozialgeographie (Heft 34), Karlsruhe.

Giese, E./ Nipper, J. (1984): Die Bedeutung von Innovation und Diffusion neuer Technologien für die Regionalpolitik. In: Erdkunde (Bd. 38), S. 202-215.

Gillespie, A. (Hrsg., 1983a): Technological change and regional development. London.

Gillespie, A. (1983b): Introduction. In: Technological change and regional development (Hrsg.: A. Gillespie), S. 1-8.

Glasmeier, A. K. (1985): Innovative manufacturing industries: Spatial incidence in the United States. In: High technology, space, and society (Hrsg.: M. Castells), S. 55-79.

Glasmeier, A. (1988): Factors governing the development of high tech industry agglomerations: A tale of three cities. In: Regional Studies (Vol. 22), S. 287-301.

Glasmeier, A. K./ Markusen, A. R./ Hall, P. G. (1983): Defining high technology industries. Institute of Urban and Regional Development, University of California, Berkeley (Working Paper No. 407). Berkeley.

Glaxo Holdings p.l.c. (Hrsg., 1987): Annual report and accounts 1987. London.

Goddard, J. B. (1982): The changing environment for regional policy in the United Kingdom. In: Regional Studies (Vol. 16), S. 319-321.

Goddard, J. B./ Gillespie, A. E./ Robinson, J. F./ Thwaites, A. T. (1985): The impact of new information technology on urban and regional structure in Europe. In: The regional economic impact of technological change (Hrsg.: A. T. Thwaites/ R. P. Oakey), S. 215-241.

Goe, W. R. (1990): Producer services, trade and the social division of labour. In: Regional Studies (Vol. 24), S. 327-342.

Goldman, M. I. (1984): The business of attracting industry. Building a Mecca for high technology. In: Technology Review (Vol. 87, May/ June), S. 6-8.

Goldstein, H. A./ Luger, M. I. (1988a): Science/ Technology Parks and regional economic development. (Paper presented at the 1988 ECPR Joint Sessions Bologna/ Rimini).

Goldstein, H. A./ Luger, M. I. (1988b): The potential of Science/ Research Parks as a regional economic development stimulus. (Paper presented at the Southern Regional Science Association 1988 Annual Conference).

Goldstein, H./ Malizia, E. E. (1985): Microelectronics and economic development in North Carolina. In: High hopes for high tech (Hrsg.: D. Whittington), S. 225-255.

Goldstein, M. L. (1986): High tech/ 1991: Mainframes - Old computers never die. In: Industry Week (Vol. 229, No. 5), S. 74 und 78.

Gomez-Mejia, L. R./ Balkin, D. B. (1985): Managing a high-tech venture. In: Personnel (Vol. 62, No. 12), S. 31-36.

Goodwin, R. M. (1986): The economy as an evolutionary pulsator. In: Journal of Economic Behavior and Organization (December), S. 341-349.

Gordon, R. (1989a): Les entrepreneurs, l'entreprise et les fondements sociaux de l'innovation. In: Sociologie du Travail (N^O 1-89), S. 107-124.

Gordon, R. (1989b): Beyond entrepreneurialism and hierarchy: The changing social and spatial organization of innovation. (Paper prepared for the Third International Workshop on Innovation, Technical Change and Spatial Impacts in Cambridge).

Gordon, R. (1989c): Reseaux globales et le processus de l'innovation dans les entreprises petites et moyennes: Le cas de Silicon Valley. In: Entreprises innovatrices et reseaux locaux (Hrsg.: D. Maillat/ J.-C. Perrin). Paris. Forthcoming.

Gordon, R./ Kimball, L. M. (1986): Industrial structure & the changing global dynamics of location in high technology industry. Silicon Valley Research Group (Working Paper No. 3). Santa Cruz.

Gordon, R./ Kimball, L. M. (1989): Beyond industrial maturity: Planning the future of Silicon Valley. In: Les politiques d'innovation technologique au niveau local: Articulation des dynamiques locales aux dynamiques externes (Hrsg.: R. Camagni). Paris. Forthcoming.

Grabher, G. (1989): Regionalpolitik gegen De-Industrialisierung? Der Umbau des Montankomplexes im Ruhrgebiet. In: Jahrbuch für Regionalwissenschaft, 9./10. Jg. (Hrsg.: Gesellschaft für Regionalforschung), Göttingen, S. 94-110.

Greene, C. S./ Miesing, P. (1984): NASA's space shuttle: Policy decisions in the wake of Kondratieff wave interactions. In: Journal of Public Policy & Marketing (Vol. 3), S. 184-193.

Greenhut, M. L. (1956): Plant location in theory and in practice. Chapel Hill.

Greenhut, M. L. (1970): A theory of the firm in economic space. New York.

Grieco, J. M. (1985): Between dependency and autonomy: India's experience with the international computer industry. In: Multinational corporations (Hrsg.: T. H. Moran), S. 55-81.

Gritsai, O./ Treivish, A. (1990): Stadial concept of regional development: The dynamics of core and periphery. A theoretical discussion. In: Geographische Zeitschrift (Jg. 78), S. 65-77.

Gross, H. T./ Weinstein, B. L. (1986): Technology, structural change, and the industrial policy. In: Technology, regions, and policy (Hrsg.: J. Rees), S. 251-267.

Grotz, R. (1980): Das räumliche Verhalten von Industriebetrieben in Abhängigkeit von Größe und Standortraum. In: Methoden und Feldforschung in der Industriegeographie (Hrsg.: W. Gaebe/ K. Hottes), S. 25-51.

Grotz, R. (1987): Technological change and space demand in industrial plants. In: New technology and regional development (Hrsg.: B. van der Knaap/ E. Wever), S. 94-107.

Grotz, R. (1989): Technologische Erneuerung und technologieorientierte Unternehmensgründungen in der Industrie der Bundesrepublik Deutschland. In: Geographische Rundschau (Jg. 41), S. 266-272.

Gruber, W./ Mehta, D./ Vernon, R. (1972): The R&D factor in international trade and international investment of United States industries. In: The product life cycle and international trade (Hrsg.: L. T. Wells Jr.), S. 109-139.

Gruenstein, J. M. L. (1984): Targeting high tech in the Delaware valley. In: Business Review (May/ June), S. 3-14.

Gschwind, F./ Henckel, D. (1984): Innovationszyklen der Städte. In: Stadtbauwelt, S. 992-995.

Haas, H.-D./ Fleischmann, R. (1985): München als Industriestandort. In: Geographische Rundschau (Jg. 37), S. 607-615.

Hagey, M. J./ Malecki, E. J. (1986): Linkages in high technology industries: A Florida case study. In: Environment and Planning A (Vol. 18), S. 1477-1498.

Haggett, P. (1983): Geographie. Eine moderne Synthese. New York.

Hahn, D. (1986): Planungs- und Kontrollrechnung - PuK. 3. Auflage, Wiesbaden.

Hall, P. (1985a): The geography of the fifth Kondratieff. In: Silicon landscapes (Hrsg.: P. Hall/ A. Markusen), S. 1-19.

Hall, P. (1985b): Technology, space, and society in contemporary Britain. In: Technology, space, and society (Hrsg.: M. Castells), S. 41-52.

Hall, P. (1988): The creation of the American aerospace complex, 1955-65: A study in industrial inertia. In: Defense expenditure and regional development (Hrsg.: M. J. Breheny), S. 102-121.

Hall, P./ Breheny, M./ McQuaid, R./ Hart, D. (1987): Western sunrise. The genesis and growth of Britain's major high tech corridor. London, Boston, Sydney & Wellington.

Hall, P./ Markusen, A. (Hrsg., 1985a): Silicon landscapes. Boston, London & Sydney.

Hall, P./ Markusen, A. R. (1985b): High technology and regional-urban policy. In: Silicon landscapes (Hrsg.: P. Hall/ A. Markusen), S. 144-151.

Hall, P./ Markusen, A. R./ Osborn, R./ Wachsman, B. (1985): The American computer software industry: Economic development prospects. In: Silicon landscapes (Hrsg.: P. Hall/ A. Markusen), S. 49-64.

Hall, R. E./ Taylor, J. B. (1988): Macroeconomics. Theory, performance, and policy. 2nd edition, New York/ London.

Hamley, W. (1982): Research Triangle Park: North Carolina. In: Geography (Vol. 67), S. 59-62.

Hanushek, E. A./ Byung Nak Song (1978): The dynamics of postwar industrial location. In: Review of Economics and Statistics (Vol. 60), S. 515-522.

Hard, G. (1973): Die Geographie - Eine wissenschaftstheoretische Einführung. Berlin/ New York.

Harrington, J. W. (1985a): Corporate strategy, business strategy, and activity location. In: Geoforum (Vol. 16), S. 349-356.

Harrington, J. W. (1985b): Intraindustry structural change and location change: US semiconductor manufacturing 1958-1980. In: Regional Studies (Vol. 19), S. 343-352.

Harrington, J. W. (1986): Learning and locational change in the American semiconductor industry. In: Technology, regions, and policy (Hrsg.: J. Rees), S. 120-137.

Harrington, J. W. (1987): Strategy formulation, organizational learning and location. In: New technology and regional development (Hrsg.: B. van der Knaap/ E. Wever), S. 63-74.

Harrison, R. T./ Hart, M. (1990): The nature and extent of innovative activity in a peripheral regional economy. In: Regional Studies (Vol. 24), S. 383-393.

Hartke, S. (1984): Regional angepaßte Entwicklungsstrategien und Voraussetzungen in der "vertikalen" und "horizontalen" Koordination. In: Informationen zur Raumentwicklung (Heft 1/2.1984), S. 143-156.

Hartke, S. (1985): "Endogene" und "exogene" Entwicklungspotentiale. In: Geographische Rundschau (Jg. 37), S. 395-399.

Hartshorn, T. A. (1976): Metropolis in Georgia: Atlanta's rise as a major transaction center. In: Contemporary metropolitan America. Vol. 4: Twentieth century cities (Hrsg.: J. S. Adams), S. 151-225.

Hartshorn, T. A./ Muller, P. O. (1986): Suburban business centers: Employment implications. (Final report prepared for U.S. Department of Commerce, Economic Development Administration, Technical Assistance and Research Division), Washington (D.C.).

Hartung, J. (1987): Statistik. München/ Wien.

Haug, H. (1990): Europas Computerbauer hinken im Technikwettlauf hinterher. In: Frankfurter Rundschau vom 19. September 1990, S. 7.

Haug, P. (1986): US high technology multinationals and Silicon Glen. In: Regional Studies (Vol. 20), S. 103-116.

Haug, P./ Hood, N./ Young, S. (1983): R&D intensity in the affiliates of US owned electronics companies manufacturing in Scotland. In: Regional Studies (Vol. 17), S. 383-392.

Heinen, E. (Hrsg., 1983): Industriebetriebslehre: Entscheidungen im Industriebetrieb. 7. Auflage, Wiesbaden.

Heiner, R. (1988): Imperfect decisions and routinized production: Implications for evolutionary modelling and inertial technical change. In: Technical change and economic theory (Hrsg.: G. Dosi/ C. Freeman/ R. Nelson/ G. Silverberg/ L. Soete), S. 147-169.

Heinritz, G. (Hrsg., 1985): Standorte und Einzugsbereiche terziärer Einrichtungen. Darmstadt.

Hekman, J. S. (1980a): The future of high technology industry in New England: A case study of computers. In: New England Economic Review (January/ Febuary), S. 5-17.

Hekman, J. S. (1980b): Can New England hold onto its high technology industry? In: New England Economic Review (March/ April), S. 35-44.

Hekman, J. S. (1985): Branch plant location and the product cycle in computer manufacturing. In: Journal of Economics & Business (Vol. 37, No. 2), S. 89-102.

Hekman, J. S./ Greenstein, R. (1985): Factors affecting manufacturing location in North Carolina and the South Atlantic. In: High hopes for high tech (Hrsg.: D. Whittington), S. 147-172.

Hekman, J. S./ Strong, J. S. (1981): The evolution of New England industry. In: New England Economic Review (March/ April), S. 35-46.

Helfinger, M. (1987): Risk-taking pays off. In: Exchange (Vol. 4, January), S. 12-15.

Henderson, J./ Scott, A. J. (1987): The growth and internationalisation of the American semiconductor industry: Labour processes and the changing spatial organisation of production. In: The development of high technology industries (Hrsg.: M. J. Breheny/ R. McQuaid), S. 37-79.

Henry, D. L. (1984): Searching for the high tech site. In: Area Development (Vol. 19, Nr. 9), S. 36.

Herrmann, U. (1983): Industriestruktureller Wandel im zentralen Massachusetts. Technologische Entwicklungen und räumliche Wirkung dargestellt am Beispiel zweier Planungsdistrikte. (Diplomarbeit) Hamburg.

Hesse, H. (1977): Außenhandel I: Determinanten. In: Handbuch der Wirtschaftswissenschaften (Bd. 1), S. 364-388.

Hewings, G. J. D. (1985): Regional input-output analysis. Scientific Geography (Vol. 6). Beverly Hills, London & New Delhi.

Hewlett-Packard (Hrsg., 1988): 1987 annual report. Palo Alto.

Hicks, D. A. (1986): Industrial renewal through technology upgrading in the U.S. metalworking industry. In: Technology, regions, and policy (Hrsg.: J. Rees), S. 218-248.

Hill, J./ Naroff, J. L. (1984): The effect of location on the performance of high technology firms. In: Financial Management (Vol. 13, No. 1), S. 27-36.

Hilpert, U. (1988): Ökonomische Krise und regionale Politik - mit Technologieparks zu regionaler Entwicklung? In: Technologieparks (Hrsg.: N. Dose/ A. Drexler), S. 156-175.

Hirsch, S. (1967): Location of industry and international competitiveness. Oxford.

Hirsch, S. (1972): The United States electronics industry in international trade. In: The product life cycle and international trade (Hrsg.: L. T. Wells Jr.), S. 37-52.

Hoare, A. G. (1985): Industrial linkage studies. In: Progress in industrial geography (Hrsg.: M. Pacione), S. 40-81.

Hoberg, R. (1983): Raumwirksamkeit neuer Kommunikationstechniken - innovations- und diffusionsorientierte Untersuchungen am Beispiel des Landes Baden-Würtemberg. In: Raumforschung und Raumordnung (Jg. 41), S. 211-222.

Hockel, D. (1978): Innovationsorientierte Regionalpolitik. In: Informationen zur Raumentwicklung (Heft 7.1978), S. 485-488.

Hofmeister, B. (1988): Nordamerika. Fischer Länderkunde, Band 6. Frankfurt.

Holmes, J. (1988): The organization and locational structure of production subcontracting. In: Production, work, territory. The geographical anatomy of industrial capitalism. (Hrsg.: A. J. Scott/ M. Storper), S. 80-106.

Holtfrerich, C.-L. (1980): Wachstum I: Wachstum der Volkswirtschaften. In: Handbuch der Wirtschaftswissenschaften (Bd. 8), S. 413-432.

Holzner, L. (1990): Stadtland USA. Die Kulturlandschaft des American Way of Life. In: Geographische Rundschau (Jg. 42), S. 468-475.

Hoover, E. M. (1937): Location theory and the shoe and leather industries. Cambridge (Massachusetts).

Höppl, G. (1990): Standortmerkmale US-amerikanischer High-Technology-Industrien. Eine intraregionale Untersuchung am Fallbeispiel des Colorado Front Range Corridors. Abhandlungen - Anthropogeographie, Institut für Geographische Wissenschaften, Freie Universität Berlin, Band 47. Berlin.

Höppner, H./ Hüttermann, A. (1982): Erfahrungen mit Industrieparks in der Bundesrepublik Deutschland. In: Raumforschung und Raumordnung (Jg. 40), S. 197-210.

Horn, G. A. (1988): Konjunkturelle Wirkungen des technologischen Wandels. In: Technologieparks (Hrsg.: N. Dose/ A. Drexler), S. 146-155.

Horwitch, M./ Prahalad, C. K. (1987): Managing technological innovation: Three ideal modes. In: Generating technological innovation (Hrsg.: E. B. Roberts), S. 135-146.

Hotelling, H. (1929): Stability in competition. In: Economic Journal (Vol. 39), S. 41-57.

Howells, J. R. L. (1984): The location of research and development: Some observations and evidence from Britain. In: Regional Studies (Vol. 18), S. 13-29.

Hufbauer, G. C. (1966): Synthetic materials and the theory of international trade. London.

Hüttermann, A. (1985): Industrieparks: Attraktive industrielle Standortgemeinschaften. Stuttgart.

IBM (Hrsg., 1988): 1987 annual report. Armonk (New York).

Isard, W. (1956): Location and space-economy. A general theory relating to industrial location, market areas, land use, trade and urban structure. Cambridge (Massachusetts).

Jansen, P.-G./ Thebes, M./ Hahne, P. (1979): Planung von Industrie- und Gewerbeparks als Instrument der Landesentwicklung in Nordrhein-Westfalen. Dortmund.

Jarboe, K. P. (1986): Location decisions of high-technology firms: A case study. In: Technovation (Vol. 4), S. 117-129.

Jensen, R./ Thursby, M. (1986): A strategic approach to the product life cycle. In: Journal of International Economics (Vol. 21), S. 269-284.

Johnson, C. (1982): MITI and the Japanese miracle. The growth of industrial policy, 1925-75. Stanford (California).

Johnston, J. (1985): Econometric methods. 3rd edition, Singapore.

Johnston, M. (1982): High tech, high risk, and high life in Silicon Valley. In: National Geographic (Vol. 162), S. 458-477.

Joint Economic Committee (Hrsg., 1982): Location of high technology firms and regional economic development. Washington (D.C.).

Jones, B. G. (1980): Applications of centrographic techniques to the study of urban phenomena: Atlanta, Georgia 1940-1975. In: Economic Geography (Vol. 56), S. 201-222.

Jong, M. W. de (1987): New economic activities and regional dynamics. Nederlandse Geografische Studies 38, Amsterdam.

Kalvin, J. (1985): Locating the corporation: Boston and the Route 128 corridor. In: Corporate Design & Realty (Vol. 4, No. 9), S. 82-86.

Kaps, C. (1989): Texas: Hightech-Unternehmen verdrängen Rinderfarmen und das Ölgeschäft. In: Frankfurter Allgemeine Zeitung vom 20. März, S. 18.

Kao, R. W. Y. (1987a): Entry barriers and new venture strategies. In: Entrepreneurship and new venture management (Hrsg.: R. W. Y. Kao/ R. M. Knight), S. 62-67.

Kao, R. W. Y. (1987b): Small business financing, risk capital and tax measures. In: Entrepreneurship and new venture management (Hrsg.: R. W. Y. Kao/ R. M. Knight), S. 144-148.

Kao, R. W. Y. (1987c): Profit: Conceptual issues and their impact on new venture and small business financing. In: Entrepreneurship and new venture management (Hrsg.: R. W. Y. Kao/ R. M. Knight), S. 156-162.

Kao, R. W. Y. (1987d): Market research and small new venture start-up strategy. In: Entrepreneurship and new venture management (Hrsg.: R. W. Y. Kao/ R. M. Knight), S. 180-186.

Kao, R. W. Y. (1987e): Research and development for small business. In: Entrepreneurship and new venture management (Hrsg.: R. W. Y. Kao/ R. M. Knight), S. 285-290.

Kao, R. W. Y./ Knight, R. M. (Hrsg., 1987): Entrepreneurship and new venture management. Scarborough.

Karaska, G. J. (1969): Manufacturing linkages in the Philadelphia economy: Some evidence of external agglomeration forces. In: Geographical Analysis (Vol. 1), S. 354-369.

Kay, N. (1988): The R and D function: Corporate strategy and structure. In: Technical change and economic theory (Hrsg.: G. Dosi/ C. Freeman/ R. Nelson/ G. Silverberg/ L. Soete), S. 282-294.

Keeble, D. (1991): "High-Tech Industry" in Großbritannien und das "Cambridge-Phänomen". In: Geographische Rundschau (Jg. 43), S. 21-25.

Kelly, J. (1987): The entrepreneurship dilemma. In: Entrepreneurship and new venture management (Hrsg.: R. W. Y. Kao/ R. M. Knight), S. 99-101.

Kemper, F.-J. (1986): Neuere Verfahren der diskreten Datenanalyse. In: Geographische Rundschau (Jg. 38), S. 182-187.

Kepp, N. (1988): Kritik an Idee und Ausführung von Technologieparks aus arbeitnehmerorientierter Sicht. In: Technologieparks (Hrsg.: N. Dose/ A. Drexler), S. 187-197.

Keune, E. J./ Nathusius, K. (1977): Technologische Innovation durch Unternehmensgründungen. Eine Literaturanalyse zum Route 128 Phänomen. BIFOA-Forschungsbericht 77/4, Köln.

Killen, J. (1983): Mathematical programming methods for geographers and planners. London & Canberra/ New York.

King, J. O./ Miller, J. H. (1985): A theoretical extension of the Wells theory of a product life cycle for international trade. In: Mid-South Business Journal (Vol. 5, No. 3), S. 8-10.

Kirkby, I. (1988a): Skilled labor shortage. In: Kitchener-Waterloo Profile 1988, S. 5-7.

Kirkby, I. (1988b): Cashing in on high technology. In: Kitchener-Waterloo Profile 1988, S. 9-11.

Klaus, D. (1991): Vom Sein zum Werden. Räumliche Systeme mit chaotischer Dynamik. In: Geographische Rundschau (Jg. 43), S. 110-116.

Kleinknecht, A. (1981): Observations on the Schumpeterian swarming of innovations. In: Futures (Vol. 13), S. 293-307.

Kline, J. M. (1985): Multinational corporations in Euro-American trade: Crucial linking mechanisms in an evolving trade structure. In: Multinational corporations (Hrsg.: T. H. Moran), S. 199-218.

Klüter, H. (1986): Raum als Element sozialer Kommunikation. Gießener Geographische Schriften (Heft 60). Gießen.

Klüter, H. (1987): Wirtschaft und Raum. In: Geographie des Menschen. Dietrich Bartels zum Gedenken (Hrsg.: G. Bahrenberg/ J. Deiters/ M. M. Fischer/ W. Gaebe/ G. Hard/ G. Löffler). Bremer Beiträge zur Geographie und Raumplanung. Heft 11. Bremen. S. 241-259.

Knaap, B. van der/ Wever, E. (Hrsg., 1987): New technology and regional development. London, Sydney & Wolfeboro (New Hampshire).

Knaap, G. A. van der/ Linge, G. J. R./ Wever, E. (1987): Technology and industrial change: An overview. In: New technology and regional development (Hrsg.: B. van der Knaap/ E. Wever), S. 1-20.

Knight, R. M. (1987): Entrepreneurship in Canada. In: Entrepreneurship and new venture management (Hrsg.: R. W. Y. Kao/ R. M. Knight), S. 16-22.

Koch, D. L./ Cox, W. N./ Steinhauser, D. W./ Whigham, P. V. (1983): High technology: The Southeast reaches out for growth industry. In: Economic Review (Vol. 68, No. 9), S. 4-19.

Kodras, J. E./ Brown, L. A. (1985): The dissemination of public sector innovations with relevance to regional change in the United States. In: The regional economic impact of technological change (Hrsg.: A. T. Thwaites/ R. P. Oakey), S. 195-214.

Kok, J. A. A. M./ Offermann G. J. D./ Pellenbarg, P. H. (1985): Innovative bedrijven in het grootstedelijk milieu. Sociaal-Geografische Reeks (No. 34), Groningen.

Kok, J. A. A. M./ Pellenbarg, P. H. (1987): Innovation decision-making in small and medium-sized firms. A behavioural approach concerning firms in the Dutch urban system. In: New technology and regional development (Hrsg.: B. van der Knaap/ E. Wever), S. 145-164.

Kolodziej, S. (1982): Hollywood north. In: Executive (Vol 24., August/ September), S. 62-66.

Kondratieff, N. D. (1926): Die langen Wellen der Konjunktur. In: Archiv für Sozialwissenschaft und Sozialpolitik (Bd. 56), S. 573-609.

Kondratieff, N. D. (1935): The long waves in economic life. In: The Review of Economic Statistics (Vol. 17), S. 105-115.

Kordey, N. (1986): Raumstrukturelle Wirkungen neuer Informations- und Kommunikationstechnologien, dargestellt anhand der Strategien öffentlicher Verwaltung und unternehmerischer Standortentscheidung. Materialien 10 (Hrsg.: K. Wolf), Frankfurt.

Kordey, N./ Korte, W. B. (1989): Raumwirksame Anwendungen der Telematik. In: Geographische Rundschau (Jg. 41), S. 291-297.

Krietemeyer, H. (1983): Der Erklärungsgehalt der Exportbasistheorie. Schriften des Zentrums für regionale Entwicklungsforschung der Justus-Liebig-Universität Gießen (Band 25). Hamburg.

Krüger, W. (1988): Die Erklärung von Unternehmenserfolg: Theoretischer Ansatz und empirische Ergebnisse. In: Die Betriebswirtschaft (Jg. 48), S. 27-43.

Kubitschek, J. (1990): Gentechnik-Unfall bei der Arznei-Herstellung? In: Frankfurter Rundschau vom 20. Oktober 1990, S. 11.

Kuhn, H. W./ Kuenne, R. E. (1962): An efficient algorithm for the numerical solution of the generalized Weber problem in spatial economics. In: Journal of Regional Science (Vol. 4), S. 21-33.

Kuhn, S. (1982): Computer manufacturing in New England. Structure, location and labor in a growing industry. Cambridge (Massachusetts).

Kulicke, M. (1988): Spezifische Merkmale technologieorientierter Unternehmensgründungen. In: Technologieparks (Hrsg.: N. Dose/ A. Drexler), S. 77-88.

Kuls, W. (1980): Bevölkerungsgeographie. Stuttgart.

Kunzmann, K. R. (1988a): Military production and regional development in the Federal Republic of Germany. In: Defense expenditure and regional development (Hrsg.: M. J. Breheny), S. 49-66.

LaDou, J. (1984): The not-so-clean business of making chips. In: Technology Review (Vol. 87, May/ June), S. 22-36.

Landfried, K. (1987): Die Zusammenarbeit von Wirtschaft und Hochschulen. In: MittHV (3/87), S. 131-134.

Lange, N. de (1986): Die regionale Entwicklung der USA im Umbruch: Die Umkehr traditioneller Wachstumstrends in den siebziger Jahren. In: Erdkunde (Bd. 40), S. 111-125.

Launhardt, W. (1882): Die Bestimmung des zweckmäßigsten Standorts einer gewerblichen Anlage. In: Zeitschrift des Vereins Deutscher Ingenieure (Jg. 26), S. 107-116.

Lauschmann, E. (1976): Grundlagen einer Theorie der Regionalpolitik. 3. Auflage, Hannover.

Leader vom 7. April 1988a: Prospecting in the Park. S. 4.

Leader vom 7. April 1988b: Getting hired. Applicants face tough competition in a tight market. S. 7-9.

Leader Newsmagazine (Hrsg., 1986): Research Triangle Park, North Carolina. 1986 Park Guide. 4th edition, Research Triangle Park.

Leader News of the Research Triangle (Hrsg., 1987): Official guide to the Research Triangle Park. 1987 Park Guide. Research Triangle Park.

Legge, R. (1988): Technology and changing lifestyles. In: Kitchener-Waterloo Profile 1988, S. 31-32.

Leinbach, T. R./ Amrhein, C (1987): A geography of the venture capital industry in the U.S. In: Professional Geographer (Vol. 39), S. 146-158.

Lenz, K. (1988): Kanada. Eine geographische Landeskunde. Darmstadt.

Lichtenberger, E. (1986): Stadtgeographie 1. Stuttgart.

Lichtenberger, E. (1990): Die Auswirkungen der Ära Reagan auf Obdachlosigkeit und soziale Probleme in den USA. In: Geographische Rundschau (Jg. 42), S. 476-481.

Lilley, W. (1982): Living well is the best revenge. In: Canadian Business (Vol. 55, No. 4), S. 60-66.

Lilley, W. (1983): The problems with backing brains. In: Canadian Business (Vol. 56, No. 5), S. 84-91.

Lipietz, A. (1988): New tendencies in the international division of labor: Regimes of accumulation and modes of regulation. In: Production, work, territory. The geographical anatomy of industrial capitalism. (Hrsg.: A. J. Scott/ M. Storper), S. 16-40.

Little, J. S. (1985): Foreign direct investment in New England. In: New England Economic Review (March/ April), S. 48-57.

Lloyd, P. E./ Dicken, P. (1977): Location in space. A theoretical approach to economic geography. 2nd edition, London, New York, Hagerstown & San Francisco.

Lloyd, P. E./ Mason, C. M. (1984): Spatial variations in new firm formation in the United Kingdom: Comparative evidence from Merseyside, Greater Manchester and South Hampshire. In: Regional Studies (Vol. 18), S. 207-220.

Lösch, A. (1944): Die räumliche Ordnung der Wirtschaft. 2. Auflage, Jena.

Lowe, J. (1988): Forschungsparks und Innovationszentren: Das Beispiel Großbritannien. In: Technologieparks (Hrsg.: N. Dose/ A. Drexler), S. 345-357.

Luebke, P./ Peters, S./ Wilson, J. (1985): The political economy of microelectronics in North Carolina. In: High hopes for high tech (Hrsg.: D. Whittington), S. 310-328.

Luger, M. I. (1985): The states and high-technology development: The case of North Carolina. In: High hopes for high tech (Hrsg.: D. Whittington), S. 193-224.

Lutz, B./ Nuber, C./ Schultz-Wild, R. (1987): Fabrik der Zukunft. Das große Probieren. In: bild der wissenschaft (9-1987), S. 108-115.

Macdonald, A. (1985): Cambridge evolving as England's Silicon Valley. In: Computerworld (Vol. 19, No. 14), S. 32 und 36.

Macpherson, A. (1988a): Industrial innovation in the small business sector: Empirical evidence from metropolitan Toronto. In: Environment and Planning A (Vol. 20), S. 953-971.

Macpherson, A. (1988b): New product development among small Toronto manufacturers: Empirical evidence on the role of technical service linkages. In: Economic Geography (Vol. 64), S. 62-75.

Maidique, M. A. (1987): Entrepreneurs, champions, and technological innovation. In: Generating technological innovation (Hrsg.: E. B. Roberts), S. 47-67.

Maidique, M. A./ Hayes, R. H. (1987): The art of high-technology management. In: Generating technological innovation (Hrsg.: E. B. Roberts), S. 147-164.

Mahar, J. F./ Coddington, D. C. (1965): The scientific complex. In: Harvard Business Review (Vol. 43), S. 140-155.

Malecki, E. J. (1979): Agglomeration and intra-firm linkage in R&D location in the United States. In: Tijdschrift voor Econ. en Soc. Geografie (Vol. 70), S. 322-332.

Malecki, E. J. (1980): Corporate organization of R and D and the location of technological activities. In: Regional Studies (Vol. 14), S. 219-234.

Malecki, E. J. (1981): Government-funded R and D: Some regional economic implications. In: Professional Geographer (Vol. 33), S. 72-82.

Malecki, E. J. (1982a): Federal R and D spending in the United States of America: Some impacts on metropolitan economies. In: Regional Studies (Vol. 16), S. 19-35.

Malecki, E. J. (1982b): Industrial geography: Introduction to the special issue. In: Environment and Planning A (Vol. 14), S. 1571-1575.

Malecki, E. J. (1984): Military spending and the US defense industry: Regional patterns of military contracts and subcontracts. In: Environment and Planning C (Vol. 2), S. 31-44.

Malecki, E. J. (1985a): Industrial location and corporate organization in high technology industries. In: Economic Geography (Vol. 61), S. 345-369.

Malecki, E. J. (1985b): Public sector research and development and regional economic performance in the United States. In: The regional economic impact of technological change (Hrsg.: A. T. Thwaites/ R. P. Oakey), S. 115-131.

Malecki, E. J. (1986): Research and development and the geography of high-technology complexes. In: Technology, regions, and policy (Hrsg.: J. Rees), S. 51-74.

Malecki, E. J. (1987): The R&D location decision of the firm and 'creative' regions - A survey. In: Technovation (Vol. 6), S. 205-222.

Malecki, E. J. (1988): Technological imperatives and modern corporate strategy. In: Production, work, territory. The geographical anatomy of industrial capitalism. (Hrsg.: A. J. Scott/ M. Storper), S. 67-79.

Malecki, E. J./ Stark, L. M. (1988b): Regional and industrial variation in defense spending: Some American evidence. In: Defense expenditure and regional development (Hrsg.: M. J. Breheny), S. 67-101.

Malizia, E. E. (1985): The locational attractiveness of the Southeast to high-technology manufacturers. In: High hopes for high tech (Hrsg.: D. Whittington), S. 173-190.

Mandel, E. (1981): Explaining long waves of capitalist development. In: Futures (Vol. 13), S. 332-338.

Mansfield, E. (1968): Industrial research and technological innovation. New York.

Marandon, J. C. (1980): Flächennutzung durch Industrie im modernen technologisch-strukturellen Wandel. In: Methoden und Feldforschung in der Industriegeographie (Hrsg.: W. Gaebe/ K. Hottes), S. 53-68.

Markusen, A. R. (1985a): Profit cycles, oligopoly, and regional development. Cambridge (Massachusetts)/ London.

Markusen, A. R. (1985b): High-tech jobs, markets and economic development prospects: Evidence from California. In: Silicon landscapes (Hrsg.: P. Hall/ A. Markusen), S. 35-48.

Markusen, A. R. (1986): Defense spending and the geography of high-tech industries. In: Technology, regions, and policy (Hrsg.: J. Rees), S. 94-119.

Markusen, A. (1988a): The military remapping of the United States. In: Defense expenditure and regional development (Hrsg.: M. J. Breheny), S. 17-28.

Markusen, A. (1988b): Space capital of the world: The partnership between military and local boosters in Colorado Springs. (Draft chapter of a book written with P. Hall, S. Deitrich and S. Campbell on the location of private sector defense activity in the United States). Forthcoming.

Markusen, A. (1989): Government as market: Industrial location in the U.S. defense industry. In: Industry location and public policy (Hrsg.: H. Herzog/ A. Schlottmann). Forthcoming.

Markusen, A. R./ Bloch, R. (1985): Defense cities: Military spending, high technology, and human settlements. In: High technology, space, and society (Hrsg.: M. Castells), S. 106-120.

Markusen, A. R./ Carlson, V. (1988): Bowing out, bidding down, and betting on the basics: Midwestern responses to deindustrialization in the 1980's. Center for Urban Affairs and Policy Research, Northwestern University, Evanston (Working Papers). Evanston (Illinois).

Markusen, A./ Hall, P./ Glasmeier, A. (1986): High tech America. The what, how, where, and why of the sunrise industries. Boston, London & Sydney.

Markusen, A./ McCurdy, K. (1988): Chicago's defense-based high technology: A case study of the "seedbeds of innovation" hypothesis. Center for Urban Affairs and Policy Research, Northwestern University, Evanston (Working Papers). Evanston (Illinois).

Marshall, B./ Forbes, R. (1983): Venture capital financing of new technologies. In: Business Quarterly (Vol. 48, No. 4), S. 105-109.

Massachusetts Division of Employment Security (Hrsg., 1985): High technology's impact on the Massachusetts economy since 1976. Boston.

Massachusetts Division of Employment Security (Hrsg., 1986): High technology employment developments: An employer perspective. Boston.

Massachusetts High Technology Council (Hrsg., 1988a): Results of 1988 survey of human resource supply and demand. Boston.

Massachusetts High Technology Council (Hrsg., 1988b): 1988 Massachusetts high tech business climate survey. Boston.

Masser, I. (1990): Technology and regional development policy: A review of Japan's technolopolis programme. In: Regional Studies (Vol. 24), S. 41-53.

Massey, D. (1985): Which "new technology"? In: High technology, space, and society (Hrsg.: M. Castells), S. 302-316.

Massey, D./ Meegan, R. (1982): The anatomy of job loss. London/ New York.

Mathijsen, P. S. R. F. (1987): Technology and industrial change: The role of the European community regional development policy. In: New technology and regional development (Hrsg.: B. van der Knaap/ E. Wever), S. 108-118.

Mayer, M. (1988): Gründer- und Technologiezentren in der Bundesrepublik Deutschland. In: Technologieparks (Hrsg.: N. Dose/ A. Drexler), S. 32-46.

McCarthy, D. J./ Spital, F. C./ Lauenstein, M. C. (1987): Managing growth at high-technology companies: A view from the top. In: Academy of Management Executive (Vol. 1), S. 313-323.

McDougall, G. H. G./ Munro, H. (1987): The new product process: A study of small industrial firms. In: Entrepreneurship and new venture management (Hrsg.: R. W. Y. Kao/ R. M. Knight), S. 191-196.

McLaughlin, K. (1987): Cambridge. The making of a Canadian city. Burlington.

McLaughlin, M. (1988): The path less traveled. In: High Tech Review vom 4. Juli, S. 12-18.

McNaughton, R. B. (1990): The Performance of Venture-Backed Canadian Firms, 1980-87. In: Regional Studies (Vol. 24), S. 109-121.

McSummit, B./ Martin, J. (1990): Die Silicon Valley Story. 2. Auflage, München.

Meffert, H. (1986): Marketing. Grundlagen der Absatzpolitik. 7. Auflage, Wiesbaden.

Mensch, G. (1975): Das technologische Patt. Frankfurt.

Mensch, G./ Coutinho, C./ Kaasch, K. (1981): Changing capital values and the propensity to innovate. In: Futures (Vol. 13), S. 276-292.

Meredith, J. (1987): The strategic advantages of new manufacturing technologies for small firms. In: Strategic Management Journal (Vol. 8), S. 249-258.

Merenda, M. J. (1983): New Hampshire's high technology industry: Some preliminary observations and findings. In: New England Journal of Business & Economics (Vol. 9, No. 2), S. 56-66.

Merkle, E. (1984): Technologieparks. In: WiSt (Heft 1), S. 31-32.

Mersi, I. von (1987): Manager-Getto unter der Sonne. Ein Technologie-Park an der Côte d'Azur. In: Die Zeit vom 3. Juli, S. 24.

Metropolitan Atlanta Council for Economic Development (Hrsg., 1984): What technology is coming to. Atlanta.

Mikus, W. (1980): Zeitliche und regionale Variabilität industrieller Standortfaktoren von Mehrwerksunternehmen in Italien. In: Methoden und Feldforschung in der Industriegeographie (Hrsg.: W. Gaebe/ K. Hottes), S. 69-97.

Mitsubishi Electric Corporation (Hrsg., 1986): Annual report 1986. Tokyo.

Monk, S. (1988): Job creation and job displacement. The impact of Enterprise Board investment in firms in the UK. (Paper presented at the 35th North American meetings of the Regional Science Association in Toronto).

Moran, T. H. (Hrsg., 1985a): Multinational corporations. The political economy of foreign direct investment. Lexington/ Toronto.

Moran, T. H. (1985b): Multinational corporations and the developing countries: An analytical overview. In: Multinational corporations (Hrsg.: T. H. Moran), S. 3-24.

Moran, T. H. (1985c): International risk assessment, corporate planning, and strategies to offset political risk. In: Multinational corporations (Hrsg.: T. H. Moran), S. 107-117.

Moran, T. H. (1985d): Multinational corporations and the developed world: An analytical overview. In: Multinational corporations (Hrsg.: T. H. Moran), S. 139-157.

Moran, T. H. (1985e): Conclusions and policy implications. In: Multinational corporations (Hrsg.: T. H. Moran), S. 263-277.

Morantz, A. (1983): Denzil Doyle: A man for the high-tech season. In: Executive (Vol. 25, August), S. 22-24.

Moriarty, B. M. (1985): Research Triangle Park: 1956-1985. (Unpublished paper) Chapel Hill.

Moriarty, B. M. (1986): Productivity, industrial restructuring, and the deglomeration of American manufacturing. In: Technology, regions, and policy (Hrsg.: J. Rees), S. 141-170.

Morphet, C. S. (1987): Research, development and innovation in the segmented economy: Spatial implications. In: New technology and regional development (Hrsg.: B. van der Knaap/ E. Wever), S. 45-62.

Morrill, R. L. (1968): Waves of spatial diffusion. In: Journal of Regional Science (Vol. 8), S. 1-18.

Morrill, R. L. (1970): The shape of diffusion in space and time. In: Economic Geography (Vol. 46), S. 259-268.

Moser, S. T. (1988): Inventing the future. In: World Winter 88, S. 39.

Müller, J. H. (1976): Methoden zur regionalen Analyse und Prognose. 2. Auflage, Hannover.

Muntendam, J. (1987): Philips in the world. A view of a multinational on resource allocation. In: New technology and regional development (Hrsg.: B. van der Knaap/ E. Wever), S. 136-144.

Myerson, A. R. (1988): The odd couple. In: Georgia Trend (Vol. 4, September), S. 46-52.

Naylor, H./ Türke, K. (1982): Welche Wirkungen können neue Kommunikationsmedien auf Raumordnung und Stadtentwicklung haben? In: Informationen zur Raumentwicklung (Heft 3.1982), S. 175-185.

Nicol, L. (1985): Communications technology: Economic and spatial impacts. In: High technology, space, and society (Hrsg.: M. Castells), S. 191-209.

Niesing, H. (1970): Die Gewerbeparks ("industrial estates") als Mittel der staatlichen regionalen Industrialisierungspolitik. Berlin.

Nipper, J. (1975): Mobilität der Bevölkerung im Engeren Informationsfeld einer Solitärstadt. Gießener Geographische Schriften (Heft 33). Gießen.

Noé, C. (1982): Regionale Wirtschaftspolitik. In: Grundriß der Raumordnung (Hrsg.: Akademie für Raumforschung und Landesplanung), S. 496-503.

Norcliffe, G. (1987): Regional unemployment in Canada in the 1981-4 recession, In: Canadian Geographer (Vol. 31), S. 150-159.

North Carolina Department of Commerce (Hrsg., 1987): North Carolina Research Triangle Park directory 1987. Research Triangle Park.

Norton, R. D./ Rees, J. (1979): The product cycle and the spatial decentralization of American manufacturing. In: Regional Studies (Vol. 13), S. 141-151.

Nötges, U. (1988): Zur Ausgestaltung der Finanzierungstechnik als notwendiger Bedingung für den Erfolg eines Technologieparks. In: Technologieparks (Hrsg.: N. Dose/ A. Drexler), S. 128-143.

Nuhn, H. (1985a): Industriegeographie. In: Geographische Rundschau (Jg. 37), S. 187-193.

Nuhn, H. (1985b): Industriestruktureller Wandel und Regionalpolitik. In: Geographische Rundschau (Jg. 37), S. 592-600.

Nuhn, H. (1989): Technologische Innovation und industrielle Entwicklung. Silicon Valley - Modell zukünftiger Regionalentwicklung. In: Geographische Rundschau (Jg. 41), S. 258-265.

Nuhn, H./ Sinz, M. (1988): Industriestruktureller Wandel und Beschäftigungsentwicklung in der Bundesrepublik Deutschland. In: Geographische Rundschau (Jg. 40), S. 42-52.

Oakey, R. P. (1984): Innovation and regional growth in small high technology firms: Evidence from Britain and the USA. In: Regional Studies (Vol. 18), S. 237-251.

Oakey, R. (1985): High-technology industry and agglomeration economies. In: Silicon landscapes (Hrsg.: P. Hall/ A. Markusen), S. 94-117.

Oakey, R. P. (1991): High technology industry and the 'peace dividend': A comment on future national and regional industrial policy. In: Regional Studies (Vol. 25), S. 83-86.

Oakey, R./ Faulkner, W./ Cooper, S./ Walsh, V. (1990): New firms in the biotechnology industry: Their contribution to innovation and growth. London/ New York.

Oakey, R./ Rothwell, R./ Cooper, S. (1988): Management of Innovation in high technology small firms. London.

Oakey, R. P./ Thwaites, A. T./ Nash, P. A. (1982): Technological change and regional development: Some evidence on regional variations in product and process innovation. In: Environment and Planning A (Vol. 14), S. 1073-1086.

Oberender, P. (Hrsg., 1989): Marktökonomie. Marktstruktur und Wettbewerb in ausgewählten Branchen der Bundesrepublik Deutschland. München.

Ossenbrügge, J. (1984): Zwischen Lokalpolitik, Regionalismus und internationalen Konflikten: Neuentwicklungen in der anglo-amerikanischen politischen Geographie. In: Geographische Zeitschrift (Jg. 72), S. 22-33.

Otremba, E. (1982): Der Raum und sein Wirkungsgefüge. In: Grundriß der Raumordnung (Hrsg.: Akademie für Raumforschung und Landesplanung), S. 16-26.

Ottawa-Carleton Economic Development Corporation (Hrsg., 1986): Interface 1986. Ottawa.

Ottawa-Carleton Economic Development Corporation (Hrsg., 1987a): 1987/88 business directory. Ottawa.

Ottawa-Carleton Economic Development Corporation (Hrsg., 1987b): Listing of defense electronics companies in Ottawa-Carleton. Ottawa.

Ottawa-Carleton Economic Development Corporation (Hrsg., 1987c): Listing of high technology manufacturers in Ottawa-Carleton. Ottawa.

Ottawa-Carleton Economic Development Corporation (Hrsg., 1987d): Ottawa-Carleton population and demographics information package. Ottawa.

Ottawa-Carleton Economic Development Corporation (Hrsg., 1987e): Ottawa-Carleton economic information package. Ottawa.

Ottawa-Carleton Economic Development Corporation (Hrsg., 1988a): Ottawa-Carleton labour information package. Ottawa.

Ottawa-Carleton Economic Development Corporation (Hrsg., 1988b): Ottawa-Carleton lifestyle information package. Ottawa.

Pace Communications (Hrsg., 1987): Pace outlook: Development in the Triangle featuring North Carolina's Durham, Orange and Wake counties. Greensboro.

Palander, T. (1935): Beiträge zur Standortstheorie. Stockholm/ Uppsala.

Park, S. O./ Wheeler, J. O. (1983): The filtering down process in Georgia: The third stage in the product life cycle. In: Professional Geographer (Vol. 35), S. 18-31.

Patterson, T. D. (1988): The business of biotech. In: World Winter 88, S. 40-45.

Patterson, W. P. (1986): The 'new Silicon Valleys'. In: Industry Week (Vol. 228, No. 2), S. 48-54.

Peachtree Software (Hrsg., 1984): High tech Atlanta. Atlanta.

Peet, R. (1983): Relations of production and the relocation of United States manufacturing industry since 1960. In: Economic Geography (Vol. 59), S. 112-143.

Perry, D. C./ Watkins, A. J. (Hrsg., 1977): The rise of the sunbelt cities. Beverly Hills/ London.

Pfleiderer, R. (1988): Forschungs- und Entwicklungsaktivitäten in mittelständischen Betrieben - Ergebnisse aus einer empirischen Erhebung. In: Technologieparks (Hrsg.: N. Dose/ A. Drexler), S. 64-76.

Planque, B. (1985): Le développement par les activités à haute technologie et ses repercussions spatiales. L'exemple de la Silicon Valley. In: Revue d' Économie Regionale et Urbaine, S. 911-941.

Pottier, C. (1987): The location of high technology industries in France. In: The development of high technology industries (Hrsg.: M. J. Breheny/ R. McQuaid), S. 192-222.

Pred, A. R. (1967): Behaviour and location: Foundations for a geographic and dynamic location theory. Part 1. Lund Studies in Geography (Series B 27), Lund.

Pred, A. R. (1975): Diffusion, organizational spatial structure, and city-system development. In: Economic Geography (Vol. 51), S. 252-268.

Pred, A. R. (1976): The interurban transmission of growth in advanced economies. In: Regional Studies (Vol. 10), S. 151-171.

Predöhl, A. (1925): Das Standortsproblem in der Wirtschaftstheorie. In: Weltwirtschaftliches Archiv (Jg. 21), S. 294-321.

Preston, P. (1987): Technology waves and the future sources of employment and wealth creation in Britain. In: The development of high technology industries (Hrsg.: M. J. Breheny/ R. McQuaid), S. 80-112.

Priebe, K.-P. (1983): Innovationsberatung und Forschungstransfer durch Hochschulen. In: Informationen zur Raumentwicklung (Heft 5.1983), S. 361-369.

Quinn, J. B. (1987): Technological innovation, entrepreneurship, and strategy. In: Generating technological innovation (Hrsg.: E. B. Roberts), S. 117-131.

Ragab, M. A. (1987): A concept of strategy for small business. In: Entrepreneurship and new venture management (Hrsg.: R. W. Y. Kao/ R. M. Knight), S. 57-62.

Raleigh Chamber of Commerce (Hrsg., 1985): Directory of manufacturers 1985-1986. Raleigh.

Raleigh Chamber of Commerce (Hrsg., 1987a): Raleigh, North Carolina executive summary. Raleigh.

Raleigh Chamber of Commerce (Hrsg., 1987b): Raleigh trends. Economic forecast. Raleigh.

Ray, M. (1974): Canada: The urban challenge of growth and change. Ottawa.

Raytheon (Hrsg., 1988): Annual report 1987. Lexington.

Recker, E. (1978): Methode und Ergebnisse einer Erfolgskontrolle der Gemeinschaftsaufgabe "Verbesserung der regionalen Wirtschaftsstruktur". In: Raumforschung und Raumordnung (Jg. 36), S. 44-52.

Recker, E./ Schütte, G. (1982): Räumliche Verteilung von qualifizierten Arbeitskräften und regionale Innovationstätigkeit. In: Informationen zur Raumentwicklung (Heft 6/7.1982), S. 543-560.

Rees, J. (1979): Technological change and regional shifts in American manufacturing. In: Professional Geographer (Vol. 31), S. 45-54.

Rees, J. (Hrsg., 1986): Technology, regions, and policy. New Jersey.

Rees, J./ Briggs, R./ Hicks, D. (1985): New technology in the United States' machinery industry: Trends and implications. In: The regional economic impact of technological change (Hrsg.: A. T. Thwaites/ R. P. Oakey), S. 164-194.

Rees, J./ Briggs, R./ Oakey, R. (1984): The adoption of new technology in the American machinery industry. In: Regional Studies (Vol. 18), S. 489-504.

Rees, J./ Stafford, H. A. (1986): Theories of regional growth and industrial location: Their relevance for understanding high-technology complexes. In: Technology, regions, and policy (Hrsg.: J. Rees), S. 23-50.

Regional Municipality of Waterloo (Hrsg., 1984): Industrial linkage study. Stage I report. Waterloo (Ontario).

Regional Municipality of Waterloo (Hrsg., 1987): Regional official policies plan. Waterloo (Ontario).

Report On Business Magazine (Hrsg., 1988): Canada's top 1000 companies. (July), S. 81-214.

Research Triangle Foundation (Hrsg., 1985): A dynamic concept for research. The Research Triangle Park of North Carolina. Research Triangle Park.

Research Triangle Foundation (Hrsg., 1988): Research Triangle Park directory 1988. Research Triangle Park.

Research Triangle Institute (Hrsg., 1988): 1987 annual report. Research Triangle Park.

Revelle, C. S./ Swain, R. W. (1970): Central facilities location. In: Geographical Analysis (Vol. 2), S. 30-42.

Riall, B. W. (1986): Telecommunications in Georgia. Atlanta.

Rice, B. R. (1983): Atlanta: If dixie were Atlanta. In: Sunbelt cities (Hrsg.: R. M. Bernard/ B. R. Rice), S. 31-57.

Rice, B. R./ Bernard, R. M. (1983): Introduction. In: Sunbelt cities (Hrsg.: R. M. Bernard/ B. R. Rice), S. 1-30.

Richardson, H. W. (1979): Regional economics. Urbana, Chicago & London.

Riche, R./ Hecker, D./ Burgan, J. (1983): High technology today and tomorrow: A small slice of the employment pie. In: Monthly Labour Review (Vol. 103), S. 50-58.

Riege, H. (1978a): Nordamerika (Bd. 1). München.

Riege, H. (1978b): Nordamerika (Bd. 2). München.

Riley, R. C. (1973): Industrial geography. London.

Rinne, H. (1976): Ökonometrie. Stuttgart.

Rinne, H./ Ickler, G. (1986): Grundstudium Statistik. 2. Auflage, München.

Roberts, E. B. (1968): Entrepreneurship and technology. In: Research Management (Vol. 11), S. 249-266.

Roberts, E. B. (Hrsg., 1987): Generating technological innovation. New York/ Oxford.

Roberts, E. B./ Berry, C. A. (1987): Entering new businesses: Selecting strategies for success. In: Generating technological innovation (Hrsg.: E. B. Roberts), S. 179-199.

Roberts, E. B./ Fusfeld, A. R. (1987): Staffing the innovative technology-based organization. In: Generating technological innovation (Hrsg.: E. B. Roberts), S. 25-46.

Robinson, F. D. (1985a): Innovation in microelectronics: Implications for economic development planning. In: High hopes for high tech (Hrsg.: D. Whittington), S. 67-84.

Robinson, F. D. (1985b): University and industry cooperation in microelectronics research. In: High hopes for high tech (Hrsg.: D. Whittington), S. 113-144.

Robinson, J. L. (1987): Concepts and themes in the regional geography of Canada. 4. Auflage, Vancouver.

Robinson, W. S. (1950): Ecological correlation and the behaviour of individuals. In: American Sociological Review (Vol. 15), S. 351-357.

Rogers, E. M./ Larsen, J. K. (1986): Silicon Valley Fieber. Berlin.

Rose, K. (1977): Grundlagen der Wachstumstheorie. 3. Auflage, Göttingen.

Rostow, W. W. (1961): The stages of economic growth. A non-communist manifesto. 6th edition, Cambridge (Massachusetts).

Rostow, W. W. (1975): Kondratieff, Schumpeter, and Kuznets: Trend periods revisited. In: Journal of Economic History (Vol. 35), S. 719-753.

Rostow, W. W. (1977): Regional change in the fifth Kondratieff upswing. In: The rise of the sunbelt cities (Hrsg.: D. C. Perry/ A. J. Watkins), S. 83-103.

Rothwell, R. (1982): The role of technology in industrial change: Implications for regional policy. In: Regional Studies (Vol. 16), S. 361-369.

Rügemer, W. (1985): Neue Technik - alte Gesellschaft. Silicon Valley: Zentrum der neuen Technologien in den USA. Köln.

Runge, C. F. (1985): Hazardous wastes and microelectronics in North Carolina. In: High hopes for high tech (Hrsg.: D. Whittington), S. 296-309.

Rywak, J. (1985): MIL/ BNR spin-off companies. Telecommunications and Microelectronics Industry Development Directorate, Ottawa (Summary paper).

Sabbah, F. (1985): The new media. In: High technology, space, and society (Hrsg.: M. Castells), S. 210-224.

Sampson, G. B. (1985): Employment and earnings in the semiconductor electronics industry: Implications for North Carolina. In: High hopes for high tech (Hrsg.: D. Whittington), S. 256-295.

Sampson, G. B./ Bourgeois, T./ Stein, J. I. (1985): An overview of the microelectronics industry. In: High hopes for high tech (Hrsg.: D. Whittington), S. 35-66.

Sanderson, S. W./ Berry, B. J. L. (1986): Robotics and regional development. In: Technology, regions, and policy (Hrsg.: J. Rees), S. 171-186.

Sargent, J. (1987): Industrial location in Japan with special reference to the semiconductor industry. In: Geographical Journal (Vol. 153), S. 72-85.

Saxenian, A. (1985a): The genesis of Silicon Valley. In: Silicon landscapes (Hrsg.: P. Hall/ A. Markusen), S. 20-34.

Saxenian, A. L. (1985b): Let them eat chips. In: Environment and Planning D (Vol. 3), S. 121-127.

Saxenian, A. L. (1985c): Silicon Valley and Route 128: Regional prototypes or historic exceptions? In: High technology, space, and society (Hrsg.: M. Castells), S. 81-105.

Saxenian, A. (1988): The Chesire cat's grin: Innovation and regional development in England. In: Technology Review (Febuary/ March), S. 66-75.

Saxenian, A. (1989a): In search of power: The organization of business interests in Silicon Valley and Route 128. In: Economy and Society (Vol. 18), S. 25-70.

Saxenian, A. (1989b): The Cheshire cat's grin: Innovation, regional development, and the Cambridge case. Institute of Urban and Regional Development, University of California, Berkeley (Working Paper No. 497). Berkeley.

Sayer, A. (1988): Industrial location on a world scale: The case of the semiconductor industry. In: Production, work, territory. The geographical anatomy of industrial capitalism. (Hrsg.: A. J. Scott/ M. Storper), S. 107-123.

Schäfer, D. (1978): Industrielle Ausstattung, Unternehmenspolitik und technisch-wissenschaftliche Infrastruktur als Voraussetzung einer innovationsorientierten Regionalpolitik. In: Informationen zur Raumentwicklung (Heft 7.1978), S. 489-502.

Schamp, E. W. (1987): Technology parks and interregional competition in the Federal Republic of Germany. In: New technology and regional development (Hrsg.: B. van der Knaap/ E. Wever), S. 119-135.

Schamp, E. W. (1988a): Forschungsansätze in der Industriegeographie. In: Handbuch des Geographieunterrichts. Band 3: Industrie und Raum (Hrsg.: W. Gaebe), S. 3-12.

Schamp, E. W. (1988b): Innovationen in der Industriewirtschaft. In: Handbuch des Geographieunterrichts. Band 3: Industrie und Raum (Hrsg.: W. Gaebe), S. 78-85.

Schamp, E. W. (1988c): Weltwirtschaft und industrielle Entwicklung. In: Handbuch des Geographieunterrichts. Band 3: Industrie und Raum (Hrsg.: W. Gaebe), S. 111-126.

Schätzl, L. (1981a): Wirtschaftsgeographie 1. Theorie. 2. Auflage, Paderborn, München, Wien & Zürich.

Schätzl, L. (1981b): Wirtschaftsgeographie 2. Empirie. Paderborn, München, Wien & Zürich.

Schätzl, L. (1986): Wirtschaftsgeographie 3. Politik. Paderborn/ München/ Wien/ Zürich.

Scherer, F. M. (1986): Innovation and growth: Schumpeterian perspectives. 2nd edition, Cambridge (Massachusetts)/ London.

Schickhoff, I. (1983): Materialverflechtungen von Industrieunternehmen. Eine empirische Untersuchung am Beispiel von Industrieunternehmen am linken Niederrhein. Bamberg.

Schickhoff, I. (1985): Dienstleistungen für Industrieunternehmen: Einflüsse von Unternehmens- und Standorteigenschaften auf die Reichweite ausgewählter industrieller Dienstleistungsverflechtungen. In: Erdkunde (Bd. 39), S. 73-84.

Schickhoff, I. (1988a): Standortentscheidungen. In: Handbuch des Geographieunterrichts. Band 3: Industrie und Raum (Hrsg.: W. Gaebe), S. 40-54.

Schickhoff, I. (1988b): Räumliche Wirkungen der Industrie. In: Handbuch des Geographieunterrichts. Band 3: Industrie und Raum (Hrsg.: W. Gaebe), S. 54-61.

Schickhoff, I. (1988c): Standortentscheidungen. In: Handbuch des Geographieunterrichts. Band 3: Industrie und Raum (Hrsg.: W. Gaebe), S. 141-151.

Schickhoff, I. (1988b): Räumliche Wirkungen der Industrie. In: Handbuch des Geographieunterrichts. Band 3: Industrie und Raum (Hrsg.: W. Gaebe), S. 151-159.

Schierenbeck, H. (1989): Grundzüge der Betriebswirtschaftslehre. 10. Auflage, München.

Schilling-Kaletsch, I. (1976): Wachstumspole und Wachstumszentren. Hamburg.

Schoenberger, E. (1986): Competition, competitive strategy, and industrial change: The case of electronic components. In: Economic Geography (Vol. 62), S. 321-333.

Schoenberger, E. (1988): From Fordism to flexible accumulation: Technology, competitive strategies, and international location. In: Environment and Planning D (Vol. 6), S. 245-262.

Schoenberger, E. (1989): Some dilemmas of automation: Strategic and operational aspects of technological change in production. In: Economic Geography (Vol. 65), S. 232-247.

Scholz, C. (1987): Strategisches Management. Ein integrativer Ansatz. Berlin & New York.

Schreyögg, G. (1984): Unternehmensstrategie. Grundfragen einer Theorie strategischer Unternehmensführung. Berlin & New York.

Schumann, J. (1980): Grundzüge der mikroökonomischen Theorie. 3. Auflage, Berlin, Heidelberg & New York.

Schumpeter, J. A. (1911): Theorie der wirtschaftlichen Entwicklung. Verwendet in der 6. Auflage von 1964, Berlin.

Schumpeter, J. A. (1961a): Konjunkturzyklen. Eine theoretische, historische und statistische Analyse des kapitalistischen Prozesses. Erster Band. Göttingen.

Schumpeter, J. A. (1961b): Konjunkturzyklen. Eine theoretische, historische und statistische Analyse des kapitalistischen Prozesses. Zweiter Band. Göttingen.

Science Council of Canada (Hrsg., 1987): University spin-off firms. Helping the ivory tower go to market. Ottawa.

Scott, A. J. (1970): Location-allocation systems. A review. In: Geographical Analysis (Vol. 2), S. 95-119.

Scott, A. J. (1983a): Industrial organization and the logic of intra-metropolitan location: I. Theoretical considerations. In: Economic Geography (Vol. 59), S. 233-250.

Scott, A. J. (1983b): Industrial organization and the logic of intra-metropolitan location: II. A case study of the printed circuits industry in the greater Los Angeles region. In: Economic Geography (Vol. 59), S. 343-367.

Scott, A. J. (1985): Location processes, urbanization, and territorial development: An exploratory essay. In: Environment and Planning A (Vol. 17), S. 479-501.

Scott, A. J. (1986): Industrial organization and location: Division of labor, the firm, and spatial process. In: Economic Geography (Vol. 62), S. 215-230.

Scott, A. J. (1987): The semiconductor industry in South-East Asia: Organization, location and the international division of labour. In: Regional Studies (Vol. 21), S. 143-160.

Scott, A. J./ Angel, D. P. (1987): The US semiconductor industry: A locational analysis. In: Environment and Planning A (Vol. 19), S. 875-912.

Scott, A. J./ Angel, D. P. (1988): The global assembly-operations of US semiconductor firms: A geographical analysis. In: Environment and Planning A (Vol. 20), S. 1047-1067.

Scott, A. J./ Mattingly, D. J. (1989): The aircraft and parts industry in Southern California: Continuity and change from the inter-war years to the 1990s. In: Economic Geography (Vol. 65), S. 48-71.

Scott, A. J./ Storper, M. (Hrsg.; 1988a): Production, work, territory. The geographical anatomy of industrial capitalism. Boston/ London/ Sydney/ Wellington.

Scott, A. J./ Storper, M. (1988b): Industrial change and territorial organization: A summing up. In: Production, work, territory. The geographical anatomy of industrial capitalism (Hrsg.: A. J. Scott/ M. Storper), S. 301-311.

Sedlacek, P. (1988): Wirtschaftsgeographie. Eine Einführung. Darmstadt.

Sedlacek, P. (1989): Electrum. Das Stockholmer Elektronik-Zentrum. In: Standort (1/89), S. 10-14.

Sedlacek, P. (1990): Kista. Die Entwicklung einer Stockholmer Großsiedlung zum Zentrum der skandinavischen Elektronikindustrie. In: Erdkunde (Bd. 44), S. 68-76.

Senia, A./ Weimar, G. (1983): The war between the states for high technology. In: Iron Age (Vol. 226, No. 23), S. 73-82.

Senker, J. (1985): Small high technology firms: Some regional implications. In: Technovation (Vol. 3), S. 243-262.

Shankland, G. (1981): Boston - the unlikely city. In: Geographical Magazine (Vol. 53), S. 323-327.

Shaw, G./ Wheeler, D. (1985): Statistical techniques in geographical analysis. Chichester, New York, Brisbane, Toronto & Singapore.

Sheets, K. R. (1985): Silicon Valley doesn't hold all the chips. In: U.S. News & World Report vom 26. August, S. 45.

Sheffrin, S. M./ Wilton, D. A./ Prescott, D. M. (1988): Macro economics: Theory and policy. Cincinnati, West Chicago, Carrollton & Livermore.

Short, J. (1981): Defense spending in the U.K. regions. In: Regional Studies (Vol. 15), S. 101-110.

Shurig, R. (1984): Morphology: A tool for exploring new technology. In: Long Range Planning (Vol. 17, No. 3), S. 129-140.

Siemens, J. (1990): Kalifornien immer mächtiger. In: Frankfurter Rundschau vom 31. August 1990, S. 6.

Simon, J. (1985): Route 128: How it developed and why it's not likely to be duplicated. In: New England Business (Vol. 12), S. 15-20.

Sklar, R. A. (1985): The American electronics industry: An economic development perspective. In: Economic Development Review (Vol. 3, No. 2), S. 61-69.

Smidt, M. de (1986): Von der industriellen Emanzipation zur Neustrukturierung. In: Geographische Rundschau (Jg. 38), S. 377-386.

Smidt, M. de/ Wever, E. (1989): Regional and local economic policies and technology. Nederlandse Geografische Studies 99, Amsterdam/ Utrecht/ Nijmegen.

Smith, D. M. (1971): Industrial location. An economic geographical analysis. New York.

Smith, R. P. (1988): The significance of defense expenditure in the US and UK national economies. In: Defense expenditure and regional development (Hrsg.: M. J. Breheny), S. 7-16.

Snyder, D. R./ Blevins, D. E. (1986): Business and university technical research cooperation: Some important issues. In: Journal of Product Innovation Management (Vol. 3), S. 136-144.

Soppelsa, J. (1976): Route 128 - Route 495. Contribution à une analyse de l'implantation des entreprises à technologie avancées en Nouvelle Angleterre. In: Annales de Géographie (Vol. 85), S. 597-617.

Staehle, W. (1990): Management. 5. Auflage, München.

Stafford, H. A. (1979): Principles of industrial facility location. Atlanta.

Stafford, H. A. (1984): Environmental laws: A pink herring. In: Technology Review (Vol. 87, May/ June), S. 7 und 10.

Stahl, W. (1991): Risiko- und Chancenanalyse. (Dissertation) Giessen.

Stanback, T. M./ Noyelle, T. J. (1982): Cities in transition. Changing job structures in Atlanta, Denver, Buffalo, Phoenix, Columbus (Ohio), Nashville, Charlotte. Totowa (New Jersey).

Statistics Canada (1987): Science Statistics. Service Bulletin (Vol. 11, No. 2). Ottawa.
Statistics Canada Standards Division (Hrsg., 1980): Standard Industrial Classification 1980. Ottawa.
Statistisches Bundesamt Wiesbaden (Hrsg., 1986): Länderbericht Vereinigte Staaten 1986. Stuttgart/ Mainz.
Statistisches Bundesamt Wiesbaden (Hrsg., 1987): Länderbericht Kanada 1987. Stuttgart/ Mainz.
Steed, G. P. F. (1982): Threshold firms. Ottawa.
Steed, G. P. F. (1987): Policy and high technology complexes: Ottawa's "Silicon Valley North". In: Industrial change in advanced economies (Hrsg.: F. E. I. Hamilton), S. 261-269.
Steed, G. P. F./ DeGenova, D. (1983): Ottawa's technology-oriented complex. In: Canadian Geographer (Vol. 27), S. 263-278.
Steed, G. P. F./ Nichol, L. J. (1985): Entrepreneurs, incubators and indigenous regional development: Ottawa's experience. (Unpublished paper) Ottawa.
Sternberg, R. (1986): Technologie- und Gründerzentren in der Bundesrepublik Deutschland. In: Geographische Rundschau (Jg. 38), S. 532-535.
Sternberg, R. (1988): Technologie- und Gründerzentren als Instrument kommunaler Wirtschaftsförderung. Dortmund.
Stiens, G./ Türke, K. (1984): Infrastruktur und Kommunikationsstrukturen als Ansatzpunkte regional angepaßter Entwicklungsstrategie. In: Informationen zur Raumentwicklung (Heft 1/2.1984), S. 129-142.
Stiglbauer, K. (1988): Die Entwicklung hochrangiger Zentren als Problem der Zentrale-Orte-Forschung. In: 46. Deutscher Geographentag München vom 12. bis 16. Oktober 1987. Tagungsberichte und wissenschaftliche Abhandlungen. Stuttgart (Hrsg.: H. Becker/ W.-D. Hütteroth), S. 121-126.
Stobaugh, R. B. (1972): The neotechnology account of international trade: The case of petrochemicals. In: The product life cycle and international trade (Hrsg.: L. T. Wells Jr.), S. 81-105.
Storbeck, D. (1982): Konzepte der Raumordnung in der Bundesrepublik. In: Grundriß der Raumordnung (Hrsg.: Akademie für Raumforschung und Landesplanung), S. 227-231.
Storper, M. (1985a): Oligopoly and the product cycle: Essentialism in the economic geography. In: Economic Geography (Vol. 61), S. 260-282.
Storper, M. (1985b): Technology and spatial production relations: Disequilibrium, interindustry relationships, and industrial development. In: High technology, space, and society (Hrsg.: M. Castells), S. 265-283.
Storper, M./ Scott, A. J. (1988): Production, work, territory: Contemporary realities and theoretical tasks. In: Production, work, territory. The geographical anatomy of industrial capitalism. (Hrsg.: A. J. Scott/ M. Storper), S. 3-15.
Storper, M./ Scott, A. J. (1989): The geographical foundations and social regulation of flexible production complexes. In: The power of geography (Hrsg.: J. Wolch/ M. Dear), S. 21-40.
Storper, M./ Walker, R. (1989): The capitalist imperative. Oxford/ New York.
Streit, M. E. (1982): Theorie der Wirtschaftspolitik. 2. Auflage, Düsseldorf.

Swales, J. K. (1983): A Kaldorian model of cumulative causation: Regional growth with induced technical change. In: Technological change and regional development (Hrsg.: A. Gillespie), S. 68-88.

Sweetman, K. (1982): Silicon Valley North. Ottawa also is our high-tech capital. In: Canadian Geographic (Vol. 102, No. 1), S. 20-31.

Swyngedouw, E. A. (1988): Perspectives on a "regulation approach" of spatial change and innovation. (Paper presented at the 35th North American meetings of the Regional Science Association in Toronto).

Taylor, M. J. (1983): Technological change and the segmented economy. In: Technological change and regional development (Hrsg.: A. Gillespie), S. 104-117.

Taylor, M. (1986): The product-cycle model: A critique. In: Environment and Planning A (Vol. 18), S. 751-761.

Taylor, M. (1987): Enterprise and the product-cycle model: Conceptual ambiguities. In: New technology and regional development (Hrsg.: B. van der Knaap/ E. Wever), S. 75-93.

Taylor, M. J./ Thrift, N. J. (1982a): Industrial linkage and the segmented economy: 1. Some theoretical proposals. In: Environment and Planning A (Vol. 14), S. 1601-1613.

Taylor, M. J./ Thrift, N. J. (1982b): Industrial linkage and the segmented economy: 2. An empirical reinterpretation. In: Environment and Planning A (Vol. 14), S. 1615-1632.

Taylor, M./ Thrift, N. (1983): Business organization, segmentation and location. In: Regional Studies (Vol. 17), S. 445-465.

Taylor, T. (1985): High-technology industry and the development of science parks. In: Silicon landscapes (Hrsg.: P. Hall/ A. Markusen), S. 134-143.

Templer, M. (1984): Route 128: The entrepreneurs' story. In: Technology Review (Vol. 87, May/ June), S. 9 und 74.

Tetsch, F. (1986): Anpassung des Förderinstrumentariums der Gemeinschaftsaufgabe an die veränderten regionalwirtschaftlichen Bedingungen. In: Informationen zur Raumentwicklung (Heft 9/10.1986), S. 781-795.

Thomas, M. D. (1980): Explanatory frameworks for growth and change in multiregional firms. In: Economic Geography (Vol. 56), S. 1-17.

Thomas, M. D. (1981): Growth and change and the innovative firm. In: Geoforum (Vol. 12), S. 1-17.

Thomas, M. D. (1985): Regional economic development and the role of innovation and technological change. In: The regional economic impact of technological change (Hrsg.: A. T. Thwaites/ R. P. OAKEY), S. 13-35.

Thomas, M. D. (1987): The innovation factor in the process of microeconomic industrial change: Conceptual explorations. In: New technology and regional development (Hrsg.: B. van der Knaap/ E. Wever), S. 21-44.

Thomas, M. D. (1988): Technical entrepreneurship in high technology industries: Exploratory conceptualizations of firm formation and location processes. (Paper presented at the 35th North American meetings of the Regional Science Association in Toronto).

Thompson, C. (1987): Definitions of 'high technology' used by state programs in the USA: A study of variation in industrial policy under a federal system. In: Environment and Planning C (Vol. 5), S. 417-431.

Thoss, R. (1984): Potentialfaktoren als Chance selbstverantworteter Entwicklung der Regionen. In: Informationen zur Raumentwicklung (Heft 1/2.1984), S. 21-27.

Thünen, J. H. von (1826): Der isolierte Staat in Beziehung auf Landwirtschaft und Nationalökonomie. Hamburg.

Thwaites, A. T. (1982): Some evidence of regional variations in the introduction and diffusion of industrial products and processes within British manufacturing industry. In: Regional Studies (Vol. 16), S. 371-381.

Thwaites, A. T. (1983): The employment implications of technological change in a regional context. In: Technological change and regional development (Hrsg.: A. Gillespie), S. 36-53.

Thwaites, A. T./ Oakey, R. P. (Hrsg., 1985a): The regional economic impact of technological change. New York.

Thwaites, A. T./ Oakey, R. P. (1985b): Editorial introduction. In: The regional economic impact of technological change (Hrsg.: A. T. Thwaites/ R. P. Oakey), S. 1-12.

Tinbergen, J. (1981): Kondratiev cycles and so-called long waves: The early research. In: Futures (Vol. 13), S. 258-263.

Töpfer, A. (1986): Innovationsmanagement. In: Strategisches Marketing (Hrsg.: N. Wieselhuber/ A. Töpfer), S. 391-407.

Toregas, C./ Swain, R./ Revelle, C./ Bergman, L. (1971): The location of emergency service facilities. In: Operations Research (Vol. 19), S. 1363-1373.

Torretto, J. (1990): High technology industry and material linkages in the Toronto region. (Unpublished Master Thesis) Waterloo (Ontario).

Triangle Business vom 11.-18. April 1988: Researcher says housing shortage possible in 88. S. 17.

Uhlig, H. (1970): Organisationsplan und System der Geographie. In: Geoforum (Vol. 1), S. 19-52.

University of Waterloo (Hrsg., 1987): University of Waterloo. Waterloo (Ontario).

Van Duijn, J. J. (1981): Fluctuations in innovations over time. In: Futures (Vol. 13), S. 264-275.

Vaughan, R./ Pollard, R. (1986): State and federal policies for high-technology development. In: Technology, regions, and policy (Hrsg.: J. Rees), S. 268-281.

Vernon, R. (1966): International investment and international trade in the product cycle. In: The Quarterly Journal of Economics (Vol. 80), S. 190-207.

Vernon, R. (1979): The product cycle hypothesis in a new international environment. In: Oxford Bulletin of Economics and Statistics (Vol. 41), S. 255-267.

Vernon, R. (1985): Sovereignty at Bay: Ten years after. In: Multinational corporations (Hrsg.: T. H. Moran), S. 247-259.

Vogel, B./ Demmer, C./ Hahn, A. (1990): High-Tech regional. Ausbruch aus dem Getto. In: Industriemagazin (März 1990), S. 148-170.

Vogel, E. F./ Larson, A. (1985): North Carolina's Research Triangle: State modernization. In: Comeback (Hrsg.: E. F. Vogel), S. 240-262.

Vollmar, R./ Hopf, C. (1987): "Der Sunbelt", das Wirtschaftswunderland der USA? In: Geographische Rundschau (Jg. 39), S. 468-473.

Vosgerau, H.-J. (1978): Konjunkturtheorie. In: Handbuch der Wirtschaftswissenschaften (Bd. 4), S. 478-507.

Wagner, H.-G. (1981): Wirtschaftsgeographie. Braunschweig.

Walker, R. A. (1985): Technological determination and determinism: Industrial growth and location. In: High technology, space, and society (Hrsg.: M. Castells), S. 226-264.

Walker, D. F. (Hrsg., 1987): Manufacturing in Kitchener-Waterloo: A long-term perspective. Waterloo (Ontario).

Walters, C. N. (1988): University Place - in its third year. In: 1988 annual executive's guide, University City (Charlotte), S. 20-23.

Wang, A./ Linden, E. (1986): Lessons. Reading (Massachusetts), Menlo Park (California), Don Mills (Ontario), Wokingham, Amsterdam, Sydney, Singapore, Tokyo, Madrid, Bogotá, Santiago & San Juan.

Wang Laboratories (Hrsg., 1988): 1988 annual report. Lowell.

Watkins, A. J./ Perry, D. C. (1977): Regional change and the impact of uneven urban development. In: The rise of the sunbelt cities (Hrsg.: D. C. Perry/ A. J. Watkins), S. 19-54.

Watty, F. (1987): Prospects for the manufacturing sector: Regional Municipality of Waterloo. In: Manufacturing in Kitchener-Waterloo: A long-term perspective (Hrsg.: D. F. Walker), S. 171-192.

Webber, M. J. (1984): Industrial location. Scientific Geography (Vol. 3). Beverly Hills, London & New Delhi.

Weber, A. (1909): Über den Standort der Industrien. Erster Teil. Reine Theorie des Standorts. Tübingen.

Weiss, M. A. (1985): High-technology industries and the future of employment. In: Silicon landscapes (Hrsg.: P. Hall/ A. Markusen), S. 80-93.

Wells Jr., L. T. (Hrsg., 1972a): The product life cycle and international trade. Boston.

Wells Jr., L. T. (1972b): International trade: The product life cycle approach. In: The product life cycle and international trade (Hrsg.: L. T. Wells Jr.), S. 1-33.

Wells Jr., L. T. (1972c): Test of a product cycle model of international trade: U.S. exports of consumer durables. In: The product life cycle and international trade (Hrsg.: L. T. Wells Jr.), S. 53-79.

Wells, L. T. (1985): Small-scale manufacturing as a competitive advantage. In: Multinational corporations (Hrsg.: T. H. Moran), S. 119-136.

Wesolowski, G. O. (1973): Location in continuous space. In: Geographical Analysis (Vol. 5), S. 95-112.

Wever, E. (1987): The spatial pattern of high-growth activities in the Netherlands. In: New technology and regional development (Hrsg.: B. van der Knaap/ E. Wever), S. 165-185.

Wheeler, J. O. (1981): Effects of geographical scale on location decisions in manufacturing: The Atlanta example. In: Economic Geography (Vol. 57), S. 135-145.

Wheeler, J. O./ Brown, C. L. (1985): The metropolitan corporate hierarchy in the U.S. South, 1960-1980. In: Economic Geography (Vol. 61), S. 66-78.

Wheeler, J. O./ Park, S. O. (1984): External ownership and control: The impact of industrial organization on the regional economy. In: Geoforum (Vol. 15), S. 243-252.

Whittington, D. (Hrsg., 1985a): High hopes for high tech. Microelectronics policy in North Carolina. Chapel Hill/ London.

Whittington, D. (1985b): Microelectronics policy in North Carolina: An introduction. In: High hopes for high tech (Hrsg.: D. Whittington), S. 3-31.

Wieland, K. (1990): Regionale Krisenentwicklung in den Wirtschaftsräumen Hamburg und Ruhrgebiet, traditionelle Überwindungsstrategien und alternative Lösungsansätze. Frankfurt, Main, Bern, New York & Paris.

Wieselhuber, N. (1986): Erschließung von neuen Wachstumsquellen durch Diversifikation. In: Strategisches Marketing (Hrsg.: N. Wieselhuber/ A. Töpfer), S. 426-440.

Wieselhuber, N./ Töpfer, A. (Hrsg., 1986): Strategisches Marketing. 2. Auflage, Landsberg am Lech.

Wietfeldt, R. A. (1987): A study of job creation in Canada, 1975-1982. In: Entrepreneurship and new venture management (Hrsg.: R. W. Y. Kao/ R. M. Knight), S. 232-238.

Wilkinson, A. (1983): Technology - An increasingly dominant factor in corporate strategy. In: R&D Management (Vol. 13), S. 245-259.

Wilson, A. H. (1970): Setting the scene: Canada. In: Technological innovation and the economy (Hrsg.: M. Goldsmith), S. 71-83.

Wilton, D. A./ Prescott, D. M. (1987): Macroeconomics theory & policy in Canada. Don Mills (Ontario).

Windhorst, H.-W. (1983): Geographische Innovations- und Diffusionsforschung. Darmstadt.

Windelberg, J. (1984): Innovationsorientierte Regionalpolitik zur Entwicklung strukturschwacher Peripherräume. In: Informationen zur Raumentwicklung (Heft 1/2.1984), S. 63-78.

Winkelhage, F. (1982): Wirkungen neuer Medien auf Arbeitsteilung und Arbeitsabläufe in Wirtschaft und Verwaltung. In: Informationen zur Raumentwicklung (Heft 3.1982), S. 201-211.

Wittenberg, W. (1978): Neuerrichtete Industriebetriebe in der Bundesrepublik Deutschland 1955 - 1971. Gießener Geographische Schriften. Heft 44. Gießen.

Wittmann, F. T. (1982): Die Bedeutung von Klein- und Mittelbetrieben für das regionale Arbeitsplatzwachstum. In: Informationen zur Raumentwicklung (Heft 6/7.1982), S. 513-519.

Wöhe, G. (1986): Einführung in die Allgemeine Betriebswirtschaftslehre. 16. Auflage, München.

Wolch, J./ Dear, M. (Hrsg., 1989): The power of geography. Boston, London, Sydney & Wellington.

Wolf, K. (1988): Die Dynamik hochrangiger Zentren der Bundesrepublik Deutschland im internationalen und nationalen Vergleich. In: 46. Deutscher Geographentag München vom 12. bis 16. Oktober 1987. Tagungsberichte und wissenschaftliche Abhandlungen. Stuttgart (Hrsg.: H. Becker/ W.-D. Hütteroth), S. 126-132.

Wolf, M. F./ Hensler, S. G. (1988): Informationsprobleme technologieorientierter Unternehmensgründer in Technologieparks: Bestandsaufnahme und Lösungsmöglichkeiten. In: Technologieparks (Hrsg.: N. Dose/ A. Drexler), S. 110-127.

Woll, A. (1978): Allgemeine Volkswirtschaftslehre. 6. Auflage, München.

Wolpert, J. (1964): The decision process in spatial context. In: Annals of the Association of American Geographers (Vol. 54), S. 537-558.

Woods, S. E. (1980): Ottawa. The capital of Canada. Toronto.

Wrigley, N. (1985): Categorial data analysis for geographers and environmental scientists. London/ New York.

Zimmermann, K. F./ Zimmermann-Trapp, A. (1988): Unternehmensgröße, Erfolg und Forschung und Entwicklung. In: Technologieparks (Hrsg.: N. Dose/ A. Drexler), S. 48-63.

Sachverzeichnis

Druck: Druckhaus Beltz, Hemsbach
Verarbeitung: Buchbinderei Schäffer, Grünstadt